AF671755

H. Meusel und A. Kästner

Lebensgeschichte der Gold- und Silberdisteln

Monographie
der mediterran-mitteleuropäischen
Compositen-Gattung
Carlina

Band 1

Merkmalsspektren und Lebensräume der Gattung

Mit Beiträgen von

F. Bohlmann
S. Bortenschlager
U. Braun und H. Dörfelt
M. Dittrich
F. Ehrendorfer und M. Tohidast-Akrad
H. A. Froebe und R. Classen
D. Fürnkranz und A. Schmidt
H. Greger
K. Helmecke
E. Hübl
E. J. Jäger
Ch. Körner
I. Kruse
P. Leins und C. Erbar
W. Morawetz und M. Morawetz-Waha
S. Sontag
I. Stölzer
E. Svoma
K. Valant-Vetschera
E. Vitek

Springer-Verlag Wien New York

Prof. Dr. Hermann Meusel

Sektion Biowissenschaft
Wissenschaftsbereich Geobotanik und Botanischer Garten
Martin-Luther-Universität Halle-Wittenberg
Halle/Saale, DDR

Prof. Dr. Arndt Kästner

Sektion Biologie
Wissenschaftsbereich Botanik
Pädagogische Hochschule Halle-Köthen
Halle/Saale, DDR

Softcover reprint of the hardcover 1st edition 1990

Mit 140 Abbildungen und 7 Falt-Tabellen

Additional material to this book can be downloaded from http://extras.springer.com.

Erscheint zugleich als 127. Band, Österreichische Akademie der Wissenschaften
Mathematisch-Naturwissenschaftliche Klasse Denkschriften

ISBN 978-3-7091-7439-5
DOI 10.1007/978-3-7091-6934-6

ISBN 978-3-7091-6934-6 (eBook)

Inhaltsverzeichnis

Vorwort

Das Studium der mannigfaltigen Gliederung des Organismenreiches bildet auch heute noch eine unentbehrliche Grundlage biologischer Forschung. Wenn sich die kausalanalytischen Richtungen der Biologie meist auf einzelne ausgewählte Organismen beschränken müssen, erweist es sich, will man so wichtige Aufgaben unserer Wissenschaft wie die Aufklärung der Evolution oder die Erkundung der Ökosysteme erfolgreich betreiben, nach wie vor als notwendig, das Studium der Sippenmannigfaltigkeit nicht zu vernachlässigen.

Taxonomische Monographien haben die Aufgabe, einzelne Gruppen der vielgestaltigen Tier- und Pflanzenwelt umfassend zu beschreiben. So führt die systematische Bearbeitung artenreicher und polymorpher Verwandtschaftskreise durch die Zusammenfassung aller alten und neuen Daten und Beobachtungen immer wieder zu wichtigen neuen Erkenntnissen der Sippenstruktur.

Auch in der vorliegenden Monographie wird das Ziel einer systematischen Revision verfolgt. Darüber hinaus war es unsere Absicht, ein Beispiel für eine möglichst weitgespannte biologisch orientierte Erkundung der Struktur und Gliederung eines Verwandtschaftskreises zu geben. Anregungen zu solchen Studien lieferten in den letzten Jahrzehnten veröffentlichte biosystematische Bearbeitungen einzelner Pflanzengruppen, wie die Untersuchungen Babcocks (1947) über *Crepis,* die vielseitigen *Galium-*, *Achillea-* und *Knautia*-Studien von Ehrendorfer (z. B. 1951, 1958, 1962), die *Batrachium*-Monographie von Cook (1966) oder Arbeiten von Merxmüller (1977) und von Erben (1985) an *Viola* sect. *Melanium.* Diese Arbeiten ermöglichen vor allem aus karyologischer Sicht gute Einblicke in die raum-zeitlichen Abläufe der Sippendifferenzierung.

Unser besonderes Anliegen war es, darüber hinaus die Sippenstruktur so zu erkunden, daß auch die Lebensweise der einzelnen Sippen stärker als bisher systematischen Bewertungen zugeführt werden kann.

Ausgang unserer Untersuchungen waren die altbewährten „klassischen" Grundlagen der Taxonomie, vor allem Morphologie und Anatomie. Dabei verstanden wir unter Morphologie mehr als reine Phytographie. Vielmehr beabsichtigten wir, durch breite vergleichende Analysen die Einzelmerkmale in ihrem Zusammenhang mit der Gesamtpflanze zu verstehen. Viele Strukturen konnten so im Sinne einer auf Baupläne ausgerichteten Gestaltbetrachtung in einem größeren Zusammenhang gesehen werden.

Aus der Orientierung auf den Gesamtorganismus ergab sich als weiteres wesentliches Ziel, die lebende Pflanze in den Mittelpunkt aller Betrachtungen zu stellen. Ausgedehnte Geländestudien und systematisch angelegte Vergleichskulturen im Botanischen Garten ermöglichten zugleich wichtige Einblicke in die Variabilitätsbreite morphologischer und anatomischer Strukturen.

Das Studium der lebenden Pflanze führte außerdem zu dem Versuch, die Verhaltensweisen der einzelnen Sippen zu umschreiben. Mit umfangreichen chorologischen und coenologischen Untersuchungen bemühten wir uns, zur Erkundung ihrer Ökostruktur vorzustoßen. Da eine taxonomische Auswertung ökologischer Befunde nur möglich ist, wenn man Daten des Verhaltens so erfaßt, daß sie einem exakten Vergleich zugänglich sind, waren umfangreiche ökogeographische Vorarbeiten wie die Erstellung einer Übersicht über die Arealtypen der mediterran-mitteleuropäischen Flora notwendig.

In der vorliegenden Arbeit wurde erstmals versucht, alle Vertreter einer Gattung durch ihre Verbreitungsformen und die Art ihrer Vergesellschaftung vergleichbar ökologisch zu charakterisieren. Ebenso sollten durch breit angelegte Analysen der in der Gattung stark variierenden Wuchsformen ökologisch relevante Merkmale in die Erkundung der Sippenstruktur eingeschlossen werden. So reicht das Spektrum der hier vorgelegten vergleichenden Untersuchungen von phytochemischen, karyologischen, anatomischen und morphologischen Analysen bis hin zu einer möglichst exakten Erfassung der Arealformen und phytocoenologischen Bindungen der einzelnen Arten. Wir hoffen, auf diese Weise zu biologisch vielseitig orientierten Sippenanalysen anzuregen, wie sie sicherlich bei der Lösung heute brennender Fragen und notwendiger Aufgaben zur Erhaltung und Gestaltung unserer lebenden Umwelt notwendig sind.

Damit sollte aber nicht gezielt ein besonderer „praktischer Nutzen" der langen, vom erstgenannten Autor über drei Jahrzehnte verfolgten Arbeit besonders betont werden. Vielmehr war es Liebe zur Pflanzenwelt, die uns zu *Carlina* geführt hat. Wenn man bedenkt, wieviel der Mensch von der wunderbaren Mannigfaltigkeit des Pflanzen- und Tierreiches in zunehmenden Maß aus Eigennutz vernichtet, erscheint uns jede Form einer liebevollen Zuwendung zu den freundlichen Begleitern unseres Lebens heute mehr denn je geboten.

Wir haben uns bemüht, viele der analysierten Strukturen nicht nur zu beschreiben, sondern auch übersichtlich zu veranschaulichen. Um diese Aufgabe hat sich besonders der zweitgenannte Autor bemüht. In den letzten Jahren konnten durch REM-Aufnahmen, die von verschiedenen Seiten beigesteuert wurden, wesentlich neue Einblicke in die Morphologie und Anatomie der Gattung gewonnen werden.

Die meisten Untersuchungen wurden in enger Verbindung mit der Arbeitsgruppe Morphologie und Chorologie des (nach der Emeritierung des erstgenannten Autors) von Prof. Dr. R. Schubert geleiteten Wissenschaftsbereiches Geobotanik und Botanischer Garten (Sektion Biowissenschaften) der Martin-Luther-Universität Halle-Wittenberg durchgeführt. Für viele fruchtbare Diskussionen und Ratschläge sind wir St. Rauschert†, K. Werner, F. Ebel, G. Mörchen, J. Stölzer und vor allem E. J. Jäger zu großem Dank verpflichtet. Ohne diese Verankerung in einer mit großen Erfahrungen tätigen, von dem Letztgenannten geleiteten Arbeitsgruppe wäre die Monographie in der vorliegenden Form nie bewältigt worden. Die Arealtypen-Übersicht (vgl. 3.3.2., Tab. 15) folgt einer gemeinsam mit E. J. Jäger erarbeiteten, für den Bereich der mitteleuropäischen Flora vervollständigten Konzeption (Meusel & Jäger, Mskr.). K. Werner gab uns aus seiner breiten Erfahrung viele Hinweise auf eine klare und terminologisch exakte Darstellung der morphologischen und anatomischen Befunde.

Entscheidende Voraussetzungen für die Erforschung der lebenden Pflanzen schaffte der Botanische Garten in Halle, wo vor allem der langjährige Kustos des Botanischen Gartens Dr. F. Ebel und Gartenbau-Ingenieur K. Kümmel erfolgreiche Kulturversuche garantierten.

Wesentliche Hilfe fand unser Vorhaben durch die enge Zusammenarbeit mit dem Institut für Botanik der Universität in Wien, vor allem durch vielseitige Anregungen in Beratungen mit F. Ehrendorfer, der uns auch immer wieder ermutigte, die umfangreiche Arbeit fortzusetzen und abzuschließen. Im Institut für Botanik in Wien wurden auch eine ganze Reihe Untersuchungen zu einzelnen Teilthemen (Karyologie, Embryologie,

REM-Analysen) durchgeführt. Mehrere Kollegen unterstützten uns mit ausgiebigen Beratungen, so H. GREGER bei der Auswertung der phytochemischen Ergebnisse, W. GUTERMANN, M. A. FISCHER und H. NIKLFELD bei der Lösung nomenklatorischer, taxonomischer und chorologischer Fragen. St. VOGEL (Wien, Mainz) danken wir für Hinweise zu den Kapiteln über Blüten- und Fruchtbiologie und H. ZWÖLFER (Bayreuth) für wertvolle Beiträge über Compositen-Köpfchen als Phytophagen-Habitat.

Studienreisen in weite Gebiete des Mittelmeerbeckens wurden durch die österreichischen Kollegen E. HÜBL, D. FÜRNKRANZ und G. M. STEINER ermöglicht und nachhaltig gefördert. Bei der Geländearbeit in Südeuropa wurde der erstgenannte Autor von O. DE BOLÒS (Barcelona), S. PIGNATTI (Rom), F. RAIMONDO (Palermo), I. CAMARDA (Cagliari), D. PHITOS (Patras) und verschiedenen ihrer Mitarbeiter unterstützt.

In den vorliegenden allgemeinen Teil der Monographie sind einige von uns angeregte und bereits veröffentlichte spezielle Beiträge eingeflossen, so die von

Ch. KÖRNER über die Physiologie zweier Arten aus sect. *Carlina* (vgl. KÖRNER & MEUSEL 1986), von

M. DITTRICH über morphologische und anatomische Untersuchungen von Blüten und Früchten der Gattung *Carlina* (vgl. DITTRICH 1985), von

J. KRUSE über Untersuchungen zur Morphologie der Involukral- und Spreublätter der Gattung *Carlina* (vgl. KRUSE 1986), von

J. STÖLZER und E. J. JÄGER über die Blattnervatur bei *Carlina* (vgl. STÖLZER & JÄGER 1985) und von

H. A. FRÖBE und R. CLASSEN zur morphologischen Evaluation des Spreublattkomplexes bei *Carlina* (vgl. FRÖBE & CLASSEN 1987).

Als Originalbeiträge erscheinen innerhalb unserer Monographie die Kapitel über:

Karyologie der Gattung *Carlina* (von F. EHRENDORFER und M. TOHIDAST-AKRAD, Wien,

Embryologie von *Carlina* (von E. SVOMA, Wien),

Hygroskopische Strukturen im Bereich der Blüten- und Fruchtköpfchen von *Carlina* (von D. FÜRNKRANZ und A. SCHMIDT, Salzburg),

Kutikularstrukturen an Laubblättern von *Carlina* (von W. MORAWETZ und M. MORAWETZ-WAHA, Wien).

Umfangreiche phytochemische Analysen von F. BOHLMANN (Berlin) sowie REM-Aufnahmen von Pollen fast aller *Carlina*-Arten von S. BORTENSCHLAGER (Innsbruck) lieferten die Grundlage zu den Kapiteln „Phytochemie" und „Palynologie", in die zudem wichtige Ergänzungen von K. VETSCHERA-VALANT (Wien) sowie M. DITTRICH (Genf) eingeflossen sind. Durch REM-Aufnahmen von der Entwicklung der Laubblätter und des Spreublattkomplexes sowie der Blüten und Früchte von *Carlina,* die uns S. SONTAG (Wien) sowie P. LEINS und C. ERBAR (Heidelberg) zur Verfügung stellten, konnten die vorliegenden morphologischen Untersuchungen wesentlich ergänzt und erweitert werden.

Bei der Bestimmung mediterraner und anatolischer Pflanzen haben uns F. SORGER, F. EHRENDORFER, K. FITZ, F. KRENDL, A. POLATSCHEK, K.-H. RECHINGER (Wien), G. LEUTE (Klagenfurt), W. GREUTER, I. HAGEMANN, H. W. LACK, H. SCHOLZ (Berlin-Dahlem), G. WAGENITZ (Göttingen) und I. HEDGE (Edinburgh) vielseitig geholfen.

Zur Formulierung der englischen Zusammenfassung erhielten wir von F. EHRENDORFER und A. WEBER (Wien) vielfältige Verbesserungsvorschläge. U. BRAUN und K. WER-

NER (Halle) bemühten sich um eine gute Erläuterung der Abbildungen in englischer Sprache. Auch Ihnen müssen wir herzlich danken.

Bei den technischen Arbeiten fanden wir viel Hilfe durch Mitarbeiter des Wissenschaftsbereichs Geobotanik und Botanischer Garten der Sektion Biowissenschaften. Die komplizierten Schreibarbeiten von Text und Tabellen übernahm I. MÜLLER † mit großer Sachkenntnis und viel Geduld. Fotoarbeiten wurden verständnisvoll von der Hochschul-Film- und Bildstelle der Martin-Luther-Universität (besonders O. BIRNBAUM, D. BRANDT, M. HEINREICHSDORF, B. KLETT) sowie S. RODEMANN und G. HENSLING (Wissenschaftsbereich Geobotanik und Botanischer Garten) durchgeführt.

Die endgültige Fertigstellung des Manuskripts wurde durch eine Reihe von Mitarbeitern der Pädagogischen Hochschule „Wolfgang Ratke“ Köthen/Anh., Bereich Film und Bild und Sektion Biologie/Chemie unterstützt, so die Ausführungen von zahlreichen fototechnischen Arbeiten durch W. WILLECKE, M. KÖNIG und A. HÜNEFELD. Die Anfertigung der Arealkarten-Legenden übernahmen Th. MÜLLER und D. MÜLLER, die zugleich auch mit W. FRIEDRICH die Reinschrift des Textes erledigten. All diesen Kollegen sei für ihre gewissenhafte Hilfe und Unterstützung gedankt.

Nicht zuletzt müssen wir auch S. SONTAG und E. VITEK (Wien) für viele mühevolle Arbeit bei der abschließenden Redaktion des Manuskripts und der Abbildungsvorlagen danken. Der letztgenannte scheute keine Mühe bei umfangreichen Korrekturen und der Gestaltung der endgültigen Buchform.

Der Fonds zur Förderung der wissenschaftlichen Forschung in Österreich hat die Drucklegung durch die Österreichische Akademie der Wissenschaften ermöglicht. Auch dafür dürfen wir hier unseren Dank abstatten.

Summary

Based on extensive collections, field studies, and experiments with cultivated plants, the present monograph offers a comprehensive biological survey of the genus *Carlina*. Morphological, anatomical, karyological and phytochemical characters are evaluated, the geographical distribution and phytocoenological behaviour is analyzed. A taxonomic conspectus of *Carlina* (with 28 species) is presented on p. 23–25. Detailed descriptions of the different taxa will be presented in the second volume.

Carlina is the type genus of the tribe *Carlineae* (*Asteraceae*), recently separated (together with the *Echinopeae*) from the *Carduineae*. The most important features of the tribe are summarized in t. 1; the individual genera are illustrated in figs. 2 and 3. Apart from the East-Asiatic genera *Atractylodes* and *Tugarinovia*, all representatives of the *Carlineae* are Mediterranean or Oriental elements (figs. 4 and 5). *Carlina* is the only genus extending into Central Europe and Siberia.

Many specific characters in *Carlina* are associated with the growth form differentiation of the genus. Comprehensive studies of all aspects of vegetative growth have resulted in the recognition of the following growth forms (fig. 17):

(a) Evergreen dwarf trees with an erect woody primary stem and lateral ramifications forming a crown-like branching system. Innovation is due to the development of acrotonous shoots beneath the inflorescences (fig. 6).

(b) Winter-(summer-)green pleiocormous perennials with annual shoots arising from a root stock formed by the lignified bases of the primary and subsequent annual shoots (pleiocorm, figs. 8, 9).

(c) Winter-(summer-)green annuals with a primary shoot exhibiting acrotonous ramification. This resembles the innovation shoots of the dwarf trees, but there are only solitary capitula at the top of the branches (figs. 15, 21).

(d) Summergreen rosulate and semi-rosulate perennials with a fleshy tap root, a large basal leaf rosette and a large capitulum at the top of a short, thick primary stem. The pleiocormous base is formed by basal branching of the primary stem followed by laceration of the root (figs. 9, 10). In *C. acanthifolia* the innovation ability is often lost, resulting in a hapaxanthous behaviour (fig. 14).

(e) Summergreen semi-rosulate hapaxanthous plants first form rosettes of foliage leaves and then produce an erect, elongated primary shoot ending in a synflorescence (fig. 16).

Some species deviate notably from these growth forms:
C. tragacanthifolia represents a heterophyllous, spiny cushion plant, and *C. oligocephala* is a rosulate plant with divided base resembling a pleiocormous perennial but lacking innovations (fig. 18).

Primary root systems are developed in all species of the genus *Carlina*, homorhizal radication is unknown. In the subgenera *Carlowizia* and *Lyrolepis* as well as in sect. *Corymbosae*, the (primary) tap root and the lateral roots are strongly lignified (figs. 25, 26,

28), whereas lignification is temporally and spatially limited in sect. *Mitinae* (fig. 26). More or less thickened and fleshy tap roots are typical for sect. *Carlina* and particulary sect. *Heracantha* (figs. 25, 30). Differences in the seasonal development and extension of the roots in some taxa are illustrated in figs. 19, 20.

All *Carlina* species exhibit characteristic patterns of leaf sequence (figs. 34, 35). *C. diae* and the species of subgen. *Carlowizia* only develop partly dentate or even entire leaves (fig. 40), in all the other taxa the foliage leaves and hypsophylls are ± pinnately divided. Their segments are pinnae, lobes and teeth which are often transformed into spines (fig. 40). The consecutive development of segments is reflected in the succession of pinnae, lobes and ± spiny teeth (figs. 38, 39). Taxonomically important qualitative and quantitative differences are shown in fig. 37.

Leaf shape and consistence must be seen in context with the ecological behaviour of the different species. Xerophytes are often characterized by very spiny and strongly divided leaves. In species of sect. *Carlina* the corresponding foliage leaves (fig. 41) exhibit all transitions from mesophytic (*C. biebersteinii*) to xerophytic structure (*C. frigida, C. oligocephala*). Moreover, attention also must be paid to the differences between ± plain and „three-dimensional“ leaves (fig. 42, pl. III). The changes from mesophytic to xerophytic structure in the leaf sequences of single plants as well as in related taxa are also reflected by the patterns of leaf venation (figs. 43–45).

The comparative morphological analyses of growth forms are complemented by anatomical studies of stem, leaf, and root structures. The shoots of dwarf shrubs, pleiocormous perennials as well as annuals exhibit typical secondary thickening (figs. 23, 24), whereas in the rosulate hapaxanthous plants and rosulate perennials primary thickening is more important (fig. 24).

The change from mesomorphic to xeromorphic taxa in different groups of *Carlina* is accompanied by corresponding changes of the leaf anatomy, e.g. with regard to the mesophyll shifting its position from dorsiventral to isolateral, and to the density and distribution of the stomata (figs. 48, 49, 52–55, t. 3).

In the various growth form types different forms of secretion tissues can be observed. *Carlina* is characterized both by single elongated lactiferous cells (pl. I) and by latex cavities or containers (fig. 31, 32, pl. II). The latter ones are schizo-lysigenous groups of cells occurring primarily in the parenchymatous tissue of the fleshy roots (figs. 30, 91).

Numerous structures which are important for the taxonomical classification and ecological evaluation are found in the vegetative parts of *Carlina* species. In contrast, the reproductive sphere exhibits much less differentiation. Only the genus as a whole is well defined by the features of the capitulum, flowers and fruits (t. 1).

The capitula of *Carlina* are surrounded by an involucre composed of three kinds of involucral bracts (figs. 57, 58, 61):

(a) The outer involucral bracts resemble the uppermost spiny hypsophylls, but have a thick cushion-like base, covering the fleshy body of the capitulum (fig. 57).
(b) The middle involucral bracts are small and scale-like; they form a basket enclosing the flowers.
(c) The inner involucral bracts are elongated; only their basal portions have a protective function; their middle and upper parts form a radiate and showy corona around the flower head (fig. 58).

In addition to the involucral bracts, the complex of receptaculum scales represents a characteristic feature of the genus. Each flower is enveloped by acute receptaculum scales which are linked to each other and cover the entire surface of the capitulum in a complex manner (figs. 87, 89, pl. VII). The shape of the individual receptaculum scales recall the bracts surrounding the flowers of *Echinops* (figs. 63, 64, 66, 67). The question whether the inflorescences of *Carlina* are proper capitula or syncephalia is discussed in 2.6.2. (p. 116).

The structure and development of the epigynous flowers of *Carlina* is illustrated in figs. 71, pl. X, XI. The fruits (achenes) possess a pappus composed of radially spreading rays, which are fixed on scale-like basal segments (figs. 1, 91).

For an infrageneric subdivision of *Carlina* especially the following characters of the reproductive region are usefull:

(a) Shape and size of the capitula.
(b) Shape and length of the outer involucral bracts.
(c) Length and colouring of the inner involucral bracts.
(d) Shape of the style apex (pl. XIV).
(e) Number of rays on the individual pappus basal segments (fig. 1).
(f) Structure of the basal torus in the achenes (pl. XV, XXII).

Carlina pollen recalls the pollen form of primitive groups of *Cynareae*. Dimensions and structure (pl. XVI–XIX) are too uniform to provide any help for a taxonomic subdivision of the genus.

Embryological studies in a few species of *Carlina* (figs. 73–76, t. 5) suggest remarkable differences between some groups (sect. *Carlina* and sect. *Heracantha* versus sect. *Mitina*). The position of *Carlina* and the *Carlineae* near the *Cynareae* is substantiated (t. 6).

Karyological studies (chromosome counts of nearly all species: t. 7, representative Feulgen karyotypes: pl. XX, XXI, and some Giemsa banded karyotypes: pl. XXII) demonstrate the relative uniformity and coherence of the genus. The chromosome base number is x = 10, 2 n = 20; there is no polyploidy. Only sect. *Corymbosae* deviates by x = 9, 2 n = 18, and a characteristic karyotype. Together with other characters, this clearly shows that this section is a natural (and advanced) taxon. Slight differences in the karyotypes of the sections with 2 n = 20 are documented by scatter diagrams (figs. 76–79) and support their taxonomic arrangement.

Phytochemical analyses of roots from a large number of *Carlina* species show that among the polyacetylens the furan derivative carlinaoxide (figs. 81, 82, t. 7) can be regarded as a very valuable generic character. Affinities to the related genera *Atractylis* and *Atractylodes* are reflected by biogenetically similar derivatives. The glycosyl flavon profiles (fig. 83, t. 8) appear also relevant for the systematics of the tribe. The differences regarding the distribution and concentration of terpenoids in aerial and subterranean parts of *C. oligocephala* are shown in fig. 84.

With regard to the pollination and dispersal biology, *Carlina* is characterized by its late flowering period in late summer and autumn. In areas with Mediterranean climate most of the foliage leaves wither very early, and the development of the flowers and fruits depends upon photosynthesis and biomass production in organs close to the capitula, i.e. in hypsophylls and the outer involucral bracts.

The allogamous flowers are mainly pollinated by hymenopters, especially *Bombus* and *Helictes* spec. (fig. 82, t. 11). *Carlina* fruits possess some special features: up to maturity they are enclosed by the receptaculum scales which form a honeycomb-like aggregate (fig. 89c). The pinnate pappus is efficient for dispersal by air movements (fig. 86). During its development, the pappus is early separated from the fruit, and only loosely attached in the wreath of twin hairs arising from the apical plate of the achene (fig. 72); a slight push is sufficient for the separation of the wind-drifting pappus and fruit body.

In *Carlina* species with large capitula (*C. acaulis, C. acanthifolia*) often a combination of pogonochory and cyclochory is found. During winter the achenes which have not yet fully ripened remain in the scale aggregate of the receptaculum. In spring, this aggregate, surrounded by the inner involucral bracts, becomes detached from the capitulum base and the resulting „fruit complex" is spread and disperses the achenes (fig. 89).

During the time of flowering and fruiting, characteristical, moisture dependent movements occur in the capitula and achenes of *Carlina*:

(a) Outward and inward bending of the inner involucral bracts (figs. 91–93, pl. XXIII, XXIV).
(b) Outward and inward movements of the pappus basal segments and pappus rays (fig. 91, pl. XXV).
(c) Spreading of the hairs on the pappus rays (fig. 91, pl. XXV).
(d) Diverging of the hairs on the fruits (fig. 1, pl. XXVI).

All these movements are caused by partial swelling of cell walls or of dorsiventrally structured tissues in dead cells and tissues (pl. XXIII–XXVI).

A survey is presented for all the phytophagous insects and parasitic fungi known from *Carlina* (t. 13, 14).

In the present monograph the distribution of all *Carlina* species is described on the basis of a general chorological analysis of extratropical Eurasia. Comprehensive comparative studies have established for this region the existence of areal types, defined by taxa with similar distribution patterns and specific ecology. The different areal types are linked to the zonal and altitudinal division of Eurasia (cf. Meusel, Jäger & Weinert 1967), and reflect, besides historical factors, the ecological and particularly the climatic conditions. Examples are the Circum-Mediterranean elements (*Trifolium stellatum* type), confined to regions with an etesian climate (figs. 95a, 96), or the East Mediterranean elements (*Sarcopoterium* type: fig. 99c), limited to Mediterranean areas with extremely arid summers (fig. 99b). For the present purpose areal types have been arranged in areal type groups, according to their zonal position and extension (t. 15). Small areal units are considered as segments or endemics and local endemics of the corresponding areal type.

From the data in t. 15 it is possible to give comparable ecogeographical descriptions for all *Carlina* taxa with their chorological position and zonal amplitude. The representatives of sect. *Mitina* can easily be characterized within the group of Macaronesian-Mediterranean areal types: *C. racemosa* is a W. Mediterranean plant of the *Quercus suber* type (fig. 97c, d) with oz_1–oz_2 amplitude, and *C. lanata* is a suboceanic-subcontinental Circum-Mediterranean plant of the *Pinus halepensis* type (fig. 97a, b).

Sect. *Corymbosae* on the whole is a typical Circum-Mediterranean taxon (fig. 95b) with its individual species occupying special areal types, segments or endemics within this frame: *C. corymbosa* is a Central-Mediterranean element (*Achillea ligustica* type: fig. 98c, d) in the meridional and submeridional zone. *C. graeca* represents an entirely meridional Aegean plant (fig. 99c): together with the S. Anatolian-Lebanesian *C. libanotica* it corresponds to the E. Mediterranean *Sarcopoterium* type (fig. 99a) of which the two species occupy geographical segments. Finally, *C. curetum* ssp. *curetum*, distributed in the mountains of Crete (fig. 100b), belongs to the *Berberis cretica* oreophyte areal type (fig. 107b).

The representatives of subgen. *Lyrolepis* are southeastern Aegean local endemics of the *Sarcopoterium* type (E. Crete and the Dodekanes Islands) in areas with extremely high mean temperatures (fig. 101a). The counterpart to these are the species of subgen. *Carlowizia*, endemics and local endemics on the Macaronesian Islands (fig. 103).

Most groups of *Carlina* are confined to the Macaronesian-Mediterranean region. Only a few species occur in the Central European region as well. They belong to groups which are mainly represented in the Mediterranean and Submediterranean mountains: sect. *Carlina* with *C. macrocephala, C. nebrodensis, C. frigida* in the Mediterranean mountains (fig. 112b, d), and *Carlina vulgaris*, as a Submedit/mo-Central European plant (*Fagus sylvatica* type, fig. 113), and sect. *Heracantha* with *C. atlantica* in the Atlas mountains, *C. acanthifolia* in the Submediterranean mountains (*Silene saxifraga* oreophyte type: fig. 112a, c) and *C. acaulis* as a Submedit/mo-Central European/demo plant (*Astrantia* type: fig. 114b, c).

Beside these oceanic-suboceanic, Mediterranean and Mediterranean-Central European plants, only two species of *Carlina* have penetrated into more continental areas: *C. oligocephala* in the Anatolian-(Armenian)mountains (*Globularia trichosantha* type in the group of Oriental elements: fig. 110a, 112d) and *C. biebersteinii*, the only Eurosiberian taxon of the genus, widespread in the Sarmatian-Central-S.Siberian region of forest-steppes (*Campanula cervicaria* type: fig. 115b, d). On account of comparative chorology, the latter two species are to be regarded as the most derived members of the genus.

The phytocoenological studies of this monograph form the basis for a comparative analysis of the ecological characters of the various *Carlina* taxa. Most are heliphilous elements of a more or less instable vegetation, nowadays often spreading into habitats influenced by man. There are no taxa growing in the alpine belt. Originally, the genus was confined to areas with climax vegetation formed by forests. The natural habitats of *Carlina*, therefore, must have been marginal zones of forests, rocky slopes, etc.

The special ecological positions and amplitudes of the *Carlina* taxa are circumscribed by two methods. The first depends on a complete survey of all plant communities within distinct landscapes, including those with particular taxa of *Carlina*. Such phytocoenological analyses around Barcelona and on the Balearic Islands (t. 16) indicate that *C. hispanica* may be considered (as other members of sect. *Corymbosae*) to be a characteristic element of the Thero-Brachypodietea.

The second method is based on areal type analyses of plant communities with *Carlina* taxa. Such analyses of *C. hispanica*, one based on a NE/SE transsect through the Iberian Peninsula (t. 17–19), the other on a profile in the eastern Pyrenees (t. 20, 21), demonstrate a dominance of Macaronesian-Mediterranean elements (up to 60–75%) in the accompanying species, followed by Oriental-Mediterranean elements (5–15%). Towards the geographical limits of *C. hispancia*, the high proportion of Mediterranean elements decreases to 25–30%: In the north they are partly replaced by submeridional and temperate elements (e.g. the Submediterranean group, the Central European group, and the European temperate group), in the south they are substituted by S. Mediterranean-Sahara elements. This circumscription of the very wide latitudinal (zonal) amplitude of *C. hispanica* by areal type analyses is complemented by data on oceanity/continentality values of the accompanying species.

Corresponding analyses of the other members of sect. *Corymbosae* show many similarities to *C. hispanica*. The areal type spectrum of *C. curetum* ssp. *curetum* from Crete (t. 24), includes, besides Mediterranean elements, many Mediterranean oreophytes. The Sicilian *C. nebrodensis* also is an entirely montane plant, but its areal type diagram is characterized by additional Submediterranean oreophytes (t. 23). The large ecological differences between *C. corymbosa* and *C. acaulis* are documented by a profile from the northern Apennines (t. 27).

Elements	Accompanying species of *C. corymbosa*	*C. acaulis*
Mediterranean	22	0
Oriental-Mediterranean	16	6–9
Submediterranean	25–39	0–4
Central European	24	55–60
Temperate Eurasian	13	20–24
Oceanic/continental	1,6	13–18

Ecophysiological experiments (Körner & Meusel 1986) demonstrate differences between the closely related *C. vulgaris* (submedit/mo-centraleurop) and *C. biebersteinii* (northern alpic/mo-centraleurop-centralsibir) with respect to leaf structure, rooting pattern and stomatal behaviour. In *C. biebersteinii* the leaves are more mesomorphic, the stomata are more sensitive to dryness and the root length per unit of the leaf area is much smaller than in *C. vulgaris*. Thus, *C. biebersteinii* appears better adapted to moderate light and high humidity in dense herbaceous plant communities, while *C. vulgaris* is a typical heliophytic herb of open habitats. This corresponds to the different natural growth conditions of the two species: *C. biebersteinii* grows under conditions of a short, but prevailingly humid season (E. European-Siberian forest steppes), while *C. vulgaris* is characteristic for open pioneer habitats with periods of water-stress during a much longer growing season (Submediterranean-Central European areas).

Infraspecific variability has been studied extensively under natural conditions and in cultivated plants. The gradual change of the leaf shape from lobed to deeply pinnatifid is an important feature of species differentiation, but parallel modifications are caused by environmental factors (fig. 124). A reduced formation of spines on the hypsophylls and outer involucral bracts in species of sect. *Corymbosae* is often due to stress impact (figs. 125, 126). Extreme deviations have been observed in cultivated plants: *C. diae*, a plant with undivided leaves, develops dentate foliage leaves in a humid shady greenhouse, whereas the leaves of the related *C. tragacanthifolia* are less divided and less spiny under similar conditions (fig. 126). Genetic changes of the leaf shape often accompany racial differentiation, e.g. in mountains (*C. corymbosa*, fig. 134) or in litoral races (*C. graeca*, fig. 136). Infraspecific variation in the growth form occurs more rarely, e.g. in *C. acaulis* (fig. 129), where semirosette and rosette plants appear in different geographical races (figs. 131–133).

Under natural conditions hybridization is fairly restricted (e.g. *C. acaulis* × *C. acanthifolia*) and no hybrids between the sections of subgen. *Carlina* are known. But within the polymorphic sections *Corymbosae* and *Carlina* transitional forms occur in contact zones between species and subspecies, and suggest hybridization and/or introgression. Some surprising hybrids have originated spontaneously in botanical gardens, particularly *C. salicifolia* × *C. corymbosa* s.l. and *C. diae* × *C. vulgaris* s.l. The parental species are totally isolated from each other in nature and belong to very different growth forms. In the latter case F_2 plants exhibit a wide range of growth forms, reaching from hapaxanthous herbs to plants with increasing ability of innovation and even long-lived woody plants resembling dwarf trees (figs. 137, 138, pl. XXVIII–XXXII, t. 37).

Die Gattung *Carlina*[1]

1. Systematische Stellung und Gliederung

1.1. Die Tribus *Carlineae* der *Asteraceae*

Unter den vielen Disteln innerhalb der Flockenblumenverwandtschaft fallen die *Carlina*-Arten durch ihre während der Blüte strahlend ausgebreiteten, oberseits glänzenden inneren Involukralblätter als Strohblumen (Gold- und Silberdisteln) besonders auf. Wagenitz (in Engler, Syllabus 1964, 1976) stellt die sich um *Carlina* gruppierenden Gattungen in die Subtribus *Carlininae* der Tribus *Cardueae* Cass. (syn. *Cynareae* Less. nom. illeg.). Dittrich (1977) sieht in den *Carlineae* eine eigene Tribus, die er den Tribus der *Echinopeae* und *Cardueae* gegenüberstellt.

Die Zusammenfassung der 12 in Tab. 1 genannten, habituell recht verschiedenen (vgl. Abb. 2, 3) Gattungen in der Tribus *Carlineae* gründet sich nach Dittrich (1977, ergänzt 1985 in litt.) besonders auf Merkmale des Blüten- und Achänenbaues. Hinzu kommen charakteristische Bildungen am Köpfchenboden. Hier findet man nur ausnahmsweise (*Atractylodes*) lediglich Spreuborsten wie bei den *Cardueae*. In der Regel treten vielmehr schuppige, oft zu Hüllkomplexen miteinander verbundene Spreublätter auf (Abb. 2, 63–65, Tafel VII–IX). Die Achänen fast aller Carlineen (abgesehen von *Cousiniopsis*) sind schmal, zylindrisch bis verkehrt kegelförmig und dicht mit aufrecht anliegenden, an der Spitze gegabelten oder völlig aufgespaltenen (*Atractylis, Atractylodes*) Zwillingshaaren bedeckt (Abb. 1). Das Perikarp ist parenchymatisch mit 5 (selten 10, 18 oder 20) Längsgefäßen. Die Testa-Epidermis wird von Zellen gebildet, die sich durch spangenförmige Wandverdickungen auszeichnen. Die Samenanlage entwickelt einen verhältnismäßig langen Funikulus (Abb. 71). Der Pappus sitzt randlich an der flachen Apikalplatte und entspringt nicht wie bei den *Cardueae* einem krönchenartigen Apikalaufsatz (Abb. 71, Tafel XI).

Die Blüten der *Carlineae* zeichnen sich durch eine meist radiäre in Limbus und Tubus gegliederte Korolle aus, die sich in 5 verhältnismäßig kurze Kronzipfel auflöst. Die Filamente sind glatt; der schmal zylindrische Griffel teilt sich an der Spitze in kurze, im Querschnitt halbkreisförmige Narben (Tafel XII). Weitere Merkmale, die auch Gattungsgruppierungen innerhalb der *Carlineae* aufzeigen, ergeben sich aus Tab. 1.

In der auf Eurasien begrenzten Verbreitung der *Carlineae* (Abb. 4, 5) zeichnet sich eine deutliche Gliederung in westeurasische (mediterran-orientalisch-turkestanische) und ost-zentralasiatische (sino-japonisch-mandschurisch-gobische) Sippen ab. Im Monsunklima auf der Ostseite des Kontinents wachsen nur *Atractylodes* als ein humid-semihumi-

[1] Die systematische Gliederung und raum-zeitliche Entfaltung erscheint als 2. Teil voraussichtlich 1991. Hinweise darauf erfolgen in diesem Band als „vgl. Band II“.

Abb. 1: *Carlina macrocephala*. Charakteristische Merkmale der Gattung *Carlina*: I Pappus, II Basalsegmente mit fiedrig behaarten Einzelborsten, III Achäne mit aufgerichteten gegabelten Zwillingshaaren bedeckt (IV) (Botan. Institut Innsbruck).

Fig. 1: *Carlina macrocephala*. Characteristic features of the genus *Carlina*: I pappus, II basal segments with pinnate bristles, III achene covered by erect, terminally forked [double] hairs (IV).

Tab. 1. Trib. *Carlineae*, Übersicht der Gattungen mit charakteristischen differenzierenden Merkmalen

Tab. 1. Trib. *Carlineae*, survey of genera with main differential characters

		Carlina	*Atractylis*	*Atractylodes*	*Tugarinovia*	*Cousiniopsis*	*Thevenotia*	*Staehelina*	*Amphoricarpos*	*Xeranthemum*	*Chardinia*	*Siebera*	*Cardopatum*
Artenzahl		28	30	6	1	1	2	8	2	5	1	2	2
Wuchsform		♄♃⚇⊙	♄♃⊙	♃	♃	⊙	⊙	♄	♃	⊙	⊙	⊙	♃
Chromosomenzahl (2n)		18,20	18,20	24	?	?	?	30	30	12,20	22	?	?
LBl	ganzrandig	(+)	(+)	(+)	–	–	–	+	+	+	+	+	–
	fiedrig	+	+	+	+	+	+	–	–	–	–	–	+
IIBl	strahlend	+	–	–	–	–	–	–	–	+	(+)	+	–
	aufrecht	–	+	+	+	+	+	+	+	–	–	–	+
SpBl	Schuppen	+	+	–	(+)	+	+	+	+	+	+	+	+
	Komplexe	+	+	(+)	(+)	+	+	–	–	–	–	–	–
	Borsten	+	+	+	–	+	+	+	–	–	–	–	–
Pp	Borsten	+	+	+	+	+	+	+	+	–	–	–	–
	Borsten auf Bas.seg.	+	–	–	–	+	–	+	–	–	–	–	–
	Schuppen	–	–	–	–	–	–	–	–	+	+	+	+
Milchsaftzellen		+	+	+	?	?	?	+	+	–	+	?	–
Verbreitung		macar – med – me – – zentralsibir	macar – sahar – med – or	zentral – nord-sino – japon	nordgobisch	südturan – turcest	iran – afghan turcest // mo	med disj + (curd)	soillyr + west – cauc + swanatol // // mo	circmed – or – turcest – pann	westor – turcest	armen – syr – (swiran)	(west) – ostmed

In ( ) Merkmale nicht vollständig oder nicht regelmäßig ausgeprägt.
LBl = Laubblatt, IIBl = inneres Involukralblatt, SpBl = Spreublatt, Pp = Pappus, Bas.seg. = Basalsegment

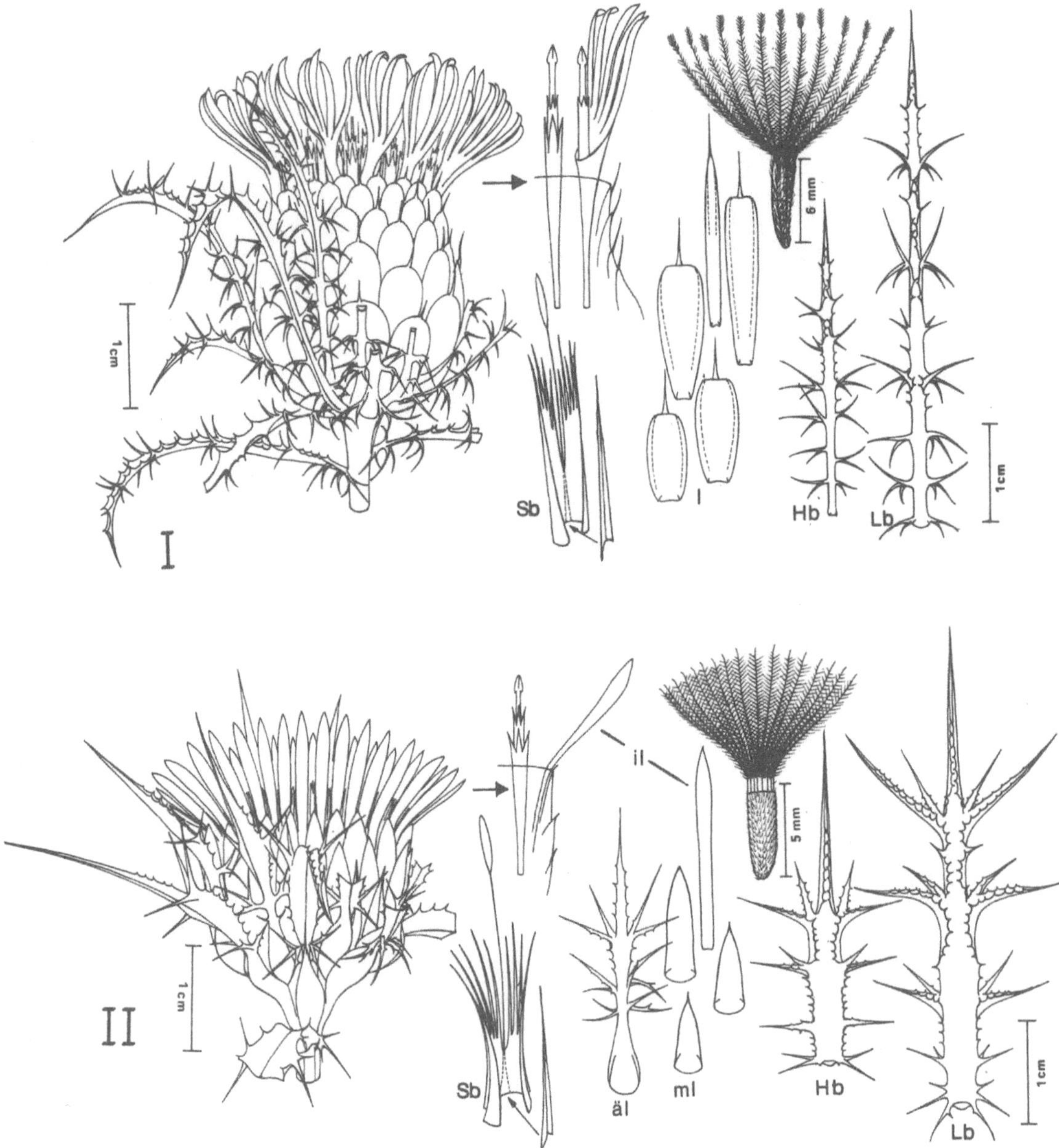

Abb. 2: *Carlina corymbosa* (II) und *Atractylis humilis* (I). Unterschiede im Köpfchen- und Achänenbau. I = Involukralblätter, äI, mI, iI = äußere, mittlere und innere Involukralblätter, Sb = Spreublätter, Hb = Hochblätter, Lb = Laubblätter.

Fig. 2: *Carlina corymbosa* (II) and *Atractylis humilis* (I). Differences in the capitulum and achene structure I = involucral bracts, äI, mI, iI = outer, middle, inner involucral bracts, Sb = receptacular scales, Hb = hypsophyll, Lb = foliage leave.

Abb. 3: Habitus und Köpfchen einiger Carlineen-Gattungen. *Atractylodes ovata* als sommergrüne Rhizomstaude, *Staehelina arborescens* als immergrünes Zwergbäumchen, *Xeranthemum annuum* als winter-sommergrüne Annuelle und *Cousiniopsis atractyloides* als kurzlebige Annuelle (sympodiales Anthokladium).

Fig. 3: Habit and capitula of some genera of *Carlineae*. *Atractylodes ovata* (summergreen rhizomatous perennial herb). *Staehelina arborescens* (evergreen dwarf tree), *Xeranthemum annuum* (winter-summergreen annual herb). *Cousiniopsis atractylodes* (short-lived annual herb; sympodial anthocladium).

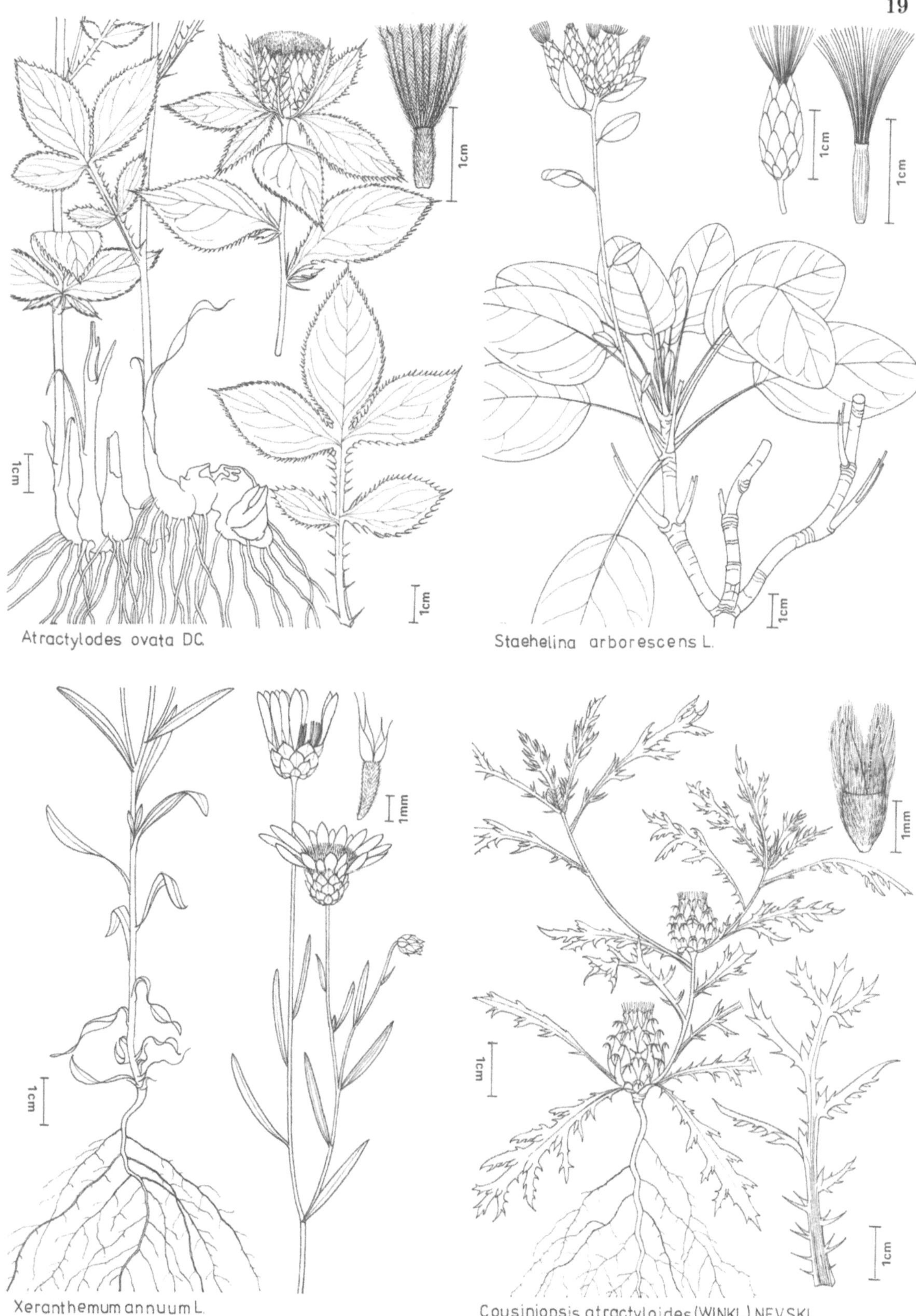

Abb. 3: Habitus und Köpfchen einiger Carlineen-Gattungen. Text siehe S. 18.

Fig. 3: Habit and capitula of some genera of *Carlineae*. Text see p. 18.

des und *Tugarinovia* als ein extrem arides Element. Im westlichen Eurasien bilden *Cousiniopsis, Thevenotia, Chardinia* und *Siebera* mit Vorposten von *Atractylis* und *Xeranthemum* als semiaride bis aride Elemente einen mittel-vorderasiatischen Arealschwerpunkt. *Carlina, Staehelina, Amphoricarpos* und die meisten Vertreter von *Atractylis* und *Xeranthemum* häufen sich dagegen als mehr semihumide Elemente im Mittelmeerraum.

Innerhalb der *Carlineae* hebt sich *Carlina* durch Merkmale heraus, die teilweise auch in anderen Gattungen wiederkehren können, im Komplex aber ein sehr charakteristisches Bild vom Köpfchenbau, von der Blattfolge sowie von Achänen- und Pappus-Strukturen abgeben (vgl. Tab. 1). Das Köpfchen wird durch eine stark differenzierte dreigliedrige Involukralblattfolge umhüllt (Abb. 2, 35, 57, 58): Meist dornfiedrige, laubblattähnliche, an subcephale Hochblätter anschließende äußere Involukralblätter berinden mit breiter Basis die Köpfchenachse. Sie dienen sowohl der Stoffproduktion als auch der Stoffspeicherung. Auf sie folgen kurze, dicht zusammenstehende, meist lanzenförmige mittlere und schließlich verlängerte, linealische, im oberen Teil zungenförmig verbreiterte, gefärbte innere Blattorgane, die sich während der Anthese als Schauapparat ausbreiten (Abb. 2, 57, 58). Außerdem ist *Carlina* durch ein kompliziert aufgebautes Spreublattaggregat gekennzeichnet, das die Blüten allseitig umschließt (Tafel VII) und die Achänen wabenartig einhüllt (Abb. 65). Am Pappus sind jeweils mehrere fiedrig behaarte Borsten durch ein Basalsegment verbunden (Abb. 1). Phytochemisch ist *Carlina* durch die Polyacetylen-Verbindung Carlinaoxid gut charakterisiert.

Innerhalb der *Carlineae* erweist sich *Atractylis* als die *Carlina* nächstverwandte Gattung (Abb. 2). Im Involukrum der *Atractylis*-Arten fehlen jedoch die berindenden äußeren Involukralblätter. Zwar rücken gefiederte Hochblätter bis dicht an das Köpfchen heran, sie sind aber nicht mit der Köpfchenachse verbunden wie die äußeren Involukral-

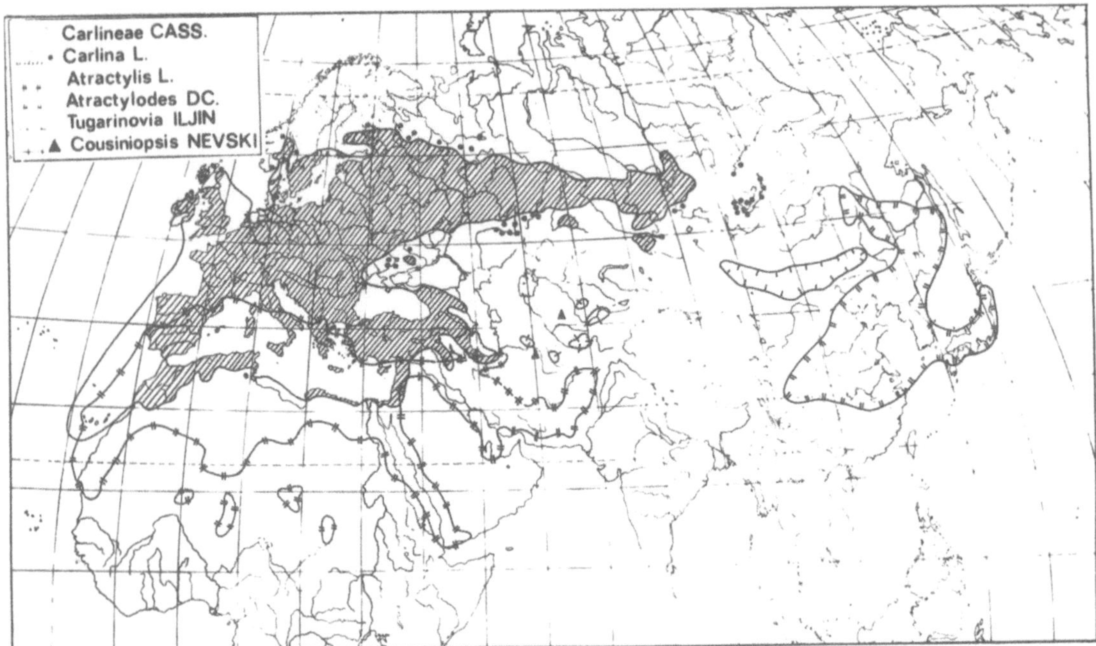

Abb. 4: Gesamtareale der Carlineen-Gattungen *Carlina, Atractylis, Atractylodes, Tugarinovia* und *Cousiniopsis* (Entwurf Jäger für Meusel & Jäger, Chorologie III, Mskr.).

Fig. 4: Total geographical range of the genera *Carlina, Atractylis, Atractylodes, Tugarinovia* and *Cousiniopsis*.

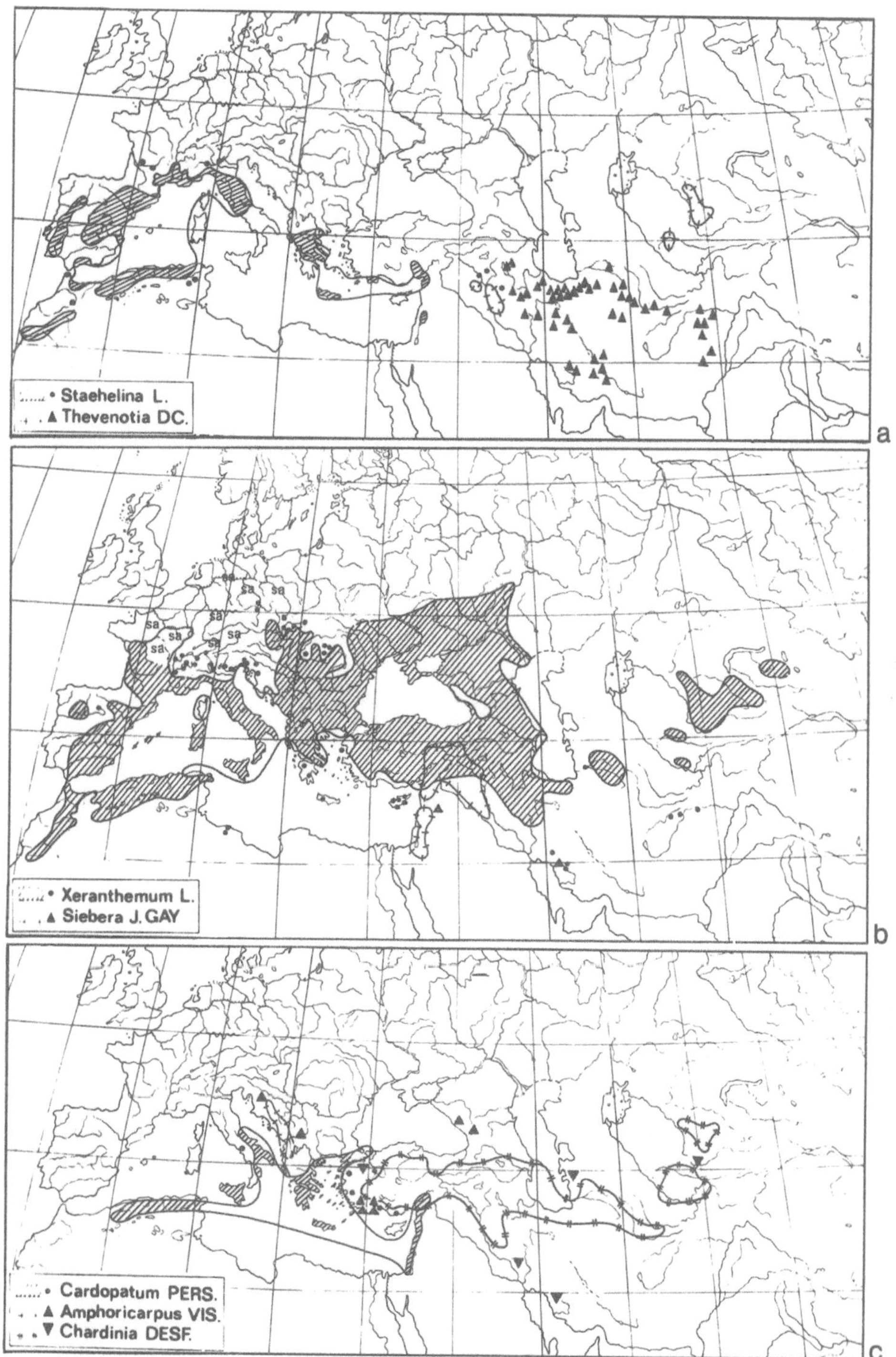

Abb. 5: Gesamtareale der Carlineen-Gattungen. a: *Staehelina* und *Thevenotia*, b: *Xeranthemum* und *Siebera*, c: *Cardopatum, Amphoricarpos* (gehört zur *Staehelina*-Gruppe, vgl. a) und *Chardinia* (gehört zur *Xeranthemum*-Gruppe, vgl. b). Entwurf JÄGER für MEUSEL & JÄGER, Chorologie III, Mskr.

Fig. 5: Total geographical range of a: *Staehelina* and *Thevenotia*, b: *Xeranthemum* and *Siebera*, c: *Cardopatum, Amphoricarpos* (belonging to the *Staehelina* group, cf. a) and *Chardinia* (belonging to the *Xeranthemum* group, cf. b).

blätter von *Carlina*. Die Hülle der *Atractylis*-Köpfchen besteht lediglich aus mehreren bis vielen Reihen dachziegelartig angeordneter schuppenartiger, dornspitziger Blätter. Von ihnen sind die innersten verlängert und schmal, es kommt aber nicht zur Ausbildung eines besonderen strahlenden und gefärbten Abschnittes. Der Schauapparat wird von den lebhaft gefärbten und z. T. auch verlängerten, über das Involukrum hinausragenden Blüten gebildet (Abb. 2). Außerdem bestehen zwischen *Carlina* und *Atractylis* Unterschiede in der Anordnung der Pappusborsten. Im Wuchsformenspektrum (niedrige Gehölze und Halbsträucher, Pleiokorm- und Rübenstauden, Annuelle) und in der bevorzugt mediterranen Verbreitung verhalten sich dagegen beide Gattungen ähnlich. Dabei ist allerdings zu beachten, daß *Atractylis* viel stärker an südmediterran-saharische Breiten gebunden ist und weiter bis in orientalisch-turkestanische Trockengebiete reicht als *Carlina* (Abb. 4).

Die Verwandtschaft von *Carlina* und *Atractylis* kommt am stärksten bei den großblättrigen Rosetten- und Halbrosettenstauden von *Carlina* sect. *Heracantha* einerseits und *Atractylis* sect. *Chamaeleon* andererseits zum Ausdruck. Außer im Wuchs bestehen hier auch beachtliche Annäherungen in der Gestaltung des Pappus (Petit 1987).

Die Arten der ostasiatischen Gattung *Atractylodes* stimmen in der Involukralblattfolge mit *Atractylis* überein. An Stelle des für *Carlina* und *Atractylis* charakteristischen Spreublatt-Komplexes findet man bei *Atractylodes* jedoch nur einzelne Borsten am Blütenboden. Außerdem unterscheidet sich die durch sommergrüne homorhize Rhizomstauden repräsentierte Gattung habituell deutlich von den bei *Carlina* und *Atractylis* entwickelten durchwegs allorhizen Wuchsformen (Abb. 3).

Die orientalisch-turkestanischen Vertreter der Gattungen *Cousiniopsis* und *Thevenotia* zeigen wie *Carlina* distelartigen Habitus (Abb. 3) und stimmen auch im Köpfchen- und Achänenbau in verschiedener Hinsicht mit dieser Gattung überein, wenn man von dem Fehlen strahlig ausgebreiteter innerer Involukralblätter absieht. Sie wachsen als kurzlebige Hapaxanthe in einem ariden Etesienklima.

Die erst neuerdings den Carlineen zugeordnete *Tugarinovia mongolica* ist dagegen eine mit einer mächtigen Rübe lange ausdauernde Wüsten-Rosettenstaude. Sie nimmt in vielen Merkmalen (Zweihäusigkeit, Pappus, Pollenform) eine sehr isolierte Stellung innerhalb der Tribus ein (vgl. MA 1980 und Dittrich et al. 1987).

Ihrer Beblätterung und ihrem Köpfchenbau nach weichen die Arten der Gattungen *Staehelina* und *Amphoricarpos* durch ganzrandige Laub- und äußere Involukralblätter und durch das Fehlen eines Hochblattkranzes unter dem Köpfchen stark von *Carlina* ab. Sie können am ehesten noch mit den ursprünglichen Vertretern der Gattung (*Carlina salicifolia, C. diae*) verglichen werden, die ebenfalls wenig aufgegliederte oder völlig ungeteilte Blätter tragen. Bei *Staehelina arbuscula* und *St. fruticosa* erinnert außerdem die Ausbildung verholzter mehrjähriger Zweigsysteme mit immergrüner Belaubung an die genannten, als ursprünglich angesehenen *Carlina*-Sippen (Abb. 3).

Eine sehr geschlossene Gruppe der Carlineen bilden die durchwegs annuellen Arten von *Xeranthemum* (Abb. 3), *Chardinia* und *Siebera*. Mit ungeteilten Blättern und in der Gestalt der Spreuschuppen schließen sie an *Staehelina* (Abb. 3) und *Amphoricarpos* an, unterscheiden sich von diesen Gattungen aber durch breite, schuppenartige Pappusstrahlen, eine schiefe Anheftung der Achänen sowie durch farbige, als Schauapparat ausgebreitete innere Involukralblätter (vgl. Tab. 1). In dieser „Strohblumen"-Eigenschaft stimmen sie mit *Carlina* überein. Ihre Verbreitung umfaßt nicht nur das Mittelmeerbecken, sondern reicht über das *Carlina*-Areal hinaus in die orientalisch-turkestanischen Bergländer (Abb. 5).

Cardopatium schließlich wächst im östlichen Mittelmeergebiet sowie im Atlas-Gebirge als eine typische distelartige Pflanze, steht aber, wie Tabelle 1 zeigt, im Merkmalskomplex der Carlineen entfernt von *Carlina*. Am Blütenboden finden wir bei *Cardopatium* nur einzelne schmale Schuppen.

Im Hinblick auf die in Tab. 1 aufgelisteten 13 Merkmale ergeben sich bei *Carlina* folgende Übereinstimmungen: mit *Atractylis* 9, mit *Atractylodes, Cousiniopsis, Staehelina* jeweils 7, mit *Thevenotia* 6, mit *Tugarinovia* und *Xeranthemum* 5, mit *Amphoricarpos*, *Chardinia* und *Siebera* jeweils 4 und mit *Cardopatum* 3 Punkte.

Um die Beziehungen von *Carlina* zu den Vertretern von trib. *Echinopeae* herauszustellen, müssen wir vor allem auf die schuppenförmigen, oft aufgespaltenen und aufgezipfelten Blattgebilde hinweisen, die bei *Echinops* und *Acantholepis* die einzelnen, auf einem kugeligen Blütenstandboden stehenden Blüten umgeben (Abb. 67). Zwischen diesen Organen bei *Echinops* und den Elementen des Spreublatt-Komplexes bei *Carlina* besteht eine beachtliche Ähnlichkeit (Abb. 66, vgl. KRUSE & MEUSEL 1969). Es ist deshalb die Frage zu stellen, inwieweit die kugeligen Infloreszenzen von *Echinops* den breit schüsselförmigen Köpfchen von *Carlina* homolog und diese deshalb als Synfloreszenz (Doppelköpfchen, Syncephalium) anzusprechen sind (s. S. 114).

1.2. Gliederung der Gattung *Carlina*

1.2.1. Beschreibung der Gattung

Meist krautige, milchsaftführende, distelartige Pflanzen verschiedener Wuchsformen (einjährige Schaftpflanzen, mehrjährig hapaxanthe Halbrosettenpflanzen, Pleiokormstauden, Rübenhalbrosetten- oder Rosettenstauden, seltener Dornpolster-Zwergsträucher oder wenig bewehrte Kandelaber-Zwergbäumchen). Indumentum aus charakteristischen Peitschenhaaren (vgl. 2.5.4.). Laubblätter meist dornig, fiederlappig bis fiederschnittig, seltener nur randlich gezähnt bis ganzrandig. Köpfchen homogam, meist klein bis mittelgroß in wenig- bis vielblütigen Schirmrispen oder in cymösen Anthokladien, bei einigen Arten groß und meist einzeln, endständig sitzend. Involukrum stark gegliedert, dreigestaltig. Die äußeren Involukralblätter wie die subcephalen Hochblätter laubartig, grün, mit meist geteilter Spreite und kissenartig die Köpfchenachse berindender Basis. Die mittleren Involukralblätter klein, ungeteilt, lanzenförmig zugespitzt. Die inneren Involukralblätter zungenförmig verlängert, derb trockenhäutig mit verbreitertem, lebhaft gelb, gelbbraun, weiß oder purpurrot gefärbtem oberseits glänzendem Endabschnitt, hygroskopisch reagierend. Köpfchenboden flach, mit Spreublatt-Komplex aus pergamenthäutigen, oft zerschlitzten und gekielten Schuppen und starren Borsten, ein bienenwabenartiges Spreublattaggregat bildend, das die einzelnen Blüten und Früchte umschließt. Blüten zwittrig, mit fünfzipfeliger radiärer Krone, Staubbeutel mit borstig-zipfeligen Anhängseln, Griffel zylindrisch mit kurzen Narbenlappen. Achänen verkehrt kegelförmig bis zylindrisch, ± stumpfkantig mit aufgerichtet anliegenden, an der Spitze gegabelten Zwillingshaaren bedeckt. Pappus ein- oder zweireihig, seine Borsten fiedrig behaart, zu mehreren auf verbreiterten Basalsegmenten. Samen mit parenchymatischer Testa und einem Hilum laterale. Chromosomenzahl 18 oder 20. Milchsaft mit spezifischer Polyacetylenverbindung Carlinaoxid.

1.2.2. Conspectus der Gattung *Carlina* L.

A) subgen. *Carlowizia* (MOENCH) LESS.
Carlina salicifolia (L. fil.) CAV.
Carlina canariensis PIT.
Carlina xeranthemoides L. fil.

B) subgen. *Lyrolepis* (RECH. fil.) MEUSEL & KÄSTNER
1. sect. *Lyrolepis* MEUSEL & KÄSTNER*)
Carlina diae (RECH. fil.) MEUSEL & KÄSTNER

2. sect. *Tragacanthifoliae* Meusel & Kästner*)
Carlina tragacanthifolia Klatt

C) subgen. *Carlina*
1. sect. *Corymbosae* Meusel & Kästner
a) subsect. *Corymbosae* Meusel & Kästner
Carlina corymbosa L.
Carlina hispanica Lam.
ssp. *hispanica*
ssp. *globosa* (Arc.) Meusel & Kästner*)
ssp. *major* (Lange) Meusel & Kästner*)
Carlina kurdica Meusel & Kästner
Carlina graeca Heldr. & Sart.
Carlina curetum Heldr.
ssp. *curetum*
ssp. *orientalis* Meusel & Kästner
Carlina involucrata Poir.
Carlina libanotica Boiss.
ssp. *libanotica*
ssp. *microcephala* (Post) Meusel & Dittrich*)
Carlina brachylepis (Batt.) Meusel & Kästner
b) subsect. *Siculae* Meusel & Kästner
Carlina sicula Ten.
Carlina barnebiana Burtt & Davis
Carlina pygmaea (Post) Holmb.
Carlina sitiensis Rech. fil.
2. sect. *Mitina* (Adans.) Meusel & Kästner
Carlina racemosa L.
Carlina lanata L.
3. sect. *Carlina*
a) subsect. *Carlina*
Carlina frigida Boiss. & Heldr.
ssp. *frigida*
ssp. *fiumensis* (Simonkai) Meusel & Kästner*)
ssp. *renatae* Dittrich & Meusel
Carlina macrocephala Moris
Carlina nebrodensis Guss.
Carlina vulgaris L.
ssp. *vulgaris*
ssp. *acanthophylla* (Hausskn.) Meusel & Kästner*)
Carlina biebersteinii Bernh. ex Hornemann
ssp. *biebersteinii*
ssp. *intermedia* (Schur) Meusel & Kästner*)
b) subsect. *Oligocephalae* Meusel & Kästner
Carlina oligocephala Boiss. & Kotschy
ssp. *oligocephala*
ssp. *microcephala* (Boiss). Meusel & Kästner*)
ssp. *pallescens* (Wettstein) Meusel & Kästner*)

4. sect. *Heracantha* DC.
   a) subsect. *Heracantha*
      Carlina acaulis L.
         ssp. *acaulis*
         ssp. *simplex* (WALDST. & KIT.) NYMAN
      Carlina atlantica POMEL
   b) subsect. *Acanthifoliae* MEUSEL & KÄSTNER
      Carlina acanthifolia ALL.
         ssp. *acanthifolia*
         ssp. *cynara* (POURR. et DUBY) ROUY

*) Die Beschreibungen der neuen Taxa bzw. die neuen Umkombinationen befinden sich in Kapitel 5, Nomenklatur (S. 275).

Die meisten der genannten Arten wurden mit ihrer Erstbeschreibung der Gattung *Carlina* zugeordnet. Lediglich einige durch ungeteilte glattrandige oder nur gezähnte Blätter ausgezeichnete Sippen wurden erstmals unter anderen Gattungsnamen veröffentlicht. So:
Carlina salicifolia als *Carthamus salicifolius* L. fil. (1781) und
Carlina diae als *Lyrolepis diae* RECHINGER fil. (1943).

1.2.3. Bestimmungsschlüssel der Untergattungen und Sektionen

1 Stauden mit großen, 15–20 (30) cm langen Blättern (oft in Rosetten am Boden oder an ± gestreckten Achsen) und großen Blütenköpfchen, Durchmesser 3–8 (10) cm — sect. *Heracantha*

1° Pflanzen mit kleinen, 3–15 (20) cm langen Blättern und kleinen bis mittelgroßen Köpfchen, Durchmesser 0,8–1,5 (2) cm. Blütenköpfchen nie in bodenständiger Blattrosette → 2

2 Niedrige Büsche (Zwergbäumchen oder Polster) mit verholzten Zweigen und immergrüner Beblätterung → 3

2° Stauden oder kurzlebige Kräuter ohne verholzte Zweigsysteme und ohne immergrüne Beblätterung → 4

3 Achsen und Blätter immer dicht weißfilzig behaart, Involukralstrahlen lebhaft gelb — subgen. *Lyrolepis*

3° Achsen und Blätter (besonders Blattoberseiten) kahl oder nur locker behaart, im entwickelten Zustand nie dicht weißfilzig, Involukralstrahlen meist bräunlich, wenn gelb dann Laubblätter sehr schmal, linealisch-nadelförmig — subgen. *Carlowizia*

4 Stauden mit winter-(sommer-)grünen Jahrestrieben an einem verholzten Wurzelkopf (Pleiokorm, Caudex) — sect. *Corymbosae*

4° Hapaxanthe, nach ein- bis mehrjährigem Wachstum und einmaliger Blüte absterbende Kräuter → 5

5 Mehrjährig hapaxanthe Pflanzen, im vegetativen Stadium als einzelne Blattrosette (seltener nach Verzweigung als Rosettenkomplex) dicht am Boden, erst in der Blühperiode schossend. Synfloreszenz mit End- und Seitenköpfchen in rispiger Anordnung. Involukralstrahlen strohgelb, selten rötlich (*C. macrocephala*), oder leuchtend gelb (*C. oligocephala*) — sect. *Carlina*

5° Einjährige, winter-(sommer-)grüne Pflanzen mit meist nur wenigblättrigen und hinfälligen Rosetten, Blütenköpfchen immer einzeln in sympodialen Anthokladien, Involukralstrahlen leuchtend gelb oder rötlich — sect. *Mitina*

2. Strukturen (Merkmale)

2.1. Gesamtwuchs, Wuchsformen

In der Gattung *Carlina* begegnet uns eine beachtliche Mannigfaltigkeit von Wuchsformen. Am verbreitetsten sind klein- oder großblättrige Stauden sowie annuelle und bienn bis plurienn hapaxanthe Pflanzen. Daneben kommen aber auch strauchartige und polsterwüchsige immergrüne Holzgewächse vor. Die einzelnen Untergattungen und Sektionen von *Carlina* zeichnen sich durch deutlich verschiedene Wuchsformen aus. Diese bilden somit eine wichtige Grundlage der taxonomischen Gliederung der gesamten Gattung. Sie sind zugleich Ausdruck der Bindung an die verschiedenen Lebensräume, in denen sich ihre einzelnen Vertreter angesiedelt haben.

Die Sippen mit mehrjährigen, sekundär verholzenden oberirdischen Achsen und einer immergrünen Beblätterung sind an Gebiete oder Sonderstandorte mit einem verhältnismäßig gleichmäßig warmen und feuchten Klima gebunden, wie es im Bereich des makaronesischen meridional · humiden Lorbeerwaldes herrscht. Die meisten *Carlina*-Arten entfalten sich jedoch in meridional · semiariden Klimaten mit einem Wechsel von kühlfeuchten Wintern und heiß-trockenen Sommern, wo oft lange Dürreperioden einen starken Einschnitt in die Vegetationsentwicklung bewirken. In den Gebirgen der warm-gemäßigten Breiten sowie in der nördlich anschließenden temperaten Zone erzwingt der kalte Winter bei den dort vorkommenden Stauden und mehrjährigen Hapaxanthen eine weitgehende Vegetationsruhe.

Die wichtigsten Unterschiede in den Wuchsformen der *Carlina*-Arten zeigen sich:

a) in der Art der Verzweigung des Sproßsystems, vor allem in der Lage der Erneuerungstriebe bei den ausdauernden Arten,
b) in der Größe, Form und Anordnung (Blattfolge) sowie in der zeitlichen Entfaltung und in der Lebensdauer der Laubblätter,
c) in der Entwicklung des Wurzelsystems,
d) im anatomischen Aufbau der Sprosse und Wurzeln, insbesondere in deren Verholzungsgrad,
e) in der Zahl, Form und Größe der Blütenköpfchen,
f) in der Lebensdauer der Gesamtpflanze.

Die Wuchsform der immergrünen Holzpflanzen, wie sie uns in den Untergattungen *Carlowizia* und *Lyrolepis* begegnet, geht auf einen orthotropen Primärsproß zurück, der sich über mehrere Wuchsperioden streckt und sich durch sekundäres Dickenwachstum allmählich zu einem ansehnlichen Holzstämmchen entwickelt. Auch die Zweige werden in ihrer ganzen Länge in das sekundäre Dickenwachstum und die damit verbundene Holzbildung einbezogen.

Wie an 2–4jährigen Jungpflanzen von *C. salicifolia* (Abb. 6) zu erkennen ist, erfolgt die Verzweigung in Etagen jeweils aus dem oberen Bereich einer Triebperiode. Dieselbe akrotone Förderung zeigt sich in der Aufzweigung der Seitentriebe. Blühende Achsen

Abb. 6:
Carlina salicifolia (I–IV) und *C. diae* (V); Entwicklung des Zwergbäumchens (I Primärsproß, II Primärsproß mit Seitentrieb-Etagen, III Seitentrieb mit Synfloreszenz und IV Innovationssprosse [E] unter dieser). 1- bis 4jährige Pflanzen im temperierten Haus kultiviert. Foto Hochschulbildstelle Halle.

Fig. 6:
Carlina salicifolia (I–IV) and *C. diae* (V); Development of the dwarf tree habit (I primary stem, II stem with vegetative lateral branches, III lateral branch with synflorescence and IV innovative shoots (E) below the synflorescence; cultivated in a temperate greenhouse, 1 to 4 years old.

innovieren unterhalb der postfloral absterbenden Synfloreszenz. So baut sich in mehrjähriger Verzweigung um die Primärachse ein buschiges Sproßsystem auf (Abb. 7, 17a).

C. salicifolia als typisches Beispiel holziger *Carlina*-Arten erinnert im Wuchs an Holzpflanzen anderer auf den Kanaren reich entfalteter Gattungen wie *Echium, Sonchus, Asteriscus* oder *Digitalis* (vgl. MEUSEL 1952). Die meist locker angeordneten, weit ausladenden Zweige tragen in ihrem Endabschnitt einen Schopf immergrüner Blätter. Auf diese Art der Beblätterung bezieht sich der von SCHIMPER (vgl. SCHENK 1907) geprägte Ausdruck „Federbuschgewächse". Im Hinblick auf die weit ausladenden, im Spitzenbereich aufgebogenen Zweige spricht man auch von Kandelaberbüschen.

Abb. 7: *Carlina salicifolia*. Etwa 4jährige Pflanze, ausgepflanzt im Versuchshaus, in üppiger vegetativer Entwicklung.

Fig. 7: *Carlina salicifolia*. Plant about 4 years old, cultivated in a greenhouse showing vigorous vegetative development.

Das höchstens mannshohe System verholzter Zweige macht zunächst den Eindruck eines Strauches. Es fehlt jedoch bei *C. salicifolia* und den anderen Arten ähnlichen Wuchses die für Sträucher charakteristische regelmäßige Erneuerung aus der Basis (basale Innovation). Vielmehr stimmt die sich wiederholende akrotone Innovation bei der Verzweigung vieler Kandelaberpflanzen (Abb. 17a) mit der Kronenbildung eines Baumes überein. Wir möchten deshalb, KLOTZ (1959) folgend, die geschilderte Wuchsform als Kandelaber-Zwergbäumchen (vgl. auch WERNER 1966) bezeichnen. Dabei sollte die weitgehend fehlende Stammbildung durch „kurzstämmiges Zwergbäumchen" registriert werden. Wie bei den meisten Bäumen fußt das kurze Stämmchen der Zwergbäumchen auf einem allorhizen Wurzelsystem (s. S. 41).

Von der Mehrzahl der Gehölze unterscheiden sich die Zwergbäumchen von *C. salicifolia* insofern, als sie nur ein verhältnismäßig geringes Alter erreichen. Sie wachsen zunächst einige Jahre rein vegetativ, entfalten dann einzelne Blütenstände (meist an Seitenachsen) und kommen schließlich nach mehreren Jahren in ein Stadium, in dem mehrere Seitensprosse und meist auch der Primärsproß ihr Wachstum reproduktiv abschließen. Die folgende Entwicklung hängt dann von der Intensität der Innovation ab. Nach unseren Beobachtungen im Gewächshaus stirbt *C. salicifolia* nach etwa 10–20 Jahren ab (vgl. EBEL, KÜMMEL & WERNER 1982). Ähnlich verhält sich wahrscheinlich *C. diae*, während *C. xeranthemoides* aus der subalpinen Trockenstufe auf Tenerife eine noch stärker begrenzte Lebensdauer aufweisen dürfte. *C. tragacanthifolia*, die meist die Gestalt eines verholzten Kugelpolsters annimmt, wird wohl selten älter als 8–10 Jahre (vgl. Band II). Diese Altersangaben sind allerdings stark von Beobachtungen in Gartenkultur bestimmt. Besonders bei *C. salicifolia* kann man an günstigen Standorten in der Natur eine sehr starke Verdickung und Verholzung der älteren Achsen und an diesen eine Art regenerativer basaler Verzweigung feststellen, was darauf hinweist, daß unter besonders geeigneten Bedingungen auch ein beachtlich höheres Alter erreicht werden kann.

Wie die Zwergbäumchen zeichnen sich die Stauden der Gattung *Carlina* durch ein mehrjährig ausdauerndes, aus der Verzweigung des Primärsprosses hervorgehendes Achsensystem aus. Es besteht aber nicht aus der Gesamtheit der in ihrer ganzen Länge verholzten vegetativen Triebe, sondern nur aus den überdauernden Basalabschnitten der Jahrestriebe. Der gestreckte Primärsproß stirbt bei der beispielsweise hier zu betrachtenden *C. corymbosa* bis auf ein kurzes Basalstück ab, das unter starker Verholzung in die Dicke wächst (Abb. 8). Hier befinden sich die Erneuerungstriebe. Während der Primärsproß in der Regel – zumindest in der natürlichen Umgebung – vegetativ bleibt, enden die sich in der folgenden Wuchsperiode entfaltenden kräftigeren Tochtertriebe mit einem Blütenstand. Nach der Fruchtreife sterben auch die Tochtersprosse bis auf einen ebenfalls kurzen, verholzten Basalabschnitt ab, an dem wiederum Innovationstriebe entstehen (Abb. 8).

Bei mehrfacher Wiederholung dieses Vorganges entsteht ein System überdauernder Sproßbasen, das Pleiokorm. Es ist ein in gewisser Hinsicht der Krone der Zwergbäumchen vergleichbares bodennahes Dauerachsensystem (vgl. Abb. 9, 17a, b), an dem sich regelmäßig einjährige krautige Blütentriebe entwickeln. Als ausdauernde Pflanze mit jährlich sich erneuernden oberirdischen Trieben kann man *C. corymbosa* als Staude bezeichnen. Zum Unterschied von Stauden im engeren Sinn mit (jährlich sich fortsetzenden) sproßbürtig bewurzelten, Blütentriebe tragenden Rhizomen entspringen hier die Jahrestriebe an dem ausdauernden, die Hauptwurzel krönenden Pleiokorm („vielköpfige Wurzel", vgl. u. a. WYDLER 1860). Ihrer Gesamtorganisation nach stehen solche Pleiokormstauden zwischen Rübenstauden (vgl. TROLL 1941, 1954, 1964) und Halbsträuchern. Wie die kurzen Pleiokormachsen sind bei *C. corymbosa* auch die schon früh verdickte Primärwurzel und ihre kräftigen Auszweigungen in die Holzbildung durch sekundäres Dickenwachstum einbezogen (Abb. 9, 23, 25).

Die im Herbst hervorsprossenden Jahrestriebe der Arten von sect. *Corymbosae* strecken sich meist schon in ihren unteren Internodien (Abb. 8 IV), so daß es nicht oder nur andeutungsweise zu einer Rosettenbildung kommt. Man kann deshalb alle Arten dieser Sektion ihrer Wuchsform nach als arosulate oder höchstens schwach rosulate Holzrüben-Pleiokormstauden charakterisieren.

Wie bei *C. corymbosa* erfolgt auch bei den ebenfalls als Stauden wachsenden Arten von sect. *Heracantha* die jährliche Sproßerneuerung, zumindest bei jüngeren Pflanzen aus einer Pleiokorm-Basis (Abb. 17d). Gegenüber jener Sippe sind aber verschiedene Abweichungen im Aufbau des Vegetationskörpers festzustellen. Durch starkes sekundäres Dickenwachstum schwillt die Primärwurzel zu einer fleischigen Rübe an. Ihre Hauptmasse wird weniger von Festigungsgewebe, als vor allem von Holz- und Rindenparenchym gebildet (s. S. 60). Dem dicken, fleischigen proximalen Abschnitt der Primärwurzel sitzt ein System sehr kurzer Pleiokormäste auf. Jeder Jahrestrieb beginnt, wie bereits der Primärsproß, mit einer durch primäres Dickenwachstum verbreiterten Basis. Ihr entspringen große, in einer dichten Rosette angeordnete Laubblätter. Erst in einem späteren Stadium streckt sich der Sproß, bleibt aber meist verhältnismäßig kurz und endet in einem großen Blütenkopf.

Bei jungen Pflanzen von *C. acaulis* ist das Pleiokorm noch ein zusammenhängendes Achsensystem (Abb. 17d) wie bei den Arten von sect. *Corymbosae*. Bei älteren Pflanzen spaltet sich der von viel parenchymatischem Gewebe durchsetzte Wurzelkopf (Abb. 9), ebenso wie der proximale Abschnitt der Rübe in einzelne Sektoren. Aus der Pleiokorm-Rübenstaude wird eine Spaltrübenstaude, genauer eine großköpfige Halbrosetten-Spaltrübenstaude (Abb. 9, 10, vgl. auch LUKASIEWICZ 1962).

Unterbleibt bei einzelnen Ausbildungsformen von *Carlina acaulis* die Streckung des Blütentriebes, so entwickelt sich das große Köpfchen direkt in der bodenständigen Blattrosette: großköpfige Rosetten-Spaltrübenstaude (Abb. 11). Fixiert findet man den Rosettenwuchs bei allen Sippen von subsect. *Acanthifoliae* (Abb. 12).

Bei *Carlina acanthifolia* erweitert sich in einer mehrjährigen Erstarkung der kurze, unverzweigte Hauptsproß durch primäres Dickenwachstum und bildet schließlich ein großes Köpfchen inmitten der ansehnlichen Blattrosette (Abb. 12). Die Primärwurzel wächst zu einer starken Rübe heran (Abb. 13). Postfloral erscheint der breite Rübenkopf infolge Zerstörung der parenchymatischen Gewebe weitgehend ausgehöhlt. An seinem

---

Abb. 8: Pleiokormstauden von *Carlina* sect. *Corymbosae*. I, II: *C. corymbosa* (Herkunft Kalabrien). Pflanze in Gewächshauskultur, Herbststadien. I: einjährige Pflanze, Primärsproß mit kleinem Endköpfchen in Postfloration und kurzen basalen Innovationstrieben; II: Pleiokorm einer 2jährigen Pflanze mit Resten des abgestorbenen Primärsprosses (P). An der kurzen verdickten Basis des Primärsprosses entspringen 3 kräftige Tochtertriebe, die mit Blütenständen enden (I 1). An deren Basen bereits Innovationsknospen (I 2) der nächsten Triebperiode.
III, IV: *Carlina hispanica* (Katalonien). Pflanzen vom natürlichen Standort mit reich ausgezweigtem Pleiokorm in unterschiedlichen jahreszeitlichen Entwicklungsphasen. III: im Spätsommer mit absterbenden Blütentrieben, noch ohne Innovationstriebe an der Basis (vgl. Abb. 9 II); IV: im Vorfrühling mit gestreckten Innovationstrieben am Fuß der abgestorbenen vorjährigen Blütentriebe. Fotos: Hochschulbildstelle Halle.

Fig. 8: Pleiocormous perennials of *Carlina* sect. *Corymbosae* I, II: *C. corymbosa* (origin: Calabria). Plant cultivated in a greenhouse, autumnal state. I. one year old plant, primary shoot with terminal capitulum in postfloral stage and short basal innovation shoots.
II: pleiocorm of a two years old plant with remnant of the primary shoot (P). Three vigorous lateral (basal) „daughter shoots“ with terminal inflorescences (I 1) arising from the short, thickened base of the primary shoot. These shoots already possess innovation buds (I 2) for the next vegetation period.
III, IV: *Carlina hispanica* (origin: Catalonia). Two plants collected in their natural habitat, with richly branched pleiocorm in different seasonal stages. III: Stage of late summer with dead flowering shoots, still without innovation shoots at the base (cf. fig. 9 II). IV: Stage of early spring with elongated innovation shoots at the base of the dead preceding shoots.

Abb. 8: Pleiokormstauden von *Carlina* sect. *Corymbosae*, Text siehe S. 30.

Fig. 8: Pleiocormous perennials of *Carlina* sect. *Corymbosae*, text see p. 30.

Rand können zwar Knospen auftreten, es kommt aber nur selten zu einer normalen Innovation. In Gartenkultur findet man oft eine Entwicklung von Seitentrieben, die kleinere Köpfchen hervorbringen (Abb. 14). In der Natur dürften erst nach längerer Erstarkung aus Knospen am Wurzelkopf oder durch Wurzelsprossung wiederum blühfähige Pflanzen hervorgehen. Vielfach kommt es zum völligen Absterben nach der ersten Blüte. *C. acanthifolia* ist deshalb nur mit Einschränkungen als Rübenstaude, vielmehr als eine plurienn-hapaxanthe Rüben-Rosettenpflanze zu bezeichnen.

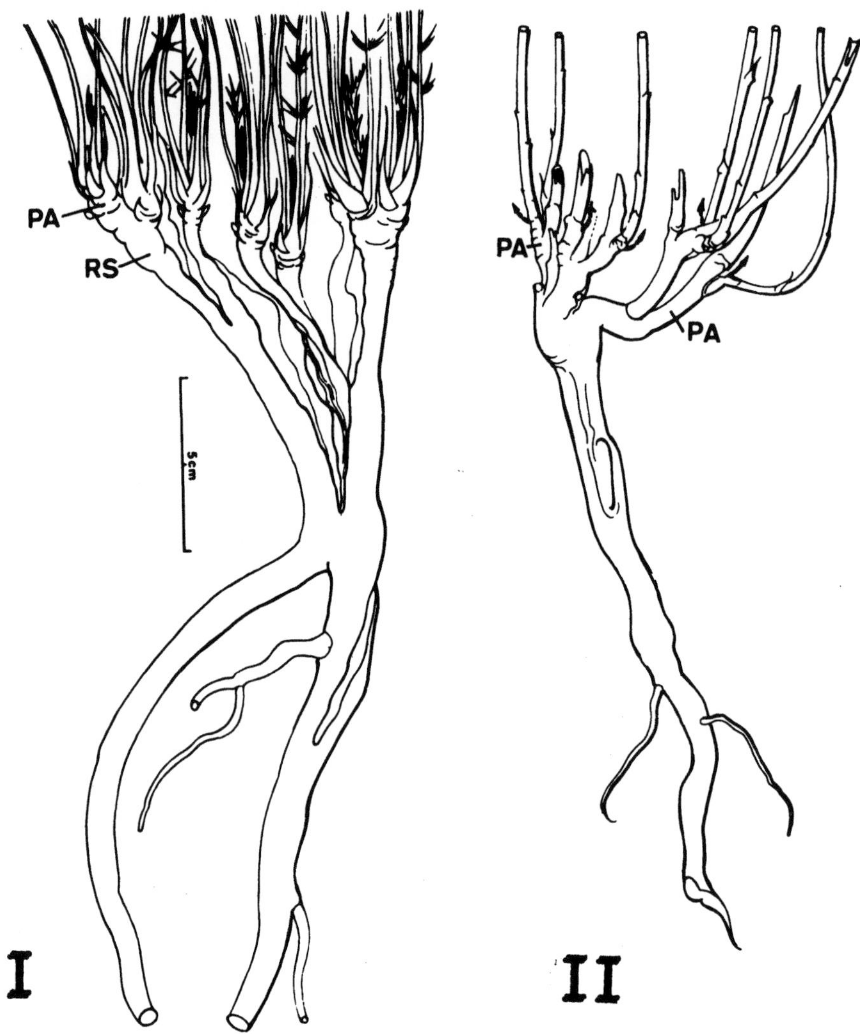

Abb. 9: I: *Carlina acaulis* ssp. *simplex* (Südthüringen, vgl. Abb. 10). Spaltrüben-Staude. Rübensegmente (RS) mit kurzen Sproßbasen (= Äste PA des zerteilten Pleiokorms).
II: *Carlina hispanica* (Katalonien; vgl. Abb. 8). Holzrübe mit kurzästigem Pleiokorm. Spätsommerstadien mit Pleiokormästen (PA), an denen Innovationsknospen (vgl. Pfeile!) noch nicht ausgetrieben sind.

Fig. 9: I: *Carlina acaulis* ssp. *simplex* (from Thuringia, cf. fig. 10). Perennial with lacerate, thickened tap root. Segments of tap roots (RS) with short stem bases (= branches PA of the divided pleiocorm).
II: *Carlina hispanica* (from Catalonia, cf. fig. 8). Woody tap root with pleiocorm. Late summer state with pleiocorm branches (PA); their innovation buds (arrows!) still dormant.

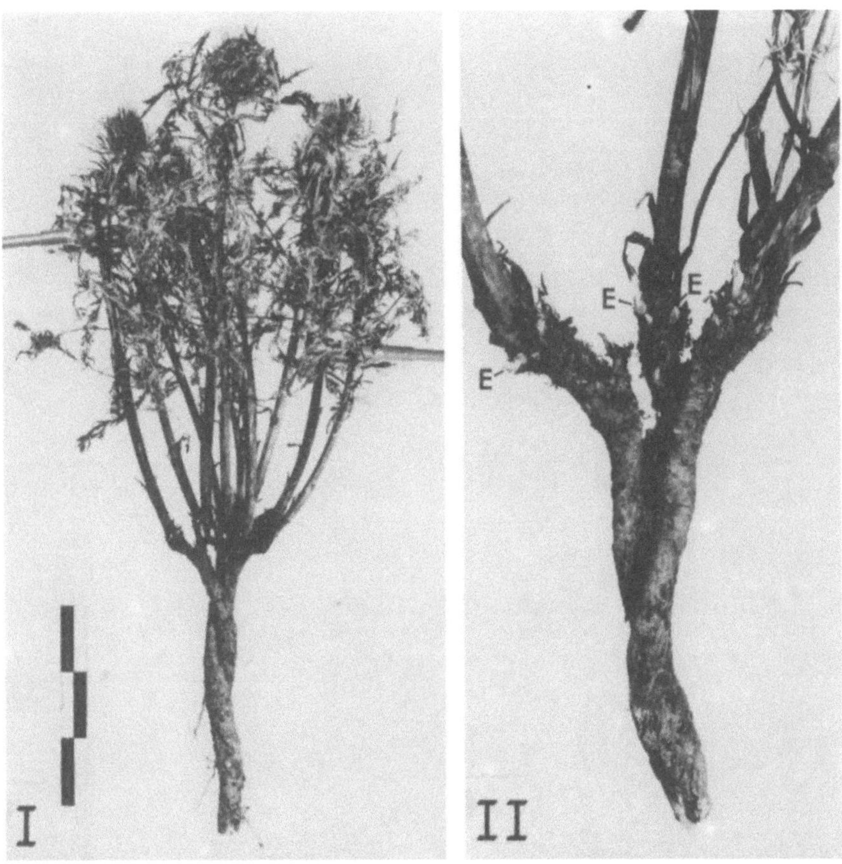

Abb. 10: *Carlina acaulis* ssp. *simplex* (Südthüringen, Spätherbst). I: Spaltrüben-Pleiokorm mit (absterbenden) Blütentrieben. II: aufgespaltene Rübe, Basen der Blütentriebe mit Erneuerungsknospen (E, vgl. Abb. 9 I).

Fig. 10: *Carlina acaulis* ssp. *simplex* (South Thuringia, late autumn). I: Lacerate tap root, pleiocorm with (dying) flowering stems. II: split tap root, bases of the flowering shoots with innovation buds (cf. fig. 9 I).

Bei den hapaxanthen *Carlina*-Sippen der Sektionen *Mitina* und *Carlina* entwickelt sich der Primärsproß direkt zum Blütentrieb. In der polaren Differenzierung der Blattfolge und Achsenstruktur unterscheiden sich die beiden Verwandtschaftskreise aber in ähnlicher Weise wie die Vertreter von sect. *Corymbosae* und sect. *Heracantha* unter den Stauden. Bei *C. racemosa* und *C. lanata* (sect. *Mitina*) kommt es über dem Kotyledonarknoten meist nur zu wenigen gestauchten Internodien und damit höchstens zu einer wenigblättrigen Rosette. Die sich früh streckende Primärachse endet nach Ausbildung einiger Laubblätter verhältnismäßig bald mit einem einzelnen Köpfchen. Je nach der Stärke der Pflanze setzen subcephale Triebe das Wachstum fort. Unter günstigen Bedingungen kann sich, besonders bei *C. racemosa*, diese akroton geförderte Aufzweigung mehrfach wiederholen. Ihrer Wuchsform nach kann man die genannten Arten als arosulate Annuelle mit einer sympodialen kandelaberartigen Verzweigung bezeichnen (Abb. 15, 17c, 21). *C. racemosa* und *C. lanata* wachsen in den warmen Landschaften der Mittelmeerländer als winter-(sommer)-grüne herbstblühende Therophyten.

Abb. 11: *Carlina acaulis* in den Unterarten I. ssp. *simplex* (Herkunft Thüringen) als Halbrosettenstaude und II ssp. *acaulis* (Herkunft Allgäu, Introgressions-Sippe) als Rosettenstaude. Unter gleichen Bedingungen im Botanischen Garten kultiviert. Fotos: Hochschulbildstelle Halle.

Fig. 11: I: *Carlina acaulis* ssp. *simplex* (from Thuringia): a semi-rosulate perennial; II: *C. a.*ssp. *acaulis* (from the Allgäu mountains, an introgressive taxon) a rosulate perennial. Cultivated under equal conditions in the Botanical Garden of Halle.

Die Angehörigen von sect. *Carlina* findet man dagegen – wie z. B. *C. vulgaris* – bevorzugt in Klimaten mit einer winterlichen Vegetationsruhe. Sie überdauern die kalte Periode meist unter Schnee mit einer dem Boden angedrückten Blattrosette. Wie bei den Arten von sect. *Heracantha* ist die Entwicklung einer vielgliedrigen Laubblattrosette an primäres (medulläres) Dickenwachstum der Sproßbasis gebunden (Abb. 24). Nur in Ausnahmefällen, z. B. in Gartenkultur, streckt sich der Primärsproß bereits im ersten Jahr und schließt mit einem Blütenstand ab. In der Regel währt das Rosettenwachstum über ein ganzes Jahr, in der Natur an mageren Standorten meist über mehrere Jahre. Die Endsynfloreszenz kann durch Parakladien aus den Achseln von Stengelblättern, bei kräftigeren Pflanzen außerdem durch Seitentriebe aus der Rosette bereichert werden: Pleiozyklische, zwei- bis mehrjährige plurienn-hapaxanthe Halbrosetten-Pflanze (Abb. 16, 17f, 21).

Abb. 12: *Carlina acanthifolia*, mehrjährige Pflanze, I: vegetative Rosette (Herkunft SW-Alpen, kultiviert im Botanischen Garten), II: blühende Rosettenstaude (Hercegovina, etwa 1300 m). Foto: Čedomil Šilič.

Fig. 12: *Carlina acanthifolia*, plant several years old. I. vegetative rosette (from the SW Alps, cultivated in the Botanical Garden); II: flowering rosulate perennial (Hercegovina, about 1300 m).

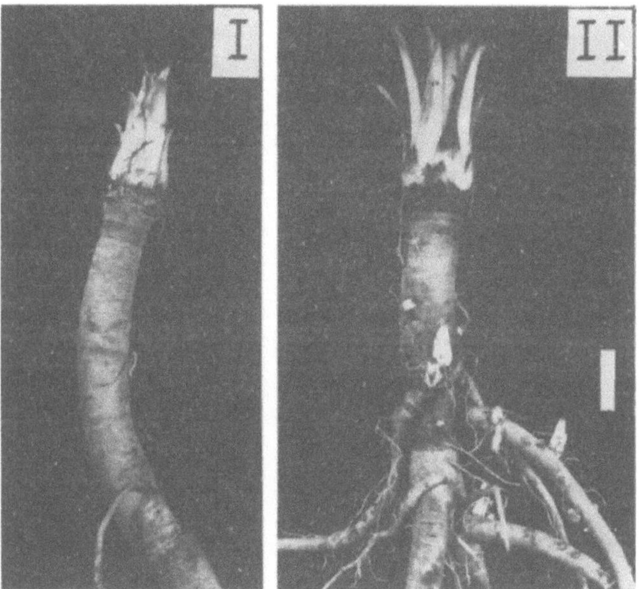

Abb. 13: *Carlina acanthifolia* (Herkunft SW-Alpen). Rüben im Winterzustand mit großer Endknospe von schuppenartigen Niederblättern umgeben, II: mit zusätzlichen wurzelbürtigen Knospen. Aus Kulturen im Botanischen Garten. Foto: RODEMANN.

Fig. 13: *Carlina acanthifolia* (origin: SW Alps). Thick tap roots in winter stage with large apical buds, surrounded by squamous cataphylls. II: with additional buds arising form lateral roots. Material cultivated in the Botanical Garden.

Abb. 14: *Carlina acanthifolia* ssp. *cynara* (Herkunft Ostpyrenäen). Mehrjährige Pflanze (postfloral) aus Gartenkultur (Spätherbst) mit kleinköpfigen Sekundärtrieben und schwachen Innovationsknospen am Rand des ausgehöhlten Wurzelkopfes (ruinöses Pleiokorm). Zeichnung: G. MÖRCHEN.

Fig. 14: *Carlina acanthifolia* ssp. *cynara* (origin: Pyrenees). Cultivated plant (some years old, late autumn, stages), with secondary shoots bearing small capitula, and weak innovation buds at the margin of the excavated root top.

Abb. 15: *Carlina racemosa* (Herkunft Portugal), verschieden starke, akroton verzweigte Pflanzen nach Abschluß der Vegetationsperiode (Ende September), aus Gartenkultur.

Fig. 15: *Carlina racemosa* (origin: Portugal). Cultivated plants of various size, acrotonous branched, at the end of the growing season.

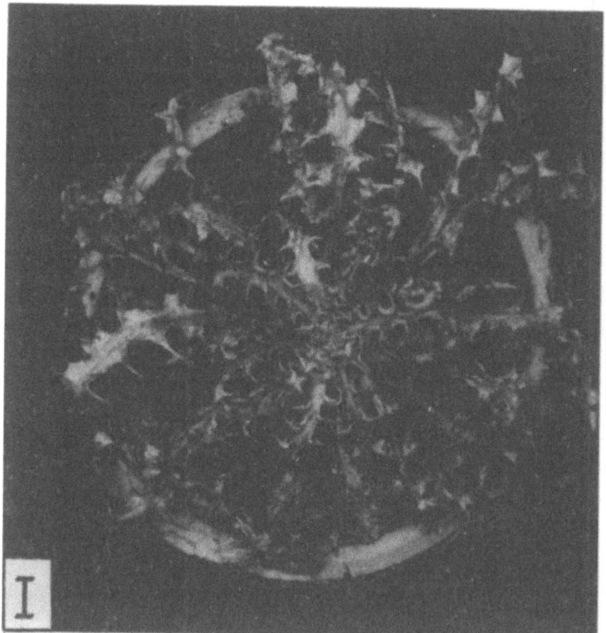

Abb. 16: *Carlina macrocephala* (Herkunft Korsika), einjährige Blattrosette (I) und zweijährige Pflanze in Postfloration (II, absterbend) als Beispiel einer bienn-hapaxanthen Halbrosettenpflanze der *C. vulgaris*-Gruppe. Aus Kulturen im Botanischen Garten (September). Foto: Hochschulbildstelle Halle.

Fig. 16: *Carlina macrocephala* (origin: Corsica), an example of a biennial hapaxanthous semi-rosulate plant of the *C. vulgaris* group. I: one year old rosette, II: two years old plant in postfloral stage (dying abway). Cultivated material from the Botanical Garden (September).

Ein Schema (Abb. 17) will mit besonderen Hinweisen auf die Verzweigung, Innovation und Lebensdauer der Achsen die Wuchsformen-Differenzierung veranschaulichen, die der Gliederung der Gattung *Carlina* zugrunde liegt. Es geht von dem verholzten Stämmchen-Astsystem der immergrünen Zwergbäumchen (z. B. *Carlina salicifolia*) aus, wie es sich in mehrjähriger Entwicklung (Erstarkung) aus der akroton geförderten Verzweigung des Primärsprosses ergibt. Die Wuchsweise als immergrünes regelmäßig innovierendes Gehölz entspricht dem Vorkommen in einem warmen, überwiegend humiden Klima (untere Ebene des Schemas).

In starker Abwandlung schließen sich dieser Wuchsform die annuell-hapaxanthen Vertreter der sect. *Mitina* (z. B. *Carlina racemosa*) und die Pleiokormstauden von sect. *Corymbosae* (z. B. *C. corymbosa*) an. Bei jenen finden wir ebenfalls eine Verzweigung in Primärsproß und Seitenäste, nur durchlaufen hier alle Achsen ein kurzes vegetatives Stadium und gehen früh zur Köpfchenbildung (terminales Einzelköpfchen anstelle einer Synfloreszenz!) über. In akroton geförderter Aufzweigung entsteht ein kurzlebiges Anthokladium.

Im Gegensatz zu den Verzweigungsverhältnissen bei den Zwergbäumchen und den Annuellen finden wir bei den *Corymbosae*-Arten eine ausgesprochene Basitonie in der Erneuerung. Vom Primärsproß bleibt nach einjährigem Wachstum lediglich die verholzte Basis erhalten. Aus dieser erfolgt in einem jährlichen Rhythmus die Bildung von Blütentrieben. Da diese in ihrem oberen und mittleren Teil regelmäßig absterben, entsteht ein basales verholztes Dauerachsensystem, das Pleiokorm. In vergleichender Betrachtung entspricht dieses der ebenfalls verholzten Primärwurzel aufsitzende Gebilde der ausdauernden Krone der Zwergbäumchen. In der auf eine Wuchsperiode begrenzten Entwicklung der Blütentriebe stimmen die Pleikormstauden mit den annuell-hapaxanthen Kräutern der *Mitina*-Arten überein. Beide Wuchsformentypen sind in den mediterranen Rhythmus mit einer vegetativen Entwicklung in der Winter-Frühjahrsperiode und einer für *Carlina* charakteristischen reproduktiven Entfaltung im Sommer eingepaßt (mittlere Ebene des Schemas).

Die Ausbildung einer vielteiligen Laubblattrosette am Boden entspricht dagegen einem längeren vegetativen Wachstum in temperaten Klimaten mit Winterruhe (obere Ebene im Schema). Bei den hapaxanthen Vertretern der Gattung (sect. *Carlina*, z. B. *C. vulgaris*) geht der Streckung des Primärsprosses zum Blühtrieb ein 1- bis mehrjähriges Rosettenstadium voraus: Bienn oder plurienn-hapaxanthe, krautige Halbrosettenpflanze.

Bei den ausdauernden Vertretern (sect. *Heracantha*, z. B. *C. acaulis*) erfolgt die Rosettenbildung aus einer pleiokorm-ähnlichen Basis, die einer kräftigen fleischigen Rübenwurzel aufsitzt. Als ein an Speichergewebe reiches Organ schafft diese die Voraussetzungen für die Erstarkung und das Überdauern der Pflanze. In basaler Innovation entstehen am Pleiokorm jährlich neue Triebe mit einem großen Blütenkopf, der aus der ausgedehnten Laubblattrosette am Boden herausgehoben wird oder aber direkt in dieser sitzenbleibt.

Die im Wuchs an die stengellosen Formen von *C. acaulis* anzuschließende *C. acanthifolia* zeichnet sich durch eine starke Vergrößerung der Köpfcheninfloreszenz aus. Ihrer Entfaltung geht eine oft über viele Jahre ausgedehnte vegetative Entwicklung voraus, bei der die Blattrosette zusehends an Umfang gewinnt. Nach der Blüte kommt es bei *C. acanthifolia* meist nicht zu einer normalen Innovation wie bei *C. acaulis*. Die im wesentlichen durch primäres Dickenwachstum erweiterte parenchymreiche Achse bietet dazu keine ausreichenden Strukturen. Soweit die Pflanze nach der Blüte nicht vollständig

---

Abb. 17: Übersicht über die Hauptwuchsformen der Gattung *Carlina* (halbschematische Darstellung). Entwurf: G. Mörchen. Immergrünes Zwergbäumchen (*C. salicifolia*, a), als Pflanze der meridional · humiden makaronesischen Vegetation. Winter-(Sommer-)grüne Pleiokormstaude (*C. corymbosa*, b) und winter-(sommer-)grüne Annuelle (*C. racemosa*, c), beide Vertreter der meridional · semiariden Mediterran-Vegetation. Sommergrüne Halbrosetten-Spaltrüben-Pleiokormstaude (*C. acaulis*, d), Sommergrüne Rüben-Rosettenpflanze (*C. acanthifolia*, e), (winter-)sommergrüne plurienn-hapaxanthe Halbrosettenpflanze (*C. vulgaris*, f), sämtlich Elemente der temperaten submediterran/montan-mitteleuropäischen Vegetation.
Es bedeuten dünne Striche = einjährige Sprosse und Wurzeln, dicke Striche = mehrjährige, gestrichelte Linien = vorjährige und punktierte Linien = noch ältere (rekonstruierte) Organe. Die Sproß-Wurzelgrenze ist durch eine schmale Lücke gekennzeichnet.

Fig. 17: Diagrams of the main growth forms in the genus *Carlina*. a) evergreen dwarf-tree (*C. salicifolia*), a plant of the meridional · humid Macaronesean vegetation. b) winter-(summer-)green pleiocormous perennial (*C. corymbosa*) and c) winter-(summer-)green annual plant (*C. racemosa*), two representatives of the meridional · semiarid Mediterranean vegetation. d) summergreen semi-rosulate perennial with swollen tap root (*C. acaulis*), e) summergreen rosulate plant with swollen tap root (*C. acanthifolia*), f) (winter-)summergreen bi-to pluriennial-hapaxanthous semi-rosulate plant (*C. vulgaris*); all taxa are elements of the temperate Submediterranean/montan-Central European vegetation.
Thin lines = shoot and roots being, one year old; thick lines = plant organs, several years old; interrupted lines = plant organs from the preceding season; dotted lines = plant organs which are even older. The boundary between stem and root is indicated by a gap.

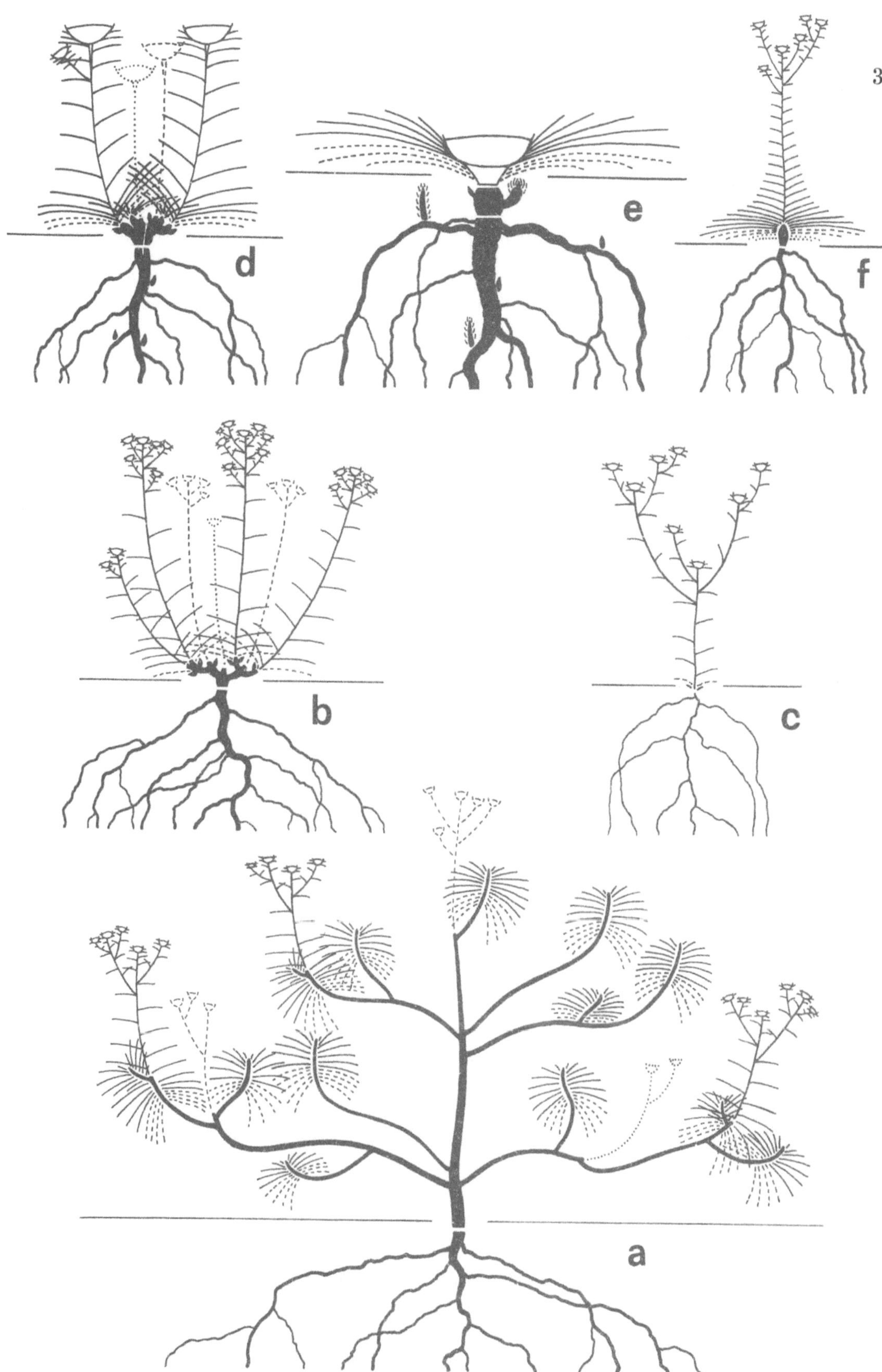

Abb. 17: Hauptwuchsformen der Gattung *Carlina*, Text siehe S. 38.

Fig. 17: **Main growth forms in the genus *Carlina*, text see p. 38.**

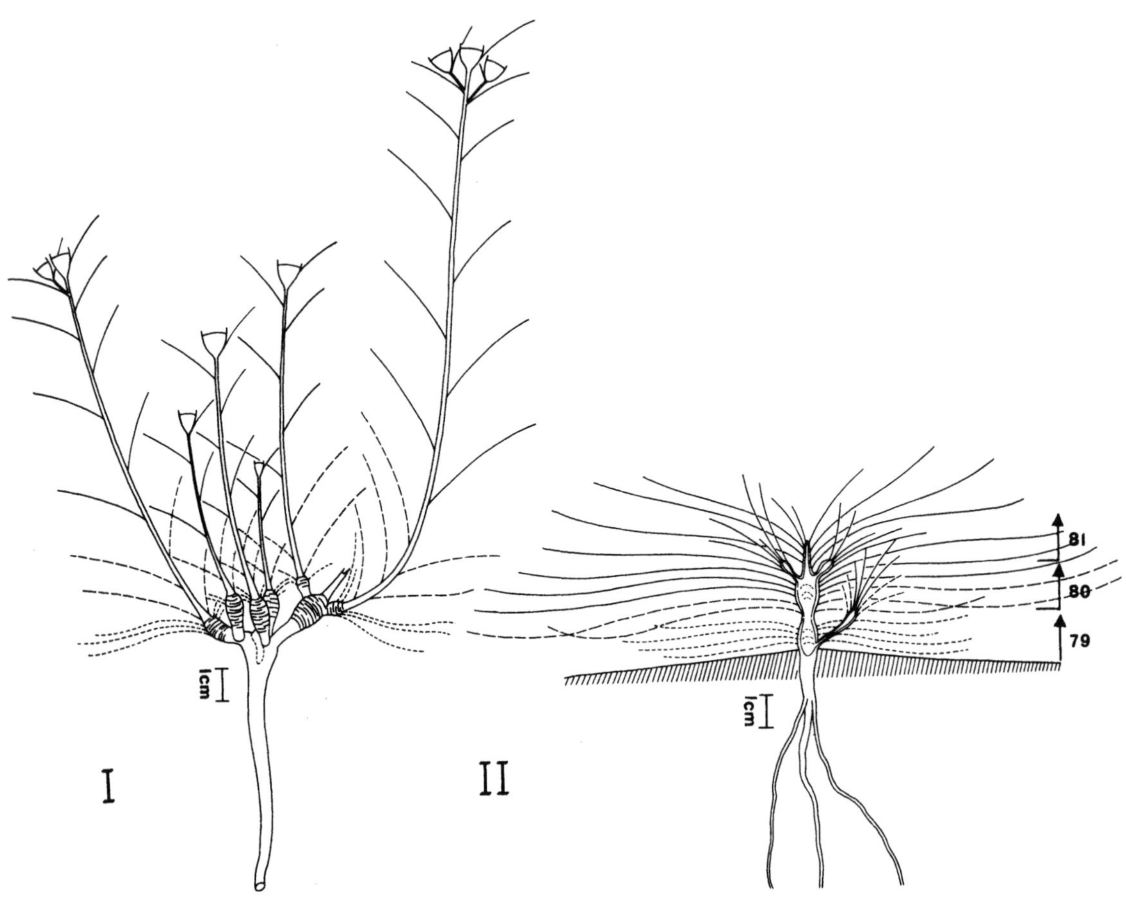

Abb. 18: *Carlina oligocephala*. II: 3jährige vegetative mehrrosettige Pflanze (Botanischer Garten, Herkunft westliches Zentralanatolien). Primärsproß mit seitlichen Verzweigungen. I: blühende Pflanzen (Zentralanatolien), pleiokormähnlicher, verzweigter Wurzelkopf mit blühenden Ästen, ohne Innovation.

Fig. 18: *Carlina oligocephala*. II: Vegetative plant, two years old, with several rosettes (Botanical Garden, origin: W. central Anatolia). Primary stem with lateral branches; I: flowering plant (from central Anatolia), pleiocorm-like, branched root-top with flowering branches, without innovation buds.

abstirbt, entstehen in einer mehr regenerativen Erneuerung aus subfloralen Seitenachsen kleinere sekundäre Köpfchen oder es treiben Wurzelknospen aus, die erst nach längerer Erstarkung zu einer blühenden Pflanze heranwachsen. Den übrigen Wuchsformen, besonders den vieljährig ausdauernden und innovierenden Gehölzen gegenüber muß *C. acanthifolia* als die am stärksten abgeleitete Sippe der Gattung bezeichnet werden.

Der Übersicht über die Haupttypen der Wuchsformen von *Carlina* (Abb. 17) sind noch zwei Einzelfälle hinzuzufügen, die im speziellen Teil ausführlicher behandelt werden und die hier als Ergänzungen zum Wuchsformen-Differenzierungsmuster der Gattung noch genannt werden sollen. *C. tragacanthifolia* schließt als xeromorpher immergrüner Dornpolster-Zwergstrauch (vgl. Band II) an die Zwergbäumchen von *C. salicifolia* und besonders von *C. diae* an (vgl. MEUSEL et al. 1984). Mit einköpfigen Blütentrieben und ausgesprochen akrotoner Innovation zeigt sie auch eine gewisse Übereinstimmung mit den Arten von sect. *Mitina*.

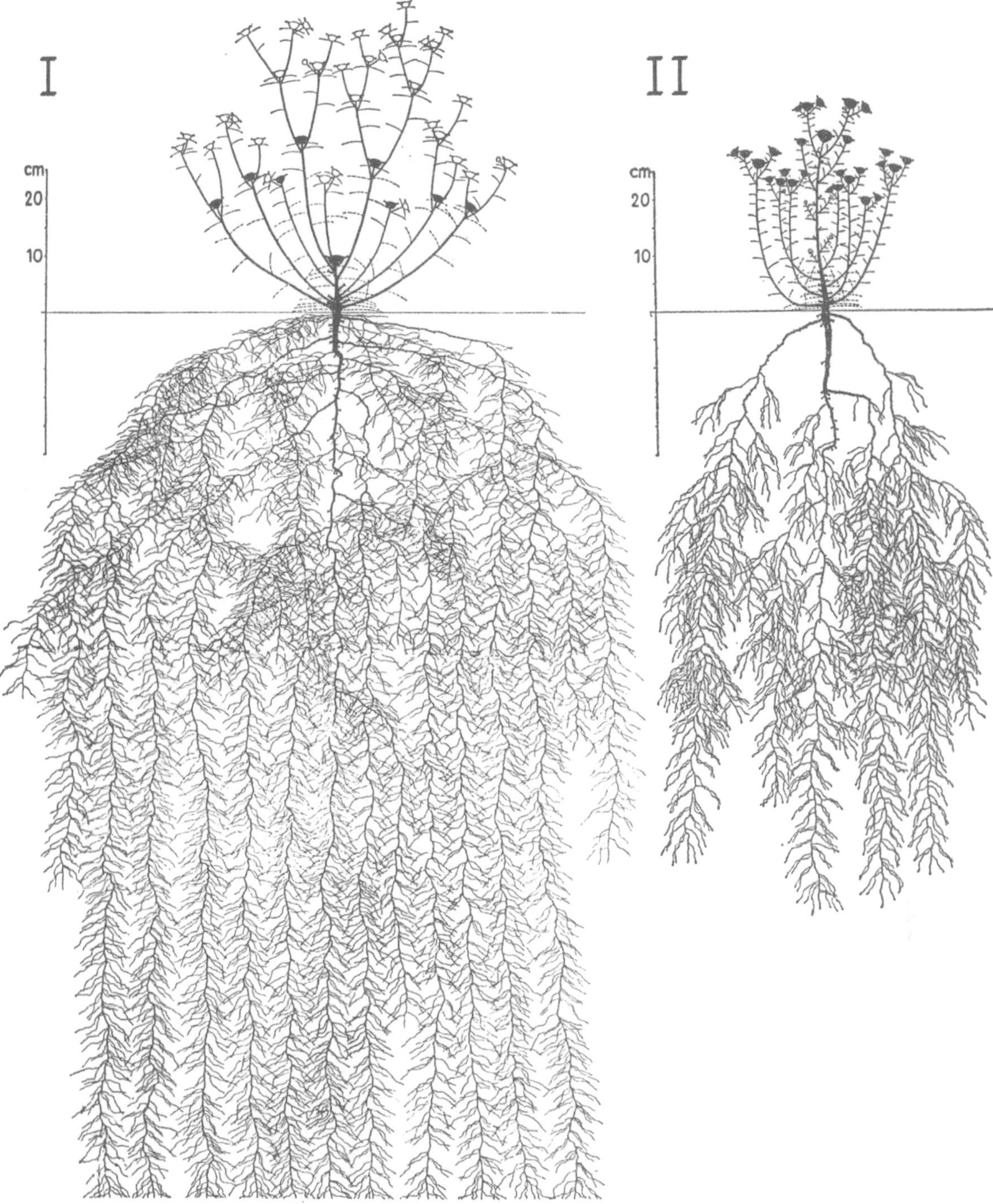

Abb. 21: *Carlina racemosa* (I, Herkunft Portugal, halbjährig) und *C. vulgaris* (II, Herkunft Saaletal bei Halle, anderthalbjährig): Unterschiedliche Wurzelsysteme vollentwickelter Pflanzen unter gleichen Bedingungen (Wurzelkasten im Botanischen Garten Halle). Zeichnung: K.-P. Rindt.

Fig. 21: *Carlina racemosa* (I, from Portugal, half a year old) and *C. vulgaris* (II, from near Halle, one and a half year old): Differences in root systems of fully developed plants, studied under ± equal conditions (root boxes in the Botanical Garden Halle).

garis (beide hapaxanthe Arten) im Stadium der Postfloration nebeneinandergestellt, um zu veranschaulichen, wie stark die Ausbildung und die Ausdehnung des Wurzelwerkes von der erblichen Sippenstruktur abhängig sein kann.

Daß sich selbst nah verwandte Arten in ihrem Wurzelwerk unterscheiden, konnte Körner (vgl. Körner & Meusel 1986) in Vergleichskulturen im Botanischen Garten in Innsbruck an *Carlina vulgaris* und *C. biebersteinii* feststellen. Dabei ergab sich, daß beide Arten in der gesamten Länge des Wurzelsystems pro Individuum und in der spezifischen Wurzellänge (cm pro g Feinwurzeltrockengewicht) übereinstimmen. In der Verzweigung des Wurzelsystems zeigt die letztgenannte Art jedoch eine stärkere Aufgliederung (mehr Wurzeln 3. Ordnung). Sie durchwurzelt ein kleineres Bodenvolumen intensiv, während *C. vulgaris* mit einem weitläufigeren Wurzelwerk einen größeren Bodenkörper nutzt. Im Zusammenhang mit den Unterschieden im Wuchs und in der Beblätterung ergeben sich somit innerhalb des Artenpaares deutliche ökologisch relevante Differenzierungen (s. S. 240).

In der Natur werden durch unterschiedliche Standortbedingungen die Grundformen der Bewurzelung stark modifiziert. Bei adulten Pflanzen von *Carlina acaulis* zeigt sich zwar regelmäßig die Herausbildung einer fleischigen Rübe, wobei im proximalen Wurzelabschnitt ursprünglich ausgebildete Seitenwurzeln (vgl. Abb. 20II) bis auf wenige reduziert werden können (Abb. 22). In der Ausdehnung und Verzweigung des Wurzelsystems macht sich aber, wie die Beispiele in Abb. 22 zeigen, der Einfluß des Standortes stark bemerkbar.

In der Betonung der proximal leicht rübenartig verdickten Primärwurzel mit meist nur locker verteilten Seitenwurzeln stimmen alle dargestellten Wurzelwuchsformen überein. Sie unterscheiden sich aber wesentlich in der Lage und Ausdehnung. So dringt auf durchlässigen Moräneablagerungen im warmen Klagenfurter Becken die Primärwurzel von *C. acaulis* bis über 4 m in die Tiefe. An der Gesamtpflanze (Abb. 22II) erscheint die unterirdische Entfaltung der oberirdischen gegenüber gefördert. Der von der Bodenstruktur nicht gehemmte Tiefgang wird nach den Vorstellungen von Kutschera-Mitter (1971) und Lichtenegger (1976) durch unregelmäßige Durchfeuchtung der oberen Bodenhorizonte bewirkt. Erst in größerer Tiefe findet die Wurzel ein ausreichendes gleichmäßiges Wasserdargebot.

In Weidehalbtrockenrasen im fränkischen oder thüringischen Kalkhügelland stockt *C. acaulis* auf verhältnismäßig flachgründigen Böden (Abb. 22I). In den oberen Bodenhorizonten kann die Wurzel rübenförmig verdickt etwa 20 bis 30 cm senkrecht in den Untergrund vorstoßen. Dann gelangt sie meist in Horizonte eines plattig aufgelockerten Gesteins. Hier folgt sie in einem zickzackförmigen Tiefgang soweit als möglich einzelnen Spalten. Erst wenn sich der Gesteinsuntergrund völlig verdichtet, biegt sie, Schichtfugen folgend, in eine flache Lage ab und kann hier – meist schwer analysierbar – oft noch beträchtliche Länge erreichen. In den tonreichen Fugen und Spalten findet die Pflanze selbst bei oberflächlicher Austrocknung des Bodens die für ihre üppige sommerliche Entwicklung nötige Feuchtigkeit. Ihr Vorkommen ist von einem solchen Wasserdargebot abhängig.

Abb. 22: *Carlina acaulis*. Unterschiedliche Ausbildung des Wurzelsystems am natürlichen Standort. I: auf Muschelkalk-Verwitterung in Südthüringen (bei Eisfeld) mit Ausbreitung des distalen Abschnittes der Primärwurzel und von Seitenwurzeln in Schichtfugen. II–V: Pflanzen in den Südostalpen nach Lichtenegger (1976) und Kutschera et al. (1982). II: Sehr weites Eindringen der Primärwurzel und locker verteilte Seitenwurzeln auf tiefgründiger Moräne (Klagenfurter Becken, Kärnten, 450 m). III–V: Abweichendes Verhalten in der altomontanen und subalpinen Stufe im Glocknergebiet. Geringer Tiefgang und flache Ausbreitung der Primärwurzel (III: Großglockner-Hochalpenstraße, Schönwand, 2070 m; IV: Heiligenblut, Schachnern, 1400 m (Kärnten), N-Seite und V: S-Seite einer steilen Hangrippe). Vgl. Text.

Fig. 22: *Carlina acaulis*. Different development of the root systems in natural habitats. I: in weather-worn shell-lime in south Thuringia (Eisfeld). Distal parts of the primary root as well as lateral roots spread into the layers. III–V: plants in the south-east Alps, after Lichtenegger (1976) and Kutschera et al. (1982). II: deep-reaching primary root and loosely distributed lateral roots in a deep moraine of the Klagenfurt-basin, Carinthia (450 m). III–V: various occurrences in the altomontane and subapline region of the Glockner area; Primary root evenly horizontally spreading, not deep-reaching, cf. text. III: Großglockner-Hochalpen highway, 2070 m; IV: Heiligenblut, Schachnern, 1400 m (Carinthia), northern slope; V: steep southern slope.

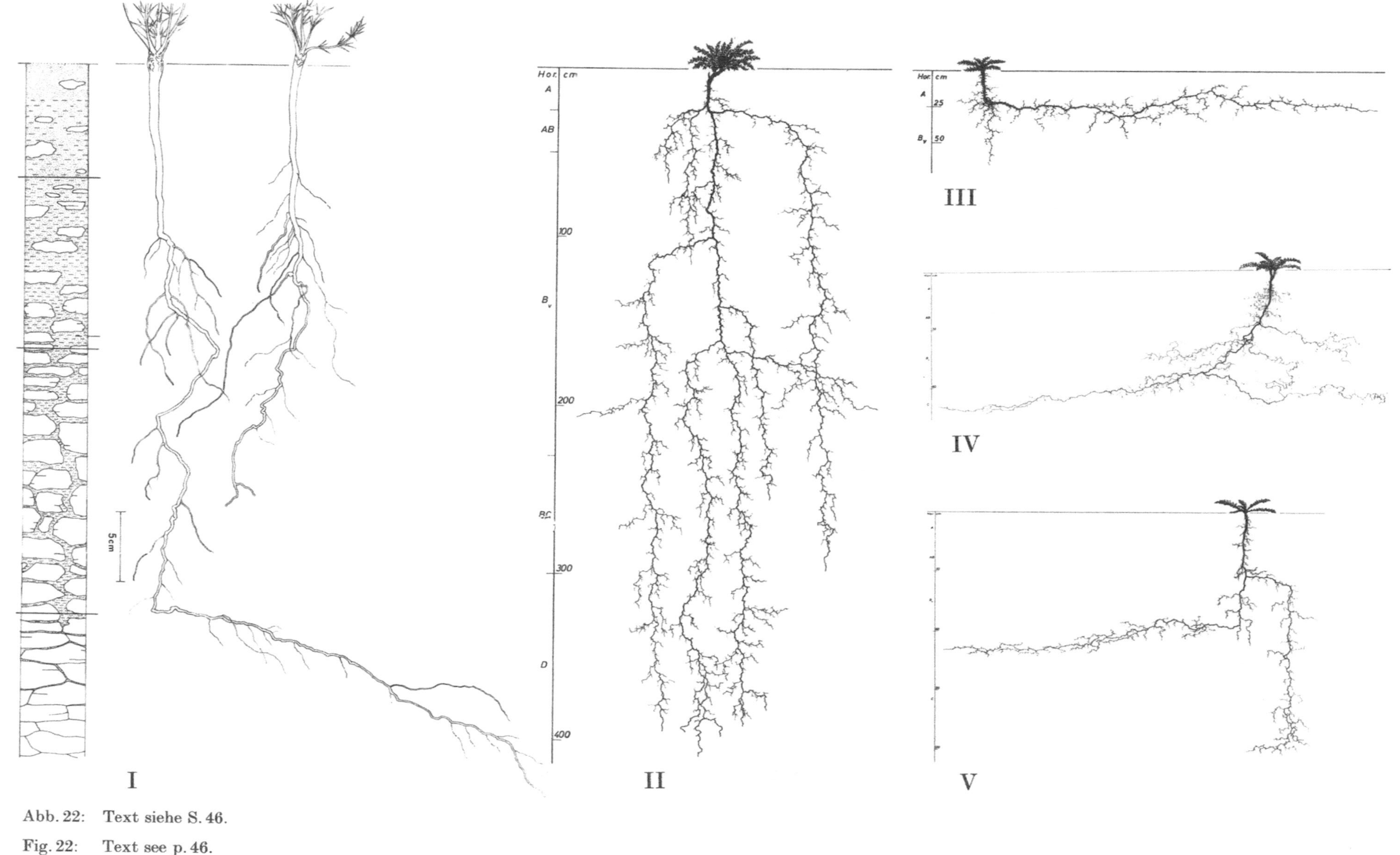

Abb. 22: Text siehe S. 46.

Fig. 22: Text see p. 46.

Unter ganz anderen Bedingungen wächst *Carlina acaulis* in altomontanen und subalpinen Lagen der Alpen, wo ihr Wurzelwerk von LICHTENEGGER (1976) und KUTSCHERA (vgl. KUTSCHERA et al. 1982) analysiert wurde. Auch hier kommt es zur Entwicklung einer sich stark verlängernden und nur spärlich mit kräftigeren Seitenwurzeln versehenen Primärwurzel. Obgleich vom Substrat her die Möglichkeit eines größeren Tiefgangs gegeben ist, dringt diese aber, wie die Abb. 22 III und IV zeigen, nur etwa 30–50 cm senkrecht in den Boden und setzt dann ihr Wachstum in flacher Ausbreitung fort. Nach KUTSCHERA-MITTER (1971) und LICHTENEGGER (1976) ist die abnorme Lage der Pfahlwurzel in erster Linie auf das Temperaturgefälle des Bodens in den Hochgebirgslagen zurückzuführen. Bei ausreichender, gleichmäßiger Durchfeuchtung der oberen Bodenhorizonte erfolgt die Ausbreitung der Hauptwurzel und ihre Verzweigung direkt unter der Flur, wenn sich die tieferen Bodenschichten nicht ausreichend erwärmen (KUTSCHERA in litt. 1986). Die Begrenzung des Tiefganges und die flache Ausbreitung der Wurzeln ist nach diesen Autoren nicht die Folge mechanischer Hindernisse, sondern bodenklimatischer Faktoren. Ob sich in hängigen Gebirgslagen nicht auch Bodenfließen auf die Lage der Primärwurzel auswirkt, bedarf jedoch noch weiterer Beobachtungen.

Wenn sich somit in den unterschiedlichen Wurzelbildern von *C. acaulis* eine große Modifikabilität widerspiegelt, muß doch beachtet werden, daß es sich in allen Fällen um Varianten eines Radifikationstyps, nämlich einer rübenförmigen Primärwurzel handelt. Weitere Beispiele für die Abhängigkeit der Wurzelwuchsformen vom Standort werden in Band II vorgestellt.

2.3. Anatomie der Achsen und Wurzeln

Im anatomischen Bau der Sproßachsen und Wurzeln zeigt *Carlina* erst neuerdings (KORN 1964, KÄSTNER 1966) erkannte charakteristische Differenzierungen, welche die auf morphologischer Grundlage erarbeitete Gliederung der Gattung und Charakterisierung ihrer einzelnen Arten vielseitig bestätigen. In erster Linie sind hier Unterschiede beim primären und sekundären Dickenwachstum zu beachten. Aber auch in der Ausbildung verschiedenartiger Abschlußgewebe und in der Verteilung von Latextaschen sind biologisch bedeutsame sippenspezifische Strukturen zu erkennen.

Die Vertreter von subgen. *Carlowizia* und subgen. *Lyrolepis* verhalten sich im Sproß- und Wurzelbau wie typische Holzpflanzen. So zeigt der Primärsproß von *Carlina salicifolia* (Abb. 23 A) nur in den ersten Phasen seiner Entwicklung schwaches primäres Dickenwachstum. Dafür wird schon früh durch einen Kambiumring ein zylindrischer Holzmantel gebildet, der sich durch sekundäres Dickenwachstum regelmäßig erweitert (Abb. 25 A). So entsteht im Laufe der Jahre ein massiver Holzkörper mit einzelnen oder in kleinen Gruppen angeordneten Tracheen in einem dichten Gewebe von Sklerenchymfasern (zerstreutporiges Holz). Holzparenchym findet sich meist nur lagenweise an der Jahresringgrenze und in deren Nachbarschaft paratracheal (Abb. 29/1, 2). Die Markstrahlen im Holzkörper von *C. salicifolia* sind schmal, ein bis zwei, höchstens drei Zellschichten breit (Abb. 26 B, 29/1, 2). Abbildung 27 gibt eine Übersicht über die Elemente des Holzkörpers aus Tracheen, Tracheiden, Holzfaserzellen und Parenchymzellen.

Die Jahresringgrenzen in dem zerstreutporigen Holz sind nach KORN (1964) unterschiedlich markiert. Sie lassen sich sowohl an tangential angeordnetem Parenchymgewebe, zonal abgegrenzten Tracheengruppen und neu einsetzenden sekundären Markstrahlen erkennen (Abb. 29/1, 2). Oft hebt sich der Jahresringbeginn auch durch weitporige Tracheen heraus. In vieler Hinsicht ähnelt somit der Holzkörper von *C. salicifolia* dem von Lorbeerwald-Gehölzen (z. B. *Laurus azorica*), in deren Bereich die Art meist vorkommt. An der Festigung des Achsenkörpers von *C. salicifolia* beteiligen sich auch die von Sklerenchymfasern gebildeten Phloemkappen in der sekundären Rinde. In ihrer Wiederholung (Abb. 25 A, 26 I 3) zeichnet sich ebenso wie in den Jahresringen des Xylems rhythmisches Dickenwachstum ab. Bei *C. xeranthemoides* ist im sekundären Xylem der Jahresrhythmus des Wachstums durch einen Wechsel von sklerenchymatischem in parenchymatisches Gewebe sehr deutlich markiert (Abb. 29/4).

Im Verlauf der Verbreiterung der Achse wird die Epidermis von einem in der primären Rinde sich bildenden Periderm ersetzt. An der Grenze zwischen der primären und sekundären Rinde kennzeichnen tangential gestreckte Zellen eine Perizykelscheide.

Auch die Primärwurzel von *C. salicifolia* bildet durch sekundäres Dickenwachstum einen festen Holzkörper mit primären und sekundären Markstrahlen von geringer Breite (Abb. 25A, 26I 4, 5). In der Nachbarschaft der Endodermis findet man Latexlakunen, die sich bei *C. salicifolia* auf die Wurzel beschränken (s. S. 69).

Die meisten Beziehungen zu den immergrünen *Carlina*-Arten mit holzigen Achsen weisen hinsichtlich ihres anatomischen Baues die Stauden von sect. *Corymbosae* und die Annuellen von sect. *Mitina* auf. Unter den Letztgenannten zeichnet sich besonders *C. racemosa* durch viele Übereinstimmungen im primären und sekundären Zuwachs mit *C. salicifolia* aus. Sie ergeben sich sowohl aus den halbschematischen Aufrissen und Querschnitten in Abb. 23B und Abb. 25B als auch aus entsprechenden Darstellungen der zellulären Strukturen (Abb. 26I, II). Wie die ausdauernden Holzpflanzen läßt *C. racemosa* an der Basis der Primärachse nur ganz geringes primäres Dickenwachstum erkennen. Dagegen entwickelt sich vor allem im unteren Sproßabschnitt ein von einem geschlossenen Kambiumring ausgehender zylindrischer Holzkörper, der der Pflanze ebenso Festigkeit verleiht wie die breiten Sklerenchymkappen über dem Phloem.

Das Holz wird auch bei den Vertretern von sect. *Mitina* in erster Linie aus Sklerenchymfasern aufgebaut und nur von schmalen Markstrahlen durchsetzt. Die Tracheen sind zerstreut oder in Radialreihen angeordnet. Holzparenchym ist selten. Zum Unterschied von den Zwergbäumchen erlischt jedoch bei den Annuellen die Kambiumtätigkeit frühzeitig. Die Kambiumzellen verholzen ebenso wie viele Zellen der sekundären Rinde und des Holzparenchyms, so daß nur wenige Siebröhren bis zum Ende der Vegetationsperiode funktionsfähig bleiben. Da auch die Markstrahlzellen verholzen, wird der Stengel in den letzten Phasen seiner Entwicklung zu einer starren Achse, die nach dem Absterben der Pflanze noch lange erhalten bleibt. Der äußere Abschluß des Stengels wird bei *C. racemosa* in erster Linie von der Perizykelscheide übernommen, deren Wände verkorken. Die Zellen der äußeren Rinde samt der Epidermis sterben ab, sie kollabieren und lagern sich der Perizykelscheide auf (Abb. 26II 2).

Auch die Primärwurzel und ihre kräftigsten Seitenwurzeln zeichnen sich bei *Carlina racemosa* durch starke Holzbildung aus. Im Verlaufe der Entwicklung verholzen in der Wurzel die Markstrahlen, die Kambiumzellen und ein großer Teil des Phloems. Nur wenige Siebzellen bleiben länger erhalten. Entsprechend der Perizykelbildung im Sproß wird die Wurzel, nachdem die Epidermis und die primäre Rinde früh der Zerstörung anheimfallen, von der verkorkten Endodermis nach außen abgeschlossen (Abb. 26II 3). In ihrer Umgebung kann man Latexlakunen beobachten. *C. racemosa* entspricht somit in ihrem anatomischen Bau in vieler Hinsicht *C. salicifolia*, wenn man berücksichtigt, daß die Kambiumtätigkeit bereits früh erlischt. Im Zusammenhang mit der Hapaxanthie stehen auch Unterschiede in der Ausbildung des Abschlußgewebes (fehlende Peridermbildung).

Die von Kästner (1966) herausgestellten Ähnlichkeiten zwischen den Holzpflanzen und den Annuellen von sect. *Mitina* hinsichtlich der Achsen- und Wurzelstruktur beziehen sich nur auf den unteren Teil des Primärsprosses. Daraus ist zu erklären, daß weder Meinheit (1906) noch Korn (1964) auf solche Beziehungen hingewiesen haben, ja Meinheit *C. racemosa* als eine Art mit reicher Parenchymbildung im Achsenbereich neben *C. acaulis* stellt.

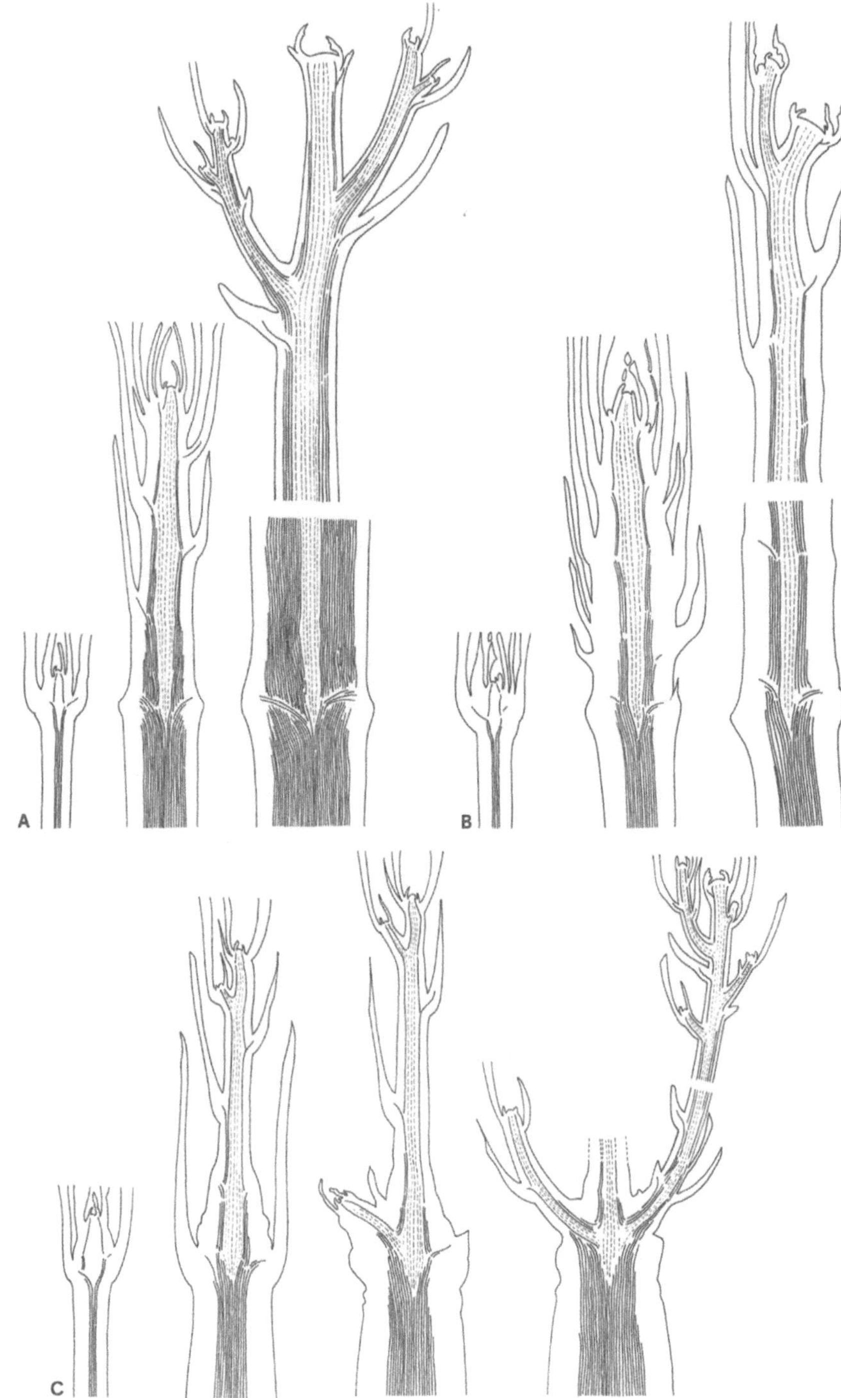

Abb. 23: Schematische Längsschnitte durch Primärsproß und Seitentriebe, in verschiedenen Altersstadien zur Veranschaulichung des primären und sekundären Dickenwachstums, bei A) *Carlina salicifolia*, B) *C. racemosa*, C) *C. corymbosa*. Es bedeuten: weiß = primäre und sekundäre Rinde, Längsstriche = Xylem mit sekundärem Zuwachs, längs gestrichelt = Markkörper.

Fig. 23: Diagrammatic longitudinal sections through the primary shoot and lateral branches of different age illustrating the primary and secondary thickening. A (*Carlina salicifolia*, B) *C. racemosa* C) *C. corymbosa*. White parts: primary and secondary growth; longitudinal lines: xylem with secondary growth; longitudinal interrupted lines: pith.

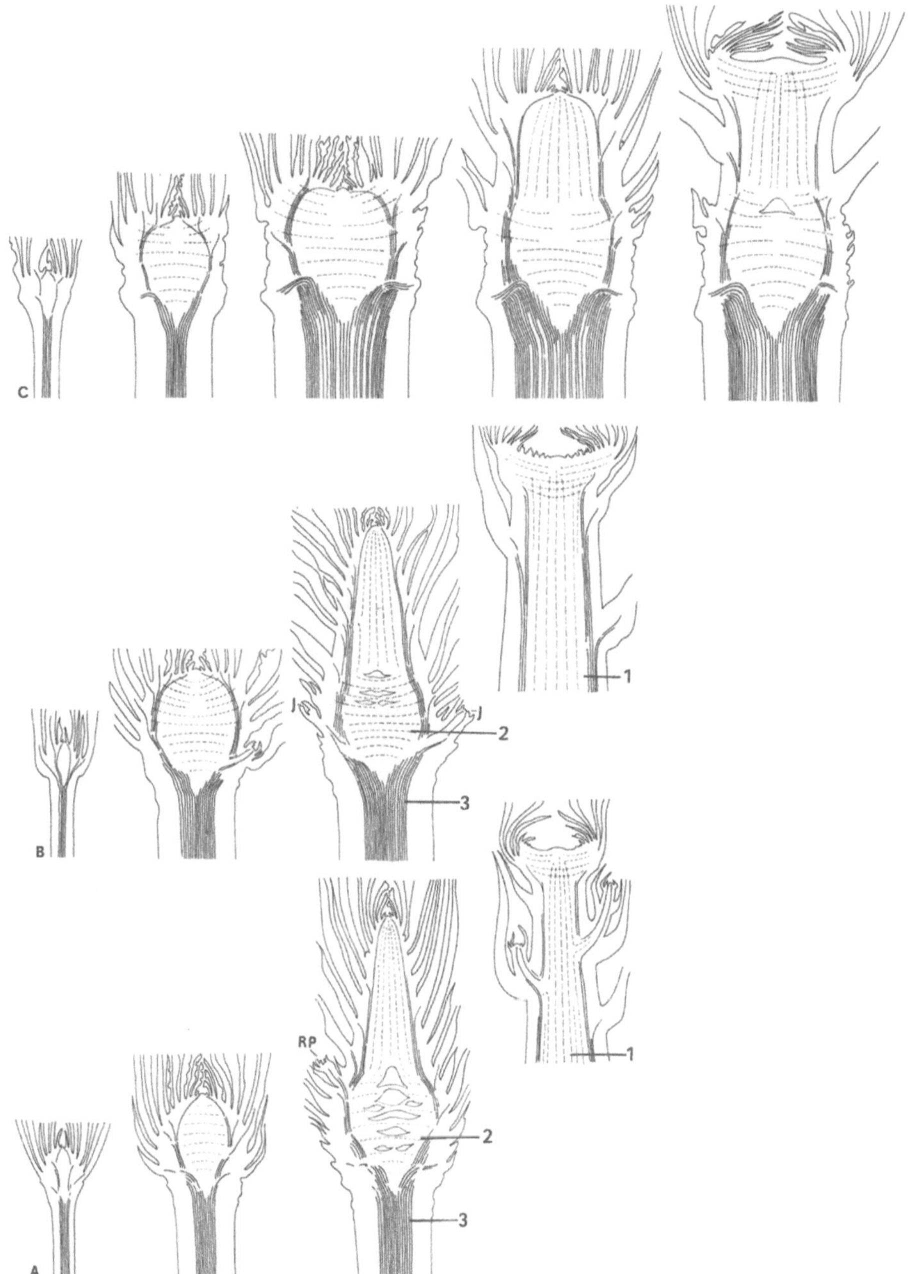

Abb. 24: Schematische Längsschnitte durch den Primärsproß in verschiedenen Altersstadien bei A) *Carlina vulgaris*, B) *C. acaulis* und C) *C. acanthifolia*. Man beachte die Auswirkungen des primären Dickenwachstums (quer gestrichelt) bei der Herausbildung der Laubblattrosetten-Achse und der terminalen Infloreszenz. I = Anlage eines Innovationsstriebes, RP = Anlage eines basalen Infloreszenzastes (Rosettenparakladium). Die Ziffern entsprechen der Lage der Querschnitte in Abb. 25D, E.

Fig. 24: Diagrammatic longitudinal sections through the primary stem in different stages A) in *Carlina vulgaris*, B) *C. acaulis*, and C) *C. acanthifolia*. Note the result of the primary thickening (marked with horizontal interrupted lines) during the formation of the axis in (foliage) leave rosettes and in the large terminal capitulum. I = formation of an innovation shoot, RP = formation of a basal inflorescence branch (rosette paracladium). 1–3 indicate the positions of the cross sections of fig. 25D, E.

Wie die Holzpflanzen und die Annuellen weisen auch die Pleiokormstauden von sect. *Corymbosae* (hier am Beispiel von *C. corymbosa* behandelt) nur geringes primäres Dickenwachstum auf (Abb. 23C, 25C). Das sekundäre Dickenwachstum der Sprosse ist wie bei *C. racemosa* auf die untersten Abschnitte des Primärsprosses und in späteren Stadien auf die seiner basalen Innovationstriebe beschränkt. Damit werden die Grundlagen eines ausdauernden Pleiokorms geschaffen (s. S. 29). Die Primärwurzel zeigt in ihrer ganzen Erstreckung sekundären Zuwachs (Abb. 23C, 25C). Im Unterschied zum Verhalten der Vertreter von subgen. *Carlowizia* ist bei den Angehörigen von sect. *Corymbosae* parenchymatisches Gewebe am Aufbau des Holzkörpers stärker beteiligt. In der Achse und in der Wurzel werden die Xylembündel durch breite, meist aus drei bis fünf Zellagen gebildete, primäre und sekundäre Markstrahlen voneinander getrennt (Abb. 25C, 28I). Man findet auch Fusionen von Markstrahlen (angehäufte Markstrahlen nach Greguss 1945, vgl. Korn 1964). In den mittleren und oberen Stengelabschnitten von *C. corymbosa* finden wir geschlossene Leitbündel wie bei *C. racemosa* (vgl. Abb. 25C, 28I 1). Im basalen Teil der Sprosse, in den Pleiokormästen, bewirkt dagegen wie bei den Achsen der Gehölze ein Kambiumring regelmäßig wiederholtes sekundäres Dickenwachstum (Abb. 25C, 28I 2, 3). Das Holz besteht überwiegend aus Holzfasern. Jahresringe werden, ähnlich wie bei den Achsen von *C. salicifolia*, durch eine Verbreiterung des Parenchymgewebes, tangential geordnete, oft durch große Poren ausgezeichnete Tracheengruppen und den Beginn zusätzlicher Markstrahlen gekennzeichnet (Abb. 29, 3). Auch im Phloem sind Jahresringe erkennbar. Der regelmäßige Wechsel von weitzelligem parenchymatischem Frühbast mit Spätbast aus Fasersträngen und eingestreuten engen Siebröhren (Abb. 28I 3) ist Ausdruck des mit regengrünen Gehölzen übereinstimmenden rhythmischen Wachstums der Arten der *C. corymbosa*-Gruppe. Als Abschlußgewebe bildet sich in den unteren Achsenbereichen ein Periderm. An den mittleren und oberen Sproßteilen übernimmt dagegen bei *C. corymbosa* die verholzte Perizykelscheide den Abschluß (Abb. 28I 2). Durch Einbeziehung von Lagen der sekundären Rinde in die Verkorkung entsteht wie bei baumförmigen *Senecio*-Arten (vgl. Metcalfe & Chalk 1957) ein mehrschichtiger perizyklischer Kork, der den in der sommerlichen Dürre sich oft entblätternden Blütentrieben einen besonderen Schutz gewährleistet.

Abb. 25: Querschnitt-Schemata aus verschiedenen Sproß- und Wurzelregionen der Hauptwuchsformtypen von *Carlina* A) *C. salicifolia*, B) *C. racemosa*, C) *C. corymbosa*, D) *C. vulgaris*, E) *C. acaulis*. Es bedeuten: 1. einjährige blühende Achse; 2. mehrjährige Achse bzw. (bei B) Basis eines einjährigen Blütentriebes; 3. proximaler Abschnitt der Primärwurzel einer mehrjährigen bzw. (bei B) einer voll entwickelten einjährigen Pflanze, 4 und 5 mittlere und distale Wurzelabschnitte. Man beachte von A bis E die zunehmende Auflockerung des kompakten an Sklerenchymfasern reichen Holzkörpers durch Verbreiterung der Markstrahlen und Zunahme des Xylem- und Phloemparenchyms sowie die zunehmende Ausdehung des Markkörpers in der Sproßbasis (Zone 2) von C bis E sowie entsprechende Änderungen im proximalen Wurzelkörper. Schwarz = Sklerenchymgewebe, weiß = Parenchymgewebe, punktiert = Phloem, kleine Kreise = Xylemgefäße, JR = Jahresringgrenze.

Fig. 25: Diagrammatic cross sections of different stem and root portions from main growth form types of *Carlina*. A) *C. salicifolia*, B) *C. racemosa*, C) *C. cormybosa*, D) *C. vulgaris*, E) *C. acaulis*. 1. flowering stem, one year old; 2. a stem several years old or (in B) base of a one year old flowering shoot; 3. proximal part of the primary root, plant several years old or (in B) plant fully developed, one year old; 4. and 5. middle and distal parts of the root. Note (from A to E) the reduction of the lignified body (rich in sclerenchym fibres), correlated with broadening pith rays, increasing of xylem and phloem parenchyma, and (from C to E) expansion of the pith body in the stem base (zone 2). Corresponding alternations can be seen in the proximal root body. Black = sclerenchymatous tissue, white = parenchymatous tissue, dotted = phloem, small circles = xylem vessels, IR = border lines between the annual rings.

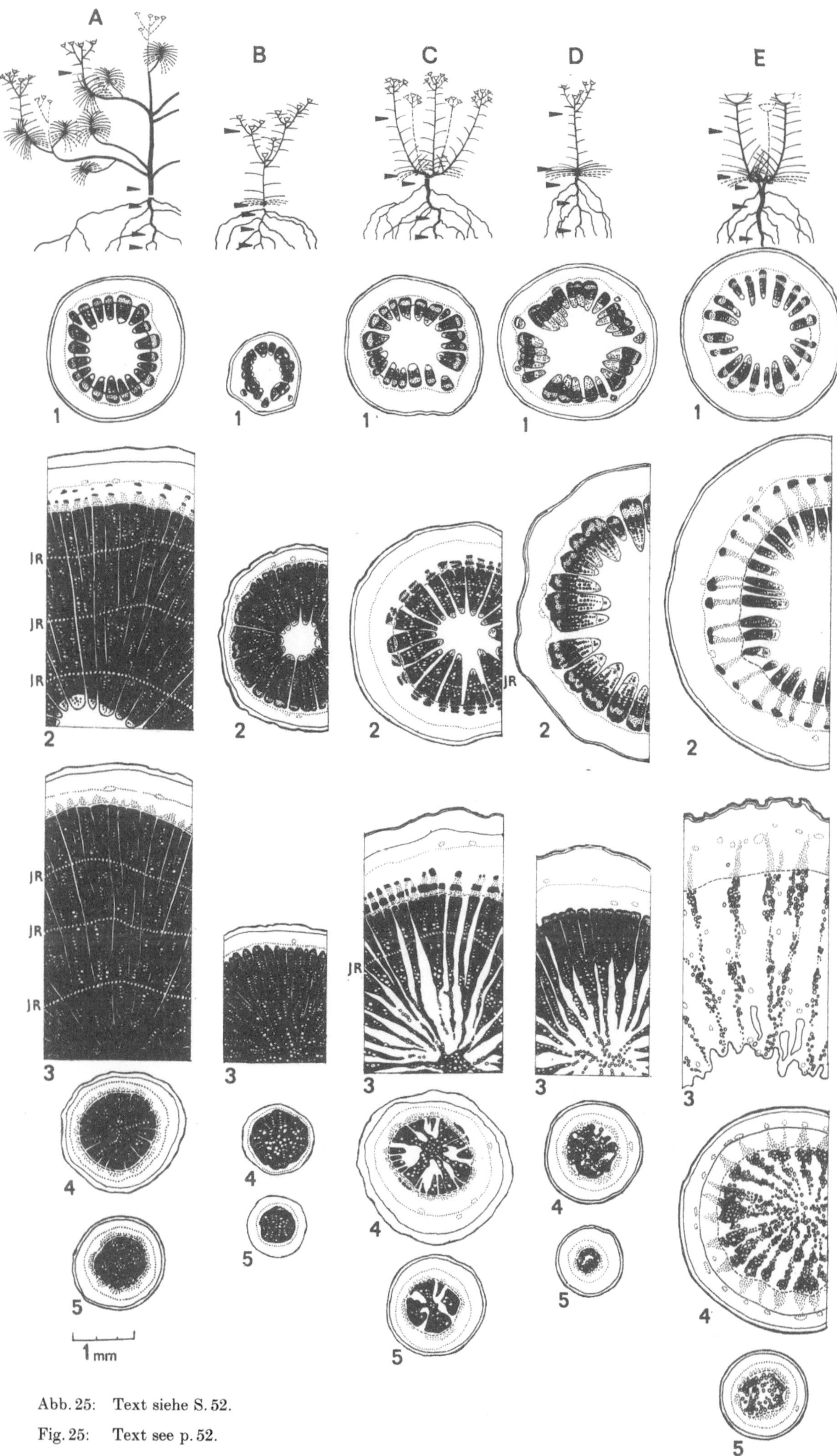

Abb. 25: Text siehe S. 52.

Fig. 25: Text see p. 52.

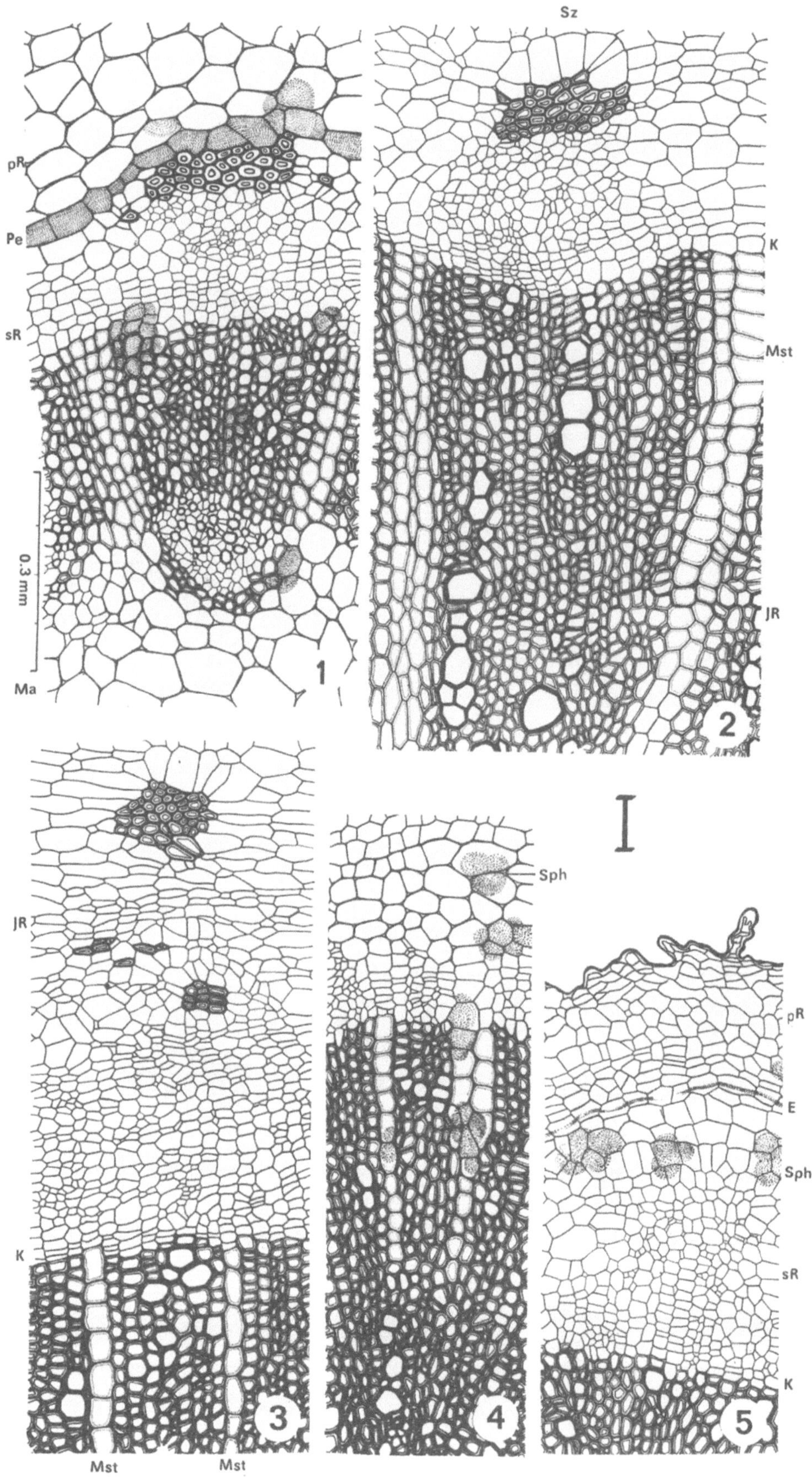

Abb. 26: I: *Carlina salicifolia*. Querschnitte durch Sproßachse und Wurzel (vgl. Abb. 25): 1) Leitbündel eines einjährigen Triebes, 2) Leitbündel eines zweijährigen Triebes mit sekundärem Zuwachs im Xylem und Phloem und Milchsaftzellen über Phloemsklerenchym-Kappe, 3) Sektor aus älterer Achse mit peripherem Xylem und mehrschichtigem Phloem mit Phloemfasergruppen, 4) Sektor aus proximalem Teil einer zweijährigen Primärwurzel, mit Sphärokristallen in sekundärer Rinde, 5) aus distalem Abschnitt der Wurzel.

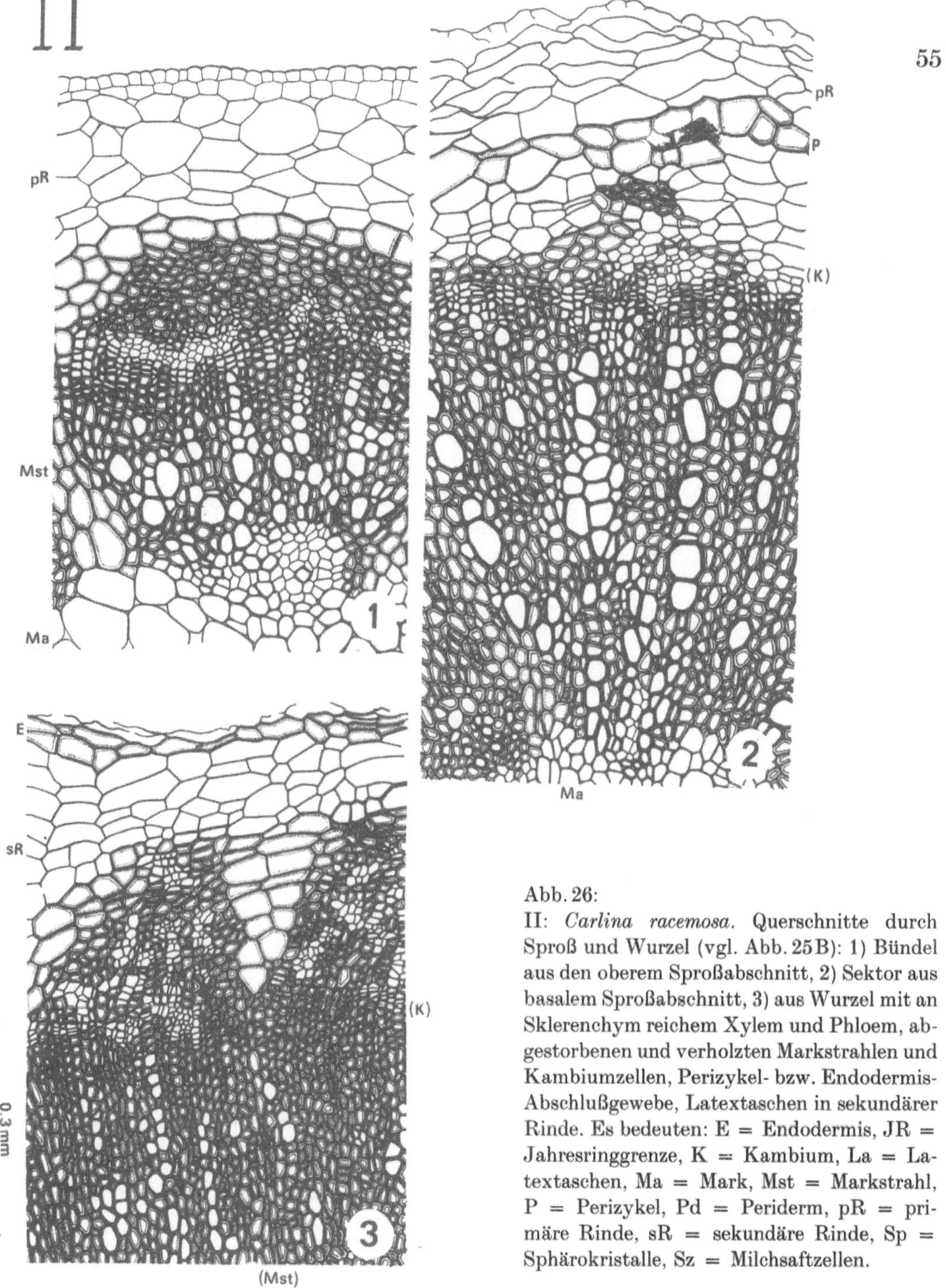

Abb. 26:
II: *Carlina racemosa.* Querschnitte durch Sproß und Wurzel (vgl. Abb. 25B): 1) Bündel aus den oberem Sproßabschnitt, 2) Sektor aus basalem Sproßabschnitt, 3) aus Wurzel mit an Sklerenchym reichem Xylem und Phloem, abgestorbenen und verholzten Markstrahlen und Kambiumzellen, Perizykel- bzw. Endodermis-Abschlußgewebe, Latextaschen in sekundärer Rinde. Es bedeuten: E = Endodermis, JR = Jahresringgrenze, K = Kambium, La = Latextaschen, Ma = Mark, Mst = Markstrahl, P = Perizykel, Pd = Periderm, pR = primäre Rinde, sR = sekundäre Rinde, Sp = Sphärokristalle, Sz = Milchsaftzellen.

Fig. 26: I: *Carlina salicifolia.* Cross section through the stem and root (see fig. 25A). 1) Vascular bundle of a shoot, one year old; 2) vascular bundle of a shoot, two years old, with secondary growth in the xylem and phloem, and with lacticiferous cells above the phloem-sclerenchyma-top, 3) sector from an older stem, with peripheral xylem and several-layered phloem with groups of xylem fibres; 4) section taken from a proximal part of a primary root, two years old, with spheric crystales in the secondary cortex; 5) sector from a distal part of the root.

II: *Carlina racemosa.* Cross sections through the stem and root (see fig. 25A). 1) vascular bundle from the upper part of the stem; 2) sector from the basal part of the stem; 3) sector from a root with xylem and phloem being rich in sclerenchyma, with lignified pith rays and cambium cells, pericycle or endodermis surface tissue and latex cavities in the secondary cortex.

E = endodermis, IR = boundary between the annual rings, K = cambium, La = latex cavities, Me = pith, Mst = pith ray, P = pericycle, Pd = periderm, pR = primary cortex, sR = secondary cortex, Sp = spheric crystals, Sz = lacticiferous cells.

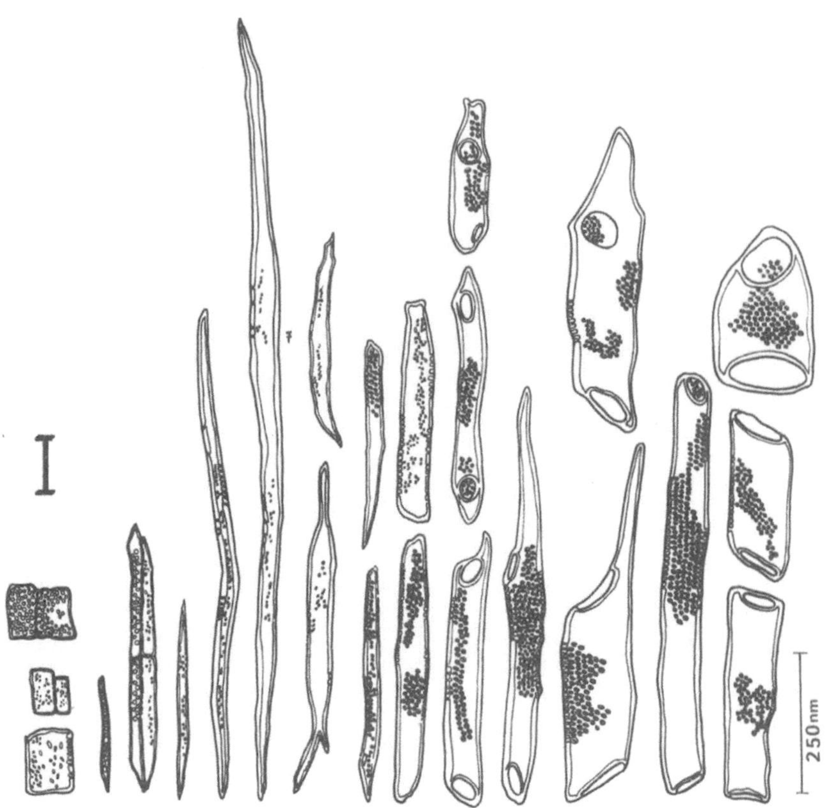

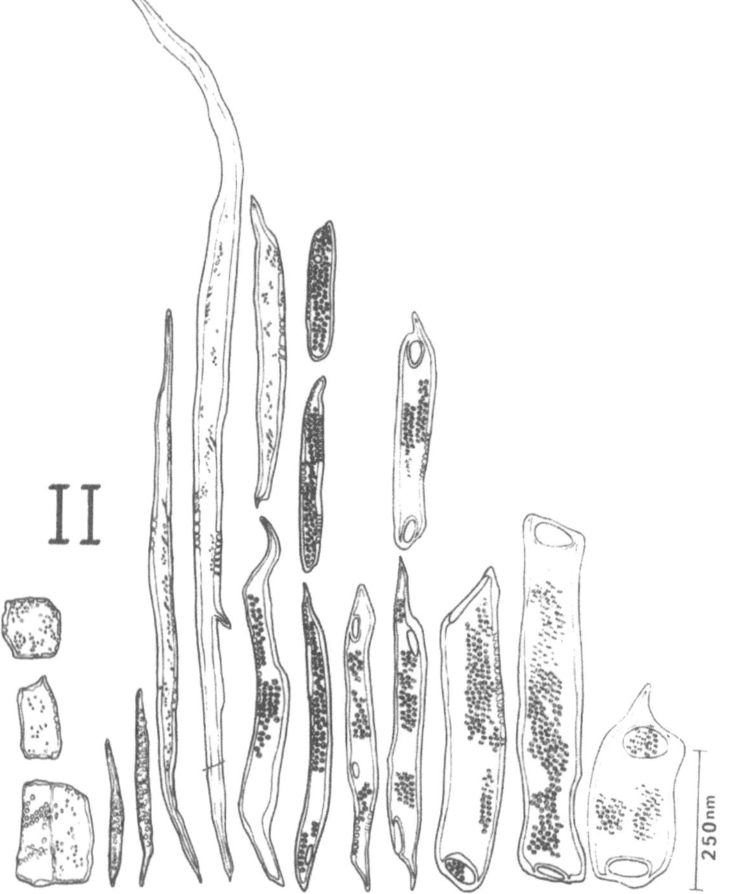

Abb. 27:
Elemente des Holzes von *Carlina salicifolia* (I) und *C. xeranthemoides* (II). Man beachte die Unterschiede in der Größe der Parenchymzellen und in der Schnäbelung der Tracheiden. Nach RADIG (unveröffentl.).

Fig. 27:
Xylem elements in *Carlina salicifolia* (I) and *C. xeranthemoides* (II). Note the differences in the size of the parenchyma cells and in the rostrum form of the tracheids.

Ähnlich wie die basalen Sproßabschnitte weisen die Primärwurzel von *Carlina corymbosa* und ihre kräftigen proximalen Abzweigungen regelmäßiges sekundäres Dickenwachstum auf. Im ersten Jahr ist das Xylem reicher an parenchymatischem Gewebe (Abb. 25C3, 28I4). Die Rübe macht deshalb zunächst einen fleischigen Eindruck (Abb. 128). Später nehmen die Holzelemente zu. Es entsteht so im Laufe der Jahre eine feste Holzrübe mit Jahresringen im Xylem und im Phloem. Das Parenchymgewebe der bis neun Zellreihen breiten Markstrahlen gewährleistet zudem eine ausreichende Speicherfunktion. Bei sehr alten Pflanzen können die innersten Teile des Holzkörpers im oberen Teil der Primärwurzel zerfallen (Abb. 9).

Durch das sklerenchymfaserreiche Xylemgewebe der überdauernden basalen Achsenabschnitte und der Wurzel erinnert *C. corymbosa* noch stark an Strukturen der Zwergbäumchen. Mit reicheren Anteilen von Parenchymgewebe (besonders in den breiten Markstrahlen) nähert sie sich den im folgenden zu behandelnden Halbrosetten- und Rosettenpflanzen.

Verbunden mit der Ausbildung bodennaher Rosetten, die in einer meist langen vegetativen Periode eine Vielzahl von Laubblättern entwickeln, finden wir in den Sektionen *Carlina* und *Heracantha* ein ausgedehntes primäres Dickenwachstum im unteren Abschnitt der Sprosse. Die akropetal zunehmende primäre Verdickung der Achsen, die in einem Anwachsen des Markkörpers zum Ausdruck kommt, geht auf eine Erweiterung der Scheitelregion durch regelmäßige antiklinale Teilung zurück. Diese Teilungsprozesse haben eine Verbreiterung und Abflachung des Vegetationskegels und im Extrem die Ausbildung einer Scheitelgrube zur Folge (vgl. TROLL & RAUH 1950). Zu der primären Verdickung gesellt sich bei den Rosetten bildenden *Carlina*-Arten sekundäres Dickenwachstum. Es wirkt sich besonders im untersten Abschnitt der aufrechten Achse aus, sodaß bei *C. vulgaris* die ursprünglich verkehrtkegelförmige Anlage durch einen Mantel sekundärer Gewebe maskiert wird (Abb. 24A). Bei diesem sekundären Zuwachs an der Sproßbasis wird im Xylem zunächst sehr viel Parenchym gebildet, das an das zentrale Markparenchym anschließt (Abb. 25D2, 28II3). In der Folge entsteht aber ein dicker

Abb. 28: I: *Carlina corymbosa*. Querschnitte durch Sproß und Wurzel (vgl. Abb. 25C). 1) Bündel im oberen Sproßabschnitt, 2) Sektor aus mittlerem und 3) aus unterem Sproßabschnitt (Pleiokormast) mit Sklerenchymfasergruppen im Phloem und breiten Markstrahlen, 4) Sektor aus einer zweijährigen Wurzel (proximal) mit zunehmender Sklerenchymbildung, d. h. zentralfugaler Einengung der Markstrahlen. Siehe S. 58.
II: *Carlina vulgaris*. Querschnitte durch Sproß und Wurzel (vgl. Abb. 25D). 1) Bündel aus oberem Sproßabschnitt. 3) Sektor aus Sproßbasis mit ausgedehntem sekundären Zuwachs, im Zentrum als parenchymreiches, außen als sklerenchymfaserreiches Xylem, Phloemleitgewebe im Sklerenchym eingeschlossen, 2) Sektor aus Wurzel mit Peridermbildung.
Es bedeutet: PK = Perizykelkork (weitere Erklärungen vgl. Abb. 26). Siehe S. 59.

Fig. 28: I: *Carlina corymbosa*. Cross sections through the stem and the root (see fig. 25C). 1) Vascular bundle in the upper part of the stem. 2) sector from a middle and 3) from a lower part of the stem (pleiocorm branch) with groups of sclerenchyma fibres in the phloem and broad pith rays, 4) sector from a proximal part of a root, two years old, with increasing formation of sclerenchyma fibres, i. e., centrifugal narrowing of the pith rays. See p. 58.
II: *Carlina vulgaris*. Cross sections through the stem and the root (see fig. 25D). 1) vascular bundle in the upper part of the stem, 3) sector from the basal stem with expanded secndary growth, the xylem rich in parenchyma in the centre, and rich in sclerenchyma fibres at the periphery, phloem enclosed in the sclerenchyma, 2) sector from the root, showing periderm formation. PK = pericycle cork (further explanations see fig. 26). See p. 59.

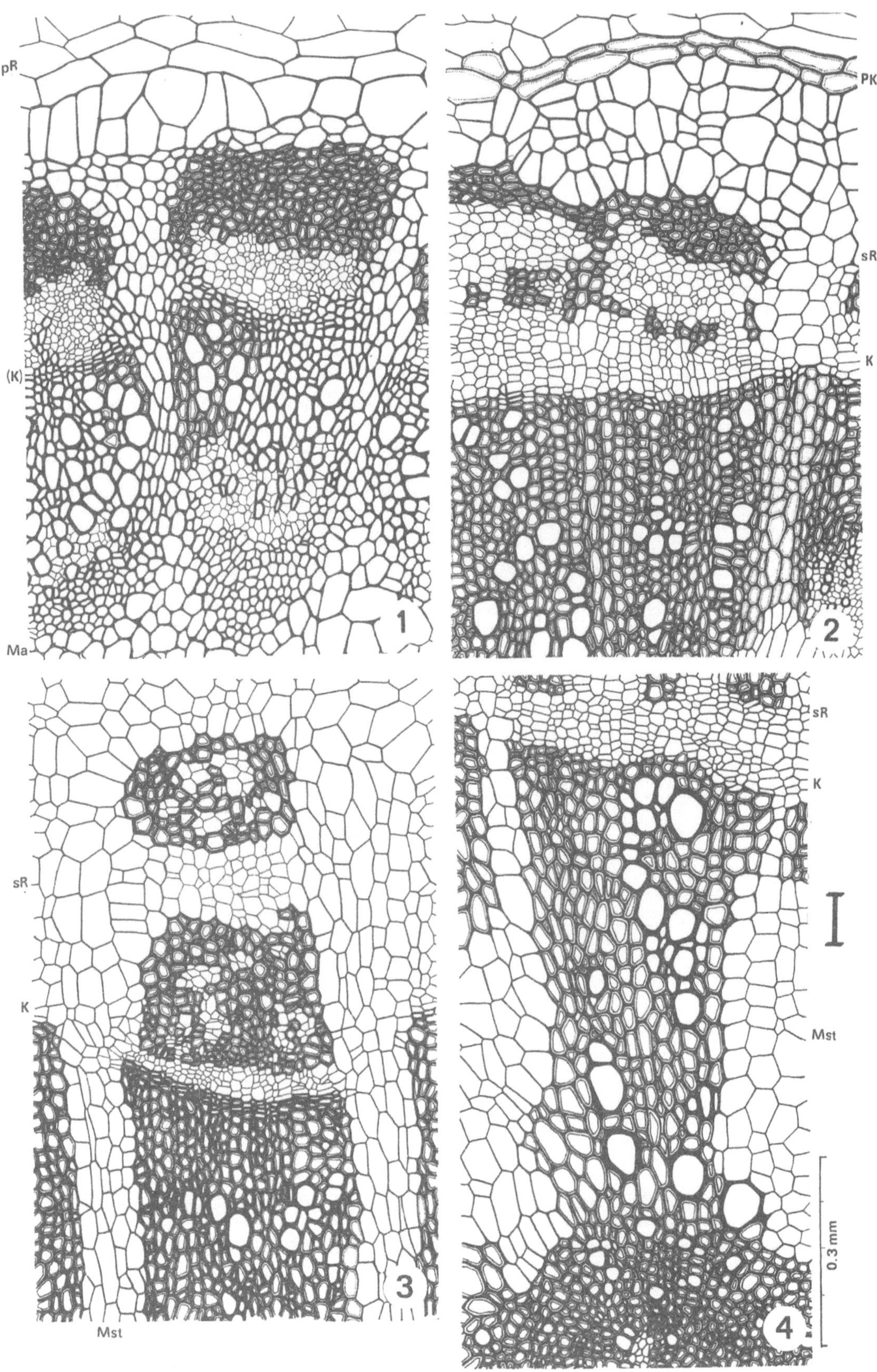

Abb. 28/I: *Carlina corymbosa.* Querschnitte durch Sproß und Wurzel. Text siehe S. 57.

Fig. 28/I: *Carlina corymbosa.* Cross sections through the stem and the root. Text see p. 57.

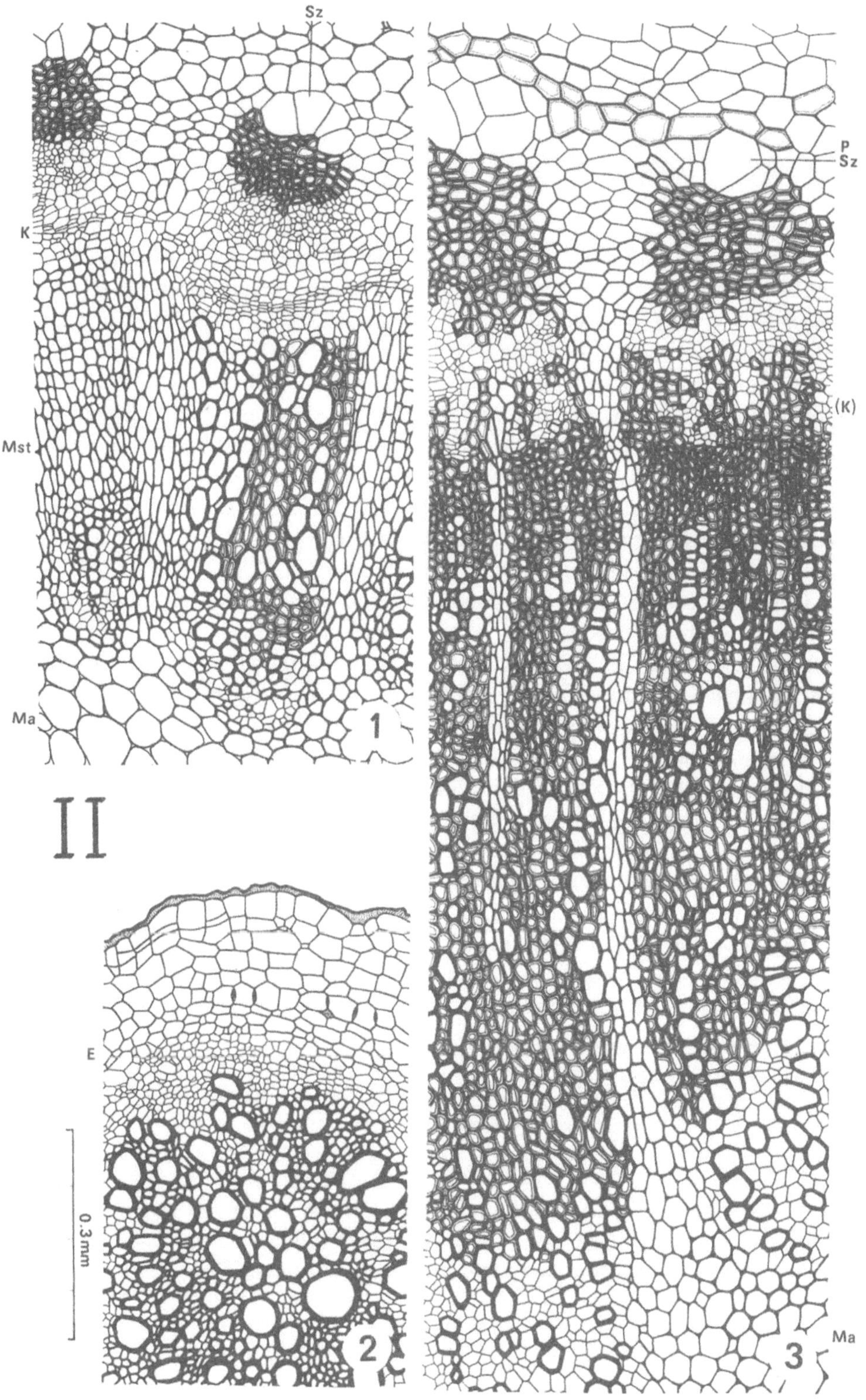

Abb. 28/II: *Carlina vulgaris*. Querschnitte durch Sproß und Wurzel. Text siehe S. 57.

Fig. 28/II: *Carlina vulgaris*. Cross sections through the stem and the root. Text see p. 57.

Holzzylinder, der sich im Holzkörper der Primärwurzel fortsetzt (Abb. 25D2, 3). Peridermbildung im Bereich der sich sekundär verdickenden Achse erfolgt aus der Epidermis.

Noch umfangreicher als bei der *C. vulgaris*-Gruppe ist die primäre Erstarkung bei den Arten von sect. *Heracantha*. Die kurze Sproßachse aller hierher gehörigen Sippen zeigt einen sich konisch stark erweiternden Markkörper.

Bei *C. acaulis* sind in der Ausdifferenzierung der Pflanzenbasis Beziehungen einerseits zu sect. *Corymbosae*, andererseits zu sect. *Carlina* zu erkennen. Mit der erstgenannten Gruppe stimmt *C. acaulis* in der Ausbildung von basalen Innovationssprossen, mit der letztgenannten in der primären Erstarkung der Rosetten-Sproßbasis überein.

Wie Abb. 25D2 und Abb. 25E2 zeigen, entspricht *C. acaulis* in der anatomischen Struktur der Sproßbasis weitgehend den Verhältnissen bei *C. vulgaris*. Unterschiedlich ist jedoch die Anlegung von Seitentrieben am Primärsproß. Sie entspringen bei *C. vulgaris* aus dem oberen Bereich der verdickten Sproßbasis, also aus den Achseln der oberen Rosettenblätter, während sie bei *C. acaulis* in der Kotyledonarregion auftreten und an dem Xylemkörper des sekundären Zuwachses Anschluß finden (vgl. Abb. 24A, 24B). Diese Differenzierung steht mit der verschiedenenartigen Funktion im Zusammenhang: Bereicherung des Blütentriebes einer hapaxanthen Halbrosettenpflanze bzw. basale Innovation bei einer Halbrosettenstaude.

In der Gewebedifferenzierung unterscheidet sich *Carlina acaulis* insofern von *C. vulgaris*, als im sekundären Zuwachs sowohl des Sprosses als auch der Wurzel der Sklerenchymanteil auf einige die Gefäße begleitende Faserstränge reduziert ist, dafür aber das Parenchym in den Leitbündeln sehr großen Raum einnimmt. Im Sproßquerschnitt (Abb. 25E2) kommt der parenchymatische Charakter der sekundären Gewebe vor allem in breiten Markstrahlen zum Ausdruck, die das im primären Dickenwachstum entstandene ausgedehnte Mark mit dem Parenchym der sekundären Rinde verbinden. Im Xylem des unteren Sproßteils erscheinen die Gefäße einzeln in kleinen Gruppen oder in einreihigen „Porenstrahlen". Nur in den späten Zuwachsphasen sind sie von Sklerenchym umgeben, was eine – allerdings nur undeutliche – Markierung von Jahresringen bewirkt.

Die sekundäre Rinde nimmt im Sproß von *C. acaulis* einen breiteren Raum ein als bei den bisher betrachteten Sippen. Sklerenchym tritt auch hier stark zurück. Es fehlt völlig im Maskierungsmantel des sekundären Zuwachses im untersten Sproßabschnitt. Dagegen kommt Phloemsklerenchym im Stengel von der oberen Rosettenzone aufwärts regelmäßig vor. In diesem Abschnitt dienen ringförmig angeordnete geschlossene Leitbündel mit Sklerenchymkappen der Aussteifung der verlängerten, ein schweres Köpfchen tragenden Achse. Die gestreckten Sprosse von *C. acaulis* ähneln damit den Blütentrieben von *C. corymbosa* und *C. vulgaris* (vgl. Abb. 28I1, 28II1, 30/1).

Abb. 29: Querschnitte mit Jahresringgrenzen (JR) von mehrjährig verholzten Achsen (nach KORN 1964). 1) und 2) *Carlina salicifolia*. Bündel mit Markkrone und erstem Jahresring. Sektor desselben Holzkomplexes mit 3. Jahresringgrenze. 3) *C. corymbosa*, mehrere Jahresringe eines Pleiokormastes. 4) *C. xeranthemoides*, Wechsel von sklerenchymatischem zu parenchymatischem Grundgewebe an Jahresringgrenze.

1), 2) und 4) nach Pflanzen vom natürlichen Standort (Tenerife), 3) Pflanze aus Kultur (Bot. Garten Halle).

Fig. 29: Cross section with border lines of the annual ring (JR), taken from lignified stems, several years old. 1) and 2) *Carlina salicifolia*. Vascular bundle with pith crown and first annual ring. Section of the same wood complex with third border line of the annual rings. 3) *C. corymbosa*, several annual rings of a pleiocorm branch. 4) *C. xeranthemoides*, alternation from sclerenchymatous to parenchymatous tissues at border lines of annual rings. 1), 2) and 4) based on plants from natural habitats (Tenerife), 3) plants from cultivation (Botanical Garden Halle).

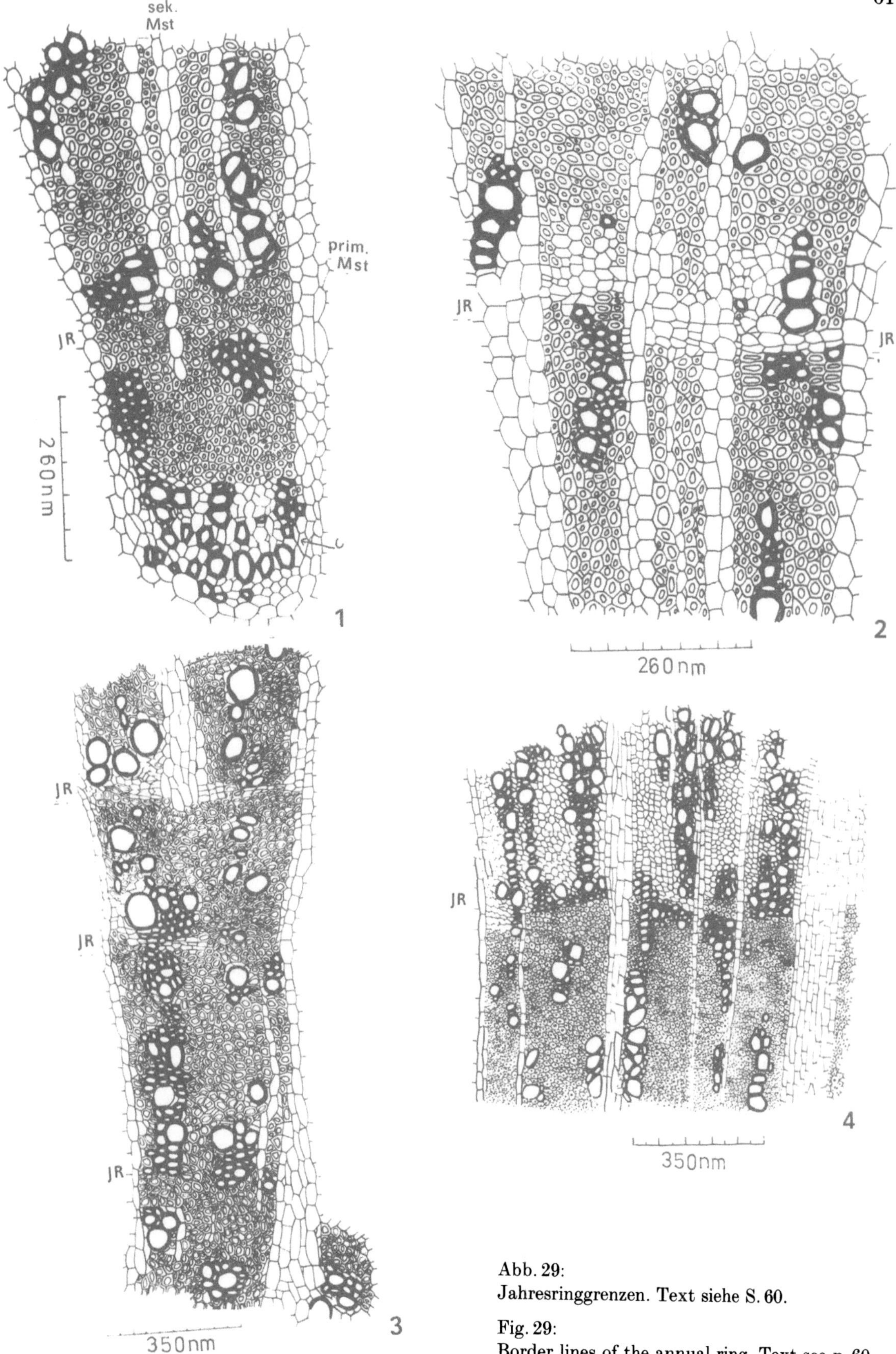

Abb. 29:
Jahresringgrenzen. Text siehe S. 60.

Fig. 29:
Border lines of the annual ring. Text see p. 60.

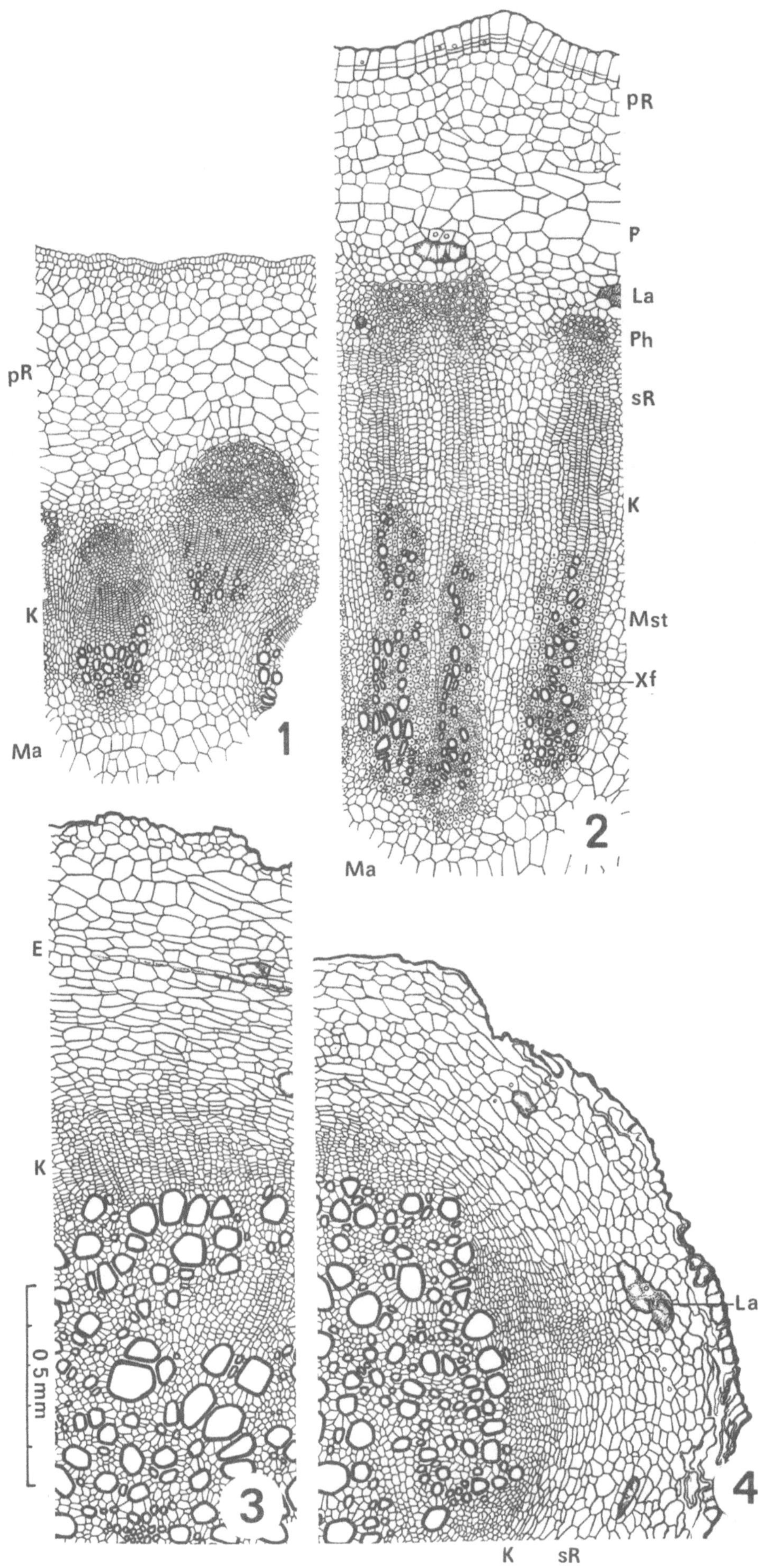

Abb. 30: *Carlina acaulis*. Querschnitte durch Sproß und Wurzel. Text siehe S. 64.

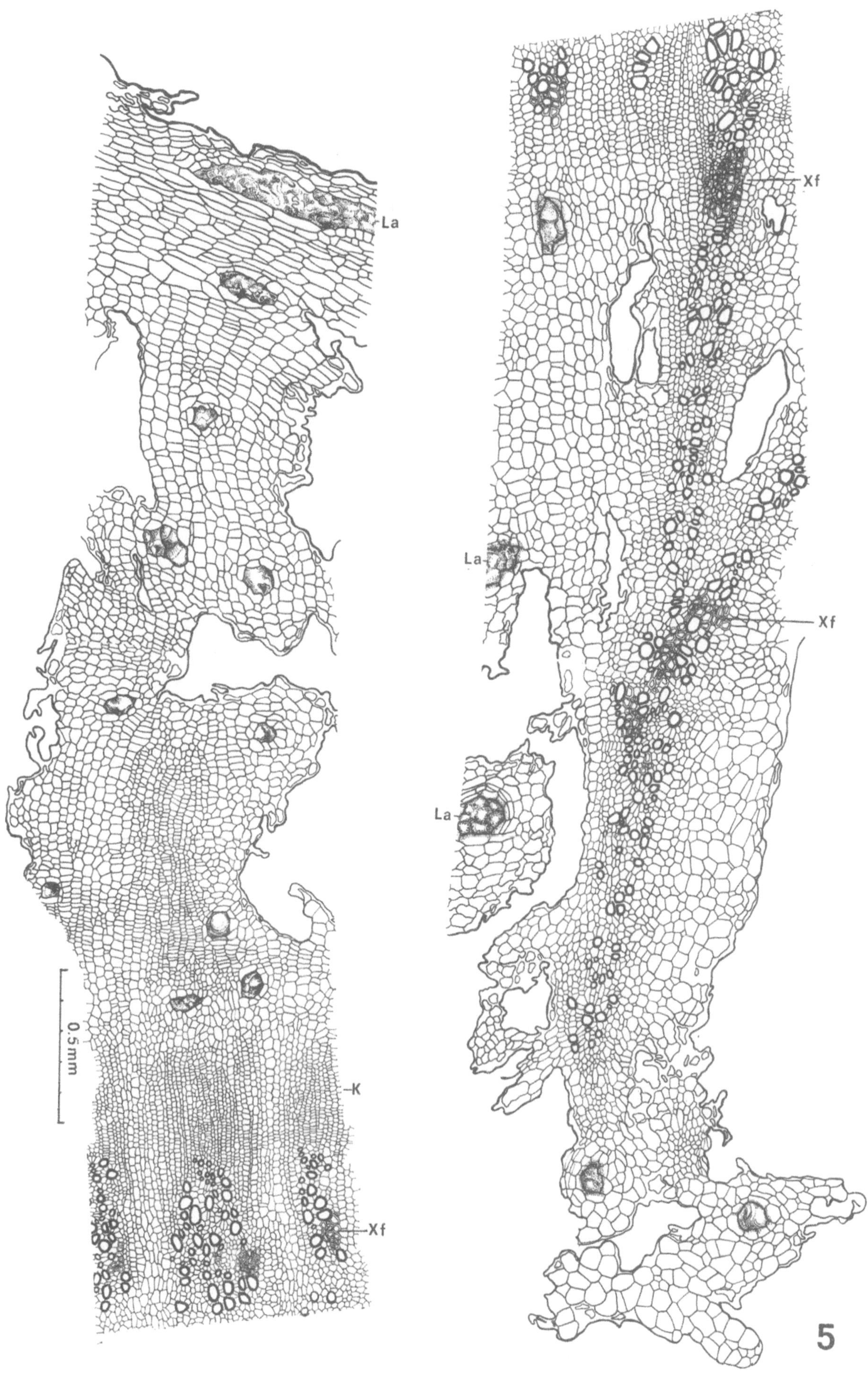

Fig. 30: *Carlina acaulis*. Cross sections through the stem and the root. Text see p. 64.

Die junge Primärwurzel von *C. acaulis* ist zunächst schmal (Abb. 20II). Durch Kambiumtätigkeit bilden sich aber allmählich beachtliche Lagen von sekundärem Xylem und Phloem, so daß eine schlanke Rübe entsteht. Im sekundären Zuwachs herrschen wie in den Sproßbasen auch im Wurzelbereich Parenchyme vor. Im Xylem liegen die Tracheen in Holzparenchym eingebettet, in kleinen Gruppen zerstreut oder in einzelligen Reihen (Abb. 30/5). Nur selten bildet sich Xylemsklerenchym. Stellen, an denen sich paratracheale Sklerenchymfasergruppen häufen, spricht KÄSTNER (1966) als Jahresgrenzen an. Im Querschnitt sind schmalere, septenartige Gefäßbündel von breiten Markstrahlen begleitet. Neben primären bewirken sekundäre Markstrahlen eine starke Vermehrung des Parenchyms im Xylem (Abb. 25E 3, 4).

Auch in den Schichten des Phloems der Wurzel dominieren Parenchymgewebe (Abb. 30/5). So entsteht durch sekundäres Dickenwachstum ein durchwegs fleischiger Rübenkörper. Da die Tangentialspannungen in der sekundären Rinde nur unvollständig durch Dilatationsteilungen kompensiert werden, kommt es zu radialen Rissen in den äußeren Wurzelschichten. Ihnen folgen Spalten im Bereich der Xylem-Markstrahlen. So zerklüftet die Wurzel in einzelne Stränge oder Bänder aus Tracheen- und Holzfasern mit einem mehr oder weniger starken Anteil von Parenchym. An den Außenflächen solcher Stränge bildet sich oft ein peridermähnliches Abschlußgewebe. Außerdem dürfte die reiche Latexbildung, die, wie in allen Schichten des Xylems, im Mark und in der sekundären und primären Rinde zu beobachten ist, beim Aufreißen der Wurzel zum Schutz der isolierten Gewebestränge beitragen (Abb. 30/5).

Der Zerklüftung der Primärwurzel bei älteren Pflanzen von *C. acaulis* folgt eine Zerreißung des Pleiokorm-Wurzelkopfes. Dessen kurze überdauernde Abschnitte bestehen wie die Basis des Primärsprosses größtenteils aus parenchymatischem Gewebe, das einem sekundären Zuwachs um ein umfangreiches zentrales Mark entstammt (vgl. MAUGHINI 1963). Beim Fehlen eines zusammenhängenden Holzkörpers, wie er das Pleiokorm von *C. corymbosa* lange Zeit festigt, höhlt sich der Wurzelkopf allmählich aus und zerfällt in einzelne Sektoren, die den Strängen der gespaltenen Wurzel aufsitzen. Man findet demzufolge auf den getrennten, auseinanderklaffenden Sektoren der Primärwurzel einzelne Teile des basalen überdauernden Sproßsystems mit den dazugehörigen Innovationsknospen (Abb. 9, 10). Es kommt so zu der für ältere Pflanzen von *C. acaulis* charakteristischen Wuchsform einer Spaltrüben-Staude (s. S. 32), wie sie auch von LUKASIEWICZ (1962) dargestellt wurde. Die einzelnen, meist erst tief im Boden zusammenhängenden Wurzelstränge mit ihren zugehörigen Sproßbasen bleiben durch das uneingeschränkt tätige Faszikularkambium lebensfähig.

Abb. 30: *Carlina acaulis*. Querschnitte durch Sproß und Wurzel (vgl. Abb. 25E). 1) Bündel aus gestreckter Achse eines Jahrestriebes und 2) von Sproßbasis (Pleiokormast) mit sekundärem Zuwachs, Phloem- und Xylemfasergruppen, breite Markstrahlen, 3) Sektor aus junger Wurzel, 4) Wurzel distal, 5) Sektor einer alten gespaltenen Rübenwurzel mit vorherrschendem Parenchym und reichlich Latextaschen im Xylem (rechts) und im Phloem (links). Radialflächen (Rißstellen) von Periderm geschützt. Außenabschluß der Rübe durch Gewebe aus dem Bereich der Endodermis. Es bedeuten: Ph = Phloemfasern, Xf = Xylemfasern, weitere Erläuterungen vgl. Abb. 26. Siehe S. 62–63.

Fig. 30: *Carlina acaulis*. Cross sections through the stem and the root (see fig. 25E). 1) vascular bundle from an annual elongated shoot and 2) from the base of a shoot (pleiocorm branch) with secondary growth, with groups of phloem and xylem fibres and broad pith rays, 3) sector of a young root, 4) root distal, 5) cross sections of an old lacerate tap root with dominant parenchyma and numerous latex cavities in the xylem (right) and in the phloem (left). Radial surface (ruptured) protected by periderm. Ph = phloem fibres, Xf = xylem fibres, further explanations see fig. 26. See p. 62–63.

Im Vergleich mit *C. acaulis* treten uns bei *C. acanthifolia* die Formen des Dickenwachstums, der Gewebedifferenzierung und -auflösung gesteigert entgegen. Das Verhältnis von Festigungs- und Parenchymgewebe im Sproß und in der Wurzel ist noch mehr zugunsten des letzteren verschoben. Erhöhtes primäres Dickenwachstum führt bei der Entwicklung der Rosettenachse über die Abflachung des Vegetationskegels hinaus zur Ausbildung einer Scheitelgrube. Sie kommt, wie RAUH & REPPERT (1954) am Beispiel verschiedener Rosetten- und Halbrosettenpflanzen gezeigt haben, dadurch zustande, daß sich das Scheitelgewebe nicht nur im zentralen Mark, sondern auch in der Rinde durch antiklinale Teilung stark verbreitert und so über den Scheitelpunkt emporwölbt (Abb. 24C). Diese Ergänzung des medullären durch ein kortikales Dickenwachstum erlangt nur in den unteren Teilen des Rosettensprosses größere Ausmaße. Im Bereich einer geringfügigen Streckung der Achse über der durch primäres und sekundäres Dickenwachstum verbreiterten Rosette nimmt die Ausbildung von Festigungsgewebe in den hier nur durch schmale Markstrahlen getrennten Bündeln zu. Damit zeichnet sich auch hier eine Trägerstruktur der Blütenachse ab. Beim sekundären Dickenwachstum der Rübe von *C. acanthifolia* entstehen neben den zerstreut oder in lockeren Haufen angeordneten Tracheen überwiegend Parenchyme. Andeutungen eines Jahresrhythmus im Zuwachs ergeben sich aus der wechselnden Größe und Dichte der Gefäße (KÄSTNER 1966).

Während sich *C. acaulis* durch anhaltendes Dickenwachstum zu einer langlebigen vielköpfigen Staude entwickelt, klingt bei *C. acanthifolia* das sekundäre Dickenwachstum mit dem Eintritt in die reproduktive Phase ab. Nach der Blüte und Fruchtreife geht oft die ganze in Bodennähe entwickelte Achse bis auf den Sproßansatz an der Rübe zugrunde. Somit entfällt die Möglichkeit einer Innovation aus Achseln der Rosettenblätter wie bei *C. acaulis*. Die Erneuerung erfolgt, wenn es nicht überhaupt zum Absterben der ganzen Pflanze kommt, durch Wurzelknospen an der Rübe oder oft auch an einer kräftigen, von der Primärwurzel auszweigenden Seitenwurzel, was dann eine lange regenerative Entwicklung zur Folge hat (s. S. 32).

Aus der Übersicht über den anatomischen Bau der Sprosse und Wurzeln ergeben sich somit wesentliche, die morphologische Wuchsformen-Charakterisierung ergänzende Unterschiede zwischen den einzelnen Verwandtschaftskreisen:

Subgen. *Carlowizia* und subgen. *Lyrolepis*: Durch sekundäres Dickenwachstum entwickeln sich Sproßachsen und Wurzeln als massive, durch Jahresringe gegliederte Holzkörper überwiegend aus Sklerenchymfasern mit nur schmalen Markstrahlen und wenig Holzparenchym.

sect. *Mitina*: Durch kurzfristige Tätigkeit eines Kambiums entsteht im unteren Sproßabschnitt und in der Wurzel ein Holzkörper von ähnlichem Bau wie bei subgen. *Carlowizia*. Vor dem Absterben verholzen auch die Zellen des Phloems, der Markstrahlen und des Kambiums. Die mittleren und oberen Achsenteile ähneln mit einem Ring geschlossener Leitbündel den kurzlebigen Blütentrieben der Pleiokormstauden.

sect. *Corymbosae*: Die Pleiokormäste und die Wurzel bilden durch sekundäres Dickenwachstum einen Holzkörper mit Jahresringen ähnlich wie bei subgen. *Carlowizia*, aber mit breiteren Markstrahlen.

sect. *Carlina*: Durch primäres und anschließend sekundäres Dickenwachstum entsteht eine breite, kurze Rosettenachse. Der sekundäre Zuwachs ist im Xylem und Phloem reich an Sklerenchymfasern.

sect. *Heracantha*: Durch ausgedehntes (medulläres und kortikales) primäres und anschließend sekundäres Dickenwachstum entsteht eine sehr breite Rosettenachse. Der sekundäre Zuwachs bildet überwiegend Parenchym mit zerstreuten Gefäßen und nur einzelnen Sklerenchymgruppen; bei *C. acaulis* kommt es deshalb zum Aufspalten des proximalen Rübenkörpers einschließlich des Wurzelkopfes, bei *C. acanthifolia* oft zu einem Zerfall der Primärachse und damit zum Absterben der ganzen Pflanze.

Die Analyse der Achsenanatomie bei *Carlina* bestätigt die Auffassung von CARLQUIST (1966) über eine vielgestaltige Differenzierung des Holzkörpers der Asteraceen: „A flexible system of wood anatomy has accompanied *Compositae* in their adaption to a wide diversity of growth forms.“ Die Frage inwieweit es sich bei den Holzpflanzen von *Carlina* um Paedomorphosen (CARLQUIST 1962, 1988) handelt, sollte noch näher geprüft werden (vgl. Band II).

2.4. Sekretionsgewebe

Über die Zellen und Gewebe, die den für *Carlina* charakteristischen Milchsaft produzieren, fehlen ausreichende neuere Untersuchungen. Sie sollten sowohl im Zusammenhang mit der Analyse der Inhaltsstoffe und ihrer Verteilung (vgl. 2.11., S. 150) als auch mit Untersuchungen zur Gewebeentwicklung in Wurzeln, Achsen und Blättern bei den verschiedenen Wuchsformen-Gruppen nachgeholt werden. Bereits in der älteren Literatur (z. B. bei TRÉCUL 1862, VAN TIEGHEM 1871, VUILLEMIN 1884) werden verschiedentlich Sekretionsgewebe bei *Carlina* erwähnt. Eingehendere Angaben, die auch das unterschiedliche Verhalten einzelner Arten berücksichtigen, findet man bei COL (1903–1904) und bei SOLEREDER (1899, 1908). Neuere Arbeiten (GREUTER 1973, DITTRICH 1977) versuchen diese alten Angaben taxonomisch auszuwerten.

Unsere Beobachtungen (KÄSTNER 1966, 1969) bestätigen die Vorstellung, daß bei *Carlina* zwei ganz verschiedene Milchsaft-(Latex-)produzierende Systeme vorliegen, nämlich gestreckte Milchsaftzellen in den oberirdischen Organen und schizo-lysigene Sekretbehälter, die KÄSTNER (1966, 1969) als Latexlakunen und COL (1903–1904) als Latextaschen (poches sécrétrices) bezeichnet, vor allem in bodennahen und unterirdischen Teilen.

Anscheinend hat bereits VUILLEMIN (1884) die verschiedenartigen latexbildenden Organe bei *C. acaulis* erkannt. Auch COL (1903–1904) spricht von „lactifères“ neben „poches secretrices“. Diese Unterschiede wurden bisher aber anscheinend wegen einer verwirrenden Terminologie und einer unklaren Abgrenzung gegenüber den Milchröhren der ligulifloren Kompositen nicht deutlich genug herausgestellt. Wenn MEINHEIT (1907) für *Carlina* – wie auch für *Atractylis*, *Staehelina* und *Amphoricarpos* – „nur Milchschläuche (keine Ölgänge)“ angibt, so ist zu beachten, daß seine Untersuchungen nur den Stengelbau betreffen.

Systeme gegliederter Milchröhren wie bei den Lactuceen fehlen bei *Carlina* und wohl bei allen *Cynareae*. Als „lactifères“ fungieren langgestreckte Zellen im Bereich des Perizykels in den Sproßachsen und Blättern. Im Querschnitt erscheinen diese Milchsaftzellen als eine Gruppe größerer Zellen, die bogenförmig über den Phloemsklerenchymkappen angeordnet sind (Tafel I, Abb. 26, 28). In dieser Stellung stimmen sie mit längsverlaufenden Milchröhren der *Lactuceae* überein (vgl. HANSTEIN 1864, DE BARY 1877). Im Längsschnitt fallen die „lactifères“ von *Carlina* als verlängerte röhrenförmige, nur gelegentlich zugespitzt auslaufende einzelne Zellen auf (Tafel I). Sie lassen in ungefärbten Präparaten keine besonderen Inhaltsstoffe erkennen. Erst beim Anschnitt entlassen sie zunächst durchsichtige, aber bald sich milchig trübende Flüssigkeitströpfchen. Am besten bezeichnet man diese Gebilde als Milchsaftzellen und vermeidet die für entsprechende Organe bei den Lactuceen gebräuchlichen Begriffe Milchröhren oder Milchsaftschläuche. SOLEREDER

Tab. 2: Verteilung von Latex-Taschen in verschiedenen Geweben der Sproßbasis und der Primärwurzel von *Carlina*-Arten.

Tab. 2: Occurrence of latex pockets in different tissues of stem base and primary root of different *Carlina* species.

	Sproßbasis			Wurzel		
		Markstrahlen		Prim. Rinde	Markstrahlen	
	Perizykel	sek. Rinde	Xylem	Endodermis	sek. Rinde	Xylem
Subgen. *Carlowizia*						
C. salicifolia	–	–	–	+	–	–
Sect. *Mitina*						
C. lanata	+	–	–	+	–	–
C. racemosa	+	–	–	+	–	–
Sect. *Corymbosae*						
C. corymbosa	–	–	–	+	–	–
C. sicula	–	–	–	+	–	–
Sect. *Carlina*						
C. vulgaris	+	+	–	+	+	–
C. frigida	+	+	–	+	+	–
C. nebrodensis	+	–	–	+	+	–
Sect. *Heracantha*						
C. acaulis	+	+	+	+	+	+
C. acanthifolia	+	–	–	+	+	+

(1899) spricht von „Sekretzellen mit harzigem oder milchigem Inhalt“, später (1908) verwendet der Autor den Ausdruck „Sekretschläuche“.

Bei *Carlina* sind die Milchsaftzellen wohl bei allen Arten regelmäßig in Sproßachsen und Blättern anzutreffen. Das reich aufgezweigte Gefäßbündelsystem innerhalb der Köpfchen hat eine Anhäufung von begleitenden Milchsaftzellen zur Folge. Da sich diese „lactifères“ nach Col (1903–1904) innerhalb des Köpfchens erweitern, kommt es hier zu einer Konzentration von Milchsaft, was bei jeder Beschädigung leicht zu beobachten ist. Bereits Irmisch (1853) erwähnt ein „starkes Milchen“ der Blütenköpfchen von *Carlina acaulis*.

Nach Solereder (1908, S. 183) hat Col bei *Carlina acaulis* in oberirdischen Achsen „perizyklische Milchsaftelemente von der Natur der Milchsaftgefäße“, d. h. die gegliederten Milchsaftröhren, beobachtet, „deren Fusionscharakter aber sehr schwierig festzustellen ist“. Wir haben keine Kommunikation zwischen benachbarten Milchsaftzellen beobachten können.

Dagegen handelt es sich bei den Latextaschen nicht um Einzelzellen, sondern – zumindest in der Endphase ihrer Entwicklung – um Hohlräume umschließende Zellkomplexe in bodennahen Achsen und vor allem in Wurzelgeweben. Diese Bildungen fallen im Gegensatz zu den Milchsaftzellen im mikroskopischen Bild in der Regel durch ihren leuchtenden gelbbraun gefärbten Inhalt auf.

Nach Beobachtungen von Kästner (1966, 1969) geht die Latexbildung auf einzelne Zellen zurück, die sich durch ein dichteres Plasma und einen großen Zellkern auszeichnen. In älteren Zellen findet man Latextropfen oder auch das ganze Lumen von Latex erfüllt (Tafel II). Die Auflösung der oft zu mehreren übereinandergereihten Latex-bildenden Zellen (Tafel II), verbunden mit der Entstehung schizogener Interzellularen, führt zu

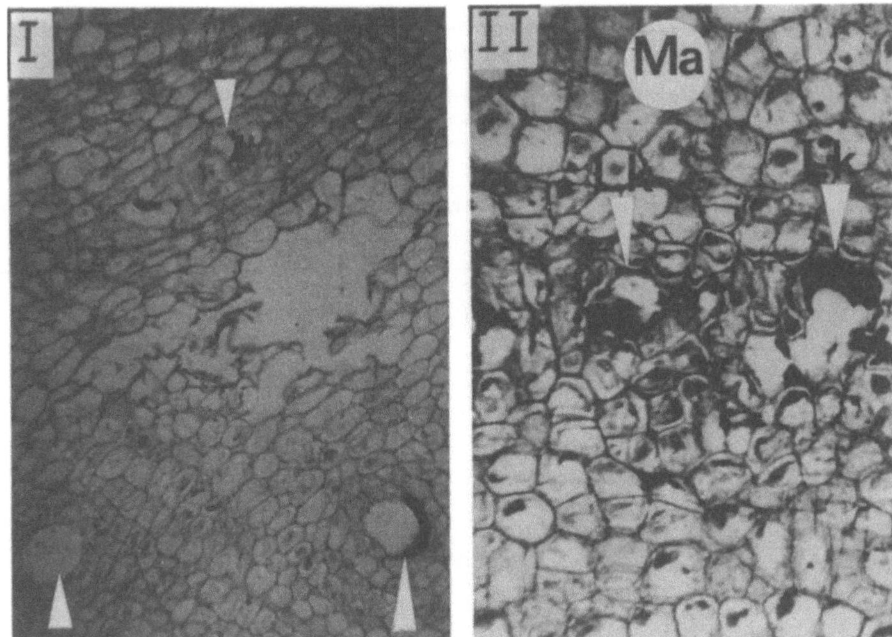

Abb. 31: *Carlina acaulis*. Ausbildung von schizo-lysigenen Sekretbehältern (Latextaschen) im Perizykelbereich und in einem Rindenmarkstrahl (I) sowie im Mark (Ma) (II).

Fig. 31: *Carlina acaulis*. Formation of schizo-lysigenous secretion cavities („latex pockets") in the pericycle area and in a pith ray of the cortex (I) as well as in the pith (Ma) (II).

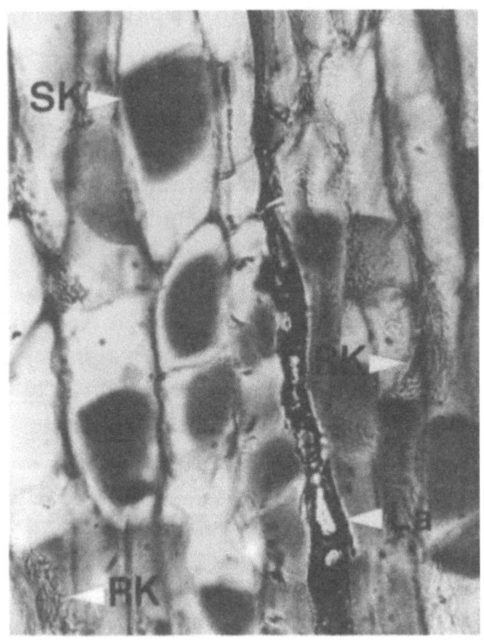

Abb. 32:
Carlina sicula. Wurzel, Endodermisbereich. Latexerfüllte Lücke (La). In der Umgebung Zellen mit Inulin-Sphärokristallen (SK) und Raphiden (RK).

Fig. 32:
Carlina sicula. Endodermis area of the root. Gap filled with latex (La), the surrounding cells with spherical inulin-crystals (SK) and raphides (RK).

kleineren (Abb. 31) und größeren (Abb. 32) Latextaschen. Durch weitergehende Fusionen können benachbarte Latextaschen zu sackartigen oder röhrenförmigen Gebilden verschmelzen (Abb. 33). Solche Gebilde werden von SOLEREDER (1908) als schizogene Sekretgänge gekennzeichnet. Infolge von Zellteilungen im Umkreis der Latexansammlungen

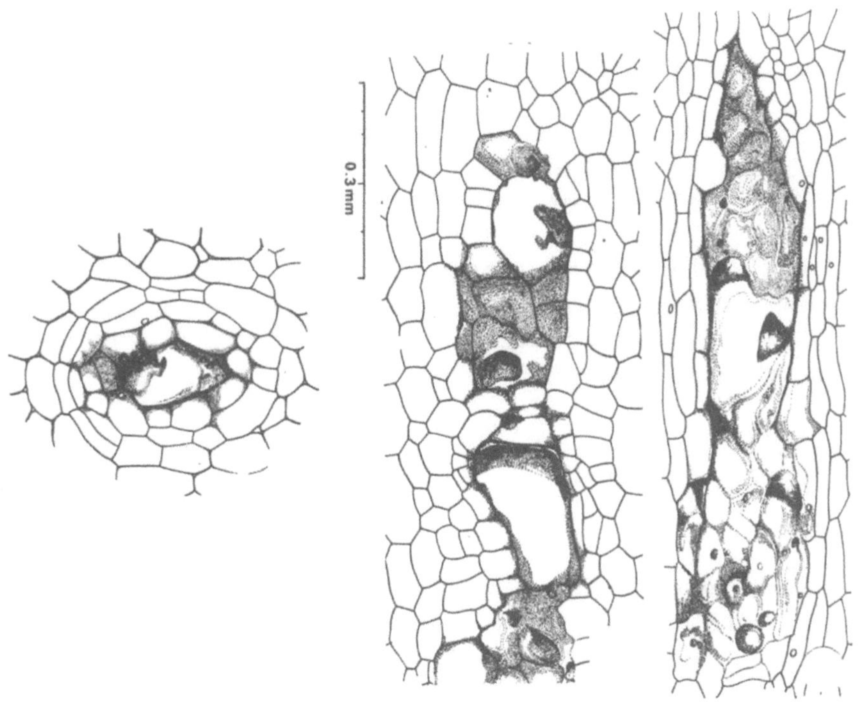

Abb. 33: *Carlina acaulis*. Latextasche und -röhren innerhalb des Markstrahl-Parenchyms. Abgrenzung des Sekretraumes durch zusätzliche periklinale Wandbildung in den umliegenden Zellpartien.

Fig. 33: *Carlina acaulis*. Latex cavity („lates pockets") and latex tubes within the pith ray parenchyma. Delimitation of the secretion cavity by additional periclinal cells in the surrounding tissue.

entsteht eine Umkleidung aus mehr oder minder flachen, meist in mehreren Schichten übereinander angeordneten Zellen (Abb. 31, 32).

In der Verteilung von Milchsaftzellen und Latextaschen kommt es bei *Carlina* zu einer deutlich polaren Differenzierung: Milchsaftzellen im Bereich des Sproßsystems und der Köpfchen, und Latextaschen in bodennahen Achsen und vor allem in Wurzeln. Solereder (1908) spricht geradezu von einem „Vikariieren der beiden Sekretionsorgane", was diesem Autor zufolge auch bei *Carduus, Cirsium, Lappa, Onopordon* und *Silybum* zu beobachten ist. Für *Carlina vulgaris* wird an derselben Stelle erwähnt, daß endodermale Harzgänge der Wurzel noch in den untersten Teil der Achse eintreten und dann „weiter oben durch Sekretlücken und schließlich durch perizyklische Milchsaftzellen ersetzt werden." Col (1903–1904) hat in einer Abbildung das Nebeneinander von Milchsaftzellen und von Latextaschen in einem bodennahen Sproßabschnitt veranschaulicht.

Als Orte der Bildung von Latextaschen wird bei *Carlina* der Endodermis-Perizykelring in der Primärwurzel bevorzugt. Viele Arten beschränken sich mit der Latexbildung auf diese Bereiche. Bei den durch primär stark verdickte Sprosse ausgezeichneten Arten mit kräftigen Rübenwurzeln werden Latexlakunen auch in der sekundären Rinde, in den Markstrahlen und selbst im Mark gefunden. In der Verteilung von Latextaschen ergeben sich somit, wie Tab. 2 ausweist, beachtliche Unterschiede zwischen den einzelnen Verwandtschaftskreisen. Von den Sippen, die sich durch eine starke Verholzung auszeichnen, bis zu den überwiegend krautigen, mit viel Parenchymgewebe in Sproßbasis und Wurzel ausgestatteten Arten ist eine deutliche Zunahme von Latexbildung in Latexlakunen festzustellen.

Durch einen besonderen Reichtum an Latextaschen zeichnen sich vor allem die fleischigen Wurzeln von *C. acaulis* und *C. acanthifolia* aus (Abb. 30, 31, 32). Die hier angehäuften Latexvorräte dürften bei der Abdichtung der Wundstellen, die beim Aufreißen heranwachsender Wurzeln entstehen (s. S. 31 und Abb. 10) von Bedeutung sein. Die Erweiterung von Latextaschen kann gelegentlich zu Anastomosen zwischen benachbarten Hohlräumen führen. Vergleiche mit dem Sekretgewebe der liguliflroen Kompositen zeigen, daß es sich dabei um gelegentlich zu beobachtende konvergente, aber sicherlich nicht um homologe Strukturen handelt.

2.5. Blattfolge und Laubblätter

2.5.1. Morphologie

In ihren Blattbildungen zeigt *Carlina* eine große Mannigfaltigkeit und Variabilität. Sowohl für eine exakte Erfassung taxonomisch verwertbarer Merkmale als auch zum Verständnis der Funktion der verschiedenartigen Blattorgane bedarf es einer eingehenden morphologischen und anatomischen Analyse, zu der bereits eine Reihe von Untersuchungen vorliegen (Meusel & Köhler 1960, Kästner 1969, 1972; Kruse & Meusel 1972).

Morphologisch ähneln die Blätter von *Carlina* denen vieler anderer distelartiger Asteraceen. Was ihre Größe betrifft, so findet man nicht so großflächige Laubblätter wie bei manchen *Cirsium*-Hochstauden oder bei *Arctium*. Die meisten *Carlina*-Arten tragen kleine bis mittelgroße, etwa 3 bis 15 (20) cm lange Blätter. Verhältnismäßig großblättrig erscheinen in der Gattung allein die Vertreter von sect. *Heracantha* mit Blattlängen von 15 bis 30 (45) cm.

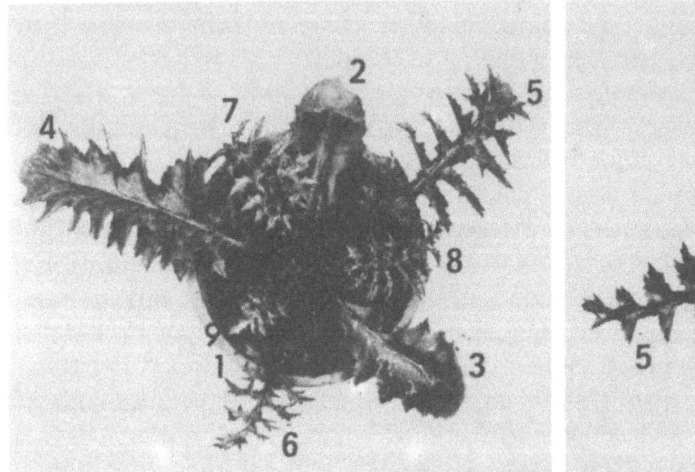

Abb. 34: *Carlina acaulis*. Blattfolge einer jungen Rosette von kleinen, ganzrandigen (1) zu gezähnten (2), fiederlappigen und fiederspaltigen (3, 4) Primärblättern und zu fiederteiligen bis fiederschnittigen Laubblättern (5–9).

Fig. 34: *Carlina acaulis*. Leaf sequence of a young rosette: small, entire (1), dentate (2), pinnati-lobed and pinnatifid (3, 4) primary leaves and pinnatipartite to pinnatisect foliage leaves (5–9).

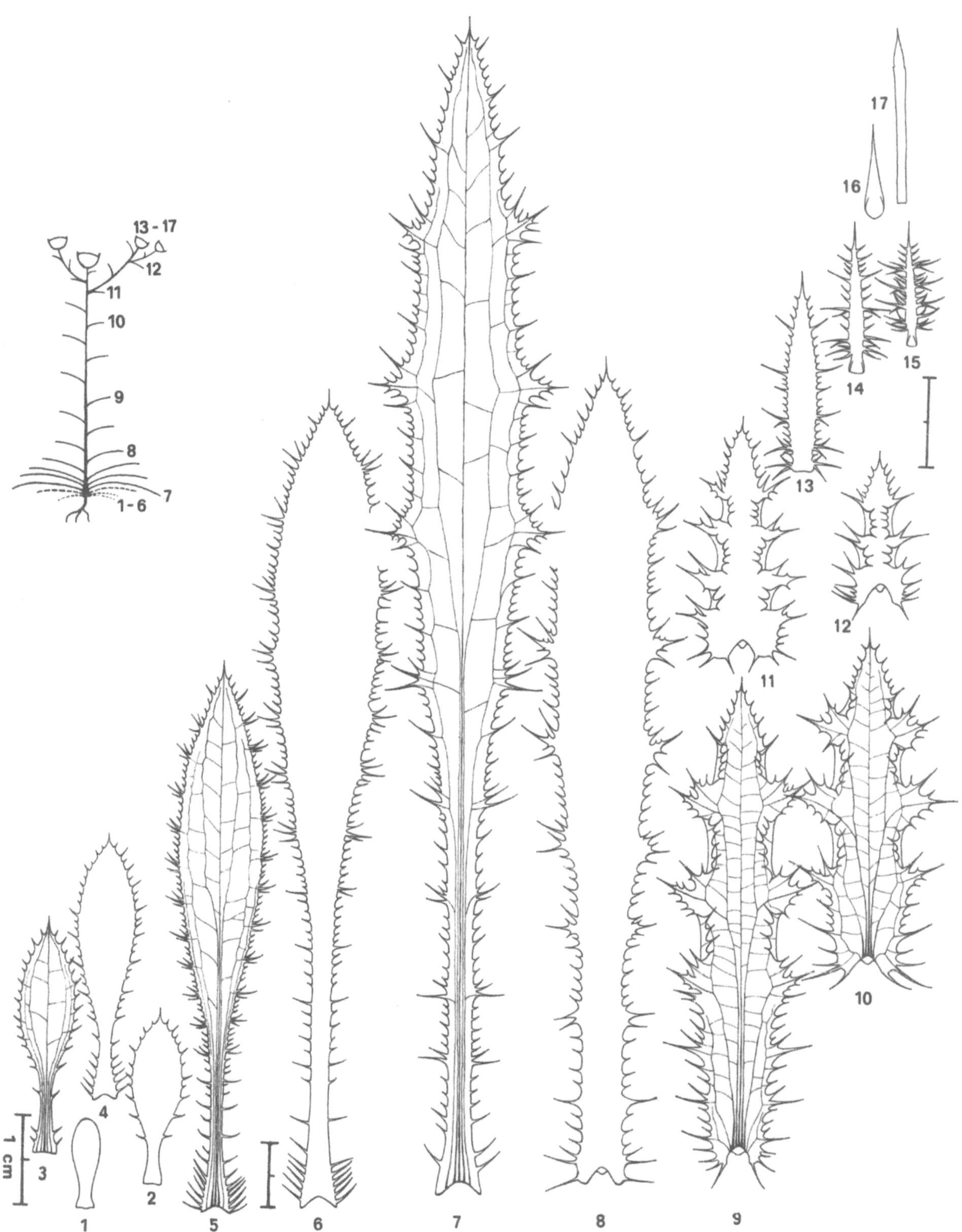

Abb. 35: *Carlina vulgaris.* Blattfolge von Keimblättern (1), Primärblättern (2–4), Rosettenblättern (5–7), Stengelblättern (8–10), Hochblättern (11, 12), äußeren (13–15) mittleren (16) und inneren (17) Involukralblättern.

Fig. 35: *Carlina vulgaris.* Leaf sequence: cotyledons (1), primary leaves (2–4), rosette leaves (5–7), stem-leaves (8–10), hypsophylls (11, 12) outer (13–15), middle (16) and inner (17) involucral bracts.

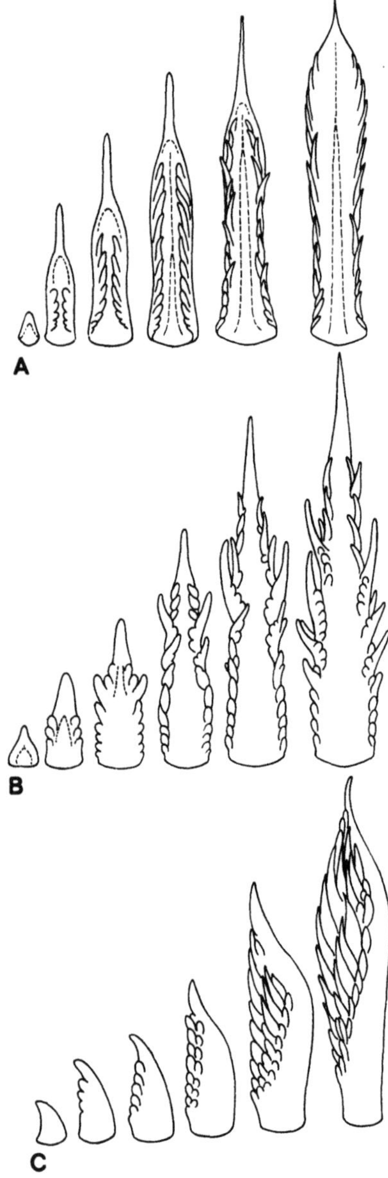

Abb. 36:
Divergente Fiederanlegung an Laubblättern von *Carlina*. Nach KÖHLER (aus MEUSEL & KÖHLER 1966).
A) *C. salicifolia*. Segmente bleiben ungegliedert, langer vorläuferspitzenartiger Endabschnitt mit geringer akropetaler Gliederung.
B) *C. vulgaris* mit basipetaler Grundgliederung und langem, akropetal segmentiertem Endabschnitt. Akropetale Aufgliederung der Seitenfiedern.
C) *C. acaulis*. Blattanlage in seitlicher Ansicht. Gliederung überwiegend basipetal, Seitenfiedern quergestellt, deshalb Fiedern 2. Ordnung neben denen 1. Ordnung (vgl. Tafel III).

Fig. 36:
Divergent formation of pinnae in *Carlina*.
A) (*C. salicifolia*. Segments undivided, presence of a long "forerunner-tip-like" terminal part with slight acropetal differentiation.
B) *C. vulgaris* with basipetal differentiation in the basal part and a long acropetally segmented terminal part. Acropetal segmentation of the lateral (secondary) pinnae.
C) *C. acaulis*. Formation of leaves in lateral view. Segmentation mainly basipetal, lateral pinnae transversally arranged, therefore, the pinnae of second order occur beside those of first order (see pl. III).

Mit anderen Disteln stimmt *Carlina* auch in dem regelmäßigen Wechsel der Blattformen und Blattstrukturen im Verlauf der Jugendentwicklung (Abb. 34) und während der jahreszeitlichen Entfaltung der Blütentriebe überein. Am Beispiel von *C. vulgaris* ist eine solche Blattfolge in Abb. 35 dargestellt. Sie führt von einfachen Formen der Keim- und Primärblätter an der Jungpflanze zu verschiedenen Ausbildungen von Laubblättern. Diese unterscheiden sich an der voll entwickelten Pflanze nach ihrer Stellung im Rosetten- oder Stengelbereich und hier wiederum im Verlauf der gestreckten Achsen als untere, mittlere und obere Stengelblätter (vgl. Abb. 37). Wir beobachten an diesen alle Übergänge von gestielten zu breit sitzenden, halbstengelumfassenden Blattformen sowie von lanzettlichen zu elliptisch-lanzettlichen (in der Fläche länglichen) und zu breit-lanzenförmigen Spreiten. Die Hochblätter der Synfloreszenz leiten zu den äußeren Involukralblättern über, die als äußerste Organe der dreigliedrigen Köpfchenhülle fungieren (s. S. 104). Die Randaufgliederung führt von einfacher Zähnung zu mehrfach geteilten Fiederlappen.

Auch in der wechselnden Ausbildung des Blattgrundes kommt die Blattfolge zum Ausdruck. Bei *C. vulgaris* z. B. (Abb. 35) zeichnet sich dieser bei den Primärblättern als verbreiterte, meist dicht bedornte Basis des stielartigen basalen Abschnitts ab. An den großen Rosettenblättern tritt der Blattgrund wenig in Erscheinung. Die den Stengel als Öhrchen umgreifenden unteren Blattabschnitte der Stengelblätter müssen bei vergleichender Betrachtung der Blattformen und -nervatur wohl der Spreitenbasis zugeordnet werden. Erst mit der Ausbildung der äußeren Involukralblätter tritt der Blattgrund als ungeteiltes polsterartiges Gebilde am Köpfchen wieder in Erscheinung (s. S. 104, Abb. 57). In Anbetracht dieser vielgestaltigen Blattfolge erweist es sich als notwendig, bei Beschreibungen von Blättern stets deren Stellung an der Gesamtpflanze bzw. am Jahrestrieb genau zu bezeichnen.

Die fiedrige Aufgliederung der Blattspreite kann man, wenn es auch Ausnahmen (*C. diae*) gibt, als charakteristisches Distelpflanzen-Merkmal bei *Carlina* ansehen. An der Entwicklung der Laubblätter ist die Fiederung früh erkennbar, was Abb. 36 am Beispiel von *C. vulgaris, C. salicifolia* und *C. acaulis* belegt. Der Vergleich dieser Entwicklungsstadien lehrt, daß die Anlagen ganz verschiedenartiger Blätter zunächst weitgehend übereinstimmen. Wie viele Asteraceen zeigen alle *Carlina*-Arten eine divergente Fiederanlegung, d. h. eine zunächst basipetale Segmentierung wird durch die akropetale Aufgliederung eines verschieden langen Endabschnittes der Blattanlage ergänzt (vgl. Troll 1935, 1939). Die großen Unterschiede in den endgültigen Blattformen, die man in der Blattfolge einer Art oder beim Vergleich verschiedener Arten beobachten kann, sind das Ergebnis einer Reihe von Differenzierungsprozessen bei der weiteren Entwicklung der Blattanlagen, von denen die folgenden besondere Beachtung verdienen.

a) Unterschiede in der Segmentierung des Blattes in seinem Längsverlauf

In der Segmentierung, d. h. regelmäßigen Anlegung von Fiedern, Fiederlappen oder entsprechender Zähne und Dornzähne, können bei den einzelnen Blättern im Längsverlauf eines Blattes beachtliche Unterschiede beobachtet werden. Meist sind die unteren und obersten Spreitenränder weniger segmentiert als die mittleren. Oft wird aber auch der Stiel und fast regelmäßig der Blattgrund (mit der Ausbildung von Dornzähnen) in die Segmentierung einbezogen (vgl. Abb. 35/3–7, 40/1–3, 44).

Stets bleiben bei *Carlina* die Segmente mehr oder weniger breit mit dem Mittelteil des Blattes, der Blattfläche, verbunden. Es gibt keine völlig abgetrennten oder gar gestielten Fiederblättchen. Was aber die Tiefe der Aufgliederung betrifft, so sind alle Übergänge von fiederlappig bis fiederschnittig zu beobachten. Der sich daraus ergebende S/F-(Segment/Flächen-)Quotient ist für die Kennzeichnung spezifischer Blattformen und ihrer Variationsbreite sehr bedeutsam (Abb. 37).

Wie bei vielen Asteraceen zeigen die Fiedern der *Carlina*-Blätter während ihrer Anlegung eine akroskope Förderung, die oft auch noch am adulten Blatt hervortritt (Abb. 39). Wenn aber breitflächig ansitzende Segmente im Verlaufe der Streckung des Gesamtblattes auseinanderrücken, kann der noch plastischere untere Fiederansatz in die Länge gezogen werden. Die Fiedern erscheinen dann basiskop gefördert. Müllerott (1940) hat wohl erstmalig auf diesen Wechsel von akroskoper zu basiskoper Förderung und die sich daraus ergebenden besonderen Fiederformen von Asteraceen-Blättern aufmerksam gemacht. Man vergleiche deshalb die Fiedern von *C. acaulis* (Abb. 39) mit denen von *C. vulgaris* in Abb. 38. Bei diesen sieht man, wie sich die untere Hälfte der breit ansitzenden Fieder an der Rhachis weit herabzieht und wie dadurch Möglichkeiten einer Zwischenfiederbildung geschaffen werden.

An den Laubblättern von *Carlina* teilen sich die Segmente meist mehrfach auf, wie das in Abb. 38 für *C. vulgaris* und in Abb. 39 für *C. acaulis* gezeigt ist. Die Analyse derartiger Aufgliederung wird allerdings erschwert wegen der oft zu beobachtenden verschieden starken Reduktion der Fiedern zu Fiederzähnchen.

b) Umbildung von Fiedersegmenten in Zähne und Zähnchen

Nur selten bilden sich Segmente 2. oder höherer Ordnung flächig, d. h. als Blattlappen aus; meist erscheinen sie als größere Zähne oder als kleine Zähnchen. Am deutlichsten wird die Reduktion von Fiedern zu Zähnchen an Blättern, bei denen bereits die Segmente 1. Ordnung nicht zu flächiger Entwicklung kommen, sondern am adulten Blatt lediglich als regelmäßig angeordnete Zähne hervortreten. Die Abbildungen 36A und 40/1–3 veranschaulichen diese Entwicklung für die Laubblätter von *C. salicifolia*. Diese zeigen in den ersten Entwicklungsstadien eine divergente Fiederanlegung ähnlich wie die der fiederlappigen bis fiederteiligen Blätter von *C. vulgaris*. Bei *C. salicifolia* finden sich am adulten Blatt anstelle der Fiedern jedoch lediglich dornenförmig entwickelte Zähne oder Gruppen von Zähnchen in regelmäßiger Anordnung am Blattrand. In diesem Fall erweisen sich die Zähne (Dornen) als den Fiedern erster Ordnung homologe Organe.

Aber auch im Bereich der stärker aufgegliederten *Carlina*-Blätter dürfen Blattzähne nicht ohne weiteres als mehr oder minder zufällige Bildungen angesehen werden. Sie entsprechen vielmehr den Gesetzen der Aufgliederung von Fiederblättern und lassen in ihrer Anordnung mehr Regelmäßigkeit erkennen, als man zunächst vermutet (Meusel & Köhler 1960). Wenn man an einem Fiederblatt mit flächigen Segmenten 1. Ordnung die Zahnbildungen genauer betrachtet, kann man in der Regel ein regelmäßiges Nebeneinander von lappenförmigen Segmenten, Zähnen und Zähnchen beobachten.

Wie Meusel & Kruse (1969) am Beispiel von *Echinops* gezeigt haben, läßt sich eine solche Blattrand-Lappung und -Zähnung als Folge der konsekutiven akropetalen Aufgliederung einzelner Segmente verstehen. Wahrscheinlich gilt das auch für die Dornkomplexe, die Greuter (1973) bei *Ptilostemon* beschrieben und – allerdings ohne morphologische Analyse – phylogenetisch zu deuten versucht hat.

Bei *Carlina* finden sich wie bei *Echinops* viele Beispiele dafür, daß die Zähnung des Blattrandes weitgehend eine mehrfache Aufgliederung der Segmente in Sekundär- und Tertiärfiedern (als Zähne und Zähnchen) widerspiegelt. Man vergleiche deshalb die Ana-

Abb. 37: Zusammenstellung diagnostisch wichtiger Merkmale und Maße an Blättern und Köpfchen von *Carlina*. uLb, mLb, oLb = untere, mittlere und obere Laubblätter, HB = Hochblatt, äIB = äußeres Involukralblatt, Br = Köpfchenbreite, ED = Enddorn, terminaler Dornzipfel, SB = Segmentabstand, I/C-Quotient: Involukrum-Köpfchen-Quotient = Länge des längsten äußeren Involukralblattes zur Köpfchenlänge, S/F-Quotient: Segment-Flächen-Quotient = Länge des Segments zu halber Flächenbreite des Blattes.

Fig. 37: Synopsis of diagnostically important characters and measurements of leaves and capitula of *Carlina*. uLb, mLb, oLb = lower, middle and upper foliage leaves, HB = hypsophyll, äIB = outer involucral bract, Br = width of the capitulum, ED = terminal spine segment, SB = distance between the segments, I/C-Quotient: involucre-capitulum-ratio = length of the longest outer involucral bracts / length of the capitulum, S/F-Quotient: segment-lamina-ratio = length of the segment / half of the width of the undivided middle part.
Further explanations to leaf morphology:
Segmente lappenförmig (flächig), dornförmig = segments lobate (laminate), spiny; Umriß = outline of the whole lamina; Fläche = the undivided part of the lamina; fiederlappig = pinnatilobed; fiederspaltig = pinnatifid; fiederteilig = pinnatipartite; fiederschnittig = pinnatisect;
Shape of leaves: 1 linear 2 linear lanceolate, 3 narrowly lanceate, 4 lanceate, 5 broadly lanceate, 6 lanceolate, 7 ovate-lanceolate, 8 ovate, 9 obovate, 10 elliptical, 11 oblong.

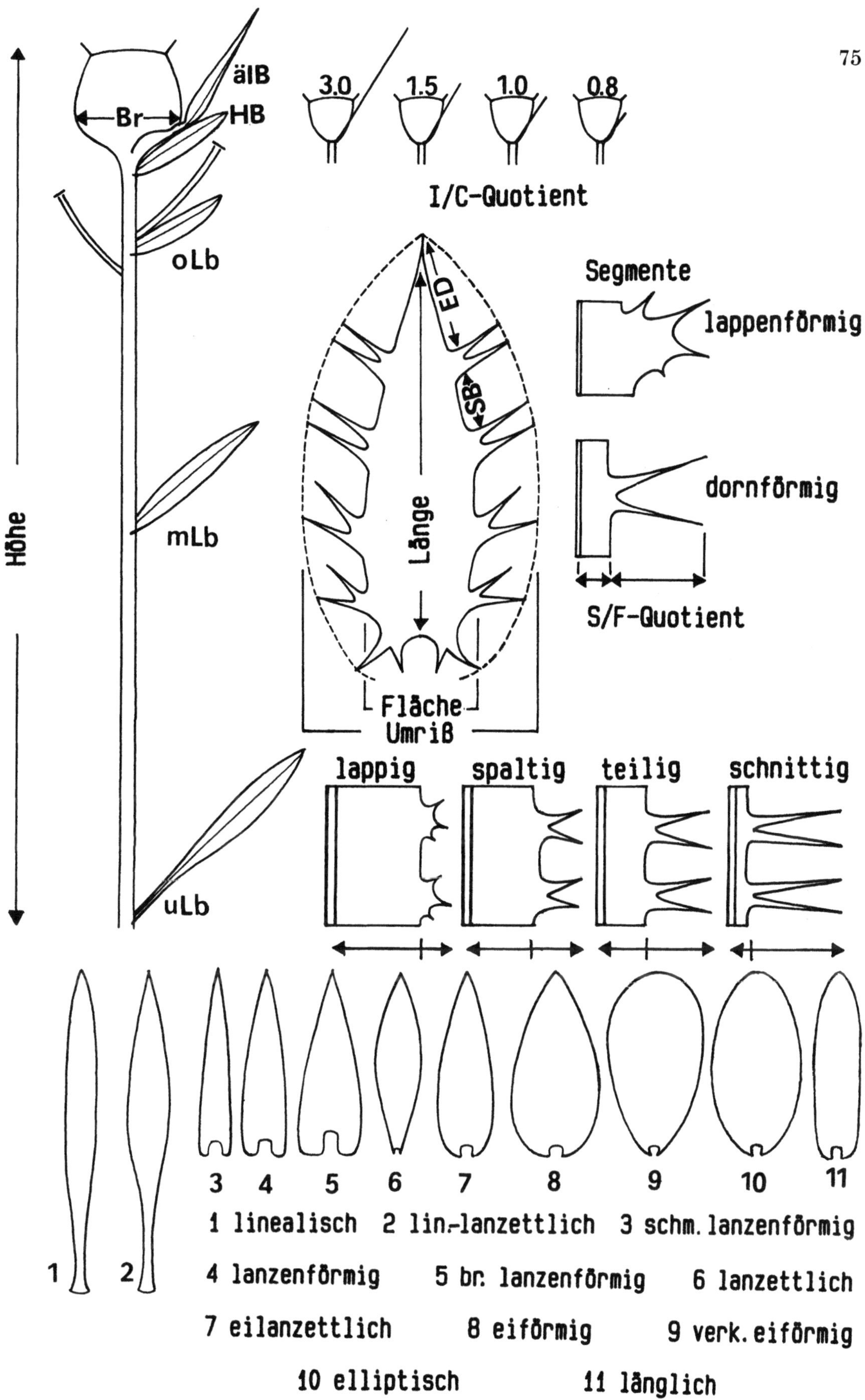

Abb. 37: Diagnostische Merkmale. Text siehe S. 74.

Fig. 37: Diagnostic characters. Text see p. 74.

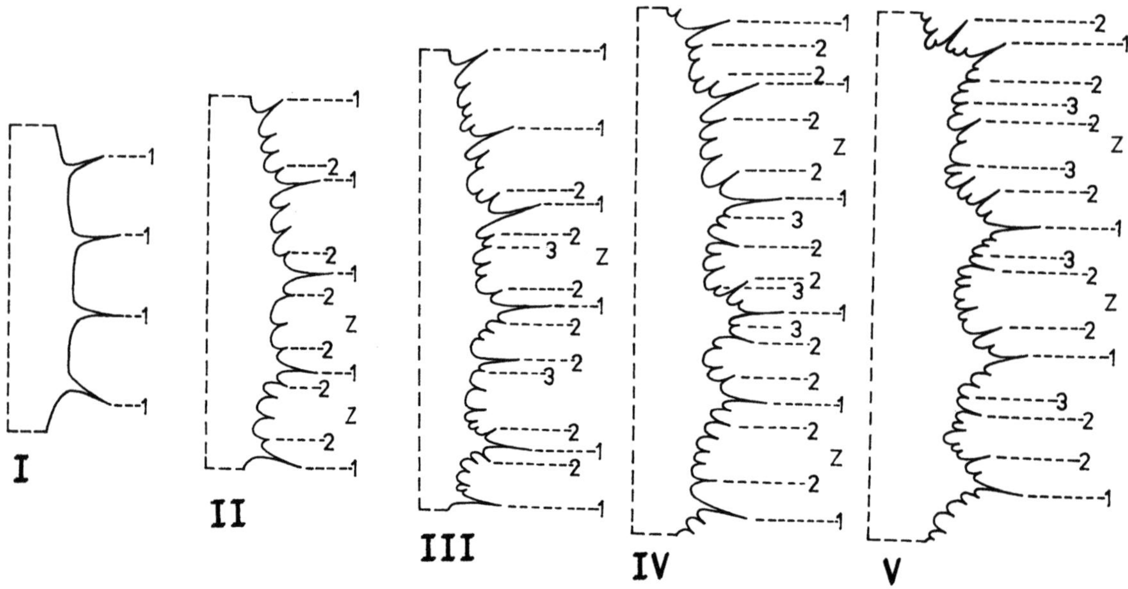

Abb. 38: *Carlina vulgaris.* Zunehmende Aufteilung der Blattspreite an Primär- und Folgeblättern: Einfache Zähne (I), Nebeneinander von Zähnen und Zähnchen (II), Fiederlappen mit Aufgliederung in Sekundär- und Tertiärfiedern als Zähne und Zähnchen (III–V).
Die konsekutive Aufgliederung der Fiedersegmente ist durch Ziffern gekennzeichnet, Z = zwischen den Fiederlappen liegende Zwischenfieder-Zähne und -Zähnchen. Entwurf: KRUSE.

Fig. 38: *Carlina vulgaris.* Increasing segmentation of the lamina in primary and following leaves: simple teeth (I), teeth alternating with small teeth (II), pinnate lobes with differentiation in secondary and tertiary pinna appearing as teeth and small teeth (III–V). The consecutive differentiation of the pinna segments is marked by figures, z = pinna teeth and small teeth inserted between the pinna lobes.

lyse der Spreitenrand-Aufteilung in der Blattfolge von *C. vulgaris* (Abb. 38) oder Laubblattfiedern von *C. acaulis*, an denen man ebenfalls die Folgen einer mehrfachen regelmäßigen Segmentierung erkennen kann (Abb. 39).

An basiskop geförderten Segmenten der Stengelblätter von *C. vulgaris* (Abb. 38) kommen zu Zähnchen reduzierte Fiedern 2. Ordnung an dem basal herabziehenden Segmentabschnitt in den Raum zwischen den Hauptfiedern zu stehen. Am Gesamtblatt erscheinen dann solche Sekundärfiedern als Zwischenfiedern oder Zwischendornen zwischen den einzelnen Segmenten 1. Ordnung, zum Teil sogar zu mehreren nebeneinander aufgereiht. Das Bild wird noch komplizierter, wenn größere Zähne als Segmente 2. Ordnung in entsprechender Weise Zähnchen 3. Ordnung ausgliedern.

Den vielen durch mehrfach gegliederte Blätter ausgezeichneten *Carlina*-Arten stehen wenige Sippen gegenüber, die ganzrandige Laubblätter ausbilden. *C. diae* zeigt nur an den Hochblättern Andeutung einer Zähnung. Bei *C. salicifolia* werden die Laubblätter wie Fiederblätter angelegt, die Fiedern aber lediglich als dornförmige Zähne ausgebildet. In der infraspezifischen Differenzierung dieser Art sind alle Übergänge von zerstreut gezähnten bis zu völlig glatten Rändern zu beobachten (Abb. 40). Im Hinblick auf die Genese solcher Blattorgane kann man von getarnten Fiederblättern (MEUSEL & KÖHLER 1960) sprechen und damit zum Ausdruck bringen, daß wohl alle Laubblätter von *Carlina* ihrer Anlage nach zu den Fiederblättern gehören.

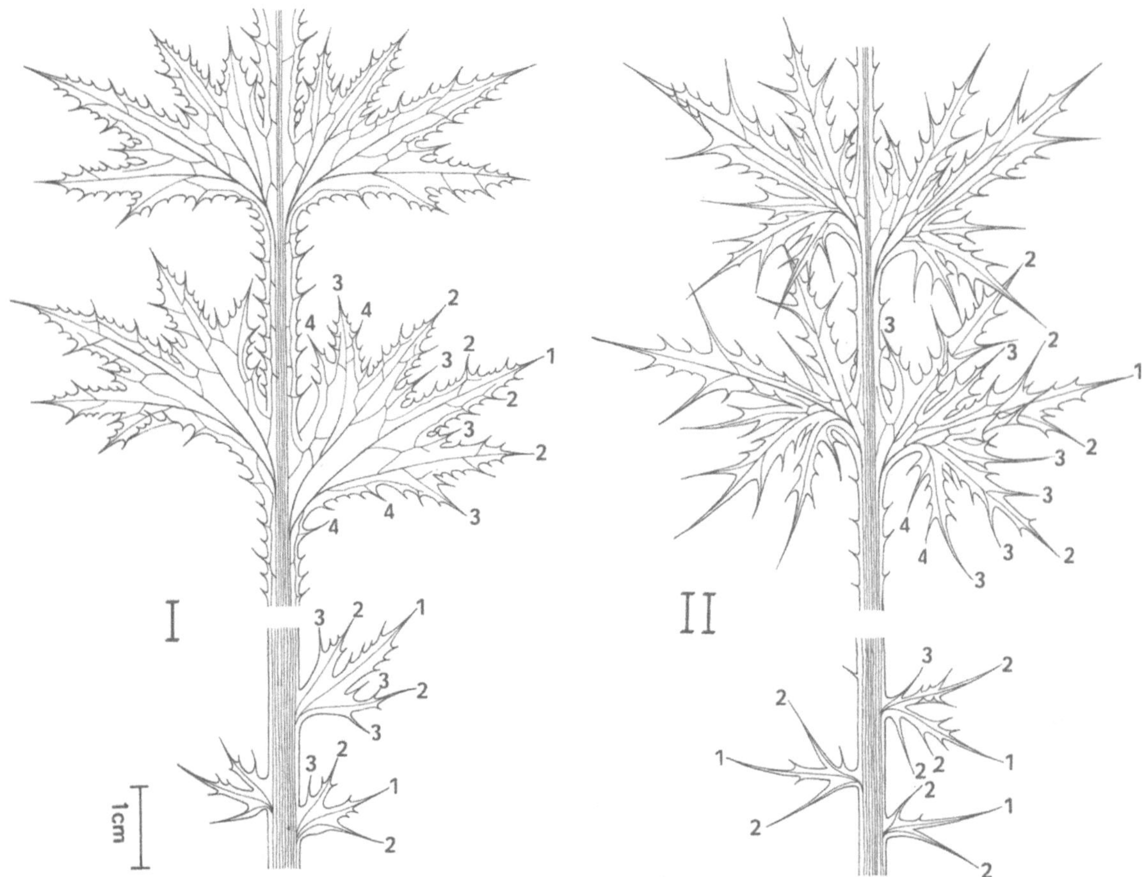

Abb. 39: *Carlina acaulis* ssp. *acaulis* (I) und *ssp. simplex* (II). Laubblattfiedern aus dem mittleren und unteren Teil des Blattes. Akroskope Förderung der Fiedern, Aufgliederung in Dornlappen, Dornzähne und -zähnchen. Übergang von flächigen Fiedern zu Dornfiedern in der Stielzone.

Fig. 39: Carlina *acaulis* ssp. *acaulis* (I) and ssp. *simplex* (II). Pinnae from the middle and lower part of the foliage leaf. Acroscopical promotion of the pinnae, differentiation into spiny lobes, teeth and small teeth. Transition from laminate to totally spiny pinnae in the petiole.

c) Unterschiedliche Verdornung von Fiedersegmenten

Die Umbildung von Teilen der Spreitenfläche in derbe, pfriemliche und stechende Dornen (s. S. 92) ist eine an Distelblättern häufig zu beobachtende Erscheinung. So können Randzähne allmählich in einen Dorn auslaufen (Dornzähne) oder ganze Segmente als schmale Dornen umgebildet sein (dornförmige Segmente, Abb. 37, 50). Die verschiedene Stärke solcher Verdornung, wie sie sich beispielsweise in der Blattfolge von *C. bieber-steinii, C. vulgaris* ssp. *vulgaris, C. vulgaris* ssp. *acanthophylla* und *C. frigida* abzeichnet (Abb. 41), läßt sich bis zu einem gewissen Grad in der Länge der terminalen Dornzipfel eines Fiederblattes quantitativ erfassen (vgl. ED in Abb. 37).

Oft sind Distelblattsegmente 1. Ordnung in ihrer ganzen Länge zu einem Dorn umgebildet. So sind am Blattgrund von *C. vulgaris* anstelle von Fiedern Dornen ausgebildet (Abb. 35/5, 6), und auch bei *C. salicifolia* vertreten zarte Dornen ohne jegliche Spreitenrudimente ganze Fiedern (Abb. 40/2). An Laub- und Hochblättern von *C. acaulis* sehen wir wie im Bereich des Stiels und des Unterblattes anstelle von laubigen Fiedern Dornkomplexe treten, die im Extrem aus der Mittelfieder und einer oder zwei Seitenfiedern

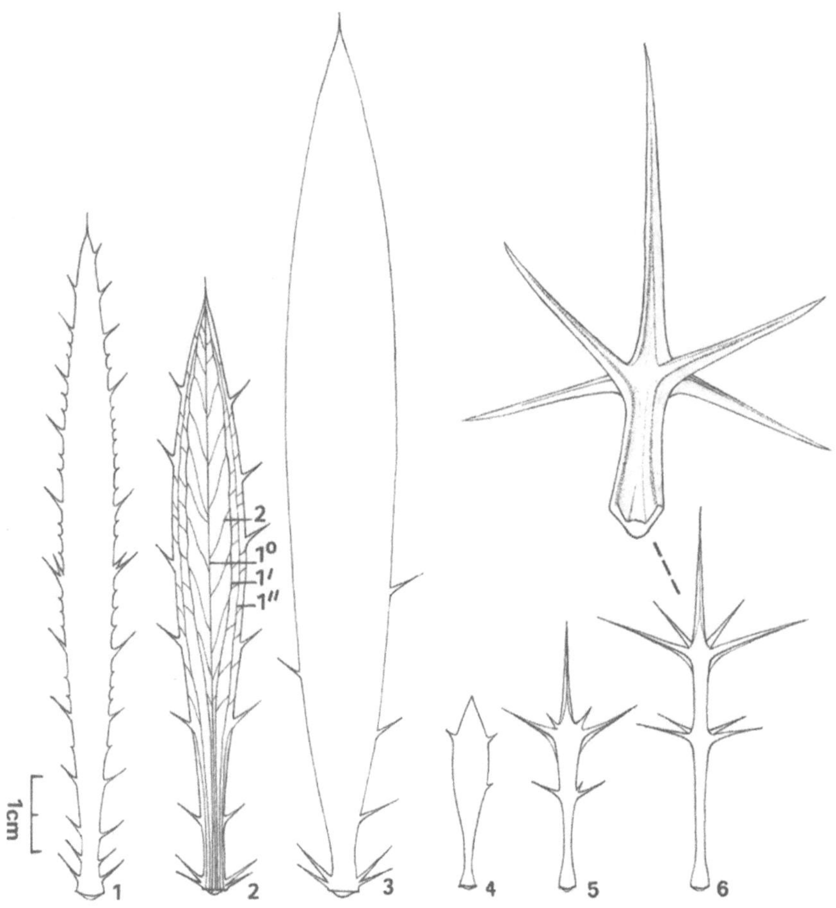

Abb. 40: *Carlina salicifolia* (1–3). Laubblätter, alle mit dornigem Blattgrund, Spreite teilweise doppelt (1), meist einfach (2) gezähnt oder weitgehend ganzrandig (3). Akro-brochidodrome Nervatur.
Carlina tragacanthifolia (4–6). Kleines, kurzzähniges (Winter-)Laubblatt (4) und langdornige Sommerblätter mit nach unten (dorsal) abspreizenden Dornfiedern 2. Ordnung (5, 6).

Fig. 40: *Carlina salicifolia* (1–3). Leaves, all with finely spiny leaf base, and the leaf margin partially doubly (1) or simply (2) dentate or nearly entire (3). Acro-brochidodromous venation. *C. tragacanthifolia* (4–6). Small (winter) leaf with short teeth (4) and summer leaves with long spiny primary segments (pinnae) and with downwards (dorsally) spreading spiny secondary segments (5, 6).

(Dorndiaden oder -triaden, Abb. 39) bestehen. Bei den Dornblättern von *C. tragacanthifolia* schließlich sind sowohl die Endfieder als auch die kräftigen Seitenfiedern 1. Ordnung völlig zu langen stechenden Dornen umgewandelt (Abb. 40). Das Fiederblatt ist in seiner ganzen Ausdehnung verdornt. Im Vergleich mit den in der humiden Wintersaison ausgebildeten flächigen Blättern dieser Art erscheint das Dornblatt als Xeromorphose, wie wohl allgemein das Ausmaß der Verdornung der *Carlina*-Blätter als Gradmesser einer verschieden starken Xeromorphie angesehen werden kann.

d) Unterschiede in der räumlichen Entfaltung der Blätter

Wie bei vielen Distelpflanzen breiten sich bei den meisten *Carlina*-Arten die Blätter nicht flach aus, sondern entfalten sich dreidimensional. Im Verlauf der Blattfolge und beim Vergleich einzelner Arten innerhalb verschiedener Verwandtschaftskreise kann man alle Übergänge von flachen zu krausdornigen (allseitig stechenden) Blättern beobachten,

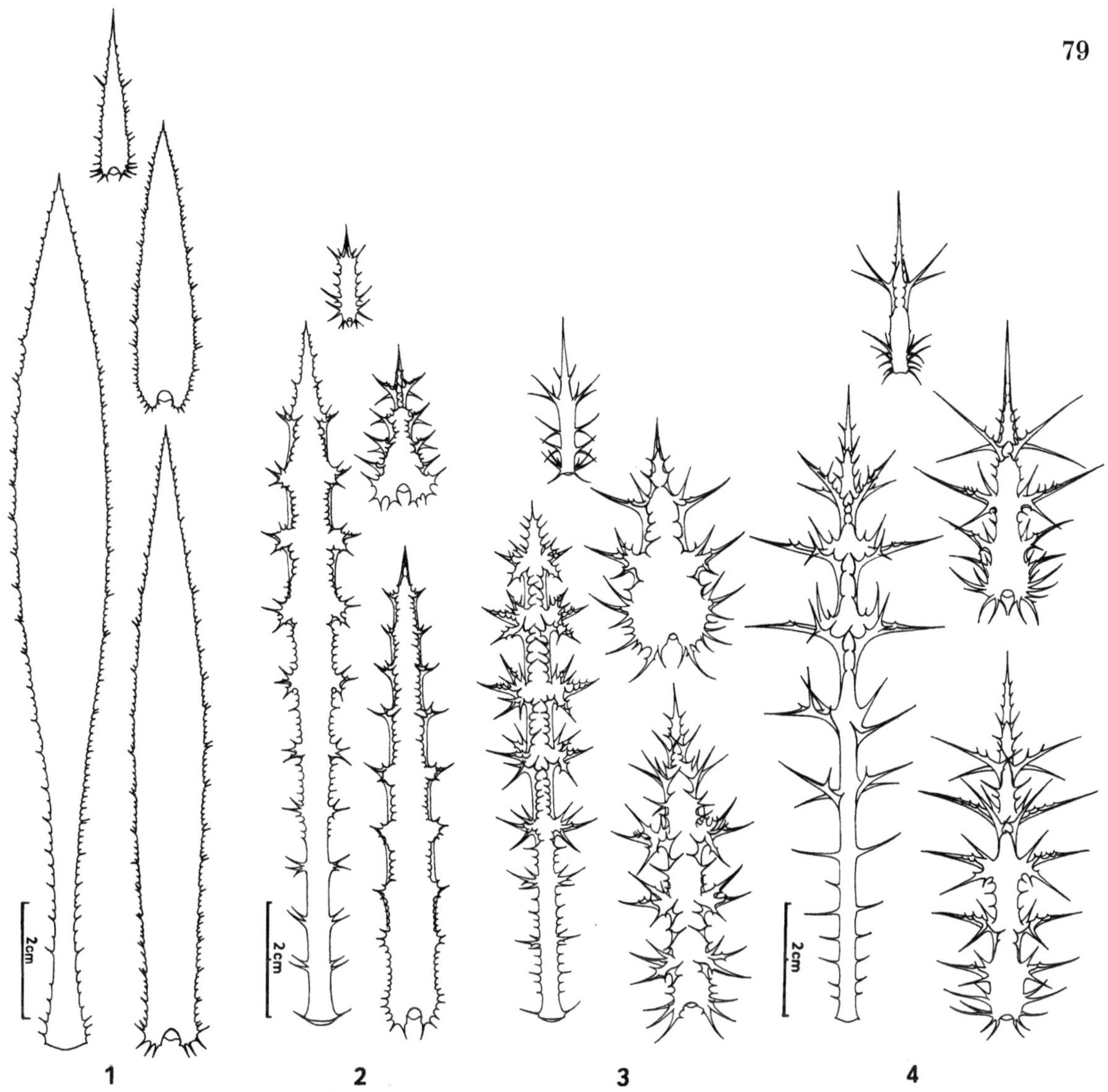

Abb. 41: Laubblätter von Arten der *Carlina vulgaris*-Gruppe (sect. *Carlina*) mit zunehmender Aufgliederung der Spreite in dornige, dreidimensional angeordnete Segmente: *C. biebersteinii* (1), *C. vulgaris* ssp. *vulgaris* (2), *C. vulgaris* ssp. *acanthophylla* (3) und *C. frigida* (4).

Fig. 41: Leaves of species in the *Carlina vulgaris* group (sect. *Carlina*) with increasing segmentation of the lamina leaves to spiny three-dimensionally arranged segments: *C. biebersteinii* (1), *C. vulgaris* ssp. *vulgaris* (2), *C. vulgaris* ssp. *acanthophylla* (3), and *C. frigida* (4).

so z. B. in sect. *Carlina* beim Vergleich von *C. biebersteinii* mit *C. vulgaris*, besonders ihrer ssp. *acanthophylla*, bis zu *C. macrocephala* und *C. frigida* (Abb. 41) oder in sect. *Corymbosae* bei Gegenüberstellung der Laubblätter von *C. corymbosa* mit denen von *C. graeca* oder *C. curetum* (Abb. 42). Die dreidimensionalen Blattformen von *Carlina* sind die Folge von Entfaltungshemmungen aus der Knospenlage, wobei die spitzenwärts und die basal ausgerichteten Fiederhälften in verschiedener Weise reagieren.

Junge Laubblätter von *Carlina* sind meist in ihrer ganzen Länge nach oben zusammengefaltet oder eingerollt (involutive Knospenlage, Abb. 36). Oft bleibt am Gesamtblatt eine leichte Aufbiegung der beiden Spreitenhälften beiderseits der Mittelrippe erhalten. Deutlicher sind solche Erscheinungen an den Seitenfiedern zu beobachten. Bleibt bei einer

Seitenfieder der zur Basis weisende Fiederteil aufgerichtet und erstreckt sich die Steilstellung bis in den darunterliegenden Rhachissaum, so ergibt sich ein Bild, wie es *C. corymbosa* oder *C. oligocephala* in Abb. 42 darbieten.

Anders verhalten sich die zur Blattspitze weisenden Fiederhälften. Sie entfalten sich in der Rhachisebene oder, was noch häufiger vorkommt, sie sind dorsal (nach rückwärts) abgebogen. Dieses Dorsal-Abspreizen geht darauf zurück, daß die Anlagen schmal ansitzender Fiedern mehr oder minder quer gestellt sind. Am Beispiel von *Cirsium eriophorum* hat MÜLLEROTT (1940) entwicklungsgeschichtlich dargestellt, wie bei quer zur Rhachis angelegten Fiedern die akroskopen Sekundärfiedern nach unten abgegliedert werden und in der Aufsicht auf die Blattanlage gar nicht beobachtet werden können. Entwicklungsgeschichtliche Analysen der Laubblätter von *Carlina acaulis* von KÖHLER (Abb. 36, vgl. MEUSEL & KÖHLER 1960) und REM-Aufnahmen (Tafel III), zeigen ganz ähnliche Bilder. Wenn beim Auswachsen des Blattes die ursprüngliche Lage der Sekundärfiedern erhalten bleibt, kommt es zu dem charakteristischen Dorsal-Abspreizen. Die Raum-Struktur der *Carlina*-Blätter beruht also auf Entfaltungshemmungen beim Heranwachsen der Spreite. Die basiskope Fiederhälfte bleibt nach oben aufgebogen, die akroskope ihrer Anlage entsprechend nach unten abgespreizt.

Die Profilstellung von Blattabschnitten steht meist mit einer Anpassung an lichtreiche, trockene Standorte in Verbindung, wie u. a. aus dem Vergleich der obengenannten Sippen aus sect. *Carlina* (Abb. 41) hervorgeht, wo innerhalb der Formenreihe Verbreitung und Standort eine zunehmende Xeromorphie begründet erscheinen lassen.

Die Tendenz zur dreidimensionalen Entfaltung wird in den meisten Fällen durch einen Trend zu starker Verdornung der Fiedern und zur Reduktion in der Zahl von Fiederlappen begleitet. So findet man in verschiedenen Verwandtschaftskreisen Blätter, bei denen nur der Mittellappen der Fieder und die nach unten abgebogene akroskope Sekundärfieder, beide als kräftige Dornen, in Erscheinung treten: z. B. bei *C. curetum* (sect. *Corymbosae*, Abb. 40/3), *C. oligocephala* (sect. *Carlina*, Abb. 42/2) oder *C. tragacanthifolia* (subgen. *Lyrolepis*, Abb. 40/6). Solche Blattformen sind das Ergebnis einer Fiederreduktion und extrem akroskopen Förderung der Sekundärfiedern bei gleichzeitig dreidimensionaler Entfaltung des Gesamtblattes. Die Nebeneinanderstellung von flächigen ungeteilten Blättern von *C. salicifolia* und Raum-Dornblättern von *C. tragacanthifolia* (Abb. 40) veranschaulicht die große Spanne in der Laubblattspreiten-Differenzierung von *Carlina*.

e) Wechsel im Nervaturmuster

Die Nervatur spiegelt in hohem Maße die Entwicklung, Ausformung und Struktur der Blätter wider. Sie kann auch bei *Carlina* zum Verständnis der morphologischen und ökologischen Differenzierung der Sippen beitragen. Wie bei vielen Distelblättern nähert sich die Spreitennervatur bei den meisten Arten der Gattung einem kraspedodromen Typ, bei dem kräftige Seitennerven in dornige Zähne, Lappen oder Fiedern einmünden. Im Verlauf der Jugendentwicklung und auch in der Blattfolge der Blütentriebe ist jedoch oft ein deutlicher Wechsel im Nervaturtyp zu beobachten, der ebenso wie das Netz der Feinnervatur als Ausdruck ökologischer Bindungen der einzelnen Taxa zu bewerten ist.

Die ungegliederten, höchstens randlich mit kleinen Zähnen versehenen Primärblätter vieler *Carlina*-Arten (vgl. z. B. *C. vulgaris*, Abb. 35/3) werden in erster Linie von Längsnerven versorgt, die von der Basis ausgehend neben dem Mittelnerv inmitten der Spreite oder in Randnähe verlaufen und teilweise bis in die Spitze reichen (akrodromer Typ). Durch Aufzweigungen und Verbindungen mit fiedrig angeordneten Seitennerven kann es

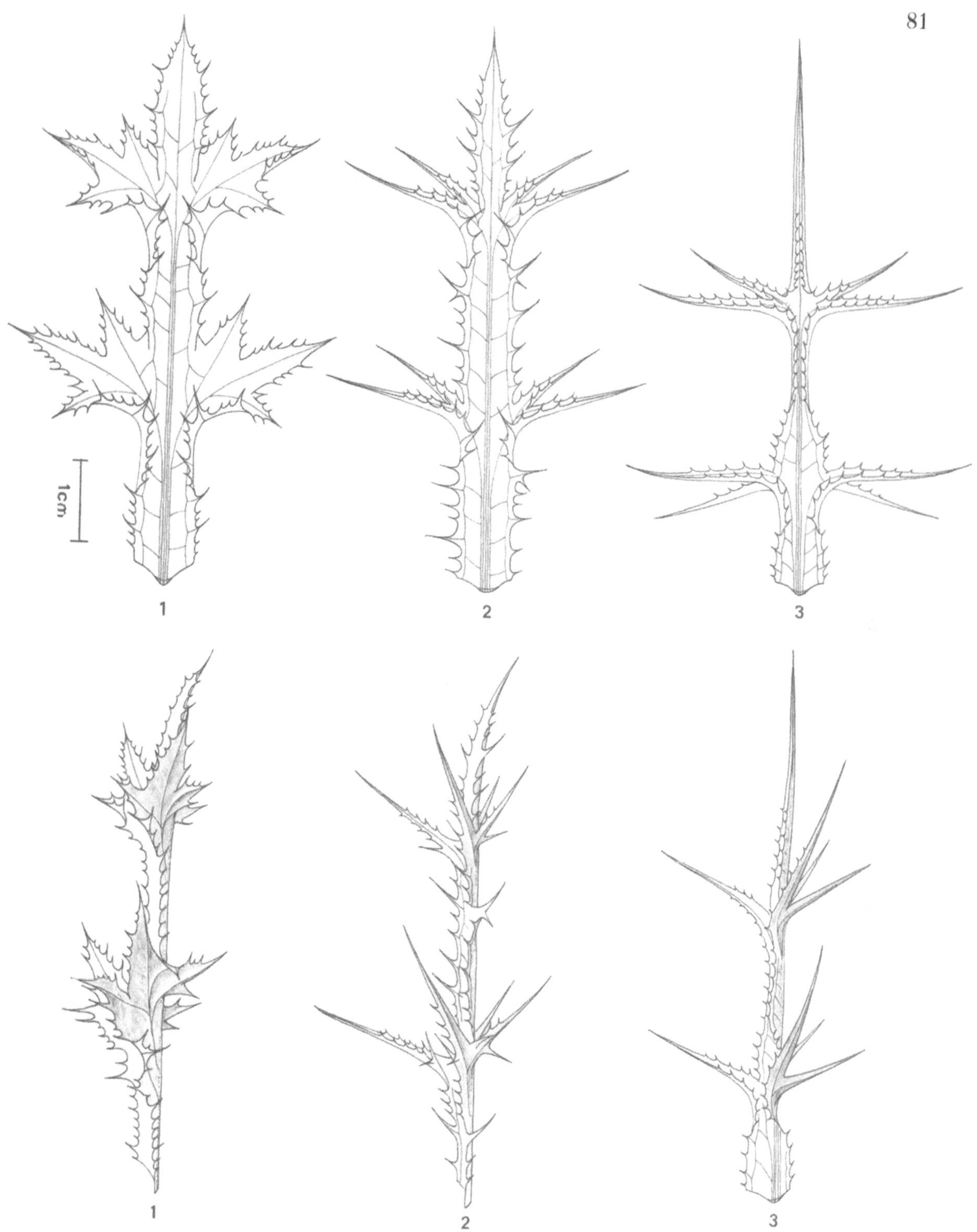

Abb. 42: Oberer Abschnitt der Laubblätter in frontaler und seitlicher Ansicht von *Carlina corymbosa* (1), *C. oligocephala* (2) und *C. curetum* (3). Zunehmende dreidimensionale Entfaltung der Segmente und deren Umbildung in Dornen.

Fig. 42: Upper parts of leaves of *Carlina corymbosa* (1), *C. oligocephala* (2) and *C. curetum* (3) in front and lateral view. Increasing three-dimensional extension of the segments and their transformation to spines.

in der oberen Blatthälfte zur Schlingenbildung kommen, so daß diese Blätter einem akro-brochidodromen Typ der Nervatur zugeordnet werden müssen. In der weiteren Blattfolge verstärkt sich die Schlingenbildung und wir finden (z. B. bei *C. vulgaris* Abb. 35/7, 9) Laubblätter mit einer überwiegend brochidodromen Nervatur.

Bei den Arten von subgen. *Carlowizia* und bei *Carlina diae* bilden nach STÖLZER (unpubl.) kräftige Längsnerven auch das Grundgerüst der Folgeblätter-Nervatur. Man kann bei den Laubblättern dieser ursprünglichen Reliktsippen von einer Variante des akro-brochidodromen Typs sprechen, wie er sonst für Primärblätter charakteristisch ist.

In den Laubblättern von *C. salicifolia* (vgl. Abb. 40/2) treten außer dem Mittelnerv (1°) 3–4 Basalnervenpaare (1′–1‴) in das Blatt ein. Das jeweils äußerste Paar (in Abb. 40: 1″) bildet den Marginalnerv und wird dabei in apikaler Richtung von den nächst inneren abgelöst. Nur das innerste Basal-Paar (1′) versorgt den Blattrand bis in die Spitze und vereinigt sich dort mit dem Mittelnerv (basal-perfect-acrodrom). Die Sekundärnerven (2°) sind wenigstens im oberen Teil brochidodrom, d. h. sie bilden mit 1° große Schlingen. Die

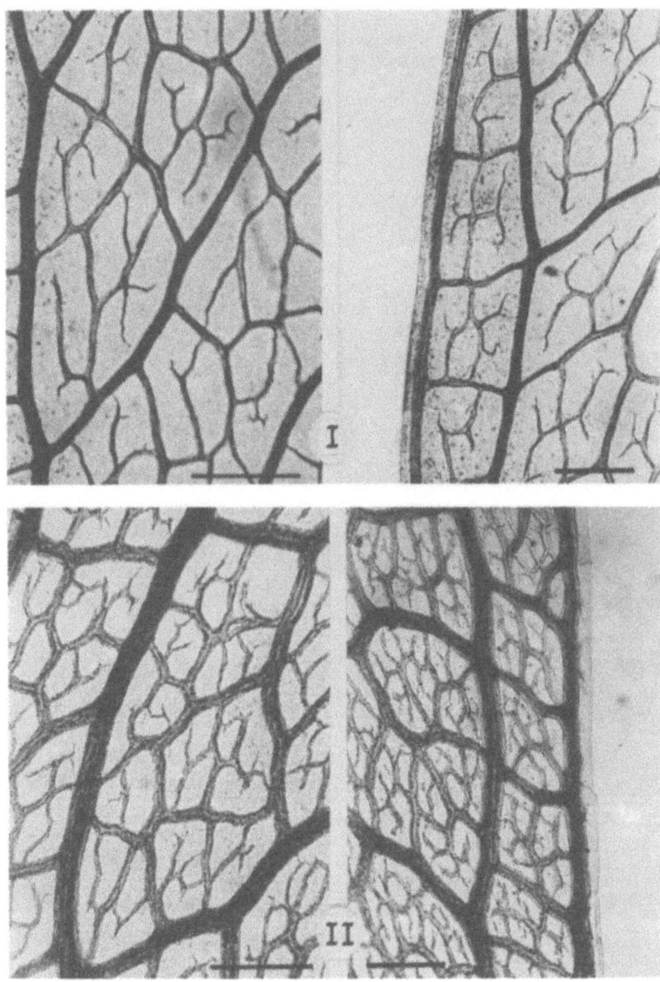

Abb. 43: *Carlina salicifolia*. Feinnervatur der Blattspreiten. Ausschnitte vom randlichen und zentralen Nervennetz der Laubblätter (I) und der Hochblätter (II). Balken = 0,5 mm. Orig. STÖLZER.

Fig. 43: *Carlina salicifolia*. Fine venation of the leaves. Portions of the marginal and central network of veins of the foliage leaves (I) and of the hypsophylls (II). Bar 0,5 mm.

Tertiärnerven sind brochidodrom bis transvers, und von den Nerven 4. Ordnung werden unregelmäßige und zum Teil auch unvollständige Areolen gebildet, in denen die meist zweifach verästelten Nerven 5. Ordnung (= Nervillen) enden. Auffallend ist bei den Nervillen die starke Betonung der Längsrichtung (Abb. 43).

Bei den derben Hochblättern von *C. salicifolia* geht die Areolen-Bildung noch eine Stufe weiter, d. h. auch Nerven 5. Grades verbinden sich regelmäßig innerhalb des Nervennetzes, und erst Nerven 6. Grades enden frei in den so entstandenen viel engeren Feldern. Aus der Gegenüberstellung der Feinnervatur-Muster der Laub- und Hochblätter (Abb. 43) ergibt sich deutlich eine zunehmende Innervierung der Spreitenfläche. Kräftige Randnerven und ein durch derbe Nerven stark aufgegliedertes Areolennetz charakterisieren die Lorbeerblattstruktur von *C. salicifolia*.

C. diae stimmt im akro-brochidodromen Nervaturtyp mit *C. salicifolia* überein, unterscheidet sich aber in der Stärke und Dichte des Nervennetzes. Der Basalnerv 1′ ist weniger derb und randnah ausgebildet und auch nur durch lockere Seitennerven 3. Ordnung mit 1″ verbunden. Ebenso ist die Feinnervatur von *C. diae* weniger aufgegliedert. Ihr Anteil an der Spreitenfläche ist geringer. Das von einem dichten Haarkleid bedeckte Blatt erscheint im Hinblick auf die Nervatur um einen Grad weniger xeromorph. Während bei *C. salicifolia* mit einer engen und derben Nervatur eine Annäherung an die Lorbeerblattstruktur zu erkennen ist, wird bei *C. diae* wie bei vielen Pflanzen wechselnd luftfeuchter Standorte der Blatt-Wasserhaushalt in erster Linie vom Indumentum mit reguliert.

Die meist reich aufgegliederten fiederlappigen bis fiederschnittigen Laubblätter, wie sie bei den Arten von subgen. *Carlina* vorherrschen, zeichnen sich durch eine semikraspedodrome bis kraspedodrome Nervatur aus. Dabei variiert im Verlauf der Blattfolge der Nervaturtyp des Gesamtblattes ebenso wie die Feinnervatur der Spreite.

Nach Stölzer & Jäger (1985) ist bei *Carlina racemosa* der Wechsel in der Nervatur Ausdruck eines Übergangs von mesomorpher zu xeromorpher Struktur. Die während der humiden Winter-Vorfrühlingsperiode gebildeten zart-krautigen, spatelförmigen Grundblätter von *C. racemosa* nähern sich in ihrer Nervatur dem für Primärblätter charakteristischen akro-brochidodromen Typ (Abb. 44). Im Längsverlauf des Blattes kann man den innersten der den Mittelnerv (1) begleitenden Basalnerven (1′) nur bis in das obere Drittel der Blattspreite verfolgen. Hier teilt er sich in 2 Äste, von denen der eine spitzenwärts weiterzieht und der andere den Rand des terminalen Blattabschnittes säumt. Dadurch, daß sich ein kräftiger Seitennerv 2. Ordnung (2) an der Aufzweigungsstelle mit 1′ vereinigt, kommt es zur Schlingenbildung und zur Abgrenzung eines langen Interkostalfeldes zwischen dem Mittelnerv und 1′. Ähnliches wiederholt sich im oberen Blatteil zwischen dem Mittelnerv und dem inneren Seitenast von 1′. Aufgrund dieser in der Gesamtnervatur hervortretenden Bildung von Schlingen nähern sich die basalen Blätter von *C. racemosa* dem brochidodromen Typ.

Bei den derben Stengelblättern ist Schlingenbildung in der unteren Blatthälfte mit einer kräftigen, in die dornigen Fiedern auslaufenden fiedrig kraspedodromen Nervatur im oberen Blatteil kombiniert. Stölzer & Jäger (1985) sprechen deshalb von einem semikraspedodromen Typ (Abb. 44b). Der Basalnerv 1′ zweigt sich bereits in der Spreitenmitte auf und versorgt mit einem kräftigen Ast einen dornigen Fiederlappen; ähnlich reichen 1″ und 1‴ in die tieferliegenden Fiedern. Die aufsteigenden Äste der Basalnerven dagegen bilden mit Seitennerven Schlingen. Im oberen Blatteil fehlen diese. Die Spreite wird von kräftigen, fiedrig angeordneten Sekundärnerven gegliedert, die einerseits Blattzähne versorgen, andererseits mit randnahen Abzweigungen sich auch an der Aussteifung des Blattsaumes beteiligen. Insgesamt wird mit einer die Randsegmente versorgenden und den Rand säumenden kräftigen Nervatur eine starke periphere Förderung erkennbar.

Wenn sich bei den Stengelblättern von *C. racemosa* die Schlingenbildung auf die untere Blatthälfte beschränkt, so fehlt diese bei den Hochblättern völlig (Abb. 44c). Der Basalnerv 1′ mündet in der Blattmitte in einen kräftigen Dornzahn, so wie die äußeren Basalnerven Dornen des basalen Abschnittes versorgen. Dasselbe gilt für die kräftigen regelmäßig fiedrig angeordneten Sekundärnerven in der oberen Hälfte. Das Blatt zeichnet sich durch eine völlig auf dornige Randlappen und Zähne orientierte und kräftige Randsäume bildende, peripher orientierte kraspedodrome Nervatur aus. Der hohe Anteil von Nerven mit viel Sklerenchym kennzeichnet eine ausgeprägte Xeromorphie dieser Blätter.

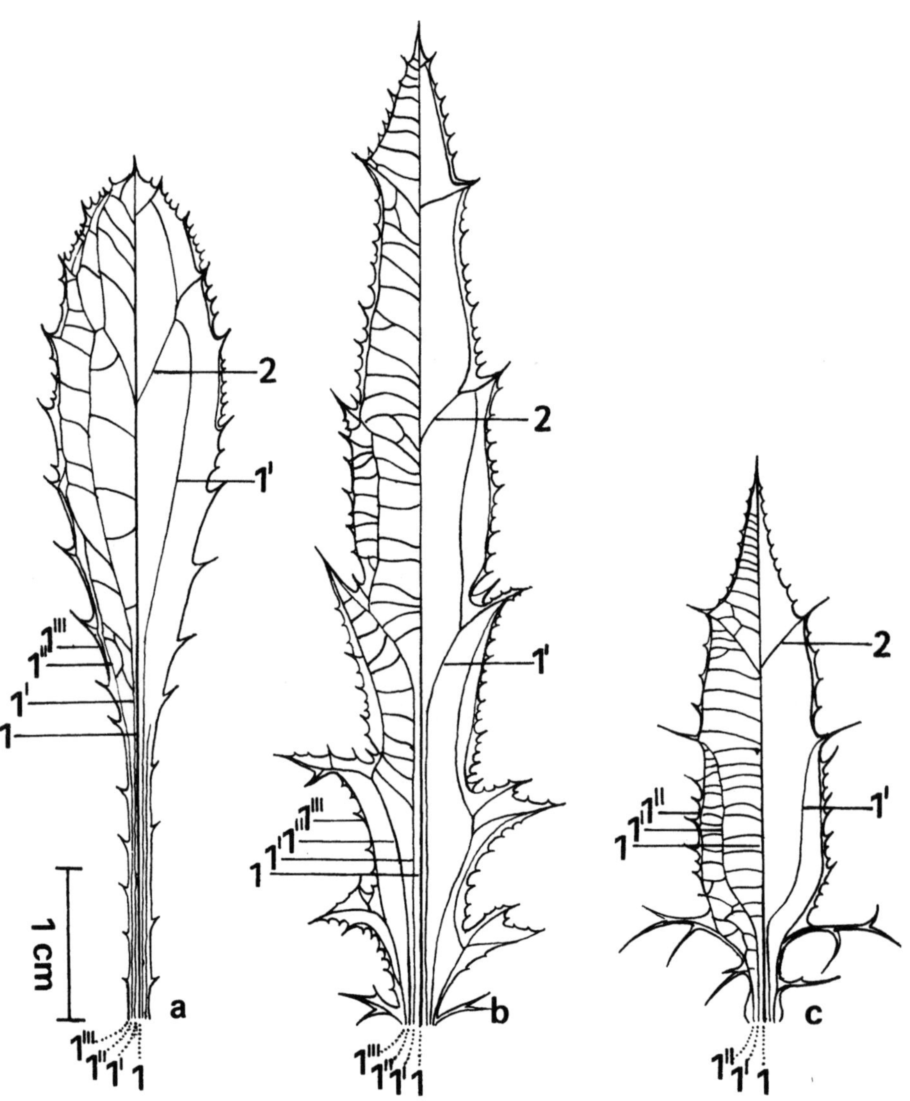

Abb. 44: *Carlina racemosa*. Typische Nervaturmuster in der Folge von Grundblättern (a), Stengelblättern (b) und Hochblättern (c). Aus Stölzer und Jäger (1985). Basalnerven mit 1′, 1″ etc., Sekundärnerven mit 2 gekennzeichnet. Weitere Erläuterungen im Text.

Fig. 44: *Carlina racemosa*. Typical venation of the basal leaves (a), stem leaves (b) and hypsophylls (c). Basal veins marked as 1″, 1″ etc. secondary veins as 2.

Abb. 45:
Carlina racemosa. Feinnervatur der Grund- (I), Laub- (II) und Hochblätter (III). Aus Stölzer und Jäger (1985). Weitere Erläuterungen im Text.

Fig. 45:
Carlina racemosa. Fine venation of the basal leaves (I), stem leaves (II) and hypsophylls (III).

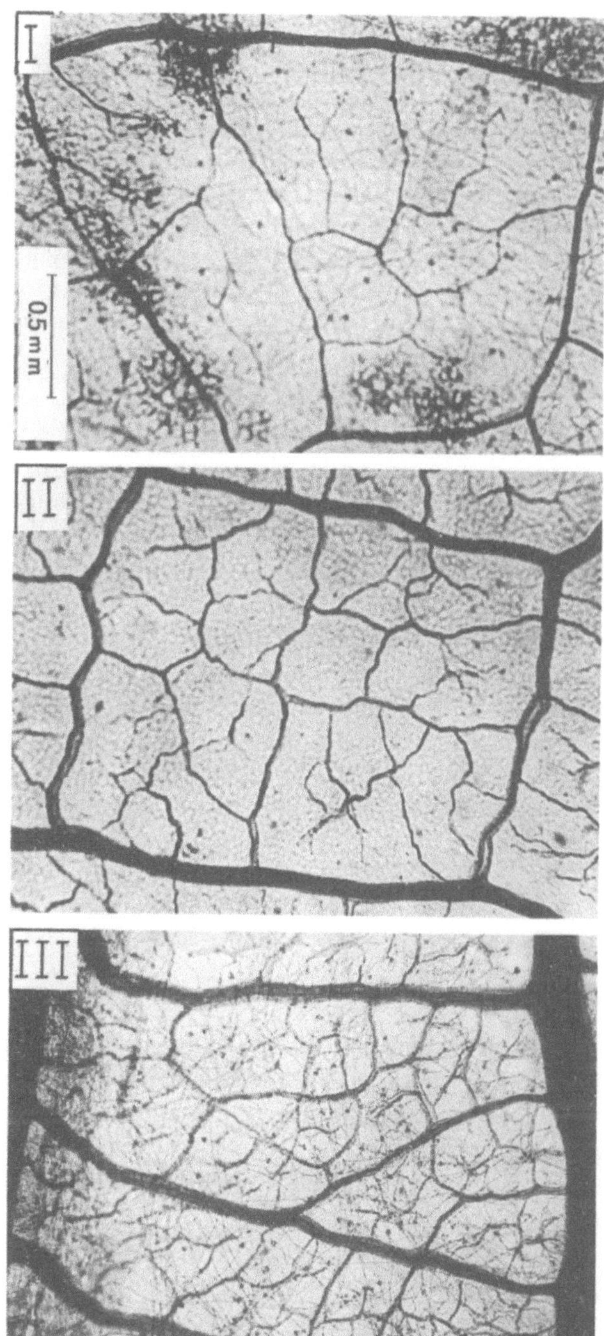

Ebenso wie der Nervaturtyp des Gesamtblattes geht im Verlauf der Blattfolge von *C. racemosa* auch die Feinnervatur von mesomorpher zu xeromorpher Struktur über (Abb. 45). Innerhalb der weiten Interkostalfelder der basalen Blätter findet man locker angeordnete Tertiärnerven und unregelmäßig verteilte Quartärnerven. Zerstreute Nerven 5. Ordnung enden oft frei. Die durch große Maschen ausgezeichnete Nervatur wirkt damit unfertig und unregelmäßig. Demgegenüber erscheint die Feinnervatur der Stengelblätter viel gleichmäßiger. Sie führt zur Ausbildung rechtwinklig begrenzter Maschen. Die Aufzweigung läßt sich bis zu Nerven 5. und 6. Grades verfolgen. Noch dichter als bei den Stengelblättern ist die Feinnervatur der

Hochblätter. Sie entwickelt sich zwischen regelmäßigen parallel verlaufenden, dichtstehenden Tertiärnerven, die die Mittelnerven mit 1' oder diesen mit dem Randnerv (im unteren Abschnitt) bzw. den Mittelnerv mit den Randnerven (im oberen Abschnitt) verbinden. Sie sind nur wenig verzweigt. Durch Quartär- und Quintärnerven entsteht ein dichtes Netz meist geschlossener Areolen, die nur ½ bis ⅓ so groß sind wie die der Stengelblätter. Ähnlich wie bei *C. racemosa* ändert sich die Nervatur von *C. lanata* im Verlauf der Blattfolge und führt zu derben Hochblättern mit kraspedodromer Nervatur.

Auch bei den Vertretern der mediterranen sect. *Corymbosae* kommt es im Verlauf der Blattfolge bald zur Ausbildung von Laub- und Hochblättern mit vorherrschend kraspedodromer Nervatur, bei der – wie bei *C. racemosa* – seitlich ausschwingende Basalnerven den unteren und kräftige Abzweigungen des Mittelnervs den mittleren und oberen Dornfieder-Abschnitt des Blattes versorgen. Auch hier ist die kraspedodrome Nervatur Ausdruck xeromorpher Blattstruktur.

Bei *Carlina vulgaris* findet man bei den Laub- und auch noch bei den Hochblättern in der Spreitenfläche Nervenschlingen, und erst in den Randpartien erscheinen in die Dornsegmente führende Abzweigungen (Abb. 35/9, 10). Diese brochido-kraspedodrome Nervatur möchten wir mit dem mehr mesomorphen Charakter dieser Art in Zusammenhang bringen.

Die stark aufgegliederten (fiederschnittigen) Blätter von *C. acaulis* (Abb. 39) lassen sich in ihrer Nervatur auf die Verhältnisse von *C. vulgaris* (Abb. 35/9, 10) zurückführen, wenn man sich vorstellt, daß die Nervatur der Spreitenfläche in einem kompakten Rhachis-Mittelnerv zusammengezogen ist, aus dem kräftige, sich breit aufzweigende und zum Teil an Schlingenbildung anschließende Seitenäste die Fiedern versorgen. Die an basalen Abschnitten von Niederblättern auftretenden Nervaturformen deuten auf solche Beziehungen hin.

2.5.2. Anatomie

Die Anatomie der *Carlina*-Blätter zeigt wie die Morphologie eine beachtliche Mannigfaltigkeit spezifischer Ausbildungen, die besonders zu der unterschiedlichen Standortsbindung der einzelnen Sippen enge Beziehungen erkennen lassen. Die Histogenese des *Carlina*-Laubblattes geht nach Kästner (1969) wie bei den meisten Dikotylen auf subepidermales Randwachstum und zerstreute Zellteilungen innerhalb der Spreitenanlage zurück (Abb. 46).

Im anatomischen Bau des interkostalen Assimilationsgewebes bestehen grundsätzliche Unterschiede zwischen den Vertretern von subgen. *Carlowizia* und denen von subgen. *Carlina*. Bei den erstgenannten weisen die Blätter mit einem deutlich in Palisaden- und Schwammgewebe differenzierten Mesophyll und einer stomatafreien oberen Epidermis (Abb. 47, 52) eine ausgesprochen dorsiventrale Struktur auf. Die Unterseiten sind mit Peitschenhaaren (Abb. 47) gleichmäßig bedeckt. Außerdem wird die Dorsiventralität durch größere und stärker kutikularisierte Epidermiszellen der Blattoberseite betont.

Bei *Carlina salicifolia* verleihen die für *Carlina*-Arten verhältnismäßig mächtige Kutikula, vor allem aber die Entwicklung eines dicken Sklerenchymmantels um die Leitbündel, die Aussteifung des Blattrandes durch kräftige Lateralbündel sowie das dichte Maschenwerk der Feinnervatur (Abb. 47, 43) dem Blatt eine Festigkeit, die an Strukturen der Lorbeerwaldgehölze erinnert, in deren Bereich die immergrüne Art zu Hause ist (vgl. Band II). Mit schmalen, nach unten umgerollten Spreiten, einer besonders mächtigen Kutikula auf

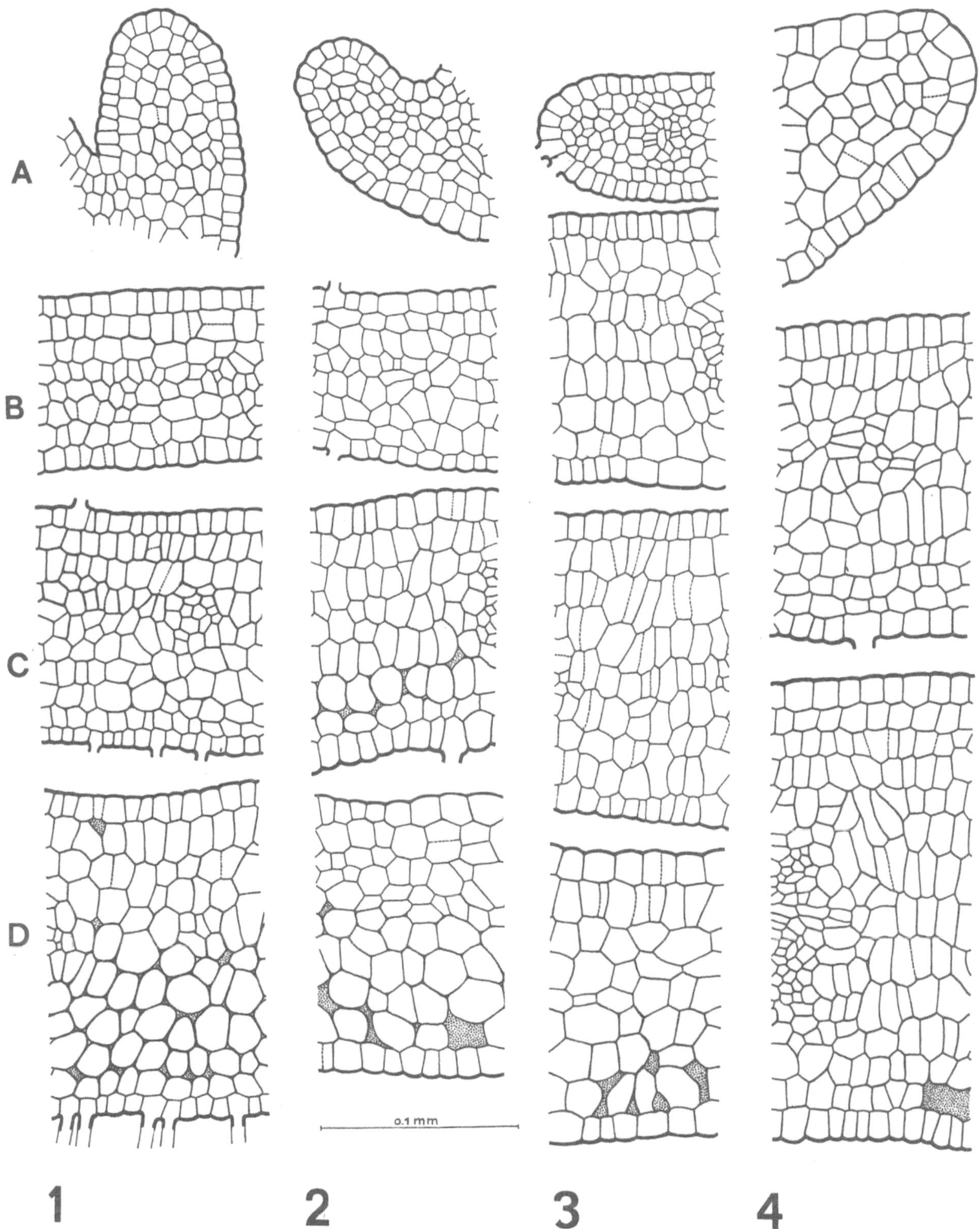

Abb. 46: Histogenese der Laubblätter von 1) *Carlina salicifolia* 2) *C. vulgaris*, 3) *C. racemosa* und 4) *C. acanthifolia*. Randprimordien (A), Differenzierung des Interkostalgewebes bis zur beginnenden Ausbildung des Schwammparenchyms (B–D). Leitbündel-Anlagen als Prokambiumstränge.

Fig. 46: Histogenesis of the leaves in 1) *Carlina salicifolia*, 2) *C. vulgaris*, 3) *C. racemosa* and 4) *C. acanthifolia*. Marginal primordium (A), differentiation of the spongy parenchyma (B–D), vascular bundle initials (procambium bundles).

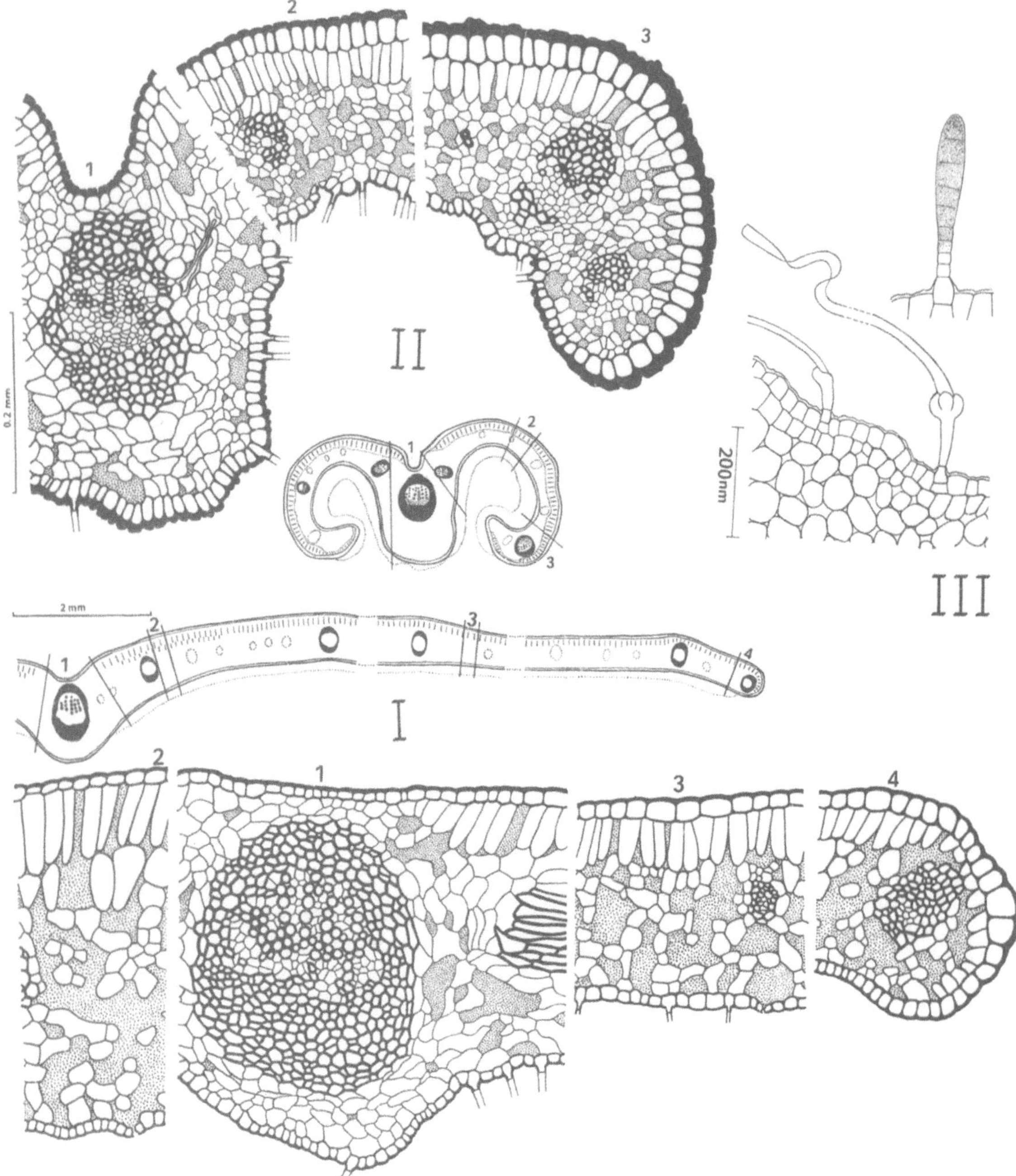

Abb. 47: *Carlina salicifolia* (I) und *C. xeranthemoides* (II). Mesophyll- und Epidermisstrukturen der hypostomatischen Blätter (von natürlichen Standorten). Man beachte die xeromorphen Strukturen bei *C. xeranthemoides* (Rollblatt, sehr starke obere Kutikula und dichte Peitschenhaardecke auf der Blattunterseite). Mesomorpher Blattbau bei *C. salicifolia*.
III: Peitschenhaar und Drüsenhaar von *C. corymbosa*.

Fig. 47: *Carlina salicifolia* (I) and *C. xeranthemoides* (II). Mesophyll and epidermal structures of the hypostomatic leaves (material from natural habitats). Xeromorphic structures in *C. xeranthemoides* „roll-leaves", strong cuticula on the ventral side, dense covering of whip-like hairs on the dorsal side. Mesomorphic structures in *C. salicifolia*.
III: Whip-like hair and glandular hair of *C. corymbosa*.

der Blattoberseite und einem sehr dichten Haarfilz auf der Blattunterseite erweisen sich die Blätter von *C. xeranthemoides* gegenüber denen von *C. salicifolia* (Abb. 47) als extrem xeromorph.

Auch bei den Arten von subgen. *Carlina* ist das Mesophyll der Laubblätter in Palisaden- und Schwammparenchym differenziert. Meist ist jedoch die Dorsiventralität weniger deutlich ausgeprägt als bei subgen. *Carlowizia*. Oft kann man alle Übergänge zu isolateralem Bau erkennen. Es kommt dann zur Ausbildung palisadenartiger Mesophyllzellen auch auf der Blattunterseite und zu übereinstimmenden Strukturen in den ober- und unterseitigen Epidermen. Bei fast allen Vertretern von subgen. *Carlina* findet man Spaltöffnungen sowohl in der unteren als auch in der oberen Epidermis (amphistomatisches Verhalten, Abb. 53–55).

Abbildung 48/2 veranschaulicht Unterschiede in der Anatomie der Laubblätter von *Carlina vulgaris* im Verlauf der Blattfolge. Die Gegenüberstellung von Laubblatt-Querschnitten aus der Rosette und der Region der unteren Stengelblätter mit solchen aus dem oberen Bereich läßt bei den letztgenannten eine weniger deutliche Ausbildung von Schwammparenchym erkennen. An die untere Epidermis angrenzende Zellen sind mehr oder minder senkrecht (antiklinal) ausgerichtet. Einen noch deutlicher isolateralen Bau zeigt das Mesophyll der auf die oberen Laubblätter folgenden Hoch- und der ebenfalls noch laubartigen äußeren Involukralblätter (Abb. 62 II).

Bei Vertretern von sect. *Carlina*, die wie *C. frigida* in Gebieten mit einer längeren Trockenzeit wachsen, findet man bereits im mittleren Abschnitt eine Annäherung an die isolaterale Struktur (Abb. 48/3). Mit einer noch deutlicheren Isolateralität im Mesophyllaufbau schließen sich Arten rein mediterraner Verwandtschaftskreise wie *C. sicula* (sect. *Corymbosae*) und *C. lanata* (sect. *Mitina*) an diese Beispiele an (Abb. 48/4, 5).

Isolaterale Mesophyllstruktur ist bei *Carlina* meist mit der Profilstellung einzelner Abschnitte des Fiederblattes (s. S. 78ff.) verbunden, wie sie sich bei den obersten Laubblättern und Hochblättern von *C. vulgaris* anbahnt und wie sie bei ihren meridionalen Verwandten (*C. frigida* und *C. nebrodensis*) besonders ausgeprägt ist (Abb. 41). Auch bei den Sippen von sect. *Corymbosae* erweisen sich Profilstellung und isolateraler Blattbau als miteinander korrelierte standortsbedingte Blattstrukturen.

In sect. *Heracantha* unterscheiden sich die Arten ihrer Blattstruktur nach, wenn man Herkünfte aus südlichen (meridional-submeridionalen) Gebieten mit solchen aus temperaten Breiten vergleicht (Abb. 49). So zeigen die hochwüchsigen Pflanzen von *Carlina acaulis* im Apennin zumindest in ihren Stengelblättern isolateralen Bau, während Vertreter von *C. acaulis* ssp. *acaulis* aus der Tatra eine deutlich dorsiventrale Mesophyllstruktur aufweisen. Ähnliche Unterschiede begegnen uns beim Vergleich der großblättrigen *Carlina acanthifolia* aus dem östlichen Karpatenvorland mit einer Lokalrasse im zentralen Apennin (Majella), die sich durch extrem aufgegliederte Blätter auszeichnet. Auch in diesen Fällen ist isolaterale Mesophyllstruktur mit einer Tendenz zur Profilstellung der Fiedersegmente gepaart.

Stärker noch als im Assimilationsgewebe kommen xeromorphe Strukturen im Bau und in der Verteilung von Leit- und Festigungsgewebe der Blätter zum Ausdruck. Im anatomischen Bau der Leitbündel unterscheiden sich die oberen Laubblätter und die Hochblätter auffallend von den tiefer liegenden Blattorganen. Bei *C. vulgaris* sind jene von einer mächtigen Sklerenchymscheide umgeben. Das Leitgewebe ist reduziert, das Festigungsgewebe dagegen stark erweitert (Abb. 48/1). Solche überwiegend sklerenchymatischen Bündel bilden ein dichtes Nervennetz. Das Interkostalgewebe wird dadurch stark eingeschränkt. Bei verschiedenen Arten (z. B. *C. sicula, C. lanata,* Abb. 48/4, 5) dringen zudem Sklerenchymzellen aus den Nervensträngen in das Mesophyll ein. Die zunehmend xeromorphe Struktur im Verlaufe der Blattfolge kommt somit weniger im anatomischen Bau des Interkostalgewebes als in dem veränderten Verhältnis von Leit- und Festigungsgewebe einerseits und Assimilationsgewebe anderer-

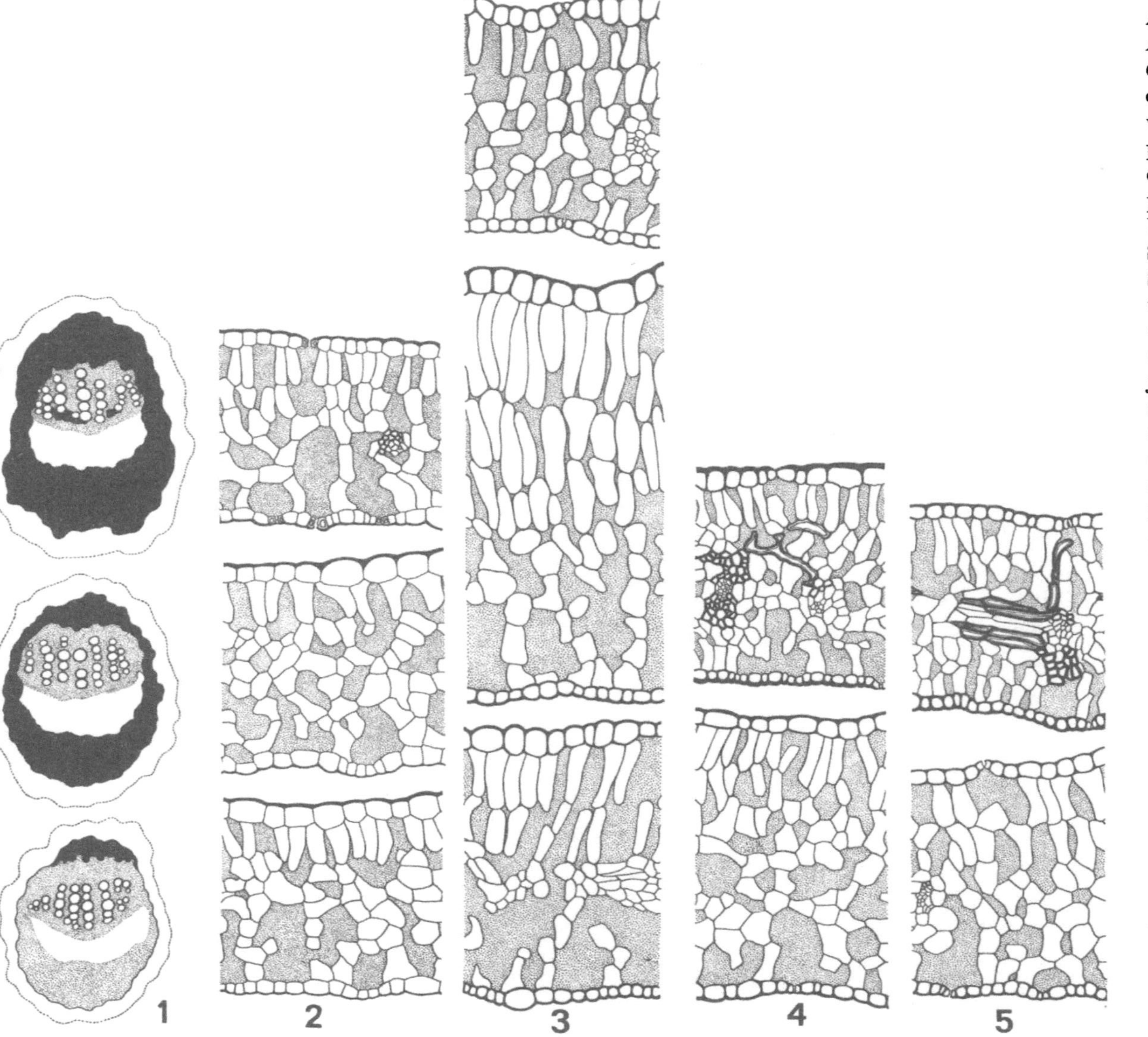

Abb. 48:
Anatomie der Laubblätter verschiedener *Carlina*-Arten. Innerhalb der Blattfolge eines Jahrestriebes Übergänge von dorsiventralem zu isolateralem Bau des Mesophylls und zunehmende Sklerenchymbildung an den Leitbündeln und im Mesophyll.
Unten: basale Laubblätter, oben: obere Stengelblätter, dazwischen z. T. mittlere Stengelblätter. 1) und 2) *C. vulgaris*. Mittelbündel (halbschematisch: Sklerenchym schwarz, Grundgewebe punktiert) und Blattquerschnitte 3) *C. frigida* ssp. *fiumensis*. In der Mitte Querschnitt eines sehr kräftigen Blattes einer älteren Rosette; 4) *C. sicula* und 5) *C. lanata*, Blattquerschnitte. Bei 4) und 5) vom Leitbündel abzweigende Stützelemente im Mesophyll.

Fig. 48:
Leaf anatomy of different *Carlina* species, Transition from a dorsiventral to an isolateral structure of the mesophyll and increasing formation of sclerenchyma in the vascular bundles and in the mesophyll, in the leaf sequence of an annual shoot.
Below: basal leaves, above: uppermost stem leaves, partially between them middle stem leaves. 1) and 2) *C. vulgaris*. Central vascular bundle (semidiagrammatic, sclerenchyma black), and cross sections of foliage leaves; 3) *C. frigida* ssp. *fiumensis*. Cross sections, in the middle of a vigorous leaf of an older rosette; 4) *C. sicula* and 5) *C. lanata*, in cross sections, with supporting elements in the mesophyll originating from the vascular bundles.

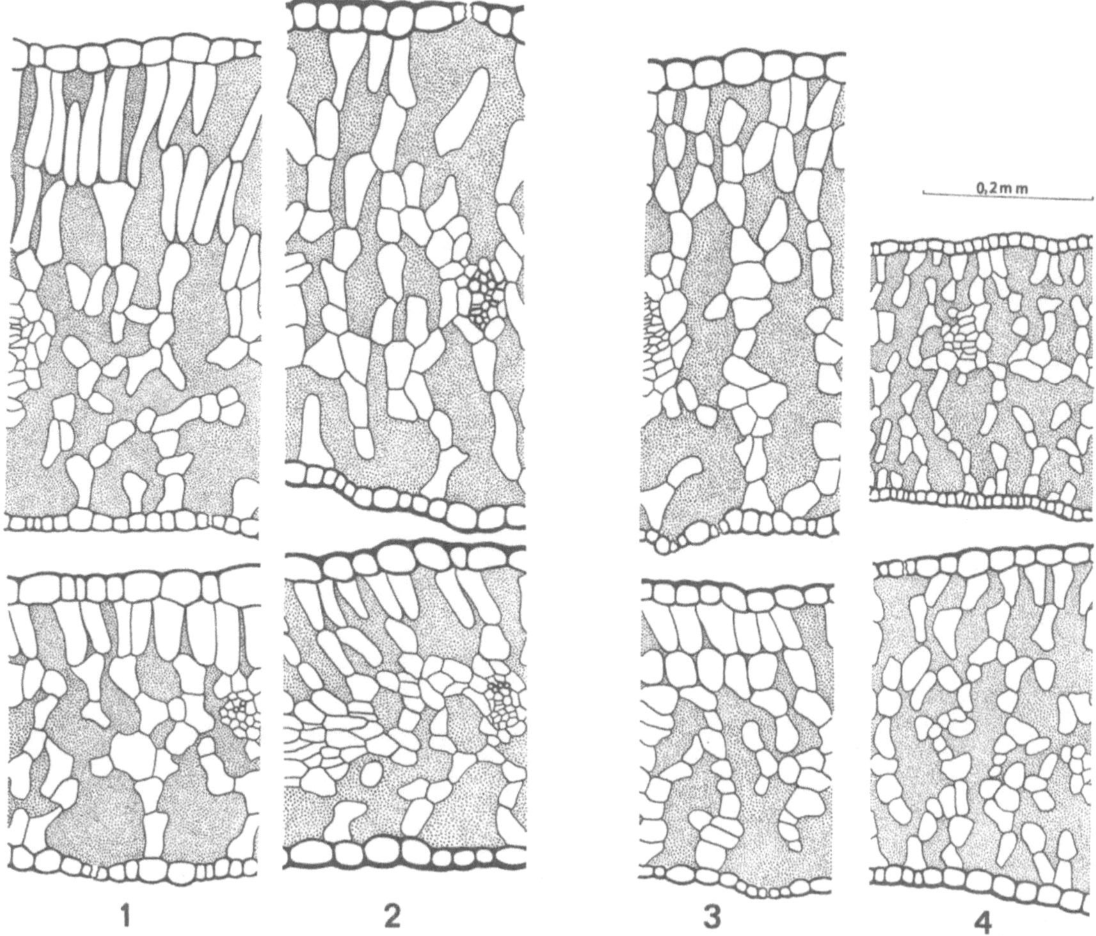

Abb. 49: *Carlina acaulis* und *C. acanthifolia*. Unterschiede in der Mesophyllstruktur bei unteren und oberen Laubblättern von Pflanzen verschiedener (temperater und submeridionaler) Herkunft: 1) *C. acaulis* ssp. *acaulis*, Tatra; 2) *C. acaulis* ssp. *simplex*, Apennin 3) *C. acanthifolia*, östliches Karpatenvorland; 4) *C. acanthifolia* var. (Abruzzen, Majella). Beachte den deutlich isolateralen Bau bei mehr profilgestellten Laubblattsegmenten der südlicheren Herkünfte.

Fig. 49: *Carlina acaulis* and *C. acanthifolia*. Differences in the mesophyll structure of lower and upper foliage leaves from plants of various (temperate and submeridional) origin: 1) *C. acaulis* ssp. *acaulis*, Tatra Mts.; 2) *C. acaulis* ssp. *simplex*, Apennin; 3) *C. acanthifolia*, East Carpathian foothills; 4) *C. acanthifolia* var. (Abruzzean Mts., Majella). Note that the profile-orientated foliage leaf segments of plants from southern origin show an isolateral structure.

seits zum Ausdruck (vgl. Abb. 43, 45). Schließlich ist zu beachten, daß das verdichtete Nervennetz der oberen Laubblätter in eine kräftige Bedornung ausläuft und damit die Sklerenchymatisierung der Blätter weiterhin erhöht (Abb. 50).

In ihrer Anatomie erweisen sich die Dornen als Blattsegment-Metamorphosen. Die Anlage einer Dorntriade ist in Abb. 51 dargestellt. Der Längsschnitt zeigt größtenteils isodiametrische Zellen ähnlich wie bei Laubblattprimordien (Abb. 46). Im Inneren des Mittellappens sind bereits Zellteilungen und -streckungen zu beobachten, die die Anlage

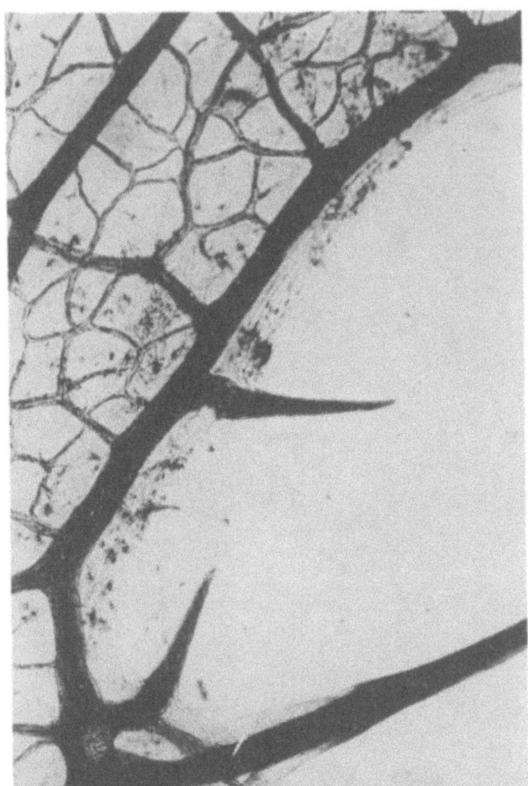
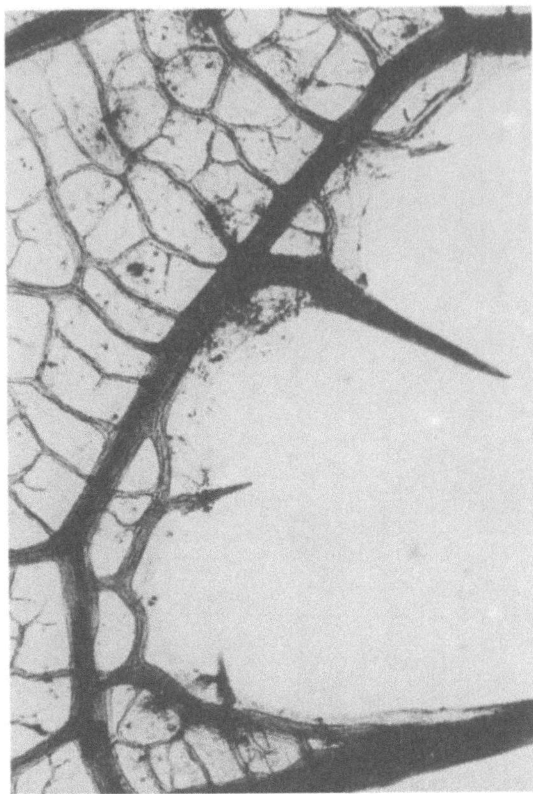

Abb. 50: *Carlina hispanica.* Blattdornen und Übergänge zu dornförmigen Segmenten. Verbindungen des sklerenchymatischen Nervennetzes mit den Blattdornen. Aufn.: STÖLZER.

Fig. 50: *Carlina hispanica.* Transitions from spinous segments to spines. Connections of the sclerenchymatous vein net with the spines.

von Prokambiumsträngen kennzeichnen. Mehr noch als am Aufbau der Blattlappen und Blattzähne sind bei den Blattdornen Nerven beteiligt. Querschnitte durch verschieden alte Blattdornen von *C. vulgaris* (Abb. 51) veranschaulichen, wie ein stark reduziertes Leitgewebe von vielschichtigen Lagen von Sklerenchymfasern umschlossen ist. Der zentrale Sklerenchymkörper bildet die feste Achse des Dorns. Sie wird von isodiametrischen Zellen umgeben, die dem Mesophyllgewebe des Laubblattes entsprechen. Dem Schwammgewebe ähnliche, an Interzellularen reiche Abschnitte innerhalb dieser Lagen lassen auf eine assimilatorische Tätigkeit der jungen Dornen schließen. Die ausgebildeten Dornen werden von einer Epidermis mit stark verdickten Wänden bekleidet, was zur Dominanz des Festigungsgewebes am Aufbau und zur Starrheit der stechenden Blattorgane beiträgt.

Wertvolle Hinweise auf ökogeographische Differenzierungen innerhalb verschiedener Verwandtschaftskreise von *Carlina* ergaben sich aus der Analyse der Blattepidermisstrukturen (KÄSTNER 1972). Nach der Verteilung der Spaltöffnungen im Epidermiszellnetz sind wohl alle *Carlina*-Arten dem anomocytischen Typ (SOLEREDER 1899, 1908, Ranunculaceen-Typ; METCALFE & CHALK 1950; VAN COTTHEM 1970) zuzuordnen.

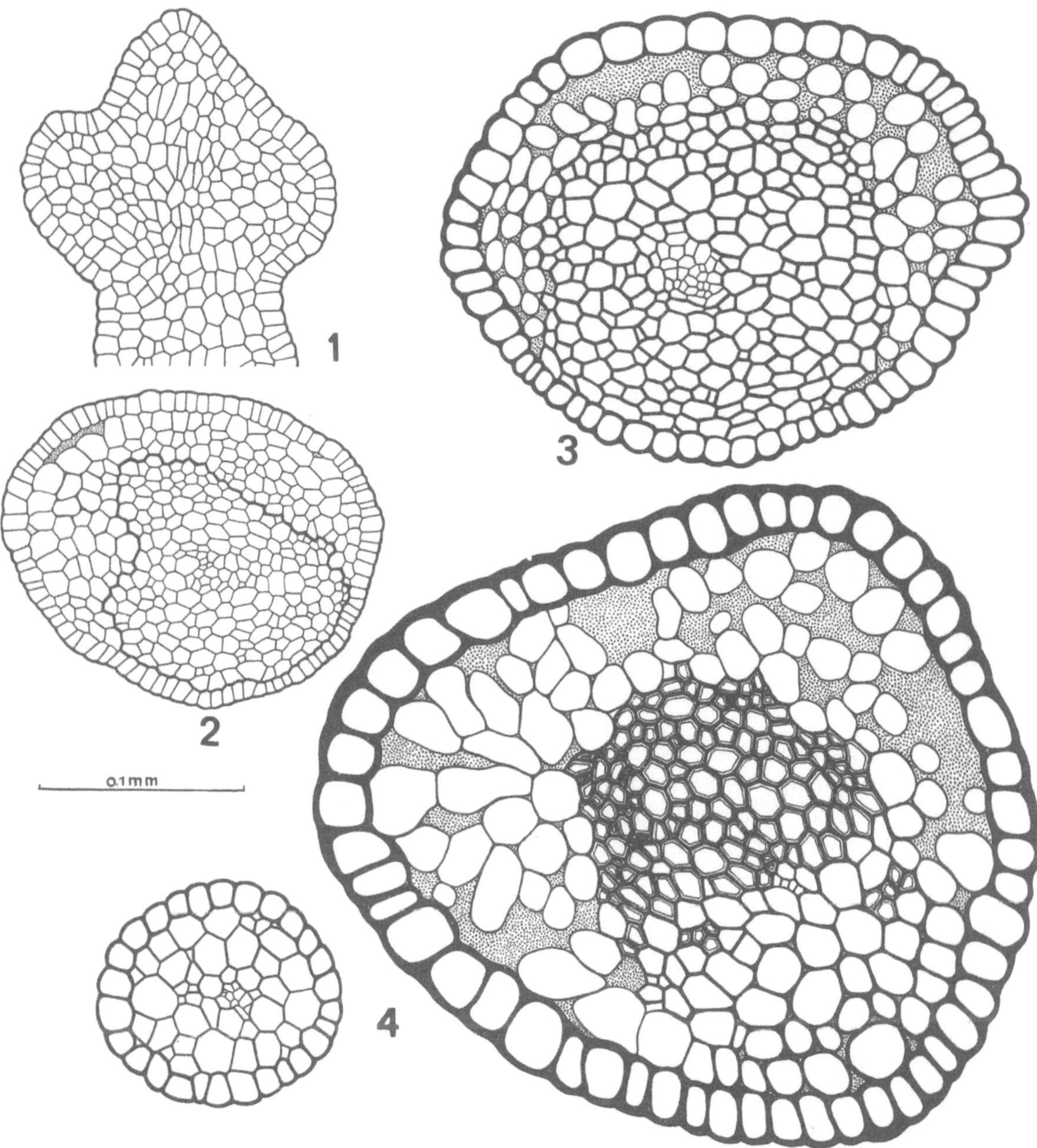

Abb. 51: *Carlina vulgaris*. Struktur und Entwicklung der Blattdornen. Dornentwicklung dargestellt durch Längsschnitt einer Dorntriade mit Anlage von Prokambiumsträngen (1) und durch Querschnitte zur Veranschaulichung der Herausbildung der Leitbündel mit ausgedehntem Sklerenchymmantel sowie von schwammgewebeartig aufgelockertem Mesophyll (2, 3). Querschnitte durch Basis und Spitze eines entwickelten Dorns mit verdickter Epidermis (4).

Fig. 51: *Carlina vulgaris*. Structure and development of the leaf spines. Development of the spines illustrated by longitudinal section of a group of three spines with procambium initials (1) and by cross sections to show the formation of the vascular bundel with strong sclerenchymatous cover as well as loose, sponge-like mesophyll (2, 3). Cross sections from the base and top of a fully developed spine, with sclerenchym, assimilation tissue and thickened epidermis (4).

C. salicifolia

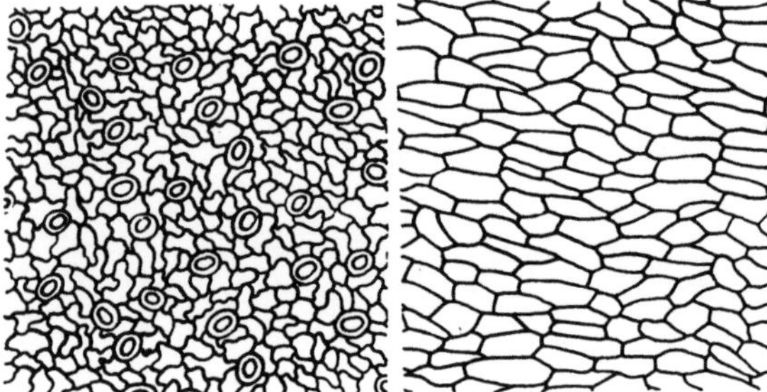

C. xeranthemoides

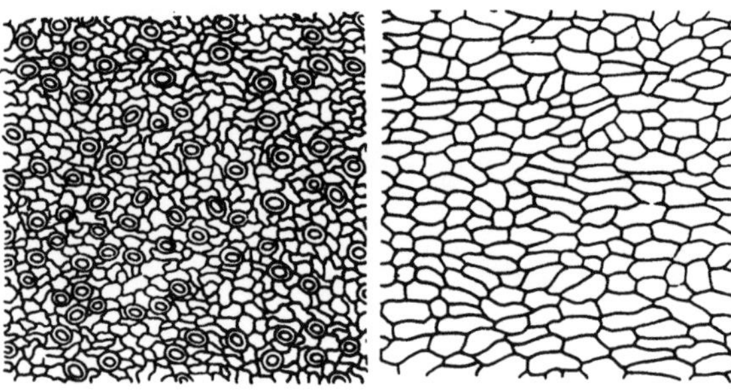

Abb. 52:
Carlina salicifolia und *C. xeranthemoides*. Epidermiszellnetz von Laubblättern. Links: Blattunterseite, rechts: Blattoberseite.

Fig. 52:
Carlina salicifolia and *C. xeranthemoides*. Epidermal cells of foliage leaves. Left: lower surface, right: upper surface.

Bei den ausgesprochen dorsiventralen, hypostomatischen Blättern der kanarischen *Carlina*-Arten (subgen. *Carlowizia*) äußern sich die Unterschiede der beiden Blattflächen auch im Zellnetz der Epidermen. Es weist auf der Oberseite größere, in der Längsrichtung der Spreite gestreckte Zellen mit mehr oder weniger geraden Antiklinalwänden, auf der Unterseite dagegen kleinere, überwiegend isodiametrische Zellen mit gefalteten (undulierten) Wänden auf. Ganz entsprechende Muster zeigt die verwandte *C. xeranthemoides*, nur mit geringeren Ausmaßen der Epidermiszellen und Stomata (Abb. 52, vgl. auch Tafel VI).

In subgen. *Carlina* erscheint die Dorsiventralität in den Epidermisstrukturen abgeschwächt, was das Beispiel von 4 Arten aus sect. *Carlina* veranschaulichen kann (Abb. 53). Die Übersicht zeigt zugleich deutliche Unterschiede zwischen unteren und oberen Stengelblättern in Richtung einer zunehmenden Xeromorphie. Bei der mesophilen *C. biebersteinii* sind die unteren Laubblätter wie bei *C. salicifolia* hypostomatisch. Die oberen dagegen weisen auf ihrer Blattoberseite zerstreute Stomata auf. Im Verlauf der Laubblattfolge ergeben sich im Zellnetz bei dieser Art keine stärkeren Unterschiede. In der Reihe *C. vulgaris*, *C. nebrodensis* und *C. frigida* wird jedoch deutlich, wie sich bei den oberen Stengelblättern die Blattoberseite in immer stärkerem Maße der Struktur der Blattunterseite nähert, so daß man bei den letztgenannten Arten von der Epidermis her gesehen von einem fast isolateralen Blatt sprechen kann. Diese Tendenz von dorsiventralen zu isolateralen Epidermisstrukturen im Verlauf der Blattfolge entspricht ähnlichen Veränderungen in der Mesophyll-Anatomie.

In sect. *Mitina* ist weitgehende Gleichförmigkeit in den Epidermismustern festzustellen; weder in der polaren Differenzierung der Gesamtpflanze noch interspezifisch treten zwischen den beiden annuellen Arten größere Unterschiede auf. Von den beispielsweise dargestellten Arten aus sect. *Corymbosae* (Abb. 54) erweist sich die rein meridionale *C. sicula* im Epidermismuster wenig differenziert, weder in der Laubblattfolge am Jahres-

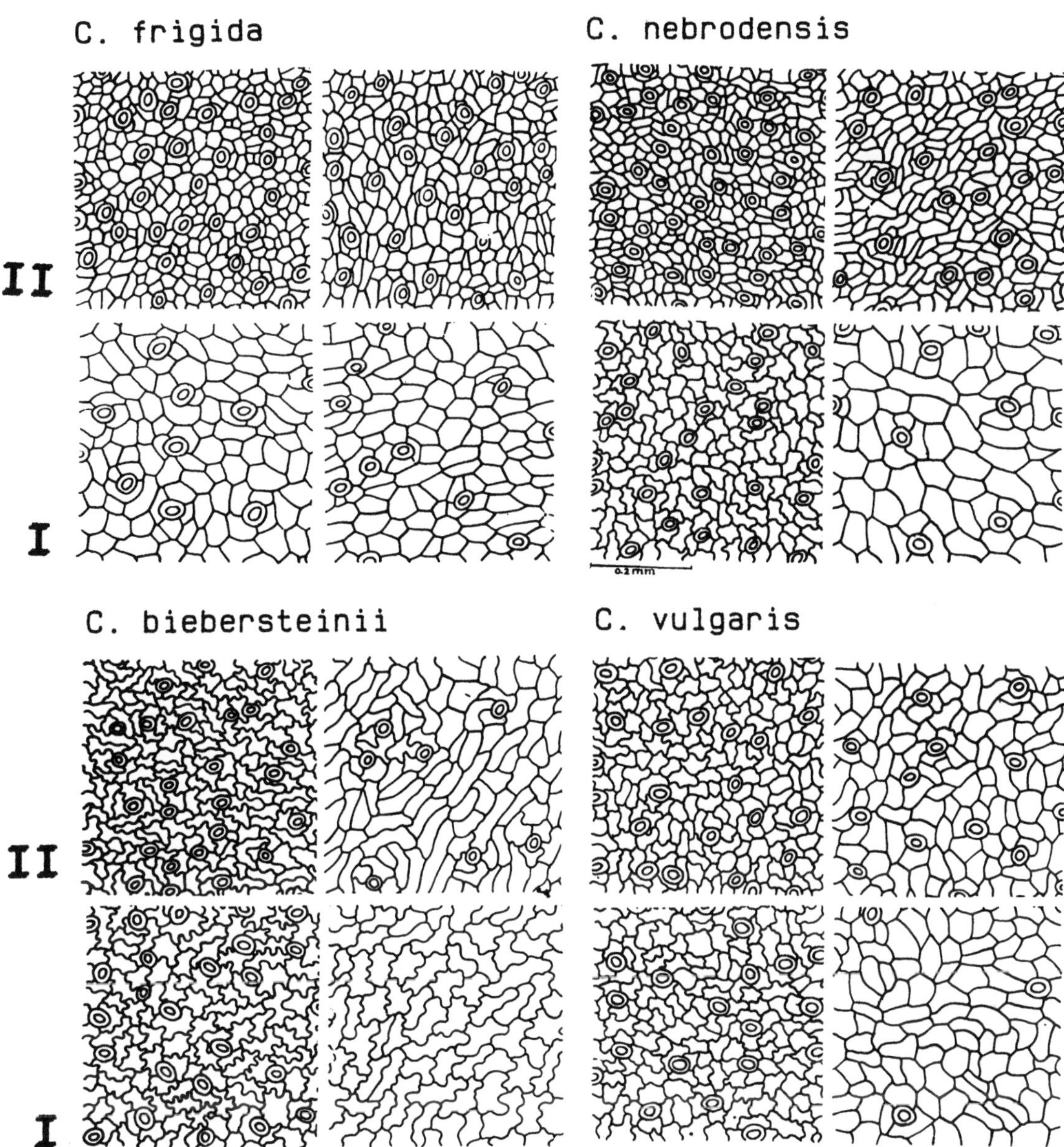

Abb. 53: *Carlina frigida, C. nebrodensis, C. biebersteinii* und *C. vulgaris*. Epidermiszellnetz an Pflanzen vom natürlichen Standort. I: Rosettenblätter, II: Stengelblätter; links: Blattunterseite, rechts: Blattoberseite. Man beachte den Übergang von hypostomatischer zu amphistomatischer Struktur innerhalb des Verwandtschaftskreises (sect. *Carlina*). Aus KÄSTNER (1972).

Fig. 53: *Carlina frigida, C. nebrodensis, C. biebersteinii* and *C. vulgaris*. Epidermal cells of plants from natural habitats. I: rosulate leaves, II: stem leaves; left: lower surface, right: upper surface. Note the transition from hypostomatic to amphistomatic structures within sect. *Carlina*.

trieb noch im Verhältnis von Blattober- und Blattunterseite. Sie unterscheidet sich darin deutlich von der mesophileren meridional-submeridionalen *C. corymbosa*.

Abgesehen von der geringer ausgeprägten Dorsiventralität ähneln die Epidermismuster von *C. acaulis* denen der ebenfalls in temperaten Klimaten beheimateten *C. vulgaris* (Abb. 53, 55). Die im anatomischen Bau sichtbaren Unterschiede in der Epidermisstruktur können, was Größe, Zahl und Verteilung der Epidermiszellen und Stomata

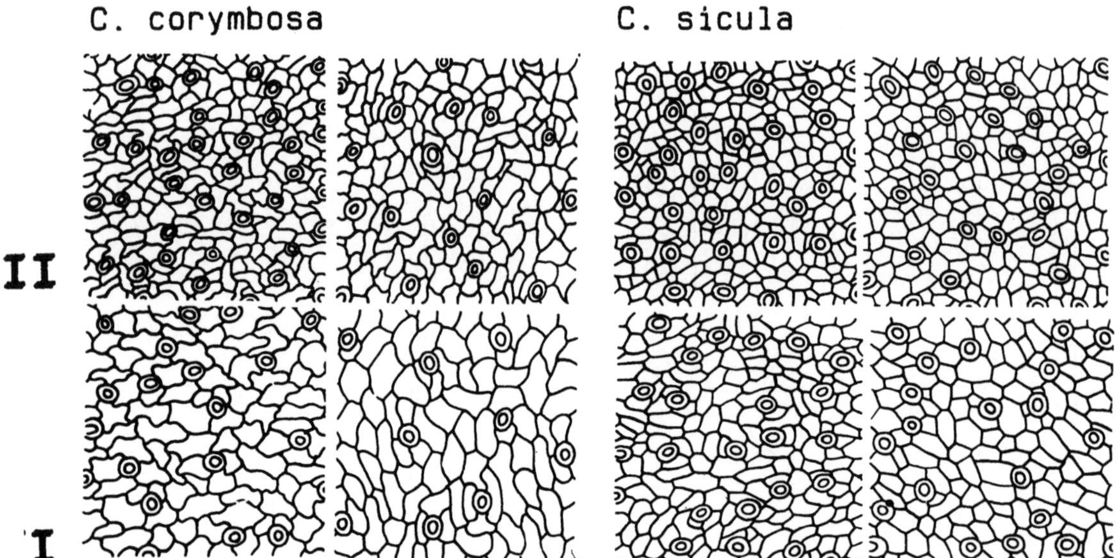

Abb. 54: *Carlina corymbosa* und *C. sicula* (sect. *Corymbosae*). Epidermiszellnetz an Pflanzen vom natürlichen Standort. I: Rosettenblatt, II: oberes Stengelblatt; links: Blattunterseite, rechts: Blattoberseite. Aus KÄSTNER (1972).

Fig. 54: *Carlina corymbosa* and *C. sicula* (sect. *Corymbosae*). Epidermal cells of plants from natural habitats, below: rosulate leaves, above: stem leaves. Left: lower surface, right: upper surface.

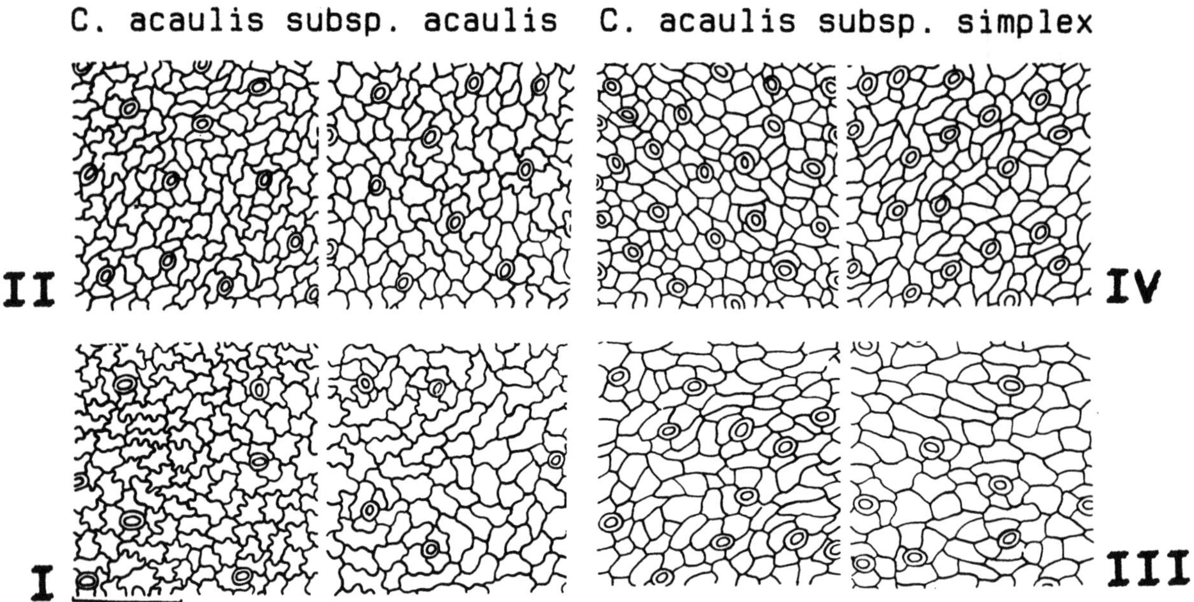

Abb. 55: *Carlina acaulis* ssp. *acaulis* (I, II) und ssp. *simplex* (III, IV). Epidermiszellnetz. I: unteres Rosettenblatt, II: oberes Rosettenblatt, III: Rosettenblatt, IV: Laubblatt des gestreckten Blütensprosses; links: Blattunterseite, rechts: Blattoberseite. Aus KÄSTNER (1972).

Fig. 55: *Carlina acaulis* ssp. *acaulis* (I, II) and ssp. *simplex* (III, IV). Epidermal cells. I: lower rosulate leaf, II: upper rosulate leaf, III: rosulate leaf, IV: upper foliage leaf of the elongated flowering stem; left: lower surface, right: upper surface.

betrifft, auch zahlenmäßig erfaßt werden. In Erweiterung der Untersuchungen von KÄSTNER (1972) sind in Tabelle 3 für den Großteil der *Carlina*-Arten folgende Werte zusammengestellt:

1. Zahl der Stomata (pro mm^2) auf der Blattober- und Unterseite
2. Summe der Stomata (pro mm^2) von Ober- und Unterseite der unteren, mittleren und oberen Stengelblätter (insgesamt also von einer Fläche von 6 mm^2)
3. Stomataindex:

   Für die obere Epidermis $= \frac{\text{Sto}}{\text{Sto} + \text{Zo}}$

   Für die untere Epidermis $= \frac{\text{Stu}}{\text{Stu} + \text{Zu}}$

   Dabei bedeuten:
   Sto = Anzahl der Stomata/mm^2 der oberen Epidermis
   Stu = Anzahl der Stomata/mm^2 der unteren Epidermis
   Zo = Anzahl der Epidermiszellen/mm^2 der oberen Epidermis
   Zu = Anzahl der Epidermiszellen/mm^2 der unteren Epidermis
4. Stomataquotient, gebildet aus der Summe der Stomata (pro mm^2) der Blattoberseite von unteren, mittleren und oberen Stengelblättern und der entsprechenden Summe der Stomata der Blattunterseite (multipliziert mit 10).

Die Werte gründen sich auf umfangreiche Zählungen, die bei weiter verbreiteten Arten stets an Pflanzen aus verschiedenen Teilen ihres Areals und an Exemplaren des Transplantatgartens durchgeführt wurden. Trotz der sich dabei abzeichnenden Variabilität (vgl. KÄSTNER 1972, KÖRNER & MEUSEL 1986) ergeben sich zwischen den Arten deutliche Unterschiede und innerhalb der einzelnen Verwandtschaftskreise Differenzierungsrichtungen, die klare Beziehungen zum ökogeographischen Charakter der einzelnen Sippen erkennen lassen.

Bei den streng dorsiventral gebauten Blättern der Arten aus subgen. *Carlowizia* zeichnet sich aus dem Vergleich der Stomatazahlen und der Stomatasumme der Unterschied zwischen der mesomorphen *C. salicifolia* und den xeromorphen *C. xeranthemoides* und *C. canariensis* ab. Die letztgenannte nimmt dabei eine gewisse Mittelstellung – bei stärkerer Orientierung zu *C. xeranthemoides* hin – ein.

Aus subgen. *Lyrolepis* schließt sich die ebenfalls rein hypostomatische *C. diae* eng an *C. salicifolia* an. *C. tragacanthifolia* mit amphistomatischen Blättern ähnelt mit hohen Stomatasummen den xeromorphen Vertretern von subgen. *Carlowizia*. Der hohe Stomataquotient von 7,8 ist ein Hinweis auf starke Isofazialität.

Aus den Sektionen von subgen. *Carlina* fallen die überwiegend mediterranen Verwandtschaftskreise ebenfalls durch hohe Stomatasummen auf: sect. *Mitina* mit fast übereinstimmenden Werten von *C. racemosa* und *C. lanata* und sect. *Corymbosae*, wo sich wie in den Mesophyll- und Epidermisstrukturen (Abb. 48, 54) *C. corymbosa* als ein mehr mesischer und *C. sicula* als ein extrem xerischer Vertreter gegenüberstehen.

Eine weite Spanne von ausgeprägter Mesomorphie zu deutlicher Xeromorphie in den Stomatazahlen und in einer zunehmend amphistomatischen Struktur ergibt sich aus den Werten für Stomatasummen und Stomataquotient in der Reihe von *C. biebersteinii* zu *C. frigida* (vgl. Abb. 48, 53) und besonders zu *C. oligocephala* (sect. *Carlina*). Innerhalb sect. *Heracantha* nimmt *C. acaulis* mit einer verhältnismäßig niedrigen Stomatasumme eine Sonderstellung ein, wobei ein deutlicher Unterschied zwischen den stengellosen Sippen von *C. acaulis ssp. acaulis* und gestreckten Sippen von *ssp. simplex* erkennbar wird. *C. atlantica* als die südlichste Sippe des Verwandtschaftskreises fällt innerhalb sect. *Heracantha* durch extrem amphistomatischen Bau auf.

Tab. 3: Verteilung und Häufigkeit der Stomata sowie Stomata – Indices für die Arten der Gattung *Carlina*.

Tab. 3: Distribution, frequency of stomata and stomata indices for the different species of *Carlina*.

Carlina	Anzahl	Hypostomatische Laubblätter Anzahl Stomata/mm² min – max												Stomata = 6 mm² min	max	Ø	Stomataindex min	max	Ø
1 *salicifolia*	25	105 – 184												315	552	354	0,11	0,18	0,16
2 *canariensis*	13	175 – 225												510	654	561	0,17	0,19	0,18
3 *xeranthemoides*	5	202 – 280												702	840	771	0,17	0,20	0,19
4 *diae*	3	104 – 179												312	537	367	–	–	0,26
		Amphistomatische Laubblätter Anzahl Stomata/mm²												unt., mittl., ob. Bl. = 6 mm2					
		unt. Lbl.				mittl. Lbl.				ob. Lbl.				Stomata			Stomataquotient		
		OS min–max		US min–max		OS min–max		US min–max		OS min–max		US min–max		min	max	Ø	min	max	Ø
5 *tragacanthifolia*	3	75	86	106	115	98	108	133	142	127	134	152	165	716	732	725	7,7	7,9	7,8
6 *corymbosa*	18	25	42	55	76	48	102	75	152	52	85	101	151	397	568	446	5,2	6,7	6,0
7 *hispanica*	13	32	54	58	78	51	82	91	119	81	114	137	157	342	663	496	5,0	6,9	6,2
8 *graeca*	6	18	28	36	56	54	74	102	159	107	127	116	184	472	642	507	5,7	6,3	6,2
9 *curetum*	11	35	61	61	95	68	103	108	153	91	136	126	177	507	692	622	6,2	7,0	6,6
10 *libanotica*	4	30	48	47	58	42	67	95	115	75	96	168	188	450	549	486	4,7	5,9	5,6
11 *kurdica*	1	–	62	–	112	–	116	–	131	–	118	–	189	–	–	638	–	–	7,1
12 *brachylepis*	8	38	82	67	118	88	119	108	175	107	168	166	259	630	821	721	6,2	7,4	6,9
13 *involucrata*	2	–	28	–	86	–	46	–	99	–	82	–	146	–	–	480	–	–	5,4
14 *sicula*	11	56	94	88	127	90	121	132	168	119	146	193	204	619	859	746	6,0	7,6	6,8
15 *barnebiana*	4	29	36	81	99	78	89	117	127	90	116	159	192	598	643	633	5,1	7,2	5,9
16 *sitiensis*	2	–	14	–	45	–	25	–	67	–	37	–	125	–	–	318	–	–	3,9
17 *pygmaea*	4	39	66	90	108	60	73	127	138	114	127	168	178	615	670	642	5,5	6,3	6,0
18 *racemosa*	8	74	93	120	146	87	102	149	159	126	141	190	205	619	956	782	5,7	6,7	6,2
19 *lanata*	7	87	98	149	169	109	119	181	198	135	145	225	240	557	928	798	5,4	6,2	6,0
20 *biebersteinii*	31	0	12	58	65	4	15	72	92	20	31	78	128	205	375	305	0,6	2,0	1,5
21 *intermedia*	19	1	16	59	73	2	11	95	117	36	48	98	145	217	428	337	1,4	2,9	2,0
22 *vulgaris*	76	3	31	48	65	18	43	16	124	40	80	81	132	251	518	368	2,0	5,3	3,2
23 *nebrodensis*	7	28	46	61	72	56	67	84	98	68	79	126	146	472	662	523	5,3	5,9	5,7
24 *frigida*	6	41	67	85	98	65	76	111	124	98	109	161	176	462	647	557	5,0	6,7	6,0
25 *macrocephala*	4	26	31	58	65	40	49	128	138	76	82	128	142	492	548	534	5,1	5,7	5,4
26 *oligocephala*	12	50	86	72	100	71	109	105	140	80	133	110	168	496	667	600	7,1	8,1	7,5
27 *acaulis* ssp. *acaulis*	24	14	24	43	57	20	31	47	61	29	41	60	87	204	274	250	4,0	5,2	4,4
28 *acaulis* ssp. *simplex*	59	24	54	52	72	56	74	57	98	49	82	72	106	252	552	372	5,0	7,9	6,3
29 *atlantica*	6	60	65	106	112	130	136	150	160	139	150	170	178	432	729	580	5,0	7,8	6,4
30 *acanthifolia* „onopordifolia"	2	–	28	–	154	–	47	–	163	–	61	–	124	516	543	526	3,3	3,7	3,5
31 *acanthifolia* ssp. *cynara*	2	–	39	–	162	–	52	–	179	–	68	–	147	607	738	672	3,0	5,0	4,0
32 *acanthifolia* var. (Majella)	8	32	74	59	87	41	64	87	112	48	67	93	134	510	647	551	4,3	5,7	4,9

2.5.3. Ultrastrukturen der Blattepidermen[2]

Als Ergänzung zur Anatomie der *Carlina*-Blätter fügen wir eine Übersicht über die Ultrastrukturen der Blattepidermen an. Eine weitere Überprüfung der Variabilität könnte nach den vorliegenden Untersuchungen die Möglichkeit ergeben, diese Merkmalskomplexe ebenfalls zu taxonomischen und vielleicht auch zur ökogeographischen Sippencharakteristik heranzuziehen.

Bei der Analyse der Blattepidermis-Ultrastrukturen ergaben sich in der Übersicht über die Mehrzahl der *Carlina*-Arten (verschiedener Herkünfte) beachtliche Differenzierungsmuster (Tafel IV–VI). In verschiedenen Fällen zeigten sich Ähnlichkeiten bei verwandten Sippen, wie z. B. bei den beiden Arten *C. diae* und *C. tragacanthifolia* (subgen. *Lyrolepis*, Tafel IV e, f). Charakteristisch erscheint bei diesen vor allem das Fehlen deutlich sichtbarer Antiklinalgrenzen der Epidermiszellen. Nur bei *C. diae* (Tafel IV e) erscheinen sie bisweilen leicht eingesenkt; dagegen tritt bei beiden Arten gleichermaßen ein sehr unregelmäßig ausgebildetes sekundäres Kutikularfaltungsmuster auf, das manchmal die Stomata ± halbkreisförmig umschließt, manchmal ungerichtet quer über die Zellgrenzen läuft und sowohl sehr grob als auch fein ausgebildet sein kann.

Auch die beiden Arten von sect. *Mitina* zeigen im Kutikularfaltungsmuster auffallende Übereinstimmungen (Tafel V a,b). Die unregelmäßig geformten Epidermiszellen sind durch nur wenig, aber regelmäßig eingesenkte Antiklinalgrenzen deutlich zu erkennen, das Mittelfeld der Zellen ist flach oder sehr wenig aufgewölbt. Besonders auffallend sind bei den Taxa die feinen parallel laufenden Kutikularfalten, die meist parallel zur Längsachse und häufig im Zentralfeld der Zellen verlaufen, regelmäßig aber auch über die Zellgrenzen hinausgehen.

Wie die Abbildungen auf Tafel IV a, c, d zeigen, unterscheiden sich die drei Arten von sect. *Heracantha (C. acaulis, C. acanthifolia, C. atlantica)* durch spezielle Strukturen. Übereinstimmung besteht aber in den sternförmig auf die Stomata zulaufenden Kutikularfalten (ein im Pflanzenreich häufiges und systematisch relevantes Muster), die bei den beiden erstgenannten Arten deutlich hervortreten, bei der letztgenannten jedoch nur bei genauerer Betrachtung zu erkennen sind. *C. atlantica* zeigt außerdem eine etwas abweichende Ausbildung des Epidermiszellnetzes: Die Antiklinalgrenzen sind hier deutlich eingesenkt und die Zellenoberfläche erscheint bauchig aufgewölbt. Bei *C. acanthifolia* und *C. acaulis* hingegen sind die Antiklinalgrenzen der Zellen aufgewölbt und voneinander getrennt, sodaß die Zellgrenzen von einem Doppelwulst eingerahmt erscheinen. Das Zentralfeld der Zellen ist flach bzw. leicht eingesenkt.

Die in Tafel IV b dargestellten Skulpturen bei *C. sicula* wurden weitestgehend übereinstimmend bei den nahe verwandten *C. barnebiana* und *C. pygmaea* beobachtet. Das äußerst häufig anzutreffende einfache Faltungsmuster von *C. libanotica* (Tafel V e, eingesenkte Antiklinalgrenzen, aufgewölbte Periklinalgrenzen) kehrt auch bei *C. curetum* (Tafel V f) und *C. hispanica* wieder. Nach bisherigen Befunden ist nicht gesichert, ob es alle Arten der sect. *Corymbosae* charakterisiert.

Innerhalb der sect. *Carlina* steht in bezug auf Epidermisskulpturen der Mehrzahl der Arten (*C. vulgaris*, Tafel V c, *C. nebrodensis, C. frigida* und *C. macrocephala*) die unterschiedliche *C. biebersteinii* ssp. *intermedia* entgegen. *C. biebersteinii* s. str. (Tafel V d) vermittelt zwischen diesen beiden Typen. Bei der ersten Gruppe bestehen einige Übereinstimmungen („Doppelwulstzellgrenzen“) mit den sich ökogeographisch ähnlich verhaltenden Arten *C. acaulis* und *C. acanthifolia*.

---

[2] Beitrag von Wilfried Morawetz und Maria Morawetz-Waha (Wien).

Bei den Arten des subgen. *Carlowizia*, die sich durch eine ausgesprochen dorsiventrale Struktur ihrer Laubblätter auszeichnen (s. S. 94, Abb. 47, 52) erscheint die Blattoberseite in einem weitgehend übereinstimmenden einfachen Zellmuster (eingesenkte Antiklinalgrenzen, bauchig erhöhter Mittelteil; Tafel VI). Die Unterseite weist bei den untersuchten Herkünften recht unregelmäßige Faltenmuster auf, die z. T. aus parallel verlaufenden (z. B. *C. xeranthemoides*, Tafel VI a), z. T. aus ungerichteten Bündeln von schmalen Kutikularfalten bestehen.

2.5.4. Indumentum

Das Indumentum wird bei allen *Carlina*-Arten von charakteristischen Peitschenhaaren (vgl. Solereder 1899) gebildet. Lediglich in den Knospen finden sich an jungen Blattanlagen auch Drüsenhaare. Diese gliedern sich in einen mehrzelligen Fußteil und einen leicht keulenförmig verdickten Endabschnitt mit ebenfalls mehreren, durch einen dichten Inhalt ausgezeichneten Zellen (Abb. 47). Nach Sjusewa (1953), die wohl erstmalig auf diese Gebilde aufmerksam gemacht hat, sind die Wände der Zellen des Endabschnitts leicht zerstörbar, was auf eine Drüsenfunktion während der Jugendentwicklung des Blattes hindeutet.

Die Peitschenhaare werden auch schon früh angelegt und hüllen junge Blattanlagen oft völlig ein, können aber als tote Fadenhaare lange erhalten bleiben. Sie bestehen aus einer langen, luftgefüllten, im oberen Teil meist locker gewundenen Zelle, die auf einer verbreiterten 2-zelligen Basis fußt. Bei *Carlina* ist die obere Basiszelle spitzenwärts verbreitert. Sie umfaßt den Fuß der Peitschenzelle napfförmig in seinem ganzen Umfang und entwickelt zusätzlich haustorienförmige Fortsätze (Abb. 47). Diese Gestaltung der Peitschenhaare ist wohl als eine charakteristische, erstmals von Vuillemin (1884) beobachtete Struktur der Gattung *Carlina* anzusehen. Bei vielen Cynareen zeigen die Basen der Peitschenhaare keine Verbreiterung. Bei den Carlineen-Gattungen *Thevenotia, Cousiniopsis* und vor allem bei *Atractylis* kommen (wie auch bei *Echinops*) ebenfalls Haare mit einer keulenförmigen Verbreiterung der Fußzelle vor. Nirgends haben wir jedoch die der Peitschenhaarbasis anliegenden Fortsätze beobachtet, wie sie bei allen Vertretern von *Carlina* zu finden sind.

Das von Peitschenhaaren gebildete Indumentum ist bei *Carlina* sehr variabel, sowohl im Hinblick auf die einzelnen Sippen als auch auf den Entwicklungszustand ihrer Achsen und Blätter. Wie die Blattanlagen von *Carlina acaulis* zeigen (Tafel III), liegen die langen Haare mit ihren basalen Teilen parallel ausgerichtet der Blattfläche – ihrer Längserstreckung folgend – dicht an. Sie verschlingen sich aber mit ihren angehobenen gewundenen Spitzenteilen. Bei einer dichten, persistierenden Behaarung kommt so ein weiß filziges (vliesartiges) Haarkleid zustande, wie es bei *Carlina diae* sowohl die Achsen als auch die Ober- und Unterseiten der Blätter – und vor allem auch das äußere Involukrum der Köpfchen – bedeckt (vgl. Tafel XXIX, Abb. 126, 140). Erst an absterbenden Blättern löst sich bei dieser Art der Haarfilz wie Watteflocken ab.

Ähnlich, aber besonders auf der Blattoberseite etwas schwächer behaart ist die mit *C. diae* verwandte *C. tragacanthifolia*, bei der nur die hartdornigen Fiederspitzen als völlig glatte, gelblich glänzende Teile aus dem graufilzigen Haarkleid herausragen.

Bei den Vertretern von subgen. *Carlowizia* drückt sich der ausgesprochen dorsiventrale Bau der Spreite auch in der Ausbildung des Indumentums aus. So erscheint die Blattoberseite bei *C. salicifolia* infolge einer frühen Verkahlung glatt und frisch grün, während auf der Unterseite eine dichte seidige Behaarung erhalten bleibt (Abb. 47). Bei der xeromorphen *C. xeranthemoides* findet man auch auf der Blattoberseite eine lockere Behaarung, was der Pflanze ein graugrünes Aussehen verleiht.

Die Behaarung der Blätter aller Arten von subgen. *Carlina* ist auf der Blattunterseite stärker als auf der Oberseite. Häufig lösen sich auf dieser schon während der Entfaltung der Blätter die Haare flockig ab (Tafel III d), während auf der Unterseite oft Reste des Indumentums erhalten bleiben.

Das Fortbestehen des Indumentums bei ausgebildeten Blättern kann als Ausdruck einer xeromorphen Struktur angesehen werden. So etwa innerhalb sect. *Carlina*, wo bei der am weitesten in südöstlichen Trockengebieten verbreiteten, stark dornigen *C. oligocephala* beachtliche Teile des Haarkleides erhalten bleiben und auch die ausgesprochen meridionale *C. nebrodensis* mehr oder minder graufilzig erscheint, während die an temperate Breiten mit sommerfeuchtem Klima gebundene *C. biebersteinii* fast völlig verkahlt (zur Variabilität des Indumentums vgl. auch 4.1.).

2.6. Köpfchen und Synfloreszenzen

2.6.1. Morphologische Analysen

Die Köpfchen können einzeln oder in Synfloreszenzen am Ende der Blütentriebe stehen. Besonders bei Arten mit großen Köpfchen ist Einköpfigkeit regelmäßig (*C. acanthifolia*) oder sehr häufig (*C. acaulis*). Bei *C. tragacanthifolia* ordnen sich die einzeln stehenden Köpfchen in den dichten Dornpolsterwuchs des Zwergstrauches ein.

Die hapaxanthen Arten von sect. *Mitina* entwickeln sympodiale Zweigsysteme, bei denen alle Triebe nach einer kurzen vegetativen Phase ein terminales Köpfchen hervorbringen. Bei mehrfach wiederholter Aufzweigung wird damit die ganze Pflanze zu einem über längere Zeit hinweg blühenden zymösen Anthokladium (s. S. 38, Abb. 17c, 19II, 21I).

Alle anderen *Carlina*-Sippen zeichnen sich durch razemöse Synfloreszenzen aus. Bei ihnen werden in der Regel an der Synfloreszenz-Hauptachse unter dem Endköpfchen durch mehrere Zwischeninternodien getrennte blühende Seitentriebe angelegt. Vielfach sind es nur ein oder wenige kurze Zweige, die Köpfchen tragen. Bei reicher Verzweigung folgen unterhalb des Endköpfchens wenige kurze und auf diese erst stärker gestreckte und wiederum verzweigte Köpfchen tragende Seitentriebe. In den meisten Fällen bilden sich bei kleinköpfigen Arten schirmrispenartige Synfloreszenzen heraus.

Bei den Vertretern von sect. *Corymbosae* wird diese Synfloreszenzform durch Unregelmäßigkeiten in der Anlegung und im Längenwachstum der Seitentriebe in verschiedener Richtung variiert (Abb. 56). Oft greift die Ausbildung blühender Seitenzweige an der Hauptachse weit herab. Bei gleichzeitiger Verkürzung der Seitenachsen entstehen dann mehr zylindrische (lampenputzerartige) Synfloreszenzen. Bei *Carlina sicula* wird das Endköpfchen oft durch akroton geförderte Seitentriebe übergipfelt, ein Vorgang, der sich an den Seitenästen zweiter Ordnung wiederholen kann (spirrenartige Synfloreszenzen).

Bei der *Carlina vulgaris*-Gruppe kann bei reicher Verzweigung und Einbeziehung von verlängerten Kofloreszenzen aus der Rosette die ganze Pflanze von Köpfchen bedeckt erscheinen (*C. vulgaris* f. *polycephala*). Auch bei verschiedenen Sippen der mediterranen Golddisteln (sect. *Corymbosae*) kann Vielköpfigkeit mehr oder minder regelmäßig auftreten, z. B. bei einigen *C. corymbosa*-Formen mit über 70 Köpfchen. Dabei sind jedoch nie basale Seitenachsen als Kofloreszenzen beteiligt.

Die Köpfchenbildung geht bei *Carlina* auf eine terminale Verbreiterung der Blütenstandsachse durch primäres Dickenwachstum zurück (Abb. 24, 59). Das Ausmaß der Breitenentwicklung bedingt die für die einzelnen Sippen charakteristische Köpfchen-

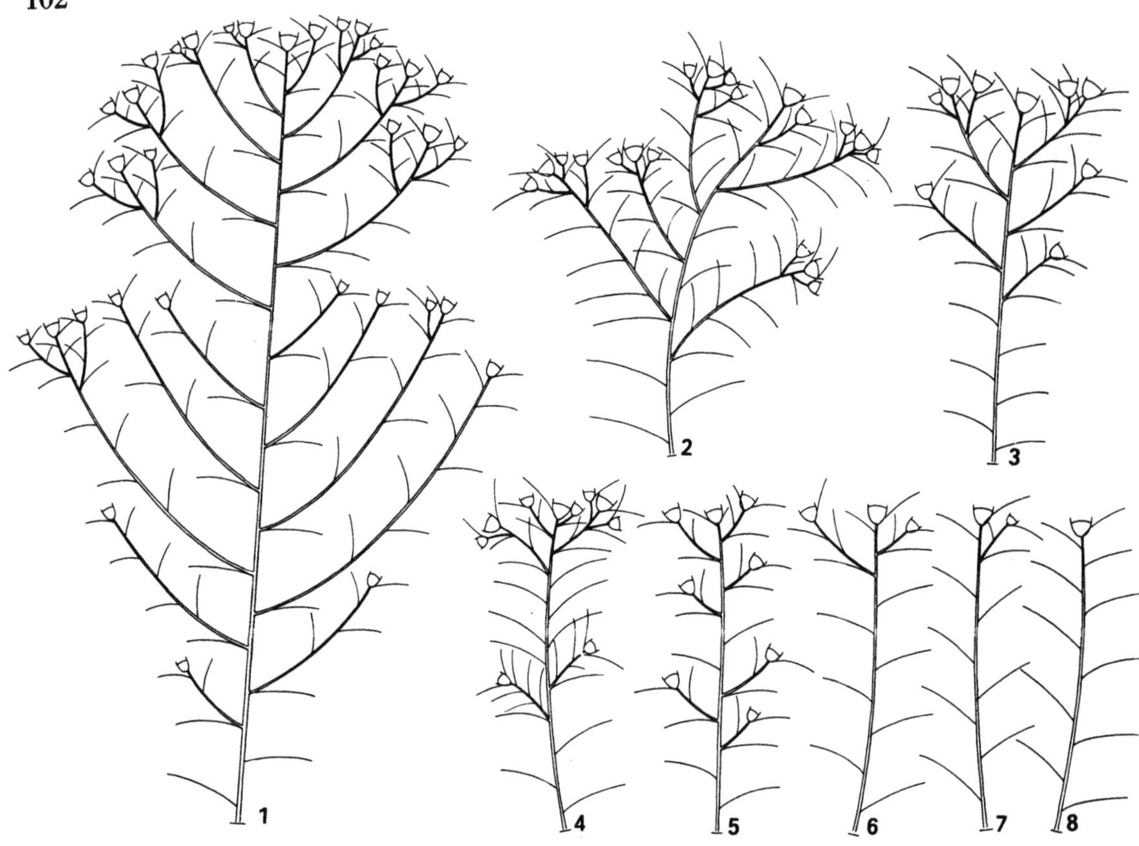

Abb. 56: *Carlina* sect. *Corymbosae*. Synfloreszenzen. Reichköpfige Blütenstände, teilweise als ausgebreitete Schirmrispe (mit langen Parakladien im mittleren Teil des Blütentriebes 1, 2), teilweise als stärker zusammengezogene walzenförmige Synfloreszenz (mit kurzen Parakladien im mittleren Abschnitt der Blütentriebe 4, 5), Vereinfachung der Synfloreszenz bis auf das Endköpfchen (7, 8).

Fig. 56: *Carlina* sect. *Corymbosae*, synflorescences. Synflorescences with numerous capitula, partly in an expanded corymb (with long paracladia in the middle of the flowering shoot 1, 2), partly in a more strongly contracted cylindrical synflorescence (with short paracladia in the middle of the flowering shoot 4, 5). Reduction of the synflorescence to the terminal capitulum (7, 8).

größe. So sind die Arten von sect. *Heracantha* durch große bis sehr große 30–80 (100) mm breite Köpfchen mit vielen (etwa 800–1500) Blüten ausgezeichnet. Kleine 8–15 (20) mm breite Köpfchen mit 100–150 Blüten und etwa 30–40 inneren Involukralblattstrahlen findet man besonders bei Vertretern der Untergattung *Carlowizia* und *Lyrolepis*. Die annuellen *C. racemosa* und *C. lanata* (sect. *Mitina*) können in Zwergformen mit sehr kleinen, wenigblütigen Köpfchen auftreten (3–6 mm breit mit 13–15 Blüten und ebenso vielen Involukralblattstrahlen). In den Sektionen *Corymbosae* und *Carlina* dominieren auch kleinköpfige Pflanzen. Es besteht aber besonders in dem erstgenannten Verwandtschaftskreis verschiedentlich eine Tendenz zu mittelgroßen (um 20–30 mm breiten) Köpfchen.

Die Herausbildung der Köpfchenachse durch primäres medulläres und kortikales Dickenwachstum wird durch die Abbildungen 24 und 59 veranschaulicht. Die Achsenverdickung setzt nach Hemmung des Längenwachstums mit randlichen Zellvermehrungen am terminalen Markkörper ein. Fortgesetztes Randwachstum bei starken gleichzeitigen Antiklinalteilungen im Mark und im benachbarten Rindenteil führen zur Ausbildung einer flachen Scheitelgrube, in der zentripetal die Blüten einschließlich ihres Spreublattkomplexes ausgegliedert werden (Abb. 57, Tafel VIc).

Innerhalb des erweiterten Markkörpers differenziert sich ein zusätzliches, netzartig aufgeteiltes markständiges (leptozentrisches) Bündelsystem aus, das im Verlauf seiner Entwicklung einerseits an das primäre Leitgewebe der Sproßachse Anschluß findet (vgl. Orsós 1941) und andererseits mit seinen Verästelungen durch den Köpfchenboden in die Blütenanlagen und Spreublätter einmündet (Abb. 59, 60).

Nach außen wird die Köpfchenachse von den berindenden Basen der äußeren Involukralblätter (Abb. 57), besonders deren abaxialen subepidermalen Sklerenchymschichten (Abb. 62), abgeschlossen. Die scheibenförmige Oberseite der Köpfchenachse (Abb. 89) wird nach Nissen (1907) bei den Cynareen von einer verholzenden Epidermis bedeckt.

In der dreigliedrigen Köpfchenhülle (Involukrum) klingt die bereits im vegetativen Abschnitt reich differenzierte Blattfolge (s. S. 72) mit äußeren, mittleren und den für *Carlina* besonders charakteristisch gestalteten inneren Involukralblättern aus. Sie soll am Beispiel von *C. vulgaris* (Abb. 35, 57) und *C. acaulis* (Abb. 61) vorgestellt werden.

Über einige, dem Köpfchen genäherte (subcephale) Hochblätter schließen die äußeren Involukralblätter besonders in der Art ihrer Fiederung an die Laubblätter an. Nur sind die Organe der äußeren Köpfchenhülle dorniger als die Laub- oder Hochblätter, weil bei der Entwicklung des Blattes die Spreitenfläche schmal bleibt und an Stelle von Dornlappen derbe, allseitig abstehende, dornige Zähne ausgebildet werden (Abb. 35/14, 15; Abb. 61b–e). Beachtliche Unterschiede zeigt die Blattbasis; während die Hochblätter wie die oberen Stengelblätter mit verbreitertem Grund der Achse ansitzen (Abb. 35/11, 12), ist die dem Unterblatt entsprechende Basis der äußeren Involukralblätter kissenförmig verdickt und mit der Köpfchenachse fest verbunden (Abb. 57). In ihrer Funktion spielen die mit chloroplastenreichem Mesophyll ausgestatteten äußeren Involukralblätter sicherlich bis in die Postfloration hinein eine wichtige Rolle als Assimilatoren (s. S. 239). Außerdem ist anzunehmen, daß sich die dickschuppigen Blattbasen auch an der Stoffspeicherung des Köpfchenbodens beteiligen. Somit können diese Blattorgane in dreifacher Weise, nämlich bei der Abwehr von Tierfraß, bei der Photosynthese und der Stoffspeicherung wirksam werden.

Die mittleren Involukralblätter bilden in erster Linie das Blüten und Früchte zusammenhaltende Körbchen, wozu vor allem ihre dicht dachziegelartige Anordnung und die Verflechtung der einzelnen Blätter durch lange, querstreichende, eng anliegende Haare beiträgt (Abb. 57). In ihrer Gestalt als lanzenförmige, lang zugespitzte, flach schuppenförmige Gebilde sind die mittleren Involukralblätter viel einfacher gebaut als die Organe der äußeren Köpfchenhülle und gehören mit den Keimblättern zu den kleinsten Elementen der Blattfolge (Abb. 61f–k, 35/16). Der untere Teil der mittleren Involukralblätter entspricht sicherlich dem Unterblatt. Übergangsformen, wie sie vereinzelt in der vielblättrigen Hülle bei *C. acaulis* gefunden werden, zeigen an der Spitze ein Oberblattrudiment, an dem die für die äußeren Involukralblätter charakteristische Fiederung verlorengegangen oder nur noch durch randliche Borsten angedeutet ist (Abb. 61e, f).

Auch die verlängerten, linealischen inneren Involukralblätter sind nach Kruse (1987) nicht völlig dem Unterblatt entsprechende (vaginale) Hochblätter, wie wir zunächst vermuteten (Meusel & Köhler 1960), sondern bestehen aus einem vaginalen und einem laminalen Anteil. Die Grenze zwischen beiden Abschnitten ist durch eine flache Einschnürung und eine leichte Abbiegung der oberen Hälfte erkennbar (Abb. 61n–p, 35/17). Der untere Teil der inneren Involukralblätter streckt sich durch interkalare

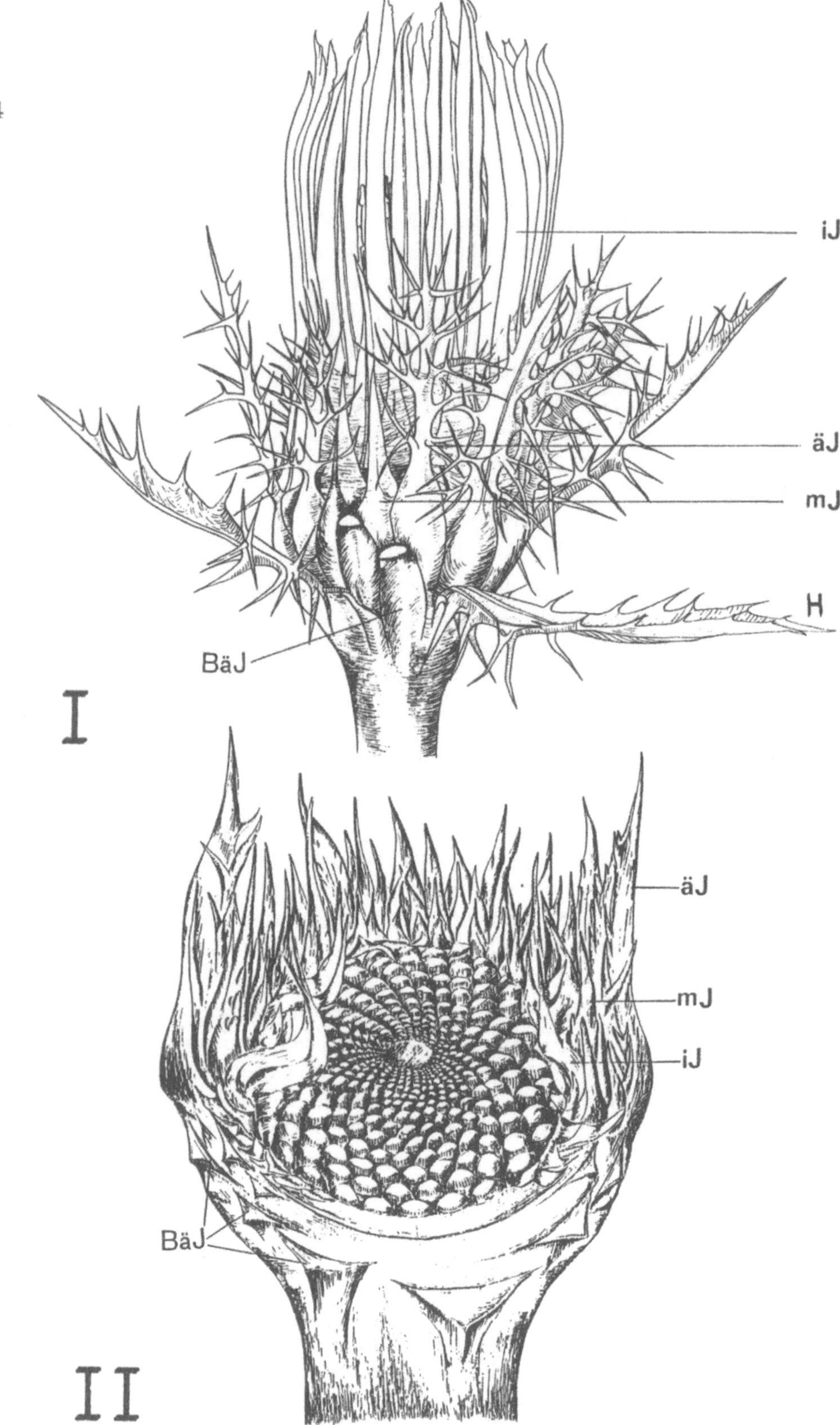

Abb. 57: *Carlina vulgaris*. Köpfchen mit subcephalen Hochblättern (H), äußeren (äI), mittleren (mI) und inneren Involukralblättern (iI). I: Entwickeltes Köpfchen, verdickte Basen der äußeren Involukralblätter (BäI) berinden die Köpfchenachse. II: junges Köpfchen mit Blütenanlagen. Zeichnung: KÖHLER, z. T. aus MEUSEL & KÖHLER 1966.

Fig. 57: *Carlina vulgaris*. Capitula with subcephalous hypsophylls (H); outer (äI), middle (mI) and inner involucral bracts (iI). I: capitulum with the enlarged bases of outer involucral bracts (BäI) covering the capitulum axis like a cortex. II: young capitulum with flower primordia.

Abb. 58: *Carlina lanata* (I). Köpfchen mit subcephalen Hochblättern und Involukralblattfolge (Bezeichnungen wie Abb. 57). *C. racemosa* (II). Köpfchen in Aufsicht mit strahlenden inneren Involukralblättern und stark verlängerten subcephalen Hochblättern.

Fig. 58: *Carlina lanata* (I). Capitulum with subcephalous hypsophylls and sequence of involucral bracts (abbreviations as in fig. 58).
C. racemosa (II). Capitulum viewed from above with radiating inner involucral bracts and very elongated subcephalous hypsophylls.

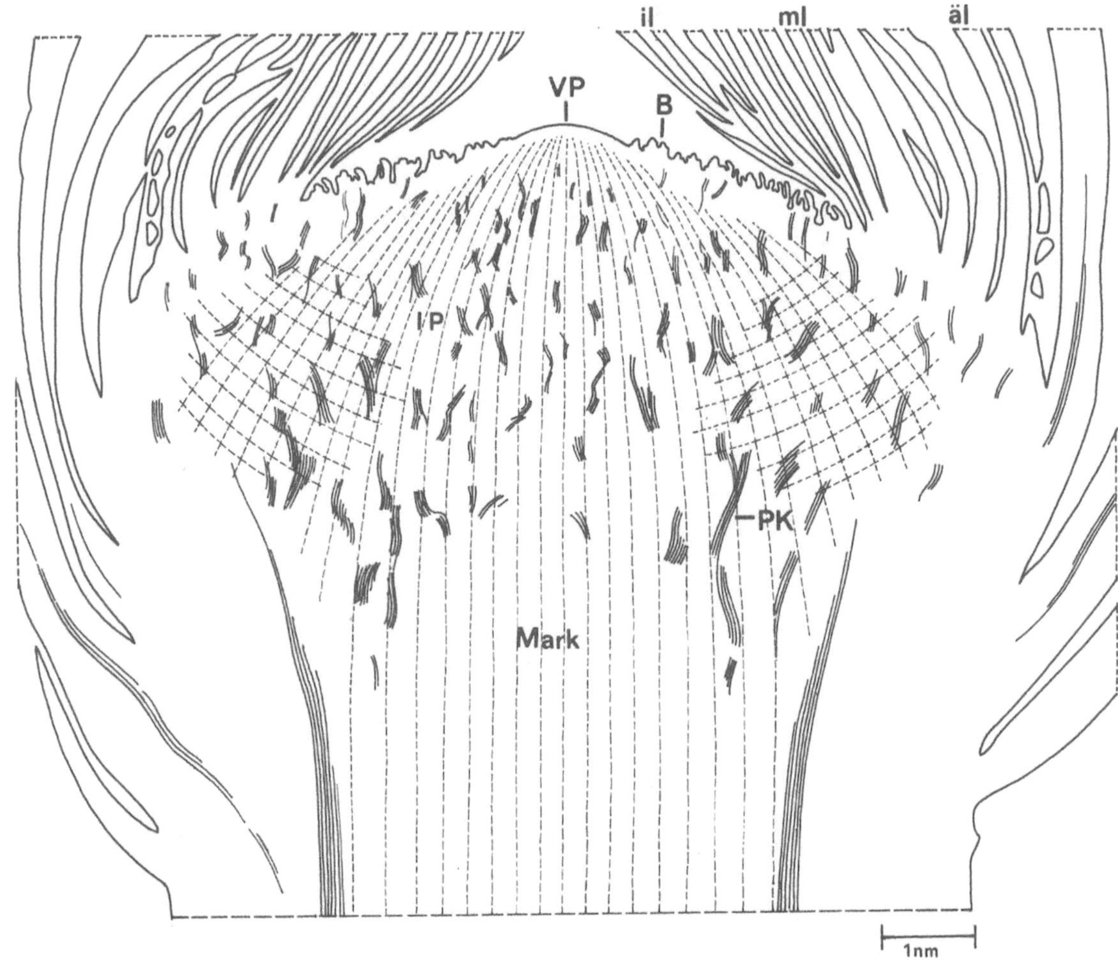

Abb. 59: *Carlina acanthifolia*. Medianer Längsschnitt durch ein junges Köpfchen mit leicht aufgewölbtem Scheitel (VP) und zentripetaler Ausgliederung der Blüten (B). Mark mit periklinaler und antiklinaler Zellreihung als Folge eines medullären und kortikalen Dickenwachstums. Primäre Prokambiumstränge (PK) und prokambiales Netz eines zusätzlichen markständigen (leptozentrischen) Leitgewebes (IP). Man beachte die Folge von berindenden äußeren (äI) und dicht stehenden mittleren und inneren Involukralblättern (mI, iI).

Fig. 59: *Carlina acanthifolia*. Median longitudinal section through a young capitulum with slightly convex apex (VP) and centripetal separation of the flowers (B). Pith (Mark) with periclinal and anticlinal cell sequence on account of primary thickening in the pith and cortex. Primary procambium bundles (PK) and procambial network of an additional (leptocentrical) vascular bundle tissue in the pith (IP). Note the sequence from the outer involucral bracts (äI) to the densely arranged middle and inner ones (mI, iI).

Zellvermehrung. Er wird zu einer derben, mehrzellschichtigen linealischen Basis, die am Aufbau der Körbchenwand Anteil hat. Der gefärbte obere Abschnitt verbreitert sich zu einem schmal-zungenförmig zugespitzten Gebilde. Seine Verlängerung geht auf intensive Zellstreckung zurück, dabei können am Rand kleine Zähnchen entstehen.

Bereits früher haben wir (Meusel & Köhler 1966) die Dreigliederung des Involukrums als charakteristisches Merkmal der Gattung *Carlina* herausgestellt und in Übereinstimmung mit ähnlichen älteren Auffassungen (De Candolle 1837, Daniel 1889, Hegi 1928/29) diskutiert. Eine vergleichbare morphologische Differenzierung in

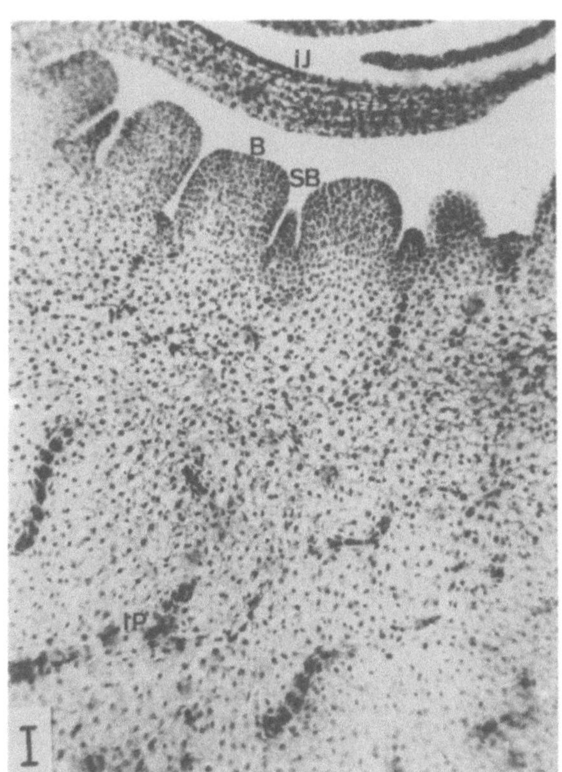

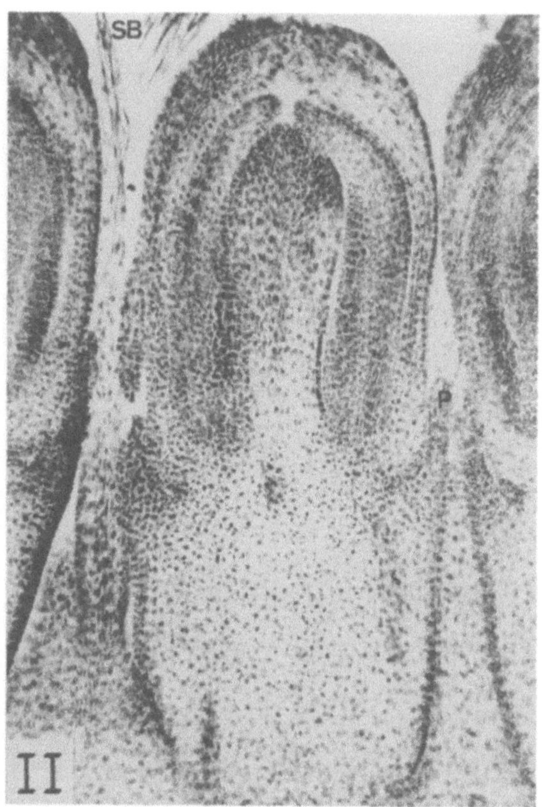

Abb. 60: *Carlina acanthifolia*. I: Ausschnitt aus verbreitertem Köpfchenboden (vgl. Abb. 59) mit eingebogenem inneren Involukralblatt (iI) sowie Spreublatt- (SB) und Blütenanlagen (B). Im Köpfchengewebe Prokambiumstränge des leptozentrischen Bündelsystems (lP).
II: Längsschnitt durch Spreublatt und Blüte aus einem älteren Köpfchen. Man beachte die Anlage des Pappus am oberen Außenrand des unterständigen Fruchtknotens.

Fig. 60: *Carlina acanthifolia*. I: part of a widened receptacle (fig. 59) with incurved inner involucral bract (iI) as well as scale (SB) and flower primordia (B). Note procambium bundles of the leptocentrical bundle system (IP) with the capitulum tissue. II. longitudinal section through a receptacular scale, (SB) and a flower from an older capitulum. Note the initiation of the pappus at the upper margin of the inferior ovary.

äußere, mittlere und innere Involukralblätter findet man an den Köpfchen von *Carthamus lanatus*. Sie wurde von Troll (1939) ausführlich analysiert. Auch wenn die äußeren dornigen Hüllorgane am Köpfchen von *Carlina* in einer kontinuierlichen Formenreihe mit den Laubblättern verbunden erscheinen, muß man sie ihrer Stellung nach dem Involukrum zuordnen. Morphologisch unterscheiden sie sich in der Ausbildung des Blattgrundes deutlich von benachbarten Hochblättern (Abb. 2, 35/11–15).

Die Darstellung von Napp-Zinn (1956) läßt die charakteristische Dreigliederung des *Carlina*-Involukrums nicht klar erkennen, weil hier nur die verlängerten inneren Hüllorgane als „eigentliche Involukralblätter" betrachtet und die ebenfalls an der Köpfchenachse sitzenden und an der Hülle beteiligten äußeren und mittleren Organe als „Übergangsblätter" bezeichnet werden. Wir sehen im *Carlina*-Köpfchen mit seiner dreiteiligen Hülle morphologisch und funktionell betrachtet ein in hohem Maße in sich abgeschlossenes Gebilde.

In der Involukralblattfolge unterscheidet sich *Carlina* wesentlich von der nahe verwandten Gattung *Atractylis*. Bei dieser reichen zwar dornige Hochblätter bis dicht an das Köpfchen heran, es fehlen aber die Köpfchenachse berindende Organe als äußere Involukralblätter. Desgleichen sind die innersten Involukralblätter nicht zu strahlenden Schauorganen umgeformt (vgl. Abb. 2).

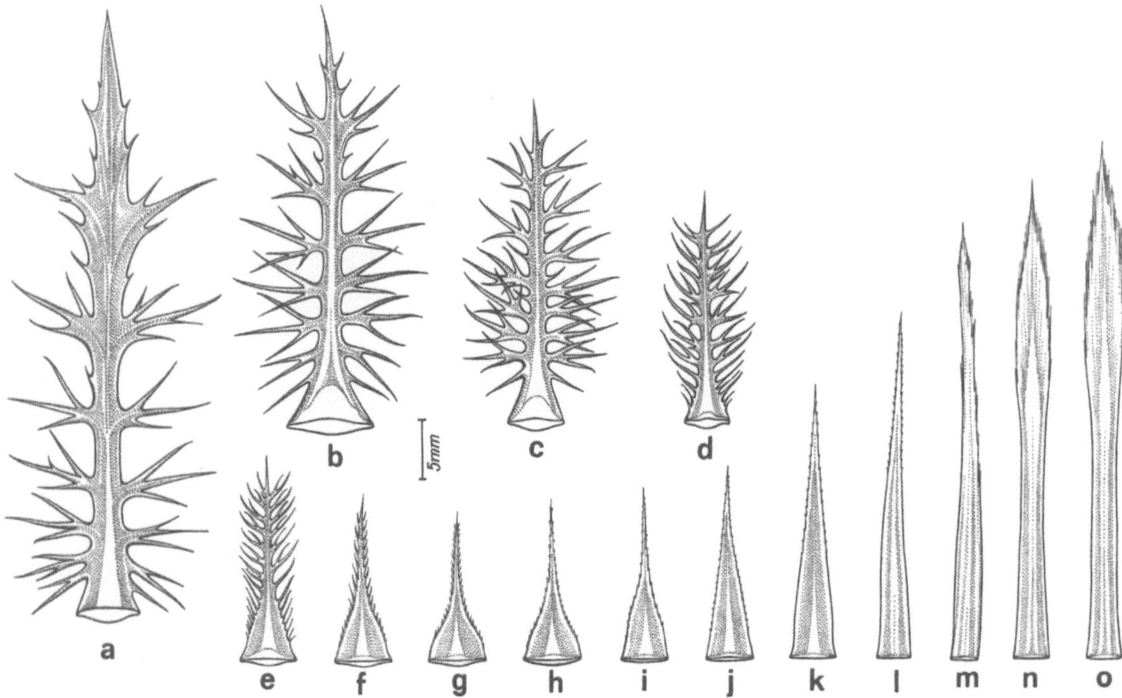

Abb. 61: *Carlina acaulis*. Blattfolge am Köpfchen. Hochblatt (a) und äußere (b–d), mittlere (f–k) und innere (n–o) Involukralblätter. Nach KRUSE (1987).

Fig. 61: *Carlina acaulis*. Sequence of leaves born on the capitulum. Hypsophyll (a) and outer (b–d), middle (f–k) and inner (n–o) involucral bracts.

Die starke Differenzierung des *Carlina*-Involukrums äußert sich auch im Vergleich der anatomischen Strukturen der äußeren und der inneren Involukralblätter (Abb. 62). Bei den äußeren Involukralblättern ähnelt das zwischen dem Mittelnerv und den lateralen Bündeln entwickelte Mesophyll dem der Laubblätter, wenn man berücksichtigt, daß sich die in den Blättern des oberen Sproßteils abzeichnende Tendenz zu isolateralem Bau (vgl. Abb. 48) hier voll verwirklicht. Die Leitbündel werden von mächtigen Sklerenchymkappen eingehüllt. Der die Köpfchenachse berindende Blattgrund bildet unterseits und damit die Köpfchenachse schützend subepidermales Sklerenchym aus, das sich mit dem Festigungsgewebe der lateralen Bündel verbindet. Abgesehen von diesen besonderen Bildungen erscheinen aber die äußeren Involukralblätter ihrer Anatomie nach als Varianten der Laubblätter.

Völlig abweichend verhalten sich die inneren Involukralblätter in ihrem anatomischen Bau (Abb. 62). Das Mesophyll (im unteren und mittleren Abschnitt) wird von abgerundeten, abgestorbenen Zellen mit verhältnismäßig dünnen, verholzten Wänden gebildet. Regelmäßig verteilte dreieckige Interzellularen betonen eine gleichförmige Grundstruktur. Dem von schmalen Leitbündeln durchzogenen Grundgewebe liegen auf der Unterseite mehrere Schichten aus langgestreckten Zellen an, deren dicke Wände sich durch starke Quellfähigkeit auszeichnen. Durch zusätzliche Unterschiede im Bau der ober- und unterseitigen Epidermen kommt es zu einer dorsiventralen Struktur, die die im Abschnitt 3.1.3. näher geschilderten Bewegungen auslösen kann.

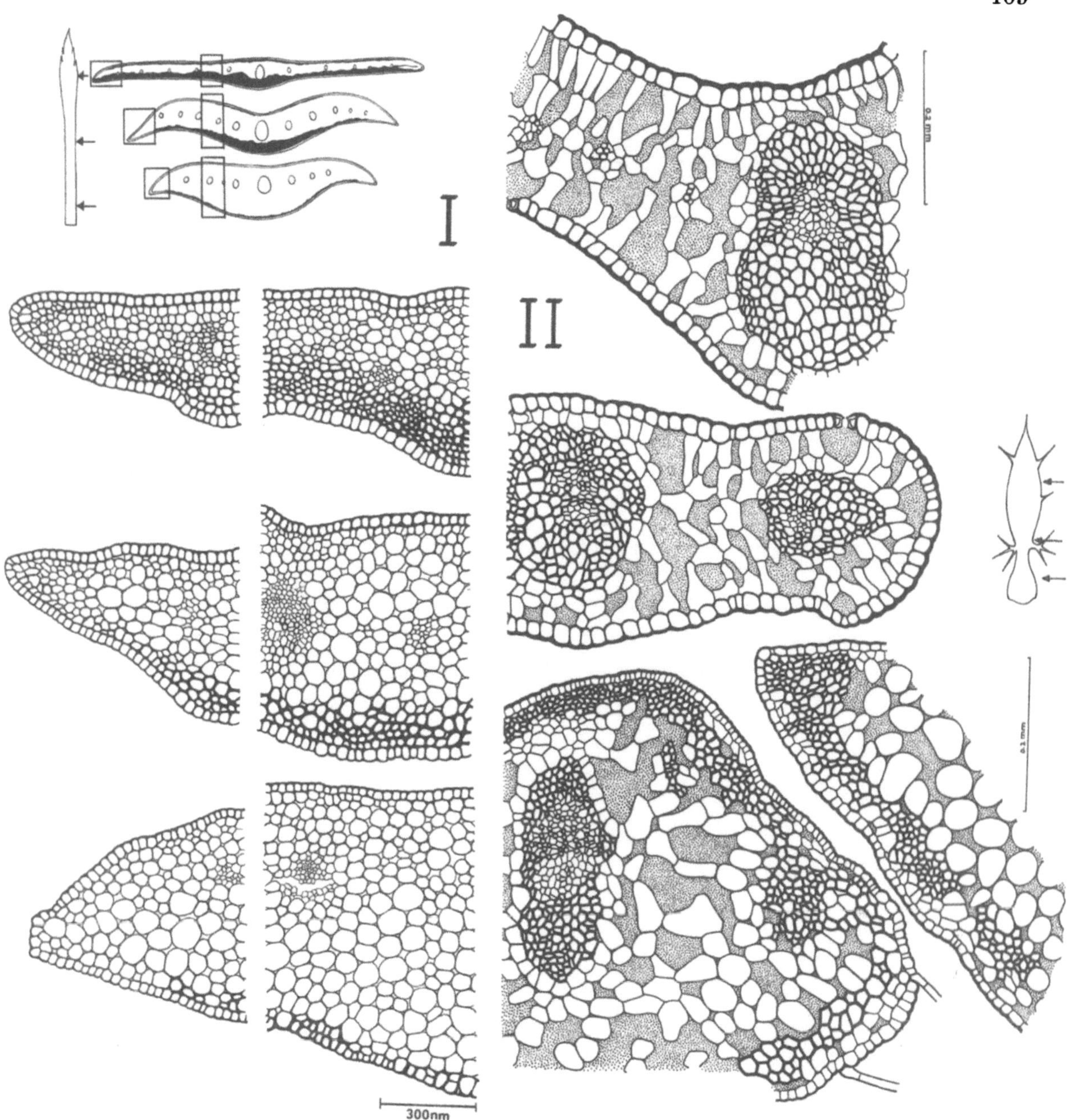

Abb. 62: I: *C. acaulis*. Querschnitte durch ein inneres Involukralblatt. II: *C. vulgaris*. Querschnitte durch den unteren, mittleren und oberen Abschnitt eines äußeren Involukralblattes.

Fig. 62: I: *C. acaulis*; cross sections of an inner involucral bract. II: *C. vulgaris*; cross section through the lower, middle and upper part of an outer involucral bract.

Schwieriger als die Involukralblattfolge ist der für *Carlina* so charakteristische Spreublattkomplex morphologisch zu verstehen. Während bei den *Cardueae* die Blüten nur von unregelmäßig zerstreuten Borsten umgeben sind, treten am Köpfchenboden von *Carlina* überwiegend schuppenartige, pergamenthäutige, aufgezipfelte und gekielte Organe auf. Durch deren regelmäßige Anordnung, Verzahnung und Verwachsung entsteht ein die ganze Köpfchenoberfläche bedeckender wabenartiger Hüllkomplex (Spreublatt-Gesamthüllkomplex), aus dem die Blüten hervorragen und in dem

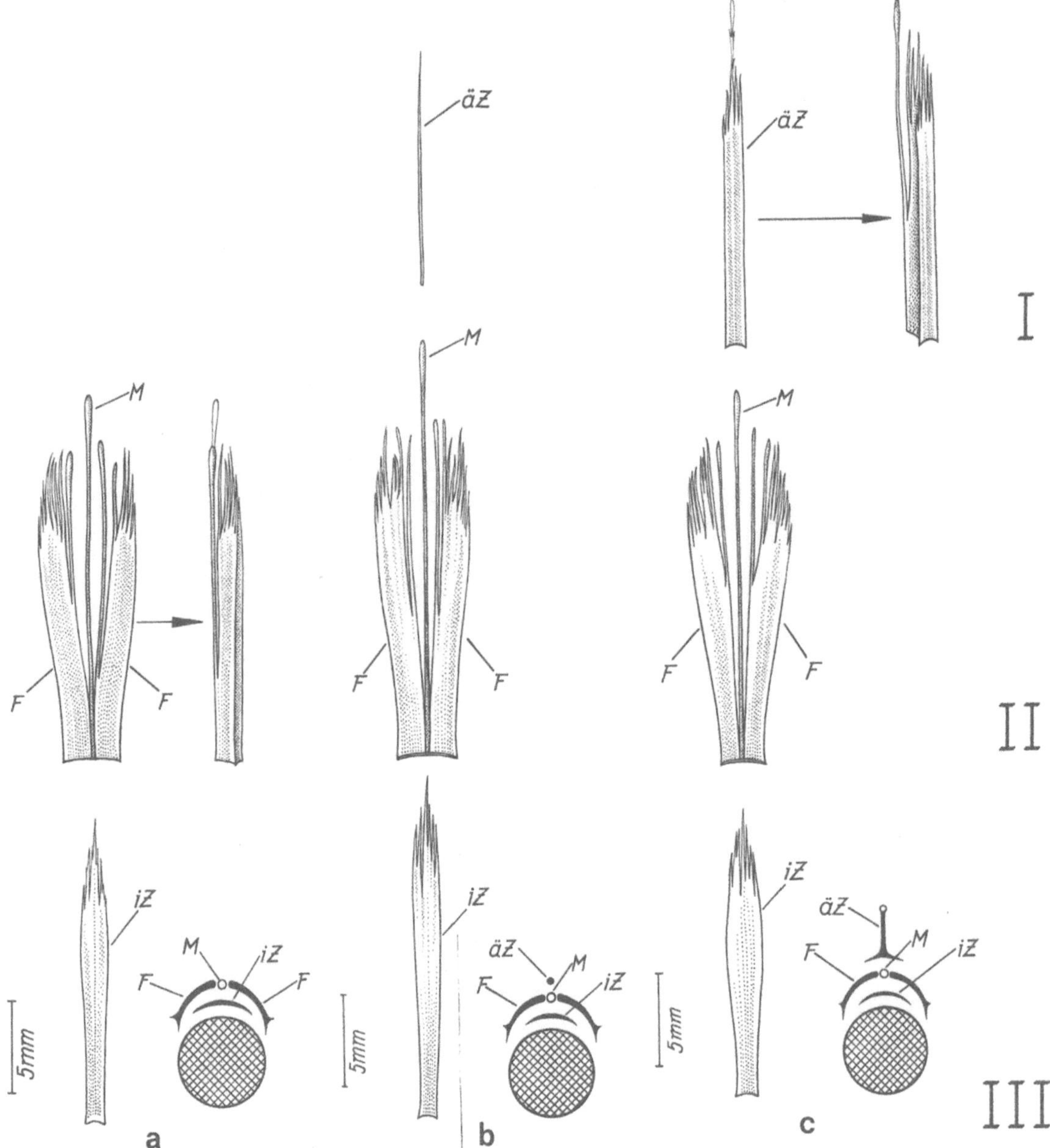

Abb. 63: *Carlina acaulis*. Verschiedene Ausbildung des Spreublattkomplexes im mittleren Köpfchenbereich (a–c).
I: Äußere Zusatzblätter (äZ), bei a fehlend, bei b als Borste, bei c Borste und Spreuschuppe, die teilweise unifazial und mit der Borste verwachsen ist, in ventraler und seitlicher Ansicht.
II: Spreublätter mit Mittelborste (M) und Flügeln (F) in ventraler und (bei a) seitlicher Ansicht.
III: Innere Zusatzblätter (iZ) in Ventralansicht sowie Diagramme der jeweiligen Anordnung dieser Organe.
Aus Kruse 1986.

Fig. 63: *Carlina acaulis*. Various forms of the receptacular scale complex in the middle part of the capitulum (a–c).
I row: outer additional scales (äZ), absent in a), in b) present as a bristle, in c) as a bristle and a partly unifacial scale attached to the bristle, in ventral and lateral view.
II row: scales with central bristle (M) and wings (F) in ventral and (in a) lateral view.
III: Inner additional scales (iZ) in ventral view and diagramms showing the arrangement of these organs.

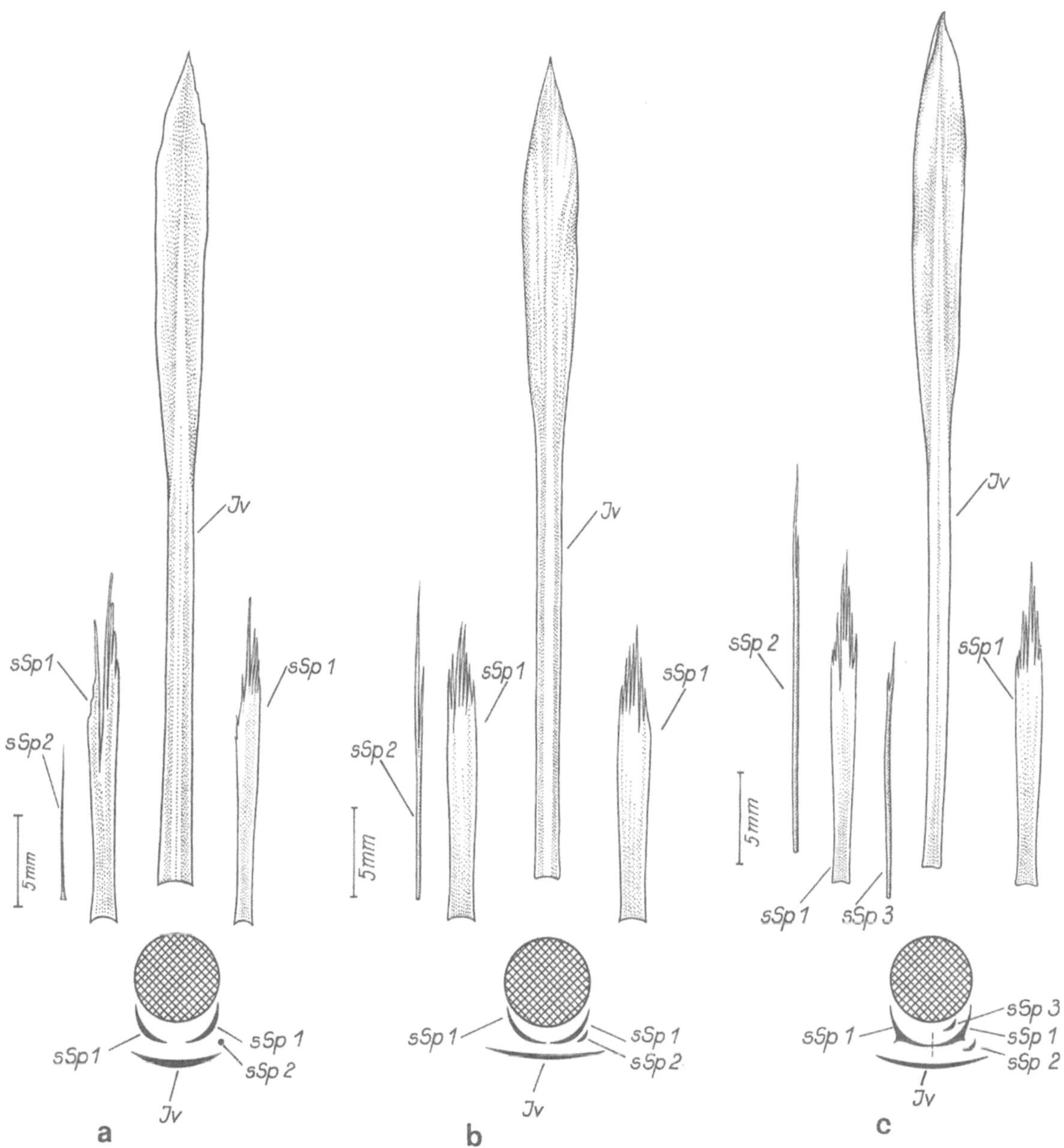

Abb. 64: *Carlina acaulis.* Spreublattkomplex aus der Peripherie des Köpfchens, die innersten Involukralblätter (Iv) fungieren als Deckblätter der äußeren Blüten. Man vergleiche deshalb die Diagramme. Breitere Spreublätter (sSP1) seitlich der Mediane, einzeln getrennt oder verwachsen (bei c) und zusätzlich schmaler Organe hinter (sSP2) oder auch vor diesen (sSP3). Aus KRUSE (1986).

Fig. 64: *Carlina acaulis.* Receptacular scale complex from the periphery of the capitulum, the inner involucral bracts (Iv) representing the bracts of the outer flowers (compare the diagramms). Wider scales (sSP1) laterally arranged to the median, separated or connate united (in c), and additional narrow organs behind (sSp2) or (rarely) in front of them (sSp3).

während der Postfloration die Früchte wie Pralinen in einer Konfektschachtel einzeln aufgehoben sind (Tafel VII, Abb. 89).

Rein beschreibend könnte man diese Hüllorgane als Emergenzen ansehen. Eine genauere Analyse läßt jedoch Merkmale erkennen, die uns (Meusel & Köhler 1960) veranlaßten, sie als Blattbildungen zu bezeichnen. Für eine solche Beurteilung spricht neben ihrer regelmäßigen Zuordnung zu den Blüten vor allem die Art ihrer ontogenetischen Aufgliederung sowie die Ähnlichkeit mit den Hochblättern an der Blütenstands-Hauptachse und den Blütenstands-Seitenachsen von *Echinops* (Kruse & Meusel 1969). In der basipetalen Anlegung ihrer Segmente zeigen die Spreublätter enge Beziehungen zu den äußeren Hüllblättern (Abb. 66). In ihrer Anatomie stimmen die pergamentartigen Bildungen dagegen mit den inneren Involukralblättern (besonders deren Randsäumen) überein, wenn man von der nur schwachen Entwicklung des Leitgewebes absieht (vgl. Tafel VIc, VIIc; Abb. 62). Da diese Organe dem Köpfchenboden entspringen, haben wir sie als Spreublätter bezeichnet, ohne sie damit als Tragblätter der Einzelblüte charakterisieren zu wollen.

Eine erneute Untersuchung des Spreublattkomplexes der großköpfigen *C. acaulis* durch Kruse (1987) hat unsere Auffassung bestätigen und weiter begründen können. Nach diesen Analysen enthält der einer Blüte zugeordnete Spreublattkomplex meist mehrere Blattorgane, die im Inneren des Köpfchenbodens regelmäßig median vor den Blüten stehen (Abb. 63, Tafel VIIa,b). Das auffälligste Gebilde – als dreiteiliges Spreublatt bezeichnet – setzt sich aus einer langen, oben keulig verdickten Borste und seitlichen Flügeln zusammen, die ebenfalls borstig aufgezipfelt enden. Vor dem Spreublatt, also der Blüte zugewandt, steht ein schmalschuppiges Organ, das innere Zusatzblatt. Außerhalb des Spreublattes tritt, ebenfalls median orientiert, ein äußeres Zusatzblatt auf. Es wird von Kruse (1987) als Verwachsungsprodukt einer Borste mit einem gekielten, schuppenartigen Gebilde gedeutet. Die Kielung an diesem Organ kann man darauf zurückführen, daß in einer subunifazialen Struktur – ähnlich wie beim Irisblatt am Übergang vom Scheiden- in den Spreitenteil – die Oberseite bis auf schmale Ränder verlorengegangen ist. Durch Verwachsung des medianen Kieles dieser Schuppe mit der Borste entsteht ein dreidimensionales Gebilde (Abb. 63cI). Die drei in der Mediane vor jeder Blüte stehenden und sie kragenartig umgebenden Blattorgane (Spreublattkomplex) bilden in ihrer Verzahnung (Abb. 65, Tafel VII) den bienenwabenähnlichen Spreublatt-Gesamthüllkomplex, der selbst noch nach der Fruchtentleerung bürstenähnlich lange Zeit erhalten bleibt (Abb. 89).

Die regelmäßige Anordnung des dreiteiligen Spreublattes vor der Blüte (Abb. 63, Tafel VIIa,b) könnte die Vermutung aufkommen lassen, es handle sich um ein Tragblatt. Eine solche Deutung wird jedoch allein schon durch das Vorhandensein der inneren und äußeren Zusatzblätter in Frage gestellt. Bei den am Rand des Köpfchens stehenden Blüten zeigt sich außerdem, daß nicht die Spreublätter, sondern regelmäßig die inneren Involukralblätter als Tragblätter fungieren. Spreublätter sind aber auch an Blüten im peripheren Bereich vorhanden. Sie stehen hier seitlich der Mediane (Abb. 64, 65a, Tafel VIIc) und können sowohl mit ihren Rändern als auch rückseitig miteinander verwachsen. Verschiedentlich findet man bei den randlichen Blüten neben breiteren Spreublättern noch schmale Zusatzblätter in verschiedener Anordnung (Abb. 64b, c). Aus diesen Beobachtungen kann man schließen, daß die Spreublätter bei *Carlina* nicht als Tragblätter bezeichnet werden können, sondern den Blüten zusätzlich zugeordnete Bildungen darstellen. Im Inneren des *Carlina*-Köpfchens stehen somit nach Kruse (1987) die Blüten tragblattlos, sie sind aber regelmäßig von schuppenartigen Vorblatt-Bildungen umgeben.

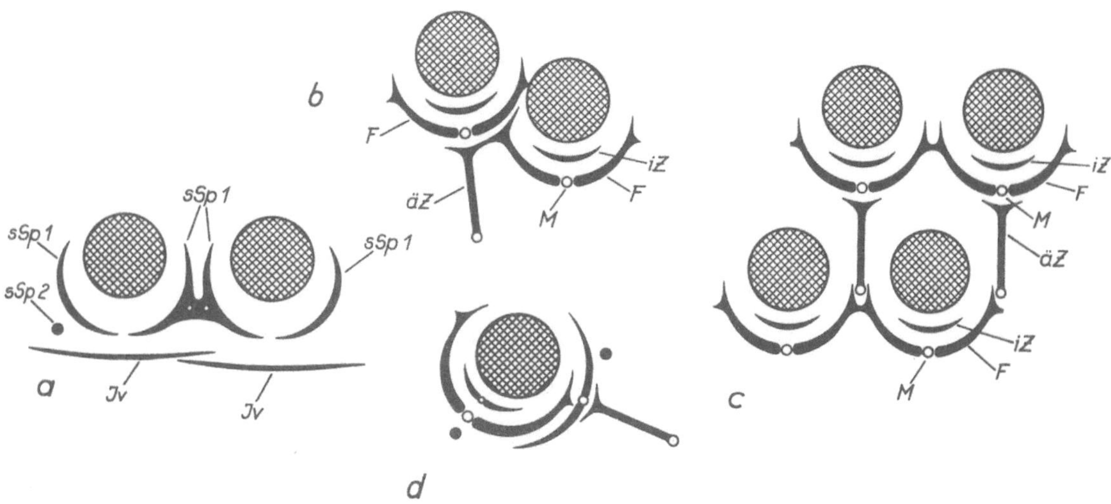

Abb. 65: *Carlina acaulis*. Diagramme der Spreublattkomplexe benachbarter Blüten mit verschiedenartigen Verwachsungen zwischen den einzelnen Organen, aus dem peripheren (a), dem mittleren (b, c) und dem inneren Köpfchenbereich (d). Verwachsungen bei a) zweier Spreublätter im Rückenteil, bei b) zwischen Seitenflügel und Rand eines benachbarten Zusatzblattes, bei c) zwischen Seitenflügeln benachbarter Spreublätter. Bei d) unregelmäßige Verteilung mehrerer Spreublätter und Zusatzblätter um eine Blüte. Bezeichnungen wie Abb. 63, 64. Aus Kruse 1986.

Fig. 65: *Carlina acaulis*. Diagrams of palea complexes in adjacent flowers showing various fusions between the particular organs, from the peripheral (a), the middle (b, c) and the central capitulum sphere (d). Fusions: a) of two paleas dorsal, b) between a lateral wing and the margin of a neighbouring additional scale, c) between lateral wings of neighbouring paleas; d) irregular distribution of some paleas and additional scales around a flower. Terms as in fig. 63, 64.

Wie der Vergleich der Darstellungen in den Abbildungen 66 und 67 belegt, bestehen in der Form der Blätter an der Blütenachse bei *Echinops* und der Spreublätter von *Carlina* viele Ähnlichkeiten. Beiderlei Organe zeigen eine starke Aufzipfelung. In ihrer Entwicklung gehen diese Zipfel auf den Endabschnitt und seitliche Segmente zurück, die sich wie die Fiedern der äußeren Involukralblätter basipetal ausgliedern (Abb. 66). Die Mittelborste und die Flügelzipfel der Spreublätter entsprechen somit dem Enddorn der Gesamtspreite bzw. den Enddornen der Seitenfiedern eines laubigen Hochblattes, mit denen sie auch in ihrer pfriemlichen Form übereinstimmen.

Die unterschiedliche Zahl und die verschiedenartige Anordnung der schuppenartigen Gebilde bei *Echinops* einerseits und bei *Carlina* andererseits führt Kruse (1987) darauf zurück, daß der kugelige Köpfchenboden bei *Echinops* eine allseitige Entfaltung von Blättchen um die Einzelblüten erlaubt. Diese sind kurz gestielt und von einer Vielzahl von Blättern rings umgeben. Bei *Carlina* dagegen drängen sich die ungestielten Blüten auf einem flachen Köpfchenboden. Deshalb können sich nur dort zusätzliche Organe entfalten, wo noch Freiraum besteht (vgl. Warming 1876). Das ist bei den äußeren – in der Achsel von Tragblättern stehenden – Blüten seitlich der Mediane und bei den inneren tragblattlosen nur in der Mediane der Fall. Das Schema (Abb. 68) soll die verschiedenartige Anordnung von zusätzlichen Blattbildungen unterhalb der Blüten an den Blütenstandseitenachsen bei *Echinops* und in Nachbarschaft der Blüten bei *Carlina* erläutern.

Neuerdings durchgeführte REM-Aufnahmen der Blütenköpfchen von *Carlina vulgaris* zeigen, daß bei dieser Art der Spreublattkomplex ganz ähnlich wie bei *C. acaulis*

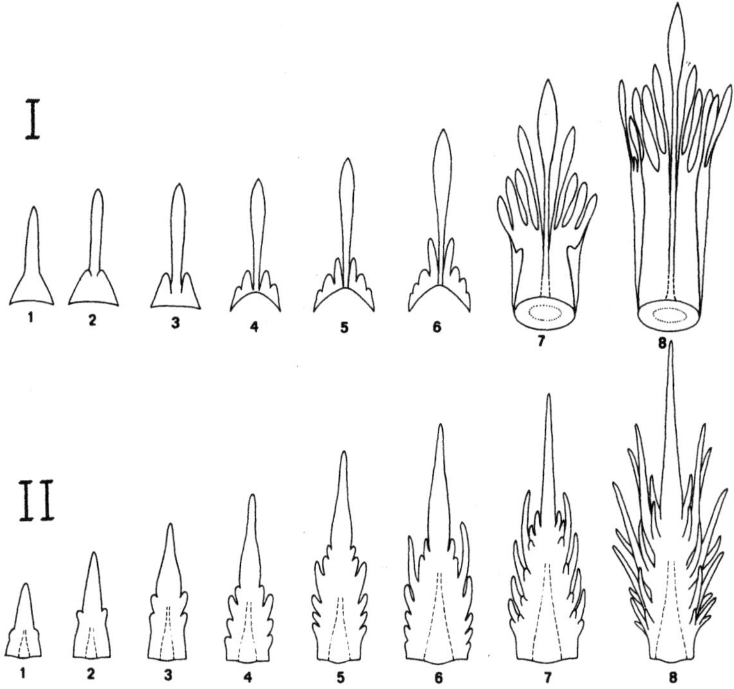

Abb. 66: *Carlina vulgaris*. Stadien der Entwicklung der äußeren Involukralblätter (II) und des dreiteiligen Spreublattes (I). Man beachte die Übereinstimmungen in der starken Betonung des pfriemlichen Endteiles und der basipetalen Ausgliederung der Segmente. Nach Meusel & Köhler 1966.

Fig. 66: *Carlina vulgaris*. Developmental stages of the outer involucral bracts (II) and of the palea consisting of three parts (I). Note the conformity of the strongly marked awl-shaped terminal part and the basipetally developing segments.

aufgebaut ist. Während der Entwicklung der Köpfchen treten bereits in frühen Stadien regelmäßig die Mittelborsten des dreiteiligen Spreublattes und gelegentlich auch die Borste des äußeren Zusatzblattes hervor. Die Aufsichten auf das Köpfchen (Tafel VIII a) erinnern stark an entsprechende Entwicklungsstadien bei *Echinops* (vgl. Leins & Gemeke 1979). Nur stehen bei dieser Gattung die Anlagen der zusätzlichen Blattorgane rings um die Blüten, während sie sich bei *Carlina* meist nur vor diesen einordnen. An älteren Köpfchen (Tafel VIII c) fallen im zentralen Teil die stark entwickelten Mittelborsten auf, die sich über den Blütenanlagen zentripetal einbiegen. Im Bereich der äußeren Blüten erkennt man seitlich stehende Spreublattanlagen mit kurzen Mittelborsten.

An isolierten Blüten beobachtet man die basipetale Segmentierung des dreiteiligen Spreublattes (Tafel IX, vgl. Abb. 66) und die starke Verlängerung der Mittelborste und der ihr benachbarten Abschnitte. Aufnahmen, die den Spreublattkomplex von innen wiedergeben (Tafel IX c, d), lassen das manschettenartige Umgreifen der Segmente des dreiteiligen Spreublattes um die Blütenanlagen und zudem die Ausgliederung des zungenförmigen inneren Zusatzblattes erkennen (vgl. Abb. 63). Die verspätete Anlegung des inneren Zusatzblattes wurde bereits von Meusel & Köhler (1960) beobachtet.

Die wenigen bisher vorliegenden Analysen über die Entwicklung des Spreublattkomplexes reichen jedoch nicht aus, um die Anlegungsfolge der einzelnen Organe genau zu

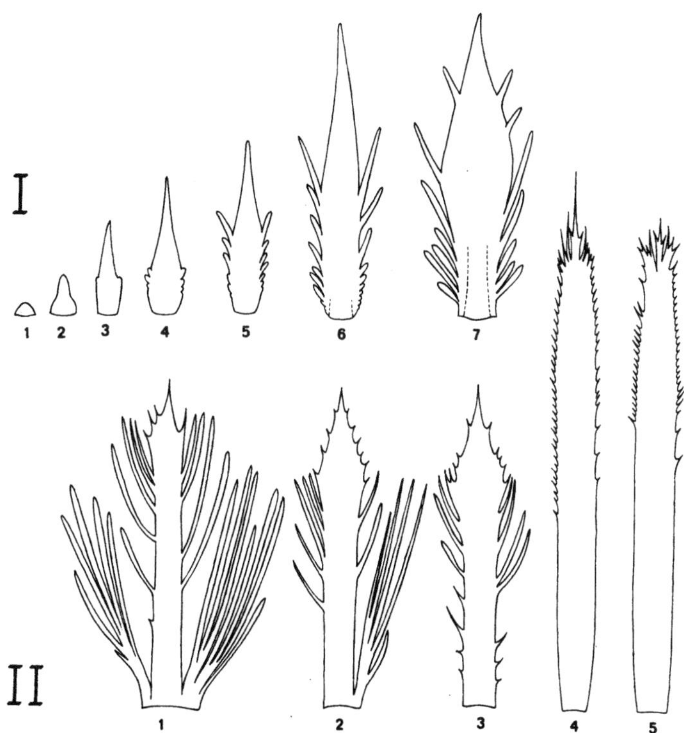

Abb. 67: *Echinops sphaerocephalus.* II: Hochblätter aus der Blattfolge an der Seitenachse des zusammengesetzten Köpfchens, Übergang zu Borstblättern (1–3) und flächigen Blättern (4, 5). I: Entwicklung eines flächigen Blattes mit Tendenz zum Borstenblatt entsprechend Fig. II/3. Man beachte die basipetale Aufgliederung von Segmenten wie bei Spreublättern von *Carlina,* Abb. 66.
Nach KRUSE & MEUSEL 1969.

Fig. 67: *Echinops sphaerocephalus.* II: hypsophylls from the leaf sequence of the lateral axis of the complex capitulum, transition to bristle-like leaves (1–3) and flat scales (4, 5). I: development of a flat leaf with the tendency to become bristle-like, corresponding to fig. II/3. Note the basipetal development of segments as in the paleas of *Carlina,* fig. 66.

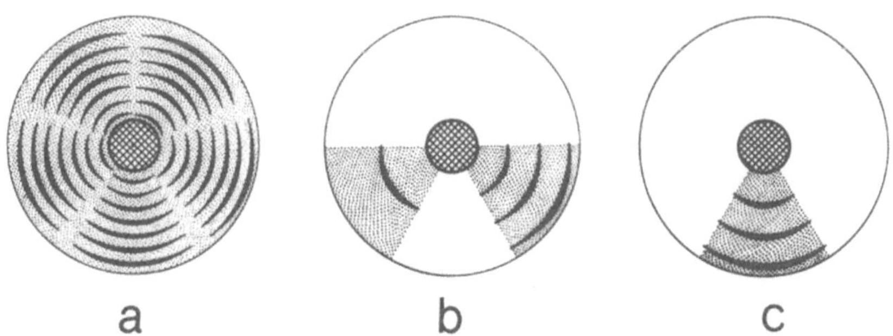

Abb. 68: Schema der verschiedenen Verteilungen von spreublattartigen Organen an Blüten bzw. in der Umgebung der Blüte bei *Echinops* und *Carlina.* a) Allseitige Verteilung (*Echinops*), b) seitlich der Mediane (Spreublätter an Blüten in der Achsel von inneren Involukralblättern bei *Carlina*), c) in der Mediane (an Blüten im Inneren des Köpfchens von *Carlina*). Nach KRUSE (1986).

Fig. 68: Diagram of the varios positions of scale-like organs associated with the flowers in *Echinops* and *Carlina.* a) Multilateral distribution (*Echinops*), b) arrangement lateral to the median receptacular scales of the flowers in the axilla of inner involucral bracts in *Carlina,* c) arrangement in the median (in flowers of the inner parts of *Carlina* capitulum).

erkennen. Derartige Beobachtungen wären aber nötig, wollte man im Hinblick auf die Verhältnisse bei *Echinops* (vgl. NAPP-ZINN 1956, MEUSEL & KÖHLER 1960, KRUSE & MEUSEL 1969) die Frage beantworten, ob das *Carlina*-Köpfchen als ein Syncephalium mit einblütigen Einzelköpfchen zu beurteilen ist, oder ob hier ein einfacher Blütenstand vorliegt.

2.6.2. Das *Carlina*-Köpfchen, ein Syncephalium?

An Hand der hier ausführlich referierten Analysen von KRUSE (1987) haben FROEBE & CLASSEN (1987) theoretische Deutungsmöglichkeiten für den Spreublattkomplex der *Carlina*-Köpfchen entwickelt, die wir zusammengefaßt hier anschließen möchten: FROEBE & CLASSEN (1987) diskutieren die theoretischen Deutungsmöglichkeiten des Blüten-Spreublattkomplexes von *C. vulgaris* und *C. acaulis* unter Zugrundelegung der Befunde KRUSES (1987), wobei sie allerdings dessen Auffassung, das äußere Zusatzblatt der Innenblüten von *C. acaulis* sei kein Tragblatt, nicht teilen. In ihrer Analyse gehen die genannten Autoren so vor, daß sie das Spektrum der in Frage kommenden, hier nur ausschnittsweise wiedergegebenen theoretischen Möglichkeiten durchmustern mit dem Ziel, durch Varianten des Achsenordnungsgrades und der Stellung der Blüte dasjenige Modell herauszufinden, welches den tatsächlichen Gegebenheiten am zwanglosesten entspricht.

Bei der von KRUSE (1987) favorisierten Annahme – in Abbildung 69b, c für ein Einfachköpfchen dargestellt – zeigt sich, daß man den Ablast einer unverhältnismäßig großen Anzahl von Blattorganen in Kauf nehmen muß, die durch ‚Feldzwang' unterdrückt werden. Demgegenüber weisen die anderen Möglichkeiten, denen ein mehr als zweiachsiges Infloreszenzsystem zugrunde liegt, ausnahmslos den Vorteil auf, daß diese

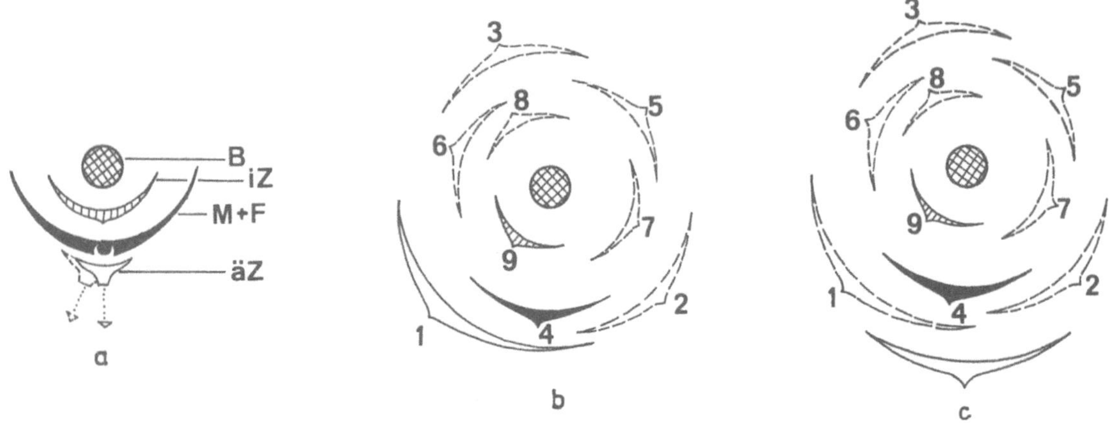

Abb. 69: *Carlina acaulis*. Spreublattkomplex der inneren Blüten (Bezeichnungen wie in Abb. 63). a) Empirischer Grundriß, b, c) theoretische Grundrisse unter der Annahme eines einfachen zweiachsigen Systems; das äußere Zusatzblatt (äZ) in b) als Vorblatt, in c) als Tragblatt der Blüte angenommen. Die Zahlen weisen auf die theoretisch zu fordernde Anlegungsfolge der Vorblätter hin, die gestrichelten Symbole geben die theoretisch zu ergänzenden Strukturen wieder. Nach FROEBE & CLASSEN 1987.

Fig. 69: *Carlina acaulis*. Receptacular scale complex of the inner flowers (denoted as in fig. 63). a) Empirical diagram, b, c) theoretical diagrams a simple system with two shoots; the outer additional scale (äZ) interpreted in b) as bracteoles, in c) as bract of the flower. The figures indicate the theoretical sequence of the bracteole detachment, the dotted symbols indicate the structures which have to added theoretically.

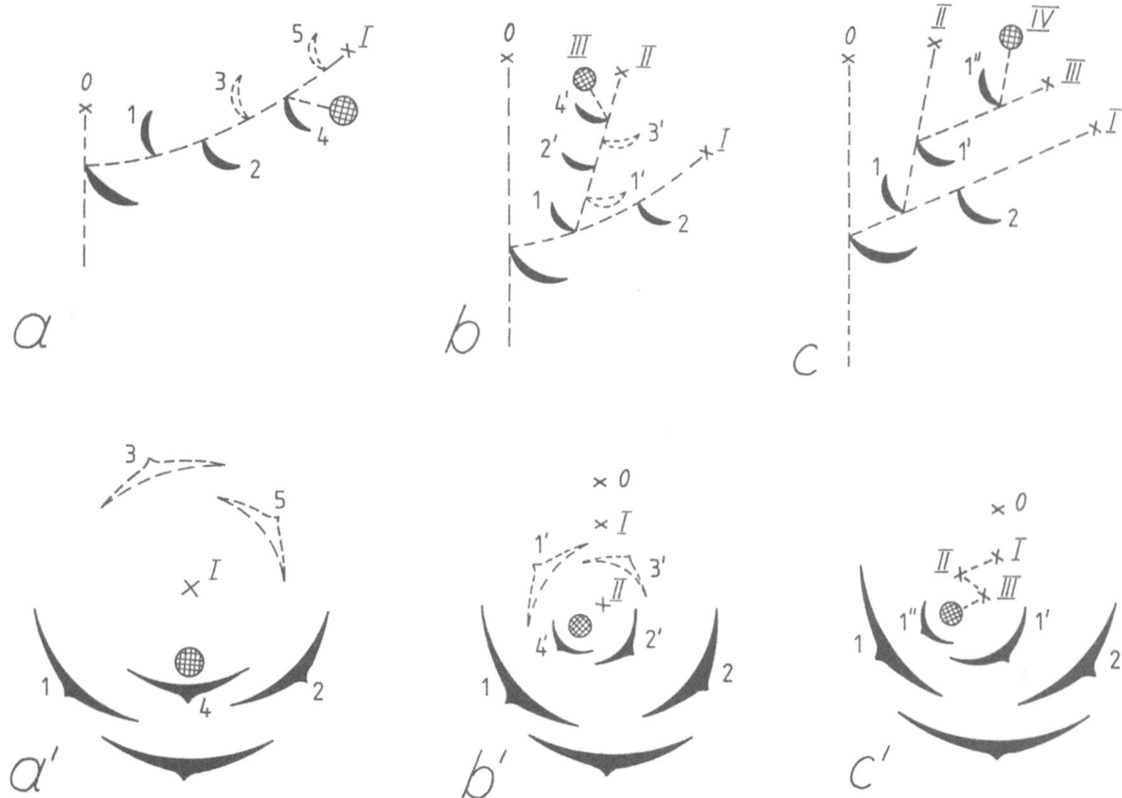

Abb. 70: *Carlina acaulis.* Verschiedene theoretische Rekonstruktionen des empirisch gefundenen Spreublattmusters unter der Annahme eines Syncephaliums. Deutung des Blüten-Spreublattkomplexes als: a, a') einblütiges Köpfchen 1. Ordnung mit Tragblatt und Involukralblättern, b, b') als racemös verzweigtes vierachsiges System, c, c') als cymös verzweigtes fünfachsiges System. a–c) Aufrisse, a'–c') Grundrisse. Die römischen Ziffern geben den Achsenordnungsgrad an, die arabischen Ziffern die theoretisch zu fordernde Anlegungsfolge der Blätter; die gestrichelten Symbole kennzeichnen die theoretisch zu ergänzenden Strukturen. Nach FROEBE & CLASSEN 1987.

Fig. 70: *Carlina acaulis.* Various theoretical reconstructions of the empirical scale pattern in an interpretation as a syncephalum. Interpretation of the flower-scale complex as: a, a') one-flowered capitulum of 1. order with a subtending bract and involucral bracts of 1. and 2. order; b, b') four-axial system with racemose ramification; c c') one-flowered capitulum of 3. order with subtending bract and involucral bracts of 3. order, a–c: vertical projection a'–c': diagram. – The Roman figures indicate the degree of the axis order, the Arabic ones indicate the sequence of the leaf initiation theoretically to be expected; the dotted symbols indicate the structures that must be added theoretically.

dem empirischen Befund schon mit viel weniger hypothetischen Blattorganen gerecht zu werden vermögen (Abb. 70a–c).

Als Fazit ihrer Überlegungen formulieren FROEBE & CLASSEN, daß die Rekonstruktion des Spreublattkomplexes „mit den Vorblättern eines Einfachköpfchens nicht ohne viele zusätzliche hypothetische Blätter auskommt. Dagegen ist seine Rekonstruktion mit bedeutend weniger Aufwand möglich, wenn man mehrachsige Systeme vom Charakter eines Syncephaliums zugrunde legt“.

Wenn somit von FROEBE & CLASSEN dargelegt wird, daß es sich bei dem Blütenstand von *Carlina vulgaris* und *C. acaulis* nicht um ein „simples Köpfchen", sondern um ein Syncephalium handeln kann, so erscheinen weitere entwicklungsgeschichtliche Untersuchungen dringlich erforderlich. Wie aus den inzwischen erstellten ersten REM-Aufnahmen hervorgeht, sind alle genaueren Beobachtungen über die Anlegungsfolge der verschiedenen Organe des Spreublattkomplexes jedoch insofern sehr erschwert, als diese – abgesehen von den früh hervorbrechenden Mittelborsten – sehr lange unter den Blütenanlagen verborgen bleiben.

Vom Standpunkt des Taxonomen ist zu fragen, in welchem Bereich der Kompositen oder zumindest der Cynareen die Köpfchen als Syncephalien zu verstehen wären. Bei einer Deutung als Syncephalium lassen sich ohne Schwierigkeiten Beziehungen zwischen *Carlina* und *Echinops* begründen. Es bleibt aber die Frage, ob überall dort, wo – wie bereits bei *Atractylodes* innerhalb der Carlineen – anstelle der regelmäßig angeordneten Spreublätter nur Borsten in schwer übersehbarer Verteilung am Köpfchenboden auftreten, noch stärker abgeleitete oder völlig andere Strukturen vorliegen. Nach über 150jährigen Diskussionen zur Syncephalium-Theorie können wir hier nicht mehr als einige genauere Beschreibungen und davon abgeleitete theoretische Vorstellungen vorlegen, die vielleicht zu weiteren Analysen ermutigen.

2.7. Blüten, Früchte

Im Bau der Blüten und Achänen ist *Carlina* wenig variabel. Selbst die gründlichen Untersuchungen DITTRICHS (1985), denen wir hier weithin folgen, haben nur geringe, oft lediglich im quantitativen Bereich liegende infragenerische Differenzierungen dargelegt. Sie können aber die Stellung der Gattung und den Charakter der trib. *Carlineae* vielseitig beleuchten.

REM-Aufnahmen zur Entwicklungsgeschichte (Tafel X, XI) ermöglichen einen guten Einblick in den Gesamtaufbau der Blüten. Die Anlagen der einzelnen Blüten zeigen sich zunächst stiftförmig, oben halbkugelig gewölbt, in regelmäßigen Parastichen (13/21 bei *C. vulgaris*, 21/55 oder 89/144 bei *C. acaulis* nach WYDLER 1860) auf dem Köpfchenboden angeordnet (Tafel VIc, Abb. 57).

Sehr früh führt eine Eindellung am Scheitel der Blütenanlagen zu einer in der Aufsicht tellerartigen Form, an deren Rand sich fünf Höcker der Kronzipfel abzeichnen (Tafel Xa). Durch interkalare Streckung des aufgebogenen Scheitelrandes bildet sich ein schüssel- und schließlich krugförmiges Organ („kraterförmig vertiefte Achse" nach WARMING 1876). Interkalares Wachstum wirkt sich auch aus, wenn bei der Ausbildung der Krone weniger die Kronzipfel heranwachsen als daß sich die Kronröhre streckt. Die Abbildung Tafel Xb zeigt eine Blütenanlage mit einer schüsselartig eingetieften Blütenachse aus der sich die Stamina-Anlagen hervorwölben. Bei seitlicher Betrachtung (Tafel Xc, XIa) erkennt man am Außenrand der Blütenachse Pappusanlagen. Sie umgeben die noch kurze Blumenkronröhre, die dem Schüsselrand innwärts aufsitzt.

Wenn man sich vorstellt, daß im Grund des weiter eingesenkten Blütenachsen-Scheitels die Samenanlage gebildet wird, so haben wir in diesem Zustand (Tafel Xc und XIb, vgl. auch Abb. 60II) bereits die vollständige Anlage einer sympetalen Blüte mit unterständigem Fruchtknoten vor uns. Bei der weiteren Ausdifferenzierung der Blüten wölben sich die heranwachsenden Kronzipfel kuppelförmig über das Androeceum und den Griffel (Tafel Xd–f). Die oberwärts freien Stamina-Anlagen (Tafel Xd) krümmen sich ebenfalls ein (Tafel Xe). Die Filamente bleiben in ihrem unteren Teil mit der sich interkalar streckenden Kronröhre verbunden. Im Inneren der Staminaröhre erhebt sich der Griffel mit seinen beiden Narbenästen (Tafel Xf).

Mit der heranwachsenden Blütenachse verbreitern sich die Pappusanlagen (Tafel XIa, Xc) zu den für *Carlina* charakteristischen Pappus-Basalsegmenten (Pappuskörper, Tafel XIb). Diese gliedern die Pappusborsten aus (Tafel XIc), an deren Rändern regelmäßig Haare hervorsprossen (Tafel XId). Die Ausgliederung der Pappusborsten am Pappuskörper erfolgt bei *Carlina* in ähnlicher Weise wie die Segmentierung des dreiteiligen Spreublattes (vgl. Tafel XIb,c, IXa–c, Abb. 66). Bereits WARMING (1876) hat auf solche Übereinstimmungen bei den Cynareen aufmerksam gemacht und aus dieser Tatsache wie auch aus der Stellung der Pappuskörper auf die Kelchblattnatur des Pappus geschlossen.

Eine ganz irreführende Auffassung über die Form und Entwicklung des Pappus bei *Carlina acaulis*, die auch in das Handbuch von ROTH (1977) Eingang gefunden hat, findet sich bei SCHEFFER-POMPLITZ (1957). Sie spricht von einer „nachträglichen Zerschlitzung eines anfangs einheitlich wachsenden emergenzenartigen Pappuskörpers". Wie die dieser Beschreibung beigegebenen Zeichnungen zeigen, handelt es sich dabei um eine völlig erfundene Darstellung, die durch die hier vorgestellte Entwicklungsgeschichte der Pappussegmente leicht widerlegt werden kann.

Die am Außenrand des unterständigen Fruchtknotens aufgerichteten Pappusbasalsegmente und -borsten umhüllen die Blumenkrone manschettenartig und gleichen darin den Spreublattschuppen in der Umgebung der einzelnen Blüten (vgl. Tafel IXd, XId). Am fertig ausgebildeten Köpfchen aller *Carlina*-Arten stehen die radiären zwittrigen Röhrenblüten aufrecht (Abb. 86) oder die äußeren leicht auswärts gekrümmt.

Die Korollen sind bei der Mehrzahl der Arten in einem geraden, 1,5–2,5 mm langen und 0,6–0,8 mm breiten, schmal röhrenförmigen unteren und einen ebenfalls geraden, leicht erweiterten 6,5–8 mm langen oberen Abschnitt (von DITTRICH, 1985 als Tubus und Limbus bezeichnet) gegliedert. Er läuft apikal in 5 verhältnismäßig kurze (1,5–2 mm lange), länglich dreieckige Kronzipfel aus (Abb. 71, 85). Die Kronröhre wird von 5 Längsgefäßen, den Kommisuralgefäßen (Tafel VIIb, XIIb,c) versorgt, die sich unterhalb der apikalen Einschnitte aufgabeln und weiter an den Kronzipfelrändern (Tafel XIIa) bis zu deren Spitzen verlaufen. Die Blüten sind zur Achse immer so orientiert, daß das mediane Petalum auf die abaxiale Seite zu stehen kommt.

Die Vertreter der sect. *Heracantha* weichen von allen übrigen *Carlina*-Arten in den Ausmaßen ihrer Blütenorgane (vgl. Tab. 4) und der nur undeutlichen Gliederung der Kronröhre ab.

Die 5 bandförmigen Filamente weisen weder Haare noch Papillen auf. Sie sind von der Grenze zwischen dem engen und dem erweiterten Abschnitt der Röhre an abwärts mit der Innenseite des Tubus verwachsen. Die 5 Filamentgefäße, die bis zu den Antheropodien hinaufreichen, sind den 5 Korollargefäßen superponiert, ohne mit diesen zu verschmelzen (Tafel VIIc); dies geschieht erst bei deren Eintreten in das in der Apikalplatte der Achäne gelegene horizontale Ringgefäß.

Die Antheren sind seitlich durch zahnartige Zellwandvorwölbungen zu einer Röhre zusammengefügt (Tafel XIIb, c). Auf der Höhe der Filamentansätze laufen die Basen von jeweils zwei benachbarten Antheren in ein längliches, 1,2–2 mm langes schwanzartiges Anhängsel aus. Im Querschnitt sind diese im oberen Drittel H-förmig, etwa in der Mitte T-förmig (Tafel XIId) und an der Spitze schwanzförmig. Ihre Außenseiten bestehen aus langen, parallel angeordneten und wellenförmig gekrümmten Zellen, die über die Gesamtlänge der Anhängselränder in unregelmäßig langen und verschieden orientierten Zähnen enden.

In der Ausbildung dieser Antherenanhängsel lassen sich nach DITTRICH (1985)

3 verschiedene Typen unterscheiden (Tafel XIII). In den Untergattungen *Carlowizia* und *Lyrolepis* lösen sich die gewellten ornamentartigen Zellreihen in der Spitzenregion der Anhängsel in lange Zähne auf und bilden am unteren Ende einen rundlichen Schild. In der *Acaulis*-Gruppe sind die Anhängsel sowohl von innen wie von außen betrachtet verkehrt länglich-dreieckig; die Außenseite ist ebenfalls mit parallel verlaufenden Zellen bedeckt, jedoch sind die Ränder ungezähnt, und nur an der Anhängselspitze wachsen einige dieser Zellen fingerförmig auseinander. Bei *Carlina vulgaris*, als Beispiel der übrigen Sippen, sind die inneren seitlichen Anhängselvorsprünge zu einem 1,0–1,2 mm hohen Saum verwachsen, der in seiner unteren Hälfte in unregelmäßig lange Fransen aufgeteilt ist. Die strohfarbenen, schwertförmigen apikalen Staubblattfortsätze sind bis auf geringe quantitative Unterschiede innerhalb der Gattung völlig einheitlich gebaut.

Der Griffel gliedert sich wie bei allen Cynaroideen (Briquet 1916) in Basis, Schaft und Spitze. Nach Dittrich (1977) zeichnen sich innerhalb dieses Verwandtschaftskreises die *Carlineae* durch einen in seiner ganzen Länge zylindrischen, völlig glatten Schaft, eine nicht oder nur leicht verdickte Basis und einen Endabschnitt mit einer sehr kurzen (0,7–1,2 mm langen), in 2 im Querschnitt halbrunde Griffeläste aufgeteilten Spitze aus.

Die Griffelbasis (Epiregma) ist bei den meisten Arten verjüngt und von einem becherförmigen Nektarium umschlossen (Tafel XIV b). Wesentlich seltener ist eine zwiebelförmig erweiterte Griffelbasis. Sie ist nach Dittrich (1985) besonders für die Arten der Untergattungen *Carlowizia* und *Lyrolepis* typisch. Schwächer ausgeprägt findet sie sich auch bei *Carlina racemosa* und *C. sicula.*

Der Endabschnitt setzt sich gegen den Schaft durch einen meist schwach entwickelten Kranz von Fegehaaren oder durch eine kurze velourartige Behaarung ab. Die Fegehaare gehen in eine kurze, gleichmäßige Behaarung über, die die gesamte Außenfläche der Griffeläste bedeckt. Die Ränder der Griffeläste bleiben unbehaart und weisen keine Papillen auf wie bei den meisten *Cardueae.* Papillen sind nur auf den Innenflächen der stets aufgerichteten Äste anzutreffen (Tafel XIV/3, 6). In der Ausbildung des für die Klassifikation der Cynaroideen allgemein bedeutsamen oberen Griffelabschnittes können innerhalb der Gattung *Carlina* einige Varianten beobachtet werden. Der obere Griffelabschnitt mit den Griffelästen der beiden Arten von sect. *Mitina* ist länger und schmaler als die der übrigen Sippen. Der Kranz der Fegehaare sitzt demzufolge tiefer (Tafel XIV/3). Dittrich (1985) macht außerdem darauf aufmerksam, daß *C. oligocephala* durch randlich etwas verdickte, entenschnabelartige Griffeläste auffällt (Tafel XIV/6). Es bleibt aber zu prüfen, inwieweit sich die Gestaltung der Griffelränder im Verlauf des Blühvorganges ändert.

Die Griffelbasis wie auch die untere Hälfte des Griffelschaftes bestehen aus rein parenchymatischem Gewebe (Tafel XII d, e). Die obere Schafthälfte und die Äste bilden einen 2 bis 3 Zellagen starken Parenchymmantel um einen Gewebekern aus schwach verholzten Zellen (Tafel XII b).

Der unterständige Fruchtknoten umschließt eine anatrope Samenanlage. Der Funikulus erscheint im Vergleich mit anderen Cynaroideen leicht verlängert (Abb. 71). Die Epidermis der Fruchtwand bildet an gestreckten Fußzellen die für die *Carlina*-Früchte charakteristischen transversal gestellten, aufwärts weisenden, anliegenden Gabel- (Zwillings-) haare (Abb. 71/2, 3). Im mehrschichtigen Mesokarp liegt neben den Gefäßbündeln das Pollenleitgewebe in 2 lateralen Strängen. Im Griffel vereinigen sich diese zu einem zentralen Strang, der im unteren Teil durch dichtes Gewebe (Tafel XII d, e), im oberen als ein von tapetumartigen Zellen ausgekleideter Pollenleitgewebekanal, hervortritt (Tafel XII b, c).

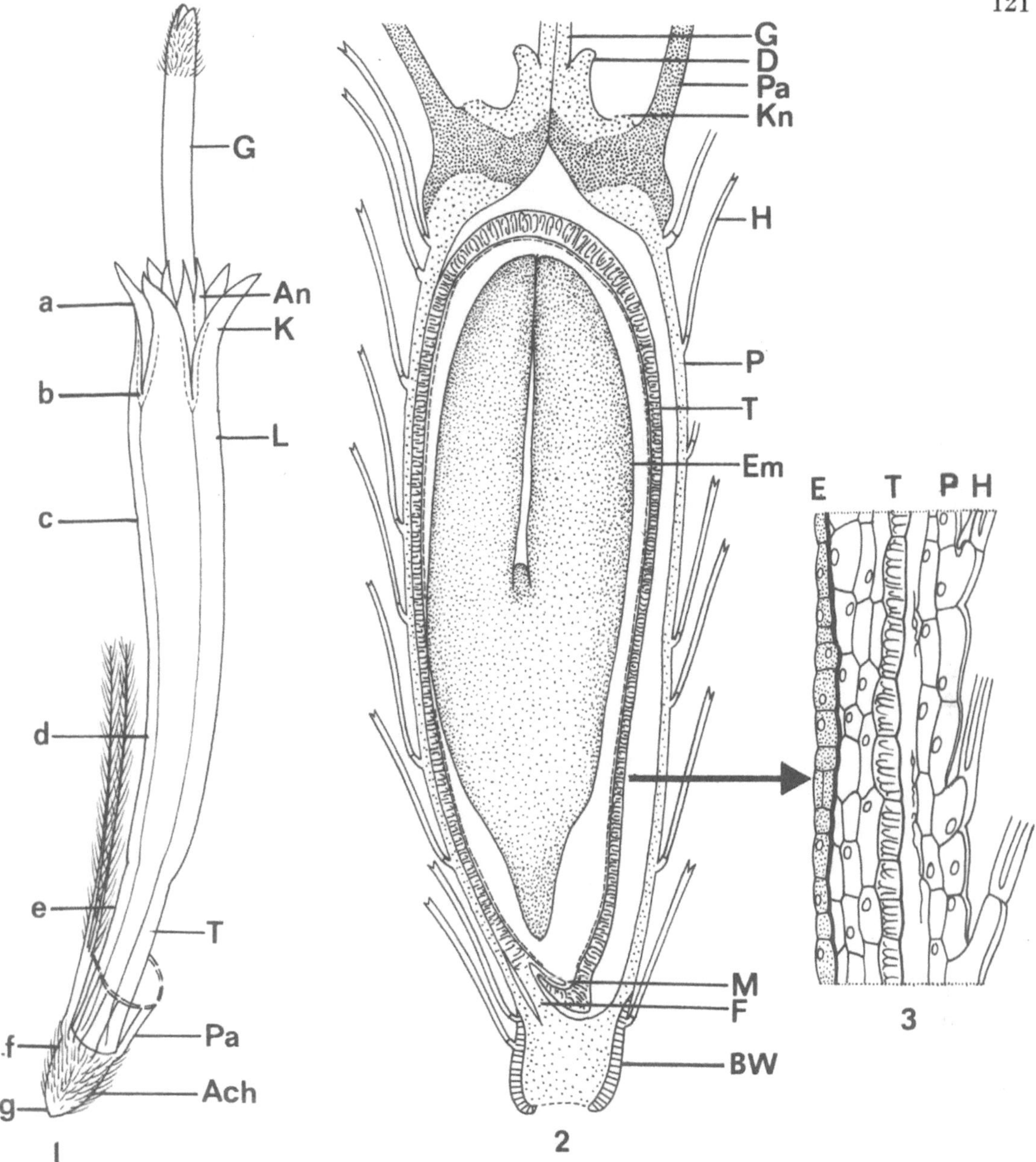

Abb. 71: *Carlina corymbosa*. (1): Blüte mit unterständigem Fruchtknoten (Ach) und Pappus (Pa), Krone mit Tubus (T), Limbus (L) und Kronzipfeln (K), Antherenfortsätzen (An) und Griffel (G); a bis g kennzeichnen Schnittebenen der Diagramme von Tafel XII.
C. canariensis (2, 3): 2) Halbschematischer Längsschnitt durch Achäne mit Resten der Kronblattbasen (Kn), Basalwulst (Bw), Perikarp (P) mit Zwillingshaaren (H), Pappus (Pa), Diskus (D) und Griffel (G) und Samenanlage mit Funikulus (F), Mikropyle (M), Testa (T) und Embryo (Em).
3) Zelluläre Struktur der Fruchtwand mit Perikarp (P), Testa (T) und Endospermresten (E).
Verändert aus Dittrich (1985).

Fig. 71: *Carlina corymbosa* (1): Flower with inferior ovary (Ach) and pappus (Pa), corolla with tube (T), limb (L) and petal lobes (K), anther appendages (An) and style (G); a to g indicate the levels of the sections in the diagrams of pl. XII.
C. canariensis (2, 3): 2) Semi-diagrammatical longitudinal section through an achene with remnants of the petal bases (Kn), torus (Bw), pericarp (P) with double hairs (H), pappus (Pa), discus (D) and style (G), and ovule with funicle (F), micropyle (M), tests (T), and embryo (Em);
3) Cellular structure of the fruit wall with pericarp (P), testa (T), and remnants of endosperm (E).

Auch die Gefäßbündel, die in 5 (bei den Arten von sect. *Heracantha* 10) Längssträngen gleichmäßig in der Fruchtknotenwand verteilt sind (Tafel XIIf), setzen sich nach einer Vereinigung in einem Ringgefäß der Apikalplatte nach oben fort. Dabei teilt sich jeder Strang in 2 Äste, von denen der äußere als Kommisuralnerv die Krone, der innere die Stamina versorgt. Soweit die Filamente mit der Kronröhre in ihrem unteren Abschnitt vereinigt sind, verlaufen beide Bündel opponiert (Tafel VIIc). 2 Längsbündel des Mesokarps in medianer Stellung, nämlich der adaxial-mediane und einer der beiden abaxialen Stränge entsenden je einen Ast in den Griffel. Sie begleiten hier beidseitig (Tafel XIIc) das zentrale Pollenleitgewebe. Der Funikulus entspringt abaxial an der Fruchtknotenbasis und ist über seine gesamte Länge beidseitig durch Gewebebrücken mit dem Perikarp verwachsen. Das Funikularbündel wird durch einen zentralen Strang aus dem Köpfchenboden versorgt. Es reicht über die Chalaza bis in die Integumentspitze.

Der Bau der Achänen resultiert aus den Strukturen des Fruchtknotens. Er zeigt eine ganze Reihe für die Tribus der *Carlineae* und die Gattung *Carlina* sowie für ihre einzelnen Artengruppen spezifische Merkmale. Der äußeren Form nach ist der größte Teil der *Carlina*-Arten (Untergattung *Carlina*) durch 3,5–5 mm lange zylindrisch-verkehrt kegelförmige bis zylindrische, ± stumpf kantige Früchte gekennzeichnet; seltener sind die Achänen keilförmig und etwas S-förmig gekrümmt, wie die der Untergattung *Carlowizia*. Bei der *Acaulis*-Gruppe sind die Achänen walzlich bis spindelförmig und beachtlich länger (7,5–8 mm). *C. oligocephala* zeichnet sich durch spindelförmige, 5,5–6 mm lange Achänen aus.

An ihrer Basis sind die Achänen etwas zusammengezogen und schließen mit einem kahlen, wulstartigen Gewebering (Torus) ab (Tafel XV, XXVI d, Abb. 71). Die Ablösungsnarbe der Achäne ist meist etwas lateral-abaxial, seltener rein basal orientiert.

Von Testa und Perikarp umschlossen, enthält die Achäne den Embryo, der nur bei den *Carlowizia*-Arten leicht gekrümmt ist, sich sonst aber durch eine gerade Längsachse auszeichnet. Die Radikula ist relativ kurz und stumpf. Das Integument bildet mit seiner schnabelförmigen Spitze ein „hilum laterale“ (Abb. 71) und im Chalaza-Bereich eine hornartige Ausstülpung. Am Aufbau des Testagewebes beteiligen sich von dem mehrschichtigen Integument der Samenanlage nur die äußeren 3–4 Lagen langgestreckter Parenchymzellen. Die kollenchymatischen Zellen der Testa-Epidermis sind im Gegensatz zu denen der *Cardueae* (vgl. Dittrich 1966) langgestreckt und durch 6–8 U-förmige Wandverstärkungen, die untereinander verbunden sein können (Abb. 71/3), gekennzeichnet.

Das Perikarp der reifen Frucht geht aus dem Epikarp und den äußeren Schichten des Mesokarps hervor. Im Verlaufe der Samenentwicklung werden das Endokarp sowie die inneren Lagen des Mesokarps aufgelöst oder zusammengedrückt. Die Perikarp-Epidermiszellen erscheinen, zumindest im mittleren Bereich der Achäne stark gestreckt. Die Zwillingshaare sind durch eine Basalzelle mit dem Perikarp verbunden (Tafel XXVIf). Infolge ihrer quellfähigen einseitigen Wandverdickungen kann diese ein Abspreizen der starren Haare bei Befeuchtung bewirken (s. S. 172). Sonst liegen die durch stark verdickte Wände ausgezeichneten Haare dem Perikarp als Mantel dicht an (Abb. 1, Tafel XIIf, g; XV).

An ihrem oberen Ende werden die Achänen durch die Apikalplatte abgeschlossen. Sie wird von verholzten Zellen gebildet und zeigt einen für *Carlina* charakteristischen Bau. Die Pappusstrahlen sitzen nämlich nicht wie bei den *Cardueae* an einem krönchenartigen Gebilde inmitten der verbreiterten Apikalplatte, sondern entspringen, wie auch aus den Aufnahmen verschiedener Blüten-Entwicklungsstadien hervorgeht (Tafel X, XI), am Außenrand derselben (Abb. 71).

Abb. 72: *Carlina corymbosa*, reife Achäne mit Pappus.
I) Halbschematischer Längsschnitt. Die bereits abgetrennte Apikalplatte wird nur noch von den eingebogenen Basen der inneren apikalen Fruchtwandhaare (Zwillingshaare) an der Frucht fixiert. (Man beachte die Aufnahme des Achänenkopfes nach Ablösung der Apikalplatte auf Tafel XXVIa)
II) Losgelöste Apikalplatte mit Basis des Pappus schräg von unten.

Fig. 72: *Carlina corymbosa* mature achens with pappus.
I) Semidiaggrammatical longitudinal section. The separeted apical plate only fixed by the inflexed bases of the twin hairs (see plate XXVIa).
II) Separated apical plate with the base of pappus (view from below).

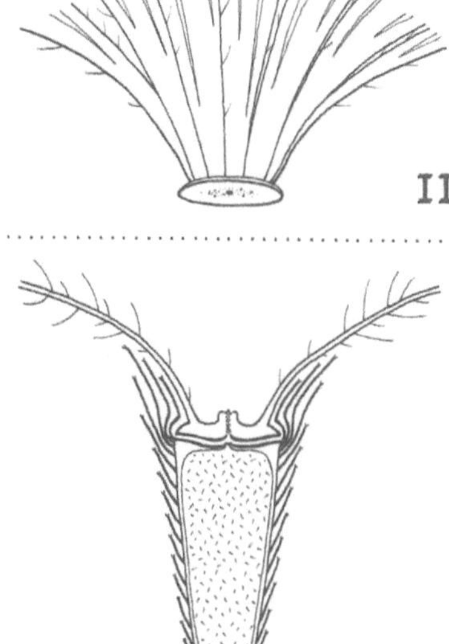

Von den Basalsegmenten des **Pappus** stehen 5 direkt vor den 5 Gefäßnarben der Korolle und 5 genau zwischen ihnen (Abb. 1, 91). Jedes Segment trägt etwa 2–3 mm oberhalb der Insertionsebene 2 bis 7, bei den Vertretern der sect. *Heracantha* bis 18 durch seitliche Haare gefiederte Borsten (Strahlen) (Abb. 1, 91). Die Anordnung und Zahl der Pappusstrahlen an den Pappussegmenten zeigt, wie kürzlich Petit (1987) herausgestellt hat, innerhalb *Carlina* charakteristische und taxonomisch auswertbare Unterschiede. Sie lassen sich zurückführen auf die Aufgliederung der Primordien der Pappus-Basalsegmente. Wie auf S. 119 dargelegt wurde, erfolgt diese ähnlich wie die Fiederanlegung an den Laubblättern und die Aufgliederung der Spreublätter. Wie bei allen spelzig und borstlich entwickelten Blattgebilden können sekundäre Ab- und Aufspaltungen der Spreitenfläche die ursprüngliche Regelmäßigkeit der Fiederanlegung leicht verdecken.

Der häufig auftretende Fall von Basalsegmenten mit 3 borstlichen Pappusstrahlen entspricht letztlich einem Fiederblatt mit Rhachis und einem Paar von Seitenfiedern. Dieses Verhalten ist in der Gattung verbreitet, so bei den Vertretern von subgen. *Carlowizia*, subgen. *Lyrolepis* sowie bei den Sektionen *Mitina* und *Carlina* (vgl. *C. macrocephala* Abb. 1). Bei sect. *Corymbosae* findet man in charakteristischer Verteilung 3 bis 7 Strahlen pro Basalsegment (Tab. 4a). Bei *Carlina corymbosa* weist das Vorkommen von 5 Pappusstrahlen (vgl. Abb. 91) auf ein Fiederblatt mit 2 Paar von Seitenfiedern und bei *Carlina brachylepis* und *C. involucrata* die Zahl 7 (vgl. Petit 1987) auf Blätter mit 3 Seitenfiederpaaren hin. Die Arten von sect. *Heracantha* zeichnen sich durch eine noch höhere Zahl von Pappusborsten aus, die sich mehrschichtig anordnen. Dittrich (1985) spricht von einer zusätzlichen Aufspaltung in transversaler Richtung. Nach Petit (1987) sollen die Borsten in einem Halbrund angeordnet sein. Wahrscheinlich sind diese noch näher zu analysierenden Verhältnisse darauf zurückzuführen, daß sich die Seitenfiedern nach Art eines Raumfiederblattes dreidimensional anordnen.

Während der Fruchtreife löst sich der Pappus von der Achäne. Die Pappusbasalsegmente sind dabei fest mit der aus Sklerenchymgewebe gebildeten oberen Schicht der Apikalplatte verbunden. Man vergleiche deshalb die dichter punktierten Teile des Längsschnittes durch die Frucht in Abb. 71. Dieser deckelartige Apikalplatte-Pappuskomplex bleibt nach seiner Abtrennung zunächst mit der Achäne verbunden, weil die Basen der obersten, den Achänenrand überragenden Zwillingshaare zentripetal eingebogen sind (Tafel XXVIa). Der Pappuskomplex wird so in der Art eines Druckknopf-Mechanismus an der Achäne fixiert (Abb. 72). Erst beim Verwehen der Verbreitungseinheiten löst er sich vom Fruchtkörper (s. S. 163). Dieser ist dann an seinem oberen Ende von einem aus den überstehenden Zwillingshaaren gebildeten Borstenkranz umgeben (Tafel XXVIa).

Da die Apikalplatte vor allem randlich verdickt ist, erscheint der Pappus-„Deckel" wie ein stabiler Ring mit einem dazwischen ausgespannten Häutchen (vgl. Abb. 4e in Dittrich 1985). Dem aus dickwandigen Zellen aufgebauten apikalen Pappusring entspricht an der Basis der Achäne der Torus als ringwulstartige Versteifung (Tafel XXVId), die sicherlich bei der Ablösung der reifen Achäne vom Köpfchenboden entscheidend beteiligt ist.

Innerhalb der durch Hämatoxylin nicht anfärbbaren Toruszellen wird der größte Teil des Lumens von einem zerklüfteten Sklerenchym erfüllt. Bei den meisten Arten bleibt nur ein enger kugeliger oder ellipsoidischer Raum offen (Tafel XVb). *C. racemosa* und *C. lanata* zeichnen sich dadurch aus, daß überhaupt keine größeren Lücken auftreten (Tafel XVa), während *C. acaulis* insofern eine beachtliche Ausnahme macht, daß die Sklerenchymbildung im Lumen ganz unterbleibt (Tafel XVc). Die Wulstzellen ähneln dann, abgesehen von ihrer Größe, den benachbarten Zellen der Perikarp-Epidermis. Inwieweit in der Form der zentralen Lücke bei den Arten von subgen. *Lyrolepis*, subgen. *Carlowizia*, sect. *Carlina* und sect. *Corymbosae* regelmäßig wiederkehrende, feinere Unterschiede bestehen, kann nur durch breiter angelegte Analysen entschieden werden.

Nach den bisher vorliegenden Beobachtungen zeigen sich im Bau der Blüten und Früchte eine ganze Reihe von Strukturen, die für die Gattung *Carlina* oder die Tribus der Carlineen bezeichnend sind: Sie betreffen

— die Behaarung der Achänen (Abb. 1, 71, Tafel XV, XXVI),
— die Stellung des Pappus am Außenrand der Apikalplatte (Abb. 71, Tafel XI),
— die Ausbildung von Pappus-Basalsegmenten (Abb. 1, 91, Tafel XXVIb),
— die Ausbildung von 5 oder 10 Gefäßsträngen im unterständigen Fruchtknoten (Tafel XIIf),
— die Verlängerung des Funikulus (Abb. 71).

Dagegen tragen lediglich einige wenige Blüten- und Fruchtmerkmale zur Gliederung der Gattung selbst bei. Nur einzelne Verwandtschaftskreise heben sich durch besondere Merkmale ab. So unterscheiden sich subgen. *Carlowizia* und subgen. *Lyrolepis* von den übrigen Arten:

— durch die Form und Größe der Achänen,
— die besondere Ausbildung der Antherenanhängsel (Tafel XIII) und
— die besondere Form der Griffelbasis.

Dabei zeigt sich, daß subgen. *Lyrolepis* und besonders *C. tragacanthifolia* weniger deutlich abweichen als die kanarischen Endemiten der subgen. *Carlowizia*.

Sect. *Mitina* weist im Bau der Zellen des Achänen-Basalwulstes (Tafel XV) und in der Griffelform (Tafel XIV) sippenspezifische Merkmale auf.

Aus der Großköpfigkeit der Vertreter von sect. *Heracantha* ergeben sich einige abweichende Merkmale quantitativer Art, die in Tabelle 4 zusammengestellt sind. In dieser Übersicht erscheint *C. acaulis* als eine Art des Verwandtschaftskreises, die zu den Vertre-

Tab. 4: Maße von Blüten und Früchten der Arten von sect. *Heracantha* im Vergleich mit den übrigen *Carlina*-Sippen.

Tab. 4: Measurements of flowers and fruits for species of sect. *Heracantha*, in comparison with other *Carlina* species.

	C. acanthifolia *C. atlantica*	*C. acaulis*	*C. vulgaris* u. „Übrige“
Länge der Korolle	15–21	11–15	7–11
Länge der Filamente	7,5–8	3,7	5
Länge der Achänen	(5)–6–7–(8)	(4)–5–(6)	2,5–5
Länge des Pappus	23–25	14	10
Zahl der Pappusborsten pro Segment	7–18	5–7	3–7

Tab. 4a: Zahl der Strahlen pro Pappussegment bei Arten von *Carlina* sect. *Corymbosae*.

Tab. 4a: Number of rays per pappus–segment in species of *Carlina* sect. *Corymbosae*.

	Zahl der Beobach–tungen	1–2	3	4	5	6	7	8
Carlina hispanica ssp. *hispanica*	247		13	26	**58**	4		
Carlina hispanica ssp. *globosa*	61		**54**	**43**	5			
Carlina corymbosa	161	1	**31**	**37**	**32**			
Carlina graeca	133		**33**	**35**	**33**			
Carlina curetum	239	2	18	14	**56**	6	1	
Carlina libanotica	141		5	8	**69**	9	4	
Carlina involucrata	72				8	6	**85**	1
Carlina brachylepis	33				21	15	**68**	
Carlina sicula	63		21	20	**40**	14	5	
Carlina barnebiana	22			5	**64**	27		
Carlina pygmaea	29				17	31	**52**	

tern der Sektionen *Mitina*, *Corymbosae* und *Carlina* (= „übrige Arten“) überleitet. Außerdem nimmt *C. acaulis* durch die Form ihrer Wulstzellen (Tafel XV) eine Sonderstellung ein, was neben Besonderheiten der Wuchsform ihre Abgliederung in einer besonderen Untersektion (subsect. *Heracantha*) rechtfertigt.

Innerhalb sect. *Carlina* hebt sich *C. oligocephala* durch die Größe ihrer Achänen und die Form ihrer Griffelspitze (Tafel XIV f) heraus.

Die bisher untersuchten Vertreter von subsect. *Siculae* lassen sich wahrscheinlich aufgrund ihrer Griffelbasis blütenmorphologisch kennzeichnen.

2.8. Palynologie

Über den Pollen der *Carlina*-Arten war bisher nur wenig bekannt. Stix (1960) hat im Rahmen lichtmikroskopischer Analysen an Asteraceen-Pollen am Beispiel von *C. acaulis* einen *Carlina*-Typ beschrieben. Erst vor einigen Jahren durchgeführte REM-Aufnahmen an 19 Arten aus allen Verwandtschaftskreisen von *Carlina* im Institut für Botanik der Universität Innsbruck (Bortenschlager und Tatzreiter 1980) führten zu einer breiten Übersicht über die Pollenstruktur der Gattung (vgl. Bortenschlager in Meusel et al. 1984). Sie wurde neuerdings ergänzt durch M. Dittrich (Genf, in litt. 1986).

Aus allen Befunden ergibt sich ein charakteristisches Bild. Die Pollenkörner der verschiedenen *Carlina*-Arten sind in ihrem Bau sehr ähnlich. Durch 3 meridionale Keimfurchen mit Poren sind sie wie die aller anderen Asteraceen als tricolporat zu bezeichnen. Ihre Gesamtform ist in den meisten Fällen sphäroidal, nur gelegentlich suboblat abgeflacht oder subprolat gestreckt. Die Colpi sind doppelt bis dreimal so lang wie breit mit zugespitzten Enden, die Ora lalongat, tenuimarginat mit ebenfalls zugespitzten Enden. Für das mittelgroße bis große Apocolpium wird von Bortenschlager als Mittelwert einer größeren Zahl von Messungen ein Durchmesser von 30 nm angegeben.

Die Exine trägt in regelmäßiger Verteilung Stacheln (Echini) mit einem abgerundeten homogenen Spitzchen und einer Höhe von 4–5 nm. Die Exine-Struktur zeigt stockwerkartige Gliederung in eine der Fußschicht (Nexine) aufsitzende Lage von Säulchen (runden bis eckig polygonalen Bacula), die sich nach außen meist aufgabeln. Sie bilden die innere Sexine. Die zweite Schicht (äußere Sexine) wird von feinen Bacula, den intratectalen Bacula gebildet. Sie lassen durch mehr oder minder regelmäßig angeordnete Knötchen das Tectum 2- oder mehrschichtig erscheinen (Tafel XVI). Die Verteilung der auch in ihrem äußeren Ende Knötchen tragenden intratectalen Bacula zeichnet sich in der Aufsicht der Pollenkörner in einer Skulptur von bald mehr netzigem, reticulatem (Tafel XVIII), bald mehr streifigem (striatem) Charakter (Tafel XIX) ab.

Die hier geschilderte Form und Struktur des *Carlina*-Pollenkorns entspricht weitgehend einem Typ, den Wagenitz (1955) in einer Übersicht über die Pollenmorphologie von *Centaurea* als *Serratula*-Typ ausführlich beschrieben hat. Diesem Autor zufolge stellt der *Serratula*-Typ innerhalb der *Centaurea*-Verwandtschaft „eine Grundform" dar, demgegenüber andere Typen als abgeleitet gelten müssen. Er sieht in dem Auftreten dieses Typs ein ursprüngliches Merkmal, das nicht nur bei wahrscheinlich primitiveren, in ihrer Verbreitung z. T. weltweit disjunkten *Centaurea*-Arten, sondern auch in verwandten Gattungen wie *Rhaponticum, Leuzea, Acroptilon, Centaurodendrum, Amberboa, Mantisalca* oder *Phaeopappus* angetroffen wird.

Nach der Übersicht von Stix (1960) stehen neben dem dort gesondert herausgestellten *Carlina*-Typ auch andere Pollenformen wie der *Cirsium*-Typ und bis zu einem gewissen Grad auch der *Jurinea*-Typ, der *Carduus*-Typ und der *Echinops*-Typ dem *Serratula*-Typ im Sinne von Wagenitz nahe. Von der Pollenmorphologie her gesehen schließt sich somit *Carlina* an eine ganze Reihe anderer Cynareen-Sippen eng an (vgl. auch Dittrich 1971).

Innerhalb der Gattung sind keinerlei Differenzierungen von der Art zu erkennen, wie sie Wagenitz (1955) für *Centaurea* herausstellen konnte.

Aufgrund von REM-Aufnahmen folgender Arten: *Carlina salicifolia, C. diae, C. tragacanthifolia, C. racemosa, C. lanata, C. corymbosa, C. hispanica, C. graeca, C. curetum, C. libanotica, C. sicula, C. barnebiana, C. sitiensis, C. frigida, C. vulgaris, C. biebersteinii* ssp. *intermedia, C. biebersteinii* s. str., *C. acaulis* und *C. acanthifolia*, also von Vertretern aller Verwandtschaftskreise, oft repräsentiert durch mehrere Herkünfte, gibt BORTENSCHLAGER (in MEUSEL et al. 1984) folgende Diagnose, die „exemplarisch für alle *Carlina*-Arten Geltung hat":

Pollen tricolporat, peritrem, sphäroidal bis suboblat, (57)–60–(61,5) × (64)–70–(75) μm groß, Ora lalongat, 17 × 30 μm, Colpi doppelt bis dreimal so lang als breit, 13 × 28 μm. Apocolpium mittel bis groß, (27)–30–(34) μm.

Exine pertectat, echinat, 11–13 μm dick. Echini kegelförmig, 4,5–5,5 μm hoch. Tectum perforatum 1,5–2 μm dick. Perforationen dicht, 0,1–0,3 μm Durchmesser, Abstand doppelt bis 4mal der Durchmesser. Öfters zu 2–4 in Reihen angeordnet, dadurch vermiculate Skulptur des Tectums angedeutet. Tectum aus feinen Bacula aufgebaut, die unter den Echini verlängert sind. Echini mit einem homogenen Spitzchen. Abstand der Echini am Polfeld 9–12 μm, am Intercolpium 12–18 μm.

Infratectale Bacula digitat, rund bis eckig polygonal, 2,8–4 μm hoch und 1,5–3,5 μm dick. Abstand kleiner als Durchmesser. Nexine 1,2–2 μm dick.

Nach den bisher vorliegenden Beobachtungen können nur durch statistisch abgesicherte Beobachtungen über die Gesamtgröße der Pollenkörner, über die Verteilung und die Ausbildung des Tectum perforatum (Tendenz zu vermiculater oder striater Skulptur) leichte Unterschiede zwischen einzelnen Arten erkannt werden. Auch sollte an breiterem Material überprüft werden, ob bei manchen Sippen die vorherrschend sphäroidale Grundform sich bald mehr einer suboblaten (*C. canariensis*, Tafel XVI, *C. racemosa* Tafel XVIII, *C. libanotica*) bald mehr einer subprolaten Form (*C. biebersteinii* ssp. *intermedia* Tafel XIX, *C. macrocephala*) nähert.

Inwieweit sich *Carlina* durch ihre Pollenformen an andere Carlineen anschließt oder von diesen unterscheidet, kann noch nicht gesagt werden.

2.9. Embryologie[3]

Über die Embryologie von *Carlina* war bisher nur sehr wenig bekannt. MESTRE (1963–64) beschreibt die Entwicklung des Embryos von *Carlina acaulis* im Vergleich zu *Xeranthemum annuum* und findet große Übereinstimmung mit *Carduus nutans*. PODDUBNAJA-ARNOLDI (1931) hat in einer vergleichenden Übersicht über die Embryologie der *Cynareae* aus der Subtribus *Carlininae* nur die Gattung *Xeranthemum* behandelt und schließt aus diesen Ergebnissen auf das Verhalten der übrigen Vertreter dieses Verwandtschaftskreises, was nach den nun vorliegenden Ergebnissen nur zum Teil berechtigt ist.

Mit einigen Beispielen zur Megasporogenese, zur Entwicklung des weiblichen Gametophyten und zur Endosperm- und Embryoentwicklung von *Carlina acaulis, C. vulgaris* und *C. racemosa* können wir die bestehende Lücke in unseren Kenntnissen nur teilweise schließen. Mit Recht betont PODDUBNAJA-ARNOLDI (1931), daß man bei der Anwendung embryologischer Daten in der Taxonomie nicht nur einzelne Beispiele herausgreifen, sondern vollständige Reihen von Arten berücksichtigen sollte.

Material:

Alle drei Arten wurden am natürlichen Standort gesammelt. *Carlina racemosa* wurde im Bot. Garten der Univ. Wien in Töpfen gezogen.

Carlina vulgaris: Straßenrand bei „Blindes Kreuz" zwischen Lindabrunn und Aigen, Niederösterreich.

Carlina acaulis: a) am Rand einer Aufforstung, ca. 60 m vom „Blinden Kreuz" zwischen Lindabrunn und Aigen, Niederösterreich.
b) Gerhardshof, Koralpe, Steiermark.

Carlina racemosa: Coimbra (Saatgut vom natürlichen Standort).

---

[3] Originalbeitrag von Erika SVOMA (Wien), die Autorin dankt Frau R. WUNDERLICH für die kritische Durchsicht des Manuskripts.

Methode:

Die Köpfchen wurden in kleine Teile zerlegt, zumindest 24 h in FPA 50 (Formalin, Propionsäure, 50% Alkohol, 5 : 5 : 90) fixiert und in 70% Ethanol bei Zimmertemperatur aufbewahrt. Zur mikroskopischen Untersuchung wurde die Samenanlage aus dem Fruchtknoten herauspräpariert und als Ganzes in die Klärflüssigkeit nach HERR (1971) eingelegt (80%ige Milchsäure, Chloralhydrat, Phenol, Nelkenöl und Xylol, 2 : 2 : 2 : 2 : 1 Gewichtseinheiten). Zwischen Objektträger und Deckglas wurden Plastilinfüßchen (Höhe dem Objekt angepaßt) montiert. Nach ungefähr 24 h erscheint die Samenanlage nahezu durchsichtig und kann nun mit Hilfe eines Interferenzkontrastmikroskops Schärfenebene für Schärfenebene analysiert werden. Die einzelnen Schärfenebenen erscheinen plastisch, Zell-, Kerngrenzen und Nukleolen treten deutlich hervor.

Unter Hinweis auf die in Abb. 73 bis Abb. 76 ausführlich veranschaulichten Ergebnisse an *Carlina vulgaris, C. acaulis* und *C. racemosa* soll hier auf einige wichtige Strukturen hingewiesen werden. Bei der Samenanlage vollzieht sich die Krümmung in die anatrope Stellung bereits früh. Zur Zeit der meiotischen Prophase der Megasporogenese ist sie abgeschlossen (Abb. 74a–d). Es liegt ein Integument vor (unitegmisch), das vielschichtig ist. Im Stadium des voll ausgebildeten Embryosacks hat es eine Stärke von 20–25 Zellschichten. Integument und Raphe bilden einen sehr langen, schmalen Mikropylarkanal, bei *C. acaulis* mit einer leichten S-förmigen Krümmung (vgl. Abb. 74d, m, o).

Im Stadium des vollentwickelten Embryosacks ist ein Leitbündel drei bis vier Schichten unter der äußeren Epidermis des Integuments rund um die Samenanlage bis zum mikropylaren Ende zu sehen. In den subepidermalen Zellen treten massenhaft Kristalle (wahrscheinlich Calciumoxalat) auf.

In den tieferen Lagen des Integuments findet man Einlagerungen in Zellen, die sich „fußballartig“ gruppieren. Bei *C. acaulis* und *C. vulgaris* sind diese nur vereinzelt als kleinere oder größere Gruppen anzutreffen, bei *C. racemosa* treten sie so massenhaft auf, daß sie in späteren Stadien die genauere mikroskopische Beobachtung des Embryosacks verhindern.

Während der Megasporogenese und frühen Embryosackentwicklung vergrößern sich die den Nucellus umgebenden Zellen der inneren Epidermis des Integuments und bilden ein zunächst einschichtiges Integumenttapetum. Dieses grenzt sich von dem übrigen Integumentgewebe scharf ab. Die Zellen des Integumenttapetums sind bei *C. racemosa* stark radial gestreckt und schmal (Abb. 75d, f), bei *C. vulgaris* und *C. acaulis* dagegen stellenweise mehr kubisch (Abb. 73b, e; 74e–n). Bei diesen beiden letzteren Arten bleibt das Integumenttapetum während der späteren Embryosack- und Endospermentwicklung nur in der Höhe des Eiapparates einschichtig. Um den bauchigen Teil des Embryosacks wird es infolge tangentialer Zellteilungen bei *C. acaulis* 3–4schichtig (Abb. 74p–r) und bei *C. vulgaris* bis zu 6–7schichtig (Abb. 73h–l).

Der Nucellus besteht bei den untersuchten Arten in ganz jungen Stadien aus einer einzigen Archesporzelle, die nur von der Nucellusepidermis umschlossen wird (tenuinucellat, Abb. 74a–c; 75b, d). Die Archesporzelle wird direkt zur Embryosackmutterzelle. Eine Deckzelle wird also nicht gebildet.

Die Embryosackentwicklung verläuft nach dem Normaltypus: Nach Ablauf der Megasporogenese liegt eine lineare Megasporentetrade vor, in der die drei mikropylaren Megasporen bald degenerieren und die chalazale Megaspore in drei Kernteilungsschritten zum achtkernigen Embryosack auswächst (Abb. 73b–e; 74e–n). Aus den Abbildungen 73b, d; 74a–f und 75b, d geht deutlich hervor, daß die Archesporzelle, die Embryosackmutterzelle und die Megasporentetrade von der Nucellusepidermis umschlossen bleiben. Erst in den folgenden Stadien, während der einkernige Embryosack auswächst und die erste Mitose stattfindet, degeneriert die Nucellusepidermis (Abb. 74g–i). Gleichzeitig und in den folgenden Stadien wächst der Embryosack gegen die Mikropyle zu, begrenzt von dem inzwischen ausdifferenzierten Integumenttapetum

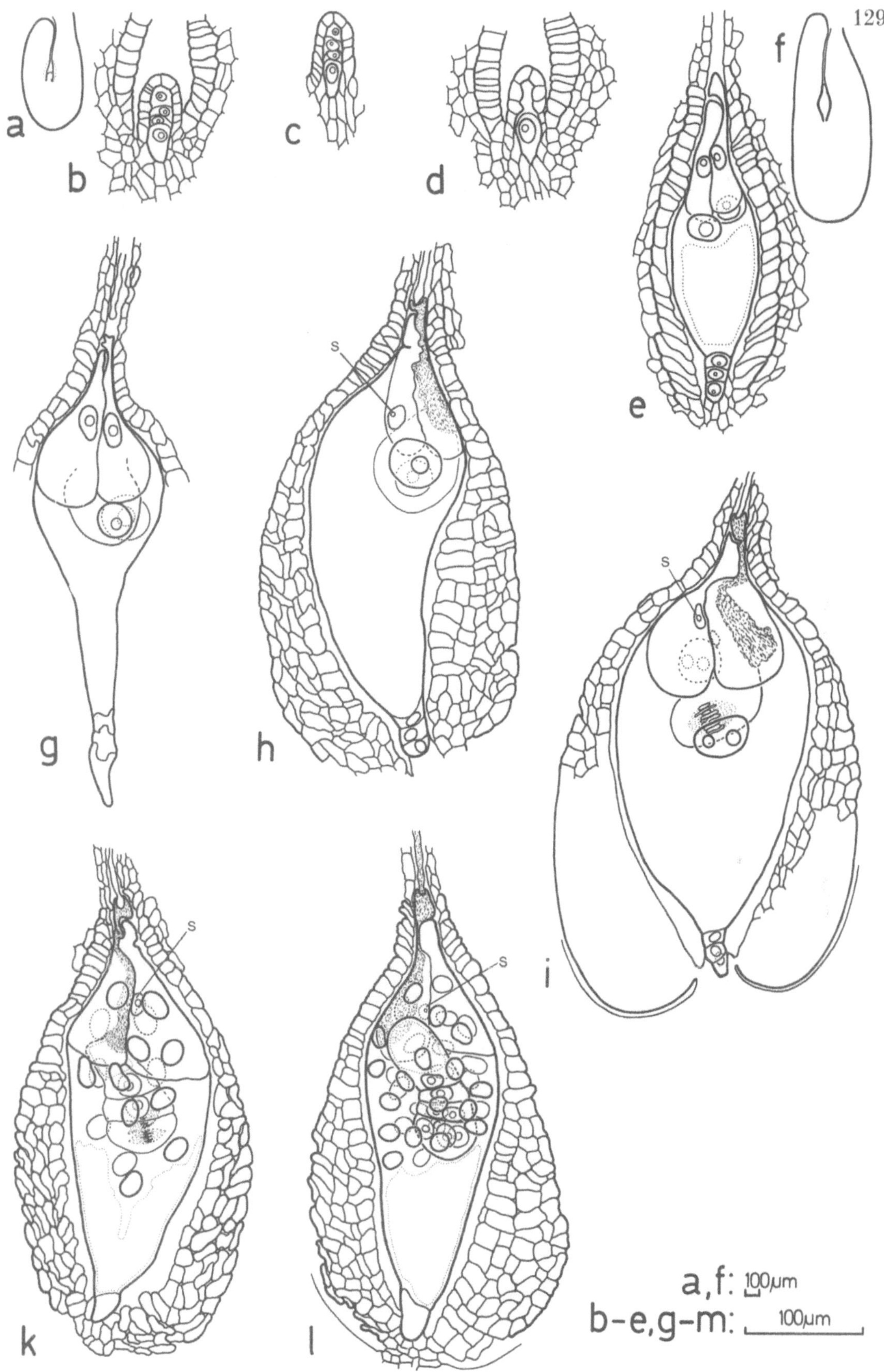

Abb. 73: *Carlina vulgaris*, Text siehe S. 130.

Fig. 73: *Carlina vulgaris*, text see p. 130.

Abb. 73: *Carlina vulgaris*, Samenanlage, Embryosack, Embryo. Siehe S. 129.
a anatrope Samenanlage
b Nucellus und umgebendes Integumentgewebe aus Fig. a stärker vergrößert, im Nucellus lineare Megasporentetrade
c etwas späteres Stadium, chalazale Megaspore vergrößert
d 1kerniger Embryosack, die 3 mikropylaren Megasporen bereits vollständig degeneriert
e vollentwickelter Embryosack, vom Integumenttapetum eingeschlossen; eine der beiden Synergiden reicht mit ihrer Spitze weiter in die Mikropyle hinein, die andere Synergide überlappend; die Polkerne bereits zum sekundären Embryosackkern verschmolzen; 3 haploide Antipodenzellen
f Samenanlage von Fig. e
g Embryosack knapp vor der Befruchtung, Pollenschlauch nahe der eingedellten Spitze der längeren Synergide, Antipoden bereits in Degeneration
h–l befruchtete Embryosäcke, umgeben vom im chalazalen Teil mehrschichtigen Integumenttapetum; Pollenschlauch in die längere Synergide an der Eindellung ihrer Spitze eingedrungen und diese zu einem guten Teil ausfüllend, ihr Kern degeneriert; die andere Synergide mit intaktem Kern (s)
h Zygote und primärer Endospermkern (im Bild sich überdeckend)
i Zygote in Metaphase,Endosperm 2kernig
k 4zelliger Proembryo, Endosperm 16kernig
l 8zelliger Proembryo, Endosperm 32kernig
Zeichnung: Svoma.

Fig. 73: *Carlina vulgaris*, ovule, embryo sac, embryo. See p. 129.

Abb. 74: *Carlina acaulis*, Samenanlage, Embryosack, Embryo.
a junge Samenanlage, Nucellus mit Archesporzelle
b etwas älteres Stadium
c Nucellus mit Embryosackmutterzelle im Leptotän
d anatrope Samenanlage
e Nucellus und umgebendes Integumentgewebe aus Fig. d stärker vergrößert; Megasporentetrade, die chalazale Megaspore vergrößert, die 2 mikropylaren Megasporen bereits vollständig degeneriert
f Nucellus mit 1kernigem Embryosack, darüber Reste der 3 degenerierten Megasporen
g, h Nucellusepidermis in Degeneration, 1kerniger Embryosack wächst aus
i–l 2kerniger, 4kerniger, 8kerniger Embryosack; Embryosack grenzt direkt an das Integumenttapetum
m Samenanlage zur Zeit des jungen fertigen Embryosacks
n Embryosack mit umgebenden Integumentgewebe aus Fig. m stärker vergrößert; die Synergiden liegen schräg übereinander, die beiden Polkerne vor Fusion, 3 haploide Antipodenzellen
o Samenanlage knapp vor der Anthese
p Embryosack mit Integumenttapetum aus Fig. o stärker vergrößert; eine Synergide überlappt mit ihrer Spitze, die eine Eindellung zeigt, die andere Synergide; Polkerne fusioniert; Antipoden bereits degeneriert
q, r befruchtete Embryosäcke, umgeben vom im chalazalen Teil mehrschichtigen Integumenttapetum; Pollenschlauch an der eingedellten Spitze in die längere Synergide eingedrungen und diese zu einem guten Teil ausfüllend, deren Kern degeneriert, Kern der anderen Synergide noch intakt (s)
q 8zelliger Proembryo, Endosperm 16kernig
r 32zelliger Proembryo, Endosperm 64kernig (62 Kerne und 1 Kern in Metaphase)
s 32zelliger Proembryo aus Fig. r
Herkunft: a–n Lindabrunn, NÖ
o–s Gerhardshof, Koralpe, Stmk.
Zeichnung: Svoma.

Fig. 74: *Carlina acaulis*, ovule, embryo sac, embryo.

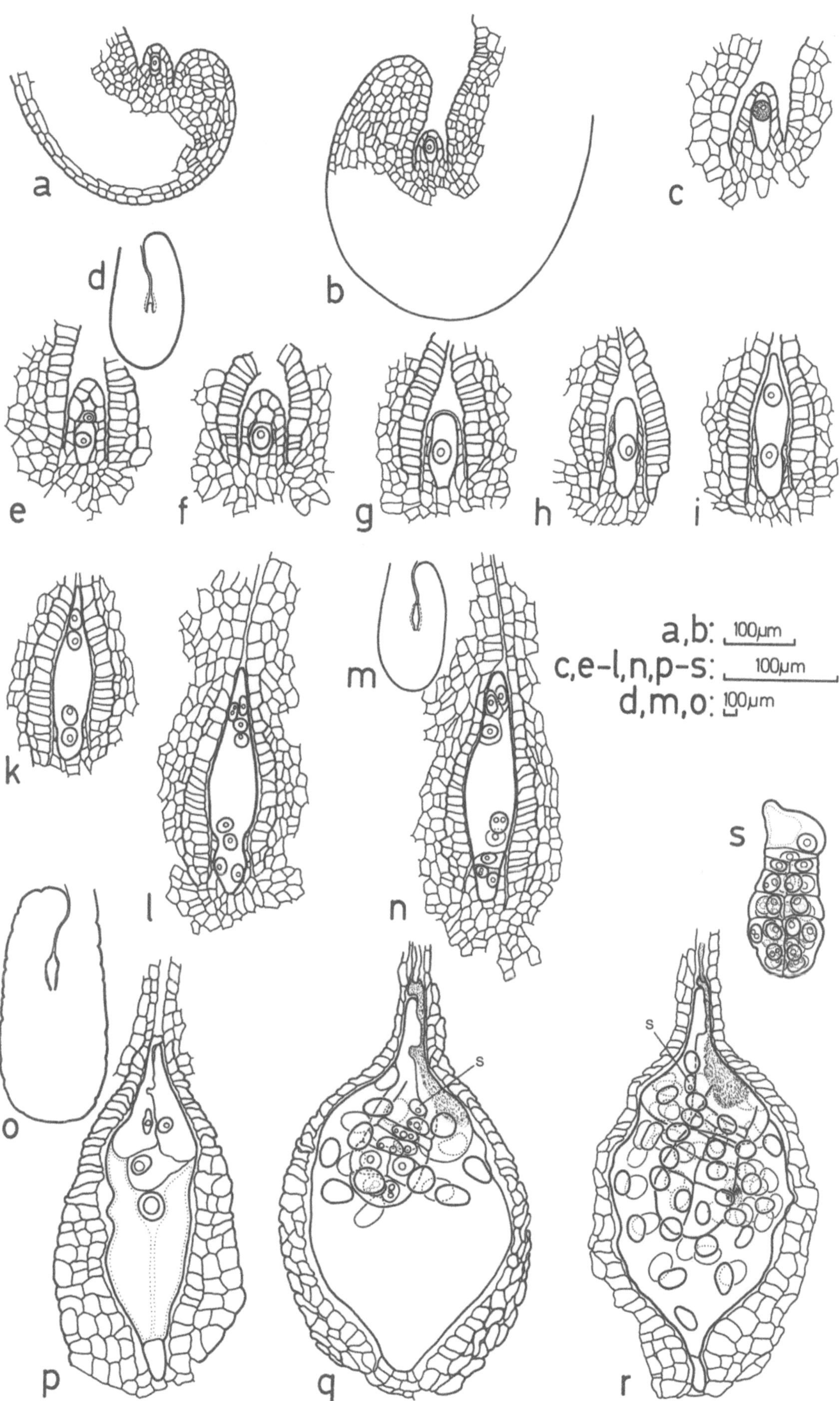

Abb. 74: *Carlina acaulis*, Text siehe S. 130.

Fig. 74: *Carlina acaulis*, text see p. 130.

(Abb. 73b, d, e; 74e–l).

Im fertigen Embryosack bestehen Unterschiede zwischen dem Eiapparat von *C. vulgaris* und *C. acaulis* einerseits und dem von *C. racemosa* andererseits (Abb. 76). Bei den beiden erstgenannten Arten liegen die Synergiden anfangs schräg übereinander,

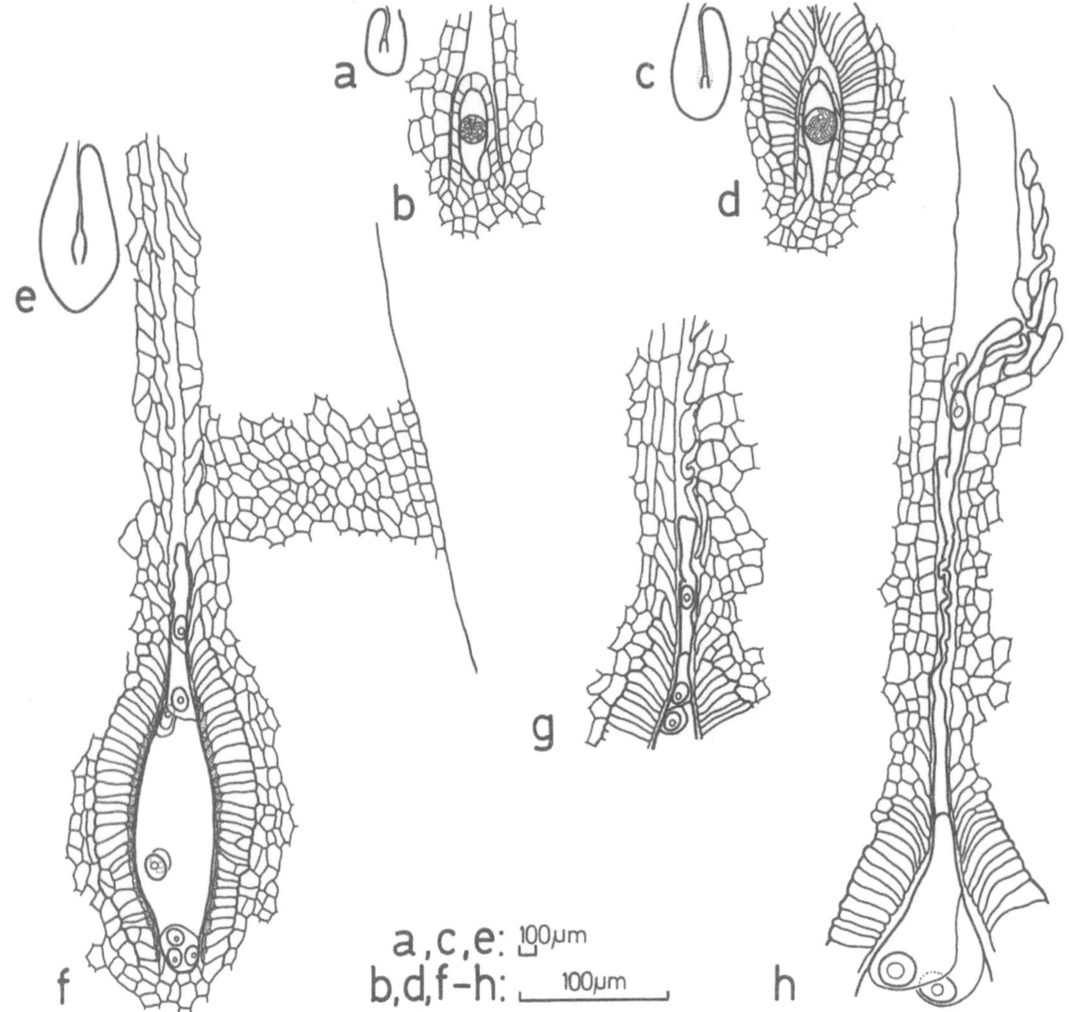

Abb. 75: *Carlina racemosa*, Samenanlage, Embryosack.
a anatrope Samenanlage
b Nucellus aus Fig. a mit Embryosackmutterzelle im Zygotän
c Samenanlage etwas älter
d Nucellus aus Fig. c mit Embryosackmutterzelle im Diplotän, umgeben vom auffallend differenzierten Integumenttapetum
e Samenanlage zur Zeit des vollentwickelten Embryosacks
aus Fig. e stärker vergrößert: Mikropyle; Integumenttapetum umschließt den jungen fertigen Embryosack, die beiden Synergiden liegen übereinander, die mikropylare beginnt auszuwachsen, die 2 Polkerne vor Fusion, 3 haploide Antipoden
g, h die mikropylare Synergide wächst in den Mikropylarkanal hinein und dürfte sich verzweigen; andere Teile des Embryosacks wegen massiver Einlagerungen nicht analysierbar.
Zeichnung: SVOMA.

Fig. 75: *Carlina racemosa*, ovule, embryo sac.

später nebeneinander und ihre flaschenhalsförmigen Spitzen ragen in den Mikropylarkanal. Die Spitze der einen Synergide ist etwas länger und überlappt die der anderen Synergide. Eine leichte Eindellung im Spitzenteil der längeren Synergide markiert den Platz, an dem der Pollenschlauch eindringt (Abb. 73e, g, h; 74p, q). Bei *C. racemosa* dagegen sind die beiden Synergiden übereinander angeordnet. In der weiteren Entwicklung wächst die mikropylare Synergide zu einem Haustorium aus und in den langen Mikropylarkanal weit hinein (Abb. 75f–h). Je eine größere Vakuole ist in der Eizelle im mikropylaren Teil und in den Synergiden im chalazalen Teil zu sehen. Die zwei Polkerne des Embryosacks fusionieren bei allen Arten zu einem sekundären Embryosackkern, zur Zeit der Anthese liegt dieser immer unmittelbar unter dem Eiapparat (Abb. 73e, g; 74p). Die drei Antipodenzellen mit je einem haploiden Kern degenerieren oft schon vor der Befruchtung (Abb. 73g; 74p).

Die Befruchtung wurde nur bei *C. vulgaris* und *C. acaulis* beobachtet. Bei diesen Arten erreicht der Pollenschlauch den Embryosack durch den Mikropylarkanal, wo er auch später noch gut zu sehen ist. An der Eindellung in der Spitze der längeren Synergide dringt er in diese ein und füllt sie zu einem guten Teil aus (Abb. 73h; 74q). Der Kern dieser Synergide degeneriert, während der Kern der anderen, unversehrt gebliebenen Synergide noch länger erhalten bleibt (Abb. 73h–l; 74q, r).

Das Endosperm entwickelt sich nach dem nukleären Typ. Dabei entsteht eine Vielzahl von Kernen (Abb. 73k, l; 74q, r). Die dabei beobachteten Beziehungen in der Entwicklung von Endosperm und Proembryo ergeben sich aus der Tabelle 5. Die Zellwandbildung im Endosperm setzt im mikropylaren Bereich des Embryosacks ein. Die Zahl der Nukleolen des Zygotenkerns, der Embryokerne und der Endospermkerne ist bei *C. acaulis* und bei *C. vulgaris* verschieden. Die Zygoten- und Embryokerne von *C. vulgaris* besitzen maximal 2, von *C. acaulis* bis zu 3 Nukleolen. Die Endospermkerne von *C.*

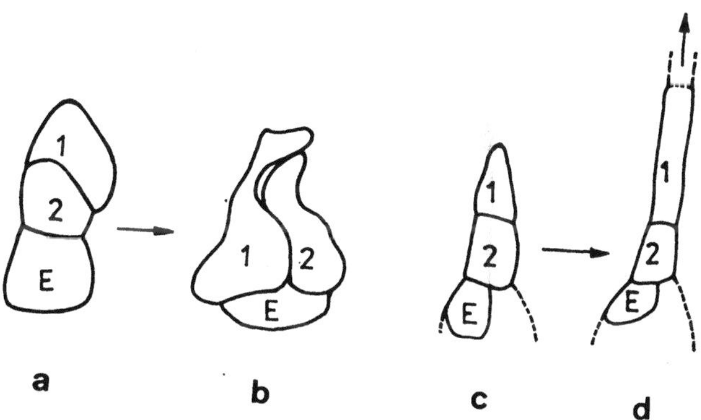

Abb. 76: Unterschiedliches Verhalten der beiden Synergiden (1, 2):
a, b) bei *Carlina vulgaris* und *C. acaulis* liegen beide Synergiden anfangs schräg übereinander, später nebeneinander und eine Synergide (1) überlappt mit ihrer eingedellten Spitze die andere Synergide (2)
b, c) bei *C. racemosa* liegen die beiden Synergiden übereinander und die mikropylare Synergide (1) wächst zu einem langen Haustorium aus (E Eizelle).

Fig. 76: Different behaviour of the synergids (1, 2):
a, b) in *Carlina vulgaris* and *C. acaulis*, both synergids are first transversally situated one above the other, later side by side, and one synergid (1) overlaps with its concave tip the other synergid (2)
b, c) in *C. racemosa*, both synergids are situated one above the other and the micropylar synergid (1) developes to a long haustorium (E egg-cell).

Tab. 5: Zeitliche Beziehung in der Entwicklung von Endosperm und Proembryo bei *Carlina*.

Tab. 5: Temporal relationships in the development of endosperm and proembryo in *Carlina*.

Embryo	Zygote	Zygote in Metaphase	4	8	5	8	16	32
Endosperm	1	2	16	16	32	32	64	64

vulgaris zeigen maximal 3, von *C. acaulis* bis zu 6 Nukleolen. Daraus läßt sich schließen, daß bei *C. vulgaris* im haploiden Chromosomensatz wahrscheinlich 1, bei *C. acaulis* zumindest 2 SAT-Chromosomen vorhanden sein müssen. Das Verhältnis von Embryogröße zur Ausdehnung des Embryosacks bleibt bei den beobachteten Stadien konstant. Der Proembryo nimmt die halbe Länge des Embryosacks in diesen jungen Stadien ein.

Die beobachteten Stadien der Proembryo-Entwicklung von *C. vulgaris* (Abb. 73i–l) und *C. acaulis* (Abb. 74q–s) stimmen mit den Untersuchungen von MESTRE (1963–64) weitgehend überein und sind aller Wahrscheinlichkeit nach dem *Senecio*-Typus (nach SOUÈGES, siehe CRÉTÉ 1963) zuzuordnen.

Wenn man einige Merkmale der Samenanlage, des weiblichen Gametophyten und der Endospermentwicklung zusammenstellt, wie sie sich aus den vorliegenden Untersuchungen ergeben (Tab. 6), so zeigt sich, daß sich *Carlina* und auch *Xeranthemum* von den *Carduinae* und *Centaureinae*, aber noch mehr von den *Echinopeae* beachtlich unterscheiden. Besonders differieren diese Verwandtschaftskreise in der Ausbildung der Mikropylarregion, in der Entwicklung der Antipoden und des Endosperms. Die *Echinopeae* weichen in so wichtigen Strukturen wie in der zellulären Endospermbildung und in dem Fehlen eines Integumenttapetums ab; sie stimmen aber mit *Carlina* besonders in der Ausbildung eines langen Mikropylarkanals und in dem Vorhandensein von drei einkernigen, stets haploiden Antipodenzellen überein.

Tab. 6: Vergleich embryologischer Merkmale von *Carlina* und *Xeranthemum (Carlineae)* mit den verwandten Subtriben der *Cynareae*. Nach eigenen Beobachtungen und PODDUBNAJA-ARNOLDI (1931).

Tab. 6: Comparison of embryological characters in *Carlina* and *Xeranthemum (Carlineae)* with related subtribes of *Cynareae*, according to original observations and PODDUBNAJA-ARNOLDI (1931).

	Carduinae	*Centaureinae*	*Xeranthemum*	*Carlina*	*Echinopeae*
Mykropyle sehr lang	–	–	–	+	+
Mykropyle behaart	+	+	–	–	+
Synergide mit Vakuole (im unteren Teil)	+	+	+	+	–
Integumenttapetum	+	+	+	+	–
3 einkernige Antipodenzellen	–	–	+	+	+
Zell- und Kernzahl der Antipoden konstant	–	–	+	+	+
Antipoden früh absterbend	–	–	–	+	–
Endosperm nukleär	+	+	+	+	–
Endosperm zellulär	–	–	–	–	+
große Zahl freier Endospermkerne	+	+	–	+	–
Verhältnis Proembryo zu Embryosack in jungen Stadien	1:3	1:4	1:3	1:2	1:2

Zu beachten ist auch, daß *Carlina* und *Xeranthemum* nicht völlig übereinstimmen. Sie unterscheiden sich in der Form der Mikropyle, in der Zahl der freien Endospermkerne und der Tatsache, daß bei *Xeranthemum* die Antipodenkerne polyploid werden und länger bestehen bleiben als bei *Carlina*. Es erscheint notwendig, weitere Gattungen zu untersuchen, bevor man von charakteristischen embryologischen Strukturen der *Carlininae* sprechen kann (PODDUBNAJA-ARNOLDI 1931).

Selbst innerhalb der Gattung *Carlina* zeichnen sich nach den vorliegenden ersten Analysen Unterschiede ab, so z. B. in der Nukleolenzahl in den Kernen des Proembryos und des Endosperms, in der Mächtigkeit des Integumenttapetums, in der Form seiner Zellen und in der Ausbildung der Synergiden. So konnte die Entwicklung eines Synergidenhaustoriums bei *C. racemosa* innerhalb der *Cynareae* erstmals festgestellt werden. Es bleibt zu prüfen, an welche *Carlina*-Sippen diese auffallende Struktur gebunden ist, wie überhaupt die embryologische Analyse der Gattung *Carlina* einer weiteren Untersuchung bedarf.

2.10. Karyologie[4]

Angesichts der großen Bedeutung von karyologischen Befunden für die Systematik und Evolutionsforschung war es naheliegend, derartige Untersuchungen auch im Rahmen der vorliegenden Monographie durchzuführen. Dabei sollte einerseits der Versuch gemacht werden, die bisher für *Carlina* aus der Literatur bekannten Chromosomenzählungen soweit als möglich zu vervollständigen. Darüber hinaus schien es aber erstrebenswert, durch die Anwendung neuer Methoden der Karyotypanalyse die chromosomenstrukturelle Differenzierung der Gattung zu erhellen und daraus karyosystematische Schlußfolgerungen zu ziehen. Zuletzt versprachen derartige Analysen auch Einblicke in die raum-zeitliche Entfaltung der Gattung und die dabei wirksamen Evolutionsmechanismen.

2.10.1. Material und Methodik

In Tab. 7 sind den systematisch geordneten Taxa von *Carlina* die derzeit verfügbaren karyologischen Befunde zugeordnet. Neben den Literaturhinweisen finden sich hier die bisher unveröffentlichten karyologischen Ergebnisse mit dem Hinweis „Orig." und Angaben über die Herkunft des Materials. Diese Untersuchungen wurden in den Jahren 1978–1987 fast ausschließlich an Material durchgeführt, das in den Botanischen Gärten Halle/S. bzw. Wien vom Originalstandort nachgebaut worden war.

Abgesehen von orientierenden Untersuchungen mit der Karminessigsäure-Schnellmethode wurden die hier vorgelegten karyologischen Untersuchungen durchwegs an colchizinierten Wurzelspitzen (von eingetopften Gartenpflanzen bzw. gekeimten Achänen) durchgeführt. Die Fixierung erfolgte in einem Äthanol (96%) – Eisessiggemisch im Verhältnis 3:1. Für die Feulgen-Färbung wurden die Wurzelspitzen nach Waschen

[4] Originalbeitrag von Friedrich EHRENDORFER und Makyieh TOHIDAST-AKRAD (Wien). Wir danken Herrn Univ.-Prof. Dr. D. SCHWEIZER (Wien) für vielfältige Unterstützung und Beratung, Herrn Dr. H. OHLE (Gatersleben), Frau Dr. Claudia SCHWEIZER (Wien) sowie den Herren Dr. M. KIEHN und Dr. E. VITEK für die Überlassung von bisher unveröffentlichten karyologischen Befunden sowie Herrn Dr. M. KIEHN (Wien) für Literaturrecherchen. Der Fonds für die Förderung der wissenschaftlichen Forschung hat unsere Forschungsarbeiten im Rahmen der Projekte P 6189 B und P 6367 B dankenswerterweise finanziell unterstützt.

in destilliertem Wasser mit 1N HCl bei 60°C im Wasserbad 6–8 min hydrolysiert, in destilliertem Wasser gespült und dann ca. 2 Stunden lang bei Raumtemperatur im Dunkeln mit Schiff's Reagenz gefärbt. Das Quetschen erfolgte in 45% Essigsäure bzw. Karminessigsäure. Nach Entwässern in einer Alkoholreihe wurden dann mit Euparal Dauerpräparate hergestellt.

Bei der Giemsa C-Bänderung wurde das Verfahren von SCHWARZACHER et al. (1980) angewendet: Waschen der fixierten Wurzeln in 0,01 M Zitronensäure-Na-Citratpuffer (pH 4,5–4,8); 30–40minütige Behandlung bei 37°C in 1% Pektinase + 1% Zellulase; neuerliches Waschen; 15minütige Behandlung mit 45% Essigsäure bei Zimmertemperatur; Quetschen; Absprengen des Deckglases mit der Trockeneismethode und Lufttrocknen der Präparate. Der Färbevorgang erfolgt erst nach einigen Tagen bzw. Monaten und besteht aus mehreren Schritten, zwischen denen jeweils 5–10 Minuten lang mit Leitungswasser gewaschen wird: 15 Minuten 45% Essigsäure bei 60°C; 10–12 Minuten $Ba(OH)_2 . 8H_2O$ (6,3%) bei 20–24°C; 1 Stunde 2 × SSC (Tri-Natriumcitrat-2-hydrat; 16,6 g NaCl + 8,8 g $C_6H_5Na_3O_7 . H_2O$/in einem Liter Aqua dest.) bei 60°C; 10–30 Minuten oder länger in 3% Giemsa-Lösung (Gurr's improved R66) in Sörensen's M/15 Phosphatpuffer (pH 6,8) färben (bis sich Bänder zeigen); nach kurzem Abspülen mit Aqua dest. und Lufttrocknen wurden die Präparate in Euparal eingedeckt.

Für die karyologischen Analysen wurde ein Reichert Forschungsmikroskop „Polyvar" mit eingebauter vollautomatischer Fotoausrüstung verwendet. Als Filmmaterial stand Agfa Ortho-25 oder Kodak „Dokumentenfilm" zur Verfügung. Für die Erstellung der Karyotypen wurden von 4500fach vergrößerten Positivbildern ausgewählter Metaphaseplatten die Chromosomen mit Tusche auf Klarsichtfolie übertragen und nach ihrer relativen Länge bzw. ihrem Armverhältnis zu Karyogrammen angeordnet. Für die Chromosomenmessungen wurde die Methode von BAUMBERGER (1970) verwendet, wobei mit einem Zahnrädchen (Zahnabstand 1mm) Gesamtlänge und Armlänge der Chromosomen exakt erfaßbar wird. Bei den Giemsa-Präparaten läßt sich zusätzlich auch die Stärke der C-Bänder erfassen. Aus der gesamten Chromosomenlänge ergibt sich die absolute Karyotyplänge im µm sowie die relative Länge jedes einzelnen Chromosoms (%) und der Armindex (%, Länge des langen Armes dividiert durch die Gesamtlänge des Chromosoms × 100).

Bei *Carlina* lassen sich einzelne Chromosomenpaare nur dann erkennen, wenn sie besonders charakteristisch ausgebildet sind. Auch Chromosomengruppen lassen sich oft nicht scharf voneinander abgrenzen. Immerhin gibt der Armindex gewisse Anhaltspunkte für eine solche Gruppierung. Dabei wurden Chromosomen mit Armindexwerten von 50% bis etwa 60% als metazentrisch (m), von 60% bis 70% als submetazentrisch (sm) und über 70% als subterminal (st) angesprochen. Mit Ausnahme von *C. racemosa*, welche sehr große Satelliten aufweist, sind die Satelliten vielfach klein und verkleben oft mit dem kurzen Arm, an dem sie sitzen. Soweit erkennbar wurden derartige Satellitenchromosomen mit einem hochgestellten S gekennzeichnet. Auffällig große Chromosomen wurden durch ein hochgestelltes G markiert. Alle diese Befunde lassen sich dann in einer Karyotypformel zusammenfassen (Tab. 8). Da die absoluten Karyotyplängen auch vom Kontraktionsgrad der Chromosomen im Ablauf der Metaphase abhängig sind, wurden aus 3–5 Metaphaseplatten für jede Herkunft Maximal- und Minimalwert, Mittelwert und Variationskoeffizient errechnet (Tab. 8).

Entsprechend den methodischen Ansätzen von BAUMBERGER (1970) und SCHWEIZER (1973b) wurden für alle genauer untersuchten Sippen Karyogramme bzw. Karyo-Diagramme erarbeitet. Die hier reproduzierten Karyogramme (Tafeln XXI–XXII) be-

Additional material from *Lebensgeschichte der Gold-und Silberdisteln,*
ISBN 978-3-7091-7439-5 (978-3-7091-7439-5_OSFO1),
is available at http://extras.springer.com

ruhen auf besonders übersichtlichen einzelnen Metaphaseplatten mit mittelmäßig kontrahierten Chromosomen. Dagegen wurden für die Erstellung der Karyo-Diagramme (Abb. 77–80) jeweils 3–5 solcher Metaphaseplatten ausgewertet. Diesen Diagrammen liegt ein zweidimensionales Koordinatensystem zugrunde, mit der Ordinate für den Armindex und der Abszisse für die relative Chromosomenlänge. In dieses Koordinatensystem wird jedes Chromosom mit seinen Daten als Einzelsymbol eingetragen, △ für die metazentrischen (m), □ für die submetazentrischen (sm) und ○ für die subterminalen (st) Chromosomen. Für Satellitenchromosomen werden volle Symbole verwendet; besonders große Chromosomen werden durch eine eingefügte Punktsignatur markiert. Bei dieser Zuordnung der Chromosomen wird verständlicherweise immer von der Gesamtheit der Chromosomen jeder einzelnen Metaphaseplatte ausgegangen. Insgesamt ergeben die Karyo-Diagramme ein gutes Bild vom durchschnittlichen Karyotyp jeder Sippe: Dabei erscheinen die symmetrischen m-Chromosomen im unteren, die zunehmend asymmetrischen sm- bzw. st-Chromosomen im oberen Teil, die relativ kleinen Chromosomen im linken, die relativ großen im rechten Teil des Karyo-Diagramms.

2.10.2. Chromosomenzahlen

Wenn man den Conspectus von *Carlina* (S. 23) mit Tab. 7 vergleicht, dann zeigt sich, daß Chromosomenzählungen nunmehr für alle Untergattungen, Sektionen und Subsektionen der Gattung vorliegen. Von den insgesamt 28 unterschiedenen Arten haben wir bisher Chromosomenzahlen von 23 Arten ermittelt. Entsprechende Angaben fehlen noch für 5 der eng verwandten Arten der subsect. *Corymbosae* und für die der *C. acaulis* nahestehende *C. atlantica* aus subsect. *Heracantha*. Für die subgenera *Carlowizia* und *Lyrolepis* sowie die sectt. *Mitina, Carlina* und *Heracantha* aus subg. *Carlina* kann $2n = 20$, also die Grundzahl $x = 10$, als gesichert gelten. Bei der sect. *Corymbosae* aus subg. *Carlina* findet sich dagegen ausschließlich $2n = 18$, also die Chromosomengrundzahl $x = 9$. Sehr auffällig ist das vollständige Fehlen von Polyploidie: Alle bisher untersuchten Herkünfte haben sich als einheitlich diploid erwiesen.

Hier kritisch anzuführen sind einige wenige widersprüchliche und zweifelhafte Angaben, die in Tab. 7 nicht angeführt sind: So gibt Arata (1944) für *C. corymbosa* aus Süditalien (Salerno: Marina Pisciotta) $2n = 20$ an, offenbar eine unrichtige Chromosomenzählung; damals war für die Gattung noch keine andere Chromosomenzahl bekannt und die karyologische Technik noch wenig entwickelt. Aus Bulgarien (Stara Planina, Cape Emine) führen Kuzmanov & Georgieva (1983) für *C. corymbosa* ebenfalls $2n = 20$ an. Die Richtigkeit dieser Bestimmung konnte an Hand von Herbarbelegen überprüft werden; die Chromosomenzählung wäre dringend zu wiederholen. Zuletzt sei noch auf eine Angabe für *C. lanata* aus Algerien (Bouhadjada) mit $2n = 18$ verwiesen (Djerdjour & Guittoneau 1977). Auch hier müßte der naheliegende Verdacht auf eine Falschbestimmung bzw. Falschzählung noch ausgeräumt werden.

Bei den Analysen von Wurzelspitzen-Mitosen durch C. Schweizer und Tohidast-Akrad (vgl. Tab. 7) sind bisher keine Unregelmäßigkeiten hinsichtlich der Chromosomenzahl bzw. der Chromosomenaufteilung auf die Tochterkerne beobachtet worden. Dagegen hat Ohle (vgl. Tab. 7) gelegentlich Mitosestörungen beobachtet. Bei einigen seiner ±-Angaben betreffend Chromosomenzahlen besteht auch der Verdacht auf das Vorkommen von akzessorischen Chromosomen. Darauf wird in Zukunft zu achten sein. In der Literatur über *Carlina* finden sich bisher keine Hinweise auf solche zusätzliche Chromosomen oder auf Störungen der Mitosen bzw. Meiosen.

2.10.3. Karyotypen

Zuerst ist abzuklären, inwieweit bei der hier verwendeten Methode der Darstellung von Feulgen-Karyotypen sippenspezifische, also genetisch fixierte Unterschiede erfaßt werden. Oder anders gefragt, inwieweit müssen wir bei dieser Methode auch mit präparativ bedingten Veränderungen der Ergebnisse rechnen, die für unsere karyosystematischen Schlußfolgerungen natürlich irrelevant bzw. störend sind? Dazu wurden von drei *Carlina*-Sippen aus dem gleichen Herkunftsbereich je zwei unterschiedliche Herkünfte untersucht, die zwar unter vergleichbaren Experimentalbedingungen, aber nicht im gleichen Jahr kultiviert worden waren. Von diesen drei Vergleichspaaren sollen hier zur Überprüfung der Aussagekraft unserer Methode die Ergebnisse von *C. nebrodensis* aus der Quacella (Sizilien, Nebroden) vorgestellt werden (vgl. Tab. 8, Tafel XXc, Abb. 79II, III). Von der Herkunft CM 10 wurden fünf, von CM 104 vier Metaphaseplatten vergleichbaren Kontraktionsgrades analysiert. Die absolute Gesamtlänge der Karyotypen lag zwischen 60 und 74 µm, die Mittelwerte waren sehr ähnlich. In beiden Karyo-Diagrammen ist die Gruppe der metazentrischen Chromosomen (m, △) einigermaßen abgesetzt und erscheint wegen der relativen Kleinheit dieser Chromosomen (überwiegend 3,5–4,5%) nach links verschoben. Die submetazentrischen Chromosomen (sm, □) und die subterminalen (st, ○), teilweise mit Satelliten (st^s, ●), liegen eng geschlossen übereinander. In ihrer Größenamplitude geht die sm- nur unwesentlich über die st-Gruppe hinaus (4,0–6,2% zu 4,2–6,1% bzw. 3,8–6,4% zu 4,3–6,3%). Eines der Satellitenchromosomen von CM 10 hat im Zuge der Präparation eine Stauchung seines langen Armes erfahren und erscheint daher weit in die m-Gruppe hineinverschoben. Bei CM 10 sind die sm- und st-Chromosomen etwas stärker gegen den asymmetrischen Bereich verschoben als bei CM 104 (70–79% zu 67–76%). Trotz dieser offenbar präparativ bedingten Differenzen der beiden Herkünfte treten die für *C. nebrodensis* spezifischen genetisch fixierten Charakterzüge des Karyotyps 4 m + 10 sm + 4 st + 2 st^s deutlich hervor. Auch bei den untersuchten unterschiedlichen Herkünften von *C. diae* und *C. oligocephala* kommt man beim Vergleich der entsprechenden Karyo-Diagramme zum Ergebnis, daß die hier gewählte Methode der Darstellung von Feulgen-Karyotypen die sippenspezifischen, genetisch fixierten Unterschiede der Taxa von *Carlina* in zufriedenstellendem Ausmaß widerspiegelt.

Nun zum Vergleich der Feulgen-Karyotypen der verschiedenen Verwandtschaftsgruppen von *Carlina*. Aus der makaronesischen Untergattung *Carlowizia* haben wir nur *C. xeranthemoides* genauer analysiert (Tab. 7 + 8, Tafel XXa, Abb. 77I). Für diese Sippe und die beiden weiteren Arten dieser Gruppe liegen aber auch Angaben über die Karyotypen nach Orcein-Essigsäurebehandlung vor (Hernandez 1984). Insgesamt ergibt sich also schon ein recht gut abgerundetes Bild.

Für *C. xeranthemoides* zeigen unsere Metaphaseplatten (Tafel XXa) und das Karyo-Diagramm (Abb. 77I) eine Gruppe von sechs relativ symmetrischen m-Chromosomen, von denen zwei (ein Paar) einen Übergang zur Gruppe der zehn sm-Chromosomen bilden. Hier schließt sich auch die Gruppe der beiden mittelgroßen (etwa 5,2–6,1%) Satelliten-Chromosomen an (sm^s; die Satelliten nicht immer klar erkennbar). Zuletzt gibt es noch zwei etwas kleinere (3,7–5,8%) st-Chromosomen, insgesamt also 6 m + 10 sm + 2 sm^s + 2 st. In ihrer relativen Größe liegen die m- unter den Werten der sm- und st-Chromosomen; die Größenamplitude innerhalb der m-Gruppe (etwa 2,7–5,8%) ist der sm-Gruppe (etwa 3,3–6,2%) vergleichbar. Auffällig ist die relativ kontinuierliche Ausbildung der Chromosomen von symmetrisch bis mäßig asymmetrisch (50–74%) und von klein bis mittelgroß (2,7–6,2%). Als absolute Karyotyplänge wurde etwa 47,5 µm ermittelt.

Tab. 8: Daten zu den Feulgen-Karyotypen von 10 *Carlina*-Arten und 1 Bastard (vgl. Tab. 7 wegen der Herkünfte: F): I. Infragenerische Gruppenzugehörigkeit (vgl. S. 23); II Artname (Kulturnummer); III Chromosomenzahl (2n); IV Anzahl der untersuchten Metaphaseplatten; V–VII Gesamtlänge der untersuchten Karyotypen (Kl) in µm: V Mittelwert ($\bar{x}$); VI Variationskoeffizient (S); VII Minimal- und Maximalwerte; VIII Karyotypformeln und Chromosomengruppen (metazentrisch = m, submetazentrisch = sm, submetazentrisch groß = sm^G, submetazentrisch mit Satellit = sm^S, subterminal = st, subterminal mit Satellit st^S).

Tab. 8: Data on Feulgen karyotypes for 10 *Carlina* species and one hybrid (see Tab. 7 for origins): I Infrageneric groups (see p. 23); II species name (cultivation number); III Chromosome number (2n); IV number of metaphase plates studied; V–VII absolute lengths of karyotypes (Kl) studied, in µm; V mean in µm ($\bar{x}$); VI variation coefficent (S); VII minimum and maximum values; VIII karyotype formulas and groups of chromosomes (metacentric = m, submetacentric = sm, submetacentric large = sm^G, submetacentric with satellite = sm^S, subterminal = st, subterminal with satellite = st^S).

I Gruppe	II Taxon	III 2n	IV Met	V Kl : $\bar{x}$	VI Kl : S	VII Kl : k-l	VIII Karyotypformel
A	*C. xeranthemoides*	20	4	47.43	7.39	39.60 – 55.08	6m + 10sm + $2sm^S$ + 2st
B	*C. diae* (CM 25)	20	4	60.66	2.63	57.69 – 63.18	6m + 10sm + $2sm^S$ + 2st
	– (CM 100)	20	5	67.75	14.90	56.43 – 91.44	6m + 10sm + $2sm^S$ + 2st
C1	*C. sicula*	18	4	65.77	8.08	54.90 – 72.81	4m + 8sm + $2sm^G$ + 2st + $2st^S$
	C. pygmaea	18	5	63.56	8.65	49.50 – 73.08	4m + 8sm + $2sm^G$ + 2st + $2st^S$
	C. hispanica	18	3	35.34	0.58	34.92 – 36.00	4m + 8sm + $2sm^G$ + 4st (inkl. $2st^S$)
C2	*C. racemosa*	20	3	68.88	12.75	57.78 – 82.80	8m + 6sm + $2sm^S$ + 4st
C4	*C. acaulis*	20	3	48.36	4.35	45.00 – 53.28	2m + 12sm + 6st
C3	*C. oligocephala* (CM 34)	20	3	62.61	0.66	62.10 – 63.36	4m + 10sm + 4st + $2st^S$
	– (CM 6/10)	20	3	68.01	9.35	61.65 – 78.75	4m + 10sm + 4st + $2st^S$
	C. nebrodensis (CM 10)	20	5	70.81	8.76	60.39 – 80.73	4m + 10sm + 4st + $2st^S$
	– (CM 104)	20	4	70.76	2.74	68.40 – 73.98	4m + 10sm + 4st + $2st^S$
	C. vulgaris	20	3	45.00	3.81	40.68 – 47.88	4m + 10sm + 6st (inkl. $2st^S$?)
B × C3	*C. diae* × *C. vulgaris*	20	3	69.36	3.69	67.14 – 73.62	5m + 11sm (inkl. $1sm^S$?) + 4st (inkl. $1st^S$?)

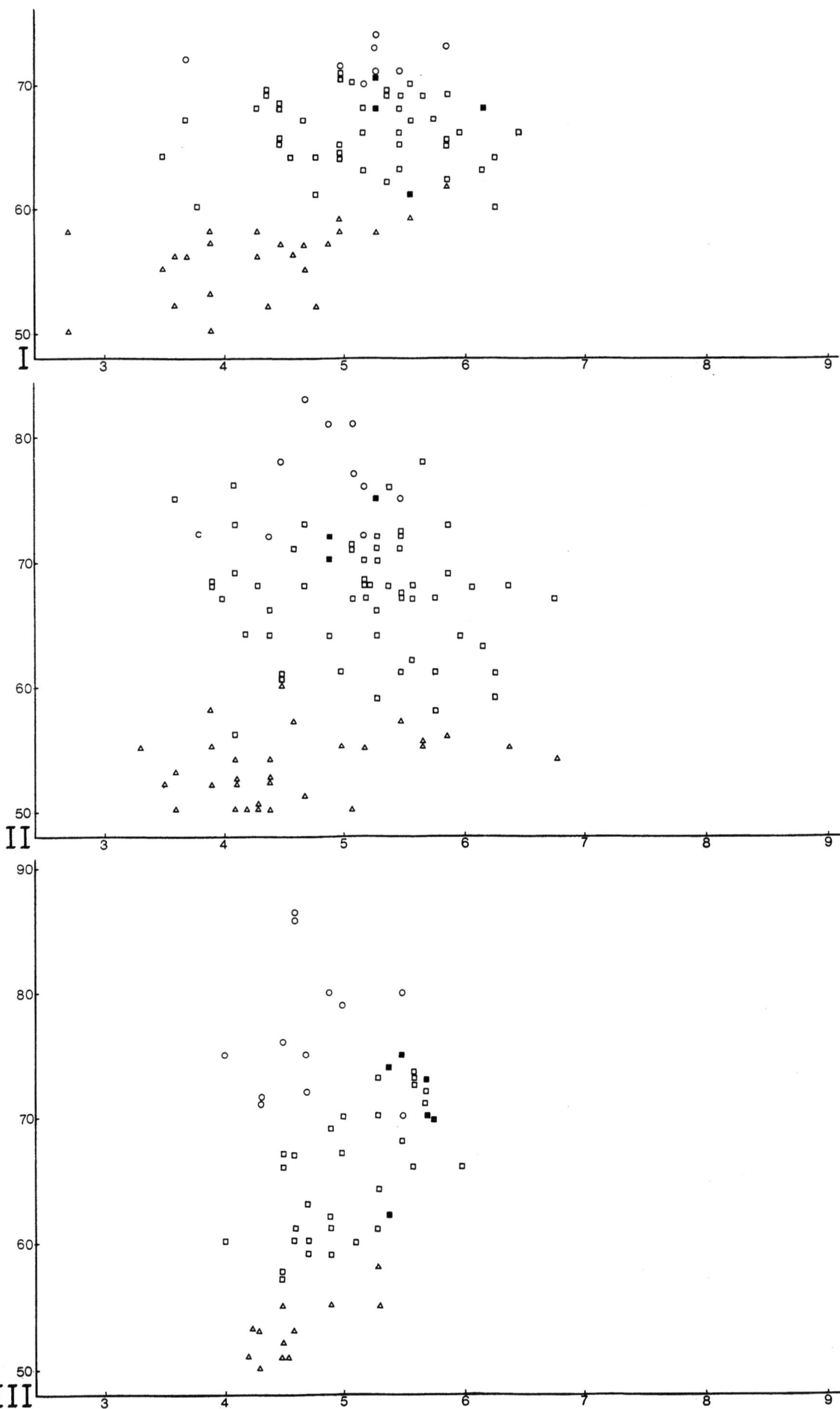

Abb. 77: Feulgen-Karyodiagramme: I. *Carlina xeranthemoides*, II. *C. diae* (CM 100), III. *C. racemosa* (Erläuterungen S. 142; Herkünfte und Karyotyp-Daten Tab. 7, 8).

Fig. 77: Feulgen karyodiagrams: I. *Carlina xeranthemoides*, II. *C. diae*, III. *C. racemosa* (explanations p. 142; origins and karyotype data Tab. 7, 8).

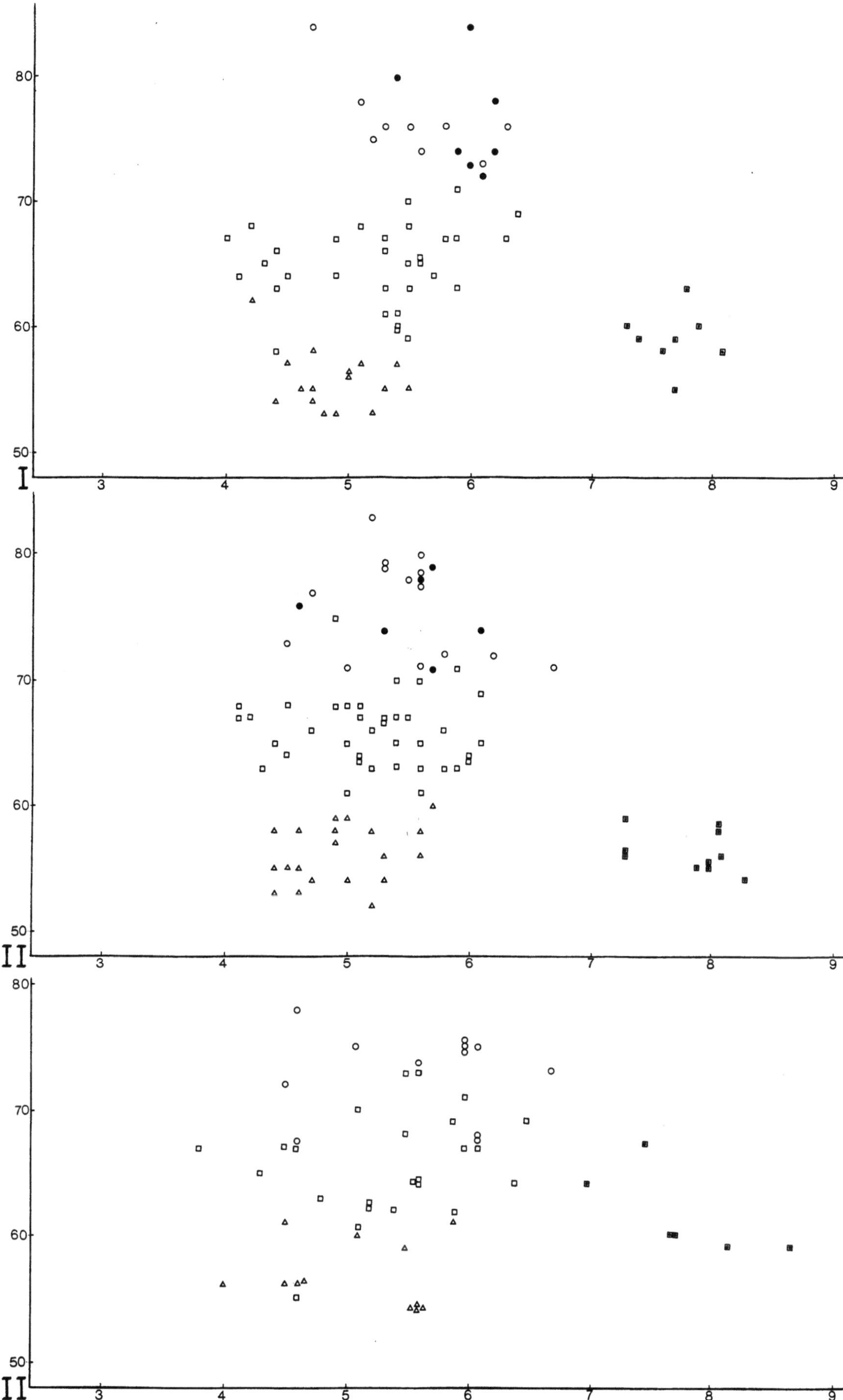

Abb. 78: Feulgen-Karyodiagramme: I. *Carlina sicula*, II. *C. pygmaea*, III. *C. hispanica* (Erläuterungen S. 143; Herkünfte und Karyotyp-Daten Tab. 7, 8).

Fig. 78: Feulgen karyodiagrams: I. *Carlina sicula*, II. *C. pygmaea*, III. *C. hispanica* (explanations p. 143; origins and karyotype date Tab. 7, 8).

Diese Ergebnisse lassen sich recht gut mit den von Hernandez (1984) mit einer anderen Methode erfaßten Karyotypen aller Arten der Untergattung *Carlowizia* parallelisieren. Sie findet ein großes, stark heterobrachiales (1) sowie ein großes schwächer heterobrachiales Chromosomenpaar mit Satelliten (2), fünf mäßig heterobrachiale, längenmäßig abgestufte (3–7) und 3 metazentrische (bzw. schwach heterobrachiale) kleinere Paare (8–10). Das läßt sich ohne weiteres mit unseren Chromosomengruppen 2 st + 2 sm^s + 10 sm + 6 m parallelisieren. Auffällig ist der große Satellit den Hernandez bei *C. xeranthemoides* findet. An unserem Material dieser Art ist der Satellit sicher kleiner und entspricht dem, was Hernandez (1984) für *C. canariensis* und *C. salicifolia* vorstellt. Hier liegt also offenkundig eine infraspezifische chromosomenstrukturelle Differenzierung vor, die Unterschiede in der Satellitengröße sind nicht sippenspezifisch. Auch die übrigen sehr geringfügigen Differenzen, die Hernandez zwischen den Karyotypen der von ihr untersuchten Arten zu finden glaubt, halten einer kritischen Analyse wohl kaum stand. Sie hat nämlich aus den einzelnen Metaphaseplatten die am besten zusammenpassenden Chromosomen selektiv zu Paaren zusammengefügt und das führt – wie schon mehrfach gezeigt wurde (vgl. z. B. Schweizer 1973a) – zu künstlich „verschönten" Ergebnissen hinsichtlich der Erkennbarkeit von Chromosomenpaaren und von geringfügigen sippenspezifischen chromosomenstrukturellen Unterschieden. Hinsichtlich ihres Karyotyps muß die Untergattung *Carlowizia* daher als überaus einheitlich angesprochen werden.

Die Untergattung *Lyrolepis* umfaßt zwei im östlichen Mittelmeerraum endemische, habituell sehr unterschiedliche Arten: *C. diae* (Ostkreta vorgelagerte Inseln) und *C. tragacanthifolia* (Inseln der östl. Ägäis). Wir haben nur *C. diae* untersucht (Tab. 78, Tafel XXIa, b, Abb. 77II), Kamari hat einen Feulgen-Karyotyp von *C. tragacanthifolia* publiziert (in Meusel et al. 1984).

Ähnlich wie bei der Untergattung *Carlowizia* sind auch bei *C. diae* die Chromosomen im Karyo-Diagramm (Abb. 77II) sehr gleichmäßig von klein bis mittelgroß (3,3–6,8%) und von symmetrisch bis asymmetrisch (50–83%) verteilt; eine Gruppenbildung ist aber doch möglich; 6 m (3,3–6,8%), 10 sm (3,3–6,8%), 2 sm^s (4,8–5,3%) und 2 st (3,8–5,5%) Chromosomen. Die Gesamtlänge des Feulgen-Karyotyps wurde bei der Herkunft CM 25 mit ca. 60,7 µm bei CM 100 mit ca. 67,8 µm festgestellt.

Im Vergleich zu der Untergattung *Carlowizia* finden sich im Karyotyp von *C. diae* etwas mehr asymmetrische Chromosomen mit einem höheren Armindex (über 75%). Weiters sind die m-Chromosomen bei *C. diae* etwa gleich lang wie die sm, bei *Carlowizia* aber deutlich kürzer. Zuletzt ist die absolute Karyotyplänge und damit auch die absolute mittlere Chromosomengröße bei *C. diae* etwas größer als bei *C. xeranthemoides*. Im übrigen bestehen aber sehr auffällige Übereinstimmungen im Karyotyp dieser Sippen.

Auch wenn man innerhalb der Untergattung *Lyrolepis* unsere Befunde über *C. diae* mit denen von Kamari über *C. tragacanthifolia* vergleicht, ergeben sich viele Ähnlichkeiten. Das längere und die beiden kürzeren ± isobrachialen Chromosomenpaare 1 + 9 + 10 und die in der Längenamplitude etwa entsprechenden sm-Paare 2 + 4 + 6 + 7 + 8 von *C. tragacanthifolia* lassen sich gut mit den 6 m + 10 sm von *C. diae* parallelisieren. Auch das Satellitenpaar (3) und das eine st-Paar (5) entsprechen einander. Allerdings hat Kamari ganz vereinzelt auch an einem weiteren sm-Paar (4) einen sehr kleinen Satelliten beobachtet.

Die sect. *Corymbosae* (subgen. *Carlina*) ist zirkummediterran verbreitet und stark vikariierend differenziert. Sie weicht von allen anderen Gruppen der Gattung durch ihre Chromosomenzahl (2 n = 18, x = 9) ab (Tab. 7). Feulgen-Karyotypen wurden von Sippen aus dem Westen (*C. hispanica*), dem Zentrum (*C. sicula*) und dem Osten (*C. pygmaea*) des

Sektionsareals analysiert (Abb. 78I, II, III). Dazu kommt noch ein Feulgen-Karyotyp von *C. sitiensis* (Ost-Kreta), den KAMARI (in MEUSEL et al. 1984) abgebildet hat.

Metaphasechromosomen (Tafel XXIc, d), Karyotyp-Formeln (Tab. 8) und Karyo-Diagramme (Abb. 78I, II, III) der vier bisher untersuchten Sippen demonstrieren die Einheitlichkeit der Chromosomengarnitur bei der sect. *Corymbosae*, die etwa mit $4\,m + 8\,sm + 2\,ms^G + 2\,st + 2\,st^s$ angegeben werden kann. Besonders auffällig und charakteristisch ist das relativ große (6,9–8,7%) sm-Chromosomenpaar. Bei der m-Gruppe fällt auf, daß kleine und völlig symmetrische Chromosomen fehlen; die Amplituden sind für die Größe 4,1–5,9%, für die Symmetrie 5,2–6,2%. Kleine Satelliten haben wir nur an einem mittelgroßen (3,6–6,2%) st-Chromosomenpaar finden können (Armindex 71–84%). Bei der sm-Gruppe fehlen größere Chromosomen (ihre relative Länge liegt meist zwischen 4,0–6,3%). Abgesehen davon stimmen die übrigen m- und sm-Chromosomen sowie das st-Paar mit den entsprechenden Chromosomen bei den subgen. *Carlowizia* und *Lyrolepis* überein. Diese Übereinstimmung gilt auch für die relative Geschlossenheit hinsichtlich der relativen Länge und Symmetrie bei den kontinuierlich aneinanderschließenden m-, sm-, st- und st^s-Chromosomengruppen.

Mit diesen Befunden läßt sich auch der von KAMARI abgebildete Karyotyp von *C. sitiensis* gut parallelisieren: Nach ihrer Chromosomennumerierung entsprechen 5 + 8 in unserer Karyotypformel den 4 m, 2 + 6 + 7 + 8 den 8 sm, 1 den $2\,sm^G$ sowie 3 bzw. 4 unserer 2 st bzw. $2\,st^s$. Auffällig ist auch hier, daß KAMARI (wenn auch nur sehr selten) an den beiden st-Chromosomen Satelliten erkennen konnte, wir aber nur an einem.

Wenn man die von uns analysierten Vertreter der sect. *Corymbosae* vergleicht, so findet man kaum wesentliche Unterschiede. Am auffälligsten sind die Differenzen hinsichtlich der absoluten Karyotyplänge, die für *C. sicula* und *C. pygmaea* im Mittelbereich für die Gattung liegen (ca. 65,8 µm bzw. 63,6 µm), für *C. hispanica* aber sicherlich signifikant darunter (nämlich bei nur ca. 43,3 µm). Satelliten haben wir bei *C. sicula* regelmäßig, bei *C. pygmaea* häufig, bei *C. hispanica* dagegen niemals ausmachen können, was wohl mit einer verstärkten Verklebungstendenz zusammenhängt. Man muß also wohl annehmen, daß unter den 4 st-Chromosomen der letztgenannten Art zwei nicht ohne weiteres erkennbare st^s enthalten sind. Auffällig ist bei *C. hispanica* auch der geringe Grad der Asymmetrie bei diesen st-Chromosomen (Armindex 68–78% gegenüber 71–84% bei *C. sicula* und *C. pygmaea*). Dagegen sind die sm^G-Chromosomen bei *C. hispanica* offensichtlich etwas stärker asymmetrisch als bei den beiden anderen Arten.

Insgesamt ergibt sich also für die sect. *Corymbosae* eine weitgehende Übereinstimmung ihrer bisher untersuchten Karyotypen, die sich in einer ganzen Reihe von auffälligen Merkmalen, besonders durch das große sm^G-Chromosomenpaar, von allen anderen *Carlina*-Sippen unterscheiden.

Aus der mediterran verbreiteten sect. *Mitina* (mit zwei einjährigen Arten) wurde ein Feulgen-Karyotyp der westmediterranen *C. racemosa* analysiert (vgl. Tab. XXb, Abb. 77III, Tab. 8): $8\,m + 6\,sm + 2\,sm^s + 4\,st$. Gegenüber den anderen Verwandtschaftsgruppen von *Carlina* mit $2n = 20$ ist auffallend, daß die relativen Chromosomenlängen alle in einem sehr engen mittelgroßen Bereich (4,0–6,0%) liegen, wobei m, sm und st sehr ähnliche Amplituden aufweisen. Dementsprechend ist die m-Gruppe relativ länger, die sm-Gruppe kürzer als bei jeder anderen Sektion. Dagegen ist die Symmetrie-Amplitude des Gesamt-Karyotyps groß (50–87%). Die beiden sm^s-Chromosomen entsprechen in Größe und Asymmetrie etwa denen von subgg. *Carlowizia* bzw. *Lyrolepis*, haben aber einen wesentlich größeren Satelliten und einen sehr reduzierten kurzen Arm. Auch finden sich vier (und nicht nur zwei) stärker asymmetrische st wie bei sect. *Carlina*. Die absolute

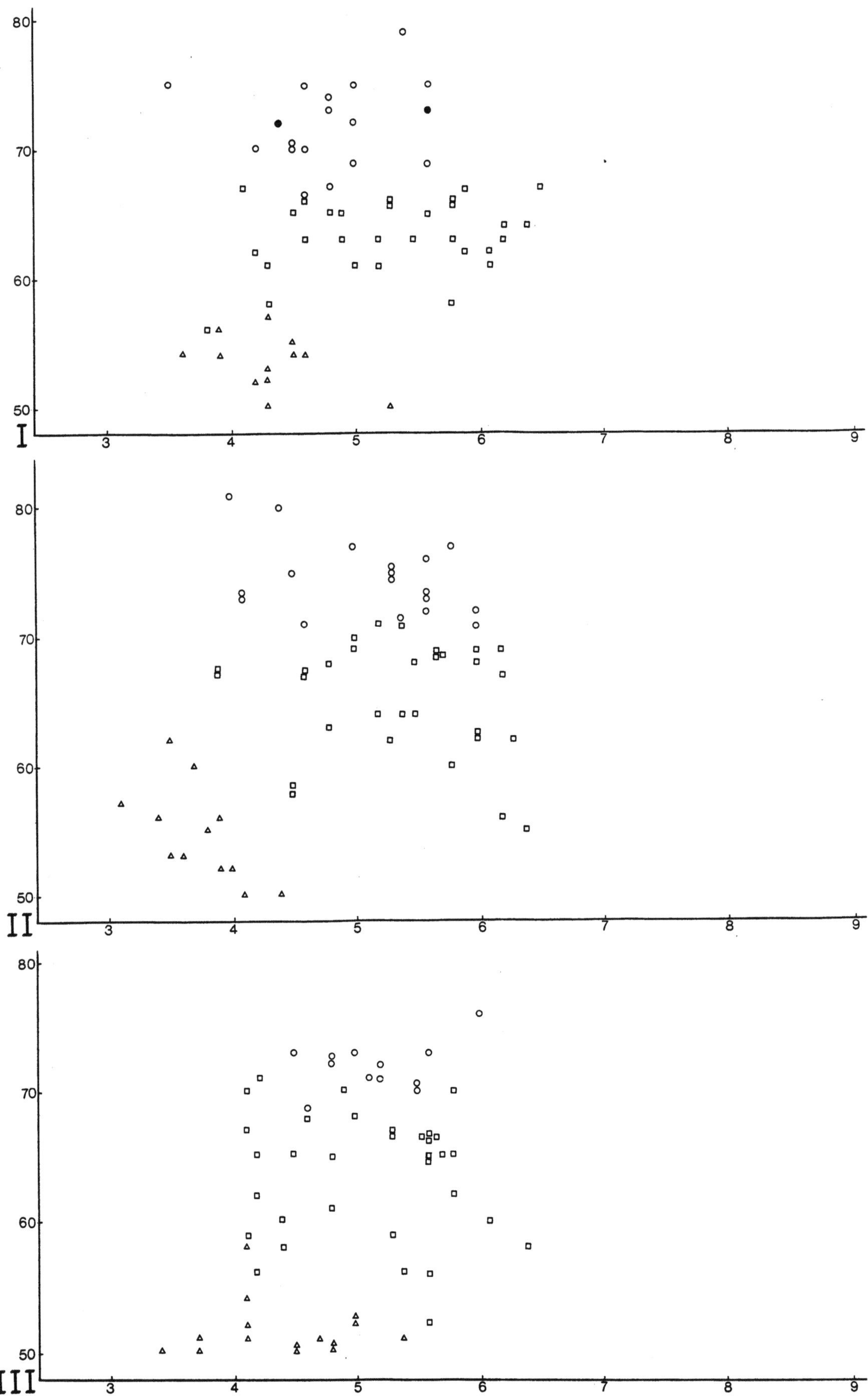

Abb. 79: Feulgen-Karyodiagramme: I. *Carlina acaulis*, II. *C. nebrodensis* (CM 10), III. *C. nebrodensis* (CM 104) (Erläuterungen S. 146; Herkünfte und Karyotyp-Daten Tab. 7, 8).

Fig. 79: Feulgen karyodiagrams: I. *Carlina acaulis*, II. *C. nebrodensis* (CM 10), III. *C. nebrodensis* (CM 104) (explanations p. 146; origins and karyotype data Tab. 7, 8).

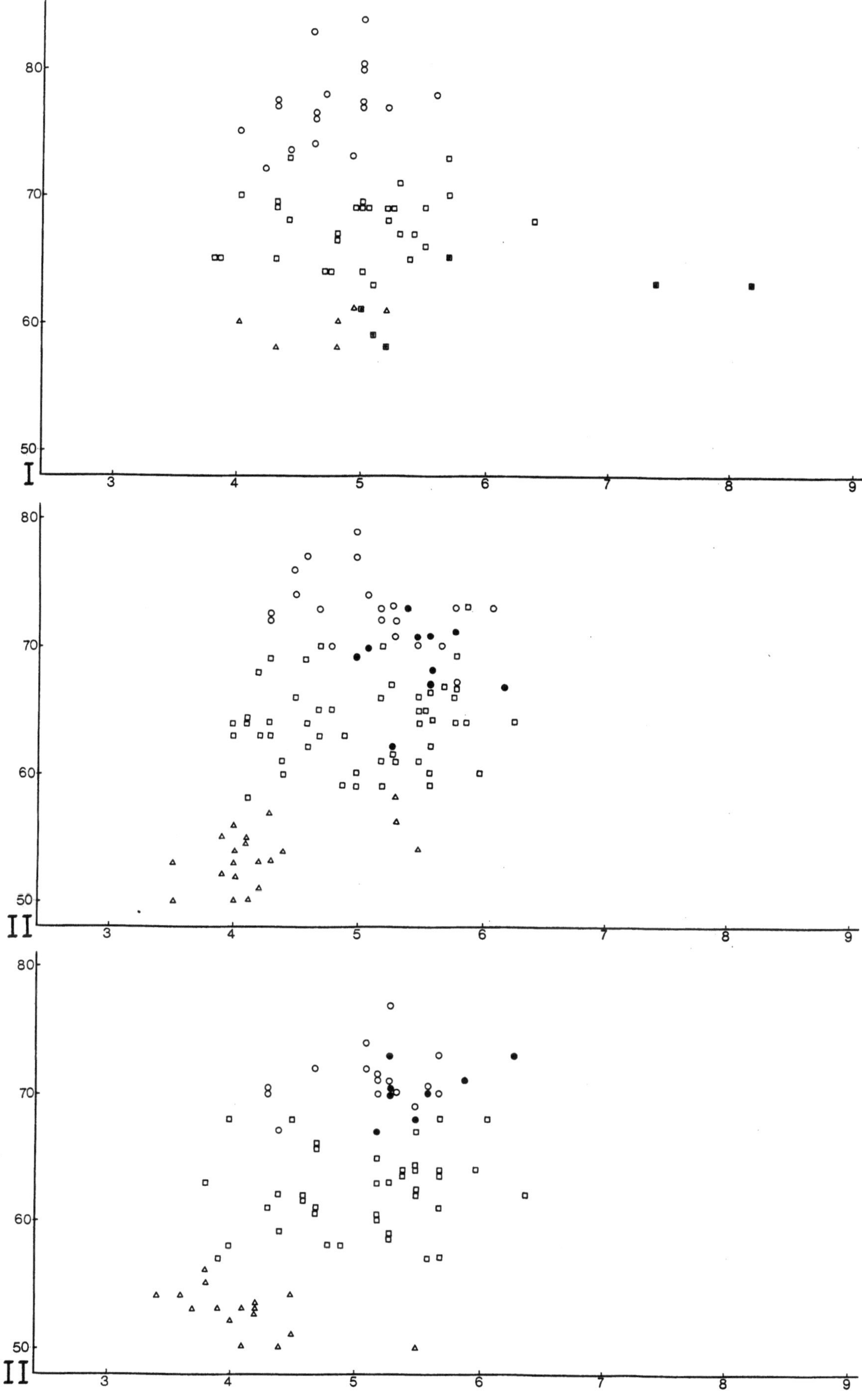

Abb. 80: Feulgen-Karyodiagramme: I. *Carlina oligocephala* (CM 6/10), II. *C. vulgaris*, III. *C. diae* × *C. vulgaris* (Erläuterungen S. 147; Herkünfte und Karyotyp-Daten Tab. 7, 8).

Fig. 80: Feulgen karyodiagrams: I. *Carlina oligocephala*, II. *C. vulgaris*, III. *C. diae* × *C. vulgaris* (explanations p. 147; origins and karytype data Tab. 7, 8).

Karyotyplänge liegt im oberen Bereich der Gattung (bei ca. 69 µm). Insgesamt weist also *C. racemosa* einen unverwechselbaren, in mehrfacher Hinsicht von allen anderen Sippen von *Carlina* abweichenden Karyotyp auf.

Aus der europäisch-mediterran-montan verbreiteten sect. *Heracantha* (subg. *Carlina*, drei Arten) liegt ein Feulgen-Karyotyp von *C. acaulis* vor (Abb. 79 I, Tab. 8), der sich durch die Formel 2 m + 12 sm + 6 st charakterisieren läßt. Für die absolute Karyotyplänge wurde der relativ niedrige Wert von ca. 48,4 µm ermittelt. Auffällig ist das einzige m-Paar, das an der Grenze zum sm-Bereich liegt, also relativ asymmetrisch und kurz ist (Amplituden 58–61% bzw. 4,0–5,2%). Dementsprechend erhöht ist die Zahl der sm-Chromosomen, die sich in ihrer Mehrzahl mit einem Armindex von 63–73% und einer relativen Größe von 3,8–6,3% eng an die m-Gruppe anschließen. Ein sm-Paar fällt allerdings durch seine Heterogenität und seine teilweise beachtliche Größe auf (58–63% Armindex, 5,0–8,2% relative Länge). Unmittelbar anschließend an die sm- findet sich die st-Gruppe; sie ist mittelgroß (4,0–5,6%) und teilweise recht asymmetrisch (72–84%). Satelliten konnten wir an st-Chromosomen nicht finden, doch wird durch die Analyse von Interphasenkernen das Vorhandensein von vier Satelliten-tragenden NOR-Chromosomen wahrscheinlich gemacht.

Insgesamt weicht der Karyotyp von *C. acaulis* deutlich von allen anderen Verwandtschaftsgruppen der Gattung ab, besonders durch das Fehlen von kleinen isobrachialen Chromosomen. Dazu kommen gegenüber den subgg. *Carlowizia* und *Lyrolepis* die höhere Zahl von st-Chromosomen, gegenüber der sect. *Corymbosae* das Fehlen des großen metazentrischen Paares und gegenüber sect. *Carlina* die stärkere Asymmetrie der st-Chromosomen. Auch die relativ niedrige absolute Gesamtlänge des Karyotyps ist bemerkenswert.

Aus der sect. *Carlina* wurden von drei Arten Feulgen-Karyotypen analysiert: *C. nebrodensis* (zwei Herkünfte) und *C.vulgaris* aus subsect. *Carlina* und *C. oligocephala* (zwei Herkünfte: CM 6/10 und CM 34) aus subsect. *Oligocephala*. Photographien der Metaphasechromosomen (Tafel XXc, XXIIa, b) und Karyo-Diagramme (Abb. 79 II, III, 80 II) sowie Karyotypformel: 4 m + 10 sm + 4 st + 2 st^s (Tab. 8) veranschaulichen die große Ähnlichkeit der Karyotypen dieser drei Arten. Charakteristisch ist eine relativ gut abgesetzte Gruppe von meist kleinen (überwiegend 3,4–4,5%) und isobrachialen (überwiegend 50–57%) m-Chromosomen. Die sm- und st-Chromosomen schließen eng aneinander, ihre Größenamplituden (3,7–6,4% bzw. 4,1–6,2%) decken sich weitgehend. Die st-Chromosomen sind nur mäßig asymmetrsich (67–81%). Die st^s liegen nahe an der sm-Gruppe, ihre Satelliten sind allerdings nicht immer gut erkennbar. Insgesamt bestehen die Karyotypen der sect. *Carlina* aus eher kleinen (kaum über 6,5%) und relativ symmetrischen Chromosomen (Armindex kaum über 80%).

Trotz dieser vielfältigen Übereinstimmungen ergibt ein Vergleich der drei untersuchten Arten aus sect. *Carlina* aber doch auch Unterschiede. So sind die Satelliten bei *C. nebrodensis* immer sehr deutlich abgesetzt und gut erkennbar, die von *C. oligocephala* verkleben dagegen öfters mit den kurzen, sie tragenden Chromosomenarmen; und bei *C. vulgaris* sind – zumindest bei der von uns untersuchten Herkunft – die Satelliten offenbar immer verklebt und daher nie erkennbar. Aus den bei dieser Art regelmäßig auftretenden zwei Nukleolen muß aber auch hier auf das Vorkommen eines Satellitentragenden Chromosomenpaares geschlossen werden, das wohl – ebenso wie bei *C. oligocephala* und *C. nebrodensis* – zur st-Gruppe gehören dürfte.

Auffällig sind auch die beobachteten Unterschiede in der absoluten Karyotyplänge. Bei den beiden Herkünften von *C. nebrodensis* wurden die größten Gesamtlängen beobachtet (70–71 µm), bei *C. oligocephala* liegen die Werte darunter (62–68 µm) und bei der untersuchten Herkunft von *C. vulgaris* sogar nur bei 45 µm. Diese Unterschiede spiegeln sicher genetische Differenzen wider, da der Kontraktionsgrad der analysierten Methaphaseplatten durchaus vergleichbar war. Allerdings muß man gerade bei der weit verbreiteten und formenreichen *C. vulgaris* auch mit infraspezifischen Unterschieden in der Karyotyplänge rechnen. Bei einer anderen, mit Giemsa behandelten Herkunft dieser Art war die Gesamtlänge mit der von Giemsa-Karyotypen anderer Arten vergleichbar.

Insgesamt ist der Karyotyp von sect. *Carlina* innerhalb der Sippen mit 2n = 20 am ehesten mit dem der subgg. *Carlowizia* und *Lyrolepis* vergleichbar. Die Gruppe der m-Chromosomen ist allerdings deutlicher abgesetzt, im Durchschnitt kleiner und zahlenmäßig reduziert, die der st-Chromosomen dagegen vermehrt. Die Satelliten finden sich nicht an sm-, sondern an st-Chromosomen. Größere Unterschiede bestehen gegenüber *C. racemosa*: hier liegen die Chromosomengrößen sehr viel enger beieinander als bei sect. *Carlina* und die st-Chromosomen sind stärker asymmetrisch. Noch größere Unterschiede bestehen gegenüber sect. *Heracantha* und sect. *Corymbosae*.

Zuletzt wurde auch noch eine der Hybridpflanzen aus der Kombination von *C. diae* (subg. *Carlowizia*) × *C. vulgaris* (sect. *Carlina*) einer karyologischen Analyse unterzogen (vgl. S. 267; Tafel XXd, Abb. 80II, Tab. 8): 5m + 11sm (inkl. 1 sm^{s}?) + 4st (inkl. 1 st^{s}?). Erwartungsgemäß wird die Mittelstellung dieser Hybride zwischen ihren Parentalsippen auch durch die karyologischen Parameter unterstrichen. Die absolute Gesamtlänge des Karyotyps (etwa 66,5 µm) und die nicht klar abgrenzbaren Chromosomengruppen m und sm entsprechen *C. diae*. (Allerdings läßt sich wegen dieser Abgrenzungsschwierigkeit auch schwer entscheiden, ob das Zahlenverhältnis von m- zu sm-Chromosomen gegenüber 5 zu 11 nicht zugunsten von m verschoben ist.) Die Länge der m-Chromosomen ist intermediär (3,4–5,4%), deutlich größer als bei *C. vulgaris* (3,1–4,4%) und kürzer als bei *C. diae* (3,3–6,8%). Dagegen entsprechen die sm- und st-Chromosomen in ihrer Länge (3,4–5,4%) eher der *C. vulgaris* (3,9–6,4% bzw. 4,0–6,0%); das gilt auch für die nicht klar erkennbaren Satelliten.

In der Kultur ist es übrigens auch zur Entstehung von Hybriden zwischen Vertretern der subg. *Lyrolepis* (*C. tragacanthifolia*) und sect. *Corymbosae* (*C. sitiensis*) gekommen. Wie erwartet haben diese Hybriden 2n = 19 (Kamari in Meusel et al.; vgl. auch S. 267f.).

Bei der Analyse von Giemsa-gebänderten Karyotypen stehen wir bei *Carlina* erst am Anfang. Wie aus Tab. 7 hervorgeht, liegen diesbezüglich orientierende Befunde bisher nur für *C. diae*, *C. vulgaris* und ihre Hybride vor (vgl. Tafel XXIIc, d). Grundsätzlich läßt sich festhalten, daß alle diese Herkünfte mittels Giemsa-Färbung erfaßbares konstitutives Heterochromatin aufweisen. Es nimmt etwa 10% der Karyotyplänge ein. Die Verteilung der heterochromatischen Chromosomenbänder, also der sog. Bänderungsstil, ist überall sehr ähnlich. An allen Chromosomen finden sich ± breite proximale Bänder in Zentromernähe, fast alle Chromosomenarme haben terminales Heterochromatin, und besonders die Satelliten erscheinen oft intensiv Giemsa-gefärbt. Dazu kommen an den längeren Armen von drei bis vier Chromosomenpaaren noch schmale bis punktförmige interkalare Bänder, die überwiegend in der Armmitte oder distal davon liegen. Bei *C. diae* scheint es etwas mehr terminales und interkalares, bei *C. vulgaris* etwas mehr proximales Heterochromatin zu geben.

Beim Vergleich der Giemsa- mit den Feulgen-Karyotypen zeigt sich, daß die ersteren im allgemeinen vergrößerte Chromosomen und damit auch etwas höhere absolute Karyotyplängen aufweisen. Die relative Länge der Chromosomen und ihre Armindices dürften sich aber bei der Giemsa-Färbung nur unwesentlich verändern. Dementsprechend stimmen die mit den beiden Methoden gewonnenen Karyo-Diagramme in ihren Grundzügen überein. Die schon bei der Feulgen-Färbung erkennbare Affinität zwischen *C. diae* und *C. vulgaris* tritt auch bei den Giemsa-Karyotypen und -Karyodiagrammen deutlich in Erscheinung. Auch hier nimmt der Bastard gegenüber seinen Parentalsippen eine weitgehend intermediäre Position ein.

2.10.4. Karyosystematik und Evolution

Was bisher über die Karyologie und Kreuzbarkeit verschiedener *Carlina*-Sippen bekannt ist, erlaubt gewisse Rückschlüsse auf die bei der Evolution der Gattung wirksamen cytogenetischen Mechanismen. Besonders auffällig ist jedenfalls das Fehlen von Polyploidie, einem sonst bei den Angiospermen im allgemeinen und den Compositen im speziellen sehr weit verbreiteten Mechanismus. Polyploidie fehlt übrigens – soweit bisher bekannt – auch bei den anderen Gattungen der *Carlineae* (vgl. Tab. 1). Dagegen findet sich vereinzelt das Phänomen der Dysploidie, also der Veränderung der Chromosomengrundzahl als Folge chromosomenstruktureller Umbauten. Bei *Carlina* sect. *Corymbosae* ist die Grundzahl $x = 9$ (im Gegensatz $x = 10$ bei allen anderen Vertretern der Gattung) offenbar auf diesem Weg und infolge absteigender Dysploidie entstanden. Die bisher bekannten Chromosomengrundzahlen der anderen *Carlineae* lassen darauf schließen, daß derartige schrittweise Veränderungen der Chromosomengrundzahl im Laufe der Evolution dieser Tribus mehrfach erfolgt sind.

Chromosomenstrukturelle Umbauten (bei gleichbleibender Grundzahl) haben offensichtlich in der Evolution von *Carlina* eine gewisse Rolle gespielt. Hinweise dafür ergeben sich schon aus dem Vergleich verschiedener Herkünfte einer Art (z. B. bei *C. xeranthemoides*, S. 138), nahe verwandter Arten (z. B. innerhalb der Sektionen *Carlowizia*, *Lyrolepis*, *Corymbosae* und *Carlina*) bzw. der Sektionen bzw. Untergattungen. Dabei dürften sowohl Translokationen als auch Inversionen und andere Umbauten eine Rolle gespielt haben. Möglicherweise folgen diese Veränderungen auch gewissen allgemeinen Trends. Auffällig ist z. B. die zunehmende Asymmetrie der Karyotypen, welche durch die relative Abnahme von m- und die Zunahme von sm- und st-Chromosomen zum Ausdruck kommt (vgl. dazu etwa die subgg. *Carlowizia* und *Lyrolepis* im Vergleich zu sectt. *Corymbosae* und *Heracantha*). Bei sect. *Mitina* ist zwar die Zahl der m-Chromosomen vermehrt, die st-Chromosomen sind aber verstärkt heterobrachial. Bemerkenswert ist auch die Verlagerung der Satelliten von sm-Chromosomen (bei subgg. *Carlowizia* und *Lyrolepis* sowie sectt. *Corymbosae* und *Mitina*) auf st-Chromosomen (bei sect. *Carlina*). Auch auf die mögliche Vermehrung von NOR-Chromosomen (von einem auf zwei Paare) wird in Zukunft noch mehr zu achten sein.

Über die Vermehrung bzw. Verminderung von konstitutivem Heterochromatin sollten weitere Giemsa-Analysen Auskunft geben. Man kann aber schon jetzt festhalten, daß sich im Laufe der Evolution von *Carlina* gewisse Veränderungen im Bereiche der proximalen interkalaren und terminalen Bänder ergeben haben.

Auch auf Veränderungen der absoluten Karyotyplängen (bzw. der DNA-Mengen) bei *Carlina* wird man in Zukunft noch stärker achten müssen. Schon jetzt kann als gesichert gelten, daß sich die Karyotyplängen innerhalb der Gattung bis zu einem Ausmaß von 2 : 1 verändert haben. Bei der Masse der Arten bewegen sich die Werte zwischen 60 µm und 68 µm, die Extremwerte bei subg. *Carlowizia*, sect. *Corymbosae* und sect. *Carlina* liegen aber zwischen 34 µ und 71 µm. Es hat also den Anschein, als ob es mehrfach parallel zur Reduktion der Chromosomengröße (und damit wohl auch der DNA-Menge) gekommen wäre.

Trotz der geschilderten chromosomenstrukturellen Umbauten und Dysploidie innerhalb von *Carlina,* muß die Gattung im Hinblick auf ihre Karyotypen doch als relativ stabil und „konservativ" gelten. Das kommt auch in der starken Neigung zur Bildung von teilweise fertilen Hybriden zum Ausdruck, nicht nur innerhalb der formenreichen sect. *Corymbosae* oder sect. *Carlina,* sondern auch zwischen Sektionen und Untergattungen (subg. *Lyrolepis* × sect. *Carlina,* subg. *Lyrolepis* × sect. *Corymbosae*).

Unser derzeitiges Wissen über die karyologische Differenzierung der *Carlineae* und besonders der Gattung *Carlina* erlaubt gewisse Rückschlüsse auf ihre Phylogenie und Systematik. Innerhalb der Tribus kommt die Chromosomenzahl $2n = 20$ nicht nur bei *Carlina,* sondern auch bei *Atractylis* und *Xeranthemum* vor. Dazu kommen noch $2n = 22$ bei *Chardinia,* $2n = 24$ bei *Atractylodes,* $2n = 28$ bei *Xeranthemum* und $2n = 30$ bei *Staehelina*; hier könnte es sich um eine Reihe aufsteigender Dysploidie handeln. $2n = 18$ bei *Carlina* sect. *Corymbosae* und $2n = 12$ bei *Xeranthemum* sind dagegen offenbar als Produkte absteigender Dysploidie zu interpretieren. Insgesamt spricht diese Verteilung von Chromosomenzahlen jedenfalls nicht gegen, sondern eher für eine Natürlichkeit der *Carlineae.*

Innerhalb der Gattung *Carlina* sind für Systematik und Phylogenie zuerst die weitgehende Übereinstimmung der Karyotypen der morphologisch ursprünglichen und disjunkten subg. *Carlowizia* und *Lyrolepis* sowie die Affinitäten der letzteren mit sect. *Carlina* (alle $2n = 20$, vergleichbare Karyotypformeln, Kreuzbarkeit) bedeutungsvoll. Diese Befunde sind jedenfalls auch starke Argumente für die Ursprünglichkeit der Basiszahl $x = 10$ und für die Annahme, daß die Stammformen der Gattung einen subg. *Carlowizia-* bzw. subg. *Lyrolepis*-artigen Basis-Karyotyp gehabt haben.

Demgegenüber muß der singuläre, stark umgebaute und „progressive" $x = 9$ Karyotyp von sect. *Corymbosae* als abgeleitet betrachtet werden. Sein großes Chromosomenpaar sm^G ist dabei offenbar aus kleineren sm- bzw. m-Chromosomen eines Basis-Karyotyps mit $x = 10$ entstanden. Daß diese Abspaltung relativ früh und von subg. *Carlowizia-* bzw. subg. *Lyrolepis*-artigen Vorfahren erfolgt sein könnte, wird auch durch die Kreuzbarkeit von *C. tragacanthifolia* (subg. *Lyrolepis*) und *C. sitiensis* (sect. *Corymbosae*) nahegelegt. Darüber hinaus belegt die weitgehende karyotypische Übereinstimmung sehr verschiedener Vertreter die monophyletische Abstammung von sect. *Corymbosae.* Die geringfügigen karyologischen Unterschiede (besonders in der absoluten Karyotyplänge) legen eine Differenzierungsrichtung der Sektion vom östlichen und mittleren ins westliche Mittelmeergebiet nahe.

Eine Sonderstellung innerhalb der Gattung nimmt der Karyotyp von *C. racemosa* ($x = 10$) in der sect. *Mitina* ein. Auch er läßt sich am ehesten mit den Karyotypen von subg. *Carlowizia* und subg. *Lyrolepis* in Verbindung bringen. Die von der morphologischen Analyse her nahegelegte frühzeitige Entwickung dieser annuellen Sippengruppe aus entsprechenden Vorfahren wird damit karyologisch gut gestützt.

Auch die gemeinsamen Wurzeln der fortschreitend an temperate Lebensräume angepaßten sect. *Heracantha* und sect. *Carlina* müssen historisch weit zurückliegen. Aufgrund der karyotypischen Befunde könnte man dabei am ehesten an *C. oligocephala-* ähnliche Vorfahren denken. Dieser Art gegenüber weist *C. acaulis* jedenfalls einen sehr spezifisch weiterentwickelten Chromosomensatz auf, der die Sonderstellung der sect. *Heracantha* unterstreicht.

Dagegen steht der Karyotyp der untersuchten Vertreter der sect. *Carlina* dem Basis-Karyotyp der subg. *Carlowizia* und subg. *Lyrolepis* noch näher, was – zusammen mit der Fähigkeit zur Hybridisierung – eine entsprechende phylogenetische Entwicklung nahelegt. Jedenfalls unterstützt der karyologische Vergleich die stammesgeschichtliche Zusammengehörigkeit der Sippen von sect. *Carlina* und läßt eine Progression von *C. oligocephala*- zu *C. nebrodensis*- und weiter zu *C. vulgaris*-ähnlichen Sippen vermuten (vgl. dazu die Verkürzung der absoluten Karyotyplänge, ähnlich wie bei sect. *Corymbosae*). Diese Progression war mit einer starken Expansion der sect. *Carlina* im westlichen Eurasien verknüpft.

2.11. Phytochemie

Wie bei vielen Gewächsen ging auch bei *Carlina* die Erkundung der speziellen chemischen Strukturen von ihrer Verwendung als Nutz- oder Drogenpflanze aus. Am meisten wurde in dieser Hinsicht *C. acaulis* beachtet. Die Blütenböden ihrer großen Köpfe wurden mancherorts „so wie die Artischocke genossen" (Hayne 1856, „Artischöckli" in der Schweiz, vgl. Kerner 1898). Von größerer Bedeutung ist jedoch die fleischige Pfahlwurzel, die als Radix Carlinae in der Volksmedizin weite Verwendung fand und heute noch in der Tierheilkunde als Hauptbestandteil des Roßpulvers eine Rolle spielt.

Bereits zu Beginn der Entwicklung der modernen Naturstoffchemie konnte der Wirkstoff von *Carlina acaulis*, das Carlinaoxid, in seiner Struktur aufgeklärt werden. Die heute weit fortgeschrittene breite Analyse und vergleichende Betrachtung verschiedener Stoffgruppen kann, besonders dann, wenn deren Biogenese und Akkumulationstendenzen berücksichtigt werden, wichtige Unterlagen für die taxonomische Aufklärung von Sippenstrukturen liefern. Auf Grund umfangreicher Analysen war es möglich, für eine ganze Reihe von *Carlina*-Arten genauer Herkunft die Kenntnis ihrer Polyacetylen- und Flavonoid-Profile zu erweitern und auch einige Erfahrungen über den Gehalt an Polyterpenen zu sammeln.

2.11.1. *Carlina* als Droge

Einer wohl in Oberitalien entstandenen Legende nach soll Karl dem Großen *Carlina acaulis* als ein gegen die Pest wirksames Mittel offenbart worden sein. Auf Karl den Großen oder auch auf Karl IV. geht die in Italien und Frankreich übliche und von Linné aufgegriffene Bezeichnung *Carlina* zurück. Der deutsche Name Eberwurz weist auf glückbringenden Zauber hin, von dem Paracelsus allerdings einschränkend bemerkt: „der diser wurzen geniessen wil, der muss alein mit grosse arbeit hinder ir Kraft komen, dan on grosse mü tut sie nichts" (nach Schmid 1930).

In Mitteleuropa ist vor allem *C. acaulis* als Offizinalpflanze bekannt. Die als Radix Carlinae bezeichnete Droge findet selten allein, sondern meist als Bestandteil von Drogenmischungen Anwendung. Die Wurzel zeichnet sich durch starken aromatischen Geruch und einen unangenehm scharf bitteren Geschmack aus (Hayne 1856, Hoppe 1941, Gessner & Orzechowski 1974, Hegi 1928/29, Madaus 1938). Aus ihr läßt sich ein ätherisches narkotisch riechendes Öl gewinnen, dessen wirksamster Bestandteil das Polyacetylen Carlinaoxid ist. Darüber hinaus enthält die Wurzel große Mengen Inulin, Gerbstoffe, Harze sowie das Sesquiterpen Carlinen (Gessner & Orzechowski 1974, Braun 1981). Die Droge wurde hauptsächlich als Diureticum, Diaphoreticum und Anthelminthicum angewandt. Auch wurde eine starke fungicide und bakterizide Wirkung festgestellt (Schmid-Thomé 1950). *Carlina*-Extrakt verhindert *Staphylococcus aureus*-Wachstum noch in einer Verdünnung von 1 : 200 000 (Frohne & Jensen 1985).

In der Sowjetunion ist neben *C. acaulis* vor allem *C. biebersteinii* (verschiedentlich auch als *C. vulgaris* bezeichnet) als Offizinalpflanze in Verwendung (Sjuzeva 1959, 1966, Kolla et al. 1966, vgl. auch Müller-Dietz 1960–72). In Tierversuchen zeigte sich durch

Gaben dieser Art eine deutliche Wirkung auf das Zentralnervensystem. Wegen ihres Gehaltes an Gerbstoffen wird *C. biebersteinii* in Rußland auch als Diureticum und Diaphoreticum in der Volksheilkunde angewendet.

2.11.2. Polyacetylene[5]

Wie bei den meisten *Asteraceae* werden in der Gattung *Carlina* – bevorzugt in Sekretzellen und Sekrettaschen der Wurzeln (vgl. 1.2.4.) – Polyacetylene akkumuliert. Darunter findet sich das bereits 1889 von SEMMLER aus dem ätherischen Öl von *C. acaulis* isolierte Carlinaoxid („1" in Abb. 82), dessen genaue acetylenische Struktur allerdings erst viel später von GILMAN et al. (1933) und PFAU et al. (1935) aufgeklärt wurde.

Carlinaoxid konnte bisher nur aus der Gattung *Carlina* isoliert werden und ist daher als wichtigstes chemotaxonomisches Merkmal zu bewerten. Als aromatische C_{13}-Verbindung erinnert Carlinaoxid an Acetylenderivate der Gattungen *Coreopsis, Dahlia* und *Onopordon* (BOHLMANN et al. 1973). Es unterscheidet sich von diesen aber deutlich durch einen zusätzlichen Furanring.

Die Biogenese des Carlinaoxids wird durch eine Isomerisierung der endständigen Doppelbindung sowie durch einen anschließenden Furanringschluß gekennzeichnet (vgl. Abb. 81). In *C. diae* und neuerdings auch in *C. oligocephala* wurde zusätzlich zu Carlinaoxid das entsprechende Methoxyderivat (2) gefunden (BOHLMANN et al. 1981, BOHLMANN 1986 in litt.). Als weitere charakteristische Polyacetylene der Gattung wurden die offenkettigen C_{13}-Derivate 3 und 4, das Furanderivat 5 sowie das aromatische Acetylen 6 nachgewiesen (Abb. 82). Nach BOHLMANN & RODE (1967) und BOHLMANN (1980, in litt.) sind diese Stoffe alle „biogenetisch recht eng verwandt".

Das gemeinsame Vorkommen der Derivate 3, 4, 5 und 6 in *Carlina* und *Atractylis* ist ein wichtiger phytochemischer Hinweis auf die engen Verwandtschaftsbeziehungen dieser beiden Gattungen. Überall dort, wo es bei *Carlina* nicht zur Bildung von Carlinaoxid kommt, besteht phytochemisch gesehen keine scharfe Grenze zwischen beiden Gattungen. Aus der Gattung *Atractylodes* wurde ein weiteres C_{13}-Furanderivat (Atractylodin 7) isoliert (YOSIOKA et al. 1960), dessen biogenetische Beziehung zu den oben genannten Verbindungen allerdings noch geklärt werden muß.

Die in Tab. 9 zusammengestellten Analysenergebnisse (BOHLMANN et al. 1973 sowie BOHLMANN und Mitarbeiter 1980, 1986 unveröffentlicht) gehen auf Wurzelmaterial der betreffenden Arten zurück. Inwieweit Polyacetylene auch im Bereich der Achsen, Blätter und Köpfchen vorkommen, bedarf noch besonderer Untersuchungen. Verhältnismäßig hohe Werte in oberirdischen Abschnitten wurden bei *Carlina oligocephala* gefunden.

Sicherlich reichen die vorliegenden Analysen nicht, um aus der verschiedenen Verteilung von Carlinaoxid (1) und verwandter Polyacetylene (2–6) innerhalb der einzelnen Sippen von *Carlina* weitergehende taxonomische Schlußfolgerungen zu ziehen. Tabelle 9 zeigt, daß Carlinaoxid regelmäßig und in beachtlichen Anteilen nur in den Untergattungen *Carlowizia* und *Lyrolepis* sowie in den beiden Sektionen *Heracantha* und *Corymbosae* der Untergattung *Carlina* angetroffen wurde. In den Sektionen *Mitina* und *Carlina* dagegen fehlt nach den bisher vorliegenden Analysen Carlinaoxid ganz oder kommt nur unregelmäßig in geringen Mengen vor, wenngleich verwandte Polyacetylene auch bei diesen Sippen immer nachgewiesen werden konnten. Am geringsten dürften die Anteile von Carlinaoxid und ähnlicher Stoffgruppen innerhalb sect. *Mitina* sein.

---

[5] Die Ausführungen gründen sich überwiegend auf Analysen von F. BOHLMANN (Berlin).

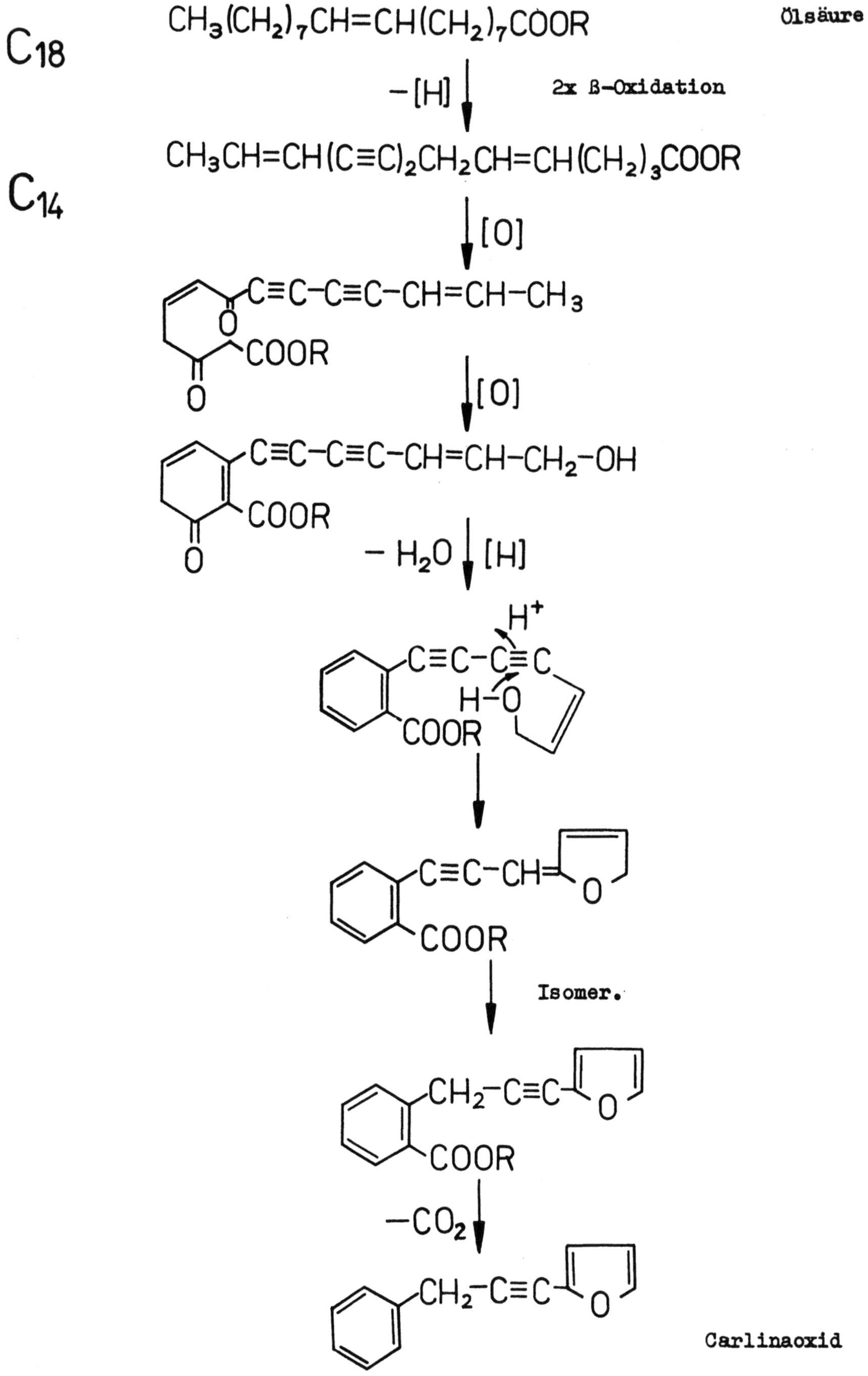

C_{18} $CH_3(CH_2)_7CH{=}CH(CH_2)_7COOR$ Ölsäure

$-[H]\downarrow$ 2x ß-Oxidation

C_{14} $CH_3CH{=}CH(C{\equiv}C)_2CH_2CH{=}CH(CH_2)_3COOR$

$\downarrow[O]$

$-C{\equiv}C-C{\equiv}C-CH{=}CH-CH_3$; COOR ; O

$\downarrow[O]$

$-C{\equiv}C-C{\equiv}C-CH{=}CH-CH_2-OH$; COOR ; O

$-H_2O\downarrow[H]$

H^+ ; $C{\equiv}C-C{\equiv}C$; H–O ; COOR

$\downarrow$

$C{\equiv}C-CH{=}$; O ; COOR

$\downarrow$ Isomer.

$CH_2-C{\equiv}C-$; O ; COOR

$-CO_2\downarrow$

$CH_2-C{\equiv}C-$; O

Carlinaoxid

Abb. 81: Übersicht zur Biogenese von Carlinaoxid. Entwurf: H. GREGER.

Fig. 81: Survey of the biogenesis of Carlina-oxide.

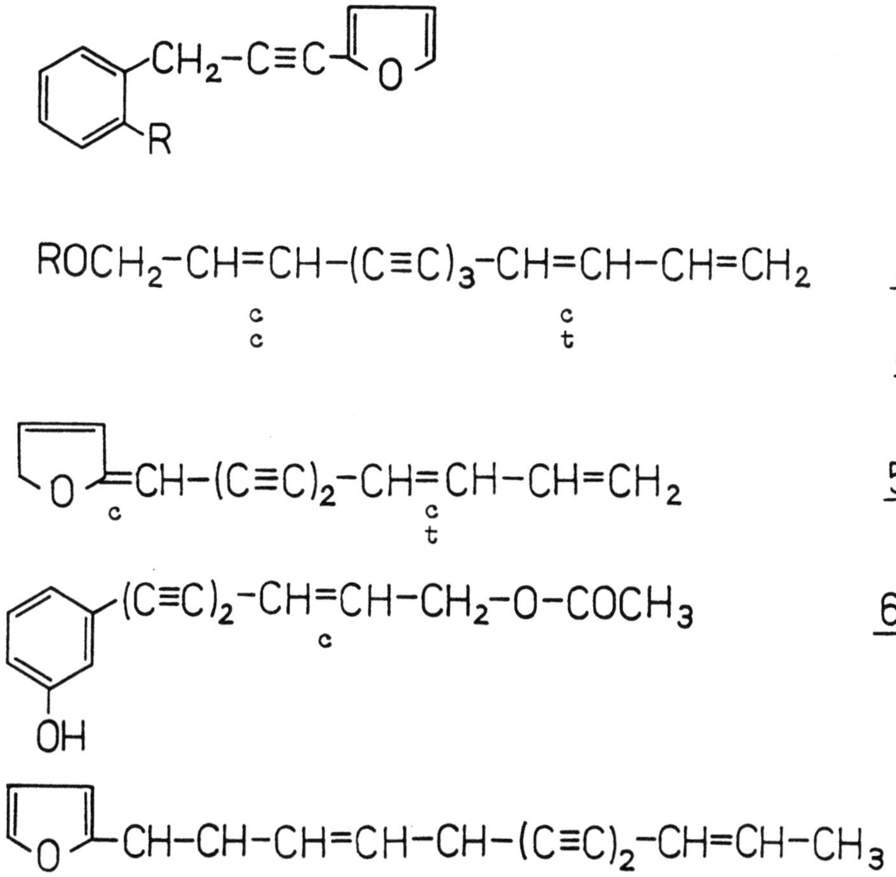

$CH_2-C{\equiv}C-$(2-furyl), o-substituted benzene with R — **1** R=H; **2** $R=OCH_3$

$ROCH_2-CH=CH-(C{\equiv}C)_3-CH=CH-CH=CH_2$ (c c; c t) — **3** R=H; **4** $R=COCH_3$

(furylidene) $=CH-(C{\equiv}C)_2-CH=CH-CH=CH_2$ (c; c t) — **5**

(3-hydroxyphenyl) $-(C{\equiv}C)_2-CH=CH-CH_2-O-COCH_3$ (c), OH — **6**

(2-furyl) $-CH-CH-CH=CH-CH-(C{\equiv}C)_2-CH=CH-CH_3$ — **7**

Abb. 82: Strukturen von Carlinaoxid (1) und biogenetisch verwandten Polyacetylen-Verbindungen (2–7), wie sie bei *Carlina* (1–6), *Atractylis* (3–6) und *Atractylodes* (7) angetroffen werden. Entwurf: H. GREGER.

Fig. 82: Structures of the Carlina-oxide (1) and biogenetically related polyacetylene amalgamations (2–6), as to be found in *Carlina* (1–6), *Atractylis* (3–6) and *Atractylodes* (7).

Wenn man diese Verteilungsmuster betrachtet, könnte man vermuten, daß ursprüngliche Vertreter der Gattung mehr und regelmäßiger Carlinaoxid enthalten als abgeleitete. Beachtlich in dieser Hinsicht ist *C. diae*, die durch hohe Carlinaoxidbildung und eine reiche Ausstattung mit allen Vertretern der ganzen Stoffgruppe (Tab. 9) ihre Zugehörigkeit zur Gattung *Carlina* außer Frage stellt und gleichzeitig enge Beziehungen zu der ebenfalls ursprünglichen *C. salicifolia* bestätigt.

Außerdem dürfte der unterschiedliche Anteil von Carlinaoxid innerhalb der einzelnen Verwandtschaftskreise von *Carlina* mit dem Wuchs, besonders der Lebensdauer ihrer einzelnen Arten, in Verbindung zu bringen sein. Geringe Carlinaoxidmengen werden vor allem bei den hapaxanthen Arten und innerhalb dieser in erster Linie bei den annuell-hapaxanthen gebildet. Der höhere Anteil dieser Stoffe bei *C. oligocephala* könnte aus deren verhältnismäßig langem vegetativen Wachstum und aus den darin zum Ausdruck kommenden Beziehungen zu den Pleiokormstauden (s. S. 41) erklärt werden.

Innerhalb der Carlineen enthalten nur *Carlina, Atractylis* und *Atractylodes* Furanderivate und bilden somit eine eigene Gruppe (vgl. S. 15 und Tab. 1). Bei *Xeranthemum* finden sich Thiophenderivate. Wenn bei *Chardinia* diese Verbindungen nicht nachgewiesen wurden und die monotypische Gattung nur ein einfaches Acetylen enthält (WAGNER

Tab. 9: Vorkommen von Carlinaoxid (1) und biogenetisch verwandter Verbindungen (2–6 vgl. Abb. 82) in den Wurzeln von *Carlina*-Arten des natürlichen Standorts oder vom Nachbau im Botanischen Garten (NB). Nach Bohlmann et al. (1973) sowie nach unveröffentlichten Analysen von Bohlmann (1980, 1986).

Tab. 9: Occurrence of Carlina-oxid (1) and biogenetically related compounds (2–6, see fig. 82) in the roots of *Carlina* species from natural habitats or from plants grown in botanical gardens (NB). From Bohlmann et al. (1973) and unpubl. analyses by Bohlmann (1980, 1986).

Polyacetylene	1	2	3	4	5	6
Carlina						
subgen. *Carlowizia*						
C. salicifolia (NB)	○	–	–	+	+	–
subgen. *Lyrolepis*						
C. diae (NB)	○	+	+	+	+	+
C. tragacanthifolia	+	–	–	–	–	–
subgen. *Carlina*						
sect. *Mitina*						
C. racemosa (NB)	(+)	–	+	+	+	–
C. lanata	–	–	+	+	+	+
sect. *Corymbosae*						
C. corymbosa	○	–	+	+	–	–
C. hispanica	+	–	+	+	+	–
C. sicula	+	–	+	+	–	–
C. barnebiana	+	–	+	+	–	–
C. sitiensis	+	–	+	+	–	–
sect. *Heracantha*						
C. acaulis	○	–	+	+	+	+
C. acanthifolia	○	–	+	+	+	–
sect. *Carlina*						
C. oligocephala (NB)	○	+	+	+	+	–
C. vulgaris	+	–	+	+	+	+
C. macrocephala	–	–	+	+	+	–
C. biebersteinii (NB)	–	–	+	+	+	–

○ bedeutet reichliches Vorkommen von Carlinaoxid

1977), so muß man bei der sonstigen Ähnlichkeit dieser Sippen wohl von Reduktionen im Stoffmuster sprechen.

Echinops zeigt mit einer Vielfalt von Mono-, Bi- und Terthienylen keine engeren Beziehungen zu *Carlina*. Ob aus gemeinsamen Vorkommen von Thiophenverbindungen bei *Echinops* und *Xeranthemum* auf eine Verwandtschaft von Echinopeen und Carlineen geschlossen werden kann, wie wohl Wagner (1977) annimmt, bedarf einer genaueren Überprüfung.

2.11.3. Flavonoide

Flavonoide sind bei den Cynareen regelmäßig anzutreffen und meist auch in den einzelnen Verwandtschaftskreisen charakteristisch verteilt (Wagner 1977). Bei *Carlina* und den *Carlineae* zeichnen sich jedoch keine so spezifischen Bindungen bestimmter Stoffe oder Stoffklassen ab, wie das im Bereich der Polyacetylene der Fall ist. Auch erstmals in *Carlina*-Arten festgestellte Verbindungen, wie das di-C-Glykosyllutein Carlinosid oder das erst neuerdings aus Wurzeln von *C. corymbosa* gewonnene di-C-Glykosylapigenin Corymbosid dürften weder art- noch gattungsspezifisch sein. Ersteres wurde inzwischen auch bei *Catananche coerulea* gefunden (vgl. Valant-Vetschera 1985).

Immerhin sind für *Carlina* bestimmte Akkumulationstendenzen bezeichnend. Während bei den Cardueen und den Centaureen Flavonol- und Flavon-O-Glykoside weit

Tab. 10: C-Glykosylflavon-Profile einiger *Carlina*- und Carlineen-Arten (nach VALANT-VETSCHERA 1985 und unveröffentlichte Analysen). Soweit nicht anders angegeben, Sproß- oder Blattanalysen.

Tab. 10: C-glycosylflavone profiles for some of *Carlina* and other *Carlineae* (VALANT-VETSCHERA 1985 and unpublished analyses) from shoots and leaves, if not indicated otherwise.

	VI	IV	S	IS	COR	diA	OR	IO	LUC2	CAR	diLU
Carlina											
subgen. *Carlowizia*											
salicifolia						+		+			+
xeranthemoides						+		(+)			+
subgen. *Lyrolepis*											
diae		+				+		+			+
tragacanthifolia		+				+		(+)			+
subgen. *Carlina*											
sect. *Corymbosae*											
corymbosa			+				+	+	+		
corymbosa (Wurzeln)					+						
involucrata						+	+	+			+
sect. *Carlina*											
vulgaris			+				+	+		+	
intermedia							+				+
macrocephala			+					+			
macrocephala (Blüten)			+				+	+			
sect. *Heracantha*											
acaulis	+			+			+	+			
acanthifolia			+	+			+	+			
Atractylis gummifera				+			+	+			
Staehelina dubia								+			

VI = Vitexin, IV = Isovitexin, S = Schaftosid, IS = Isoschaftosid, COR = Corymbosid, diA = di-C-Glykosylapigenine; OR = Orientin, IO = Isoorientin, LUC2 = Lucenin-2, CAR = Carlinosid, diLU = di-C-Glykosylluteoline.

(+) in Spuren

verbreitet sind, ist die Gattung *Carlina* durch das Vorherrschen von C-Glykosylflavonen gekennzeichnet. Als O-Glykoside wurden bisher lediglich das Flavonol-3-0-Glykosid Rutenin bei *C. vulgaris* (RAYNAUD & RASOLOJAONA 1976) und das Glykosyl-7-Apigenin bei *C. acaulis* (RAYNAUD & RASOLOJAONA 1979) aufgefunden. Über die bei *Carlina* bisher nachgewiesenen und oft verbreiteten mono- und di-C-Glykosylflavone (vgl. Abb. 83) gibt Tabelle 10 Auskunft.

Wie die Untersuchungen von SJUSEWA (1966) an der osteuropäisch-sibirischen *C. biebersteinii* gezeigt haben, sind (von dieser Autorin nicht weiter getrennte) flavonoide Verbindungen in allen Pflanzenorganen nachzuweisen, aber in den einzelnen Teilen verschieden konzentriert. Die höchsten Werte findet man in den Früchten. Innerhalb der Vegetationsperiode zeigten sich nur geringe Schwankungen. Dagegen ergab sich bei den Arbeiten der Lyon-Schule, daß gewisse flavonoide Verbindungen an bestimmte Entwicklungszustände der Pflanzen (vgl. DOMBRIS & RAYNAUD 1981 b) oder auch nur an einzelne Organe wie Blüten oder Wurzeln gebunden sind (DOMBRIS & RAYNAUD 1981 a, BESSON et al. 1979).

Sicherlich bleibt es nach dem heutigen Stand der Erkenntnisse fraglich, ob und inwieweit man aus Ähnlichkeiten im Flavonoid-Profil einzelner *Carlina*-Arten auf verwandtschaftliche Beziehungen schließen kann. In Tab. 10 fallen vor allem die Arten von

Mono-C-Glykosylflavone

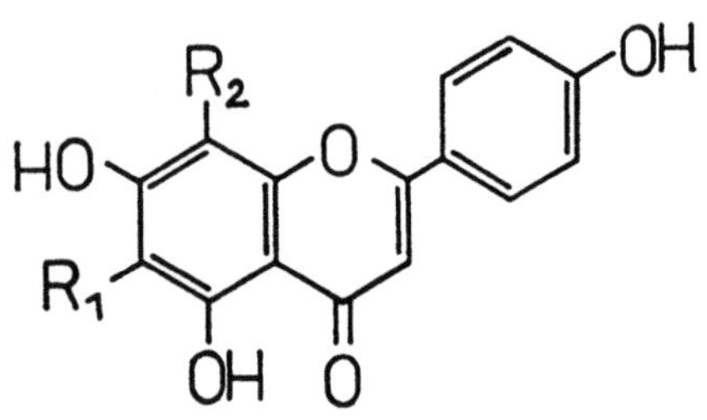

R_1=H, R_2=GLUCOSYL: Vitexin 1

R_1=GLUCOSYL, R_2=H: Isovitexin 2

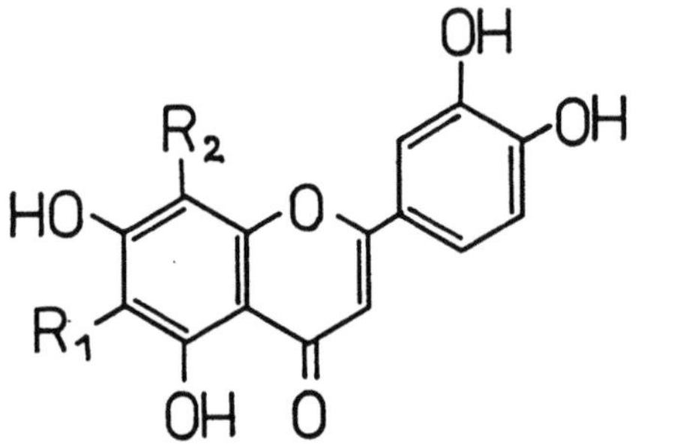

R_1=H, R_2=GLUCOSYL: Orientin 3

R_1=GLUCOSYL, R_2=H: Isoorientin 4

Di-C-Glykosylflavone

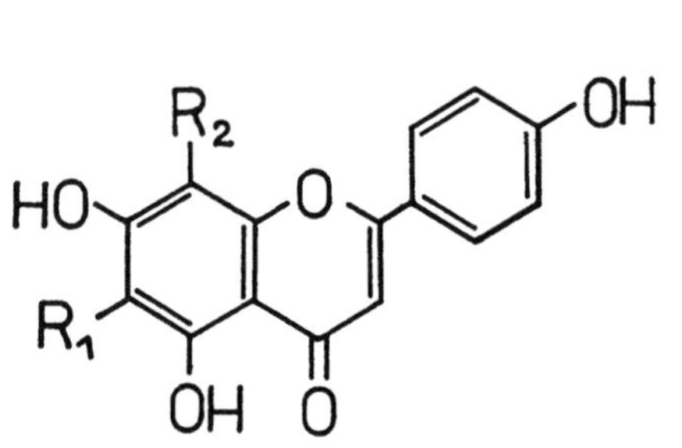

R_1=GLUCOSYL, R_2=ARABINOSYL: Schaftosid 5

R_1=ARABINOSYL, R_2=GLUCOSYL: Isoschaftosid 6

R_1=ARABINOSYL, R_2=GALACTOSYL: Corymbosid 7

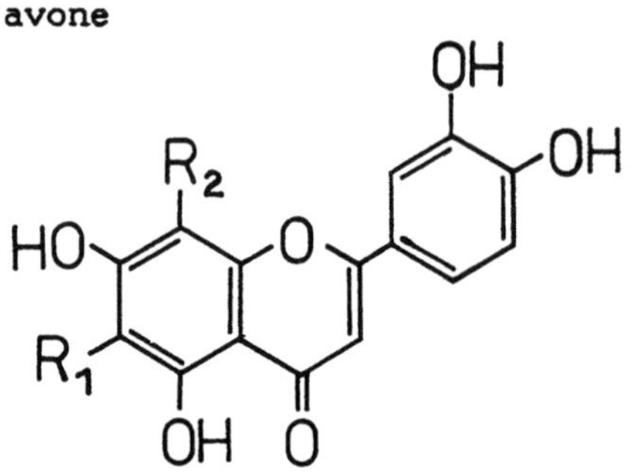

R_1=R_2=GLUCOSYL: Lucenin-2 8

R_1=GLUCOSYL, R_2=ARABINOSYL: Carlinosid 9

Abb. 83: C-Glykosylflavone von *Carlina*-Arten (vgl. Tab. 10). Entwurf: K. VALANT-VETSCHERA.

Fig. 83: C-Glycosylflavones of *Carlina* species (cf. tab. 10).

subgen. *Carlowizia* (*C. salicifolia* und *C. xeranthemoides*) und von subgen. *Lyrolepis* (*C. diae* und *C. tragacanthifolia*) durch ähnliche Muster im Flavonoid-Spektrum auf. Man vergleiche deshalb die entsprechenden Befunde im Muster der Polyacetylene (Tab. 9).

Innerhalb der Carlineen zeigen sich vom Flavonoidgehalt gesehen Ähnlichkeiten mit den Gattungen *Atractylis* und *Staehelina*, während – ersten orientierenden Untersuchungen zufolge – die Gattungen *Xeranthemum* und *Chardinia* stärker abweichen dürften.

2.11.4. Terpenoide

Als Bestandteile der Harze und ätherischen Öle wurden in verschiedenen *Carlina*-Arten Triterpene des Lupan-Typs wie Lupeol, Lupeylacetat und Lupeylpalmitat sowie Taraxasterylacetat und Taraxasterylpalmitat analysiert (BOHLMANN unveröffentl.). Am meisten findet man diese weit verbreiteten Stoffe in oberirdischen Teilen.

CARLINA OLIGOCEPHALA

oberirdische Teile

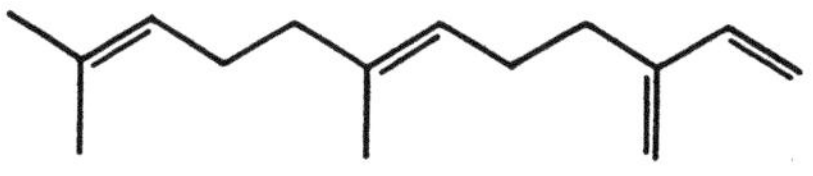

β-Farnesen 14

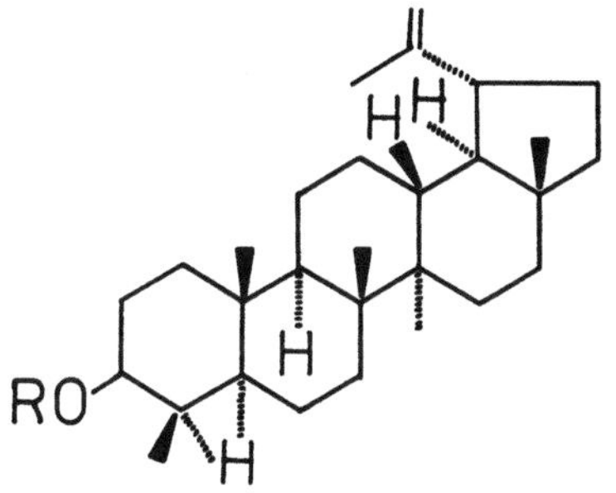

R=H Lupeol 15

$R=COCH_3$ Lupeylacetat 16 + palmitat

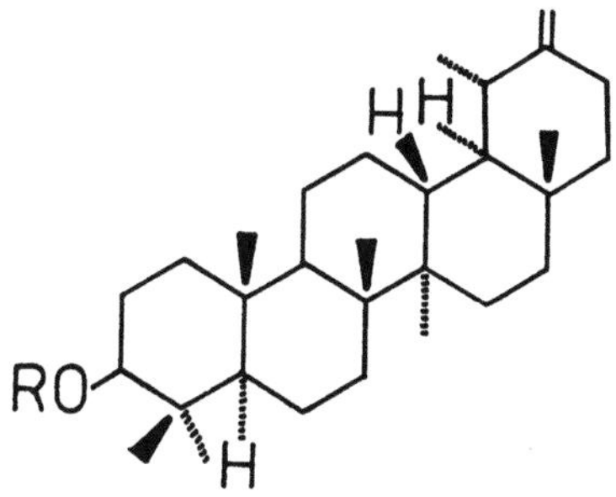

R=H Taraxasterol 17

$R=COCH_3$ Taraxasterylacetat 18

unterirdische Teile

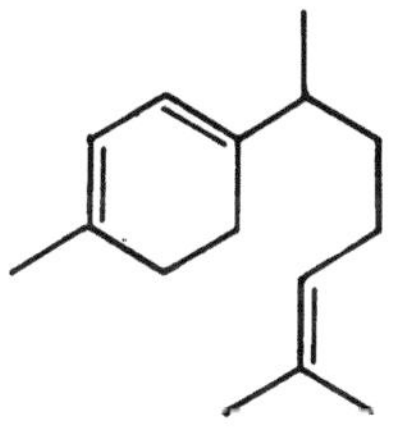

γ-Curcumen 19

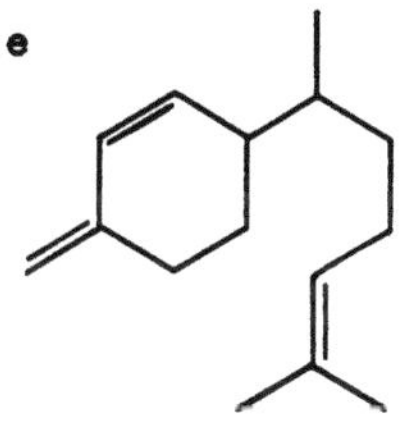

β-Sesquiphellandren 20

Abb. 84: Unterschiedliche Polyterpene in den ober- und unterirdischen Teilen von *Carlina oligocephala*. Nach Analysen von F. BOHLMANN (1986 unveröffentlicht).

Fig. 84: Different polyterpenes in the aerial and subterraneous parts of *Carlina oligocephala*.

Bei einer Analyse von *Carlina oligocephala* wurden die unter- und oberirdischen Abschnitte der Pflanze getrennt untersucht. Dabei wurde nur in den oberirdischen Teilen eine Akkumulation von Triterpenen festgestellt (20 g luftgetrocknetes Pflanzenmaterial ergab 20 mg Lupeol, 20 mg Lupeylacetat, 30 mg Taraxasterol und 30 mg Taraxasterylacetat zusammen mit 5 mg β-Farnesen und 20 mg Carlinaoxid). In den unterirdischen Teilen von *C. oligocephala* wurden dagegen die monozyklischen Sesquiterpene β-Phellandren und γ-Curcumen nachgewiesen (2,5 g getrocknete Wurzeln ergaben 3 mg β-Sesquiphellandren, 3 mg Carlinaoxid, 5 mg Acetylen 2 und jeweils 1 mg von den Acetylenen 3, 4, 5, vgl. Abb. 82) (BOHLMANN 1986, unveröffentl.).

Diese Ergebnisse einer Differenzierung im Muster der Terpene innerhalb der Gesamtpflanze (Abb. 84) verdienen insofern Beachtung, als auch in der Ausbildung der Sekretionsgewebe (vgl. 1.2.4.) Unterschiede zwischen den ober- und unterirdischen Organen bestehen.

3. Umweltverhalten (Ökostruktur)

3.1. Blüten- und Ausbreitungsbiologie

3.1.1. Blütenbiologie

Alle *Carlina*-Arten sind Spätsommer- und Herbstblüher. Mögen auch bei den einjährigen Arten der sect. *Mitina* die Blüten in extremen südlichen Lagen bereits im Juni mit der Entfaltung beginnen und bei *C. salicifolia* im ausgeglichenen Klima der Lorbeerwaldstufe auf den Kanaren sowie in Gewächshauskultur gewisse Unregelmäßigkeiten in der Blühperiode auftreten, so kann im allgemeinen das späte Blühen als ein charakteristisches Gattungsmerkmal angesehen werden. Im mediterranen Hauptverbreitungsgebiet von *Carlina* erscheint diese Blütezeit insofern ungewöhnlich, als die Köpfchen- und Blütenentwicklung in die sommerliche Trockenzeit fällt, während der das Pflanzenwachstum stark eingeschränkt ist. *Carlina* überwindet diese Hemmnisse, indem sie die Stoffproduktion und Stoffspeicherung weitgehend auf den Bereich der Köpfchen konzentriert.

Körner (vgl. Körner & Meusel 1986) hat auf die „ungewöhnliche Akkumulation von Biomasse und Blattfläche im Blütenbereich" von *Carlina* aufmerksam gemacht. Bei *C. vulgaris* und *C. biebersteinii* wurde festgestellt, daß die sommerliche photosynthetische Stoffproduktion mit mehr als der Hälfte der Gesamtleistung der Pflanze in den Köpfchen erfolgt. Diese bei den mitteleuropäischen Arten beobachtete „Kopflastigkeit" ist bei allen mediterranen Sippen sicherlich noch verstärkt, wenn im Sommer der größte Teil der Laubblätter abtrocknet und abfällt. Man muß annehmen, daß dann bei begrenzter Wasser- und Nährstoffzuleitung die für Blüten- und Fruchtbildung nötigen Synthesen weitgehend im Köpfchen erfolgen. Für den Gaswechsel haben nach Körner die äußeren Involukralblätter eine sehr große Bedeutung. Ihre Struktur (vgl. S. 104) führt zu einem „Näherrücken von nährstoffspeichernden und photosynthetisch aktiven Geweben". Die Wasserspeicherkapazität der *Carlina*-Köpfchen läßt auch in Stress-Situationen „die Aufrechterhaltung einer mäßigen Photosynthese in den Morgenstunden" vermuten. Im Grundgewebe des Köpfchenbodens sind nach Nissen (1907) Stärke und fette Öle und im Grund- und Leitgewebe Inulinkristalle gespeichert. Die Sekretzellen, die das dichte Netz des primären und markständigen Leitgewebes begleiten, führen außerdem zu einer Ansammlung von Latex im Köpfchen (s. S. 67). Hinsichtlich seiner Speicherfähigkeit ist somit das *Carlina*-Köpfchen den Zwiebeln herbstblühender Geophyten vergleichbar, nur mit dem Unterschied, daß bei den Köpfchen zu der Speicherung eine in der Ruheperiode fortgesetzte Stoffproduktion durch Photosynthese kommt.

In der festen Umhüllung von äußeren und mittleren Involukralblättern sowie von den Basen der inneren Involukralblätter wachsen die Blüten heran (vgl. S. 118). Oberwärts werden sie geschützt von den sie überragenden Spreublattborsten und den eingebogenen verlängerten Enden der inneren Involukralblätter (Tafel VIII, Abb. 57, 59).

Ähnlich wie die Zähne des Laubmoosperistoms reagieren die inneren Involukralblätter von *Carlina* (s. S. 167) hygroskopisch. Dabei wirkt besonders der mittlere Teil dieser langgestreckten Organe als Biegezone (Abb. 92). Auf Grund der im Abschnitt 3.1.3. näher zu schildernden Strukturen erfolgt die Entfaltung der Involukralstrahlen bei trockener Luft und deren Einkrümmung bei Befeuchtung.

In der Präfloration ist der knospenartige Zusammenschluß der inneren Involukralblätter noch fixiert. Erst mit dem Zeitpunkt des Aufblühens der äußeren Blüten kommt es zur ersten Ausbreitung und von da ab zu den regelmäßigen, von der Atmosphäre abhängigen hygroskopischen Öffnungs- und Schließbewegungen.

Während der Blühzeit fungieren die ausgebreiteten, gefärbten inneren Involukralblätter der *Carlina*-Köpfchen als Strohblumen-Schauapparat (Abb. 58). Nach Kugler (1970) übt vor allem der Seidenglanz auf der Oberseite der Involukralblätter einen besonderen Reiz auf fliegende Insekten aus. Ein regelmäßiges Muster schmaler, langgestreckter, parallel angeordneter Epidermiszellen (Tafel XXIV) bewirkt eine Lichtreflexion ähnlich wie an den parallel angeordneten Fasern eines Seidenstoffes, die dann aufleuchten, wenn die Lichtstrahlen senkrecht zum Faserverlauf auftreffen. Leichte Wellung der Involukralstrahlen führt zu einem Spiel von Glanzlichtern, das auf anfliegende Blütenbesucher wahrscheinlich eine Art von Flimmer-Effekt ausübt.

Im UV-Licht wechseln am Köpfchen von *C. acaulis* Zonen hoher und geringer Reflexion (Kugler 1970). Dabei bleibt die von den Röhrenblüten gebildete Scheibe im UV-Licht dunkel, während die Involukralstrahlen aufleuchten. In der Ausdehnung und Auffälligkeit des Schauapparates bestehen Unterschiede zwischen den einzelnen Verwandtschaftskreisen. Bei *C. salicifolia* ist der obere Abschnitt der inneren Involukralblätter kurz, unauffällig bräunlich gefärbt und meist aufgerichtet (Tafel XXVIII e). Auch bei *C. diae* bleibt er kurz, zeichnet sich aber durch lebhaft gelbe Färbung aus. Bei den übrigen Sippen ist er als Strahl stark verlängert (Abb. 58).

Die Blühdauer der *Carlina*-Köpfchen hängt nicht nur von deren Größe und Blütenzahl (s. S. 102), sondern auch von den jeweiligen Witterungsbedingungen ab. Bei Arten mit kleineren bis mittelgroßen Köpfchen erstreckt sich die Blühperiode eines Köpfchens auf etwa (6)9–11(15) Tage. Bei größeren Köpfchen ist sie etwas länger: z. B. bei *Carlina acanthifolia* nach Poznanski & Spiss (1985) bei trockenem Wetter am natürlichen Standort etwa 20 Tage und bei kühlfeuchtem Wetter 30 Tage. Anfangs öffnen sich nur wenige Blüten am Köpfchenrand. In der Vollanthese sind in der Regel Blüten in nur einem „Kreis" oder wenigen Spiralumdrehungen geöffnet. Den Abschluß bildet dann ein Komplex zentraler Blüten. Gelegentlich können aber auch Zentralblüten in der Aufblühfolge vorauseilen.

Bei allen Arten, die razemöse oder zymöse Synfloreszenzen bilden, verlängert sich die Blühzeit durch das Nacheinander im Aufblühen der einzelnen Köpfchen. Bei den sympodialen Anthokladien der Arten von sect. *Mitina* führt das zu einer von der sukzessiven Aufzweigung der Gesamtpflanze abhängigen, unter ungünstigen Umständen nur kurzen, bei mehrfach wiederholter Verzweigung in der Regel ausgedehnten Blühperiode.

Die Anthese erfolgt in mehreren Phasen. Wenn vor dem Aufblühen die Involukralstrahlen bereits ausgebreitet sind, erscheint die Köpfchenscheibe mit dicht gedrängten Blütenknospen, zwischen denen die keulig verdickten Spreublatt-Mittelborsten hervorragen, lebhaft gelb gefärbt.

Bei *C. acaulis* und *C. vulgaris* verdunkelt sich die Köpfchenscheibe während des Aufblühens durch die violetten Antherenröhren von außen nach innen, bis sie gänzlich eine violett-schwärzliche Färbung annimmt. In der ersten Aufblühphase schiebt sich die

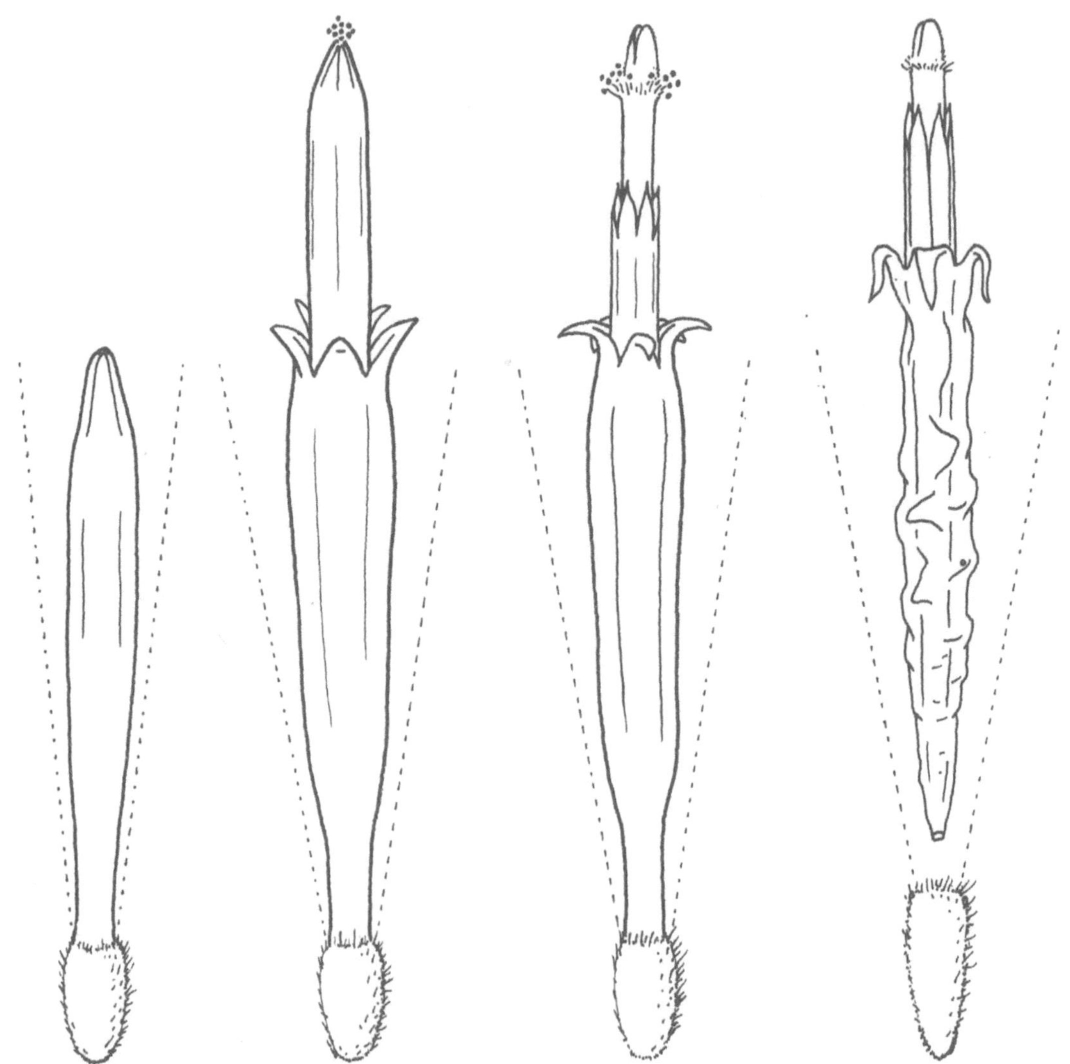

Abb. 85: *Carlina corymbosa*, einzelne Blüten in der Präfloration, der männlichen und weiblichen Blühphase und in der Postfloration, im letzten Zustand herausgehoben aus dem Körbchen. Lage des Pappus nur schematisch dargestellt. Zeichnung: MÖRCHEN.

Fig. 85: *Carlina corymbosa*, individual flowers in the pre-anthetic, the male and female flowering phase and in the postfloral phase, in the latter stage elevated from the capitulum. The position of the pappus is indicated only schematically.

Staubblattröhre aus der geöffneten Blüte (Abb. 85), in der zweiten wird durch Verkürzung der Antherenröhre der Pollen herausgepreßt, und erst nach einigen Tagen geht bei einem leichten Auseinanderweichen der Griffeläste die Blüte in das weibliche Blühstadium über. Die Papillen an der Innenfläche der Griffeläste können herangebrachten Pollen festhalten (Tafel XIV/6). Damit ist die Bestäubung vollzogen und die Befruchtung eingeleitet.

In der Postfloration löst sich die durch Trocknung geschrumpfte Korolle mitsamt der Antherenröhre und dem Griffel vom unterständigen Fruchtknoten ab (Abb. 85). Sie wird, wohl durch den Druck der auffallend angeschwollenen Basalzellen der Pappussegmente (Tafel XXVIb, c) und der heranwachsenden Pappushaare, aus der Köpfchenscheibe herausgepreßt. Die abgestorbenen Blüten findet man oft noch lange als Belag auf ihr sitzen. Achänen und Pappusborsten verbleiben im Spreublattkomplex dicht verpackt auf dem Köpfchenboden, über dem weiterhin die inneren Involukralblätter hygroskopisch reagieren (Abb. 91).

Tab. 11: Liste vermutlicher Bestäuber von *Carlina acaulis* und *C. vulgaris*.

Tab. 11: List of probable pollinators of *Carlina acaulis* and *C. vulgaris*.

Apoidea

Bombus pascuorum (SCOPOLI)
B. confusus (SCHENCK)
B. lapidarius (L.)
B. muscorum (F.)
B. sylvarum (L.)
B. terrestris (L.)
B. pomorum (PZ.)
B. ruderarius (MÜLLER)
B. humilis (ILLIGER)
B. hortorum (L.)
Lasioglossum calceatum (SCOP.)
Halictus quadricinctus (F.)
Psithyrus rupestris (F.)
Apis mellifera (L.)
Coelioxys inermis (K.)
C. quadridentata (L.)
Megachile circumcincta (K.)
M. lagopoda (L.)
M. centuncularis (L.)

Lepidoptera

Vanessa urticae L.
V. io L.
V. polychloros L.
Aphantopus hyperantus L.
Melitaea spec.

Sphegidae, Syrphidae

Cerupales maculata F.
Syrphus balteata DEG.
Eristalis arbustorum

Unsere Kenntnisse über die Bestäubungsbiologie von *Carlina* sind noch recht unvollkommen. Als allogame Blumen werden die Köpfchen der einzelnen *Carlina*-Arten von den verschiedensten Insekten gelegentlich besucht und unter Umständen auch bestäubt. Der Kreis der regelmäßigen Besucher und Bestäuber scheint jedoch verhältnismäßig eng, zumindest was die mitteleuropäischen *Carlina*-Arten betrifft. In Tabelle 11 sind die Insekten-Arten zusammengestellt, die nach den Angaben in der Literatur (vgl. vor allem KNUTH 1898) und nach Beobachtungen im Botanischen Garten und in der Umgebung von Halle (DORN 1980, 1985, 1987 in litt.) längere Zeit auf *Carlina*-Köpfchen verweilend und Nektar saugend beobachtet wurden. Hymenopteren und unter diesen wieder größere Formen, vor allem Hummeln, stehen hier offenkundig ganz im Vordergrund. Das entspricht auch verschiedenen Einzelbeobachtungen an Arten des Mittelmeergebietes (PIGNATTI 1986 in litt.). Die Einschränkung des Kreises der regelmäßigen Besucher der *Carlina*-Köpfchen hängt sicherlich mit der späten Blühzeit aller Arten unserer Gattung zusammen. Sie erklärt sowohl das häufige Auftreten von *Halictus*-Arten als auch den nur ganz gelegentlich beobachteten Besuch von *Apis mellifera*. Auffallend ist, daß von den Gattungen *Bombus* und *Halictus* fast immer nur Männchen beobachtet wurden. Die Ursache für dieses Verhalten ist vielleicht darin zu suchen, daß der *Carlina*-Pollen zum Sammeln ungeeignet ist (VOGEL 1986 in litt.). Nach den Beobachtungen von POZNANSKA & SPISS (1985) an *C. acanthifolia* ist der Pollen nur in der ersten Phase klumpig, dann trocknet er bald aus, wird locker und kann sogar vom Wind verblasen werden! Vermutlich ist in diesen Eigenschaften der Grund zu suchen, daß von den die *Carlina*-Blüten besuchenden Hummeln kein Pollen gesammelt wird.

Für Schmetterlinge haben die *Carlina*-Blumen anscheinend nur eine geringe Attraktivität. Wir haben Lepidopteren meist als regelmäßige Besucher von *C. acaulis* und *C. vul-*

Abb. 86:
Carlina vulgaris, blühende Köpfchen mit ausgebreiteten inneren Involukralblättern und *Bombus pasquorum* als Bestäuber. 15. 9. 1979 Botanischer Garten Halle. Aufnahme: Hochschul-Bildstelle: Birnbaum.

Fig. 86:
Carlina vulgaris, flowering capitula with spreading inner involucral bracts and *Bombus pasquorum* as pollen transmitter.

garis nur dort beobachtet, wo in Gartenkulturen benachbarte andere Pflanzen für eine Anlockung gesorgt haben.

Wie Abbildung 86 zeigt, folgen die Bestäuber auf den Körbchen stets den Reihen der frisch geöffneten Blüten. Die wohl auf Kerner (vgl. Hegi 1928/29) zurückgehende Vermutung einer Selbstbestäubung durch das Öffnen und Schließen der inneren Involukralblätter ist sehr unwahrscheinlich. Wenn dieser Vorgang regelmäßig im Tagesrhythmus verläuft (Öffnen gegen 7 bis 8 Uhr morgens und Schließen gegen 19 Uhr abends), wie an derselben Stelle bemerkt wird, so kann das nur auf Veränderungen der Luftfeuchtigkeit, nicht aber – wie von Kerner (1898) vermutet wird – auf das Lichtdargebot zurückgeführt werden.

Aus den Darlegungen im Abschnitt 2.9. geht hervor, daß zumindest bei *C. acaulis* und *C. vulgaris* die Embryobildung durch eine normale Befruchtung eingeleitet wird. Es ist anzunehmen, daß sich die meisten anderen *Carlina*-Sippen ähnlich verhalten. Dagegen haben die Untersuchungen von Poznanska & Spiss (1985) für die isolierte Reliktsippe von *C. acanthifolia* „onopordifolia" ein Vorherrschen von Agamospermie wahrscheinlich gemacht. Die Autoren konnten weder Pollenkeimung nachweisen, noch fanden sie Pollenschläuche in den Griffeln. Trotzdem kam es zur Ausbildung reifer Achänen mit hoher Keimfähigkeit. Nach Dittrich (1977) wäre dies der erste Nachweis von Agamospermie innerhalb der Cynareen!

Auf besondere Ursachen für die Auslösung der Köpfchen- und Blütenbildung weisen Beobachtungen bei Kulturversuchen in Mitteleuropa hin. Die meisten Arten gehen hier wie am natürlichen Standort regelmäßig von der vegetativen in die reproduktive Phase über. Allein bei *Carlina xeranthemoides* und *C. oligocephala* zeigen sich Störungen. Die Erstgenannte wächst wie *C. salicifolia* mit einem gestreckten Primärsproß und seitlichen Ästen (vgl. Band II). Wir konnten aber nie Köpfchenbildung feststellen. Nach vegetativem Wachstum über eine ganze Reihe von Jahren starben die Pflanzen ab. Auch *C. oligocephala* zeigte in unseren Kulturen Verzögerungen und Unregelmäßigkeiten bei der Ausbildung von Blütentrieben (vgl. Band II). Beide Arten wachsen von Natur aus in Gebirgsklimaten mit großen Gegensätzen im täglichen Temperaturrhythmus, so daß anzunehmen ist, daß darin die Ursachen für die Blühauslösung zu suchen sind.

3.1.2. Fruchtbiologie

Mehr noch als bei der Entwicklung der Blüten ist die Ausbildung der Früchte an den Stoffwechsel und die Biomasseproduktion im Köpfchenbereich gebunden (s. S. 239). Während der Postfloration bilden die Achänen mit ihren Pappusborsten und den Spreublatthüllen einen festen Komplex, aus dem nur die verlängerten Mittelborsten der dreiteiligen Spreublätter herausragen (Abb. 88). Durch die Ausbildung eines derben, aus glattwandigen Zellen gebildeten Basalwulstes an den Achänen (Abb. 71, 72, Tafel XV) können sich die reifen Früchte aus den ebenfalls durch glatte Grundflächen ausgezeichneten Spreublattbechern (Abb. 87) leicht lösen. Sie heben sich nacheinander in einer dem Aufblühen entsprechenden Reihenfolge heraus. Dieses „Achänen-Schieben" erfolgt nur bei trockenem Wetter und wird vor allem durch die sich spreizenden Pappusstrahlen (Warming

Abb. 87: *Carlina sicula*, Längsschnitt durch Köpfchen in einem späten Stadium der Fruktifikation mit restlichen, z. T. entwickelten, z. T. fehlgeschlagenen Achänen (A). Aus dem dichten Spreublattkomplex ragen die dunkleren, leicht keulig verdickten Mittelborsten hervor. Die Achänen werden von einer von den Spreublättern gebildeten derbwandigen „Röhre" umgeben, die sich am Grund weitgehend schließt, so daß die reifen Achänen wie in einem Becher sitzen. Man beachte außerdem die scharfe Grenze zwischen dem hellen sklerenchymatischen Spreublatt-Gesamtkomplex und dem dunklen, aus geschrumpften Markzellen gebildeten Köpfchenböden. Aufnahme: Hochschul-Bildstelle Köthen: Willecke.

Fig. 87: *Carlina sicula*, longitudinal section through a capitulum in a late phase of fructification with remaining, partly mature, partly empty achenes (A). The darker, slightly clavate central bristles project from the dense receptacular scale complex. The achenes are enclosed in a compact „tube" produced from the scales, in which the mature achenes are arranged like in a cup. Note the sharp border between the lighter sclerenchymatous scale complex and the darker receptacle formed by shrivelled pith cells.

Abb. 88: *Carlina vulgaris*, Köpfchen in Fruchtreife mit zurückgeschlagenen inneren Involukralblättern und herausgehobenen Achänen. Botanischer Garten Halle. Aufnahme: Hochschul-Bildstelle: KLETT.

Fig. 88: *Carlina vulgaris*, capitulum in mature stage with recurved inner involucral bracts and elevated achenes.

1876) bewirkt. Weiterhin beteiligen sich wohl die inneren Involukralblätter am Herausführen der Achänen aus dem Köpfchen, wenn sie sich während der Fruchtreife bei Nässe einwärts biegen und bei trockenem Wetter weit zurückschlagen.

Wir finden dann locker auf den Spreublatt-Waben sitzende oder zwischen den Involukralblättern hängende Achänen mit einem schirmartig ausgebreiteten Pappus (Abb. 88). Sie können leicht durch den Wind abgehoben und verblasen werden (Schirmflieger). Infolge des sehr wirksamen fiederhaarigen Pappusschirmes genügen selbst sehr geringe Windgeschwindigkeiten, um die Achänen fortzuführen (bei *C. acaulis*, nach LUFTENSTEINER 1982, 1 bis 2 m/sec).

Am Ende des Fluges erfolgt die Ablösung des Pappus vom Fruchtkörper. Sie setzt eine Lockerung der auf S. 124 geschilderten Halterung voraus. Wahrscheinlich sind auch hierbei hygrochastische Bewegungen, in unserem Fall im Bereich der eingebogenen Zwillingshaar-Basen, beteiligt. Es genügt dann eine leichte Erschütterung der Achänen während der Verdriftung oder ein Anstoßen an Windhindernisse, um die Trennung und

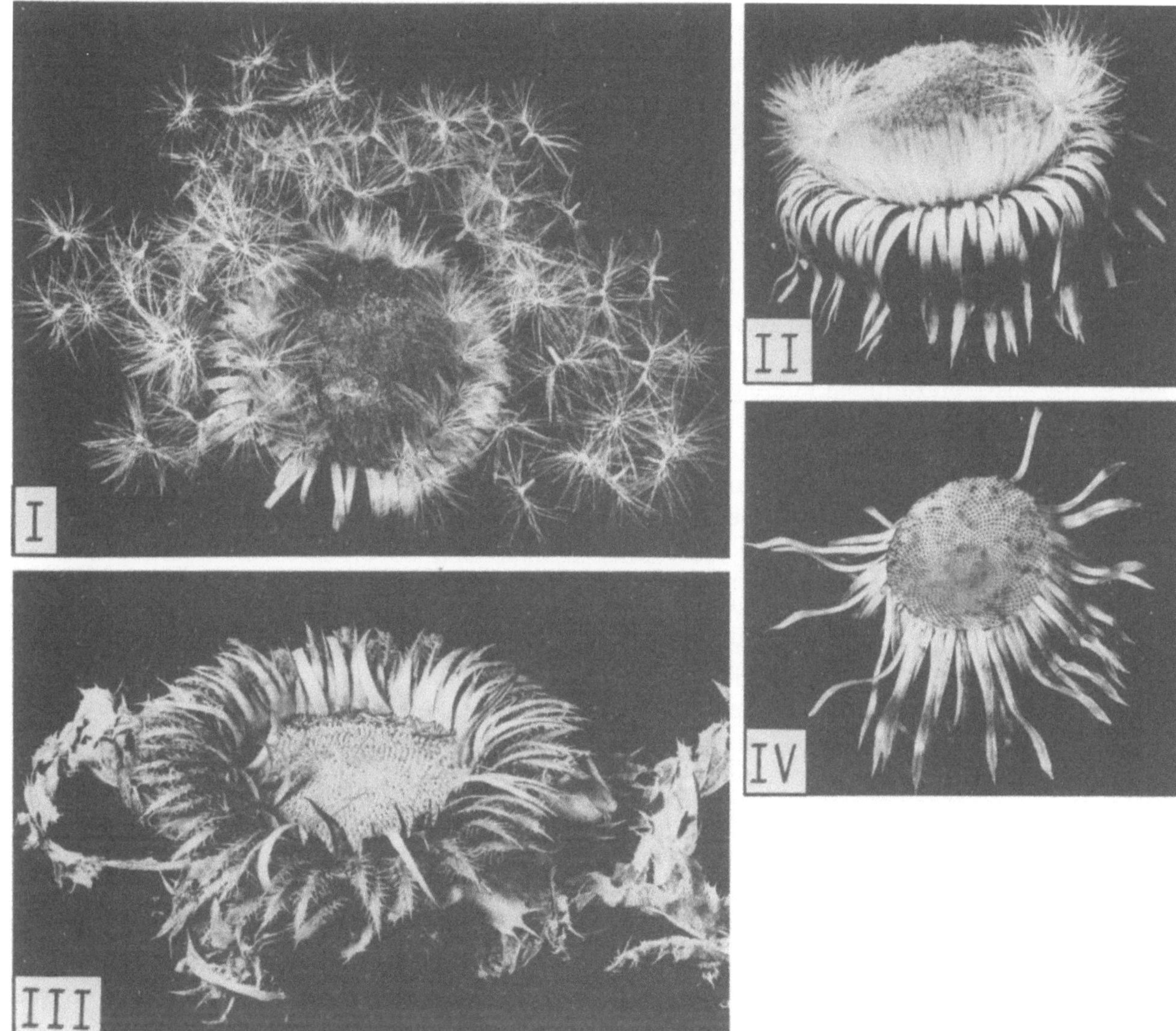

Abb. 89: *Carlina acanthifolia*, Fruchtkörper im Frühjahr. I) und II) aus dem Köpfchen herausgehobener Spreublatt-Gesamtkomplex mit zurückgeschlagenen inneren Involukralblättern und herausgetretenen Achänen; III) an der Mutterpflanze zurückgebliebender Teil des Köpfchens mit äußeren, mittleren und vereinzelten inneren Involukralblättern; IV) dasselbe Gebilde von der Unterseite mit in Parastichen regelmäßig angeordneten Poren, die den Leitbündelverbindungen aus dem Köpfchenboden in die einzelnen Blüten entsprechen (vgl. Abb. 59). Man beachte am Köpfchenboden das der Basis des herausgelösten Spreublattaggregates entsprechende Parastichen-Muster. Botanischer Garten Halle, April. Aufnahme: HENSLING.

Fig. 89: *Carlina acanthifolia*, fruit capitulum in spring. I) and II) total receptacular scale complex, detached from the capitulum, with recurved inner involucral bracts and emerging achenes; III) part of the capitulum remaining on the plant, with outer, middle and some inner involucral bracts; IV) the same complex seen from below, with pores which correspond to the connections of the vascular bundles from the receptaculum to the particular flowers, arranged in parastiches (see fig. 59). Note the pattern of parastiches on the receptacle which correspond to that of the detached scale aggregate.

das Herabfallen des Fruchtkörpers herbeizuführen. So kommt es zu einer starken Zerstreuung der Ausbreitungseinheiten im Gelände. Die abgetrennten, weiter getriebenen Pappi findet man oft in großen Mengen – zusammen mit tauben Früchten – an Windhindernissen: z. B. Bodenvertiefungen, Gebüschrändern, Spinnennetzen u. ä.

Die Fruchtentwicklung bis zur Reife dauert bei den kleinköpfigen Arten etwa 6 bis 8 Wochen. Demzufolge fällt die Ausbreitung der Achänen in die Herbstmonate, bei *C. vulgaris* in die Zeit von September bis Oktober. Ein kleiner Teil der Früchte bleibt in der Regel in dem sehr stabilen Spreublatt-Wabenaggregat der abgestorbenen Pflanzen stecken (JÄGER 1957).

Für *C. acaulis* gibt LUFTENSTEINER (1982) aus kollinen Lagen in Niederösterreich die Monate Oktober und November als Reifeperiode an, was für die Dauer der Fruchtreife eine Zeit von etwa 10 Wochen ergäbe. Achänen von *C. acaulis* in Gebirgslagen mit einer späteren Blütezeit kommen demzufolge nicht mehr oder nur teilweise zum Ausreifen. Sie verbleiben vielmehr bei geschlossenem Involukrum im Köpfchen und können vom Schnee bedeckt nachreifen (Wintersteher). Wenn sich nach dem Wegtauen der Schneedecke die Hüllblätter in der Frühlingssonne wieder ausbreiten, hat sich das verholzte Spreublatt-Waben-Aggregat von dem inzwischen teilweise verwitterten Köpfchenboden (vgl. Abb. 89) gelöst und kann leicht (durch Wind oder Viehtritt) aus der Hülle der äußeren und mittleren Involukralblätter herausgehoben werden. Da die mit dem Waben-Aggregat verbundenen inneren Involukralblätter weiterhin hygrochastisch reagieren, wird der von diesen umgebene, mit Früchten beladene Spreublatt-Körper bei feuchtem Wetter zu einem halbkugeligen Gebilde, das als Ganzes wie ein Steppenroller am Boden fortbewegt werden kann. Die „Sammelfrüchte“ verteilen sich besonders bei offener oder niedrigwüchsiger Vegetation über große Flächen und entlassen am neuen Standort unter günstigen Bedingungen – wie sonst im Herbst – nacheinander ihre inzwischen gereiften Achänen. Windschirm-Ausbreitung (Pogonochorie) ist hier also mit Roller-Ausbreitung (Cyclochorie) kombiniert.

Bei *C. acaulis* ist diese Ausbreitungsform verhältnismäßig oft zu beobachten. Es verwundert, daß sie bisher kaum Erwähnung gefunden hat (vgl. GRABHERR & POLATSCHEK 1986). Weder bei MÜLLER (1955, 1977) noch bei LUFTENSTEINER (1982) finden sich Hinweise, und auch in HEGI (Bd. VI, 2 + 821) wird nur von „verwehten Fruchtböden“, aber nicht von dem hier geschilderten mehrphasigen Vorgang der Achänenausbreitung gesprochen.

Die bei *C. acaulis* nur gebietsweise zu beobachtende und neuerdings (PETIT 1987) auch bei *C. atlantica* (PETIT 1987) gefundene Erscheinung einer kombinierten Cyclo- und Pogonochorie ist bei *C. acanthifolia* offenkundig die Regel. Wir haben sie verschiedentlich im Gelände und allgemein im Botanischen Garten beobachtet (Abb. 89). Wahrscheinlich hängt dies damit zusammen, daß die großen Köpfe dieser Art wesentlich längere Zeit zum Reifen benötigen und deshalb gewöhnlich nicht mehr im Herbst, sondern erst im Frühjahr die Achänen entlassen. Zudem ergeben sich bei der stets stengellosen Pflanze mit der Loslösung des ganzen Fruchtkomplexes vom Boden auch günstigere Möglichkeiten für eine weitere Windausbreitung der Achänen. Nach VOGEL (mündl.) zeigen stengellose Pflanzen verschiedentlich eine Tendenz zur Heraushebung der Früchte aus dem Bodenniveau vor der Samenreife (*Crocus, Colchicum* u. v. a.). Die Ausbildung von Steppenrollern bei *Carlina* ist als eine Variante dieses Verhaltens anzusehen. Besonders wenn sich bei trockenem Wetter die Involukralblätter von den „Fruchtböden“ krallenförmig zurückbiegen und diese wie auf einem Sockel emporgehoben sind (Abb. 89II), können die Achänen leicht vom Wind erfaßt werden.

3.1.3. Hygroskopische Bewegungen[6]

Mit „Wetterdisteln“ verbindet jeder Naturfreund die Vorstellung, daß sich die inneren Involukralblätter an den blühenden *Carlina*-Köpfchen witterungsbedingt ausbreiten oder zusammenschließen (Abb. 86, vgl. auch KERNER 1898, II: 105). Diese Bewegungen beruhen auf ungleichmäßiger Wasseraufnahme oder Wasserabgabe abgestorbener Zellen und Gewebe (Bewegungen toter Gewebe, vgl. HABERLANDT 1896, hygroskopische Mechanismen, GUTTENBERG 1971).

Abb. 90:
Serratula coronata, Köpfchen blühend (I) und in der ersten Phase der Postfloration mit knospenförmig zusammengeschlossenem Involukrum (II) sowie bei Fruchtreife mit strahlig ausgebreiteten, auf der Oberseite silbrig glänzenden inneren Involukralblättern (III, IV). Botanischer Garten Halle. Aufnahme: HENSLING.

Fig. 90:
Serratula coronata, capitulum in flower (I), in the first phase of the postfloration showing a bud-like, closed involucre (II) and in mature stage with radiately spreading, on the upper side silvery inner involucral bracts (III, IV).

Wie bereits RATHAY (1881) aufgezeigt hat, sind die hygroskopischen Krümmungen der Involukralblätter nicht nur bei *Carlina* oder *Xeranthemum* anzutreffen, sondern sind – weniger auffallend – auch für andere Cynareen charakteristisch. So begegnen sie uns bei vielen *Centaurea*- oder *Serratula*-Arten. Bei diesen Pflanzen stehen sie jedoch nur im Dienst der Fruchtausbreitung. Die Hygrochasie wirkt sich bei diesen Pflanzen erst in der Postfloration aus, wenn es darum geht, die Flugfrüchte bei Feuchtigkeit schützend einzuschließen und nur bei trockenem Wetter freizustellen (Abb. 90). Bei den Carlineen, besonders bei *Carlina* und *Xeranthemum*, sind im Zusammenhang mit der Ausbildung der inneren Involukralblätter als Schauorgane entsprechende Bewegungen

[6] Originalbeitrag von D. FÜRNKRANZ und A. SCHMIDT, Salzburg.

Abb. 91: *Carlina corymbosa*, hygrochastische Bewegungen des inneren Involukrum (I–III) und des Pappus (IV–VII). Involukrum und Pappus befeuchtet zusammengeschlossen (I, IV) und trocken z. T. ausgebreitet (III, VI–VII); Achäne mit Pappusbasalsegmenten und Biegungszone innerhalb dieser (B) (VII–VIII). Aufnahmen: Hensling (Halle) und Fürnkranz (Salzburg).

Fig. 91: *Carlina corymbosa*, hygrochastic movements of the inner involucre (I–III) and the pappus (IV–VIII). Involucre and pappus closed when moist (I, IV) and partly spread when dry (III, VI–VIII); achene with basal segments of the pappus and bending-zone (B) within them (VII–VIII).

Abb. 92:
Carlina acanthifolia, hygrochastische Bewegung eines inneren Involukralblattes: trocken stark zurückgebogen (vgl. Abb. 89II), bei Befeuchtung Übergang in aufgerichtete und teilweise eingebogene Lage. Stroboskop-Aufn.: BURGSTALLER, FÜRNKRANZ (Botanisches Institut, Universität Salzburg).

Fig. 92:
Carlina acanthifolia, hygrochastic movement of an inner involucral bract: in dry condition strongly recurved (see fig. 89II), in moist condition erect to partly incurved.

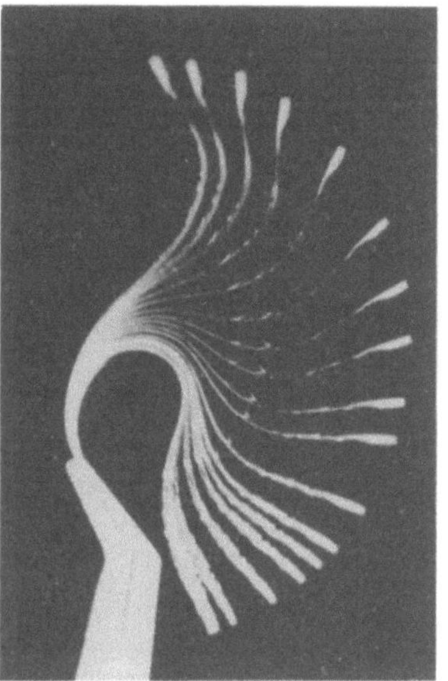

bereits während der Blühperiode zu beobachten. Sie bleiben aber in der Postfloration ebenso wirksam wie bei *Centaurea* oder *Serratula*.

Von der Befeuchtung abhängige Ausbreitungs- und Schließbewegungen, wie die Involukralblätter der Köpfchen, zeigen bei *Carlina* auch die Pappusstrahlen der Achänen (Abb. 91). Beide Erscheinungen gehen auf dorsiventrale Gewebestrukturen zurück, die sich durch Lagen stark quellfähiger Zellen neben solchen geringer oder fehlender Quellfähigkeit auszeichnen.

Die Analyse der hygrochastischen Bewegungsvorgänge am Pappus zeigt zudem im Abbiegen oder Anlegen der Pappushaare an die Pappusstrahlen, daß auch einzelne tote Zellen an der *Carlina*-Frucht zu derartigen Bewegungen fähig sind. Desgleichen sind die Bewegungen, die wir an den die Achäne umkleidenden Zwillingshaaren beobachten können (s. S. 122), an hygroskopische Strukturen gebunden. Aus dieser Übersicht geht hervor, daß bei *Carlina* in (mindestens) 4 Bereichen des Blüh- und Fruchtgeschehens hygroskopische Mechanismen eine wichtige Rolle spielen.

Die diesen Erscheinungen zugrundeliegenden Strukturen sollen im folgenden anhand von Beobachtungen im stroboskopischen und REM-Bild näher vorgestellt werden. Stroboskop-Aufnahmen von inneren Involukralblättern des *C. acanthifolia*-Köpfchens (Abb. 92) zeigen die im Verlauf der Bewegungen wechselnden Bereiche der Biegung und lassen den Abschnitt erkennen, den man als besonders wirksame Biegezone bezeichnen kann. Sie entspricht dem etwas verdickten, unterseits dunkler gefärbten schmalen Teil der inneren Involukralblätter zwischen der im Körbchen eingeschlossenen Basis und dem verbreiterten Oberblatt (s. S. 104), das während der Anthese als Schauapparat wirkt.

Nach STEINBRINCK (vgl. u. a. STEINBRINCK & SCHINZ 1899) geht die Biegung auf die unterschiedliche Quellfähigkeit der einzelnen Lagen, den „Antagonismus zwischen inneren und äußeren Fasern" zurück. Dieser soll letztlich, wie ein bis heute immer wieder vorgestelltes Schema (vgl. STRAKA in RUHLAND 1962, GUTTENBERG 1971) zeigt, auf Unterschieden in der Micellarstruktur der Zellwände beruhen. Die Ausrichtung von Poren sowie Beobachtungen im Polarisationsmikroskop dienten STEINBRINCK zur Begründung

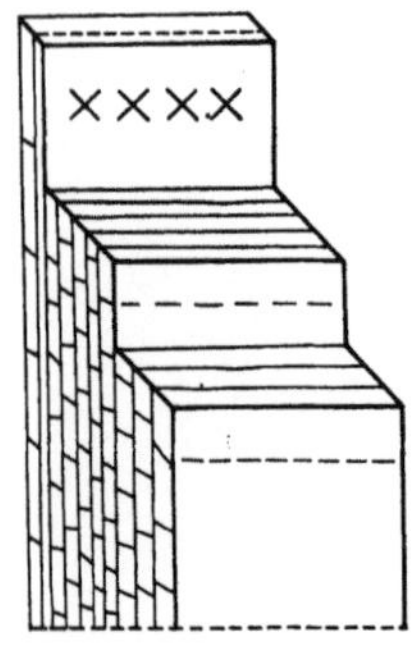

Abb. 93:
Schema der unterschiedlichen Micellarstruktur in den Zellschichten der Biegungszone der inneren Involukralblätter von *Carlina*. Nach STEINBRINCK (in STEINBRINCK & SCHINZ 1908).

Fig. 93:
Diagram of the various micellar-structures in the cell layers of the bending-zone of inner involucral bracts in *Carlina*.

dieser Darstellung (Abb. 93). Untersuchungen am REM können diese Annahme allerdings nur teilweise bestätigen.

REM- und lichtmikroskopische Aufnahmen von Schnitten durch die Biegezone (Tafel XXIIIa, XXIVe) entsprechen weitgehend den zeichnerischen Darstellungen von RATHAY (1881) und von STEINBRINCK und SCHINZ (1908). Sie lassen wenige festgefügte interzellularenfreie Lagen verdickter Zellen erkennen, die der unteren Epidermis fest anliegen. Sie wurden von RATHAY als „Sklerenchym" ausgewiesen, sind vielleicht aber besser als ein Kollenchym-Gewebe zu charakterisieren. Der größte Teil des Blattes besteht aus einem aus größeren, ebenfalls abgestorbenen und abgerundeten Zellen aufgebauten Mesophyll („Parenchym" nach RATHAY), in dem auch die Leitbündel liegen. Die obere Epidermis erscheint als dichter Verband regelmäßig parallel angeordneter schmaler langgestreckter Zellen (Tafel XXIV).

Das für den Bewegungsmechanismus entscheidende Quellgewebe besteht aus Zellen, die in der Hauptbiegezone einen mit der unteren Epidermis verbundenen „zweischneidigen und spitzigen, einer Messerklinge ähnlichen Gewebekörper" (RATHAY) bilden. Seine gestreckten Zellen, „Faserzellen" nach STEINBRINCK und SCHINZ (1908), zeichnen sich im Längsschnitt (Tafel XXIIIc, d) durch stark verdickte Wände aus, die regelmäßig quer angeordnete Poren und Spalten aufweisen. Bei starker Vergrößerung erscheinen die Querspalten (Poren) in ein Netz feinerer Querrisse eingegliedert, was wohl als deutlicher Hinweis auf eine Micellar-Querstruktur im Aufbau dieser dicken Zellwände angesehen werden kann.

Auch die wesentlich weiteren (größerlumigen) Zellen des Grundgewebes sind in der Längsrichtung gestreckt. Im Querschnitt erscheinen sie abgerundet mit regelmäßig angeordneten dreieckigen Interzellularen (Tafel XXIIIb). Sie sind verhältnismäßig dünnwandig und lassen nur zerstreut kleine querspaltige oder rundliche Poren erkennen. Wie die „Sklerenchym"zellen geben sie nach RATHAY mit Phloroglucin-Salzsäure Holzreaktion.

Die Zellen der oberen Epidermis sind sehr lang gestreckt und im Querschnitt rundlich mit stark verdickten Wänden. Die Aufsicht zeigt einen dichten Verband eng verzahnter schmal röhrenförmiger Zellen (Tafel XXIV). Längsporen konnten jedoch nicht beobachtet werden.

Durch eine Längsspaltung der Involukralblatt-Biegezone von *C. acaulis* und *C. vulgaris* konnten RATHAY (1881) und KLEINER (1907) das Quellgewebe – die „Sklerenchym"-schicht – vom Grundgewebe trennen. Dabei wurde festgestellt, daß sich das dickwandige „Sklerenchym" bei Befeuchtung um 7% (bei *C. acaulis*) bzw. um 12% (bei *C. vulgaris*) ausdehnte, im Gegensatz zum Grundgewebe, das lediglich eine Ausdehnung von 2% oder 3% zeigte. Diese Beobachtungen und die durch die REM-Analysen aufgezeigten Querstrukturen (Tafel XXIII c, d) lassen nicht daran zweifeln, daß die Ursachen der hygrochastischen Bewegungen in diesen subepidermal angeordneten Lagen verdickter Zellen zu suchen sind, die deshalb in ihrer Feinstruktur und vor allem in ihrem Chemismus noch weiterer Untersuchungen bedürfen.

Die übrigen Zellagen – das Mesophyll und die obere Epidermis – wirken in diesem System verschieden stark quellbarer Schichten wahrscheinlich zugleich als Zwischenschicht und als Widerlager. Dabei wird wohl besonders dem Verband der dickwandigen, röhrenförmigen, dicht aneinander liegenden und ineinander verzahnten Zellen der oberen Epidermis die Aufgabe einer starren Widerlagerfläche zufallen, während das „Parenchym" mit einer von unten nach oben abnehmenden Quellfähigkeit als plastische Zwischenschicht fungiert.

Entscheidend werden die hygroskopischen Bewegungen der Involukralblätter von der unterschiedlichen Struktur und Reaktion der oberen und der unteren Epidermis beeinflußt: Bei Befeuchtung der Oberseite der Involukralstrahlen erfolgt keine Reaktion, weil die obere Epidermis mit glatten, leicht aufgewölbten – wahrscheinlich stärker kutikularisierten – Wänden eher wasserabweisend reagiert. Die untere Epidermis dagegen besteht, wie schon Rathay (1881) bemerkte, aus „Zellen mit verknitterten und gebräunten Wandungen". In der Aufsicht zeigen sich eingesunkene Außenwände. Unscharf sich abzeichnende Querstrukturen sind wahrscheinlich darauf zurückzuführen, daß durch eine stark abgebaute Lage von Epidermiszellen subepidermales Gewebe der Quellschicht „durchscheint" (Tafel XXIV).

Die Bewegungen des Pappus erfolgen, wie aus Abbildung 91 hervorgeht, nicht oder kaum im Bereich der Pappusstrahlen. Beim Austrocknen eines befeuchteten zusammengelegten Pappus hat man zwar den Eindruck, daß sich zunächst die Enden der Pappusstrahlen auswärts biegen, die schirmförmige Entfaltung ist aber ganz an die Beweglichkeit der Basalsegmente gebunden, so wie nach Hirsch (1901) die Pappusbewegungen aller Cynareen auf „dynamische Zellen" im basalen Teil des Haares, d. h. der Pappusstrahlen zurückzuführen sind.

Trotz der wesentlich geringeren Dicke des Organs, besteht die Biegezone des Pappusbasalsegmentes aus Gewebelagen, die sehr an jene der Biegezone der inneren Involukralblätter (Tafel XXIV) erinnern und offenkundig auch gleichsinnig funktionieren. Schnitte durch die Basalsegmente des Pappus von *C. corymbosa* (Tafel XXV) zeigen eine deutlich dorsiventral differenzierte Schichtung verschiedenartiger Zellagen, wie sie bereits Talier (1894) als charakteristisch für den „*Cirsium*-Typ" des Compositen-Pappus erwähnt. Besonders fällt die Epidermis der Oberseite durch einen regelmäßigen Verband festgefügter, parallel angeordneter, dickwandiger, röhrenförmiger Zellen auf. Sie ähnelt damit der oberen Epidermis der inneren Involukralblätter, weist allerdings noch stärkere Wandverdickungen auf (Tafel XXV c, e). Beim Krümmungsvorgang bildet sie sicherlich eine starre Widerlagerschicht. Zur genaueren Analyse der Quellschicht fehlen noch Längsschnitte durch die untere Epidermis und die subepidermalen Lagen. Auffallend sind in den Zellen der unteren Epidermis und in den benachbarten Mesophyllagen (wahrscheinlich präparativ bedingte) ringfaserige Strukturen, die auf eine Quermicellierung und daher auf eine entsprechende Fähigkeit zur Längsstreckung bei Wasseraufnahme schließen lassen (Tafel XXV e, f). Auch Hirsch (1901) vermutet aufgrund von Untersuchungen im polarisierten Licht kontraktionsfähige Membranstrukturen. Nach Steinbrinck (1899) weisen diese Zellagen bei *C. vulgaris* „deutliche Querporen" auf. Das Mesophyll hingegen erscheint mit polygonal abgeplatteten oder runden Zellen und kleinen dreieckigen Interzellularen ähnlich gebaut wie die entsprechenden Schichten des Grundgewebes der Involukralblätter, wobei allerdings innerhalb der Basalsegmente stärkere Wandverdickungen auffallen (vgl. Tafel XXIII b, XXV e, f).

Wenn sich bei der Entfaltung des Pappus die einzelnen Strahlen fingerförmig auseinanderspreizen, breiten sich gleichzeitig die an ihnen seitlich sitzenden Pappushaare aus. Bei Befeuchtung beobachtet man gegenläufige Bewegungen, wobei ein rasches, beinahe plötzliches Anklappen der Haarzellen an die Involukralstrahlen besonders auffällt.

In ihrem Aufbau aus dickwandigen, röhrenförmigen Zellen in dichter, paralleler Anordnung machen die Pappusstrahlen ganz den Eindruck einer Fortsetzung der oberen Epidermis ihrer Basalsegmente (Tafel XXV a, d). Bei der Entfaltung des Pappus bleiben sie in sich starr, ähnlich wie die Stäbe eines Schirmes. Die langen Haare stehen seitlich an diesen Pappusstrahlen und gliedern sich von den Zellen der Fläche regelmäßig ab (Tafel XXV a, b). Sie sind einzellige, mehr oder weniger fädliche Gebilde, deren Beweglichkeit wohl auf einseitig wirkende, in den basalen Teilen der Zellwand lokalisierte Quellungsstrukturen zurückgeführt werden muß. Sehr beachtenswert ist eine deutliche Torsion in den Zellwänden, die wohl auch mit der Beweglichkeit dieser Haare in Zusammenhang steht.

Klarer als bei den Pappushaaren ist die Mechanik der Biegung an den Achänenhaaren zu erkennen. Diese, die Früchte regelmäßig bekleidenden, an ihrem apikalen Ende gabelförmigen Zwillingshaare (Abb. 1, Tafel XXVI d), spreizen sich im feuchten Zustand von der Achäne ab. Ursache für die Krümmungsbewegung ist die bereits auf S. 122 erwähnte Basalzelle, mit der das Zwillingshaar, zum Teil aufsitzend, zum Teil außen anliegend, fest verbunden ist. Die Außenwand dieser Zelle ist stark verdickt und bei Befeuchtung quellfähig (Schenk 1877). Die Basalzelle bewirkt so als „Quellkissen“ (Nobbe 1867) ein Abspreizen der starren Haare. Beim Eintrocknen kommt es durch Einfaltung der dünnen Innenwand der Basalzelle zu den knieförmigen Strukturen, wie sie auf Tafel XXVI e, f hervortreten.

Durch das Abspreizen der Haare werden die Achänen im Spreublattaggregat festgehalten. Sie können nur bei trockenem Wetter ihre Umhüllung verlassen. Wahrscheinlich spielen die Haare und ihr hygrochastischer Bewegungsmechanismus aber auch noch bei der Ausbreitung und Keimung der Achänen eine Rolle.

3.1.4. Ausbreitung, Populationen

Wenn man von einer gelegentlichen regenerativen Knospenbildung und Innovation absieht, wie sie an Haupt- und Seitenwurzeln bei *C. acaulis* und *C. acanthifolia* zu beobachten ist (Abb. 17, 13), zeigt nur *C. brachylepis* die Fähigkeit, sich durch Sprossung an horizontalen weitstreichenden Seitenwurzeln regelmäßig über größere Flächen auszubreiten (vgl. Band II). Für alle anderen *Carlina*-Arten sind die Achänen die einzige Möglichkeit einer Ausbreitung. Diese hängt nicht allein von der Höhe der Produktion keimfähiger Samen und vom Erfolg der Flugfrüchte, sondern ebenso von den Keimvorgängen im Gelände und den Entwicklungs- und Etablierungsmöglichkeiten der Jungpflanzen ab. Genauere Beobachtungen liegen nur für die mitteleuropäischen Arten vor. *C. vulgaris* bringt nach Jäger (1957) infolge der späten Blühzeit am natürlichen Standort bei Halle/S. erst im Spätherbst (Oktober) reife Achänen. Diese erwiesen sich bei Sofortaussaat im Versuch als 100%ig keimfähig. In der Natur erfolgte die Keimung jedoch erst im Frühjahr, was wohl auf zu niedrige Herbsttemperaturen zurückzuführen ist. Wie auch für *C. acaulis* berichtet wird (Hegi 1928/29), ist für *C. vulgaris* Licht Voraussetzung für die Keimung. Im Dunkelversuch wurden keine Keimvorgänge beobachtet.

In der Ausbildung keimfähiger Früchte unterscheiden sich die einzelnen *Carlina*-Arten. Im Gegensatz zu *C. vulgaris* beobachtet man bei *C. acaulis* oft, daß die Köpfchen nur eine relativ kleine Zahl vollentwickelter und offenbar keimfähiger Früchte enthalten. Vielfach findet man taube Früchte, jedoch mit einem normal ausgebildeten Pappus. Nach LUFTENSTEINER (1982) ist bei *C. acaulis* „oft ein Großteil der Verbreitungseinheiten – manchmal ganze Köpfchen – steril", was, diesem Autor zufolge, „vielfach auf Insektenbefall zurückgehen dürfte und durch Braunfärbung der Achänen leicht erkennbar ist". Es bleibt aber zu prüfen, ob nicht auch andere Ursachen (etwa unzureichende Nährstoffversorgung in den großen Köpfen, fehlende Fremdbestäubung u. ä.) für die Sterilität bei *C. acaulis* verantwortlich zu machen sind. Beachtenswert ist in dieser Hinsicht die hohe Fertilität der sehr großköpfigen, wahrscheinlich weithin agamospermen *C. acanthifolia* „onopordifolia" an ihren Reliktstandorten im südöstlichen Polen (POZNANSKA & SPISS 1985).

Bei Kulturen im Botanischen Garten, die regelmäßig von Hummeln besucht wurden, enthielten Vertreter der sect. *Corymbosae* meist verhältnismäßig viele (etwa 40–50%) keimfähige Achänen (Abb. 88). Phytophagenbefall an den Achänen wurde nie beobachtet. Hapaxanthe Arten (Vertreter der *C. vulgaris*-Gruppe, *C. racemosa*) zeigten regelmäßige Fruchtbildung, was zu dichter Selbstaussaat in der Umgebung der Mutterpflanzen führte.

Auch am natürlichen Standort findet man bei hapaxanthen Arten meist reichlich Jungwuchs in nächster Nähe der Mutterpflanzen. Viel seltener trifft man bei ausdauernden Sippen Keimpflanzen oder junge, noch nicht zur Blüte gekommene Entwicklungsstadien. Sehr deutlich zeichnen sich solche Unterschiede ab, wenn man den Anteil von Jungpflanzen von *C. vulgaris* und *C. acaulis* dort beobachtet, wo beide Arten in beweideten Kalk-Halbtrockenrasen zusammen vorkommen. *C. vulgaris* findet man hier sehr regelmäßig in ein- oder mehrjährigen Rosetten, meist in höherer Zahl als blühende Exemplare. Von *C. acaulis* sind dagegen Keimpflanzen oder auch mehrjährige, noch nicht blühfähige Rosetten meist nur sehr selten anzutreffen. Das Verhältnis von Jungpflanzen zu blühenden Exemplaren ist sehr stark zugunsten dieser verschoben. Adulte Pflanzen von *C. acaulis* haben nicht nur eine länger währende Innovationsfähigkeit (s. S. 32), sie können außerdem durch Wurzelsprosse leicht regenerieren. Bei Zerstörung der Staudenbasis können aus Wurzelsprossung Erneuerungstriebe entstehen (Abb. 17). Da *C. acaulis* bevorzugt auf offenem Boden, an Erosionsrissen oder Bodenrutschflächen keimt (vgl. SÖYRINKI 1954), läßt es sich verstehen, daß sich die Art oft auf Weideflächen ausbreitet. Hier kann es bei Bodenverwundung und bei Zertreten der Wurzelköpfe außerdem zu verstärkter regenerativer Erneuerung kommen; so sind bei Beweidung gute Voraussetzungen zu Massenwuchs gegeben. Ähnliche Bedingungen begünstigen wahrscheinlich auch die Bildung dichter Bestände, wie man sie bei mediterranen *Carlina*-Arten (besonders bei den Vertretern der *Corymbosae*) auf beweideten Flächen vielfach vorfindet.

Ein besonderes Bild zeigen die Populationen der überwiegend plurienn-hapaxanthen Sippen von *C. acanthifolia*. Sie enthalten in der Regel nur wenige blühende Pflanzen neben einer großen Zahl noch vegetativer Exemplare in verschiedenen Altersstufen. Besonders extrem sind die Verhältnisse bei *C. acanthifolia* in der Kreidekalk-Hügelsteppe im nördlichen Karpatenvorland. Nach den Beobachtungen von JASIEWICZ & PAVLOWSKY (1956) und von POZNANSKA & SPISS (1985) findet man hier unter Tausenden von Pflanzen nur ganz wenige blühende Exemplare. Dieses Verhältnis deutet auf eine lange vegetative Entwicklung und Erstarkung der Pflanze hin. Die Erhaltung der Sippe wird hier vor allem durch eine hohe Samenproduktion bei guter Keimfähigkeit gewährleistet, wenn nicht auch in diesem Fall regenerative Erneuerung aus dem Wurzelwerk mit beteiligt ist (vgl. Band II).

3.2. *Carlina* als Phytophagen-Habitat

Über Phytophagen auf *Carlina* gibt es vor allem von zoologischer Seite eine Reihe von Untersuchungen, die auch deshalb Beachtung verdienen, weil sie zur Klärung der systematischen Stellung der Gattung und der Carlineen überhaupt beitragen. Wie die nach ZWÖLFER (1965) zusammengestellte Übersicht (Tab. 12) ausweist, hat man vor allem Rüsselkäfer, Kleinschmetterlinge und einige Dipteren als endophytische Larven in den Achsen, Blättern und vor allem in den Köpfchen verschiedener *Carlina*-Arten beobachtet.

Tab. 12: Übersicht über phytophage Insekten an *Carlina* (nach einer Zusammenstellung von ZWÖLFER 1965, ergänzt).

Tab. 12: Survey of phytophagous insects on *Carlina* (according to ZWÖLFER 1965, with additions).

An Köpfchen		
	Larinus brevis Herbst (*Coleopt. Curculinonidae*)	*C. acaulis, C. vulgaris*
	Larinus ursus	*C. corymbosa, C. lanata*
	Metzneria carlinella (*Lepidopt. Gelechiidae*)	*C. vulgaris, C. acaulis*
	Metzneria neuropterella	*C. acaulis*
	Cochylis posterana (*Lepidopt. Cochylidae*)	*C. acaulis*
	Myelois cribella (*Lepidopt. Pyralidae*)	*C. acaulis*
	Pyroderces argyrogrammos (*Lepidopt. Momphidae*)	*C. vulgaris*
	Acanthiophilus helianthi R. (*Dipt. Tephritidae*)	*C. vulgaris*
	Palloptera parallela Loew (*Dipt. Lonchaeidae*)	*C. acaulis*
In Achsen		
	Epiblema scutulana D. & S. (*Lepidopt. Tortricidae*)	*C. vulgaris, C. acaulis*
In Blättern		
	Coleophora therinella Tugstr. (*Lepidopt. Coelophoridae*)	

Von MELLINI (1951) wurde der Insektenbefall der Köpfchen von *Carlina acaulis* ssp. *simplex* im Gebiet des Toskanischen Apennin untersucht und dabei die Entwicklung der Larven von *Larinus brevis* (*Coleoptera, Curculinoidae*) und von *Metzneria carlinella* (*Lepidoptera, Pyralidae*) ausführlich geschildert. Diesem Autor zufolge kommt *Metzneria carlinella* außer auf *Carlina*-Arten (*C. vulgaris, C. corymbosa*) auch auf etlichen *Carduus*- und

Tab. 13: Die wichtigsten in Blütenköpfen europäischer *Cynareae* lebenden Phytophagengattungen und ihr Auftreten in den einzelnen Triben und Subtriben. Ein + bedeutet, daß die betreffende Phytophagengattung praktisch ausschließlich an Cynareen lebt (aus ZWÖLFER 1965).

Tab. 13: The more important phytophagous genera of insects living in the flowering heads of European *Cynareae*, and their occurence in the different tribes and subtribes. „+" suggests that the genus lives nearly exclusively on *Cynareae* (from ZWÖLFER 1965).

	Insektengattungen	*Cardueae*		*Carlineae*	*Echinopeae*
		Carduinae	*Centaureinae*		
+	*Larinus* (COL.: *Curculionidae*)	×	×	×	×
	Metzneria (LEP.: *Gelechiidae*)	×	×	×	×
+	*Urophora* (DIP.: *Tephritidae*)	×	×	–	×
	Acanthiophilus (DIP.: *Tephritidae*)	×	×	×	×
	Lasioderma (COL.: *Anobiidae*)	×	×	–	–
	Bruchidius (COL.: *Bruchidae*)	×	×	–	–
	Eucosma (LEP.: *Tortricidae*)	×	×	–	–
	Cochylis (LEP.: *Phalonidae*)	×	×	–	–
	Pyroderces (LEP.: *Momphidae*)	×	×	–	–
+	*Orellia* (DIP.: *Tephritidae*)	×	×	–	–
+	*Terellia* (DIP.: *Tephritidae*)	×	×	–	–
+	*Chaetostomella* (DIP.: *Tephritidae*)	×	×	–	–
+	*Rhinocyllus* (COL.: *Curculionidae*)	×	–	–	–
	Epiblema (LEP.: *Tortricidae*)	×	–	–	–
+	*Xyphosia* (DIP.: *Tephritidae*)	×	–	–	–
	Tephritis (DIP.: *Tephritidae*)	×	–	–	–
+	*Bangasternus* (COL.: *Curculionidae*)	–	×	–	–
+	*Eustenopus* (COL.: *Curculionidae*)	–	×	–	–
+	*Chaetorellia* (DIP.: *Tephritidae*)	–	×	–	–
+	*Ceriocera* (DIP.: *Tephritidae*)	–	×	–	–
+	*Isocolus* (HYM.: *Cynipidae*)	–	×	–	–

Tab. 14: Key for the phytoparasitic fungi on *Carlina* based on the authorities listed in the foot note.

1 Befallene Pflanzenteile deformiert 2

1+ Befall in Form von Pilzrasen, Sporenlagern und ähnlichen Strukturen, mitunter Blattflecken verursachend, aber ohne Deformation der Wirtspflanze 3

2 Auftreibungen von Blättern, Achsen, Infloreszenzen geringfügigen Ausmaßes, auf ca. 0,5 mm großen Pusteln (meist blattoberseits) entwickeln sich bald Spermogonien und primäre Uredolager von Rostpilzen . . . . vgl. 4+ ***Puccinia carlinae*** **Jacky**

2+ Köpfchen ergrünend, aussprossend, „Zweigsucht" (*C. vulgaris*) . . . . wahrscheinlich kein Pilz, **ungeklärter Erreger** (Gallmilbe?)

3 Pilzbefall erkennbar durch eingesenkte, mit winzigen Öffnungen die Epidermis durchbrechende, pycnidienähnliche Spermogonien, später durch subepidermal angelegte, bald freie, braune und schwarze Sporenlager mit den typischen einzelligen Uredo- und mehrzelligen Teleutosporen von Rostpilzen (Brachyformen) 4

3+ Pilzbefall mit anderen Merkmalen, Mycelrasen, Träger von Cystoconidien („Conidiophore" mit „Angioconidien"), Pycnidien oder auch Ascomata, Blattflecken verursachend oder nicht . . 5

4 Teleutosporen ca. 25–33 µm breit, meist 27–30 µm, Wände ca. (2–) 3–4 µm dick (*C. biebersteinii, libanotica, vulgaris*) . . . . ***Puccinia divergens*** **Bub.**

4+ Teleutosporen unter 25 µm breit, meist 18–24 µm, Wände ca. 2–3 µm dick (*C. acanthifolia, acaulis, intermedia, oligocephala*) . . . . ***Puccinia carlinae*** **Jacky** (incl. var. *carlinae-acanthifoliae* Trav.)

5 Befall keine Blattflecken verursachend, durch große, tonnenförmige Conidien, weißes Oberflächenmycel und bei Reife durch dunkle, nahezu kugelige, etwa 60–250 µm große Ascomata (erysiphale Cleistothecien) charakterisiert (Echte Mehltaupilze) 6

5+ Befall Blattflecken verursachend, durch Conidiophore oder denen ähnliche Sporocystenträger oder durch Pycnidien gekennzeichnet 8

6 Ascomata mit mehreren Asci 7

6+ Ascomata mit einem einzigen Ascus (*C. vulgaris*) . . . . ***Sphaerotheca fusca*** **(Fr.) Blumer**

7 Mycel ausschließlich epiphytisch, weiß, Conidien ellipsoid bis tonnenförmig, ca. 25–40 × 15–20 µm, später mit ca. 100 µm großen Cleistothecien, Ascosporen ca. 20–25 µm lang (*C. acaulis, corymbosa, vulgaris*) . . . . ***Erysiphe cichoracearum*** **DC. var.** ***cichoracearum***

7+ Mycel teilweise interzellulär, oft auch dichte oberflächliche Überzüge bildend, weiß, Conidien lanzettlich oder zylindrisch, ca. 40–80 × 10–20 µm groß, meist blattunterseits mit auffallend großen Cleistothecien von ca. 140–250 µm Durchmesser (*C. acaulis, corymbosa, involucrata, racemosa*) . . . . ***Leveillula taurica*** **(Lév.) Arn.** (Syn.: *L. compositarum* Golovin f. *carlinae* Golovin)

8 Conidiophoren oder ähnliche Gebilde auf Blattflecken entstehend, Pycnidien fehlen 9

8+ Conidien in fast kugelförmigen Pycnidien entstehend 10

9 Blattflecken deutlich, anfangs gelblich, bald bräunend, teilweise herausfallend, unterseits mit Mycelrasen, die conidiophorenähnlichen Träger von Cystoconidien („Angioconidien") nach oben verzweigt, am Ende becher- bis scheibenförmig angeschwollen, mit 1–5 zugespitzten Endverzweigungen, 200–900 × 6–12 µm, Cystoconidien 15–25 × 12–20 µm, Hypnozygoten („Oosporen") 26–30 µm im Durchmesser (*C. acaulis, C. vulgaris*) . . . . (*Oomycetes*) ***Bremia lactucae*** **Regel**

9+ Blattflecken undeutlich, unterseits mit gebündelten Conidienträgern, die durch die Spaltöffnungen treten oder hervorbrechen, unverzweigt, 4–6zellig, 40–145 × 4–7 µm, Conidien schmal zylindrisch bis keulig, 5–16zellig, 40–188 × 4–6,5 µm (*C. vulgaris*) . . . . (*Deuteromycetes*) ***Cercospora carlinae*** **Sacc.**

10 Pycnidien 93–99 × 72–96 µm im Durchmesser, Conidien (Pycnosporen) zylindrisch, 2,8–4 × 0,9–1,2 µm (*C. corymbosa*) . . . . (*Deuteromycetes*) ***Phyllosticta carlinae*** **Unamuno**

10+ Pycnidien 130–140 µm im Durchmesser, Conidien (Pycnosporen) fadenförmig. 20–28 × 1,5–2 µm (*C.* spec., *C. vulgaris, C. intermedia*) . . . . (*Deuteromycetes*) ***Septoria carlinae*** **Hollós** (inkl. *S. carlinae* Unamuno)

Von den aufgeschlüsselten Phytoparasiten sind die Roste und die Deuteromyceten auf die Gattung *Carlina* spezialisiert, die übrigen mehr oder weniger polyphag. Außer diesen Pilzen wurden auf *Carlina*-Arten zahlreich saprophytische Ascomyceten gefunden, z. B. *Leptosphaeria ogilviensis* (Berk. et Br.) Ces. et De Not., *Ophiobolus acuminatus* (Sow.) Duby, *Metasphaeria* spec., *Pleospora* spec. Die von *Carlina*-Arten beschriebenen Teleomorphen *Mycosphaerella affinis* (Wint.) Lindau und *Mycosphaerella carlinae* (Wint.) Lindau stehen möglicherweise mit den oben genannten Anamorphen (Deuteromyceten) in Zusammenhang. *Veronaea carlinae* M. B. Ellis kommt auf abgestorbenen *Carlina*-Sprossen vor. Möglicherweise gehören *Cercospora carlinae* Sacc. und *Asteromella carlinae* Petr. in den Entwicklungszyklus von *Mycosphaerella carlinae*.

[7] Die Zusammenstellung der Pilze auf *Carlina* basiert auf Amano (1986), Buhr (1965), Brandenburger (1986), Gäumann (1959), Ellis & Ellis (1985), Hegi (1928/29), Tomilin (1979), Ul'janiščev (1978) und einigen anderen Autoren.

Centaurea-Arten vor. Die eurasische Verbreitung der genannten Phytophagen läßt überhaupt darauf schließen, daß sie nicht allein an *Carlina* gebunden sind.

Nach den vielseitigen Untersuchungen von ZWÖLFER (1978, 1981, 1986) kommen auf Cynareen in großer Zahl phytophage Insekten vor. Dabei sind oft auch enge sippenspezifische Bindungen zu beobachten. Vertreter der verschiedensten Verwandtschaftskreise bewohnen Cynareen-Köpfchen und richten – vor allem auch durch Zerstörung der Achänen – beträchtliche Schäden an.

Bei *Carlina* ist die Zahl solcher Phytophagen-Sippen sehr eingeschränkt. Nach ZWÖLFER (in litt. 1986) fehlen in den Blütenköpfchen der bisher untersuchten Arten alle Gallbildner. Es wurden keine Gallwespen beobachtet und nahezu keine Bohrfliegen (*Diptera Tephritidae*). Eine Angabe von *Euribia solstitialis* als Gallbildner an *Carlina vulgaris* ist nach ZWÖLFER und MÜLLER-JOOP (in litt. 1986) unrichtig.

Bei *Carlina* kommt es demzufolge nicht zu einem aggregierten „Frühbefall" der Köpfchen. Auch Achänenfresser sind – wenn überhaupt – lange nicht so erfolgreich wie bei den Cardueen.

Aus der Übersicht über die wichtigsten in den Blütenköpfchen europäischer Cynareen lebenden Phytophagen-Gattungen in Tab. 13 ergeben sich gegenüber der großen Mannigfaltigkeit bei den Cardueen starke Einschränkungen bei Carlineen und auch Echinopeen. Es ist möglich, daß die Begrenzung der Entomophagen-Spektren bei Carlineen mit dem Vorkommen von Carlinaoxid und verwandter Stoffe zusammenhängt. ZWÖLFER (in litt. 1986) weist darauf hin, daß viele Bohrfliegen in den Blütenköpfchen der Cardueen auf eine Bakteriensymbiose angewiesen sind. Es bedarf deshalb noch der Überprüfung, ob Carlinaoxid als Bakterizid den Bohrfliegenbefall bei *Carlina* verhindert. Wie auch im einzelnen diese Befunde zu erklären sind, es ergeben sich aus der vorliegenden breiten Übersicht über Phytophagen-Spektren der Cynareen deutliche Hinweise auf die Sonderstellung von Carlineen oder zumindest von *Carlina* innerhalb dieses Verwandtschaftskreises. Außerdem sind die weitgehenden Übereinstimmungen zwischen Carlineen und Echinopeen in dieser Hinsicht zu beachten.

Über die bisher ermittelten parasitischen Pilze auf *Carlina*-Arten und die dabei zu beobachtenden Befallsbilder gibt die von H. DÖRFELT und U. BRAUN zusammengestellte Bestimmungstabelle (Tab. 14) Auskunft.

3.3. Verbreitung (chorologische Charakteristik)

3.3.1. Chorologische Gliederung der Gattung

Im folgenden sollen das Gesamtareal von *Carlina* und die die ökogeographische Gliederung der Gattung widerspiegelnden Arealmuster der einzelnen Arten vergleichend chorologisch analysiert werden. *Carlina* ist ein charakteristisches makaronesisch-mediterran-mitteleuropäisches Element; florengeschichtlich gesehen, ein mediterranogener Verwandtschaftskreis, der lediglich mit einer Art (*C. biebersteinii*) den Ural überschreitet und im temperaten Sibirien bis östlich des Baikalsees ausstrahlt (Abb. 94a). Als Gattungen mit ähnlichem Verbreitungscharakter kann man u. a. *Brachypodium* (K 42d[8]) oder – wenn man von dem sibirischen Teilareal von *C. biebersteinii* absieht – *Echium* (K 361a),

[8] K bedeutet Hinweis auf Karte in MEUSEL et al.: Vergleichende Chorologie, Band I–III.

Ononis (K 231 b), *Helianthemum* (K 287 d) oder *Ophrys* (K 107 b) nennen. Die meisten dieser Sippen zeichnen sich ebenfalls durch besondere Vertreter auf den Kanarischen Inseln aus. Viele reichen in Nordafrika und in Südwestasien weiter südlich, und einige von ihnen finden bereits im östlichen Europa ihre Ostgrenze. Es handelt sich aber bei aller Variabilität um ein Verbreitungsbild, in das sich viele Pflanzensippen der mitteleuropäischen Flora eingliedern lassen.

Von den übrigen Gattungen der Carlineen stehen besonders *Atractylis* und *Xeranthemum* in der Lage und Ausdehnung ihrer Areale *Carlina* nahe. Sie sind ebenfalls in der Mediterranen Florenregion entfaltet und weit verbreitet. Bei *Atractylis* erstrecken sich die Vorkommen aber nicht wie bei *Carlina* nordwärts in die gemäßigten Breiten, sondern südwärts bis in die Sahara und in entsprechende Trockengebiete Südwestasiens (Abb. 4). Auch bei *Xeranthemum* sind die Orientalische und Turkestanische Unterregion in das Gattungsareal einbezogen. Durch die nächst verwandten Gattungen, die anatolisch-libanesisch-kurdische *Siebera* und die anatolisch-armenisch-turkmenisch-turkestanische *Chardinia* wird die südwestasiatische Präsenz dieses Sippenkreises (Abb. 5 b, c) noch unterstrichen. Ganz oder zumindest weitgehend auf das turkestanisch-turkmenische Bergland konzentriert sind auch die wenigen Arten der Carlineen-Gattungen *Cousiniopsis* und *Thevenotia* (Abb. 4, 5 a), Sie wachsen wie die Vertreter der *Xeranthemum*-Gruppe als Einjährige. Dagegen betonen die ausdauernden Vertreter von *Staehelina* (zirkummediterran) und von *Amphoricarpos* (disjunkter ostsubmediterraner Oreophyt: soillyr + swanat + nwcauc) den Mediterran-Charakter der Carlineen (Abb. 5 a, c). Dieser reichen Entwicklung der acht genannten Gattungen (denen man noch das ost-(west)mediterrane *Cardopatum* anschließen kann) im Bereich des Etesien-Klimas auf der Westseite des eurasischen Kontinents stehen die sino-japonisch-ostmandschurische Gattung *Atractylodes* und die neuerdings ebenfalls den Carlineen zugeordnete (vgl. Dittrich, Kästner & Meusel 1987) nordostgobische *Tugarinovia mongolica* als Ostseiten-(Monsunklima-)Elemente gegenüber (vgl. Abb. 4).

Das Areal von *Carlina* erstreckt sich in seinem westlichen und zentralen Teil von der meridionalen bis in die temperate Zone, der östliche Sektor ist dagegen ganz auf die temperaten Breiten beschränkt. Darin äußert sich ein Gefälle von ozeanischen und besonders subozeanischen bis in subkontinentale Bereiche:

Zonaldiagnose:	m-sm-temp · oz_{1-3}EUR-(SIB)
Regionaldiagnose:	macar/mo-med-submed-me-mittel-zentralsibir

Die größtenteils auf Florenprovinzen oder größere Inselräume bezogene Artendichte von *Carlina* (vgl. Abb. 94 a) zeigt Häufungen in der Eumediterranen und in der Submediterranen Unterregion. In den letztgenannten Gebieten (z. B. Apenninische und Illyrische Provinz) beruht die Artendichte auf der Begegnung von thermophilen planar-kollinen mit weniger wärmeanspruchsvollen montan-altomontanen Elementen. Im ostmediterranen Raum, besonders in der Ägäischen Provinz, ist die hohe Artenzahl dagegen vor allem durch die sich hier häufenden Endemiten bedingt.

Innerhalb der Gattung findet man neben Arten mit ausgedehnten Arealen oft auch stenochore Sippen, Endemiten oder Lokalendemiten, was teilweise auf junge Formbildung, oft aber auch auf eine Reliktstellung zurückgeführt werden kann.

Die Reliktareale der Untergattungen *Carlowizia* einerseits und *Lyrolepis* andererseits sind durch eine weite Disjunktion getrennt (Abb. 103 a). *Carlowizia* findet sich auf Madeira mit einer und auf den Kanaren mit 3 Arten. Die in der Wuchsweise *Carlowizia* ähnlichen Vertreter von Subgen. *Lyrolepis* bewohnen zerstreute Inselstandorte in der südöstlichen Ägäis (Abb. 101 a, 103 a). Die Disjunktion Ägäis + Kanaren kehrt bei verschiedenen Verwandtschaftskreisen – meist Relikten einer altmediterranen Flora – wieder (Abb. 103 b, c).

Als mediterrane Annuelle stimmen die beiden Arten von sect. *Mitina* mit teilweise sympatrischen Arealen (Abb. 97 b, d) in ihrem Grundcharakter überein, differenzieren sich jedoch in ihrer Ozeanitätsamplitude (s. S. 210). Der polymorphe Formenkreis von sect. *Corymbosae* besiedelt ein geschlossenes zirkummediterranes Areal mit einer bei

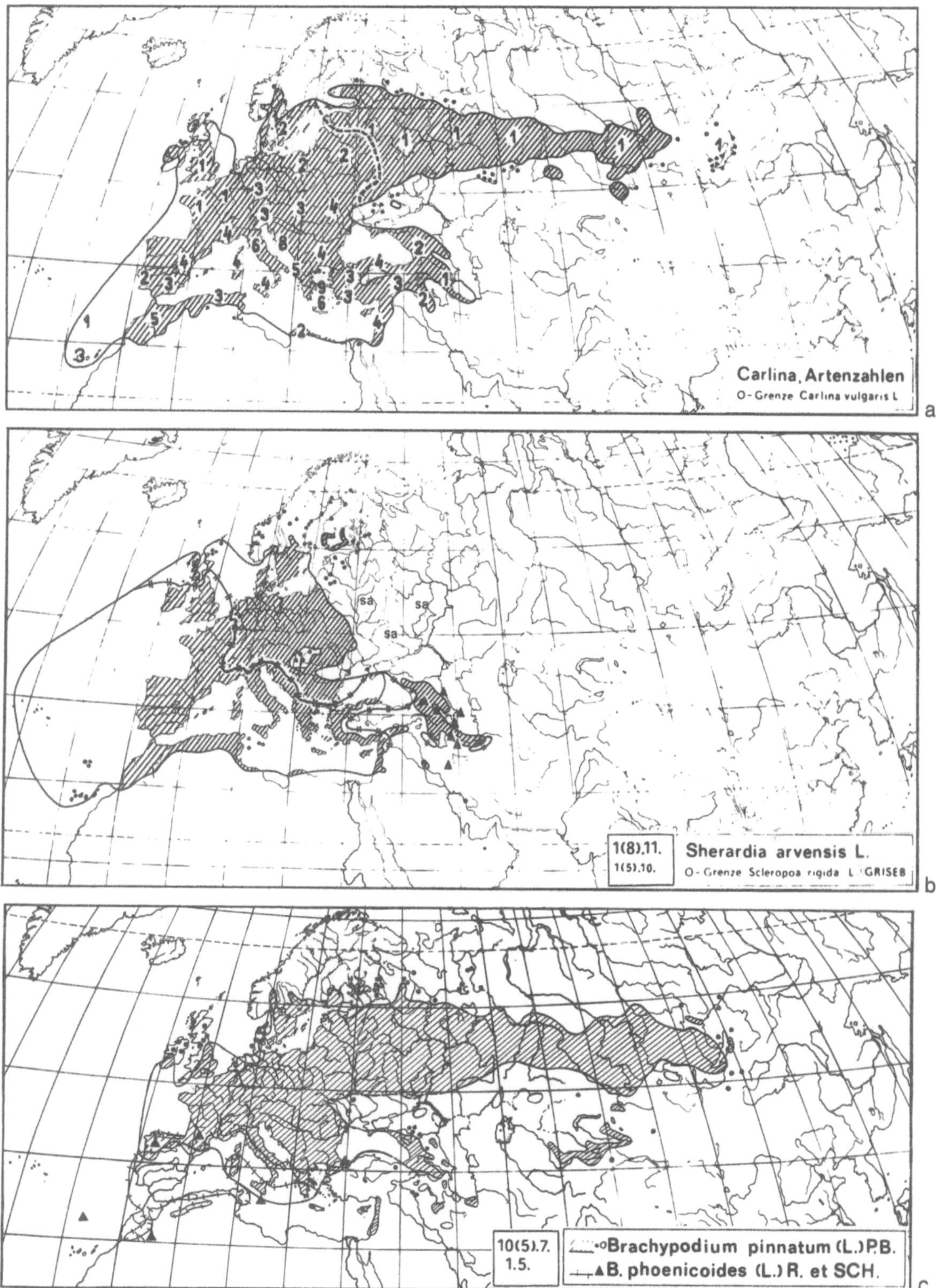

Abb. 94: Mediterran-atlantische, mediterran-zentraleuropäische und mediterran-mitteleuropäisch-mittelsibirische Elemente (u. a. Gattung *Carlina*). Bezüglich der Herkunft der Arealkarten vgl. Tab. 15.

Fig. 94: Mediterranean-Atlantic, Mediterranean-Central European and Mediterranean-Central European-Middle Siberian elements (e. g. genus *Carlina*). For authors of the maps see tab. 15.

solchen Elementen häufigen Exklave im Kurdischen Bergland (Abb. 95b). Diese Verbreitungsform entspricht weitgehend dem Einflußbereich des semihumiden Etesienklimas im Mittelmeerraum. Auch für die Verteilung der einzelnen Arten von sect. *Corymbosae* dürften in erster Linie Klimafaktoren verantwortlich zu machen sein (s. S. 210).

Im Gegensatz zu den bisher genannten immer- oder winter-(sommer-)grünen *Carlina*-Sippen sind die hapaxanthen Halbrosetten-Pflanzen von sect. *Carlina* und die Halbrosetten- und Rosetten-Stauden von sect. *Heracantha* an kühlere Klimate und an eine Vegetation mit Winterruhe in den Gebirgen der Mittelmeerländer angepaßt. Aus der Bergstufe der meridionalen und submeridionalen Zone dringen sie mit einigen wenigen Arten ins temperate mitteleuropäische Hügel- und Flachland vor (Abb. 113b, 114b).

3.3.2. Arealtypengliederung der mediterran-mitteleuropäischen Flora

Um die Areale der *Carlina*-Arten nicht nur als Differenzierungen eines Verwandtschaftskreises zu betrachten, sondern sie auch auf allgemeine pflanzengeographische Leitlinien zu beziehen und damit ökogeographisch besser zu charakterisieren, wurde als Rahmen einer vergleichend-chorologischen Betrachtung eine Übersicht über wichtige und häufig wiederkehrende Arealtypen der mediterranen und mitteleuropäischen Flora erarbeitet. Diese Arealtypengliederung soll gleichzeitig eine Grundlage für eine regional orientierte Beurteilung der Begleitvegetation der einzelnen *Carlina*-Sippen (vgl. 3.4., S. 320) bilden.

Der Arealtypen-Übersicht liegt die Analyse einer großen Zahl von Arealformen zugrunde, deren Unterschiede oder Übereinstimmungen auf Florengeschichte und Umweltverhalten schließen lassen. Als Arealtypen verstehen wir dabei aus vergleichender Betrachtung abgeleitete Verbreitungsformen, die in ihrer Lage und Ausdehnung sowie in ihrer landschaftlichen Bindung im wesentlichen übereinstimmen (Meusel & Jäger, Mskr.). Nach den heutigen Erfahrungen können genauere Arealtypen-Übersichten nur innerhalb von Teilgebieten des Erdraumes, etwa einzelner Florenreiche oder einiger benachbarter Florenregionen erstellt werden. Bei der hier vorliegenden Gliederung wird der Versuch unternommen, Arealtypen innerhalb der mediterran-mitteleuropäischen Flora, also des Siedlungsgebietes der Gattung *Carlina*, herauszustellen (Tab. 15).

Der mediterran-mitteleuropäische Raum ist Teil des extratropischen Eurasiens. In diesem Gebiet spielt die Bindung der Areale an klimabedingte Florenzonen und Ozeanitätsstufen, wie sie in Zonaldiagnosen (vgl. Meusel, Jäger & Weinert 1965) zum Ausdruck gebracht werden, eine wesentliche Rolle. Außerdem wirken sich im meridional-submeridionalen Eurasien Unterschiede im Jahreszeitenklima als Gegensatz von sommertrockenheißem und winter-feuchtkühlem Etesien-Klima auf der Westseite und sommerfeuchtwarmem und winter-kaltem Monsun-Klima auf der Ostseite des Kontinents in der Floren- und Vegetationsverteilung entscheidend aus (vgl. Jäger 1968). In der Arealtypen-Übersicht der süd-mitteleuropäischen Flora stellen wir deshalb den Gruppen mediterran-orientalisch-mitteleuropäischer Westseiten-Elemente (Gruppen 0.–3., 5.–6. und 8.–9.) solche mit eurasischer Ostseiten-Verbreitung gegenüber. Die Entfaltung und Hauptverbreitung solcher Ostseiten-Elemente liegt meist im extratropischen Asien. Viele von ihnen reichen jedoch in einer weiten Arealamplitude bis Europa (Gruppen 4., 7. und 10.–14.).

Sowohl unter den mediterran-orientalisch-mitteleuropäischen als auch den asiatisch-sibirisch-(mitteleuropäischen) Elementen werden die vorwiegend an die Gebirge gebundenen Sippen als Oreophyten (Gruppen 3., 6., 9. und 11.) gesondert herausgestellt.

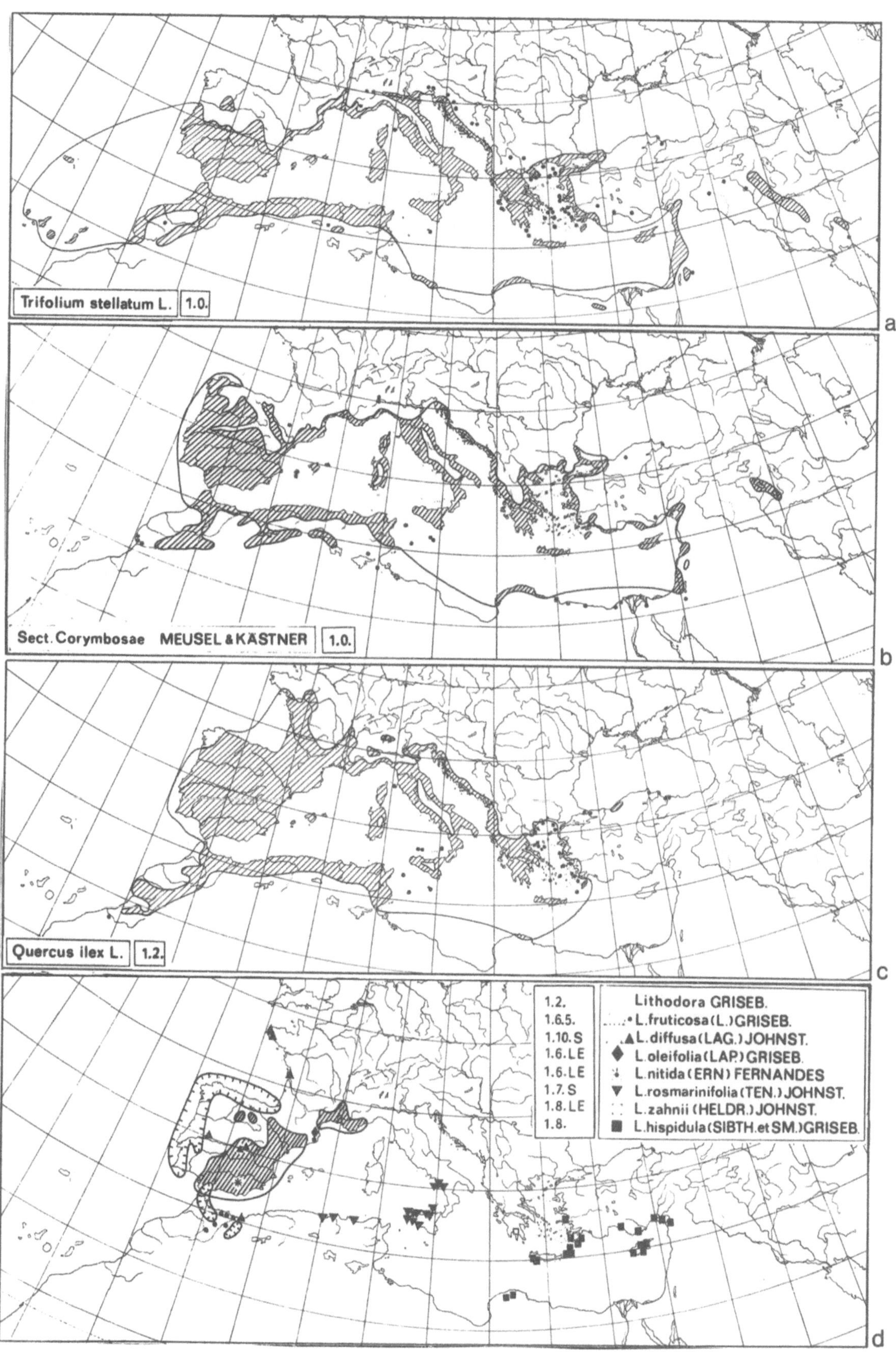

Abb. 95: Zirkummediterrane Arealtypen (ATG 1.) (u. a. *Carlina* sect. *Corymbosae*).

Fig. 95: Circum-Mediterranean areal types (ATG 1.) (e.g. *Carlina* sect. *Corymbosae*). For authors of the maps see tab. 15.

Gegenüber der in der Vergleichenden Chorologie (MEUSEL, JÄGER & WEINERT 1965) geübten Arealbeschreibung, wo Höhenstufenbindungen stets mit Angaben über die zonale Ausdehnung des Areals kombiniert werden, bedeutet die Kennzeichnung bestimmter Sippen als Oreophyten eine Vergröberung der chorologischen Charakteristik. Sie sollte – in der Absicht, kürzere Formulierungen für charakteristische Arealformen zu finden – auch nur bei der Umschreibung von Arealtypen verwendet werden.

In den an Gebirgen reichen Mittelmeerländern ermöglicht die Ausscheidung von Oreophyten-Typen, viele naturgegebene chorologische Bindungen zu erfassen. Wie aus diesen Ausführungen hervorgeht, soll die Bezeichnung Oreophyt (= oreo in den Arealdiagnosen) lediglich auf eine weitgehende Beschränkung der Vorkommen einer Sippe in Gebirgslandschaften hinweisen. Sie hat demzufolge nichts zu tun mit einer Definition von oreal im Sinne von altomontan, wie es ROTHMALER (1955, vgl. MEUSEL, JÄGER & WEINERT 1965) vorgeschlagen hat.

Tabelle 15 vermittelt eine Übersicht mediterran-mitteleuropäischer Arealtypen, die an anderer Stelle (MEUSEL & JÄGER, Mskr.) noch umfassender behandelt werden. Die einzelnen Verbreitungstypen werden hier nur so weit näher behandelt, als sie Beziehungen zur chorologischen Gliederung von *Carlina* und zu den Pflanzengesellschaften der mediterranen Vegetation aufweisen, in denen *Carlina*-Arten besonders der Sektionen *Mitina* und *Corymbosae* vorkommen (vgl. 3.4.).

Unsere Darlegungen schließen an Arbeiten von JÄGER (1968, 1970, 1971, 1972, JÄGER in SCHUBERT et al. 1981, JÄGER et al. 1985) an, in denen Arealtypen der süd- und mitteleuropäischen sowie der südwestasiatischen Flora beschrieben und in ihrer klimatischen Bindung charakterisiert werden. Wie bei diesen Untersuchungen werden die Arealtypen nach einer bezeichnenden Sippe (Art oder Gattung) benannt, durch Arealdiagnosen umschrieben und soweit als möglich durch Karten veranschaulicht. Die Hinweise im Text beziehen sich auf Abbildungen in diesem Band („Abb.“) sowie auf Karten in der Vergleichenden Chorologie („K“).

Dabei wird versucht, die Gruppierung weitgehend auf die Gliederung der Holarktis in Florenregionen (vgl. MEUSEL, JÄGER & WEINERT 1965) zu beziehen. Sehr ausgedehnte Areale können dann, wie EIG (1932) vorschlägt, als Verbindungsformen zwischen mehreren Regionen (Plantes de liaison, Plurizonaltypen) behandelt werden. Gruppe 7. enthält Vertreter von Laubwaldpflanzen, deren Areale außer der Mitteleuropäischen Region auch die Sino-Japonische Region einschließen. Um den Verbreitungscharakter Kanarischer Arten zu erfassen, wurden außerdem einige Arealtypen in unsere Übersicht aufgenommen, in denen sich Beziehungen zwischen der holarktischen und der tropischen Flora abzeichnen (Arealtypengruppen 0. und 7.).

Am Beispiel der Makaronesisch-mediterranen Arealtypengruppe sollen die Prinzipien unserer Gliederung etwas eingehender aufgezeigt werden. Wir gehen dabei von einer häufig wiederkehrenden Verbreitungsform aus, die das gesamte meridionale Gebiet der Eumediterranen Unterregion von Westmarokko und Südportugal bis zum Libanon und Palästina umfaßt und oft auch noch Vorposten auf den Kanarischen Inseln und Madeira sowie in den Kurdischen Gebirgen einschließt. Diese mediterrane Arealform erweitert sich, wenn, wie es oft zu beobachten ist, die betreffenden Pflanzen außerdem die submeridionalen Landschaften in den Buchten des Tyrrhenischen und des Adriatischen Meeres (also die Provenzalische, Ligurische und Zirkumadriatische Provinz) besiedeln. Beispiele für diesen Zirkummediterranen Arealtyp (*Trifolium stellatum*-Typ) findet man vor allem unter den Pflanzen des Litorals (*Urginea maritima*) und der offenen Therophytenfluren wie *Trifolium stellatum* (Abb. 95a), *Asteriscus aquaticus* (Abb. 104b),

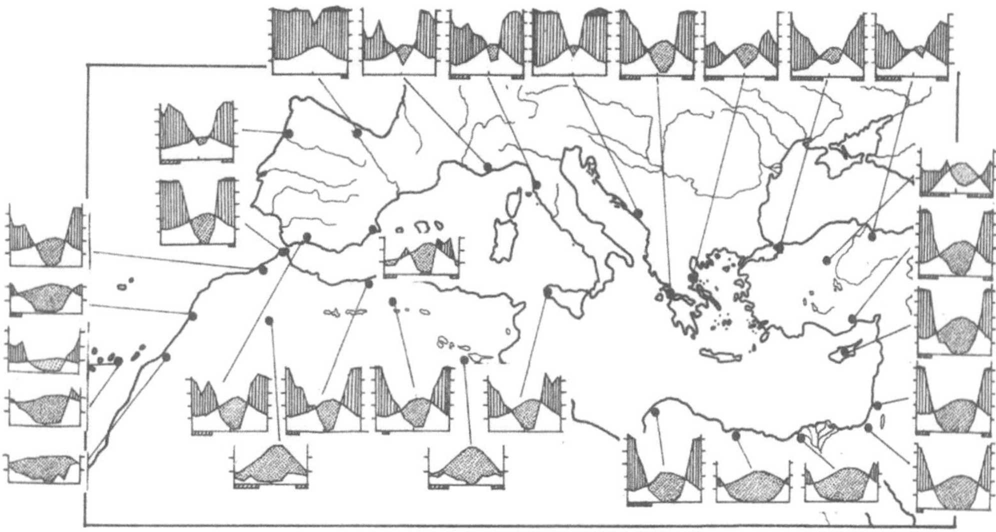

Abb. 96: Klimadiagramme im Umkreis des Mittelmeerbeckens und der Kanaren, zur Veranschaulichung der Verteilung und Variation des Etesien-Klimarhythmus, Zusammenstellung nach WALTER & LIETH (1967).

Fig. 96: Climatic diagrams of the Mediterranean area and the Canary Islands in order to illustrate the distribution and variation of the etesian climatic rhythm, acc. to WALTER & LIETH (1967).

Pallenis spinosa, *Bupleurum lancifolium* (K 203 c), *Medicago truncatula* oder *Phalaris brachystachys*. Aber auch die Hartlaubwald- und Garigue-Vegetation enthält zirkummediterrane Arten (*Myrtus communis* K 298 a, *Lavandula stoechas*). In die zirkummediterranen Sippen gliedern sich rein mediterrane, also gänzlich auf die meridionale Zone beschränkte Arten ein (z. B. *Ononis ornithopodioides*). In der Gattung *Carlina* erweist sich sect. *Corymbosae* als ein typisches zirkummediterranes Element (1.1., Abb. 95 b).

Klimaökologisch betrachtet, ist die zirkummediterrane Arealform Ausdruck einer Anpassung der betreffenden Sippen an das durch einen Wechsel von trockenheißen Sommern und kühlfeuchten Wintern ausgezeichnete Etesienklima im Umkreis des Mittelmeers und in entsprechenden Breiten an der Atlantikküste (vgl. Abb. 95 a–c mit Abb. 96). Im Norden endet die Verbreitung mediterraner Elemente überall dort, wo in einem mehr oder weniger gleichförmig humiden Klima die Breitlaubwaldvegetation zur Herrschaft kommt. Im Süden klingt sie im ariden Klima der Wüstengebiete aus.

Wie aus der Klimadiagramm-Übersicht (Abb. 96) hervorgeht, bestehen sowohl in der west-östlichen Erstreckung des Mittelmeerbeckens als auch auf den einzelnen Halbinseln deutliche Ozeanitätsabstufungen. Innerhalb des Ozeanitätsgefälles beschränken sich viele mediterrane Elemente auf bestimmte Amplituden. So weist der lusitanisch-zentral-(ost)mediterrane *Quercus ilex*-Typ (1.2., Abb. 95 c) eine $oz_{1-(3)}$-, der iberisch-ostmediterrane *Pinus halepensis*-Typ (1.3., Abb. 97 a) dagegen eine oz_{2-3}-Amplitude auf. Viele Vertreter des mediterranen Hartlaubwaldes, die man meist allgemein als „mediterrane Elemente“ bezeichnet, zeigen sich bei genauerer Analyse in ähnlicher Weise differenziert.

Auch in der Beschränkung mediterraner Arten auf einzelne Sektoren des Mittelmeerraumes wirken sich oft bestimmte Klimabindungen aus. Die ostmediterrane (ägäisch-südanatolisch-palaestinisch-cyrenaische) Arealform (*Sarcopoterium*-Typ 1.8., Abb. 99 a)

Fortsetzung Text S. 190

Tab. 15: Übersicht über Arealtypengruppen (ATG) und Arealtypen der mediterran-mitteleuropäischen Flora und die diesen zugeordneten *Carlina*-Sippen.

Tab. 15: Survey of areal type groups and their different areal types in the Mediterranean-Central European flora and the corresponding taxa of *Carlina*.

0. Macaronesisch-südmediterran-nordsaharisch-arabisch-orientalische Arealtypen
1. Macaronesisch-mediterrane Arealtypen
2. Orientalisch-turkestanisch-mediterrane Arealtypen
3. (Macaronesisch)-mediterran-(orientalische) Oreophyten-Arealtypen
4. Eurasische und europäische meridional-submeridional-(temperat) · kontinentale Arealtypen
5. (Mediterran/montan)-submediterran-(pontische) Arealtypen
6. (Mediterran)-submediterrane Oreophyten-Arealtypen
7. Eurasische (tropisch)-meridional-submeridional · ozeanische Arealtypen
8. (Submediterran/montan)-mitteleuropäische Arealtypen
9. (Submediterran)-mitteleuropäische Oreophyten-Arealtypen
10. Eurasische (submeridional/montan)-temperate Arealtypen
11. Eurasische (bzw. zirkumpolare) submeridional-temperat-(boreale) Oreophyten-Arealtypen
12. Eurasische (bzw. zirkumpolare) boreale Arealtypen
13. Eurasische (bzw. zirkumpolare) arktisch + temperat/alpine Arealtypen
14. Zirkumpolare arktische Arealtypen

Die Kartenhinweise in Tab. 15 und im Text (bes. Kapitel 3.3. und 3.4) beziehen sich auf die Arealkartenübersicht dieser Monographie (Abb. 94–115). Außerdem wird auf bereits veröffentlichte Karten in der Vergleichenden Chorologie der zentraleuropäischen Flora Bd. I (K 7a–K 253d), Bd. II (K 259a–K 421d) bzw. Bd. III (K 422a–K 560d, Mskr.) verwiesen.

Die Bearbeitung der Kartenvorlagen zu den Abb. 94–115 erfolgte größtenteils in der Arbeitsgruppe Chorologie des Wissenschaftsbereichs Geobotanik und Botanischer Garten der Univ. Halle. Dabei wurden folgende Vorlagen benutzt: Browicz & Zielinsky (1984): 111c, d; Jalas & Suominen (1983): 112b; Jäger (1971); 98b, 102d, 109a; Jäger, Orig.: 98d, 104a; Jäger et al. (1985): 105b; Jäger & Kästner, Orig.: 113b, 114b; 115d; Kästner, Orig.: 95b, 97b, d, 98c, 99c, d, 100a, b, 101b, 103a, 112c, d; Knapp (1985): 111a, b; Knapp (1986): 115c; Knapp, Orig. 97c, 102b, c, 103b, c, 105c, d, 106c, 107a, b, f, 110c, d, 112b; Meusel et al. (1984): 99b, 101a; Meusel, Jäger & Weinert, Vergl. Chor. I (1965): 94b, c, 95c, 102a, 106b, 111b, d, 112a, 113a; Meusel, Jäger, Rauschert & Weinert, desgl. II (1978): 95d, 104d, 106a, 109d, 110a, b, 113c, 114a, c, 115a, b; Meusel & Jäger, desgl. III (Mskr.): 94a, b, 105a, 106c, 109c; Rauschert, Orig.: 99a; Rauschert & Knapp, Orig.: 95a, c, 104b; Rechinger (1947): 107e; Rikli (1946): 107c; Walter & Straka (1970): 97b. Die aus älterer Literatur übernommenen Karten wurden von H. D. Knapp ergänzt und verbessert.

Die Abkürzungen in der Tabelle entsprechen Meusel, Jäger & Weinert (1965); S bedeutet Segment, E Endemit, LE Lokalendemit, vgl. S. 190; Schrägstriche weisen auf eine Bindung der Vorkommen an Gebirge allgemein (/oreo), an die montane (/mo) oder die alpine Stufe (/alp) hin. Ein Schrägstrich bezieht sich auf ein Florengebiet, zwei Schrägstriche auf zwei oder mehrere vorher angeführte Florengebiete.

0.	**Macaronesisch-südmediterran-nordsaharisch-arabisch-orientalische Arealtypen (z. T. Ost- u. Südafrika (A) einschließend)**	
0.0.	**Ceratonia-Typ** (Abb. 104a) (macar)-südmed-(nordsahar)	
0.1.	**Chamaerops-Typ** (Abb. 97c) swmed · ozean	
0.2.	**Lygeum-Typ** (Abb. 98b) sw-(so)med · kont	*C. brachylepis* S
0.3.	**Euphorbia regis-jubae-Typ** canar-(swmaroc + capverd)	*C. canariensis* LE
0.4.	**Launaea arborescens-Typ** (macar)-swmed-nwsahar	
0.5.	**Achillea fragrantissima-Typ** somed-(arab)	
0.6.	**Lygos raetum-Typ** (vgl. Jäger 1971) (macar)-südmed-sahar-(arab)	
0.7.	**Salvia aegyptiaca-Typ** (Abb. 104b, c) macar-(südmed)-sahar-arab-südiran-(sind)	
0(A).8.	**Tricholaena-Typ** (vgl. Band II) capverd-macar-(südmed-sahar)-arab-ostafric	

0(A).9. **Kleinia-Typ** (vgl. Band II)
capverd-macar-(sahar)-arab-afric

0(A).10. **Hyparrhenia-Typ** (Abb. 104d, e)
macar-südmed-(sahar)-arab-or + ostafric/mo + südafric

0(A).11. **Canarina-Typ** (vgl. Band II)
macar/mo + (südmed) + abess-ostafric//mo

1. Macaronesisch-mediterrane Arealtypen

1.0. **Trifolium stellatum-Typ** (Abb. 95a) — *C.* sect. *Corymbosae*
(macar)-circmed + (curd) — *C.* sect. *Mitina*

1.1. **Laurus-Typ** (Abb. 102a)
macar-med · ozean disj-südeux

1.2. **Quercus ilex-Typ** (Abb. 95c)
lusit-(südatl)-west-(ost)med-(eux)

1.3. **Pinus halepensis-Typ** (Abb. 97a) — *C. lanata*
iber-circmed

1.4. **Isoplexis-Typ** (Abb. 102a, 103a) — *C. salicifolia*
westcanar/mo-madeir-(rif)

1.5. **Quercus suber-Typ** (Abb. 97c) — *C. racemosa*
(macar)-lusit-(südatl)-west-(zentral)med — *C. hispanica*

1.6. **Rosmarinus-Typ** (Abb. 102d) — *C. involucrata* S
iber-zentral-(ost)med

1.7. **Achillea ligustica-Typ** (Abb. 98d) — *C. corymbosa*
(west)-zentral-(ost)med-(submed)

1.8. **Sarcopoterium-Typ** (Abb. 99a) — *C. diae* LE
ostmed-(sic-sard) — *C. tragacanthifolia* LE

C. graeca E
C. libanotica S
C. sicula S
C. barnebiana LE
C. pygmaea LE
C. sitiensis LE
C. curetum ssp. *orientalis* E

1(5).9. **Limodorum-Typ** (Abb. 111a)
med-submed-südatl-(pann-swpont)

1(5).10. **Ruscus-Typ** (Abb. 94b)
med-westsubmed-eux-süd-(nord)atl

1(8).11. **Sherardia-Typ** (Abb. 94b) — *Carlina* (ohne *C. biebersteinii*)
med-submed-atl-ze

1(4,5).12. **Eryngium campestre-Typ** (K 305d)
med-submed-pont-(südze-südatl)

2. Orientalisch-turkestanisch-mediterrane Arealtypen

2.0. **Juniperus excelsa-Typ** (Abb. 108)
(ostmed)-anat-arm-curd-südiran-(turcest)//(mo)

2.1. **Quercus brantii-Typ** — *C. kurdica* E
ostmed-curd-swiran

2.2. **Globularia trichosantha-Typ** (Abb. 110a) — *C. oligocephala*
(ostmed)-anat-arm

2(1).3. **Teucrium polium-Typ** (Abb. 105d)
(sahar-arab)-med-or

2.4. **Centaurea solstitialis** (Abb. 105a)
westor-ost-(west)med-pann-(ze)

2(1).5. **Bromus scoparius-Typ** (Abb. 105b, c)
med-or-turcest

2(1).6. **Scandix-Typ** (Abb. 106a)
med-or-turcest-atl-(ze)

2(1,8).7. **Daucus-Typ** (Abb. 106a)
med-or-turcest-me

2.8. **Echium italicum-Typ** (Abb. 106c)
turcest-or-swpont-pann-ost-(west)med

2(1).9. **Nigella-Typ** (Abb. 106b)
med-or-turcest-swpont-pann-südatl

2(1,4).10. **Chondrilla-Typ** (Abb. 106c)
med-or-turan-pont-pann-südsarm-südatl

3. (Macaronesisch)-mediterran-(orientalische) Oreophyten-Arealtypen

3.0. **Cerasus prostrata-Typ** (Abb. 107 a)
med/oreo

3.1. **Spartocytisus-Typ** — *C. xeranthemoides*
canar/oreo

3.2. **Dianthus lusitanus-Typ**
westiber-atlas//oreo

3.3. **Erinacea-Typ** (Abb. 107 c) — *C. atlantica* E
ostiber-baet-atlas-alger//oreo

3.4. **Berberis aetnensis-Typ** (Abb. 107 b) — *C. nebrodensis* LE
corsard-sic-(calabr)//oreo

3.5. **Scutellaria rubicunda-Typ** (Abb. 107 e)
sic-hell-(aeg)//oreo

3.6. **Berberis cretica-Typ** (Abb. 107 b) — *C. curetum* ssp. *curetum* LE
(hell)-aeg-(anat) + liban//oreo — *C. frigida*

3.7. **Astragalus angustifolius-Typ**
aeg-anat-arm//oreo (Abb. 107 d)

3.8. **Cupressus-Typ**
med-or//oreo disj.

3.9. **Cedrus libani-Typ**
südanat-liban//oreo

3(4).10. **Pimpinella tragium-Typ** (Abb. 107 f)
med-ostsubmed//oreo-pont

4. Eurasische und europäische meridional-submeridional-(temperat) · kontinentale Arealtypen

4(2,0).0. **Peganum harmala-Typ** (vgl. Jäger 1971)
(mong)-turan-or-südmed-sahar

4.1. **Stipa capillata-Typ** (Abb. 109 a)
nwchin-mong-südsibir-aralocasp-(or-turcest)-pont-pann-(ze)

4(1,8).2. **Salsola kali-Typ** (K 135 c)
mong-südsibir-aralocasp-(or-turcest)-pont + med-atl-ze · lit

4.3. **Achillea nobilis-Typ** (K 479 a)
(or-turcest)-aralocasp-südsibir-pont-pann-(med-ze)

4(1,8).4. **Halimione portulacoides-Typ** (K 133 b)
(or)-aralocasp-südsibir-pont-pann-(ze) + med-atl-ze · lit

4.5. **Adonis vernalis-Typ** (Abb. 109 b)
zentral-mittel-südsibir-pont-pann-südsarm-(ze-submed disj)

4(5).6. **Acer tataricum-Typ** (Abb. 109 d) — *C. biebersteinii* ssp. *intermedia*
ostsubmed-arm-pann-pont-südsarm

4(5).7. **Dictamnus-Typ** (K 266 a)
nordchin-mandsch-daur + turcest-altai + westpont-submed-pann-(ze)

4(5).8. **Trapa-Typ** (K 301 d)
sinojap + turcest-westhim + submed-pann-swpont-südsarm-(südatl)

5. (Mediterran/montan)-submediterrane-(pontische) Arealtypen

5.0. **Pinus nigra-Typ** (Abb. 111 b)
(med/mo disj)-iber-nord-(zentral)anat

5.1. **Laurocerasus-Typ** (Abb. 111 c)
macar-baet-rif-südatl-(submed · ozean disj)-eux-hyrc

5.2. **Euonymus latifolia-Typ** (K 275 c)
(med/mo disj)-hyrc-eux-ost-(west)submed//(mo)

5.3. **Fagus orientalis-Typ** (Abb. 113 a)
hyrc-eux-(balc)

5.4. **Quercus cerris-Typ** (Abb. 111 d)
(ost-zentralmed/mo)-eux-balc-illyr-app

5.4a. **Lamium orvala-Typ** (K 376 b)
noillyr-slov-südalpisch

5.5. **Staphylea-Typ** (K 276 a) (Loranthus-Typ, Jäger 1970)
eux-zentralsubmed-matr-swpont-(herc)

5.6. **Aceras-Typ** (K 111 a)
(westmed/mo)-west-(zentral)submed-südatl-(südsubatl)

5.7. **Euphorbia amygdaloides-Typ** (Jäger 1968, K 270 a)
(med/mo)-lusit-eux-swpont-matr-(herc)-südatl

5.8. **Globularia punctata-Typ** (Abb. 110a)
ost-zentralmed/mo-submed-swpont-pann-südsubatl
5.9. **Stachys recta-Typ** (K 375a)
(submed)-pann-nordpont-südsarm-südsubatl
5.10. **Acer campestre-Typ** (K 277b)
submed/mo-westpont-südze-südatl-südbrit
5.11. **Trifolium rubens-Typ** (K 239c)
(west)-zentral-(ost)submed-matr-südze-(südatl)

6. (Mediterran)-submediterrane Oreophyten-Arealtypen
6.0. **Silene saxifraga-Typ** (Abb. 112a) *C. acanthifolia* S
(med)-west-(ost)submed-(alpisch-carpat)//oreo
6.1. **Arenaria aggregata-Typ** (Abb. 112b)
(atlas)-iber-pyr-(swalpisch-corsard)//oreo
6.2. **Dianthus furcatus-Typ**
(cant)-pyr-swalpisch//oreo
6.3. **Arenaria bertolonii-Typ** (Abb. 112b) *C. macrocephala*
corsard-app//oreo
6.4. **Drypis-Typ** (Abb. 112b)
app-illyr-hell//oreo
6.5. **Veronica saturejoides-Typ**
illyr-alban-(balc-carp)//oreo
6.6. **Bruckenthalia-Typ** (K 331b)
(nordanat)-balc-(illyr)-südostcarp//oreo
6.7. **Dianthus pinifolius-Typ**
(illyr)-balc-hell//oreo
6.8. **Telekia speciosa-Typ** (K 468c)
cauc-balc-illyr-(ostalpisch)-carp//oreo
6.9. **Betonica grandiflora-Typ**
cauc-(nordanat)//oreo
6.10. **Cicerbita macrophylla-Typ** (vgl. Jäger in Schubert et al. 1979)
cauc + südural//oreo
6.11. **Aethionema grandiflorum-Typ**
cauc-noanat-arm-curd-westiran//oreo
6(3).12. **Amelanchier ovalis-Typ** (K 210d)
med-submed-alpisch-carp//oreo-rhen-herc//demo + balt-(scand)

7. Eurasische (tropisch)-meridional-submeridional · ozeanische Arealtypen
7.0. **Ilex-Typ** (K 274b)
trop/mo-m-(temp) · $ozean_{1\text{-}2}$ Circpol
7.1. **Persea-Typ** (vgl. Band II)
trop · humid Oas + Am + macar
7.2. **Woodwardia-Typ**
macar-(med) + him/mo + sinojap-malay
7.3. **Pterocarya-Typ** (K 117b)
süd-zentralchin + westhim/mo + hyrc-eux
7.4. **Styrax-Typ**
südchin-soas + (ostmed)
7.5. **Hedera-Typ** (K 303a)
sinojap + him/mo + macar-med-hyrc-atl-ze
7.6. **Pistacia-Typ** (K 274a)
macar-med + ostafric/mo + chin
7.7. **Pteridium-Typ** (K 12a)
trop · humid-merid-temp · $oz_{1\text{-}3}$ Circpol
7.8. **Tilia-Typ** (Abb. 115a)
sm/mo-temp · $oz_{1\text{-}3}$ Circpol

8. (Submediterran/montan)-mitteleuropäische Arealtypen
8.0. **Tilia cordata-Typ** (Jäger 1970, Abb. 115a)
submed/mo-atl-sarm-(sibir)
8.1. **Ulex-Typ** (K 229b)
lusit-atl
8.2. **Erica tetralix-Typ** (K 332b)
lusit-(zentralsubmed)-atl-subatl-(balt)

8.3. **Calluna-Typ** (K 331 b)
lusit-zentralsubmed-eux//mo-atl-west-(ost)sarm-scand-(boreoross)

8.4. **Teesdalia-Typ** (JÄGER 1970, K 180 d)
lusit-(zentralmed)-südatl-subatl-ze

8.5. **Ilex aquifolium-Typ** (K 274 c)
west-zentralmed-submed//mo-atl-subatl

8(1).6. **Hedera helix-Typ** (K 303 b)
med-submed//(mo)-atl-ze

8.7. **Fagus sylvatica-Typ** (JÄGER 1970, Abb. 113 a) *C. vulgaris*
west-zentralsubmed/mo-süd-(nord)atl-ze

8.8. **Astrantia major-Typ** (Abb. 114 c) *C. acaulis*
west-zentralsubmed/mo-alpisch-carp-herc//demo-polon-(balt)

8.9. **Hippocrepis comosa-Typ** (K 247 c)
west-zentralsubmed//mo-alpisch-(carp)//demo-herc-rhen-(brit-balt)

8.10. **Fraxinus excelsior-Typ** (K 346 d)
submed/mo-(westpont)-atl-westsarm

8.11. **Asarum-Typ** (JÄGER 1970, K 126 d)
(west)-ostsubmed//mo-subatl-sarm

8(4).12. **Ficaria-Typ** (K 168 a)
(Eupatorium-Typ, JÄGER 1970)
med/(mo)-submed-pont-me

8.13. **Asperula tinctoria-Typ** (K 422 d)
(Galium triandrum-Typ, JÄGER 1972)
illyr-matr-süd-(nord)sarm-ze-südsubatl

8.14. **Gypsophila fastigata-Typ** (K 141 a)
(Sempervivum soboliferum-Typ, JÄGER 1972)
illyr-ostalpisch//perimo-pann-polon-balt-(westsarm)

8(12).15. **Anthoxanthum odoratum-Typ** (K 53 b)
(med-or)-submed//mo-me-(sibir)-ne

9. (Submediterran)-mitteleuropäische Oreophyten-Arealtypen

9.0. **Rumex alpinus-Typ** (K 128 d)
submed-alpisch-carp-(herc-rhen)//oreo

9.1. **Gentiana acaulis-Typ** (K 353 a)
(west-zentralsubmed)-alpisch-carp//oreo

9.2. **Primula hirsuta-Typ** (K 339 c)
(westsubmed)-west-zentralalpisch//oreo

9.3. **Primula auricula-Typ** (K 339 b)
(zentralsubmed)-südalpisch + nordalpisch-(carp)//oreo

9(6).4. **Ranunculus hybridus-Typ** (K 166 a)
insub-carn + nordnor//oreo

9(6).5. **Doronicum austriacum-Typ** (K 495 b)
balc-illyr-carp-ostalpisch + cev-ostpyr//oreo

9(12).6. **Primula farinosa-Typ** (K 337 d)
(submed)-alpisch-(carp)//oreo + (scot)-scand-(balt)

10. Eurasische (submeridional/montan)-temperate Arealtypen

10(12).0. **Populus tremula-Typ** (K 112 d)
sm/mo-temp-b CIRCPOL
temperat-boreale zirkumpolare Breitgürtelareale

10(12).1. **Urtica dioica-Typ** (K 124 b)
m-b CIRCPOL
meridional-boreale zirkumpolare Breitgürtelareale

10.2. **Poa nemoralis-Typ** (K 33 a)
(sm)-temp-(b) · (oz_{1-3}) EURAS
(submeridional)-temperat-(boreal) · ozeanisch-subkontinentale eurasische Areale

10.3. **Goodyera repens-Typ** (HULTÉN 1962)
temp-(b) · (k_{2-3}) CIRCPOL
temperat-subboreal · subozeanisch-subkontinentale zirkumpolare Areale

10.4. **Campanula glomerata-Typ** (K 442 b)
sm/mo-temp-b · (k_{1-3}) EURAS
submeridional/montan-temperat-boreal · subkontinentale eurasische Areale

10.5. **Aster tripolium-Typ** (K 455 b)
(sm)-temp-b · $k_{1\text{-}3}$ + lit EURAS
temperat-boreal · kontinental + litorale eurasische Areale

10(4,5).6. **Artemisia absinthium-Typ** (K 487 c)
(m)-sm-temp-(b) · ($oz_{1\text{-}3}$) EUR-WAS
submed-(or)-turcest-pont-süd-mittelsibir-me-(ne)

10(5).7. **Brachypodium pinnatum-Typ** (Abb. 94 c) *C. vulgaris*-Gruppe
sm-temp · ($oz_{1\text{-}3}$) EUROSIBIR
submed/(mo)-me-(pont)-süd-mittelsibir-(turcest)
submeridional-temperat · ozeanisch-subkontinentale eurosibirische Areale

10.8. **Campanula cervicaria-Typ** (K 442 a) *C. biebersteinii*
(sm)-temp-(b) · ($K_{2\text{-}3}$) EUROSIBIR
(submed)-subatl-sarm-(süd)-mittelsibir

10.9. **Hydrocharis-Typ** (K 30 b)
sm-temp · ($oz_{2\text{-}3}$) EUROSIBIR
submed-pont-subatl-sarm-süd-mittelsibir

10(12).10. **Angelica sylvestris-Typ** (K 317 a)
sm/mo-temp-b · $oz_{1\text{-}3}$ EUROSIBIR
submed/mo-me-ne-sibir

10.11. **Geum aleppicum-Typ** (K 220 c)
(sm)-temp-(b) · ($k_{2\text{-}3}$) OAS-SIBIR-(EUR)
temperat · subozeanisch-subkontinentale eurasische Ostseitenareale

11. Eurasische (bzw. zirkumpolare) submeridional-temperat-(boreale) Oreophytenareale, dazu u. a.:

11.0. **Aster alpinus-Typ** (K 454 d)
sm-temp//oreo-b · $k_{1\text{-}3}$ EURAS-NAM

12. Eurasische (bzw. zirkumpolare) boreale Arealtypen dazu u. a.:

12.0. **Cardamine pratensis-Typ** (K 187 b)
(sm/mo)-temp-b-arct CIRCPOL
temperat-boreal-arktische Breitgürtelareale

12.1. **Isoetes-Typ** (K 9 c, d)
(sm)-temp//mo-b-(arct) · $oz_{1\text{-}2}$ CIRCPOL
temperat/montan-boreal · ozeanische Areale

12.2. **Huperzia selago-Typ** (K 8 a)
temp/mo-b-(arct) · $oz_{1\text{-}3}$ CIRCPOL
boreal · ozeanisch-subozeanische Areale

12.3. **Linnaea borealis-Typ** (K 430 c)
temp/mo-b-(arct) · $k_{(1)\text{-}3}$ CIRCPOL
boreal · kontinentale Areale

12.4. **Cacalia hastata-Typ** (JÄGER in SCHUBERT et al. 1979)
(sm/mo)-temp-b · ($k_{(1)\text{-}3}$) OAS-SIBIR-(EUR)
temperat-boreale Ostseitenareale

12.5. **Larix-Typ** (K 22 c)
temp/mo-b · $k_{1\text{-}(3)}$ SIB + (EUR)
zentral-westsibirisch-(boreoross-scand) + (alpisch-carp/mo)

12.6. **Trifolium spadiceum-Typ** (JÄGER 1972, K 236 a)
(sm/mo)-temp/demo-b · ($oz_{2\text{-}3}$) EUR
(submed)-ze//mo-sarm-ostscand-boreoross

13. Eurasische (bzw. zirkumpolare) arktisch + temperat/alpine Arealtypen dazu u. a.:

13(9).0. **Polygonum viviparum-Typ** (K 130 c)
sm-temp//alp + (b)-arct CIRCPOL

13.1. **Dryas octopetala-Typ** (K 220 d)
temp/alp + arct CIRCPOL

13.2. **Loiseleurea procumbens-Typ** (K 326 d)
temp/alp + arct · $oz_{1\text{-}3}$ CIRCPOL

13.3. **Gnaphalium supinum-Typ** (K 463 a)
temp/alp EUR + b-arct · $oz_{1\text{-}3}$ EUR-OAM

13.4. **Kobresia bellardii-Typ** (K 63 c)
temp/alp + arct · kont CIRCPOL

findet sich besonders bei Pflanzen, die eine sehr lang währende sommerliche Trockenzeit ertragen (vgl. MEUSEL et al. 1984), worauf auch ihr meist ausgesprochen xeromorpher Wuchs hindeutet. Demgegenüber sind verschiedene westmediterrane Elemente von einer ausreichenden Humidität besonders einer guten Bodendurchfeuchtung in der Winterperiode abhängig (vgl. Band II). Bereits auf der Iberischen Halbinsel und im nordwestlichen Afrika tragen starke Humiditätsunterschiede zur Herausbildung unterschiedlicher Arealformen, z. B. des deutlich ozeanischen westmediterranen *Quercus suber*-Typs (1.5., Abb. 97c) und des subozeanisch-subkontinentalen west-zentralmediterranen *Rosmarinus*-Typs (1.6., Abb. 102d) bei. Seltener findet man Elemente mit zentralmediterranem Schwerpunkt: *Achillea ligustica*-Typ (1.7., Abb. 98d).

Verschiedene im Mittelmeerraum beheimatete *Carlina*-Arten lassen sich in die hier vorgestellte Arealtypen-Gliederung einordnen. So muß, wie der Kartenvergleich (Abb. 92c, d) zeigt, *C. racemosa* als eine oz_{1-2}-Art des westmediterranen *Quercus suber*-Typs (1.5.) angesprochen werden, während sich *C. lanata* (Abb. 92b) ganz ähnlich wie die oz_{2-3}-Vertreter des *Pinus halepensis*-Typs (1.3., Abb. 92a) verhält. Von den Arten der sect. *Corymbosae* gehören *C. hispanica* dem *Quercus suber*-Typ (1.5., Abb. 98a) und *C. corymbosa* dem *Achillea ligustica*-Typ (1.7., vgl. Abb. 98c, d) an. *C. graeca* und die nahestehende *C. libanotica* bewohnen zusammen etwa das Areal von *Sarcopoterium* (1.8., Abb. 99a, c).

Viele Pflanzen der artenreichen Mediterranflora besiedeln nur enge Areale. Solche stenochoren Elemente werden in der vorliegenden Übersicht den Arealtypen angeschlossen, in deren Bereich sie hineinfallen. Nach ihrer Ausdehnung unterscheiden wir:

Segmente (S) als Verbreitungsformen, die größere Abschnitte eines Arealtyps einnehmen,

Endemiten (E) als Sippen, deren Arealgröße und Lage etwa mit einer Florenprovinz übereinstimmt (Provinz-Endemiten nach MEUSEL, JÄGER & WEINERT 1965), und

Lokalendemiten (LE) als Pflanzen mit noch stärker beschränktem Vorkommen bis hin zu einem einzigen Standort.

Die weitgehend an die Ägäische Provinz gebundenen *Carlina graeca* oder *Acer sempervirens* (Abb. 99c, e) wären demnach als Endemiten dem *Sarcopoterium*-Typ anzuschließen, während das über mehrere Provinzen ausgedehnte südanatolisch-libanesisch-palaestinische Areal von *C. libanotica* als ein Segment dieses Typs zu bezeichnen ist. Als Lokalendemiten innerhalb des *Sarcopoterium*-Typs erscheinen in der Arealtypen-Übersicht *C. diae* (Ostkreta), *C. tragacanthifolia* (Dodekanes, vgl. Abb. 101a), *C. sitiensis* (Ostkreta, Kasos), *C. barnebiana* (Ostkreta) und *C. pygmaea* (Zypern, vgl. Abb. 114b). Von diesen sind, ihrer Sippenstruktur nach, die erstgenannten beiden Arten als Paläoendemiten zu bezeichnen, während die übrigen als Elemente jünger aufgegliederter Formenkreise angesprochen werden müssen.

Viele Pflanzen der Mittelmeerflora zeichnen sich durch stark aufgesplitterte disjunkte Areale aus. Eine oft wiederkehrende Disjunktionsform bei mediterranen Elementen zeigt Häufungen im westmediterranen (iberisch-atlassischen) und im ostmediterranen (ägäisch-anatolischen) Gebiet bei Lücken oder zumindest starken Auflockerungen im Bereich des jung aufgefalteten Apennin (*Bupleurum fruticosum*, Abb. 102c, *Globularia alypum*, Abb. 110c). Florengeschichtlich betrachtet schließt man hieraus auf eine Überdauerung der betreffenden Sippen im Bereich alter Landkerne.

In der Regel sind Differenzierungen im Verbreitungsbild mediterraner Elemente aber auch ökologisch, meist klimaökologisch bedingt. So zeigt *Minuartia montana* (Abb. 102b)

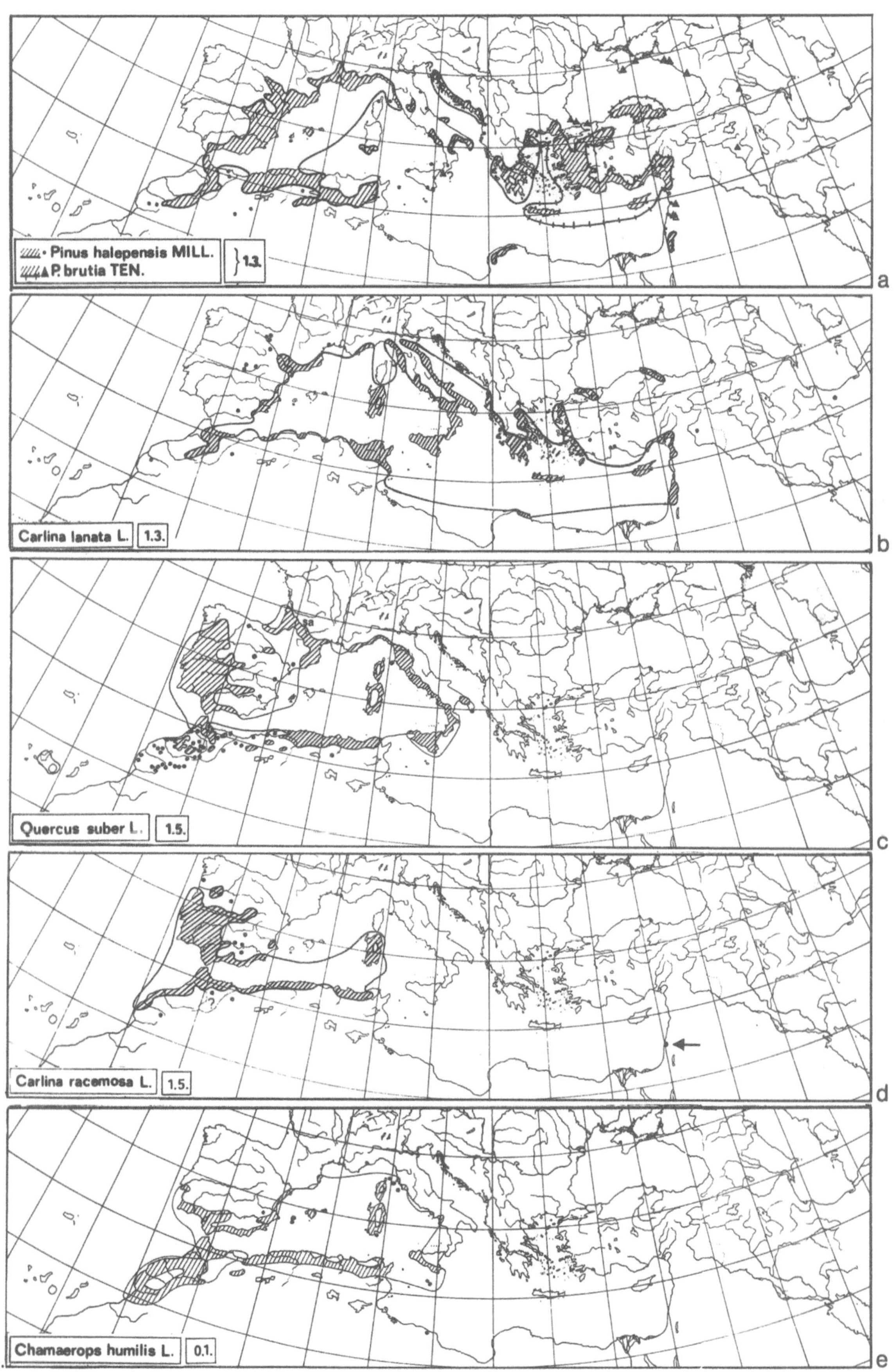

Abb. 97: Iberisch-zirkummediterrane, west- und südwestmediterrane Arealtypen (ATG 1. und 0.).

Fig. 97: Iberian-Circum-Mediterranean, West- and South-West Mediterranean areal types (ATG 1. and 0.). For authors of the maps see tab. 15.

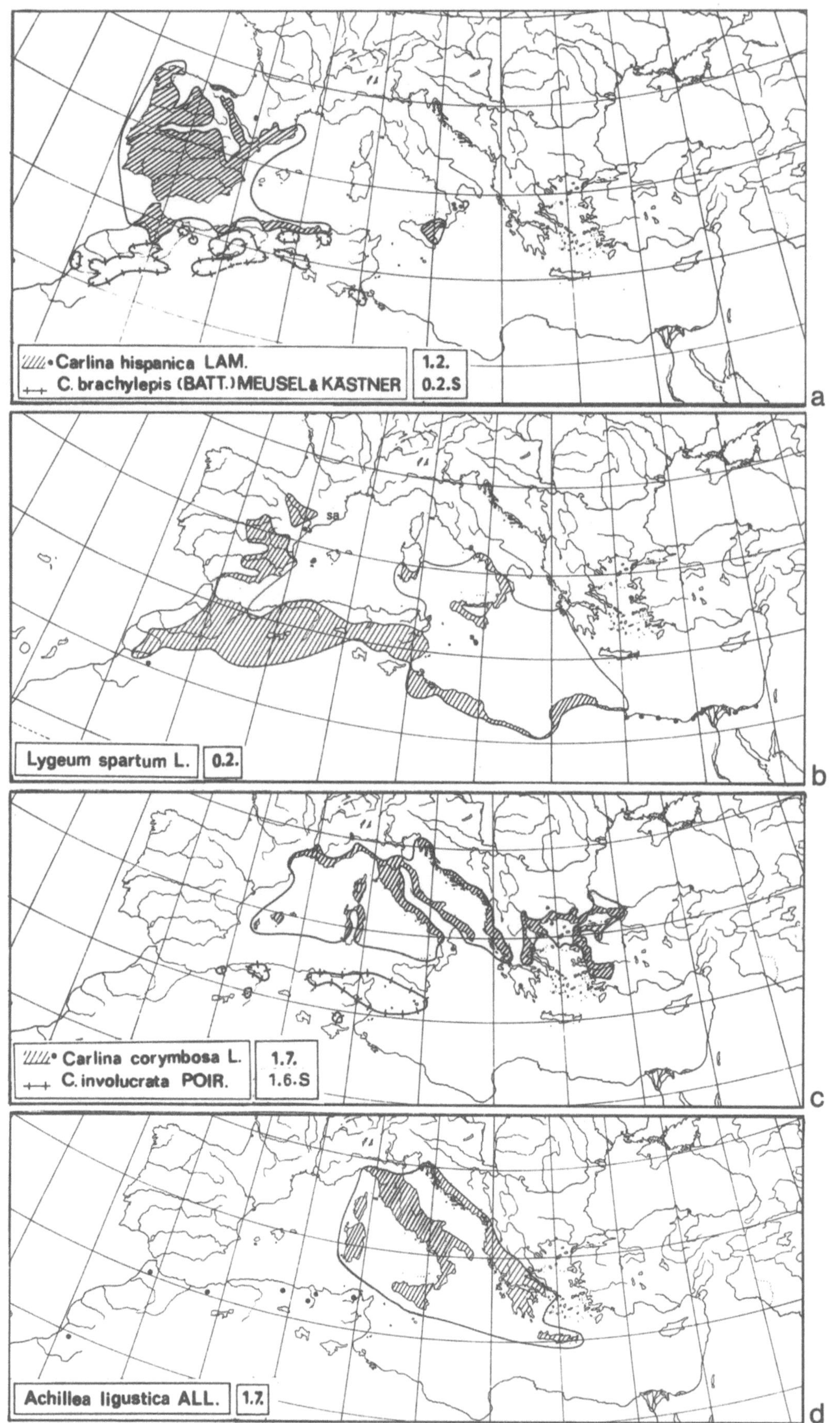

Abb. 98: Westmediterrane, südwestmediterran·kontinentale sowie zentralmediterrane Arealtypen (ATG 0. und 1.).

Fig. 98: West Mediterranean, South-West Mediterranean·continental as well as Central Mediterranean areal types (ATG 0. and 1.). For authors of the maps see tab. 15.

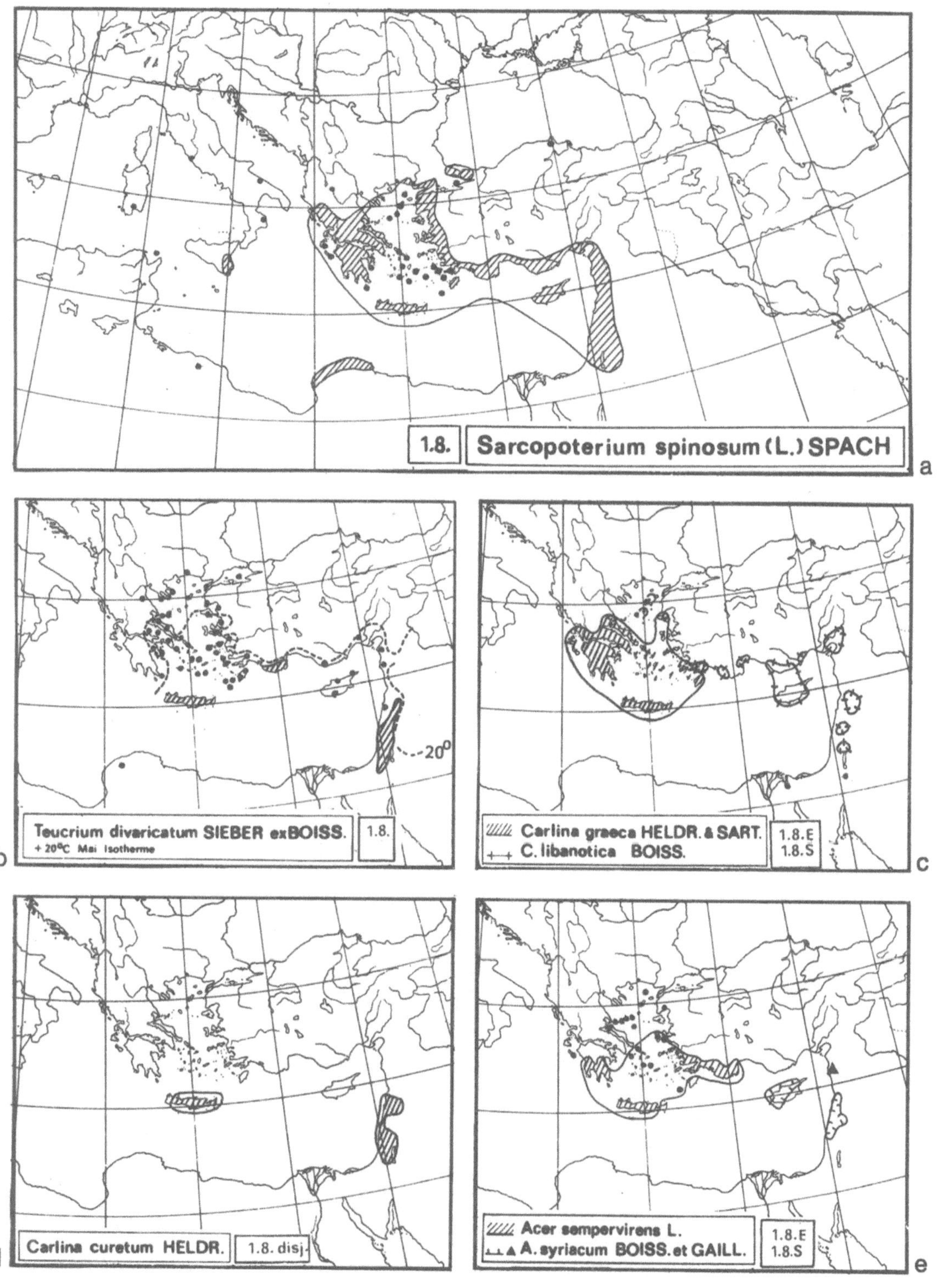

Abb. 99: Ostmediterrane Arealtypen (ATG 1.).

Fig. 99: East Mediterranean areal types (ATG 1.). For authors of the maps see tab. 15.

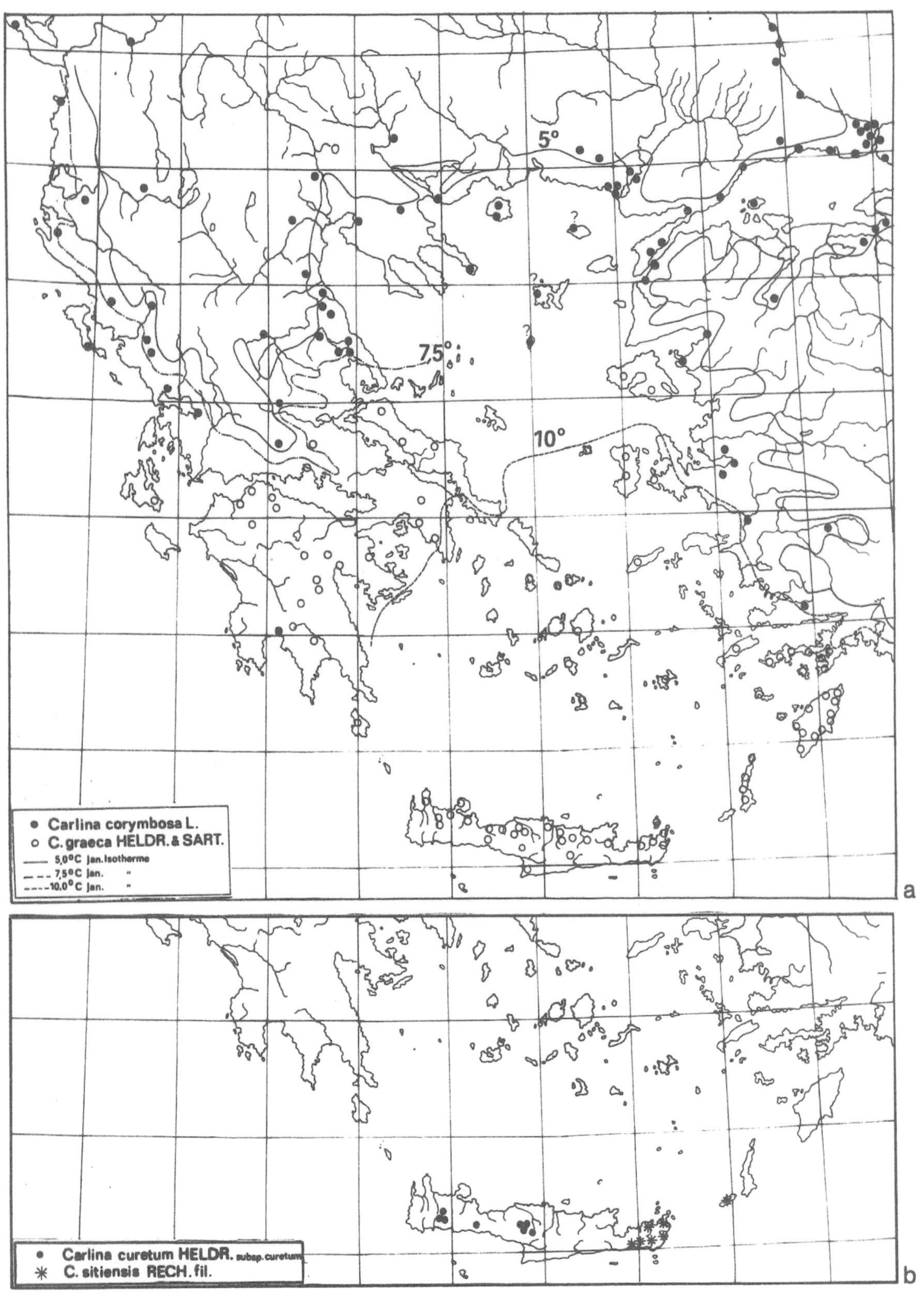

Abb. 100: *Carlina graeca* und *C. corymbosa* in der Ägäis. Zonale Verteilung in Beziehung gesetzt zu gestaffelten Wintertemperatur-Isothermen.
C. curetum ssp. *curetum* und *C. sitiensis*, Verbreitung auf Kreta. Alle Angaben nach überprüften Belegen.

Fig. 100: *Carlina graeca* and *C. corymbosa* in the Aegaean area. Zonal distribution in relation to graduated winter temperature isotherms.
C. curetum ssp. *curetum* and *C. sitiensis*, distribution in Crete. All data based on checked collections. For authors of the maps see tab. 15.

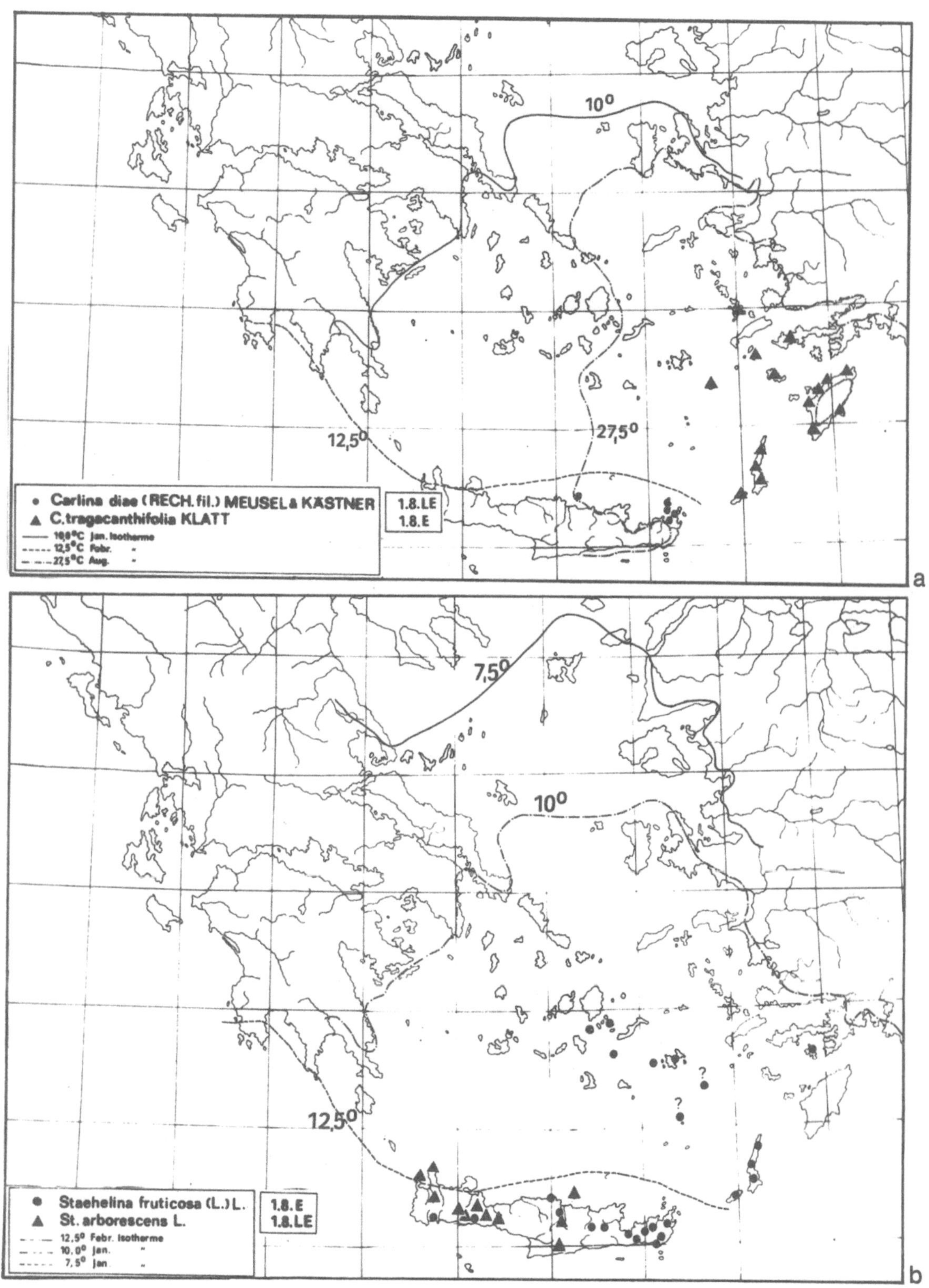

Abb. 101: Südostägäische und west-zentralkretische Lokalendemiten. Isothermen zur Kennzeichnung günstiger Winter- und extremer Hochsommertemperaturen.

Fig. 101: South-East Aegean and Western-Central Cretean local endemic elements. Isotherms characterizing moderate winter and extreme summer temperatures. For authors of the maps see tab. 15.

eine ausgesprochen disjunkte mediterran · kontinentale Verbreitung mit Teilarealen auf der östlichen Iberischen Halbinsel und in Nordwestafrika einerseits sowie in Zentralanatolien und im westlichen Iran andererseits. Diese Verbreitungsform steht in einem scharfen Kontrast zu der von *Laurus* als einer ebenfalls mediterranen, aber extrem ozeanischen Disjunktionssippe (1.1., Abb. 102a), deren natürliche Vorkommen sich auf warm · humide Standorte auf den Atlantischen Inseln sowie in der westlichen und östlichen Mediterraneis beschränken. Noch stärker aufgelockert erscheinen an spezielle Standorte, oft küstennahe Felsklippen, gebundene Reliktarten, von denen man viele als ursprüngliche Elemente der in den Mittelmeerländern weit verbreiteten Garrigue-Vegetation ansehen muß (z. B. *Scabiosa cretica*-Gruppe Abb. 103d, *Euphorbia dendroides*).

Zu solchen Relikt-Sippen mit weit zerstreuten Arten innerhalb der Makaronesisch-Mediterranen Florenregion gehören auch die beiden durch ursprüngliche Merkmale ausgezeichneten Untergattungen subgen. *Carlowizia* und subgen. *Lyrolepis* in einer kanarisch + ägäischen Disjunktion (Abb. 103a). Sie kommen in Gebieten vor, die wahrscheinlich seit dem mittleren Tertiär nicht mehr überflutet waren und die heute noch in bestimmten Höhenstufen oder an Sonderstandorten einer an mehr oder minder humide Standorte gebundenen Reliktvegetation Überdauerungsmöglichkeiten bieten.

Während die bisher behandelten Arealtypen der makaronesich-mediterranen Gruppe lediglich den Mittelmeerraum oder Teile desselben besiedeln, beschreiben die folgenden Typen Ausweitungen aus dem makaronesich-mediterranen Raum. In einem mehrere Florenzonen umfassenden Areal findet man z. B. die Pflanzen des *Limodorum*-Typs [1(5).9., Abb. 111a] sowohl im meridionalen mediterranen als auch im submeridionalen submediterranen Gebiet. In der Arealtypen-Übersicht wird das Übergreifen in den Bereich einer weiteren Arealtypengruppe durch Hinzufügen dieser in Klammern vermerkt, in unserem Fall mit 1(5)., d. h. Kombination von mediterraner und submediterraner Gruppe. Sehr häufig reichen mediterrane Elemente begünstigt durch das milde Winterklima mehr oder minder weit in die Atlantische Provinz der Mitteleuropäischen Florenregion. Die Vertreter des *Ruscus*-Typs [1(5).10., *Scleropoa rigida*, Abb. 94b] beschränken sich hier vielfach auf die südtemperaten Abschnitte. Einer größeren zonalen und Ozeanitätsamplitude entsprechend, erreichen die Arten des *Sherardia*-Typs [1(8).11., Abb. 94b) die Subatlantische und oft auch die Zentraleuropäische Provinz in ihrer gesamten Breite. Viele von ihnen sind erst als Segetal- und Ruderalpflanzen in weiten Teilen Mitteleuropas heimisch geworden. Es erscheint deshalb umsomehr berechtigt, hier von einem in der Mediterranen Region verankerten Verbindungselement zu sprechen. Verschiedene der unter 1(8).11. angeführten Pflanzen leiten zu Arealformen mit Schwerpunkt in Mitteleuropa (Gruppe 8.) über.

So wie einerseits verschiedene Vertreter der mediterranen Flora nordwärts in den Bereich der Mitteleuropäischen Florenregion ausstrahlen, so bestehen andererseits Beziehungen der mediterranen Vegetation zur Pflanzenwelt der südlich sich anschließenden Saharo-Sindischen Region.

Innerhalb der Südmediterran-nordsaharischen Arealtypengruppe (Gruppe 0.) gehören die südmediterranen Elemente des *Ceratonia*-Typs (0.0., Abb. 104a) zu den charakteristischen Pflanzen einer wärmeklimatisch anspruchsvollen Hartlaub-Vegetation, in der neben *Ceratonia, Olea europea* (Abb. 104d), *Nerium oleander* (K 357c) und gebietsweise *Pistacia atlantica* vorkommen. Auch die Areale der südwestmediterran · ozeanischen Zwergpalme (*Chamaerops humilis*-Typ, 0.1., Abb. 97e) und der südwestmediterran · kontinentalen Steppengräser (*Lygeum*-Typ, 0.2., Abb. 98b) erscheinen, vergleichend betrachtet, als südliche Varianten entsprechender mediterraner Arealformen wie des *Quercus suber*- und des *Rosmarinus*-Typs. In den Bereich des *Lygeum*-Typs fallen die Vorkommen von *Carlina brachylepis* (Abb. 98a).

Von diesen südmediterranen Elementen unterscheiden sich die saharisch-arabisch-südiranischen Pflanzen als noch extremere Xerophyten. Sie sind hier nur anhangsweise mit wenigen Beispielen erfaßt. Die überwiegend südmediterran-saharische Gattung *Atractylis* (Abb. 4) reicht mit verschiedenen xerophilen Arten bis Südpersien und Westpakistan (*Salvia aegyptica*-Typ 0.7., Abb. 104c). Auch die mediterranogene Gattung *Asteriscus* breitet sich mit *A. pygmaeus* aus der Nordsahara bis in die anschließenden arabischen und iranischen Halbwüsten aus (Abb. 104b) und ist als mediterranogenes Element der saharo-sindischen Flora zu bezeichnen.

Wie bei den zirkummediterranen ist bei den südmediterran-nordsaharischen Arealformen eine West-Ost-Differenzierung zu beobachten, die in unserer Übersicht mit dem kanarischen *Euphorbia regis-jubae*-Typ (0.3.), dem makaronesisch-südwestmediterran-nordwestsaharischen *Launaea arborescens*-Typ (0.4.) und dem südostmediterran-arabischen *Achillea fragrantissima*-Typ (0.5.) grob erfaßt ist.

Mit einer weiten Verbreitung von der südlichen Mediterraneis und Südwestasien bis in die ostafrikanischen Gebirge und Südafrika weisen die Sippen des *Hyparrhenia hirta*-Typs [0(A).10., Abb. 104e] auf ökogeographische und florengeschichtliche Beziehungen der Mediterranflora zu alten südwestasiatischen und afrikanischen Subtropen-Trockenfloren hin. Man vergleiche deshalb auch das Gesamtareal von *Erica arborea* (K 332a) oder die Gattungsareale von *Olea* (Abb. 104d), *Pistacia* (K 274a) oder *Nerium* (K 357c). Weitere in die benachbarten Subtropen übergreifende Verbreitungsbilder der Arealtypengruppe 0. werden zur Erläuterung der pflanzengeographischen Stellung der Kanarenflora im Band II behandelt.

Eine ganze Reihe von Pflanzen des Mittelmeergebietes kehrt in der östlich anschließenden Orientalisch-Turanischen Region wieder. Sie sind in der vorliegenden Übersicht als Verbindungssippen in der Gruppe 2. Turkestanisch-Orientalisch-(Mediterraner) Arealtypen erfaßt. Wie in der Mediterranen herrscht auch in der Orientalisch-Turanischen Region ein Etesien-Jahreszeitenklima. Dabei erscheint jedoch Südwestasien mit kalten Wintern und langen, sehr trockenen Sommern wesentlich kontinentaler.

Der größte Teil der reichen Steppen- und Bergsteppenflora der Orientalisch-Turanischen Region beschränkt sich mit vielen Endemiten und Lokalendemiten auf ein Gebiet außerhalb des Bereiches unserer Übersicht. Es werden deshalb in Gruppe 2. nur einige Arealtypen angeführt, die im Kontakt mit der ostmediterranen Flora stehen. Vor allem müssen hier aber eurychore orientalisch-turanisch-mediterrane Verbindungssippen berücksichtigt werden, die als eurychore Etesienelemente die beachtlichen Standortunterschiede zwischen den beiden Florenregionen überbrücken.

Als den ostmediterranen Arealtypen benachbarte Verbreitungsformen haben wir armenisch-anatolische (*Globularia trichosantha*-Typ, 2.2., Abb. 110a), anatolisch-armenisch-iranisch-turkestanische (*Juniperus excelsa*-Typ, 2.0., Abb. 108) und ostmediterran-kurdisch-südwestiranisch/montane Elemente (*Quercus brantii*-Typ, 2.1.) herausgestellt. Viele in Südwestasien entfaltete Verwandtschaftskreise reichen mit einzelnen Sippen ins Mittelmeerbecken, z. B. die Vertreter des *Centaurea solstitialis*-Typs [2(1).4., Abb. 105a].

Weitergespannte Verbindungen repräsentieren der *Echium italicum*-Typ [2(1).8., Abb. 106c] von Turkestan bis ins zentrale Mediterrangebiet (vgl. *Xeranthemum*, Abb. 5b) oder der *Bromus scoparius*-Typ [2(1).5., Abb. 105b], der die Mediterrane und die Orientalisch-Turanische Florenregion fast in der gesamten Weite umfaßt. Wie aus dem Vergleich der Areale von *Brachypodium distachyum* und *Bromus scoparius* (Abb. 105c, b) hervorgeht, liegt bei Pflanzen dieses Typs der Schwerpunkt der Vorkommen oder der Sippenentfaltung bald mehr im mediterranen, bald stärker im südwestasiatischen Bereich. Das Gattungsareal von *Atractylis* (Abb. 4) schließt schwerpunktmäßig zudem noch das Gebiet der Saharo-Sindischen Florenregion ein und erweitert damit die häufiger wiederkehrende Arealform zum *Teucrium polium*-Typ [2(0,1).3., Abb. 105d]. Andere Carlineen-Gattungen

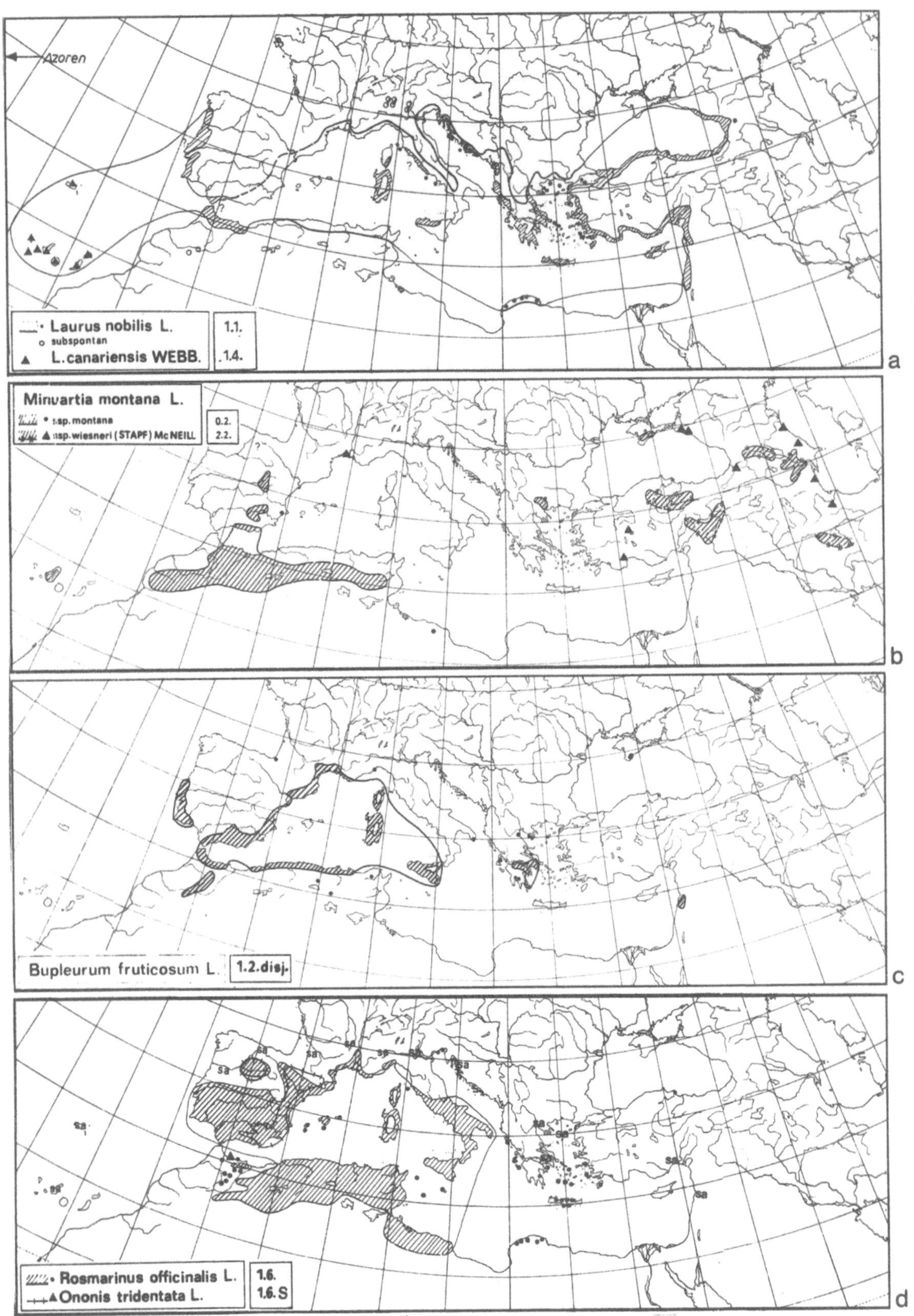

Abb. 102: Mediterran disjunkte, ozeanische und kontinentale Elemente. *Rosmarinus* als west-zentralmediterran·subkontinentale Art. *Ononis tridentata* als Segment des *Rosmarinus*-Typs.

Fig. 102: Mediterranean disjunct, oceanic and continental elements. *Rosmarinus* as a West-Central Mediterranean·subcontinental species. *Ononis tridentata* as segment of the *Rosmarinus* type. For authors of the maps see tab. 15.

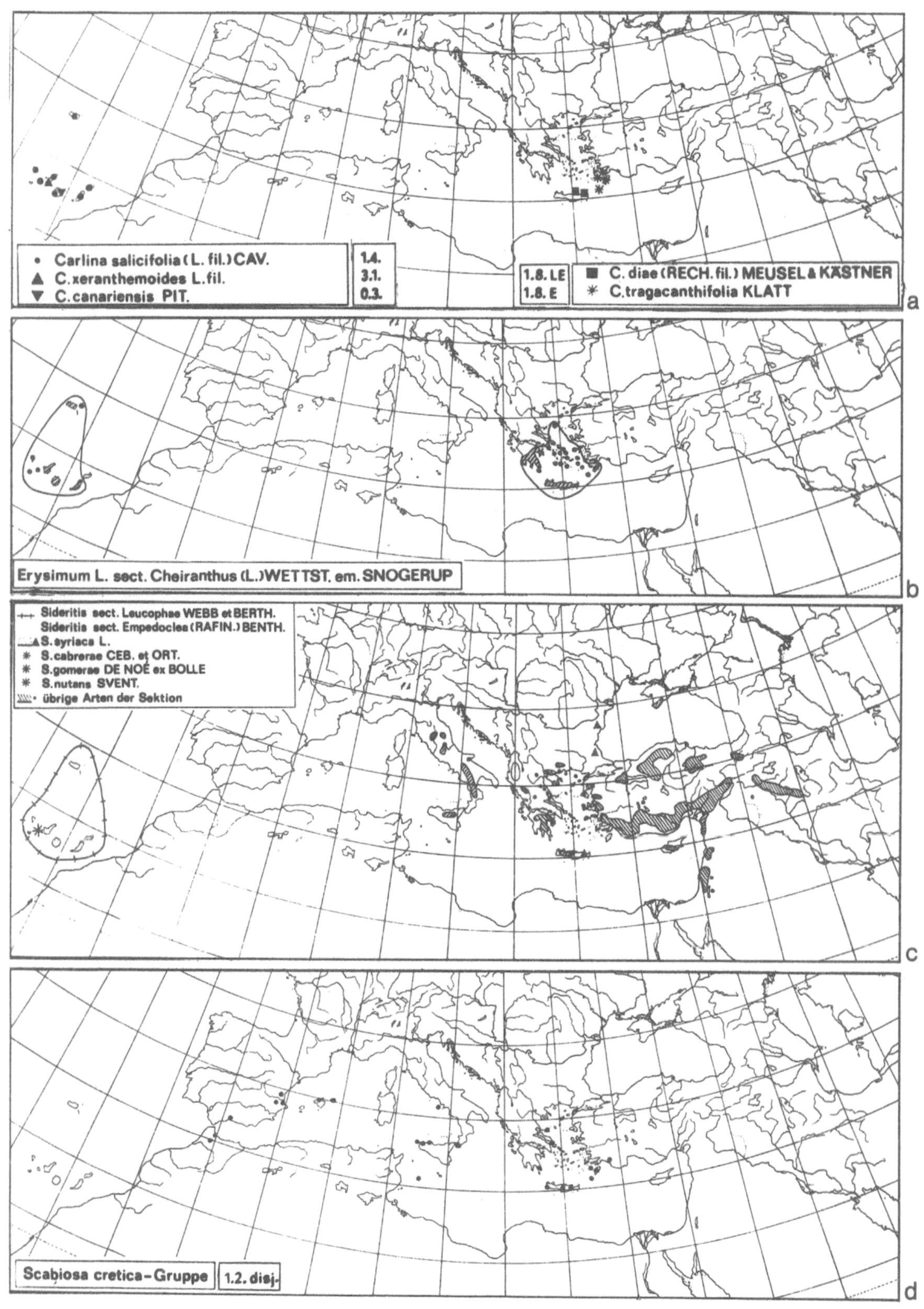

Abb. 103: Mediterran disjunkte und makaronesisch + ostmediterran disjunkte Reliktsippen.

Fig. 103: Mediterranean disjunct and Macaronesian + East Mediterranean disjunct relic taxa. For authors of the maps see tab. 15.

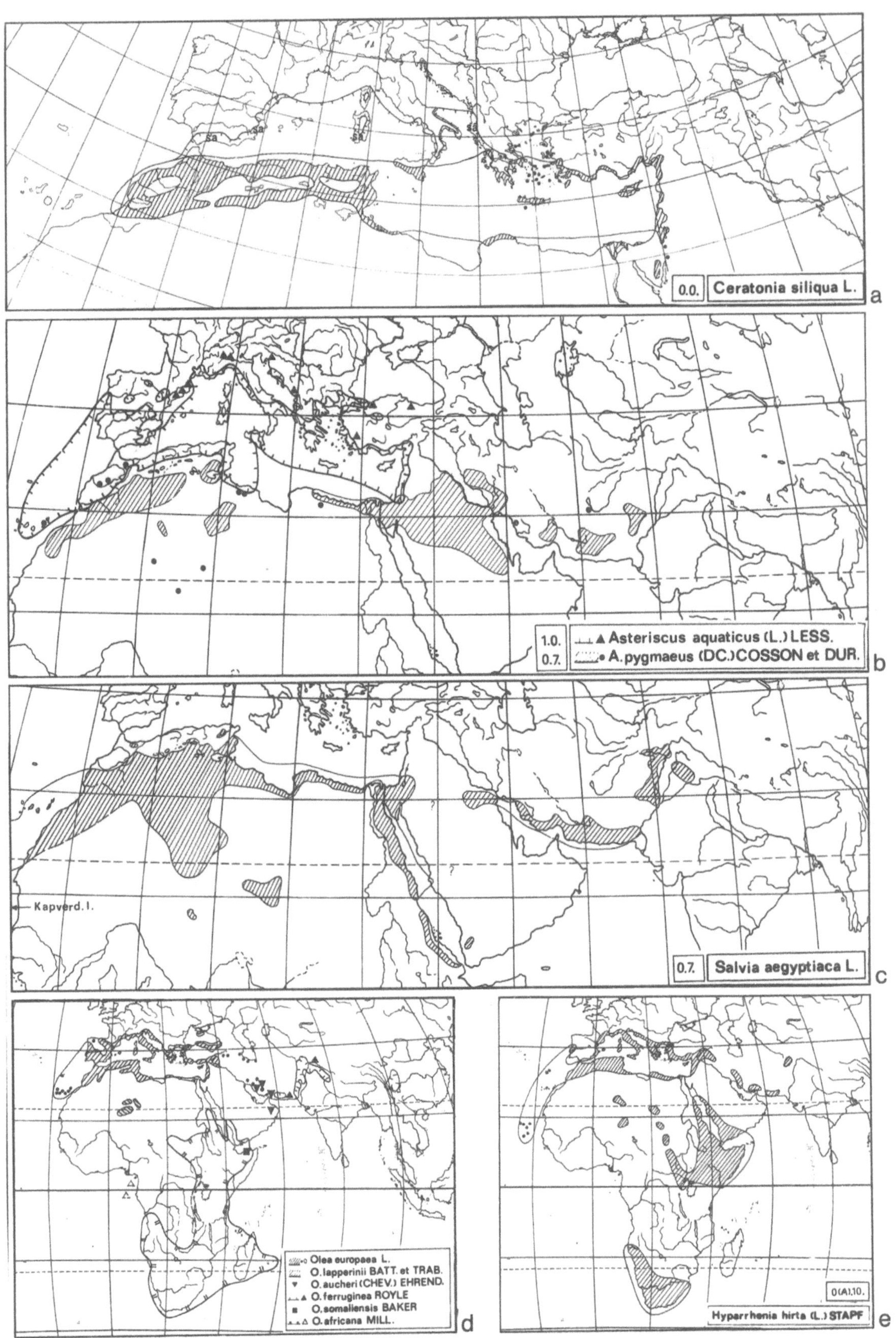

Abb. 104: Südmediterrane, südmediterran-nordsaharisch-orientalische sowie mediterran + ostafrikanisch/montan + südafrikanische Arealtypen (ATG 0.).

Fig. 104: South Mediterranean, South Mediterranean-North Sahara-Oriental as well as Mediterranean + East African/montane + South African areal types (ATG 0.). For authors of the maps see tab. 15.

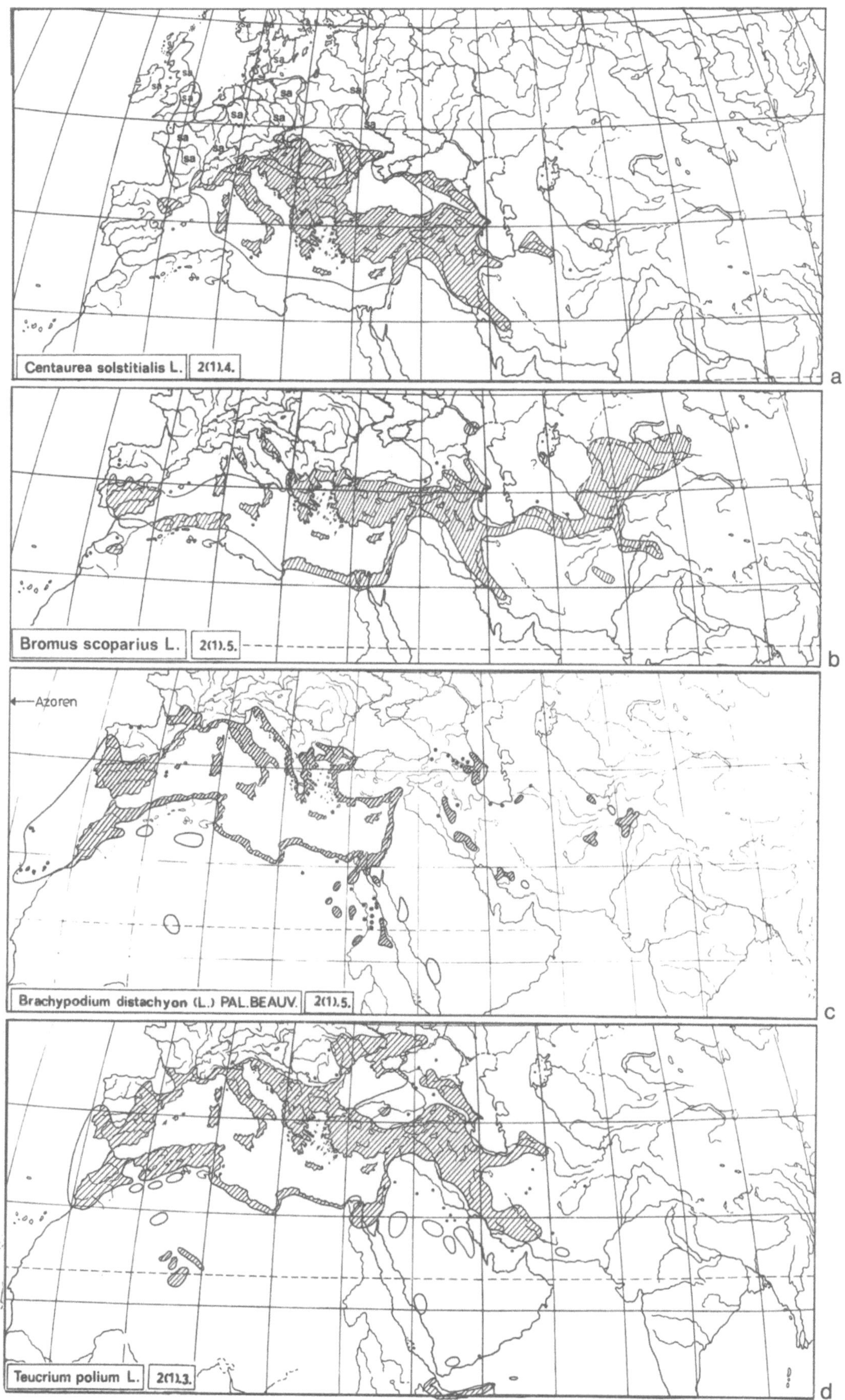

Abb. 105: Orientalisch-mediterrane und mediterran-orientalisch-turkestanische Arealtypen (ATG 2.). *Teucrium polium* als plurizonale südmediterran-(saharisch-arabisch)-orientalisch-südwestpontische Art.

Fig. 105: Oriental-East Mediterranean and Mediterranean-Oriental-Turkestanean areal types (ATG 2.). For authors of the maps see tab. 15.

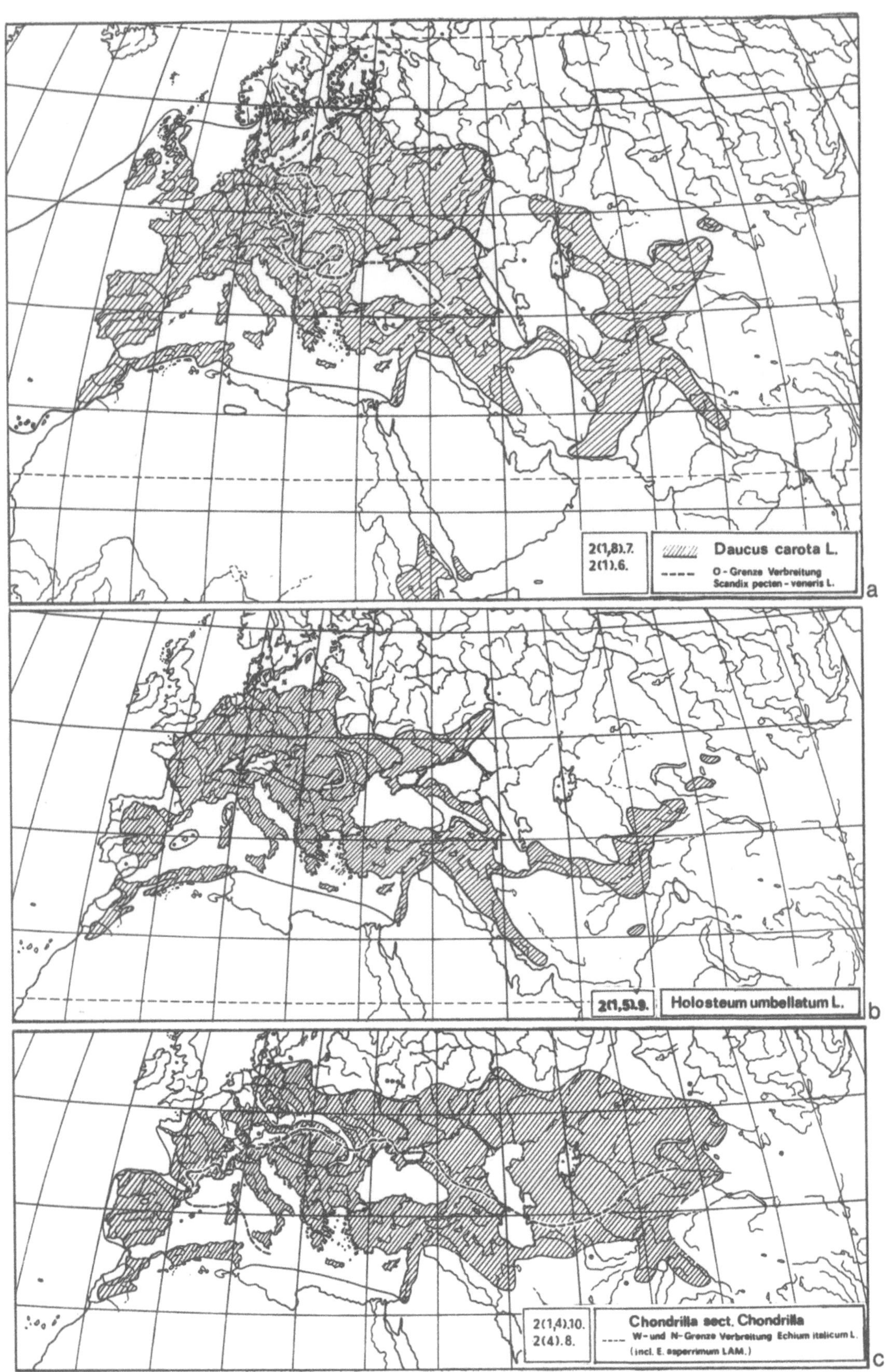

Abb. 106: Plurizonale mediterran-orientalisch-turkestanisch-mitteleuropäische Arealtypen (ATG 2.).

Fig. 106: Plurizonal Mediterranean-Oriental-Turkestanean-Central European areal types (ATG 2.). For authors of the maps see tab. 15.

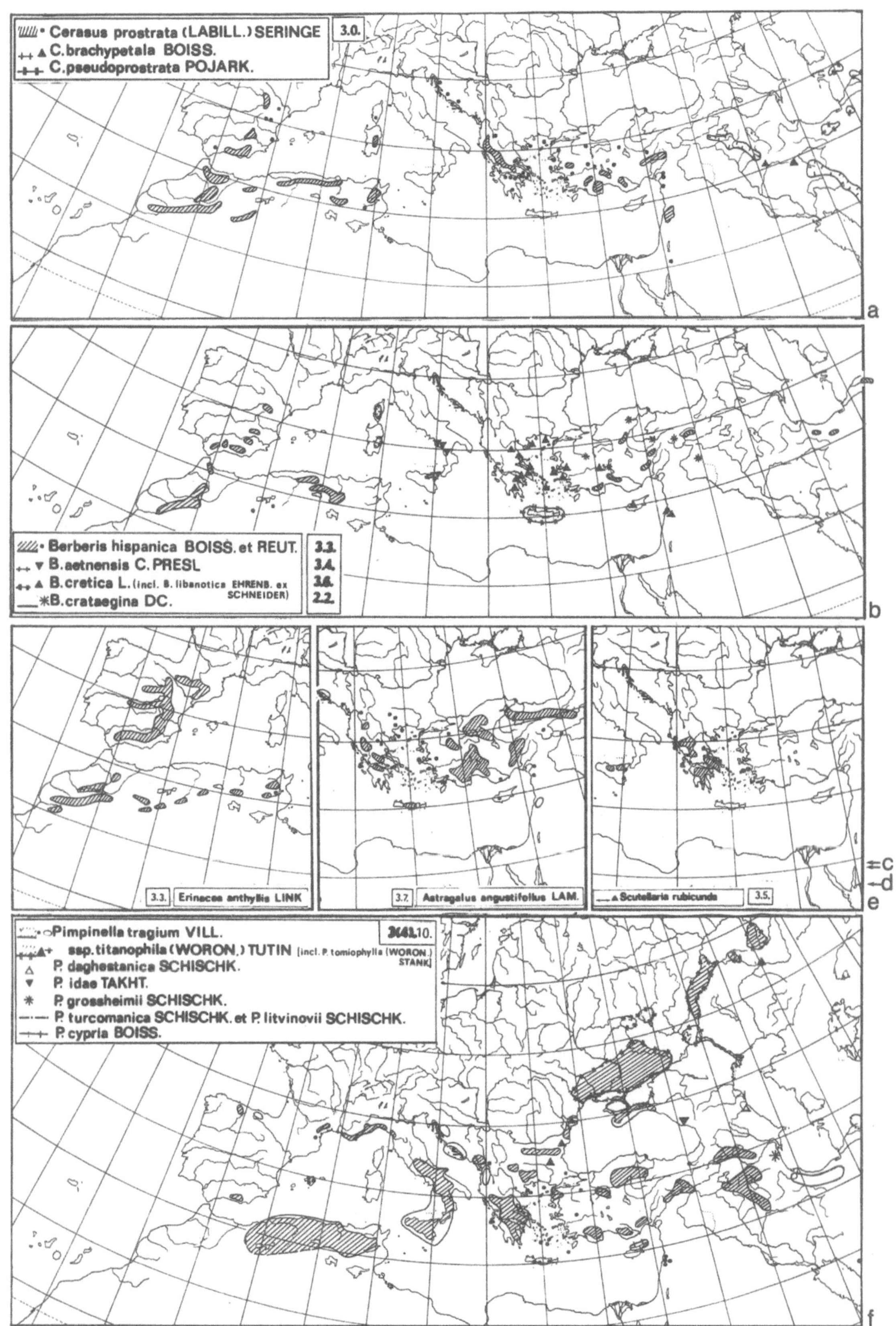

Abb. 107: Mediterrane Oreophyten-Arealtypen (ATG 3.).

Fig. 107: Mediterranean oreophyte areal types (ATG 3.). For authors of the maps see tab. 15.

(*Chardinia, Siebera, Thevenotia, Cousiniopsis*) beschränken sich auf einzelne Sektoren innerhalb der Orientalisch-Turanischen Region, die in dieser Übersicht nicht arealtypologisch erfaßt sind. Die Gattung *Carlina* dagegen greift nur mit *C. oligocephala* (Abb. 112d) in den Bereich der orientalisch-turkestanischen Flora über (*Globularia trichosantha*-Typ, 2.2., Abb. 110a).

Durch sehr ausgedehnte Areale sind Arten der 2. Arealtypengruppe ausgezeichnet, die aus einem breiten orientalisch-mediterranen Entfaltungsgebiet weit in die submeridionalen und temperaten Breiten des westlichen Eurasien ausstrahlen. Bei solchen eurychoren Verbindungssippen kann man teils eine subkontinental-kontinentale, teils eine ozeanisch-subozeanische Verbreitungstendenz feststellen. Der mediterran-orientalisch-turkestanisch-atlantische *Scandix*-Typ [2(1).6., Abb. 106a] zeigt dabei wie der *Ruscus*-Typ unter den Elementen des makaronesisch-mediterranen Arealtypenkreises in der gemäßigten Zone eine Bindung an atlantische Landschaften. Viel weiter im mitteleuropäischen Raum breiten sich die Vertreter des *Daucus*-Typs [2(1,8).7., Abb. 106a] aus. Als mehr oder minder kontinentale Elemente überschreiten die Vertreter des *Nigella*-Typs [2(1).5., vgl. *Holosteum umbellatum*, Abb. 106b] und des *Chondrilla*-Typs [2(1,4).10., Abb. 106c] mit gestaffelten Nordgrenzen das mediterran-orientalische Entfaltungsgebiet in breiter Front. Beim *Chondrilla*- und *Daucus*-Typ ist die Ausweitung der Vorkommen bis in weite Teile der temperaten Breiten so stark, daß man nur noch mit Einschränkungen von meridionalen Elementen sprechen kann.

Das Entfaltungsgebiet der in Gruppe 4. zusammengefaßten meridional-submeridional·kontinentalen eurasischen und europäischen Arealtypen grenzt nördlich und nordöstlich an den Bereich der orientalisch-turanischen Flora (Gruppe 2.) an. Verbindungssippen wie der *Peganum harmala*-Typ [4(2,0).0.] schließen in einem weiten meridional-submeridionalen Areal subtropennahe orientalisch-saharische Wüstengebiete ein und vermitteln zum *Teucrium polium*-Typ.

Die Pflanzen des *Stipa capillata*-Typs (4.1., Abb. 109a) wachsen dagegen ganz im Bereich der winterkalten meridional-submeridionalen Steppen von Westchina und der westlichen Mandschurei bis in die Pontisch-Pannonische Florenprovinz und haben Vorposten im Mittelmeergebiet. Die Arten des *Adonis vernalis*-Typs (4.5., Abb. 109b) unterscheiden sich von den Vertretern des *Stipa capillata*-Typs als weniger weit südlich reichende, in der submeridionalen und südtemperaten Zone konzentrierte und mit westlichen Exklaven bis Mitteleuropa ausstrahlende Sippen. Viele Steppenpflanzen der Gruppe 4. gehören eurasischen und teilweise sogar zirkumpolar verbreiteten Verwandtschaftskreisen an. Mit konvergenten Arealformen entsprechen ihnen Steppenstauden und Steppengräser ostmediterraner Herkunft wie *Scabiosa ochroleuca* (Abb. 109c) oder *Achillea nobilis* (K 479a). Europäische Waldsteppenelemente mit Beziehungen zur Flora des östlichen Mittelmeergebietes vom *Acer tataricum*-Typ [4(5).6., Abb. 109d] vermitteln zwischen den Vertretern der Arealtypen-Gruppen 4. und 5. Aus den Verbreitungsformen von *Carlina* und der Carlineen ergeben sich nur bei *Carlina biebersteinii* ssp. *intermedia* und bei *Xeranthemum annuum* Beziehungen zu den in Gruppe 4. behandelten kontinentalen Arealtypen. Das ganz ins eurasische Ostseitenklima fallende, extrem kontinentale nordgobische Areal von *Tugarinovia* (Abb. 4) liegt weit außerhalb des Bereiches unserer Arealtypenübersicht.

Die Arealtypengruppe 3. faßt die Arealformen Mediterran-(Orientalischer) Oreophyten zusammen. Im Gegensatz zu den Verhältnissen in den planar-kollinen Stufen findet man in der Gebirgsvegetation der Mediterranneis nur wenige, den zirkummediterranen Elementen entsprechende west-östlich weit verbreitete, vom Atlas bis zum Libanon reichende Arten (*Cerasus prostrata*-Typ, 3.0., Abb. 107a). Dafür zeichnen sich alle mediterranen Gebirge durch eine hohe Zahl von Endemiten und Lokalendemiten aus.

Durch die niedrigstrauchigen Gebirgssippen von *Berberis* (Abb. 107b) wird eine west-östliche Reihe von südostiberisch-atlassischen (*Berberis hispanica*, gehört zum *Erinacea*-Typ, 3.3., Abb. 107c), korsardinisch-sizilisch-kalabrischen (*Berberis aetnensis*-Typ, 3.4.) und ägäisch-libanotischen (*Berberis cretica*-Typ, 3.6.) Oreophyten-Arealtypen gekennzeichnet. Sie werden im sizilisch-hellenischen Bereich durch den *Scutellaria rubicunda*-Typ, (3.5., Abb. 107e) und im ägäisch-anatolisch-armenischen Gebiet durch den *Astraga*-

lus angustifolius-Typ (3.7., Abb. 107d) ergänzt. Unter den Vertretern des letztgenannten Typs finden sich überwiegend kontinentale Gebirgsxerophyten mit Beziehungen zu Vertretern der Arealtypen-Gruppe 2. (vgl. 2.0., 2.2.).

In weiten Bereichen der Mediterraneis zeigt die Gebirgsflora (oberhalb der Waldstufe) gegenüber der Pflanzenwelt tieferer Lagen einen kontinentalen Charakter. Dies kommt in Arealformen zum Ausdruck, die wie der *Pimpinella tragium*-Typ [3(4).10., Abb. 107f] die mediterrane Gebirgs- mit der südosteuropäischen Hügelsteppen-Flora verbinden. Auch in der Kanaren-Vegetation erweist sich die altomontane Gebirgsflora (*Spartocytisus*-Typ, 3.1.) der der tieferen Stufen gegenüber als ausgesprochen xerophil.

Carlina ist in der mediterranen Oreophytenflora nur zerstreut vertreten. Das Areal von *Carlina atlantica* (Abb. 107f) bildet ein Segment des *Erinacea*-Typs. *C. frigida* folgt abgesehen von ihren ostadriatischen Vorkommen dem *Berberis cretica*-Typ (3.6.). Als Endemiten gehören *C. nebrodensis* (Abb. 112d) zum *Berberis aetnensis*-Typ, *C. curetum* ssp. *curetum* (Abb. 100b) zum *Berberis cretica*-Typ; *C. xeranthemoides* schließlich ist dem *Spartocytisus*-Typ einzugliedern.

In Gruppe 5. sind die in der Submediterranen Unterregion verbreiteten oder hier konzentrierten Elemente zusammengefaßt. Sie entfalten sich in den überwiegend gebirgigen Landschaften des mittleren und nördlichen Teils der Iberischen, der Apenninen- und der Balkan-Halbinsel sowie im nördlichen Anatolien und im Kaukasus und strahlen von hier mit einer ganzen Reihe von Arten weit in die Pannonische Provinz und in das südliche temperate Mitteleuropa.

Wie in der Mediterranen Unterregion bestimmt im submediterranen Gebiet der jährliche humid-aride Klimawechsel die Vegetationsentwicklung. Gebietsweise jedoch, besonders in den Gebirgen und in der Nachbarschaft der Binnenseen, kommt es hier auch zu Sommerniederschlägen. In den Gebirgen mit kälteren Wintern beeinflußt zudem eine regelmäßige Schneedecke das Pflanzenwachstum. In der Waldvegetation werden die immergrünen Hartlaubgehölze von sommergrünen Arten abgelöst. Anstelle von *Quercus ilex* und *Q. coccifera* dominieren *Q. pubescens* und *Q. cerris*, an die sich dann in der temperaten Zone Arten wie *Q. petraea* oder *Fagus sylvatica* als submediterran/montan-mitteleuropäische Elemente anschließen.

Diese süd–mitteleuropäische Staffelung der Vegetation wird in der Folge von 3 Arealtypengruppen zum Ausdruck gebracht, in der Submediterranen Gruppe (5.) mit überwiegend submeridional gebundenen Sippen, in der Gruppe submediterraner Oreophyten (6.) mit Elementen der südeuropäischen Gebirge und in der Gruppe submediterran/montan-mitteleuropäischer Arealtypen (8.), die Sippen mit Schwerpunkt der Verbreitung in der temperaten Zone umfaßt.

Innerhalb der Gruppe submediterraner Arealtypen (5.) finden sich Pflanzen ganz verschiedener Herkunft. Einerseits sind es thermisch weniger anspruchsvolle Vertreter mediterraner Verwandtschaftskreise, wie etwa Cistaceen, von denen in der Submediterranen Unterregion zwerg- oder halbstrauchartige *Fumana*- und *Helianthemum*-Arten anstelle der mediterranen *Cistus*-Gebüsche wachsen. Aber auch verschiedene submeridionale Vertreter der überwiegend mediterranen Gattungen *Ophrys, Muscari, Colchicum, Coronilla* und vieler anderer sind als solche mediterranogenen Elemente des submediterranen Arealtypenkreises zu nennen.

In der Gattung *Globularia* (Abb. 110a–d) haben sich *G. punctata* als submediterranes Element (*Globularia punctata*-Typ, 5.8.) und *G. cordifolia* als submediterraner Oreophyt (*Silene saxifraga*-Typ, 6.0. S) aus einer vorwiegend meridionalen Verwandtschaft mit ursprünglichen Vertretern auf den Kanaren abgegliedert.

Neben solchen mediterranogenen Sippen kommen in der Submediterraneis eine ganze Reihe Sommerwärme beanspruchender Laubwaldpflanzen vor, die als Abkömmlinge einer im Spättertiär in Süd- und Mitteleuropa reich entfalteten thermophilen Laubwaldvegetation nur in Gebieten mit ausreichend Sommerniederschlägen wachsen. Man kann demnach zwischen (etesial-)submediterranen und nemoral-submediterranen mediterranogenen Elementen unterscheiden. Da sich verschiedene der letztgenannten Sippen bis zu einem gewissen Grad der Sommertrockenheit in der Mediterraneis angepaßt haben, wie *Quercus pubescens* (*Globularia punctata*-Typ, 5.8.), ist diese Trennung nicht immer scharf durchführbar.

Die submediterrane Arealtypen-Gruppe enthält verhältnismäßig wenige Sippen, die sich in den submeridionalen Breiten west-östlich von der Iberischen Halbinsel bis Anatolien gleichmäßig und weit ausdehnen, wie *Pinus nigra* s.l. (*Pinus nigra*-Typ, 5.0., Abb. 111b). Die meisten beschränken sich auf Teilgebiete. Viele greifen in wärmere Landschaften Mitteleuropas über. *Pinus nigra* ist innerhalb der submediterranen Flora als subozeanisch-subkontinentales oz_2-oz_3-Element zu bezeichnen und ähnelt somit *P. halepensis* unter dem meridionalen Mittelmeergehölzen (Abb. 97a).

Die ozeanisch-subozeanische submediterrane Laubwaldflora zeigt ihre üppigste Entfaltung in der Hyrkanischen und in der Euxinischen Provinz (*Fagus orientalis*-Typ, 5.3., Abb. 113a). Aus diesen Gebieten reichen entsprechend einer breiten ökologischen Amplitude und wohl auch bedingt durch die verschiedene Lage ihrer pleistozänen Überdauerungsräume eine ganze Reihe submediterran-nemoraler Gehölze bis in den Balkan, in die Illyrischen Bergländer, die südlichen Karpaten, den Apennin und in die Südalpen oder sind in diesen Gebieten Südosteuropas konzentriert (*Quercus cerris*-Typ, 5.4., Abb. 111d; *Staphylaea pinnata*-Typ, 5.5., K 276a). Die teilweise mehr montan gebundenen Arten des *Euonymus latifolia*-Typs (5.2., K 275c) finden sich zerstreut auch noch in humiden Lagen der östlichen Iberischen Halbinsel und des nördlichen Atlas.

Während sich die sommergrünen submediterranen Breitlaubgehölze in den hyrkanisch-euxinischen und balkanisch-illyrischen Provinzen häufen und im Einflußbereich des Atlantik ausklingen oder fehlen, finden die wenigen immergrünen Lorbeerwald-Reliktsippen, begünstigt von einem wintermilden Klima, im südatlantischen Europa und auf den Kanaren gute Siedlungsmöglichkeiten. Gegenüber *Laurus* als einem meridional-euozeanischen Element (1.1, Abb. 102a) ist *Laurocerasus* bei einem sonst sehr ähnlichen Arealcharakter überwiegend submeridional gebunden: *Laurocerasus*-Typ (5.1., Abb. 111c). In der Ozeanitätsbindung kontrastiert *Laurocerasus* mit *Pinus nigra* (vgl. Abb. 111b).

Ausgesprochen ozeanisch-subozeanischen Charakter mit einer Häufung im atlantischen Gebiet kennzeichnet auch den *Euphorbia amygdaloides*-Typ (5.7., K 270a), der mit einer ganzen Reihe seiner Vertreter weit ins südliche Mitteleuropa vordringt und sich damit dem *Fagus sylvatica*-Typ (8.7.) nähert.

Das Areal von *Helianthemum apenninum* (*Aceras*-Typ, 5.6., K 288a) beschreibt dagegen mit ausgedehnten Vorkommen in der meridionalen Zone (Westmediterraneis) und auf Wärmegebiete in der Subatlantischen Provinz beschränkten Vorposten das Verhalten thermisch anspruchsvoller Sippen. Im westlichen Arealsektor, ähnlich wie die Arten des *Aceras*-Typs, aber weiter in Landschaften Südosteuropas und Vorderasiens ausgedehnt, zeigt die Arealamplitude der Vertreter des *Globularia punctata*-Typs (5.8., Abb. 110a) eine beachtliche subkontinentale Ausweitung.

Viele Arten der südosteuropäischen Steppen und Waldsteppen erscheinen in ihrer Verwandtschaft und vergleichend chorologisch betrachtet in der zentralen und östlichen Submediterraneis verwurzelt. Dies gilt nicht nur für einzelne xerotherme Gehölze des südosteuropäischen Trockenwaldes, wie *Acer tataricum* (Abb. 109d), sondern auch für viele Steppengräser und -stauden, die sich aus der lichtliebenden mediterranen Flora rekrutieren. Dem Schwergewicht ihrer Verbreitung entsprechend sind sie in der vorliegenden Übersicht mit westlichen Gliedern eurasisch · kontinentaler Sippen in der Arealtypengruppe 4. als europäische meridional-submeridional · kontinentale Arealtypen eingeordnet (*Acer tataricum*-Typ, s. S. 204).

Die Arealform der Vertreter des *Acer campestre*-Typs [5(8).10., K 277b] vermittelt mit einem starken Anteil an temperatem Territorium zu den südeuropäisch/montan-mitteleuropäischen Laubwaldpflanzen der Arealtypengruppe 8. Die Areale von Arten der europäischen Waldsteppen- oder Waldsaumflora (*Stachys recta*-Typ, 5.9., K 375a, *Trifolium rubens*-Typ, 5.11., K 239c) zeichnen sich durch verschieden weite Anteile des südsarmatisch-westpontischen Waldsteppengebietes aus. Ihnen könnte man Halbtrockenrasen- und -waldpflanzen mit weiter östlich ausgedehnter submediterran-mitteleuropäisch-süd-mittelsibirischer Verbreitung wie *Brachypodium pinnatum* (Abb. 94c) anschließen, die dem Schwergewicht des Areals entsprechend jedoch in Gruppe 10. erscheinen.

Die Arealtypengruppe 6. enthält Pflanzen der submediterranen Gebirge vom nördlichen und zentralen Spanien bis zum Balkan, Nordanatolien und zum Kaukasus. Sehr selten sind darunter Arten mit Arealen, die das gesamte Gebiet einnehmen, wie die Vertreter des *Amelanchier ovalis*-Typs [6(3).12., K 210d]. Als Verbindungssippen kommen diese Elemente zudem auch in den meridionalen Bergländern vor und stoßen nordwärts bis in die Nordalpen, die Nordkarpaten und das südliche mitteleuropäische Hügelland (mit einigen Vertretern sogar bis in die Baltische Provinz und Südskandinavien) vor. Häufig ist der *Silene saxifraga*-Typ (6.0., Abb. 112a), dessen Vertreter lediglich bis in die südlichen Alpen und Karpaten reichen und die in der östlichen Submediterraneis fehlen. Diesem Typ west-zentralsubmediterraner Gebirgspflanzen schließt sich vergleichend chorologisch betrachtet auch *Carlina acanthifolia* (Abb. 112c) an.

Die unter 6.1. bis 6.8. angeführten Arealtypen ermöglichen es, Arten, die in einer west-östlichen Folge die Gebirge des nördlichen Mittelmeerraumes besiedeln, in eine grobe Übersicht zu bringen. Dasselbe gilt für die in den mediterranen Bergländern besonders häufigen Endemiten. Zu ihnen zählen auch die südlichen Vertreter der *Carlina vulgaris*-Gruppe, wie *C. nebrodensis, C. macrocephala* und *C. oligocephala* (Abb. 112d), von denen die letztgenannte bereits zur orientalisch-turkestanischen Flora überleitet (*Globularia trichosantha*-Typ, 2.2., Abb. 110a).

In Gruppe 8., den submediterran/montan-mitteleuropäischen Arealtypen, sind Verbreitungsformen mit Schwerpunkt in der temperaten Zone Europas zusammengefaßt. Zu ihnen gehören viele Arten unseres sommergrünen Laubwaldes, für die bereits Jäger (1968, 1970) eine Arealtypengliederung gegeben hat. Sie sind überwiegend Glieder eurasisch · ozeanischer Verwandtschaftskreise mit Entfaltungszentren im meridional-temperaten Ostasien (vgl. *Tilia*-Typ, 7.8., Abb. 115a). Das Mittelmeergebiet spielt für diese süd-mitteleuropäischen Laubwald-Pflanzen in erster Linie die Rolle eines Überdauerungsraumes im Pleistozän und ist nicht, wie für die meisten lichtliebenden Elemente submediterraner Felsfluren, Rasen und Gebüsche als Entfaltungszentrum anzusehen. In den heutigen Arealformen besteht bei südeuropäisch/montan-mitteleuropäischen Pflanzen verschiedener Herkunft eine oft beachtliche Übereinstimmung, wie etwa der Vergleich der Areale von *Fagus sylvatica* und von *Carlina vulgaris* (8.7., Abb. 113a, b) lehrt.

In der vorliegenden Gliederung umfaßt der *Tilia cordata*-Arealtyp (8.0., Abb. 115a) in einer weit gespannten Amplitude das gesamte temperate Europa vom Atlantik bis zum Ural. Das bei manchen Vertretern des *Tilia cordata*-Typs angedeutete Übergreifen in die boreale Zone kommt bei dem noch stärker eurychoren *Anthoxanthum odoratum*-Typ [8(12).15., K 53b] in einer zusätzlichen Ausweitung auf große Gebiete Nordeuropas zum Ausdruck.

Die meisten Arealtypen der Gruppe 8. sind jedoch durch Beschränkung des Vorkommens auf bestimmte Sektoren des *Tilia cordata*-Areals gekennzeichnet. So werden mit den Typen 8.1. bis 8.4. die teilweise recht detailliert analysierten Verbreitungsformen der atlantischen Flora (vgl. u. a. DUPONT 1962) zu gruppieren versucht.

Von den submediterran/montan-mitteleuropäischen Laubwaldpflanzen sind die Arten des *Fagus sylvatica*-Typs (8.7., Abb. 113a) durch eine charakteristische vom Balkan über das östliche Karpatenvorland zum Baltikum ziehende Ostgrenze gekennzeichnet. Ähnliche Grenzlinien kehren bei vielen süd-mitteleuropäischen Pflanzen mit ozeanisch-subozeanischen Klimaansprüchen wieder. Mit verschiedenen Halbtrockenrasen- oder -waldpflanzen (*Thymus pulegioides*, Abb. 113c, *Orchis mascula*, K 110a) reiht sich auch *Carlina vulgaris* (Abb. 113b) diesem Arealtyp ein.

Eine bei *Fagus sylvatica* und manchen ihrer Begleiter zu beobachtende Bevorzugung der montanen Stufe im südlichen Mitteleuropa kommt betont in den Arealen des *Astrantia major*-Typs (8.8., Abb. 114c) und des *Hippocrepis comosa*-Typs (8.9., K 247c) zum Ausdruck. Die Verbreitung solcher südeuropäisch/montan-mitteleuropäisch/demontanen Elemente klingt in den anschließenden Hügelländern und Ebenen entweder in nordöstlicher Richtung in der Polonischen Provinz (*Astrantia major*-Typ) oder in der Rhenanischen Provinz und im südlichen England aus (*Hippocrepis comosa*-Typ). Unter den Pflanzen des erstgenannten Typs begegnet uns *Carlina acaulis* (Abb. 114b) zusammen mit vielen submeridional-temperaten europäischen Bergpflanzen wie *Acer pseudo-platanus* (Abb. 114a), *Centaurea montana* (K 524b), *Phyteuma orbiculare* (K 448a), *Thesium alpinum* (K 125c) u. a. In der tabellarischen Arealtypenübersicht (Tab. 15) sind weitere charakteristische Verbreitungsformen der südeuropäisch-montan-mitteleuropäischen Flora zusammengestellt. Es sind Elemente der Laubwaldflora mit verschieden weiter Erstreckung nach Osten und nach Süden. Mit dem *Asperula tinctoria*-Typ (8.13., K 422d) und dem *Gypsophila fastigiata*-Typ (8.14., K 141a) sind aber auch subkontinentale Steppen- und Waldsteppen-Pflanzen der temperaten Breiten erfaßt.

In Gruppe 9., den (submediterran)-mitteleuropäischen Oreophyten, finden sich alle Pflanzen mit Hauptverbreitung in den Alpen und Karpaten. Da diese Gebirge mit ihren südlichen Ketten noch im Bereich der submediterranen Flora liegen, bestehen enge Beziehungen und viele Übergänge zu den submediterranen Oreophyten der Gruppe 6. Die Übersicht geht von weiter verbreiteten Elementen wie dem *Rumex alpinus*-Typ (9.0., K 128d) und dem *Gentiana acaulis*-Typ (9.1., K 353a) aus und versucht, die klima- und bodenbedingten sowie die durch die pleistozäne Vereisung verursachten Arealdifferenzierungen (vgl. MERXMÜLLER 1952–1954) in einer groben west-östlichen Gliederung zu erfassen.

Mit Arealtypen der Gruppen 7. sowie 10. bis 14. soll die im mediterran-mitteleuropäischen Raum von Süd nach Nord zunehmende Beteiligung von eurasischen bzw. zirkumpolaren Elementen an der Zusammensetzung der Arealtypen-Spektren süd-mitteleuropäischer Pflanzengesellschaften herausgestellt werden. Die Gruppierung erfolgt dabei in Anlehnung an die Florenzonen- und Ozeanitätsstufen-Gliederung.

Die Arten der Eurasischen meridional-submeridional · ozeanischen Gruppe (7.) gehören meist Verwandtschaftskreisen mit optimaler Entfaltung in Ostasien, besonders in der Sino-Japonischen Florenregion an. Im westlichen Teil des Kontinents bewohnen sie oft nur reliktäre Areale, so *Woodwardia* (7.2., vgl. Karte in Band II) auf den makaronesischen Inseln und im westlichen Mittelmeerbecken oder die Arten des *Pterocarya*-Typs (7.3.) mit Vertretern (z. B. *P. fraxinifolia*) im hyrkanisch-euxinischen Breitlaubwald-Refugialgebiet. Die Gattungen *Ilex* (7.0., K 274b) und *Hedera* (7.5., K 303a) werden in Europa durch weiter verbreitete Arten (*Ilex aquifolium, Hedera helix*) vertreten, deren charakteristische von den mediterranen Gebirgen bis ins ozeanische Mitteleuropa reichende Areale in der Arealtypengruppe 8. (8.5., K 274c und 8.6., K 303b) angeführt sind.

Mit verschiedenen Arealformen sind die Elemente der eurasisch-temperaten Arealtypengruppe (Gruppe 10.) in der süd-mitteleuropäischen Flora vertreten. Sie werden in der vorliegenden Übersicht nicht eingehender charakterisiert. Hier sei nur auf

Breitgürtelareale sowie ozeanische und subkontinentale Arealdifferenzierungen aufmerksam gemacht. Als Breitgürtel-Element bezeichnen wir Pflanzen, die mit mehr oder minder gleichförmiger Verbreitung in mehreren Zonen wachsen und wie z. B. die Vertreter des *Populus tremula*-Typs [10(12).0., K 112d] von der submeridionalen bis in die boreale Zone reichen.

Ähnlich wie der weiter südlich entfaltete *Hedera*-Typ zeigt der *Tilia*-Typ (7.8., Abb. 115a) weit getrennte Teilareale in den submeridional-temperat · ozeanischen Randgebieten der Kontinente. Viele der in Gruppe 8. genannten süd-mitteleuropäischen Laubwaldpflanzen gehören ihrer weiteren verwandtschaftlichen Bindung nach zu diesem Typ. Innerhalb der Carlineen bilden *Atractylodes* den ostasiatischen und *Carlina* den europäischen Sektor des *Tilia*-Arealtyps (vgl. Abb. 4).

Den eurasischen temperat · ozeanischen Elementen stehen eurasische temperat · kontinentale Sippen gegenüber. Entsprechend der geringeren ozeanisch-kontinentalen Unterschiede im Klima der gemäßigten und kühlen Zone haben sie meist nur den Charakter subkontinentaler Waldsteppenelemente (*Campanula glomerata*-Typ 10.4., K 442b). Soweit sich Vertreter dieses Typs wie *Libanotis montana* s. l. (Abb. 115b) in eurosibirische und sino-japonisch-mandschurische Rassen aufgliedern, ähneln die westlichen Teilsippen im Arealbild oft mediterran verankerten eurosibirischen Waldsteppenelementen des *Brachypodium pinnatum*-Typs (10(5).7., Abb. 94c) wie *Orchis militaris* (Abb. 115c) oder weniger mediterranogenen Vertretern des *Campanula cervicaria*-Typs (10.8., K 442a). In diesem Rahmen ist auch *C. biebersteinii* (Abb. 115d) nach Herkunft und Arealform zu betrachten (s. S. 219).

An die temperaten Elemente der eurasischen oder zirkumpolaren Flora schließt unsere Übersicht eurasische temperate Oreophyten (Gruppe 11.) und eurasische boreale Elemente (Gruppe 12.) an, die ebenso wie die Pflanzen arktischer Verbreitung (Gruppe 13.) hier nur aufgelistet werden (vgl. MEUSEL & JÄGER, Mskr., mit einer vollständigen Übersicht über alle Gruppen und mit weiteren Beispielen).

3.3.3. Arealtypologische Bewertung der *Carlina*-Sippen

Wenn man die Arealdifferenzierung der Gattung *Carlina* im Hinblick auf die vorliegende Arealtypenübersicht betrachtet (vgl. Tab. 15), so ergeben sich besonders enge und vielseitige Beziehungen zu den makaronesisch-mediterranen Elementen der Gruppe 1. sowie zu den vergleichend chorologisch damit verbundenen Gruppen der submediterranen Oreophyten (Gruppe 6.) und der submediterran/montan-mitteleuropäischen Elemente (Gruppe 8.). Das Gattungsareal von *Carlina* (Abb. 94a) entspricht, wenn man von *C. biebersteinii* absieht, weitgehend dem *Sherardia*-Typ [1.(8).11., Abb. 94b], das Gesamtareal dem *Brachypodium pinnatum*-Typ (Abb. 94c). Die beiden Sektionen *Corymbosae* und *Mitina*, die zusammen über die Hälfte der Arten der Gattung stellen, besiedeln jeweils ein zirkummediterranes Areal vom *Trifolium stellatum*-Typ (1.0.). Wie bereits herausgestellt wurde (s. S. 183), ist diese Verbreitungsform in erster Linie Ausdruck des Etesien-Jahreszeitenklimas, dem sich alle Arten dieser beiden Sektionen in ihrer Wuchsform und Lebensweise einpassen. Sie bewohnen innerhalb des weiten Gebietes der zirkummediterranen Flora bestimmte mehr oder minder ausgedehnte Abschnitte. Die weiteste Amplitude weist *C. lanata* auf, die von der semiariden Ostseite der Iberischen Halbinsel bis in die Ostmediterraneis und mit ganz vereinzelten Vorposten bis Südwestasien vorkommt (*Pinus halepensis*-Typ, 1.3., Abb. 92a, b). Wesentlich enger ist die zonale und die Ozeanitätsbindung von *C. racemosa*. In einem stärker ozeanisch betonten Areal dringt die

Art von der Atlantikküste unter Ausklammerung kontinentaler Landschaften nur bis Sardinien vor. In ihrer Nordgrenze hält sie sich streng an die meridionale Zone. Die Verbreitungsform leitet somit vom *Quercus suber*-Typ (1.5., Abb. 97c, d) zum *Chamaerops*-Typ (0.1., Abb. 97e) über.

Noch regelmäßiger als die beiden *Mitina*-Arten besiedeln die sehr polymorphen *Corymbosae*-Sippen das gesamte zirkummediterrane Florengebiet (Abb. 95b). Die Sektion reicht mit *C. brachylepis* bis in die Zone der südmediterran-nordsaharisch · subkontinentalen Vegetation (*Lygeum spartum*-Typ, 0.2., Abb. 98a, b), die übrigen Vertreter wachsen mit *C. hispanica* (*Quercus suber*-Typ, 1.5., Abb. 97c, 98a), *C. corymbosa* (*Achillea ligustica*-Typ, 1.7., Abb. 98c, d), *C. graeca* und *C. libanotica* (beide als Teile des *Sarcopoterium*-Typs, 1.8., Abb. 99a, c) sowie *C. kurdica* (Endemit des *Quercus brantii*-Typs, 2.1.) in westöstlich einander ablösenden Sektoren des gesamten Mediterranraumes. Dabei stellt sich das Gebiet der ostmediterranen Flora (*Sarcopoterium*-Typ) als besonders artenreich heraus. Es enthält nicht nur Sippen, die ausgedehnte Abschnitte innerhalb dieses Areals einnehmen, sondern auch eine ganze Reihe von Lokalendemiten. So verteilt sich die stark südmediterran orientierte subsect. *Siculae* mit disjunkten Vorkommen auf die großen Inseln von Sizilien über Kreta bis Zypern und kehrt im gegenüber liegenden Nordafrika von der Cyrenaica bis Nordwestägypten wieder. Von ihren Arten weisen *C. pygmaea* (Zypern) sowie *C. barnebiana* und *C. sitiensis* (Ostkreta, Abb. 114b) nur sehr begrenzte Areale auf. Ihrer systematischen Stellung nach sind sie wohl alle als Insel-Neoendemiten einzustufen.

Zumindest bei den weiter verbreiteten Arten von sect. *Corymbosae* sind für die verschiedenen Verbreitungsformen nicht nur Isolationsbarrieren, sondern auch ökologische, vor allem klimaökologische Faktoren verantwortlich zu machen. Als „ökologische Rassen" haben sich die einzelnen Sippen in verschiedene Klimaräume eingepaßt. Auf die extremen Klimabedingungen der Sommer-Wuchsperiode im Bereich des *Sarcopoterium*-Typs (1.8., vgl. *C. graeca* und *C. libanotica*) wurde bereits hingewiesen. Beide Arten wachsen in Landschaften mit einer langdauernden sommerlichen Trockenzeit. Innerhalb des gesamten Mittelmeerbeckens weist allein das Gebiet der Ägäis, Südanatoliens, des Libanon und Palästinas bereits für den Mai eine Monats-Mitteltemperatur von 20° auf (vgl. Abb. 99b, c). Ökologische Ursachen der süd-nördlich gestaffelten Vorkommen von *C. graeca* und *C. corymbosa* im Raum der Ägäis lassen sich durch entsprechende Linien des winterlichen Temperaturgefälles wahrscheinlich machen (Abb. 100a). *C. corymbosa* erscheint hier wie auch in ihrer Gesamtverbreitung gegenüber der ausgesprochen meridionalen *C. graeca* als eine weit in submeridionale Landschaften vordringende etwas weniger thermophile Sippe. Sie ähnelt darin *C. hispanica*, die am Atlantik bis an die Grenze temperater Vegetation heranreicht (s. S. 223). In Marokko verbleibt diese Art wie *Quercus suber* streng an die nördlichen semihumiden, etwa durch eine Jahreshyete von 600 mm begrenzten Gebiete gebunden. *C. brachylepis* löst südlich anschließend *C. hispanica* ab. Mit einer Häufung im Bereich der Atlas-Hochplateaus erreicht sie südwärts die 200 mm Jahresisohyete und nähert sich damit den subkontinentalen Elementen des *Lygeum*-Typs (0.2., Abb. 98a, b).

Sicherlich ließen sich auch in den etagalen Amplituden von *C. graeca* und *C. curetum* auf Kreta oder unterschiedlicher Sippen von *C. corymbosa* auf verschiedenen westmediterranen Inseln klimaökologisch bedingte Grenzen nachweisen. Damit würde sich herausstellen, daß das weite zirkummediterrane Areal von sect. *Corymbosae* als ein Komplex (Mosaik) von Teilarealen ökologisch unterschiedlich geprägter Sippen zu verstehen ist.

Den geschlossenen Arealen von sect. *Mitina* und sect. *Corymbosae* steht die extreme Kanaren + Ägäis-Disjunktion der beiden Reliktgruppen der Gattung, subgen. *Carlowizia* und subgen. *Lyrolepis* gegenüber. Der letztgenannte Verwandtschaftskreis bereichert die *Carlina*-Flora der Ägäis. Die eigenartige *C. diae* trägt dazu bei, daß sich Kreta als der Teil der Ostmediterraneis herausschält, der mit 6 Arten – davon 3 Lokalendemiten – die reichste *Carlina*-Flora überhaupt beherbergt. Aber auch die sehr begrenzten Areale von *C. diae* und *C. tragacanthifolia* (Abb. 101a) darf man nicht als rein zufällige Verbreitungsformen ansehen. Das südostägäische Gebiet zeichnet sich seiner Umgebung gegenüber durch besonders hohe Wintertemperaturen und extrem heiß-trockene Sommer aus, was bei verschiedenen Reliktsippen wie *Staehelina fruticosa* (Abb. 101b), *Achillea cretica* und *Lithodora hispida* (Abb. 95d) zur Herausbildung von Arealformen geführt hat, die denen von subgen. *Lyrolepis* ähneln.

Im Rahmen unserer Arealtypen-Übersicht erscheint auch die zonale und etagale Verbreitung der Vertreter von subgen. *Carlowizia* als eine stark ökogeographisch bedingte Aufgliederung eines alten subtropennahen Verwandtschaftskreises. Die am weitesten verbreitete *C. salicifolia* (Madeira und alle Kanaren-Inseln) gehört der Arealtypen-Übersicht nach als Vertreter des *Isoplexis*-Typs (1.4.) in die Nähe von *Laurus* (1.1., Abb. 102a), was die florengeschichtliche und ökogeographische Stellung dieser Art gut beleuchtet, während *C. canariensis* vergleichend chorologisch den stärker semiarid geprägten makaronesisch-südwestmediterran-westsaharischen Elementen (*Euphorbia regis jubae*-Typ, 0.3.) zugeordnet werden muß. *C. xeranthemoides* gliedert sich als Kanaren-Oreophyt (*Spartocytisus*-Typ, 3.1.) in die Gruppe der durch Xeromorphie ausgezeichneten mediterranen Gebirgselemente ein (vgl. Band II).

Allein mit Arten der Sektionen *Carlina* und *Heracantha* überschreitet die Gattung *Carlina* die Makaronesisch-Mediterrane Florenregion. Mit *C. nebrodensis* auf Sizilien, *C. frigida* im Libanon und im südlichen Griechenland sowie *C. atlantica* im Atlas sind zwar beide Verwandtschaftskreise auch in den meridionalen Gebirgen vertreten, ihre reichste Entwicklung liegt jedoch in den submeridionalen Bergländern (Abb. 112d). So erscheint *C. macrocephala* (Sardinien, Korsika, mittlerer Apennin) als Vertreter des *Arenaria bertolonii*-Typs (6.2., Abb. 112b) in der Gruppe der submediterranen Oreophyten. Auch die taxonomisch stärker isolierte *C. oligocephala* steht dieser Arealtypen-Gruppe nahe. Sie gehört nach unserer Gliederung als Pflanze der anatolischen Gebirge jedoch eher den bereits subkontinentalen orientalischen Arealtypen (*Globularia trichosantha*-Typ, 2.2., Abb. 112d, 110a) an.

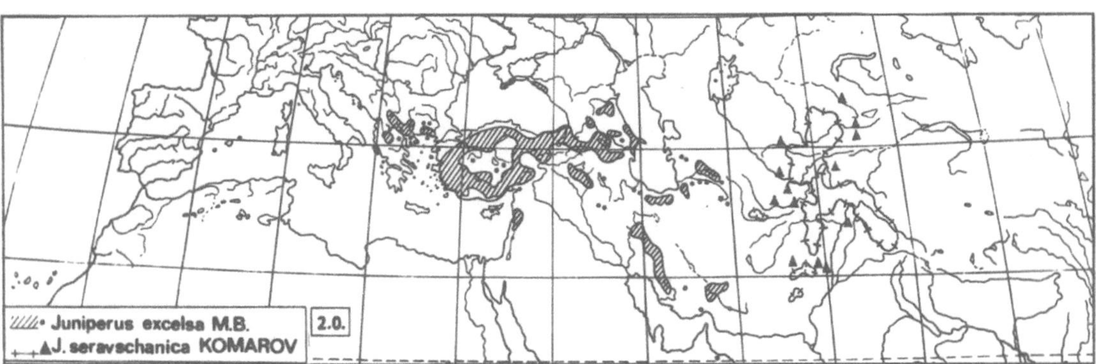

Abb. 108: *Juniperus excelsa* als ostmediterran-westorientalischer Arealtyp (ATG 2. mit Beziehung zu ATG 3.).

Fig. 108: *Juniperus excelsa* as an east Mediterranean-west Oriental areal type (ATG 2, with relations to ATG 3.). For author of the map see tab. 15.

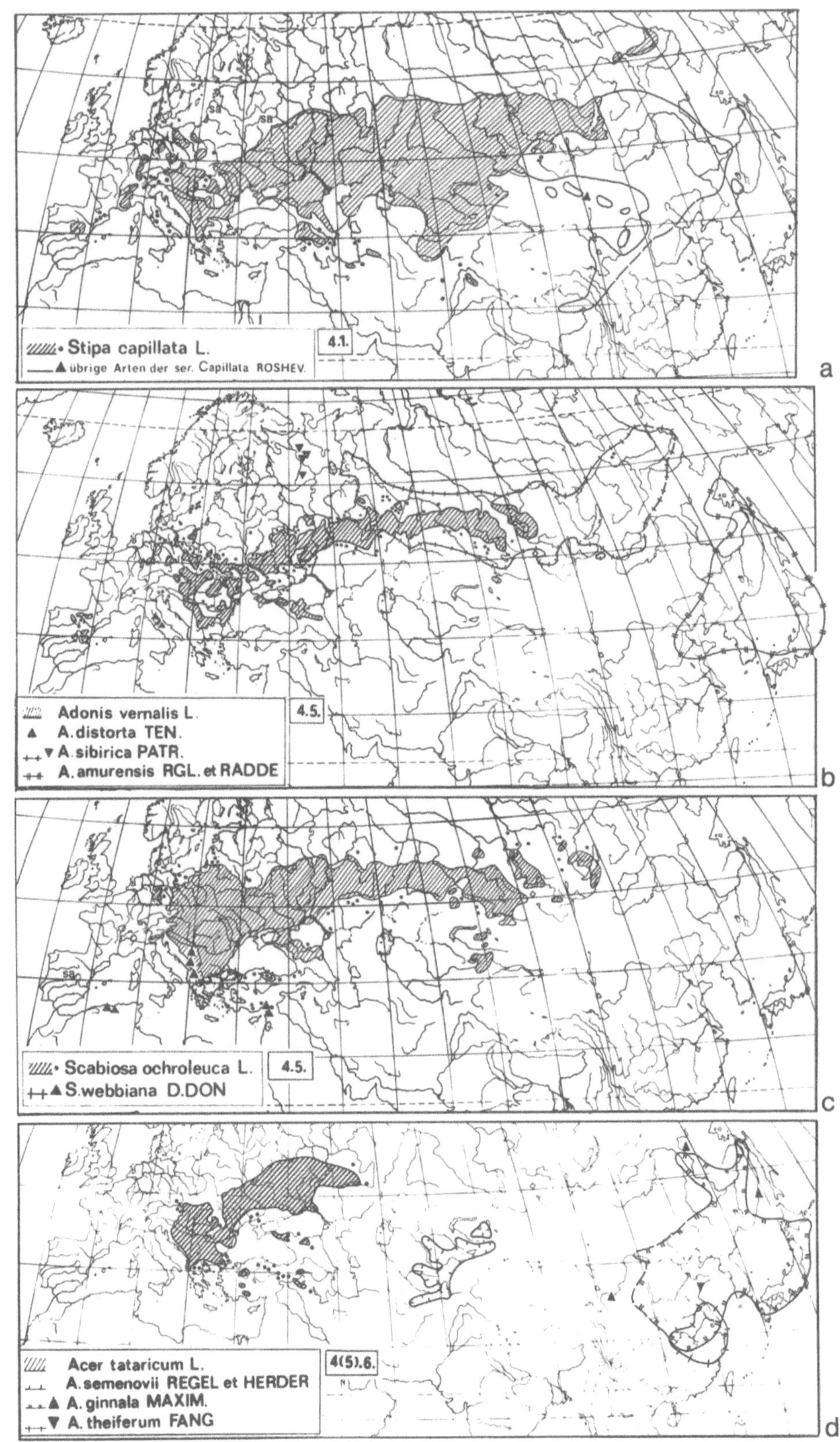

Abb. 109: Submeridionale eurasisch·kontinentale und europäisch·kontinentale Arealtypen (ATG 4.).

Fig. 109: Submeridional Eurasian·continental and European·continental areal types (ATG 4.). For authors of the maps see tab. 15.

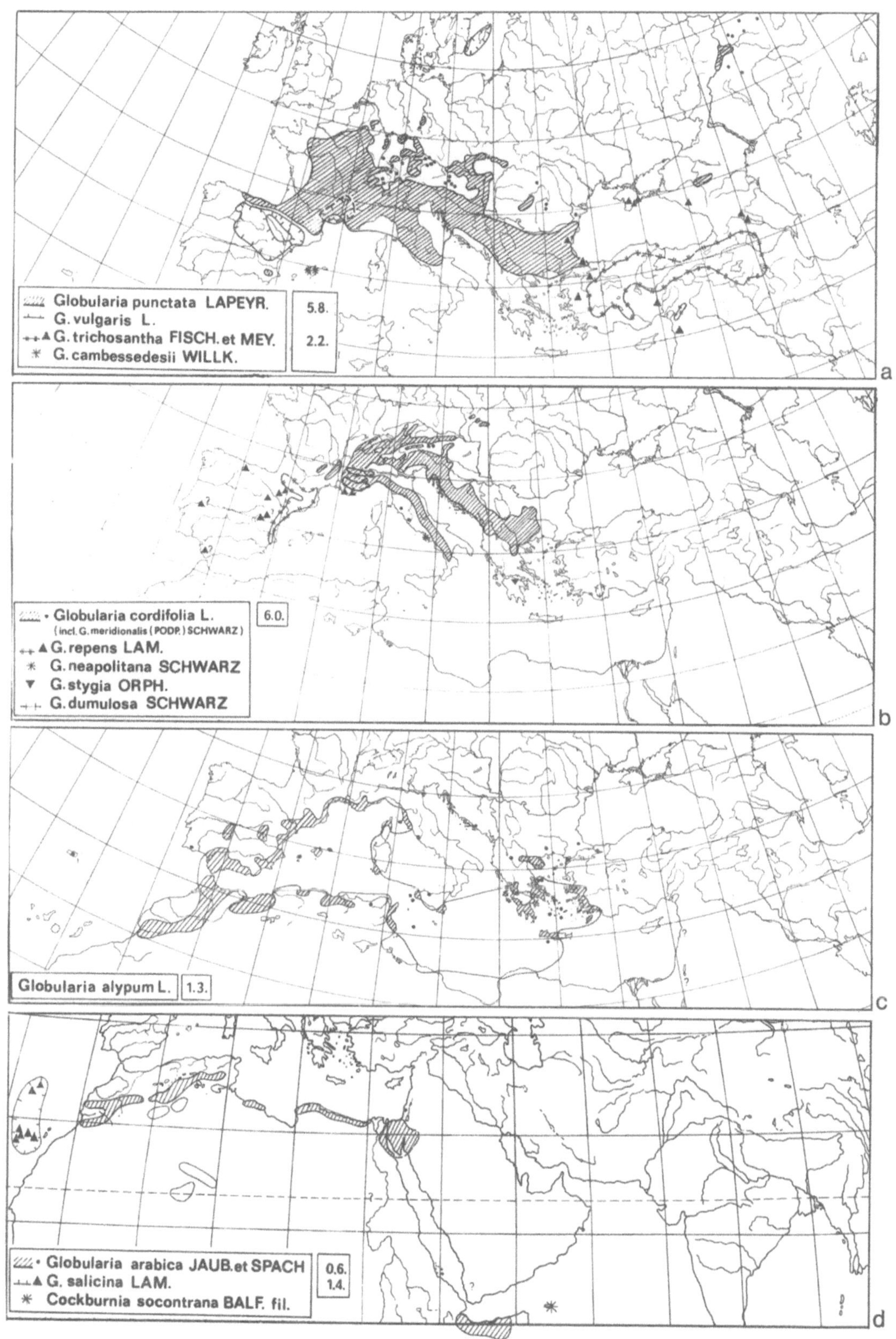

Abb. 110: Makaronesisch·ozeanische, südmediterrane, zirkumediterrane, submediterran-rhenanisch-pannonische Arealtypen sowie anatolisch-armenische Elemente und submediterran-alpische Oreophyten der Gattung *Globularia* (ATG 0., 1., 2., 5., 6.).

Fig. 110: Macaronesian·oceanic, South Mediterranean, Circum-Mediterranean, Submediterranean-Rhenanian-Pannonian and Submediterranean-Alpic oreophytes as well as Anatolian-Armenian areal types of the genus *Globularia* (ATG 0., 1., 2., 5., 6.). For authors of the maps see tab. 15.

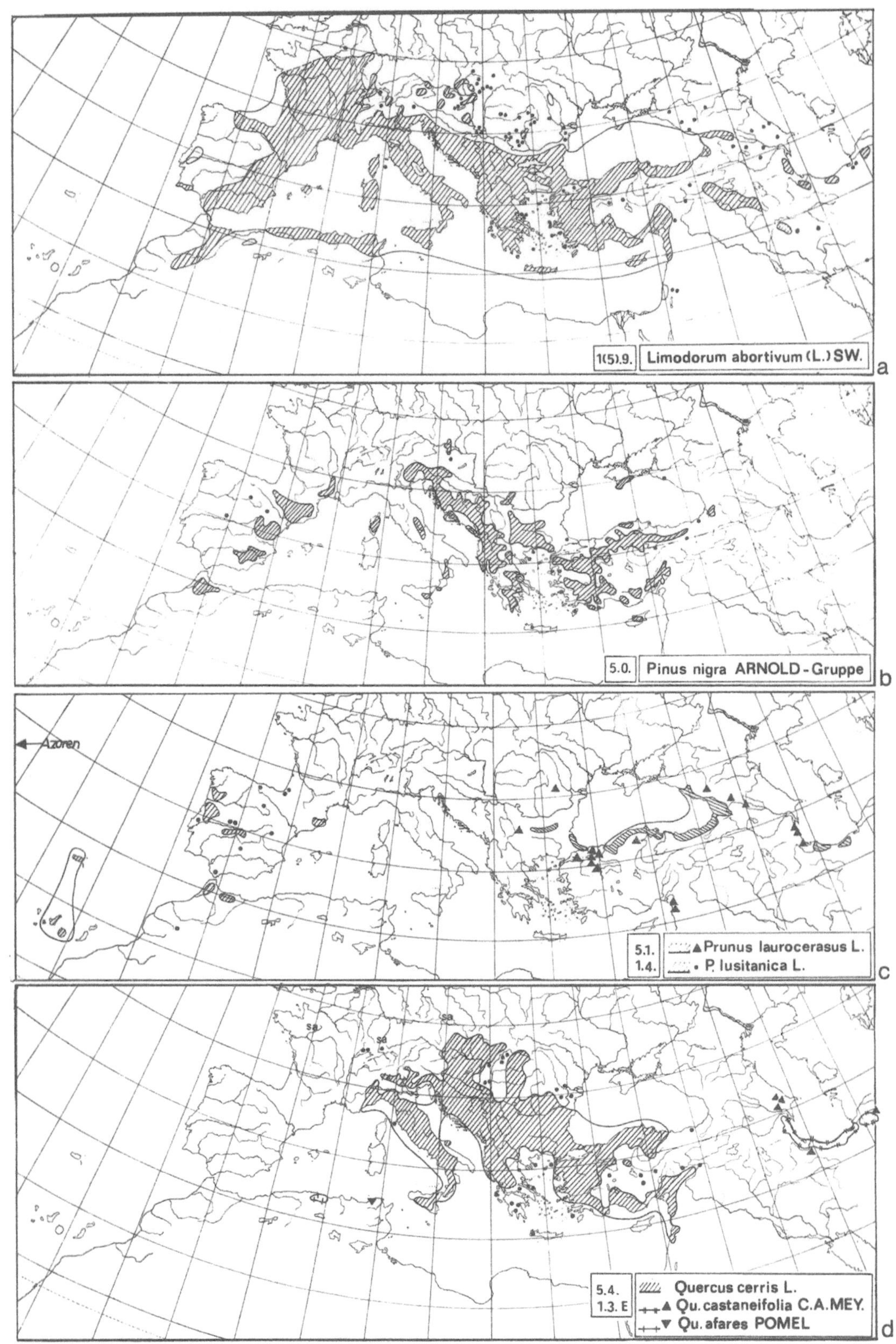

Abb. 111: Mediterran-submediterrane und submediterrane Arealtypen (ATG 1. und 5.).

Fig. 111: Mediterranean-Submediterranean and Submediterranean areal types (ATG 1. and 5.). For authors of the maps see tab. 15.

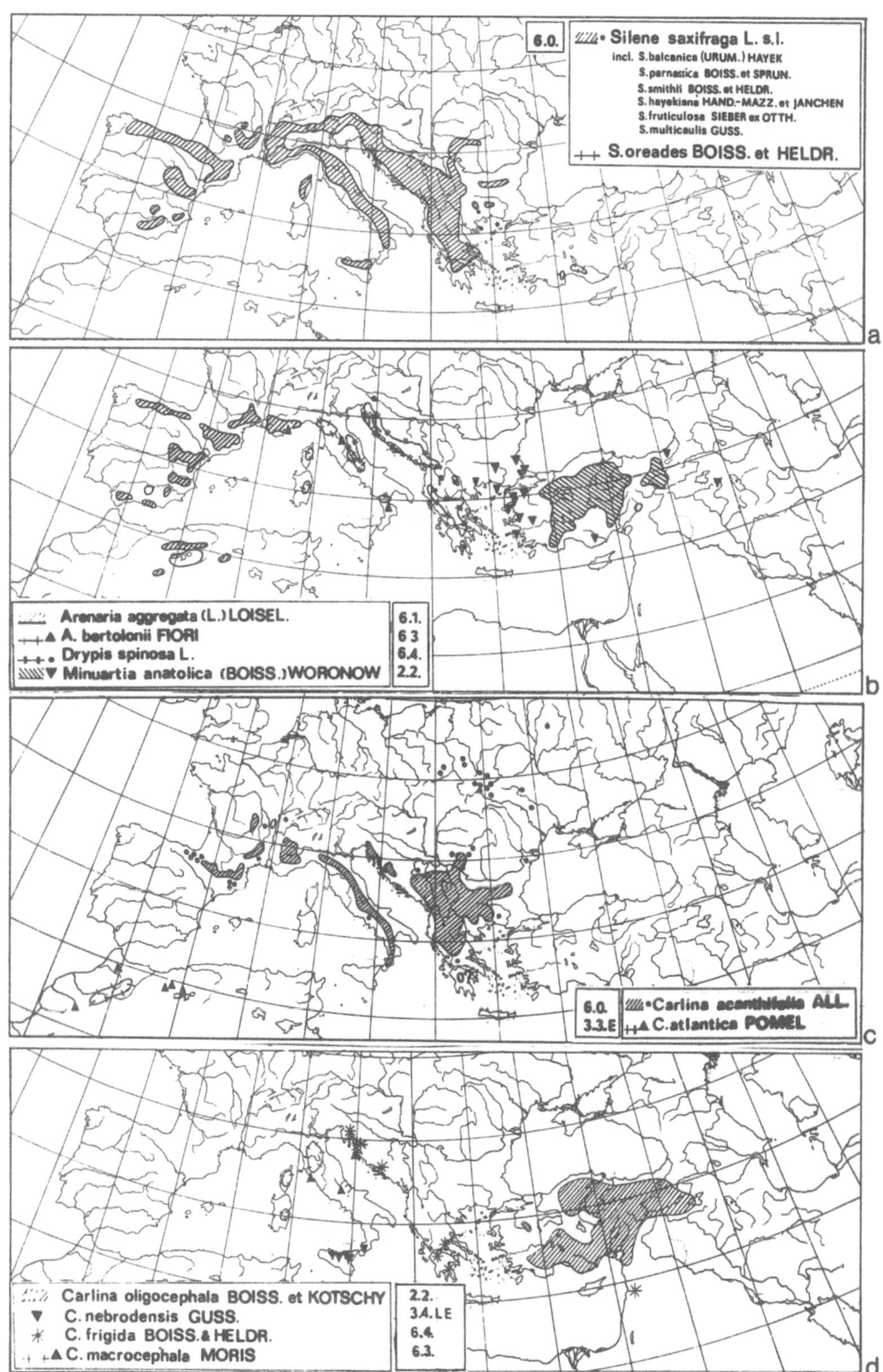

Abb. 112: (Mediterran)-submediterrane Oreophyten-Arealtypen (ATG 6.).

Fig. 112: (Mediterran)-Submediterranean oreophyte areal types (ATG 6.). For authors of the maps see tab. 15.

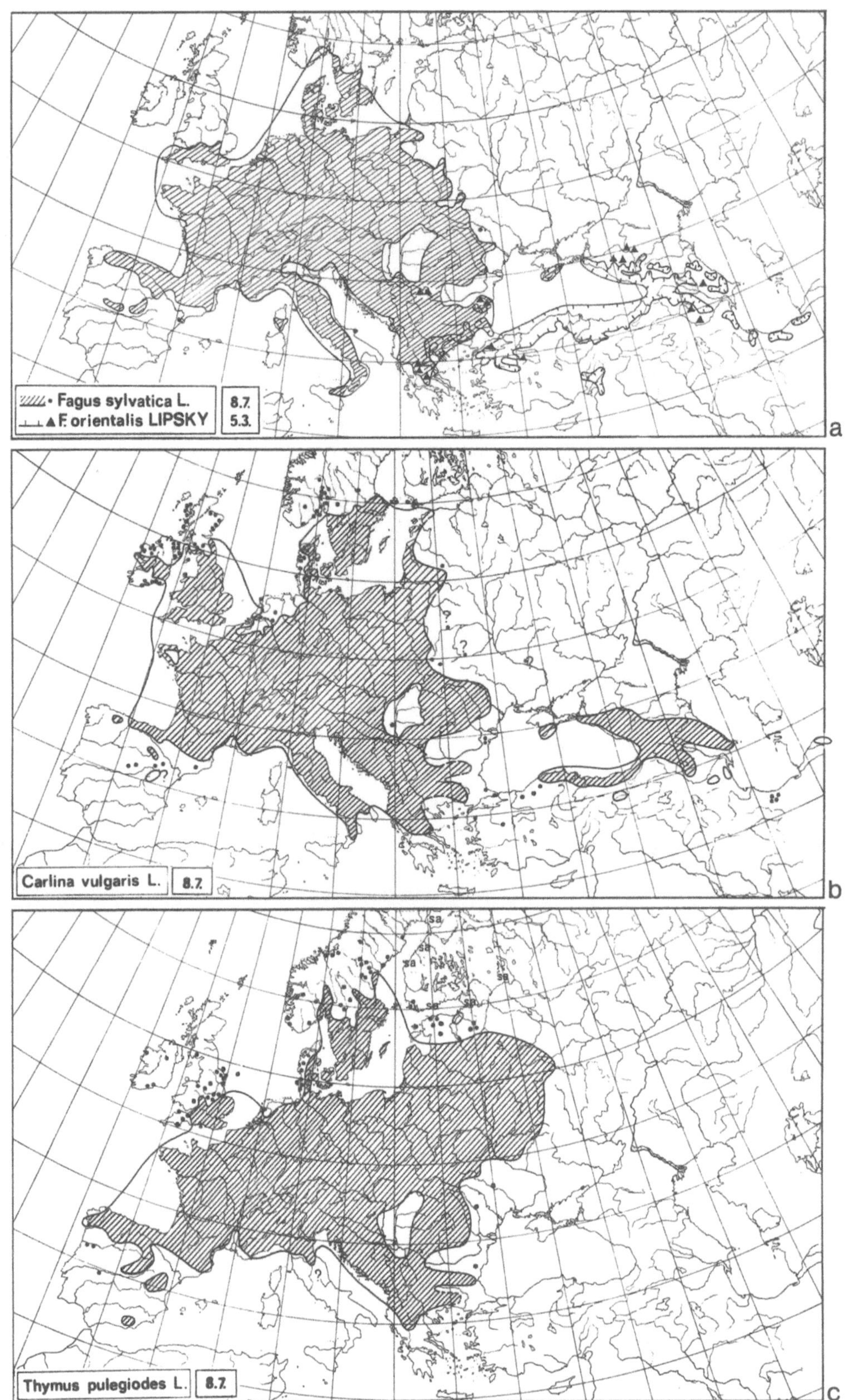

Abb. 113: Submediterran/montan-atlantisch-zentraleuropäische Arealtypen (ATG 8.).

Fig. 113: Submediterranean/montane-Atlantic-Central European areal types (ATG 8.). For authors of the maps see tab. 15.

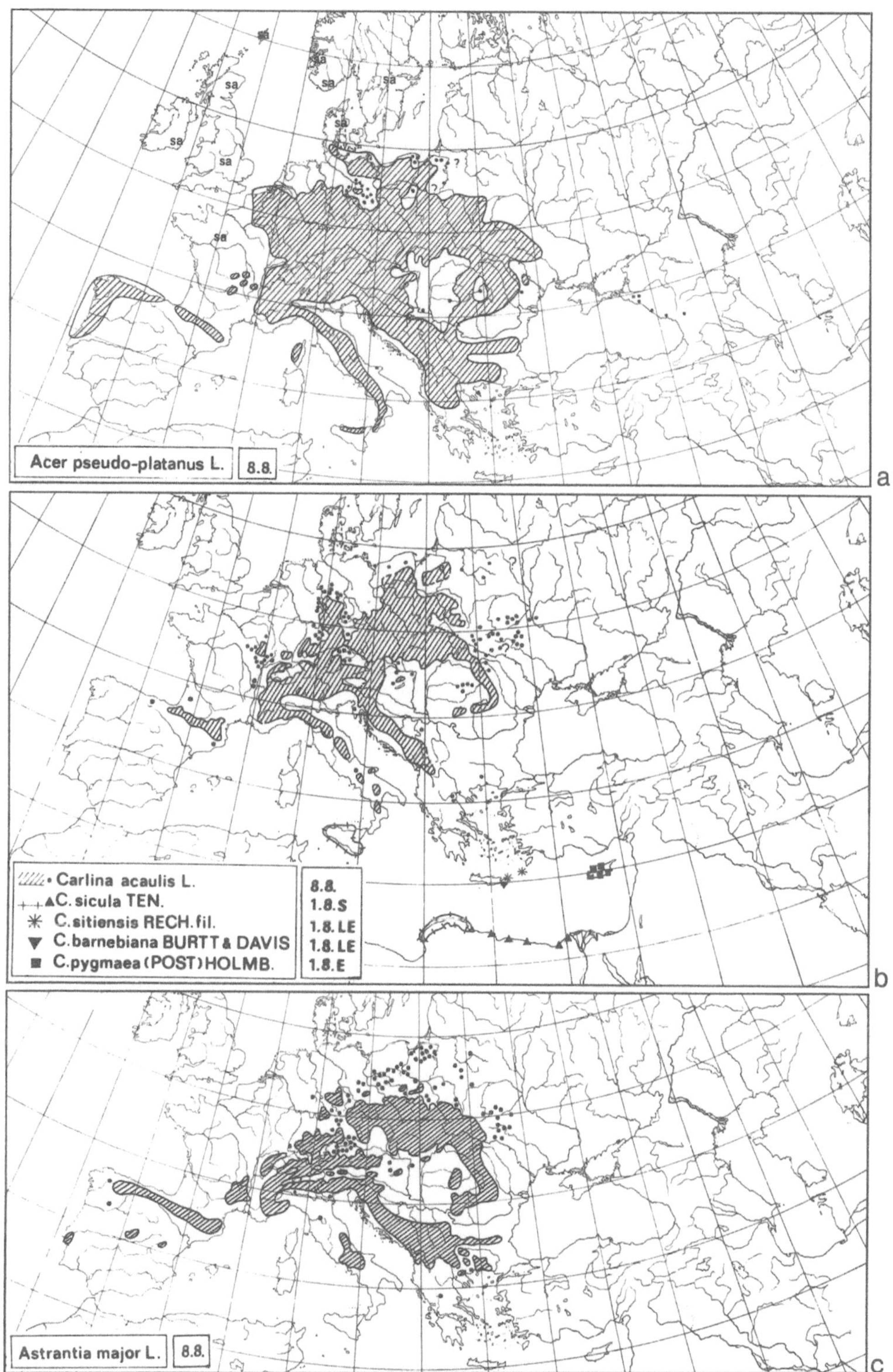

Abb. 114: Submediterran/montan-mitteleuropäisch/demontane Arealtypen (ATG 8.) sowie *Carlina sicula*-Gruppe als Segmente und Lokalendemiten des ostmediterranen *Sarcopoterium*-Typs (ATG 1.).

Fig. 114: Submediterranean/montane-Central European/demontane areal types (ATG 8.) as well as segments and local endemic elements of the East Mediterranean *Sarcopoterium*-type (ATG 1.). For authors of the maps see tab. 15.

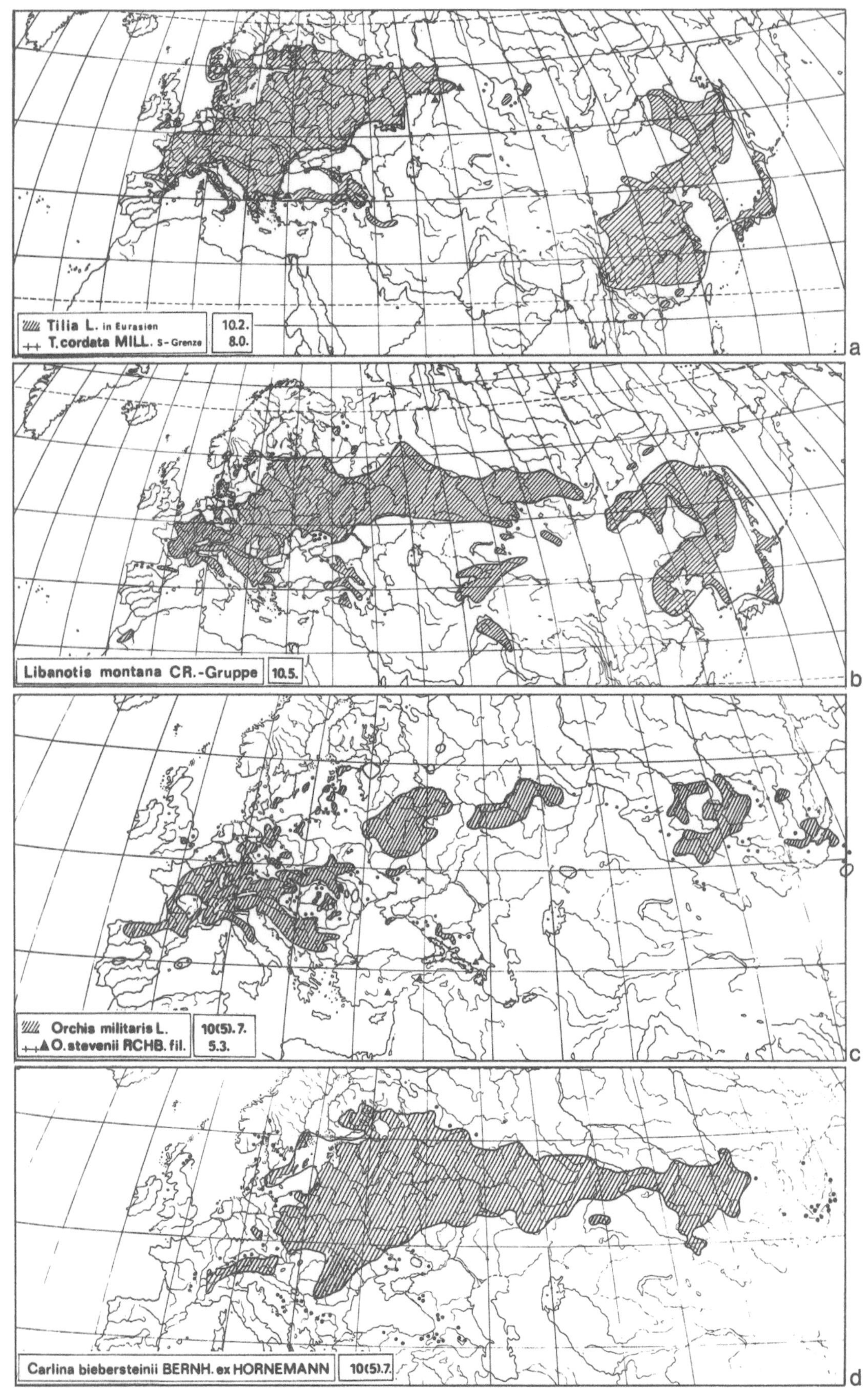

Abb. 115: Eurasisch-temperat·ozeanische und eurasisch-temperat·subkontinentale Arealtypen (ATG 10.).

Fig. 115: Eurasian-temperate·oceanic and Eurasian-temperate·subcontinental areal types (ATG 10.). For authors of the maps see tab. 15.

Das Areal von *C. acanthifolia* bildet ein Segment des *Silene saxifraga*-Typs (6.0., Abb. 112a,c). Die Art überschreitet die Grenze der submeridionalen Zone nur wenig nordwärts im französischen Zentralmassiv und im östlichen Karpatenvorland. Hier wächst sie weit getrennt vom Rand des geschlossenen Areals in der Sippe „onopordifolia“ als Reliktendemit in der nordwestpontischen Waldsteppe in einem sowohl klimatisch als auch edaphisch begünstigten Gebiet. Als pannonisch-pontisch-südsarmatische Art nähert sich auch *C. biebersteinii* ssp. *intermedia* der Waldsteppenflora (*Acer tataricum*-Typ, 4.6.).

Ausgedehnte Areale in der temperaten Zone weisen lediglich *C. acaulis, C. vulgaris* und *C. biebersteinii* auf. Die beiden erstgenannnten sind aber auch in submediterranen Gebirgen stark verankert. Als Vertreter des *Astrantia major*-Typs (8.8., Abb. 114b, c, *C. acaulis*) bzw. des *Fagus sylvatica*-Typs (8.7., Abb. 113a, b, *C. vulgaris*) müssen sie ökogeographisch betrachtet der südeuropäisch/montan-mitteleuropäischen Laubwald-, Felsflur- und Halbtrockenrasen-Flora zugeordnet werden. Während *C. vulgaris* in der Subatlantischen und Zentraleuropäischen Provinz die Grenze der borealen Zone erreicht, stößt *C. acaulis* nur im polonischen Flachland bis in nordtemperate Bereiche vor (vgl. Abb. 113b, 114b).

Carlina biebersteinii ist als einziger Vertreter der Gattung überwiegend temperat verbreitet (Abb. 115d). Lediglich ssp. *intermedia* ist als südosteuropäisches Waldsteppenelement (*Acer tataricum*-Typ, Abb. 109d) auf die submeridionale Zone beschränkt. Das ausgedehnte Areal von ssp. *biebersteinii* erstreckt sich dagegen – abgesehen von zerstreuten Vorkommen in den illyrisch-balkanischen Gebirgen und im Kaukasus – über die Sarmatische Provinz bis Zentralsibirien. Diese Verteilung und die Lage ihrer West- und Südgrenze in Europa begründet ihre Einordnung in die Gruppe der eurosibirisch-temperaten Waldsteppen-Pflanzen: *Campanula cervicaria*-Typ (10.8., K 442a, vgl. auch *Libanotis montana*-Gruppe, Abb. 110b, eurosibirisches Teilareal). Damit wird die weite Entfernung dieser Art vom mediterran-submediterranen Entfaltungszentrum der Gattung gut zum Ausdruck gebracht. Andererseits bietet der Vergleich mit subozeanisch-subkontinentalen Breitlaubwaldpflanzen wie *Tilia cordata* (8.0., Abb. 115a) oder mit mediterranogenen Waldsteppenelementen wie *Orchis militaris* (Abb. 115c) oder *Brachypodium pinnatum* (Abb. 94c) auch in der ökogeographischen Analyse Hinweise auf die „Herkunft“ dieser Art. Über ökophysiologische Untersuchungen zur chorologischen Differenzierung von *C. vulgaris* und *C. biebersteinii* vergleiche man Kapitel 3.5. (S. 238).

3.4. Vergesellschaftung (coenologische Charakteristik)

3.4.1. Allgemeine Angaben zur Standortsbindung

Wie in der Verbreitung zeichnen sich in der Vergesellschaftung der Pflanzen charakteristische Merkmale ihrer Verhaltensweise ab. Auch von dieser Seite her lassen sich die Verwandtschaftsbeziehungen zwischen den Arten sowie deren Abgrenzung und Amplituden ökogeographisch erfassen und taxonomisch auswerten.

Bei *Carlina* ist dabei zu beachten, daß ihre meisten Vertreter an instabile Vegetation gebunden sind. Im Hinblick auf die üblichen Vegetationsbeschreibungen und -gliederungen lassen sie sich oft nur schwer kennzeichnen. Sie wachsen selten in soziologisch gut erfaß- und abgrenzbaren Wald-, Rasen- und Heidegesellschaften, sondern finden sich vielmehr in deren gestörten Randzonen. Besonders von den südeuropäischen Sippen gibt es nur wenig Angaben in soziologischen Vegetationsübersichten[9]. Es war deshalb nötig, ihre Begleitvegetation durch eigene Geländestudien grob zu erfassen.

Ihren Standortsanforderungen nach sind alle Vertreter der Gattung *Carlina* als lichtliebende Pflanzen anzusprechen, die sich nur auf offenen oder schwach beschatteten Flächen voll entwickeln. Da zudem ihr Wuchs durch Beweidung gefördert wird, erklärt sich das bevorzugte Vorkommen von *Carlina*-Arten in der Kulturlandschaft, wo sie in Weiderasen, in durchweideten ausgelichteten Gehölzen und Gariguen, an Weg- und Ackerrändern oder auf Schotterplätzen oft Massenwuchs zeigen.

Da die Vorkommen sämtlicher *Carlina*-Arten in Gebieten liegen, die von Natur aus von Wald bedeckt wären, entsteht im Rahmen der phytocoenologischen Sippenanalyse die wichtige Frage nach natürlichen oder naturnahen Vorkommen der einzelnen Arten in Lockerwäldern sowie an lokalen Waldgrenzen in Bereichen schroffer Felshänge oder in Schuttflächen und Schotterfluren.

In ihren edaphischen Ansprüchen stimmen alle *Carlina*-Arten in der Vorliebe für schwachsaure bis leicht alkalische, meist steinige Ton- und Lehmböden überein. Besonders in kühleren Lagen werden Standorte auf Kalkgestein bevorzugt. Häufige Vorkommen auf Kalkkarstgelände (auf Karrenfeldern und in Dolinen) erklären sich aus der Fähigkeit vieler *Carlina*-Arten, mit ihrem Wurzelwerk tief in tonerfüllte Spalten des Substrates einzudringen.

Die meisten *Carlina*-Arten wachsen aber auch auf mineralkräftiger Silikatverwitterung. Dagegen werden stark saure oder nitratreiche Böden sowie Standorte mit stärkeren Humusauflagen gemieden. Bei den Hapaxanthen zeichnet sich eine Tendenz zur Besiedlung von Rohböden ab. Obgleich viele Vertreter der Gattung Geröll- oder Schotterfluren und felsige Gelände lieben, finden sich bei *Carlina* nur wenige ausgesprochene Chasmophyten (z. B. in subgen. *Lyrolepis*).

Noch stärker als von edaphischen Bindungen wird das Vorkommen der einzelnen *Carlina*-Arten von klimatischen Faktoren bestimmt. Übereinstimmung besteht hier vor allem in der Bevorzugung sommertrockener und sommerwarmer Standorte, was zu einer besonders reichen Entfaltung der Gattung in allen Landschaften mit Mediterranklima führt. Trotz einer gewissen Xerophilie meiden die meisten *Carlina*-Arten Steppenvegetation. Vielmehr sind alle Vertreter der Gattung an ozeanische und subozeanische Klimate gebunden, und nur wenige reichen in subkontinentale Landschaften.

In der Höhenstufenbindung zeichnet sich die Gattung durch ein völliges Zurückweichen in der alpinen Stufe aus, wenngleich einige ihrer Vertreter in subalpinen Lagen siedeln oder hier sogar einen Schwerpunkt ihrer Verbreitung aufweisen.

3.4.2. Beispiele einer phytocoenologischen Charakteristik von *Carlina*-Arten

Um das unterschiedliche Verhalten, die Grenzen und die Weite der ökologischen Amplitude der einzelnen Arten von ihren phytocoenologischen Bindungen her zu kennzeichnen, müssen Voraussetzungen für eine Vergleichung der Vegetationsaufnahmen mit *Carlina* geschaffen werden. Bolòs (1974) empfiehlt zu diesem Zweck sogenannte

[9] Bei einigen neueren pflanzensoziologischen Studien, wie denen von Gamisans (1976–78) über Korsika und von Zaffran (1982) über Kreta vermißt man ausreichende Hinweise auf die Standortsbindungen der einzelnen Gesellschaften, die eine ökogeographische Einordnung einzelner Sippen ermöglichen könnten. Besonders bei Zaffran geht mit einer rein formalen Ausscheidung vieler neuer Assoziationen der Blick für charakteristische ökologische Zusammenhänge verloren. Auf die Behandlung von *Carlina macrocephala* bei Gamisans wird in Band II noch einzugehen sein.

phytocoenologische Spektren zu erstellen. Dies setzt jedoch eine übersichtliche Gliederung der Gesamtvegetation eines größeren Gebietes voraus. In Ermangelung solcher Vegetationsmonographien kann auch die Analyse einzelner Vegetationstranssekte oder -profile zu Ergebnissen führen, wenn man auf Grund von Arealtypenspektren die einzelnen Abschnitte der räumlichen Gesellschaftsfolge auf ein zonal-regionales Koordinatensystem zurückführt.

Im Folgenden soll an einigen Beispielen die im Band II angewandte Methode einer phytocoenologischen Sippencharakteristik vorgestellt werden. Im Mittelpunkt stehen dabei Gesellschaften mit mediterranen Arten der sect. *Corymbosae*. Für *Carlina hispanica* lassen sich beispielsweise phytocoenologische Spektren nur für einige repräsentative Gebiete aus der westlichen Mediterraneis auf Grund der Vegetationsmonographien für das Territorium um Barcelona (Bolòs 1962) und für die Balearen-Inseln Mallorca (Bolòs & Molinier 1958) und Menorca (Bolòs, Molinier & Montserrat 1970) erarbeiten. So gibt Tabelle 16 einen Einblick in das Vorkommen von *C. hispanica* (bzw. *C. corymbosa*) in den einzelnen Gesellschaftsklassen des soziologischen Systems und ihre besondere Bindung an bestimmte Assoziationen innerhalb dieser Einheiten.

Aus den von Natur aus in diesen Gebieten vorherrschenden Hartlaubwäldern werden nur gelegentliche Funde von *C. corymbosa* s. l. erwähnt. Dagegen siedeln den genannten Vegetationsmonographien zufolge *Corymbosae*-Disteln verschiedentlich in den – meist durch Zerstörung der Hartlaubwälder entstandenen – Zwergstrauchheiden. Eindeutiger Schwerpunkt des Vorkommens von *Carlina*-Arten der sect. *Corymbosae* sind aber die im pflanzensoziologischen System in der Klasse der Thero-Brachypodietea zusammengefaßten annuellenreichen Trockenrasen. Aus allen drei Gebieten werden zu dieser Klasse gehörige Pflanzengesellschaften beschrieben, die sich durch ein ± regelmäßiges Vorkommen von *C. corymbosa* s. l. auszeichnen. Dieser Massierung in den Therophyten-Trockenrasen auf reichen Ton- und Lehmböden steht ein völliges Fehlen in entsprechenden Gesellschaften auf armen Sandböden (Helianthemetea annuae) gegenüber. Ebenso fehlen die mediterranen Golddisteln in allen sommergrünen Laubwäldern und Frischwiesen, soweit solche aus den Beispielgebieten überhaupt beschrieben wurden, in allen Sumpf- und Wasserpflanzen-Gesellschaften sowie in den Strand-Halophyten-Assoziationen. Aber auch in den Pflanzengesellschaften der Felsspalten haben sie trotz ihrer leichten Ausbreitungs- und Ansiedlungsfähigkeit keinen Eingang gefunden. Dasselbe gilt mit wenigen Einschränkungen für die vielen aus den betreffenden Landschaften beschriebenen Ruderal- und Segetalgesellschaften. Dies ist besonders zu beachten, weil eine ganze Reihe anderer distelartiger Pflanzen in der mediterranen Ruderalvegetation ziemlich regelmäßig vorkommt. Schließlich weist das phytocoenologische Spektrum noch auf Sonderstandorte von *C. corymbosa* in Pflanzengesellschaften im Felsküstenbereich der Balearen hin (vgl. Band II).

3.4.2.1. *Carlina hispanica*, zonale und Ozeanitätsamplitude (Transsekt Iberische Halbinsel)

Auf die mediterranen Thero-Brachypodietea als dem heutigen Verbreitungsschwerpunkt der *Corymbosae*-Disteln wird in Band II näher eingegangen. Dagegen soll mit Aufnahmen aus der pflanzensoziologischen Literatur eine Folge naturnaher Vorkommen von *C. hispanica* im Umkreis der Iberischen Halbinsel behandelt werden, die es ermöglicht, die ökologische Amplitude dieser Art einzugrenzen. Die Übersicht (vgl. Tab. 17) stützt sich auf Vegetationsaufnahmen (von Braun-Blanquet, Pinto da Silva & Rozeiro 1964) aus dem nördlichen und (von Rothmaler 1942) aus dem südlichen Portugal sowie (von Freitag 1971) aus Südost-Spanien, die alle aus dem Bereich der mehr oder minder ursprünglichen küstennahen Vegetation stammen. Sie lassen hinsichtlich der Klimaabhängigkeit auf eine sehr weite Amplitude von *C. hispanica* schließen.

Aus dem nördlichen Portugal beschreiben Braun-Blanquet et al. (1964) *C. hispanica* ssp. *major* als Charakterart einer maritimen *Cistus salvifolius*-*Ulex europaeus*-Assoziation (vgl. Tab. 17 Aufn. 2 und Punkt 2 auf Abb. 116). Diese Gesellschaft entwickelt sich hier auf älteren Dünen, wo starke Winde die Bestände von *Pinus pinaster* so weit

Tab. 16: Phytocoenologische Spektren von *Carlina* sect. *Corymbosa* in Katalonien (Ka) (Umgebung, Barcelona; Bolòs 1962), auf Mallorca (Ma) und Minorca (Mi) (Bolòs et Molinier 1958, Bolòs, Molinier & Montserrat 1970).

Tab. 16: Phytocoenological spectra for *Carlina* sect. *Corymbosae* in Catalonia (Ka) (environments of Barcelona; Bolòs 1962), on Mallorca (Ma) and Minorca (Mi) (Bolòs et Molinier 1958, Bolòs, Molinier & Montserrat 1970).

	Ka	Mi	Ma
Quercetea ilicis	–	(+)	(+)
Klimax-Hartlaubwälder und Macchien			
Quercetum ilicis galloprovinciale	–	–	(+)
Aro-Phyllireetum	–	(+)	–
Querco-Fagetea	–	–	–
Sommergrüne Laubwälder und Gebüsche			
Nerio-Tamariscetea	–	–	–
Mediterrane Auengehölze			
Ononido-Rosmarinetea	–	+	+
Mediterrane Zwergstrauchheide auf Kalk			
Hypericion balearici	–	–	–
Teucrietum subspinosi	–	++	++
Pastinacetum lucidae	–	+	+
Cisto-Lavanduletea	+	–	–
Mediterrane Zwergstrauchheiden auf Silikat			
Cisto-Sarathamnetum catalaunici	+	–	–
Thero-Brachypodietea	++	++	++
Mediterrane Therophyten-Trockenrasen auf reichen Böden			
Trifolio-Brachypodietum ramosi	++	–	–
Phlomidio-Brachypodietum ramosi	++	–	–
Trisetario-Brachypodietum phoenicoidis	++	–	–
Brachypodietum phoenicoidis	+	+	+
Hyparrhenietum hirto-pubescentis	++	+	++
Hypochoerido-Brachypodietum ramosi	–	++	++
Allietum chamaemoly	–	+	+
Saxifrageto-Sedetum stellati	–	–	+
Phlomis italica-Poa bulbosa-Gesellschaft	–	–	++
Plantago albicans-Gesellschaft	–	–	+
Helianthemetea annuae	–	–	–
Mediterrane Therophyten-Trockenrasen auf armen Sandböden			
Molinio-Arrhenatheretea	–	–	–
Frischwiesengesellschaften			
Phragmitetea und Potametea	–	–	–
Sumpf- und Wasserpflanzengesellschaften			
Asplenietea und Adiantetea	–	–	–
Pflanzengesellschaften der Felsspalten			
Crithmo-Limonietea	–	+	(+)
Küstenfelsgesellschaften			
Launaeetum cervicornis	–	++	+
Puccinellio-Salicornietea	–	–	–
Strand-Halophytengesellschaften			
Ammophiletea	–	+	–
Dünengesellschaften			
Ononido-Scrophularietum minoricensis	–	++	–
Rudero-Secalinetea	(+)	(+)	–
Wegrand- und Ackerunkrautgesellschaften			
Chenopodietalia	+	+	–
Inulo-Oryzopsidetum miliaceae	+	–	–
Galactito-Vulpietum geniculatae	–	++	–
Secalinetalia	–	–	–

Carlina hispanica (Katalonien), *C. corymbosa* (Balearen)
(+) nur vereinzelte Vorkommen
+ schwache bis mittlere Frequenz
++ regelmäßiges, häufiges Vorkommen

C. lanata nur im Galactito-Vulpietum geniculatae auf Minorca.

auflockern, daß sich auf offenen Flächen eine verhältnismäßig artenreiche Heidevegetation ausbreitet. *Ulex europaeus, Cistus salvifolius* und *Daphne gnidium* sind in dieser Gesellschaft durch besondere Dünenrassen vertreten. Auch *C. hispanica* wächst in einer breitblättrigen (mesomorphen) Sippe, die bereits LANGE (1860) als einen Bewohner von „rupibus maritimis et ericetis Galleciae borealis" gekennzeichnet hat. Es handelt sich also nicht um ein zufälliges Vorkommen, sondern um eine engere, durch die Ausbildung einer besonderen Ökorasse gekennzeichnete Bindung.

Neuerdings hat RIVAS-MARTINEZ (1980) *Carlina hispanica* ssp. *major* als Differentialart einer galicisch-asturischen Steilküsten-Gesellschaft mit *Ulex europaeus* f. *humilis, Silene vulgaris* ssp. *maritima, Lithodora diffusa, Erica cinerea, Erica umbellata, Dactylis maritima* u. a. (Sileno maritimae-Ulicetum humilis, Calluni-Ulicetalia) herausgestellt. Auch hier kann man wohl von naturnahen Vorkommen von *C. hispanica* sprechen.

Eher als eine Zufälligkeit ist es dagegen anzusehen, wenn in einem Exkursionsbericht *C. hispanica* aus einer „maritimen Macchie" der ostkantabrischen Atlantikküste zusammen mit verschiedenen euozeanischen Ericaceen, Ginster-Arten und Farnen genannt wird (vgl. Tab. 17, Aufn. 1). Wir möchten diese Notiz in unserer Übersicht jedoch nicht übergehen, weil sie zeigt, daß *C. hispanica* im extrem wintermilden Klima selbst bis in die gemäßigten Breiten vordringen kann.

Häufiger als in submeridional-(temperaten) Bereichen siedelt *C. hispanica* in küstennaher Vegetation der meridionalen Zone, wie aus den Vegetationsstudien über das Promontorium Sacrum im südlichen Portugal von ROTHMALER (1942) hervorgeht. Die Art kommt hier hochstet in verschiedenen Dünen- und Heidegesellschaften vor und dringt aus solcher Pioniervegetation in küstennahe meridionale Hartlaubgehölze wie das Coccifero-Lentiscetum ein (vgl. Tab. 17, Aufn. 3).

Die drei in Tab. 17 zusammengestellten Aufnahmen atlantischer Küstenvegetation mit *C. hispanica* weisen nur wenige gemeinsame Arten der ozeanischen Hartlaubwälder

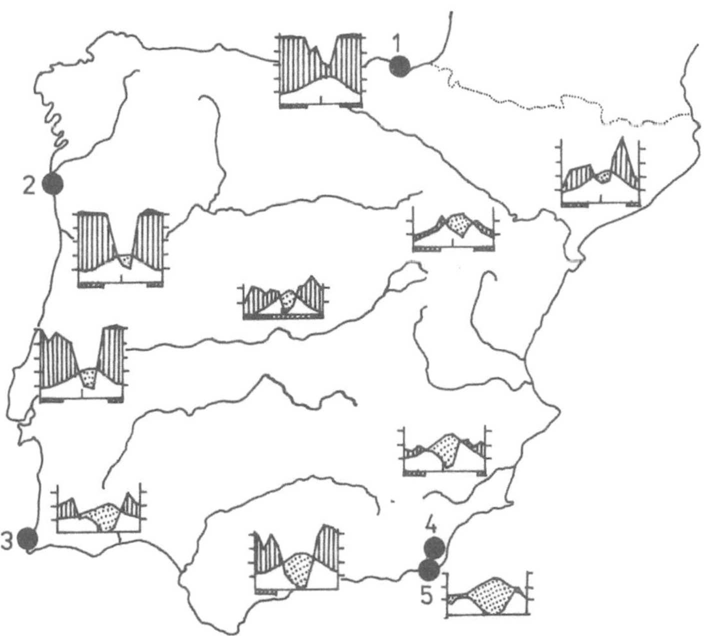

Abb. 116: Lage der Aufnahmen (1 bis 5) im NW-SO-Transsekt Iberische Halbinsel (Tab. 17) und zugehörige Klimadiagramme nach WALTER & LIETH (1960).

Fig. 116: Positition of the study sites in the north-west/south-east transsection of the Iberian Peninsula (tab. 17) and the corresponding climatic diagrams, acc. to WALTER & LIETH (1960).

(Quercion ilicis) und der ozeanischen Heiden auf. Im übrigen unterscheiden sie sich durch ihren Anteil an Pflanzen der temperaten Laubwälder (Aufnahme 1, Nordspanien) bzw. der temperat · ozeanischen Heidevegetation (Aufnahme 1 und 2, Nordspanien und Nordportugal) einerseits oder das Vorherrschen von Vertretern der meridionalen Hartlaub- und Garigue-Vegetation (Aufnahme 3, Südportugal) andererseits. Damit wird die weite zonale Amplitude von *C. hispanica* beleuchtet.

Eine ähnlich weite Amplitude im ökogeographischen Verhalten von *C. hispanica* ergibt sich aus der Gegenüberstellung der geschilderten meridional · ozeanischen Vegetation an der Atlantikküste mit Pflanzengesellschaften aus dem südostspanischen Trockengebiet. An Hand der pflanzensoziologischen Untersuchungen von FREITAG (1971) ist es möglich, die Bindung von *C. hispanica* an die verschiedenen Gesellschaften dieser Landschaften herauszustellen. In Abhängigkeit von Geländeform, Gestein, Boden und Klima, vor allem aber von der zunehmenden Aridität bis zu dem niederschlagärmsten Punkt in Europa (Almeria) lösen einander diesem Autor zufolge verschiedene Klimax-Gesellschaften ab. Auf verhältnismäßig engem Raum ist im südöstlichen Spanien eine Vegetationsfolge von mediterranen Hartlaubwäldern vom Typ des Quercion ilicis zu mediterranen Hartlaub-Buschwäldern, zu *Pinus halepensis*-Offenwäldern mit meist dornigem Trockengebüsch und bis zu extrem xerophilen lockeren südmediterranen Trockenbuschgesellschaften zu beobachten.

Aus Tabelle 19 geht hervor, daß *C. hispanica* in diesen Gebieten im geschlossenen Hartlaubwald und Hartlaubbuschwald – sicherlich nur konkurrenzbedingt – sehr selten vorkommt. Erst im Offenwald sind günstigere Siedlungsmöglichkeiten gegeben, wie die *Carlina*-Anteile in der Liste des Asparago-Rhamnetum und des küstennahen Chamaeropsido-Ulicetum zeigen. Ebenso beachtenswert ist aber auch, daß die Häufigkeit von *C. hispanica* in den extrem ariden südmediterranen Trockenbusch-Gesellschaften dem Gymnosporio-Periplocetum und dem Lycio-intricatae-Zizyphetum stark zurückgeht. Wir möchten dies darauf zurückführen, daß die Art hier an die Grenze ihrer Trockenheitsverträglichkeit kommt. Nach HÜBL & HOLZNER (1971, briefl.) konzentrieren sich in diesem Bereich die Vorkommen auf Sonderstandorte in wadiartigen Trockentälern.

Tab. 19: Übersicht über den Anteil des Vorkommens von *Carlina hispanica* in den verschiedenen Gesellschaften des südostiberischen Trockengebietes (nach FREITAG 1971). Zahl der Vorkommen/Zahl der Aufnahmen.

Tab. 19: Relative frequency of *Carlina hispanica* occurrences in the different plant communities of the SE-Iberian xeric region (from FREITAG 1971). Number of occurrences/number of rélevés.

Hartlaubwald	Quercetum rotundifoliae	1/13
Hartlaubbuschwald	Rhamno-Cocciferetum und	0/9
	Querco-Lentiscetum	0/21
Dornbusch-Offenwald	Asparago-Rhamnetum und	5/21
	Chamaeropsido-Ulicetum	6/15
Südmediterraner	Gymnosporio-Periplocetum und	3/20
Trockenbusch	Lycio-intricatae-Ziziphetum	2/15

In den Spalten 4 und 5 vermittelt Tabelle 17 eine Übersicht über die floristische Zusammensetzung des Asparago-Rhamnetum als Beispiel des Trockendornbusch-Offenwaldes und des Gymnosporio-Periplocetum als Beispiel des südmediterranen Trockenbusches (gekürzt nach FREITAG 1971). Im Arealtypenspektrum zeigt sich, daß am Aufbau dieser Assoziationen neben wenigen Vertretern der meridional · ozeanischen immergrünen Laubwälder (Quercion ilicis) vor allem Sippen teilhaben, die als subozeanische bis subkontinentale Elemente des südmediterranen Hartlaubwaldes (Oleo-Ceratonion) und entsprechender Gariguen (Rosmarinetalia) anzusprechen sind. Daneben findet man eine ganze Reihe von Pflanzen mediterraner Therophyten-Rasen (Thero-Brachypo-

Additional material from *Lebensgeschichte der Gold-und Silberdisteln,*
ISBN 978-3-7091-7439-5 (978-3-7091-7439-5_OSFO2),
is available at http://extras.springer.com

dietea) und schließlich (von 4 bis 5 in zunehmendem Maße) subkontinentale und kontinentale Arten der südmediterranen Steppen- und Halbwüstenvegetation. Dort, wo diese Elemente stark hervortreten, ist die Grenze der Vorkommen der im ökologischen Charakter „waldnahen“ *C. hispanica* erreicht.

Die in Tabelle 17 aufgezeigten Unterschiede in der floristischen Zusammensetzung lassen sich verdeutlichen und bis zu einem gewissen Grad quantifizieren, wenn man den Anteil der verschiedenen Arealtypen an den einzelnen Gesellschaften durch Arealtypenspektren herausstellt (vgl. Tab. 18).

Die nord-südliche Vegetationsfolge an der Atlantikküste läßt eine starke Zunahme der mediterranen Elemente (Arealtypengruppe 1.) erkennen. Ihr Anteil steigt von 41% in Aufnahme 1 bis auf 55% in Aufnahme 2 und auf 71% in Aufnahme 3. Dem steht ein rasches Ausklingen der temperaten südeuropäisch/montan-mitteleuropäischen Sippen (1 : 43%; 2 : 24%; 3 : 0%) gegenüber, die nur in den Gesellschaften an der kantabrischen und an der nordportugiesischen Küste vertreten sind. In Südportugal gesellen sich zu den vorherrschenden mediterranen Sippen noch südmediterrane Elemente (Arealtypengruppe 0. mit 18%). Auch die Gesellschaften mit *C. hispanica* im südostspanischen Trockengebiet (Aufnahme 4 und 5) zeichnen sich durch sehr hohe Anteile von zirkummediterranen Pflanzen aus. Im extrem ariden Dornbusch wird ein großer Teil der mediterranen Elemente durch südmediterrane (23% bzw. 40%) ersetzt.

Sowohl in Südportugal als auch in Südostspanien bestimmt der Komplex der mediterranen und südmediterranen Arten die *C. hispanica* begleitende Vegetation. Beachtliche Unterschiede zwischen beiden Standorten zeichnen sich jedoch ab, wenn wir aus den Arealtypenspektren dieser Gesellschaft die Arten mit einem ozeanischen Areal bzw. einer euozeanischen Arealkomponente zusammenfassen (vgl. Tab. 18). Sie sind in den Aufnahmen von der submeridionalen Atlantikküste entscheidend am Vegetationsaufbau beteiligt (1: 94%; 2: 84%) und machen auch in Südportugal noch über die Hälfte des Artenbestandes aus (3: 56%). In Südostspanien sinkt dagegen ihr Anteil stark ab (4: 38% und 5: 30%). In diesen Zahlen sind eine ganze Reihe von Vertretern des *Chamaerops*-Typs eingeschlossen, die wohl nicht alle als ausgesprochen ozeanische Elemente betrachtet werden können. Der Abnahme ozeanischer Elemente steht eine Zunahme kontinentaler Sippen gegenüber (vgl. Tab. 18). Sehr deutlich kommt das Ozeanitätsgefälle auch zum Ausdruck, wenn man die Anteile der betont ozeanischen zu denen der deutlich kontinentalen Elemente in Beziehung setzt (oz/kont-Koeffizient in 1: 100; in 2: 32; in 3: 2; in 4: 0,9 und in 5: 0,5).

Wenn man in diesem Rahmen die Amplitude von *C. hispanica* betrachtet, so kennzeichnen die Gesellschaften 1 und 5 deutliche Grenzen ihres Vorkommens. Wie ein Blick auf die Klimadiagramme in Abb. 116 lehrt, ist der Standort an der kantabrischen Küste als ein Vorposten im temperat · humiden Klima und sind die Vorkommen im südspanischen Trockengebiet als Ausläufer im Bereich einer südmediterran · ariden Vegetation anzusehen, wie sie erst im Inneren des nordwestlichen Afrika zur Herrschaft kommt. Ähnlich wie in der chorologischen Analyse (s. S. 190) zeigt sich, daß die Art überall dort die Grenzen ihrer Entwicklung erreicht, wo das humid-aride Etesien-Jahreszeitenwechselklima in ein ausgesprochen humides oder ein weitgehend arides übergeht. Innerhalb dieses Bereiches siedelt *C. hispanica* bei den hier dargestellten Rahmenbedingungen mehr oder minder regelmäßig. Ausdruck dieser Situation im Arealtypenspektrum der Beleitvegetation ist ein Anteil von 40% bis 50% mediterraner Elemente. Außerdem ist *C. hispanica* durch eine mäßig ozeanische Bindung mit weiter Amplitude zu charakterisieren.

Tab. 18: Gesellschaften mit *Carlina hispanica* auf der Iberischen Halbinsel (NW-SO-Transekt) (vgl. Tab. 17), Arealtypenspektren.

Tab. 18: Plant communities with *Carlina hispanica* from the Iberian Peninsula (NW/SE transsect) (cf. t. 17), with spectra of distribution types.

Aufnahme Nr. Landschaft (vgl. Abb. 116) Artenzahl		1 cant 27	2 n-lusit 38	3 s-lusit 46	4 so-iber 78	5 so-iber 67
Südmedit-nordsahar ATG	**0.**	–	**3**	**18**	**23**	**40**
Ceratonia-Typ	0.0	–	–	7	8	12
Chamaerops-Typ	0.1.	–	3	8//4	12/1//5	12/2//5
Lygeum-Typ	0.2.	–	–	3	3	4//2
Launaea arboresc.-Typ	0.4.	–	–	–	–	4
Salvia aegyptiaca-Typ	0.7.	–	–	–	–	2
Kleinia-Typ	0.9	–	–	–	–	2
Hyparrhenia-Typ	0(A).10.	–	–	2	–	4
Macar-mediterrane ATG	**1.**	**41**	**55**	**71**	**72**	**56**
Trifolium stellatum-Typ	1.0.	3	8	21	19	15
Quercus ilex-Typ	1.2.	9	8	12	9	3
Pinus halepensis-Typ	1.3.	–	–	4	6	6
Quercus suber-Typ	1.5.	3	26/10//5	21/4	12/2	9/3
Rosmarinus-Typ	1.6.	–	–	2/2	21/13//4	19/10//5
Ruscus-Typ	1.(5).10.	26	13	9	4	2
Eryngium-Typ	1(4).12.	–	–	2	1	2
Orient-medit ATG	**2.**	–	**8**	**9**	**3**	**3**
Bromus scoparius-Typ	2(1).5.	–	3	7	3	3
Daucus-Typ	2(1,8).7.	–	5	2	–	-
Submediterrane ATG	**5.**	**12**	**8**	**2**	**2**	–
Pinus nigra-Typ	5.0.	–	–	–	1	–
Laurocerasus-Typ	5.1.	4	–	–	–	–
Quercus cerris-Typ	5.4.	4	–	–	–	–
Aceras-Typ	5.6.	–	4	–	1/1	–
Euphorbia amygdaloides-Typ	5.7.	–	4/4	–	–	–
Globularia punctata-Typ	5.8.	–	–	2	–	–
Euras(trop)-merid-submerid · ozean ATG	**7.**	**4**	–	–	–	–
Pteridium-Typ	7.7.	4	–	–	–	–
Mitteleuropäische ATG	**8.**	**43**	**24**	–	–	–
Erica cinerea-Typ	8.1.	9/6	3/3	–	–	–
Ulex-Typ	8.2.	12	5	–	–	–
Calluna-Typ	8.3.	4	5/9	–	–	–
Ilex aquifolium-Typ	8.5.	4	–	–	–	–
Hedera helix-Typ	8(1).6.	4	–	–	–	–
Fagus-Typ	8.7.	4	3	–	–	–
Fraxinus excelsior-Typ	8.10	–	5	–	–	–
Ficaria-Typ	8.12.	3	–	–	–	–
Anthoxanthum odoratum-Typ	8(12).15.	3	3	–	–	–
Eurasisch-temperate ATG	**10.**	–	**3**	–	–	–
Angelica sylvestris-Typ	10.(12).10.	–	3	–	–	–
oz: 0.1., 1.2., 1.5., 1(5).10., 2(1,8).7., 5.1., 5.4., 5.6., 5.7., 8.1., 8.2., 8.5., 8(1).6., 8.7., 8.10., 8(12).15.		94	84	56	38	30
kont: 0.0., 0.2., 0.4., 0.7., 0.9., 0(A).10., 1.3., 1.6., 1(4).12., 2(1).5., 5.0.		–	3	28	43	61
oz/kont:		∞	28	2	0,9	0,5
S		6	16	11	15	15
E		–	7	4	9	12

Ihrer Arealform nach gehört *C. hispanica* zum *Quercus suber*-Typ (1.5.). Die Verteilung dieses Typs innerhalb der hier betrachteten Gesellschaften: 3% (1); 26% (2); 21% (3); 12% (4) und 9% (5) stimmt auffallend mit der Kurve ihres optimalen Vorkommens überein. Bezeichnend für den Florenwechsel von der Atlantikküste zum südöstlichen Spanien ist auch der Anteil von Endemiten und der Segment-Sippen. Man findet solche an der Atlantikküste vor allem innerhalb des ozeanischen *Quercus suber*-Typs (1.5.), im Südosten der Iberischen Halbinsel, dagegen als Glieder des subkontinentalen *Rosmarinus*-Typs (1.6.).

3.4.2.2. *Carlina hispanica*, etagale Amplitude (Profil Ostpyrenäen)

Bei der Analyse eines Profils aus dem Têt-Tal (Ostpyrenäen) ergeben sich ähnliche Werte für das optimale Vorkommen und die Grenzen von *Carlina hispanica*, wie sie in dem iberischen Küstentranssekt ermittelt werden konnten. Die Aufnahmen (Tab. 20) wurden am Übergang von der *Quercus ilex*- in die *Quercus pubescens*-Stufe durchgeführt, wo sich an Steilhängen das Gehölz an Felsköpfen und Felsrippen von Natur aus auflockert und lichtliebende Pflanzen zur Entwicklung kommen läßt. Hier beobachteten wir (Baudière & Meusel 1971) in der kollinen Stufe bei etwa 400 m *C. hispanica* umgeben von einer ganzen Reihe von Arten des Quercetum ilicis (*Rhamnus alaternus, Bupleurum fruticosum, Daphne gnidium, Asparagus acutifolius, Rubia peregrina*) sowie weiteren lichtliebenden mediterranen Sträuchern (*Spartium junceum, Pistacia lentiscus*), Zwergsträuchern (*Cistus monspeliensis, Cistus crispus, Rosmarinus officinalis, Thymus vulgaris*) und auch verschiedenen Pflanzen der Thero-Brachypodietea (*Foeniculum vulgare, Lactuca viminea, Desmazeria rigida*). Diese mediterrane Vegetation besiedelt nur die unteren warmen und geschützten Lagen. An absonnigen Hängen und in der submontanen Stufe werden die mediterranen Arten von submediterran und submediterran-mitteleuropäischen Sippen ersetzt. Aufnahme 2 in Tabelle 20 ist durch das Vorkommen solcher Elemente neben Vorposten der meridionalen (mediterranen) Flora gekennzeichnet. Hier im Bereich des Quercetum pubescentis erreicht *C. hispanica* ihre obere Grenze. In der montanen Stufe bei etwa 1100 m, wo neben einigen submediterranen Gebirgspflanzen (*Cytisus purgans, Senecio adonidifolius*) bereits viele mitteleuropäische und eurasische temperat-boreale Pflanzen vorkommen, gedeiht die montane *Carlina acanthifolia*.

Die Arealtypenspektren (Tab. 21) veranschaulichen diesen Vegetationswechsel und ermöglichen einen genaueren Vergleich. Die Vegetation um *Carlina hispanica* in der kollinen Stufe (Aufn. 1) enthält fast nur mediterrane Elemente (90% incl. einiger südmediterraner und mediterran-orientalischer Arten). Neben überwiegend zirkummediterranen (1.0., 1.2. und 1.3.) finden sich eine ganze Reihe westmediterraner Sippen (*Quercus suber*-Typ 1.5. und *Rosmarinus*-Typ 1.6. mit über 20%). Etwa ein Drittel der mediterranen Arten haben in ihrem Gesamtareal eine euozeanische Komponente. Von den oben besprochenen Gesellschaften an der Westküste der Iberischen Halbinsel entspricht in großen Zügen Aufnahme 3 aus Südportugal der kollinen Vegetation im Têt-Tal, wenn man von dem geringeren ozeanischen Einfluß in den Ostpyrenäen absieht.

Bei 900 m (Aufn. 2) erreicht *C. hispanica* die Grenze ihres Vorkommens. In ihrer Umgebung wachsen noch immer über 40% mediterrane Elemente. Aus dem Vergleich mit Aufnahme 3 (1100 m) ergibt sich jedoch, daß wir uns in einer ausgesprochenen Grenzlage befinden, die durch beachtliche Anteile submediterraner (Gruppe 5.) und süd-mitteleuropäischer (Gruppe 8.) sowie eurasisch-temperater Sippen (Gruppe 10.) gekennzeichnet ist.

Tab. 20: Gesellschaften mit *Carlina hispanica* und *C. acanthifolia* in verschiedenen Höhenstufen der Ostpyrenäen.

Tab. 20: Plant communities with *Carlina hispanica* and *C. acanthifolia* in different altitudinal levels in the Pyrenees, with details in the appendix.

Aufn. Nr.		1	2	3
Höhe über N.N.		400	900	1100
Carlina hispanica	1.5.	+	+	–
Quercus coccifera	1.3.	+	–	–
Pistacia saportae	1.2.	+	–	–
Rhamnus alaternus	1.0.	+	–	–
Daphne gnidium	1.5.	+	–	–
Bupleurum fruticosum	1.2.disj	+	–	–
Clematis flammula	1.3.	+	–	–
Lonicera inflexa	1.0.	+	–	–
Asparagus acutifolius	1.0.	+	–	–
Rubia peregrina	1(5).10.	+	–	–
Brachypodium retusum	1.2.	+	–	–
Spartium junceum	1.0.	+	–	–
Rosmarinus officinalis	1.6.	+	–	–
Cistus monspeliensis	1.2.	+	–	–
Cistus crispus	1.5.S	+	–	–
Helichrysum stoechas	1.0.	+	–	–
Foeniculum vulgare	2(1).3.	+	–	–
Lactuca viminea	2(4).8.	+	–	–
Desmazeria rigida	1(5).10.	+	–	–
Trifolium retusum	5.5.	+	–	–
Silene inaperta	1.5.S	+	–	–
Filago spec.	1(5).9.	+	–	–
Bromus madridensis	2(1).3.	+	–	–
Quercus ilex	1.2.	+	+	–
Quercus pubescens	5.8.	+	+	–
Junipers oxycedrus	1(5).9.	+	+	–
Lavandula stoechas	1.0.	+	+	–
Thymus vulgaris	1.6.S	+	+	–
Artemisia glutinosa	1.6.S	+	(+)	–
Hyparrhenia hirta	0(A).10.	+	(+)	–
Dactylus hispanica	2(1).3.	+	+	–
Euphorbia nicaeensis	5.6.S	+	+	–
Sedum sediforme	1.2.	+	+	–
Fumana ericoides	1.5.		+	–
Astragalus monspessulanum	5.6.S	–	+	–
Seseli montanum	5.6.S	–	+	+
Achillea nobilis	4.3.	–	+	–
Galium murale	1.2.	–	+	–
Arrhenatherum elatius	8.10.	–	+	–
Vincetoxicum nigrum	5.8.S	–	+	–
Andryala integrifolia	1.5.	–	+	–
Origanum vulgare	10(5).7.	–	+	–
Asperula cynanchica	5.8.	–	+	–
Allium montanum	4.6.	–	+	–
Sanguisorba minor-Gr.	1(8).11.	–	+	–
Euphorbia cyparissias	5.11.S	–	+	–
Betula alba	10.0.	–	+	+
Juniperus communis	10.0.	–	+	+
Calluna vulgaris	8.3.	–	+	+
Agrostis tenuis	8(12).15.	–	+	+
Festuca duriuscula	5.8.	–	+	+
Achillea millefolium	10.0.	–	+	+
Anthyllis vulneraria	6(3).12.	–	+	+
Solidago virga aurea	10.0.	–	+	+
Campanula rotundifolia	10.0.	–	+	+
Carlina acanthifolia	6.0.S	–	–	+
Cytisus purgans	6.1.	–	–	+
Senecio adonidifolius	6.1.	–	–	+
Teucrium scorodonia	8.1.	–	–	+
Anthoxanthum odoratum	8(12).15.	–	–	+
Deschampsia flexuosa	8.3.	–	–	+
Avenula pratensis	8.7.	–	–	+
Silene nutans	10(5).7.	–	–	+
Stachys officinalis	8.12.	–	–	+
Thymus praecox	8.9.S	–	–	+
Thesium pyrenaicum	8.9.S	–	–	+

Erläuterungen zu Tab. 20 (Pflanzengesellschaften mit *Carlina hispanica* und *C. acanthifolia* in verschiedenen Höhenstufen der Ostpyrenäen – Têt-Tal). Alle Aufnahmen: BAUDIÈRE und MEUSEL, 31. 8. 1971.

1. Granitblockhalden an so-exponierten Steilhängen des Têt bei Marquixanes, etwa 400 m (Grenze zwischen *Quercus ilex*- und *Quercus pupescens*-Stufe).
2. Gras- und Zwergstrauchfluren, auf metamorphen Schiefern, Steilhang mit Felsrippe, über Olette, etwa 900 m.
3. Gras- und Zwergstrauchfluren westlich Oreille, etwa 1100 m.

Tab. 21: Gesellschaften mit *Carlina hispanica* und *C. acanthifolia* in verschiedenen Höhenstufen der Ostpyrenäen (Têt-Tal) (vgl. Tab. 20), Arealtypenspektren.

Tab. 21: Plant communities with *Carlina hispanica* and *C. acanthifolia* in different altitudinal levels in the E. Pyrenees (Têt valley) (cf. t. 20), spectra of distribution types.

Aufnahme Nr. Höhe über N.N. Artenzahl		1 400 33	2 900 34	3 1100 20
Südmedit-nordsahar ATG	**0.**	**3**	**3**	–
Hyparrhenia-Typ	0(A).10.	3	3	–
Macaronesisch-mediterrane ATG	**1.**	**72**	**36**	–
Trifolium stellatum-Typ	1.0.	18	3	–
Quercus ilex-Typ	1.2.	18	12	–
Pinus halepensis-Typ	1.3.	9	3	–
Quercus suber-Typ	1.5.	12/6	9	–
Rosmarinus-Typ	1.6.	9/6	6/6	–
Ruscus-Typ	1(5).10.	6	–	–
Sherardia-Typ	1(8).11.	–	3	–
Orient-medit ATG	**2.**	**15**	**3**	–
Teucrium polium-Typ	2(1).3.	9	3	–
Daucus-Typ	2(1,4).7.	3	–	–
Echium italicum-Typ	2(4).8.	3	–	–
Eurasische merid-submerid · kont ATG	**4.**	–	**9**	–
Achillea nobilis-Typ	4.3.	–	6	–
Dictamnus-Typ	4.6.	–	3	–
Submediterrane ATG	**5.**	**10**	**21**	**5**
Staphylaea-Typ	5.5.	3	–	–
Aceras-Typ	5.6.	3/3	9/9	–
Globularia punctata-Typ	5.8.	4	9/3	5
Trifolium rubens-Typ	5.11.	–	3/3	–
Submediterrane Oreophyten ATG	**6.**	–	**3**	**20**
Silene saxifraga-Typ	6.0.	–	–	5/5
Arenaria aggregata-Typ	6.1.	–	–	10
Amelanchier ovalis-Typ	6.12.	–	3	5
Mitteleuropäische ATG	**8.**	–	**9**	**45**
Ulex-Typ	8.1.	–	–	5
Calluna-Typ	8.3.	–	3	10
Fagus-Typ	8.7.	–	–	5
Hippocrepis-Typ	8.9.	–	–	10/10
Fraxinus excelsior-Typ	8.10.	–	3	–
Ficaria-Typ	8.12.	–	–	5
Anthoxanthum odoratum-Typ	8(12).15.	–	3	10
Eurasisch temperate ATG	**10.**	–	**15**	**30**
Populus tremula-Typ	10.0.	–	12	25
Brachypodium pinnatum-Typ	10(5).7.	–	3	5
C. hispanica		+	(+)	–
C. acanthifolia		–	–	+
oz: 1.2., 1.5., 1(5).10., 1(8).11., 5.6., 6.0., 6.12., 8.1., 8.3., 8.7., 8.9., 8.10., 8(12).15.,		39	45	50
kont: 0(A).10., 1.3., 1.6., 2(1).3., 4.3., 4.6., 6.1., 10(5).7.		30	27	15
oz/kont:		1,3	1,7	3,3
S		15	21	15
E		–	–	–

Der Höhenstufe entsprechend treten submediterrane Oreophyten (Gruppe 6.) auf, die in Aufnahme 3 neben europäisch- und eurasisch-temperaten Arten (Gruppe 8. und Gruppe 10.) das Spektrum mitbestimmen.

Das Vorkommen von *C. hispanica* erscheint somit wie bei der Analyse im iberischen Küstenbereich an einen hohen Anteil mediterraner Elemente (Grenzwert 40–50%) und eine ausreichende Ozeanität (Grenzwert 30% ozeanische mediterrane Elemente) gebunden.

3.4.2.3. *Carlina sicula, C. nebrodensis*, etagale Amplituden (Profil Nebroden, Sizilien)

Wie *Carlina hispanica* in ihrer zonalen Verbreitung auf der Iberischen Halbinsel eine weite Amplitude erkennen läßt, so zeigt *C. sicula* im nördlichen Sizilien eine große Spanne in der Höhenstufenbindung. Hier konnten wir (Meusel, Raimondo 1977, 1983) diese Art von der Meeresküste bis in die hohen Berglagen der Nebroden beobachten. Tabelle 22 enthält Aufnahmen, die das Vorkommen von *C. sicula* in einer etagalen Folge von Küstengariguen über Therophyten-reiche Trockenrasen im kollinen Kulturland bis zu montanen Lockerwäldern auf felsigen Hängen und zu Geröllfluren und Weiderasen sowie zu altomontanen Karstfelsheiden belegen.

Im Küstenbereich findet man an stark windbeeinflußten Felshängen oder auf flachgründigen Kalksandstein-Tafeln oft aufgelichtete Macchien und Gariguen als verhältnismäßig naturnahe Pflanzengesellschaften. *Carlina sicula* wächst hier ziemlich regelmäßig in lockeren Gebüschen von *Phillyrea, Olea, Calycotome, Quercus coccifera, Asparagus alba, Pistacia lentiscus* und *Teucrium fruticans* zwischen denen sich Zwergpalmen (*Chamaerops humilis*), großblättrige Rosettenstauden (*Atractylis gummifera, Thapsia garganica, Cachrys sicula*), ansehnliche Distelpflanzen (u. a. *Scolymus grandiflorus*) und hohe Gräser (*Hyparrhenia hirta, Piptatherum coerulescens, Ampelodesmus mauretanicus*) entfalten und die von mancherlei Zwergsträuchern, Stauden und vielen Annuellen begleitet werden.

Häufiger noch als in solchen dornigen Küstengebüschen trifft man die Sizilien-Silberdistel – ähnlich anderen Arten aus sect. *Corymbosae* – in Thero-Brachypodietea-Gesellschaften des Kulturlandes an (Tab. 22, Aufnahme 2).

In der Bergstufe breitet sich *C. sicula* auch vorwiegend an mehr oder minder menschlich beeinflußten Standorten aus. Verhältnismäßig selten begegnete sie uns in Ginsterheiden auf kalkarmen Böden (Genistetum cupanii nach Pignatti et al. 1980). In Rasen auf Flysch-Verwitterung häuft sie sich dort, wo Rippen oder Felskuppen kalkreichen Gesteins den Tonboden durchragen. Wie Aufnahme 3 in Tabelle 22 ausweist, enthalten solche Weiderasen neben mediterranen und mediterran/montanen Pflanzen eine ganze Reihe von Gräsern und Stauden, die wie *Cynosurus cristatus, Lolium perenne* oder *Trifolium repens* als meridional-temperate Elemente auch in mitteleuropäischen Wiesen und Weiden eine wichtige Rolle spielen. Oft sind an solchen Stellen *Rosa-* und *Crataegus*-Dornsträucher gruppenweise über das Weideland verteilt. Vegetation und Landschaft können dann an charakteristische Standorte von *C. acaulis* im mitteleuropäischen Kalkhügelland erinnern.

Sehr häufig findet sich *C. sicula* auch auf mäßig beweideten (feinerdereicheren) Blockschuttfluren (Tab. 22, Spalte 4). Von Natur aus waren solche Standorte (z. B. am Fuß der steilen Quacella-Kette) wahrscheinlich von lockerem Baumwuchs mit *Fraxinus ornus, Acer campestre, Acer monspessulanum* und anderen submediterranen Gehölzen bestanden gewesen. Auf jüngeren Schuttflächen deuten lichtliebende südapenninisch-sizilische Endemiten und nordsizilische Lokalendemiten wie *Ptilostemon niveus, Senecio candidus, Saponaria sicula* und *Odontites bocconei* (Tab. 22, Spalte 5) auf ursprünglich offene Standorte im Bereich der ausgedehnten Schuttfluren am Fuß der Felsabstürze hin.

Im steilen Dolomitgebirge selbst entwickeln sich in der montanen Stufe auf Felspodesten und an anderen flacheren Stellen des Gehänges Initialbestände eines Quercetum ilicis mit verschiedenen charakteristischen Arten des mediterranen Hartlaubwaldes im engen Kontakt mit lichtliebender Garigueflora (Tab. 22, Spalte 6). In diesem mediterranen Lockerwald fanden wir (RAIMONDO und MEUSEL 1983) *C. sicula* zerstreut, aber doch ziemlich regelmäßig. Es ist deshalb anzunehmen, daß die Art in der ursprünglichen Vegetationsdecke ähnlich wie viele andere Vertreter von sect. *Corymbosae* (vgl. Band II) im Bereich des Quercetum ilicis waldnahe oder Lockerwald-Standorte besiedelt hat.

Schwieriger ist die Spontanität von *C. sicula* in der von stellenweise dichtem Buchenwald bewachsenen altomontanen Stufe (1600 bis über 1800 m) zu beurteilen. Die Sizilien-Silberdistel fehlt hier in Zwerghalbstrauch-Gesellschaften auf flachgründiger Felsverwitterung mit *Helianthemum-*, *Alyssum-*, *Teucrium-*, *Thymus-* und *Arenaria-*Arten, in denen *C. nebrodensis* noch ziemlich regelmäßig vorkommt (Tab. 22, Aufnahme 8). Dagegen haben wir sie in Dolomit-Karren-Feldern zwischen den auf niedrige Baumgruppen und Gebüsche zusammengezogenen Pionierbeständen von *Fagus sylvatica* verschiedentlich angetroffen. In solchen Karstfluren kann *C. sicula*, in feinerdereichen Spalten wurzelnd, innerhalb einer artenreichen Vegetation (vgl. Tab. 22, Spalte 7) bestehen, die neben rein mediterranen Elementen mit Vertretern der Gattungen *Cachrys*, *Pimpinella*, *Sideritis*, *Onosma*, *Lactuca*, *Scutellaria*, *Artemisia* und besonders *Astragalus* sect. *Tragacantha* eine ganze Reihe von Pflanzen enthält, die zumindest in ihrer Verwandtschaft auf Beziehungen zur kontinentalen ostmediterran-orientalischen Gebirgsflora hinweisen.

Es bleibt zu klären, inwieweit der Vegetationskomplex von weit südlich vorgeschobenen Vorposten des Fagetum als einer im humiden Mitteleuropa optimal entfalteten Formation und von artenreichen xerophilen Karstfluren mit extrem kontinentalen ostmediterran-orientalischen Bergsteppen-Elementen auf menschliche Einflüsse oder auf eine extreme natürliche Standortsdifferenzierung und entsprechende spontane Vegetationssukzessionen zurückzuführen ist. Allein der Reichtum an lichtbedürftigen Endemiten und Lokalendemiten in der Karstflurvegetation spricht dafür, daß das Madonie-Gebirge und besonders die Dolomit-Ketten der Quacella nie völlig von Wald bedeckt waren, sondern unter extremen geländeklimatischen Bedingungen auch xerotherme Berggariguen-Vegetation beherbergten. Innerhalb dieses pflanzengeographisch bemerkenswerten altomontanen Vegetationskomplexes (*Astragalus nebrodensis* in engster Begegnung mit *Fagus sylvatica*!) erreicht *C. sicula* in der Gipfelregion der Madonie ihre höchstgelegenen Standorte.

Die auf regional-etagalen Grundlinien der Florendifferenzierung im Mittelmeerraum begründeten Arealtypenspektren (Tab. 23) geben einen guten Überblick über die geschilderte Vegetationsgliederung. Sie veranschaulichen gleichzeitig die weite ökologische Amplitude von *Carlina sicula*.

Die Aufnahmen 1 und 2 werden völlig von mediterranen Elementen (Gruppen 0., 1. und 2.) bestimmt. Unter diesen sind, wie allgemein festgestellt werden kann, in den Thero-Brachypodietea-Gesellschaften (Aufn. 2) orientalisch-mediterrane Sippen besonders gehäuft. Die Küstengariguen enthalten neben vielen zirkummediterranen eine bemerkenswerte Zahl südmediterraner Pflanzen sowie westmediterrane Sippen mit stark südlicher Verbreitungstendenz (*Chamaerops*-Typ 0.1.). Das ist deshalb hervorzuheben, weil *C. sicula* ihrem Gesamtareal (sic-cyren-nwaegypt) nach auch südmediterranen Charakter zeigt. Ihre Vorkommen in Sizilien reichen jedoch über das Optimum in den wärmeren Küsten- und Tieflandbereichen hinaus weit in die montane und altomontane Stufe bis fast in Gipfellagen der Gebirge. Innerhalb der Höhenstufen nimmt, wie die Prozentzahlen der Gruppen 0. bis 2. zeigen, der Anteil zirkummediterraner und orientalisch-mediterraner Elemente ständig ab. An ihre Stelle treten mediterrane Oreophyten (Gruppe 3.), die in der altomontanen Stufe schließlich fast die Hälfte der Gesamtflora ausmachen. Zu ihnen gesellen sich – ebenfalls in zunehmendem Maße (bis zu 19% in

Aufn. 5) – Oreophyten mit Schwerpunkt der Verbreitung in den submediterranen Gebirgen (Gruppe 6.). Außerdem findet man mit wechselnden geringeren Anteilen (5–10%) Pflanzen mit Verbreitungsoptimum in Mitteleuropa, also in den gemäßigten Breiten (Gruppe 8.). Die montane Lockerwaldgesellschaft mit *Quercus ilex* und verschiedenen sommergrünen Laubgehölzen (Aufn. 6) zeichnet sich durch eine leichte Häufung submediterran-nemoraler Elemente aus. Man kann deshalb von einer fragmentarisch entwickelten *Quercus pubescens*-Stufe sprechen, in der in der Regel *Corymbosae*-Disteln angetroffen werden.

In der altomontanen Stufe wächst nach unseren Beobachtungen *C. sicula* nur gelegentlich in Kalkkarrenfeldern zwischen den Pionierbeständen des Fagetum. Dagegen fehlt die Art, wie auch alle anderen mediterranen Elemente, in den überwiegend von Zwergsträuchern und Zwerghalbsträuchern besiedelten Dolomitfelsfluren. Die Vorkommen von *C. sicula* reichen demnach nur soweit, wie im Artenbestand der Begleitvegetation mindestens 30% zirkummediterrane Arten angetroffen werden.

Tabelle 23 gibt auch einen guten Einblick in die Verteilung der Endemiten innerhalb der geschilderten Vegetationsstufen. Die mediterranen Gariguen und noch mehr die Thero-Brachypodietea-Gesellschaften sind verhältnismäßig arm an Endemiten. In der montanen Stufe steigt dagegen die Zahl der Arten, die in ihrer Verbreitung auf die sizilisch-südapenninische Provinz beschränkt sind bzw. als Lokalendemiten ein noch engeres Areal bewohnen, bis auf 18% an. Auch in dieser Hinsicht bestehen in der Begleitvegetation von *C. sicula* beachtliche Unterschiede zwischen den Gesellschaften des Tieflandes und denen der Bergstufe.

Bei der Analyse ihrer Verwandtschaftsbeziehungen erweisen sich die Endemiten oft als Abgliederungen mediterraner Sippen. Die altomontanen Kalkkarst- und Dolomitfelsfluren der Madonie beherbergen aber auch eine ganze Reihe von endemischen Arten mit Beziehungen zur Pflanzenwelt der extrem ariden orientalischen Gebirge und der südosteuropäisch-südsibirischen Steppen. Chorologische Zusammenhänge, wie sie in den einzelnen Sippen, etwa der *Pimpinella tragium*-Gruppe (Abb. 107f) oder bei *Cachrys ferulacea* in ausgedehnten Arealen zum Ausdruck kommen, ergeben sich bei *Astragalus nebrodensis, Jurinea humilis* oder *Linum punctatum* im Hinblick auf deren nächste Verwandtschaft.

Innerhalb der im Profil aufgezeigten weiten Höhenstufen-Amplitude von *C. sicula* lassen sich drei Abschnitte erkennen (vgl. Tab. 23). Der untere planar-kolline ist durch die Dominanz der mediterranen Elemente charakterisiert. Unter ihnen ist ein Anteil südmediterraner Sippen zu beachten (Aufn. 1–2). Auch in den Aufnahmen des zweiten Abschnittes (Aufn. 3–4) herrschen die mediterranen Arten vor. Daneben spielen zunehmend mediterrane Oreophyten (Gruppe 3.) eine Rolle im Vegetationsaufbau. In der dritten Stufe schließlich treten zu den mediterranen Oreophyten noch eine ganze Reihe von Pflanzen, deren Verbreitungsschwerpunkt in den submediterranen Gebirgen liegt (submediterrane Oreophyten, Gruppe 6.). Zusammen mit einigen Vertretern der submediterranen und der südeuropäisch/montan-mitteleuropäischen Laubwaldflora (Gruppe 5. und 8.) betonen sie einen gewissen temperaten Einfluß. Unter diesen Bedingungen finden wir *C. sicula* jedoch nur soweit, als mindestens ein Drittel der Begleitflora von mediterranen Elementen gestellt wird.

Die Aufnahmen mit *Carlina sicula* enthalten 23–33% ozeanische Elemente. Der Ozeanitäts-Kontinentalitäts-Koeffizient liegt zwischen 0,8 und 1,7.

Carlina nebrodensis wächst nur in der obersten an mediterranen und submediterranen Oreophyten reichen Stufe gemeinsam mit *C. sicula*. Sie reicht aber über deren Gebiet weiter in die altomontane Stufe und findet sich hier in einer Vegetation mit einem Optimum an submediterranen Oreophyten und nur noch Resten von mediterranen Elementen (Aufn. 8). Selbst Lokalendemit der nordsizilischen Gebirge, gedeiht *C. nebrodensis*

Additional material from *Lebensgeschichte der Gold-und Silberdisteln,*
ISBN 978-3-7091-7439-5 (978-3-7091-7439-5_OSFO3),
is available at http://extras.springer.com

in einer an Endemiten besonders reichen Vegetation. Damit ergeben sich innerhalb der untersuchten Testflächen bei beiden Arten klar umgrenzte Amplituden ihres Vorkommens.

3.4.2.4. *Carlina graeca, C. curetum,* etagale Differenzierung (Profil Kreta)

Ähnlich wie *Carlina sicula* steigt *C. graeca* in Teilen ihres Areals in Gebirgslandschaften von den Küsten bis in die altomontane Stufe auf und kommt hier verschiedentlich mit Vertretern von sect. *Carlina* vor (vgl. Band II). Auf Kreta wächst sie dagegen nur im kollinen und submontanen Bereich und wird in montanen und altomontanen Lagen von der systematisch nahestehenden *C. curetum* abgelöst. Diese Verteilung kommt in einem Profil durch den westlichsten Teil der hohen Gebirgsstöcke Kretas, die Weißen Berge (Lefka Ori), zum Ausdruck (vgl. Abb. 117 und Tab. 24). Wir finden hier, wie auch im übrigen Inselgebiet, auf den aus leicht verwitterbaren Neogen- und Phyllitschichten aufgebauten und durch sanfte Geländeformen ausgezeichneten Hügeln und Vorbergen regelmäßig *C. graeca*, meist in therophytenreichen Trockenrasen (vgl. Tab. 24, Aufn. 2). Mit den schroffen, steilen und oft verkarsteten Geländeformen der harten mesozoischen Kalke und Dolomite des Hochgebirges erscheint *C. curetum* oft an Reste der Gehölzvegetation gebunden. Wie die Aufnahme 5 in Tabelle 24 belegt, findet sie sich nach unseren Beobachtungen in der montanen Stufe oft in aufgelichteten Bergwäldern in Phrygana-artiger Vegetation zusammen mit verschiedenen Gehölzen (*Quercus coccifera, Rhamnus lycioides*) und einer ganzen Anzahl von Kräutern und Halbsträuchern, die in tieferen Stufen auch mit *C. graeca* gemeinsam siedeln. Zu den spezifischen und mehr oder weniger regelmäßigen Begleitern von *C. curetum* gehören dagegen *Cupressus sempervirens, Acer sempervirens* und *Berberis cretica* als Bäume und Sträucher sowie *Hypericum empetrifolium, Teucrium alpestre, Galium recurvum, Scaligeria cretica, Centaurea idaea* und *Helictotrichon cycladon* als Zwergsträucher und Gräser. Ihrer Gesamtverbreitung nach sind dies alles endemische, ägäische oder ägäisch-hellenische bzw. ägäisch-südwestanatolisch-cyprische Sippen, von denen viele die montane und altomontane Stufe bevorzugen.

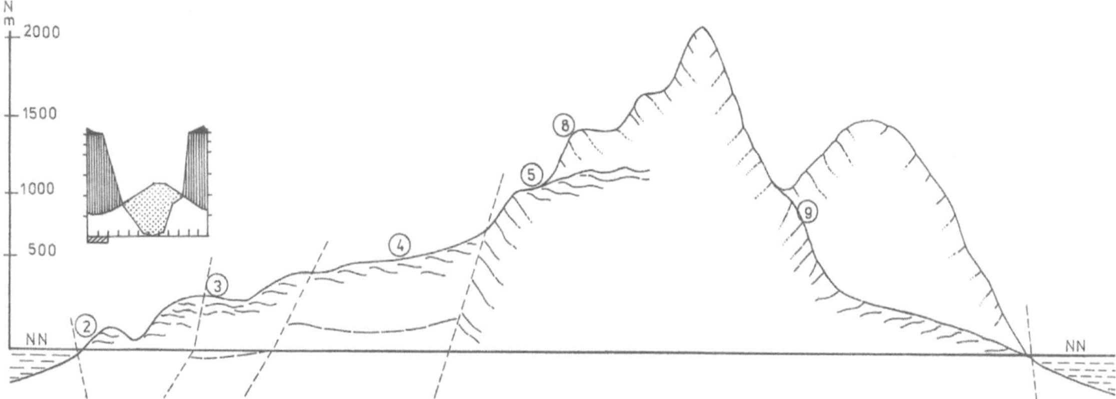

Abb. 117: Lage der Aufnahmen im Profil mit *Carlina graeca* und *C. curetum* im westlichen Kreta (Tab. 24). Klimadiagramm von Hania nach WALTER & LIETH (1960). Die Schraffuren (Wellenlinien, steile Striche) sollen auf Unterschiede in der Geländestruktur (weiche Neogenschichten, harte Kalke und Dolomite) hinweisen.

Fig. 117: Position of the study sites in profile with *Carlina graeca* and *C. curetum* in western Crete (tab. 24). Climatic diagramm (Hania) based on WALTER & LIETH (1960).

Reich entwickelt sich *Carlina curetum* aber auch dort, wo in höheren und stärker exponierten Lagen (bei 1300–1500 m) Arten der subalpinen Dornpolsterfluren herabsteigen und in eine Bergphrygana mit einzeln stehendem Pioniergehölz eindringen (Tab. 24, Aufn. 8, Abb. 117). Im Ida-Gebirge haben wir (Meusel, Hübl 1976, Exkursionsnotiz) *C. curetum* zerstreut auch in Dornpolsterfluren beobachtet (Tab. 24, Aufn. 7). Sie wächst hier meist aber nur an geschützten Stellen, angelehnt an große Steinblöcke oder niedriges Gebüsch.

Nach den vorliegenden floristischen und pflanzensoziologischen Beobachtungen gehen wir wohl nicht fehl, wenn wir *Carlina curetum* als eine Pflanze der montanen bis altomontanen oberen Wald- und Waldgrenzstufen bezeichnen. Sie dringt vereinzelt bis in die subalpinen Dornpolsterfluren vor und wird auch noch aus der Gipfelregion erwähnt. Sicherlich ist die Art aber nicht zu den überwiegend subalpin-alpinen Elementen der kretischen Gebirge zu zählen, wie man nach Zaffran (1976, 1982) annehmen könnte. Wir haben vielmehr den Eindruck, daß sie dort ausklingt, wo in der ariden subalpinen Stufe die *Astragalus-Acantholimon*-Dornpolster weitflächig zur Herrschaft kommen.

Dagegen kann sich *C. curetum*, wie wir in der Samaria-Schlucht beobachteten, gelegentlich auch in tieferen Lagen in humide Sonderstandorte einfügen. Die Art begegnete uns hier nicht nur in mittleren Höhen, wo neben *Cupressus* bereits *Pinus brutia* vorkommt (Tab. 24, Aufn. 9), sondern auch in der tief eingeschnittenen Schlucht auf Schotter, am Fuß schattiger Felsen mit einer meso-hygrophilen Reliktflora von *Staehelina arborescens, Galium fruticosum, Calamintha cretica, Campanula cretica, Linum arboreum* u. a. Es ist kaum anzunehmen, daß solche Schluchtvorkommen nur auf ein zufälliges Herabschwemmen aus der Bergstufe zurückzuführen sind. Vielmehr möchten wir vermuten, daß das Geländeklima der Schluchten den Ansprüchen der im Vergleich mit *C. graeca* wohl weniger thermophilen Sippe der altomontanen Stufe soweit entspricht, daß sie an Sonderstandorten auch in tieferen Lagen konkurrenzfähig bleibt. Wahrscheinlich machen sich bei der Standortsdifferenzierung von *C. graeca* und *C. curetum* außerdem Unterschiede in der Substratbindung bemerkbar. *C. graeca* bevorzugt die weichen Schichten des Neogens. *C. curetum* zeigt dagegen nach unseren Beobachtungen, wie viele Gebirgspflanzen auf Kreta, eine besondere Fähigkeit in Dolomit-Felsschotter und manchmal selbst in Dolomit-Felsspalten zu wurzeln.

Die Arealtypenspektren der verschiedenen Gesellschaften des Vegetationsprofils, ergänzt durch Vegetationsaufnahmen aus tieferen Lagen des Gesamtareals von *Carlina graeca* (vgl. Tab. 25, Aufn. 1) charakterisieren *C. graeca* als eine Sippe, die wie *C. hispanica* weitgehend von mediterranen Elementen der Arealtypengruppen 0., 1. und 2. begleitet wird. Innerhalb dieser Gesellschaften der unteren Stufen ist der Endemiten-Anteil verhältnismäßig gering. Besonders arm an Endemiten ist die den Thero-Brachypodietea nahestehende Vegetation (Tab. 25, Aufn. 3). Oreophyten fehlen hier so gut wie ganz. Dagegen zeichnet sich die Begleitvegetation von *C. curetum* durch einen beachtlichen Anteil von mediterranen Gebirgselementen (Gruppe 3.) aus, unter denen sich viele Endemiten befinden. Daneben enthalten Gesellschaften mit *C. curetum* aber auch noch viele mediterrane Elemente. Ihre Zusammensetzung entspricht damit den Spektren der Begleitflora von *C. sicula* in den montanen Lagen Siziliens (vgl. Aufn. 5 in Tab. 25 mit Aufn. 3 und 4. in Tab. 23). Dagegen ist die Übereinstimmung von *C. curetum* mit *C. nebrodensis* im coenologischen Verhalten viel geringer, weil sich diese Art stets Pflanzengesellschaften anschließt, die neben mediterranen Oreophyten auch submediterrane Oreophyten (Gruppe 6.) in größerer Zahl enthalten. Diese Gruppe (6.) fehlt im Gegensatz zu den Verhältnissen in den Nebroden aber in den Gebirgen Kretas fast völlig. Aus diesen

Additional material from *Lebensgeschichte der Gold-und Silberdisteln*,
ISBN 978-3-7091-7439-5 (978-3-7091-7439-5_OSFO4),
is available at http://extras.springer.com

Gegebenheiten heraus wird auch verständlich, daß Arten aus *Carlina* sect. *Carlina* (z. B. *C. frigida*) auf Kreta fehlen und erst weiter nördlich in den Hochgebirgen Griechenlands auftreten.

In viel stärkerem Maße als *Carlina sicula* in den höheren Lagen der nordsizilischen Gebirge mit Oreophyten kontinentalen Charakters zusammentrifft, erscheint *C. curetum* von kontinentaler Hochgebirgsvegetation umgeben. Wie oben bereits dargelegt wurde, erreicht *C. curetum* in den altomontan · kontinentalen Dornpolsterfluren ihre Grenze. Die Spektren der Aufnahmen aus dem Ida-Gebirge und den Levka Ori (neben *Berberis cretica*-Typ auch Vertreter des kontinentalen *Cerasus prostrata*-Typs und des *Astragalus angustifolia*-Typs) kennzeichnen mit kontinentalen Oreophyten-Sippen und nur wenigen Zeigern für hohe Ozeanität eine solche Grenzsituation. Im Gegensatz dazu zeigt das Arealtypenspektrum der Aufnahme in der Samaria-Schlucht mit *C. curetum*-Vorposten (Tab. 25, 8) eine beachtlich hohe Ozeanität und belegt eine auch für diese Art weit in den humiden Bereich reichende ökologische Amplitude.

3.4.2.5. *Carlina corymbosa, C. acaulis*, etagale Differenzierung (Profil Pratomagno, Apennin)

Im nördlichen Apennin bei Florenz konnten wir (MEUSEL und STEINBERG 1977) eine Folge von mediterran beeinflußter kolliner Vegetation mit *C. corymbosa* bis zu submediterran/montanen und submediterran/altomontanen Pflanzengesellschaften mit *C. vulgaris, C. macrocephala* und *C. acaulis* beobachten. *C. corymbosa* wächst hier am Nordwestabfall des Pratomagno-Bergzuges an Felskanten in Auflichtungen des Quercetum pubescentis (vgl. Tab. 26, Aufn. 1) bei etwa 400 m, zusammen mit einer Reihe von mediterranen Elementen wie *Spartium junceum, Erica arborea, Trifolium angustifolium* und *Satureja nepeta*. Vorherrschend sind aber in der Gehölz- und krautigen Begleitvegetation submediterrane (z. B. *Quercus pubescens, Fraxinus ornus, Trifolium rubens, Odontites lutea*) sowie submediterran-mitteleuropäische (*Acer campestre, Clinopodium vulgare, Hypericum montanum, Tanacetum corymbosum*) und sogar einige europäische und eurosibirische Arten, deren Gesamtareal die boreale Zone mit einschließt (*Agrostis tenuis, Solidago virgaurea, Calluna vulgaris*).

Noch geringer ist der Anteil mediterraner Elemente an ähnlichen Stellen in der submontanen Stufe (bei etwa 950 m; Tab. 26, Aufn. 2). Hier ist *C. corymbosa* nur noch ganz vereinzelt an exponierten Stellen in Straßennähe anzutreffen. Im lichten, grasreichen Gebüsch auf felsigem Untergrund tritt *C. vulgaris* ssp. *acanthophylla* an ihre Stelle. In der montanen Buchenstufe schließlich, wo am windexponierten Felskamm *Fagus sylvatica* Kümmerformen bildet und der Wald sich – orographisch und lokalklimatisch bedingt – stellenweise von Natur aus auflichtet, findet man im Umkreis windexponierter Felskanten *C. acaulis* (Aufn. 3) in kleinen Beständen. Massenhaft entwickelt sich diese Art erst nach weitflächiger Waldvernichtung in altomontanen Zwergstrauchheiden mit *Sarothamnus, Calluna* und *Juniperus communis* (Aufn. 4).

Die Arealtypenspektren der in Tabelle 26 zusammengestellten Gesellschaften (vgl. Tab. 27) kennzeichnen die Grenze des Vorkommens von *C. corymbosa* in der kollinen Stufe des bereits in der submediterranen Unterregion gelegenen Toskanischen Apennins. In höheren Lagen wird die mediterrane Art von den ihrer Gesamtverbreitung nach südeuropäisch/montan-mitteleuropäischen *C. vulgaris* und *C. acaulis* abgelöst. Zerstreut wächst hier auch *C. macrocephala* als zentralsubmediterraner Oreophyt.

In Aufnahme 1 (mit *C. corymbosa*) sind noch 38% mediterrane und mediterran-orientalische Elemente anzutreffen, darunter allerdings viele 1(5).9., 1(5).10., 2(1,8).7. mit einer weiten Amplitude des Gesamtareals bis in temperate Gebiete. Nur bei Einbeziehung

Tab. 27: Pflanzengesellschaften mit *Carlina corymbosa*, *C. vulgaris* und *C. acaulis* in verschiedenen Höhenstufen des Toskanischen Apennin (Pratomagno) (vgl. Tab. 26), Arealtypenspektren.

Tab. 27: Plant communities with *Carlina corymbosa*, *C. vulgaris* and *C. acaulis* in different altitudinal levels of the Toscanian Apennine (north of Pratomagno) (cf. t. 26), spectra of distribution types.

Aufn. Nr. Höhe über N. N. Gesamtartenzahl		1 400 37	2 950 32	3 1400 23	4 1415 28
Macar-medit ATG	**1.**	**22**	**18**	–	–
Trifolium stellatum-Typ	1.0.	3	3	–	–
Quercus ilex-Typ	1.2.	3	–	–	–
Achillea ligustica-Typ	1.7.	3	3	–	–
Limodorum-Typ	1(5).9.	6	3	–	–
Ruscus-Typ	1(5).10.	3	3	–	–
Sherardia-Typ	1(8).11.	2	3	–	–
Eryngium campstre-Typ	1(4).12.	2	3	–	–
Orient-medit ATG	**2.**	**16**	**9**	**9**	**6**
Teucrium polium-Typ	2(1).3.	3	–	–	–
Daucus-Typ	2(1,8).7.	13	9	9	6
Submedit ATG	**5.**	**25**	**39**	**4**	–
Pinus nigra-Typ	5.0.	–	–	–	–
Quercus cerris-Typ	5.4.	5	15	–	–
Euphorbia amygdaloides-Typ	5.7.	–	6	4	–
Globularia punctata-Typ	5.8.	3	6	–	–
Acer campestre-Typ	5.10.	5	–	–	–
Stachys recta-Typ	5.9.	6	3	–	–
Trifolium rubens-Typ	5.11.	6/3	6/3	–	–
Submedit-Oreophyten ATG	**6.**	–	**3**	**4**	**6**
Silene saxifraga-Typ	6.0.	–	3/3	–	–
Arenaria bertolinii-Typ	6.3.	–	–	4	3
Amelanchier ovalis-Typ	6(3).11.	–	–	–	3
Mitteleurop ATG	**8.**	**24**	**28**	**55**	**60**
Tilia cordata-Typ	8.0.	5	3	4	4
Ulex-Typ	8.1.	–	3	4	4
Calluna-Typ	8.3.	3	3	9	18/6
Ilex aquifolium-Typ	8.5.	–	–	10	–
Hedera helix-Typ	8(1).6.	3	–	–	–
Fagus-Typ	8.7.	4	16	10/3	11
Astrantia major-Typ	8.8.	–	–	4	11/4
Fraxinus excelsior-Typ	8.10.	2	–	10	8
Ficaria-Typ	8.12.	4	3	–	–
Anthoxanthum odoratum-Typ	8(12).15.	–	–	4	4
Eurasisch-temperate ATG	**10.**	**13**	**6**	**24**	**20**
Populus tremula-Typ	10.0.	3	6	12	11
Poa nemoralis-Typ	10.3.	2	–	4	–
Campanula glomerata-Typ	10.5.	–	–	4	–
Brachypodium pinnatum-Typ	10(5).7.	4	–	–	3
Angelica sylvestris-Typ	10(12).10.	3	–	4	6
Eurasisch-boreale ATG	**12.**	–	–	**4**	**8**
Cardamine pratensis-Typ	12.0.	–	–	4	8
Carlina corymbosa		+	(+)	–	–
Carlina vulgaris		–	+	–	–
Carlina acaulis		–	–	+	+
oz: 1.2., 1(5).9., 1(5).10., 1(8).11., 5.4., 5.7., 6.0., 6(3).11., 8.1., 8.3., 8.5., 8.6., 8.7., 8.8., 8.10., 8(12).15.		34	52	51	55
kont: 1(4).12., 2(1).3., 5.0., 5.9., 5.11., 10.5., 10(5).7.		21	12	4	3
oz/kont:		1.6	4.3	12.8	18.3
S		3	6	–	12
E		–	–	–	–

der submediterranen Pflanzen (Gruppe 5. mit 25%) kann man von einem mediterranen Übergewicht im Begleitpflanzenspektrum sprechen. Unter den temperaten Sippen spielen solche mit mediterran/montan-mitteleuropäischer Gesamtverbreitung die Hauptrolle (24%). Innerhalb dieser Gruppe (8.) sind verschiedene, die mit ausgedehnten Arealen südlich bis in den mediterranen Raum [8(1).6.; 8.12.] hineinreichen. Das Apennin-Profil charakterisiert somit vom Arealtypenspektrum her *C. corymbosa* als eine Art, die auch noch dort wachsen kann, wo bereits viele Pflanzen der warmgemäßigten bis temperaten Breiten am Vegetationsaufbau beteiligt sind (vgl. *C. hispanica*, S. 223). Auch im Anteil der ozeanischen Sippen (35%) und im oz/kont-Koeffizient (1,6) ähnelt sie *C. hispanica* an ihren nördlichen Standorten (vgl. Tab. 21).

Die Gesellschaften der montanen Stufen zeigen eine starke Abnahme bis zu einem völligen Ausfall von mediterranen Elementen. Aufnahme 2 (mit *C. vulgaris*) enthält neben einigen Vertretern der Arealtypengruppen 1. und 2. (27%, meist eurychore Arten) vor allem Pflanzen der submeridionalen und temperaten Vegetation (etwa zu gleichen Teilen) mit einem deutlichen Schwerpunkt von Vertretern der subozeanischen Breitlaubflora (5.4., 5.7., 8.7.).

Die Vegetation der Standorte 3 und 4 setzt sich weitgehend aus temperaten, südmitteleuropäischen und eurasischen Sippen zusammen, unter denen sich in beachtlicher Zahl euozeanische (8.2., 8.3., 8.7.) und montane subozeanische Elemente (8.8.) befinden. In diesen Gesellschaften ist *C. acaulis* zu Hause.

Die Gegenüberstellung der Arealtypenspektren von Aufnahme 1 und der Aufnahmen 3 und 4 demonstriert den völlig verschiedenen ökogeographischen Charakter von *C. corymbosa* als einer an sommertrockene Landschaften der warm bis warmgemäßigten Zone gebundenen Sippe und von *C. acaulis* als einer subozeanischen Art der kühl gemäßigten Klimagebiete. Im Vergleich mit dem Nebroden-Profil (Tab. 23) kommt außerdem zum Ausdruck, daß in der submediterranen Unterregion die Ozeanität in der montanen Stufe beachtlich zunimmt und nicht wie im meridionalen Bereich gleich bleibt oder sogar zurückgeht.

Die vorliegenden Beispiele zeigen Möglichkeiten auf, wie man einzelne Sippen vom Arealtypenspektrum ihrer Begleitvegetation ausgehend zu charakterisieren vermag. So sind alle Arten von sect. *Corymbosae* an Gesellschaften mit einer hohen Beteiligung von Elementen der makaronesisch-mediterranen, der südmediterranen und der orientalisch-mediterranen Arealtypengruppe gebunden. Die Anteile an diesen Gruppen in den einzelnen Aufnahmen unserer Tabellen mit *C. hispanica, C. corymbosa, C. sicula, C. graeca* und *C. curetum* liegen zwischen 35% und 92%. Fast alle Gesellschaften mit *Corymbosae*-Sippen enthalten außerdem ozeanische Arealtypen. In der Höhe dieser Anteile und im oz/kont-Koeffizienten unterscheiden sich die einzelnen Vertreter der Sektion aber deutlich:

C. hispanica:	oz	30–94%	oz/kont	1,0–∞
C. corymbosa:	oz	34–52%	oz/kont	1,6–4,3
C. sicula:	oz	23–33%	oz/kont	0,8–1,9
C. graeca:	oz	18–28%	oz/kont	0,2–0,4
C. curetum:	oz	4–20%	oz/kont	0,1–0,5

Viel höher als bei den Vertretern der sect. *Corymbosae* liegen die Anteile an ozeanischen Arealtypen in den Gesellschaften mit *C. acanthifolia* und *C. acaulis* (vgl. Tab. 21 und Tab. 27).

Wenn man in den Tabellen 23 und 25 die Spektren der Begleitvegetation der montan-altomontanen *Carlina*-Arten auf Kreta und von Nordsizilien vergleicht, so zeigt *C. cure-*

tum mit einer Dominanz der Gruppen 1. und 3. einen ganz anderen Charakter als *C. nebrodensis,* wo in der Begleitvegetation neben ausgesprochen mediterranen Elementen beachtliche Anteile der Gruppen 5., 6. und 8. auf starke Beziehungen zur submediterranen Vegetation hinweisen (vgl. Band II).

3.5. Ökophysiologische Beobachtungen

Vergleichend morphologische und anatomische Untersuchungen über die Wuchsformen sowie chorologische und phytocoenologische Analysen, wie sie in den vorhergehenden Abschnitten behandelt wurden, ermöglichen Einblicke in das unterschiedliche Umweltverhalten der einzelnen Taxa und vermitteln Vorstellungen von der ökologischen Differenzierung der Gattung. Durch ökologische Studien können Teilbereiche der Ökostruktur mit exakten experimentellen Methoden überprüft werden. Es sollen deshalb die einzigen bisher vorliegenden Analysen in dieser Richtung als wichtige Teile einer Sippenbeschreibung in den Rahmen unserer Monographie eingefügt werden.

Von Körner (vgl. Körner & Meusel 1986) wurden an den beiden nahe verwandten Arten *Carlina vulgaris* und *C. biebersteinii* in der Umgebung von Innsbruck an natürlichen Standorten und in Vergleichskulturen im Botanischen Garten in den Jahren 1981 bis 1985 ökophysiologische Untersuchungen durchgeführt. Sie stehen im Mittelpunkt dieses Kapitels[10]. Um Unterschiede im Verhalten von *Carlina salicifolia* und *C. diae* aufzuzeigen, wird außerdem anhangsweise über Transpirationsmessungen in Versuchskulturen des Botanischen Gartens in Halle berichtet.

Aus Beobachtungen an den Standorten von *Carlina vulgaris* und *C. biebersteinii* ergab sich, daß die Verteilung der beiden Arten in erster Linie vom Wasserhaushalt abhängig ist. Es wurde deshalb vor allem das Stomataverhalten, die stomatäre Leitfähigkeit für Wasserdampf („Blattleitfähigkeit"), als eine Reaktion der Pflanzen auf Veränderungen im Standortsklima bestimmt. Zusätzlich durchgeführte anatomische und morphometrische Analysen ökologisch relevanter Wuchsmerkmale der beiden Arten sollen die bereits vorgestellten morphologischen und anatomischen Befunde (vgl. 2.3., 2.5.) ergänzen.

Als Versuchspflanzen dienten *Carlina vulgaris* von südlich exponierten, warmen Hängen des Inntales am Fuß der Nordkette bei Innsbruck und *C. biebersteinii* von einem bereits A. Kerner bekannten Vorkommen an Steilabstürzen in der altomontanen Stufe der Stubaier Alpen bei Ranalt. Von beiden Arten wurden Jungpflanzen auf eine Versuchsfläche im Botanischen Garten in Innsbruck überführt. Zu den Standortsbedingungen vgl. Tab. 28.

3.5.1. Morphometrische Daten

Morphometrische Untersuchungen, die zur Aufklärung des spezifischen Umweltverhaltens der beiden Arten beitragen sollten, erstreckten sich auf die Bestimmung

1. der Biomasse (Tab. 29),
2. der Gesamtblattfläche und ihrer Verteilung an der Pflanze (Tab. 29, Abb. 118)
3. der Ausdehnung der Bewurzelung (Tab. 30) und
4. der Stomataverteilung und der Stomatagröße (Tab. 31, 32).

---

[10] Die Darstellung folgt daher weitgehend der Veröffentlichung von Körner & Meusel 1986.

Tab. 28: Angaben zu den Versuchsstandorten von *Calina vulgaris* und *C. biebersteinii* (zusätzliche Erläuterungen vgl. KÖRNER & MEUSEL 1986).

Tab. 28: Data on original and transplant habitats of *Carlina vulgaris* and *C. biebersteinii* (for additional data see KÖRNER & MEUSEL 1986).

Standortsname	Wildstandort von *C. vulgaris* Rum	Wildstandort von *C. biebersteinii* Ranalt	Transplantat-garten Innsbruck
Höhe über NN (m)	1000	1580	600
Niederschlag (mm a^{-1})	ca. 950	ca. 1000	900
Jahresmitteltemperatur (°C)	7.6	3.4	8.8
Monatsmitteltemperatur f. Juli (°C)	15.9	11.8	18.6
Mittl. Temperaturmaximum f. Juli (°C)	ca. 21.9	ca. 16.3	24.6
Dauer der vegetationsaktiven Zeit (Monate)	ca. 7	ca. 5–6	ca. 8

Dabei wurden neben Pflanzen am natürlichen Standort auch Exemplare aus den Vergleichskulturen ausgewertet.

Die Ergebnisse können nicht nur das Verhalten der beiden Arten beleuchten, sondern weisen gleichzeitig auf die besondere Stellung der Köpfchen an der Gesamtpflanze hin, wie sie sich bei allen *Carlina*-Arten sowohl strukturell als auch funktionell abzeichnet. Diese „Kopflastigkeit" zeigte sich deutlich bei der Analyse der Biomasse-Produktion. Nur ein Achtel der Trockensubstanz der Pflanze befand sich im Boden. Dagegen wird etwas mehr als die Hälfte der gesamten Biomasse in den Köpfchen deponiert.

Wie die Biomasse ist auch die Verteilung der Blattfläche an der Hauptachse und an den Seitentrieben, sowohl an Pflanzen des natürlichen Standortes als auch solchen des Versuchsgartens, ausgesprochen polar differenziert (Abb. 118). Aus den Messungen ergab sich die beachtliche Tatsache, daß die Summe der kleinen Blättchen des äußeren Involukrums einschließlich der direkt benachbarten subcephalen Hochblätter beinahe 50% der Blattfläche der Gesamtpflanze ausmacht.

An vergleichbaren Pflanzen der Versuchsfläche konnte auch die Verteilung des Wassergehaltes auf die einzelnen Abschnitte der Gesamtpflanze ermittelt werden. Danach befinden sich 45% des Wasservorrates im Köpfchen einschließlich seines Involukrums, während das Wurzel- und das Achsensystem jeweils nur 20% des Gesamtwassergehaltes beinhalten. Auf die Sonderstellung der Köpfchen im Verhalten der Stomata wird später hingewiesen.

An Pflanzen der natürlichen Standorte und der Vergleichskulturen konnte durch die morphometrischen Ermittlungen KÖRNERs eine ganze Reihe von Unterschieden im morphologischen und anatomischen Bau der beiden untersuchten Taxa festgestellt werden, die dazu beitragen, deren Ökostruktur besser zu erkennen. Der in der Natur sehr oft zu beobachtende stärkere Wuchs von *Carlina biebersteinii* wurde durch Biomasse-Messungen an Pflanzen der Vergleichskulturen (Tab. 29) bestätigt. Diese Art bringt etwa die doppelte Menge des Trockengewichts von *C. vulgaris* hervor. Damit im Zusammenhang steht eine um 25% bis 30% größere Blattfläche bei *C. biebersteinii*.

Berechnet man die Blattfläche, die pro Standraumgrundfläche entwickelt wird, so tritt ein wesentlicher Unterschied zwischen beiden Arten zutage: Die Daten von den Wildstandorten zeigen, daß *Carlina vulgaris* pro cm^2 Standfläche (einer Kreisfläche,

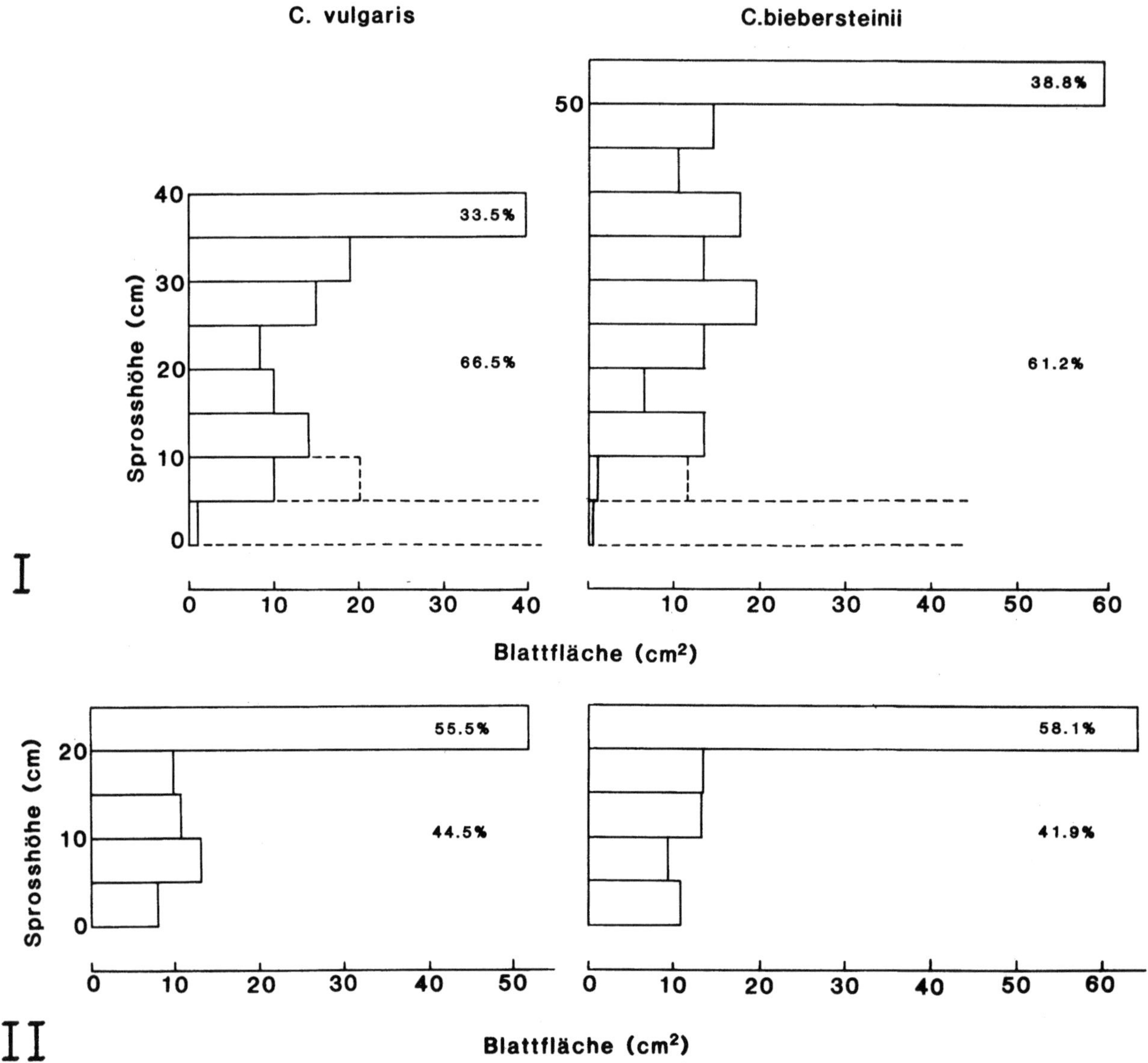

Abb. 118: *Carlina vulgaris, C. biebersteinii.* Blattflächenverteilung. I: Am Hauptsproß mit Köpfchen von Pflanzen der natürlichen Standorte (Innsbruck, Nordkette und Stubaital). II: An Seitentrieben mit Köpfchen mehrtriebiger Individuen im Kulturversuch im Botanischen Garten (Innsbruck). Aus Körner & Meusel 1986.

Fig. 118: *Carlina vulgaris, C. biebersteinii,* vertical distribution of the leaf surface areas.

berechnet aus der größten horizontalen Ausdehnung der Pflanze) 1,1 cm^2 Blattfläche ausbildet, *C. biebersteinii* dagegen nur 0,8 cm^2/cm^2. Für Teiltriebe von Pflanzen des Kulturversuches betragen die Werte sogar 1,8 (*C. vulgaris*) gegenüber 0,9 (*C. biebersteinii*). Berücksichtigt man noch, daß *C. vulgaris* in der Regel ein Drittel weniger hoch wird als *C. biebersteinii*, so ergibt sich insgesamt eine wesentlich höhere räumliche Dichte der Blattfläche bei *C. vulgaris*. Da sich die Pflanzen im Kulturversuch ohne Konkurrenzdruck entwickeln konnten, betrachten wir diese Wuchsweise als Ausdruck eines erblichen Charakters.

Tab. 29: Biomasseverteilung in *Carlina vulgaris* und *C. biebersteinii* (Angaben in % des Gesamttrockengewichtes, Mittelwerte von jeweils 3 Individuen).

Tab. 29: Biomass distribution in *Carlina vulgaris* and *C. biebersteinii* (data in % of dry weight, mean value of three individuals each).

	C. vulgaris	*C. biebersteinii*	
Involukralbereich (Blütenköpfchen)	50.6 ±1.1	51.0 ±4.3	n.s.
Blätter an Verzweigungen bis knapp unter das Involukrum	4.8 ±0.9	5.0 ±1.1	n.s.
Blätter an der Haupt-(Primär)achse	12.2 ±1.7	8.4 ±1.8	*
Haupt- und Nebenachsen	19.9 ±2.9	24.0 ±1.4	*
Pfahlwurzel	5.0 ±1.4	8.1 ±3.0	n.s.
Feinwurzeln	6.0 ±1.4	3.5 ±1.3	n.s.
Summe	100.0 %	100.0 %	
Mittleres Gesamttrockengewicht pro Indiviuum (g)	3.9 ±1.2	9.0 ±3.2	
Mittleres Trockengewicht des einzelnen Blütenköpfchens (g)	0.58±0.09	0.92±0.15	

Die in Vergleichskulturen durchgeführten Wurzeluntersuchungen haben nur Richtwertcharakter (Tab. 30). Sie weisen darauf hin, daß bei beiden Arten in der Gesamtlänge der Bewurzelung keine Unterschiede bestehen. Auf Grund der größeren Gesamtblattfläche von *Carlina biebersteinii* ergibt sich aber [rechnerisch] für diese Art nur eine etwa halb so große Wurzellänge pro zu versorgender Blattflächeneinheit. Der Durchmesser der Feinwurzeln liegt bei beiden Arten zwischen 0,15 und 0,2 mm. Das Wurzelsystem von *C. biebersteinii* ist stärker verzweigt und dadurch dichter (mehr Verzweigungen 3. Ordnung) als bei *C. vulgaris*. Demnach durchwurzelt *C. biebersteinii* ein kleineres Bodenvolumen relativ intensiv, während *C. vulgaris* ein mehr weitläufiges Wurzelsystem ausbildet und so einen größeren Bodenkörper nutzt.

Hinsichtlich der Stomatazahlen und der Stomataverteilung von *Carlina vulgaris* und *C. biebersteinii* bestätigen die Untersuchungen Körners grundsätzlich die bereits mitgeteilten Befunde von Kästner (1972) (vgl. Tab. 32 und Tab. 3). Durch Messungen der Stomatadimensionen (Tab. 31) konnten diese Beobachtungen noch erweitert werden. Danach weist *C. vulgaris* in allen Fällen größere Stomata auf als *C. biebersteinii*. Nach Vorstellungen, die letztlich auf Huber (1928, zit. 1956) zurückgehen, behindern bei gleichem Porenareal große Stomataporen die Diffusion relativ mehr als kleine. Ceulemans et al. (1978) haben gezeigt, daß große Stomata daher auch eine wirksamere Regula-

Tab. 30: Einige quantitative Merkmale des Wurzelsystems von *Carlina vulgaris* und *C. biebersteinii*.

Tab. 30: Some quantitative features of the root system in *Carlina vulgaris* and *C. biebersteinii*.

	C. vulgaris	*C. biebersteinii*	
Gesamtlänge des Wurzelsystems pro Individuum (m)	17.4± 8.0	17.7± 0.3	n.s.
Spezifische Wurzellänge (m pro g Feinwurzeltrockengewicht)	67 ± 1	62 ±14	n.s.
Wurzellänge pro Blattflächeneinheit (m pro dm^2 proj. Fl.)	21.4±12.4	11.9± 3.2	*
Mittleres Sproß/Wurzel-Verhältnis (g pro g Trockengewicht)	7.8± 3.1	8.7± 3.2	*

Tab. 31: Stomatadimensionen bei *Carlina vulgaris* und *C. biebersteinii*[1].

Tab. 31: Dimensions of stomata in *Carlina vulgaris* and *C. biebersteinii* data in 10^{-6} m, l and b = length and breadth of stomata.

	C. vulgaris		*C. biebersteinii*	
	Wildst. l × b	Transpl. l × b	Wildst. l × b	Transpl. l × b
reproduktiver Sproß				
adaxial	43 × 31	48 × 33	41 × 31	42 × 30
abaxial	43 × 32	50 × 32	41 × 31	41 × 30
vegetativer Sproß				
adaxial	46 × 31	49 × 36	45 × 28	46 × 33
abaxial	42 × 33	44 × 34	42 × 31	40 × 32

[1] Angaben in 10^{-6} m. Aus Übersichtlichkeitsgründen wurden die statistischen Daten weggelassen. Hinter jeder Einzeldimension stehen ca. 30 bis 60 Einzelmessungen. Die Standardabweichung beträgt etwa 10% des Mittelwertes. l = Länge des Spaltapparates, b = Breite des Spaltapparates. Angaben für den jeweiligen Wildstandort und den Transplantatgarten. Nur die Längen im Transplantatgarten unterscheiden sich signifikant.

Tab. 32: Dichte und Verteilung der Stomata bei *Carlina vulgaris* und *C. biebersteinii*[1].

Tab. 32: Density and distribution of stomata per mm^2 in *Carlina vulgaris* and *C. biebersteinii*.

Wildstandort

	C. vulgaris			*C. biebersteinii*		
Blattposition	Anz.	% Fl.	v/d	Anz.	% Fl.	v/d
Involukralbereich	80	6.4	1.9	74	6.6	1.6
Stengel oben	78	7.3	1.7	66	5.8	2.3
Stengel Mitte	59	6.7	2.0	64	6.9	2.6
Stengel Basis	61	7.1	1.8	59	6.8	3.5
Mittelwert	**69**	**6.9**	**1.8**	**66**	**6.5**	**(2.5)**
vegetative Rosette	58	5.9	4.2	34	4.2	26.0

Transplantatgarten

	C. vulgaris				*C. biebersteinii*			
Blattposition	Anz.	% Fl.	v/d	SI	Anz.	% Fl.	v/d	SI
Involukralbereich	65	6.0	1.4	9.8	81	6.0	1.9	8.2
Stengel oben	64	7.0	1.8	10.3	74	6.0	2.1	7.9
Stengel Mitte	64	8.0	1.7	11.2	74	7.5	3.4	10.3
Stengel Basis	48	8.8	2.0	11.2	58	9.0	3.0	8.6
Mittelwert	**60**	**7.3**	**1.7**	**10.6**	**72**	**7.1**	**2.6**	**8.8**
vegetative Rosette	50	6.0	3.5	10.0	70	7.0	5.3	10.0

[1] Anzahl Stomata pro mm^2, Stomata besetzte Fläche in der gesamten Blattfläche (berechnet aus Länge und Breite des Spaltapparates und der Stomatazahl, vgl. Tab. 31).
v/d = Verhältnis Anzahl ventraler (abaxialer)/dorsaler (adaxialer) Stomata. SI = Stomataindex. Anz., % Fl. und SI sind jeweils als Mittelwert aus dorsalem und ventralem Wert angegeben. Mittelwert aus zusammen 100 bis 200 Einzelmeßwerten pro „Anzahl" von 5 verschiedenen Blättern.
Die Standardabweichung bei 5 Blättern beträgt ca. 10 – 15% des Mittelwertes.

tion des Gasaustausches ermöglichen – ein Merkmal, das in unserem Fall auf *C. vulgaris* zutreffen würde.

Weitere Hinweise auf Unterschiede in der Stomataverteilung ergab die Untersuchung der Pflanzen im Rosettenstadium am natürlichen Standort und (bei Selbstaussaaten) in den Kulturflächen (vgl. KÖRNER & MEUSEL 1986). An Rosettenblättern von Pflanzen am natürlichen Standort tritt die für *Carlina biebersteinii* bezeichnende Dorsiventralität in der Blattstruktur noch klarer hervor als am gestreckten Sproß. Die Blätter sind bei dieser Art nahezu frei von dorsalen Stomata, während bei *C. vulgaris* doch rund ein Fünftel aller Stomata auf der Blattoberseite liegt.

Ein hoher Anteil dorsaler Stomata gilt als Merkmal von ausgesprochenen Heliophyten (MOTT et al. 1982). Somit weisen die bei den Untersuchungen in Innsbruck ermittelten Daten *C. vulgaris* als die für Starklicht und offene Standorte prädestinierte Art aus. Ganz besonders gilt dies für die vegetative Entwicklungsphase. Die verhältnismäßig geringen artspezifischen Unterschiede bezüglich der Stomatadichte machen es wahrscheinlich, daß die festgestellten Unterschiede in der maximalen Blattleitfähigkeit vor allem auf eine größere maximale Öffnungsweite der Stomata von *C. vulgaris* zurückzuführen sind.

3.5.2. Untersuchungen zur stomatären Blattleitfähigkeit

Als Maß für die momentane Gaswechselaktivität wurde die stomatäre Leitfähigkeit für Wasserdampf („Blattleitfähigkeit" g_1) ermittelt. Sie gibt wichtige Hinweise auf die Reaktion der Pflanzen bei Änderungen in der Boden- und Luftfeuchtigkeit. Die maximale Blattleitfähigkeit (voll geöffnete Stomata) wurde aus mehreren Meßreihen während der Vormittagsstunden sommerlicher Schönwettertage zwischen 1981 und 1984 bestimmt (vgl. KÖRNER et al. 1979).

In Tabelle 33 sind die Resultate für unterschiedliche Sproßabschnitte zusammengefaßt. In ihren oberen Sproßteilen weist *Carlina vulgaris* durchwegs ein höheres g_1-max auf als *C. biebersteinii*. An der Basis reproduktiver Sprosse sowie an den Rosettenblättern vegetativer Individuen treten keine signifikanten Unterschiede zutage. Der Anteil der Blattoberseite an der Gesamtleitfähigkeit der Blätter ist bei *C. biebersteinii* tendenziell kleiner als bei *C. vulgaris*, d.h. bei jener Art entfällt ein relativ größerer Anteil der Wasserdampfabgabe auf die Blattunterseite als bei *C. vulgaris*. Mit durchschnittlich höherem g_1-max und etwas stärker ausgeprägter Amphistomie weist somit *C. vulgaris* Merkmale auf, die höhere Gaswechselleistungen und stärkeres Lichtbedürfnis anzeigen (KÖRNER et al. 1979, MOTT et al. 1982). Die Daten für die Mittelwertbildung stammen größtenteils aus dem Transplantatgarten, wo beide Arten gleichen Bedingungen ausgesetzt waren. Bei den reproduktiven Pflanzen ergaben sich jedoch keine auffälligen Unterschiede zwischen Freiland und Kulturbeet. Die Blätter der vegetativen Rosetten wiesen im Transplantatgarten (nur Daten für *C. vulgaris*) adaxial höhere Werte auf als am natürlichen Standort, wo g_1 der Blattunterseite mehr als 90% der Gesamtleitfähigkeit erreichte.

Zur Beurteilung des Verhaltens der beiden Arten unter wechselnden Bedingungen des Standortes und in verschiedenen Witterungslagen sowie im Tagesverlauf dienten Beobachtungen am natürlichen Standort und in den Vergleichskulturen. So wurden bei *Carlina biebersteinii* im Stubaital an Pflanzen benachbarter, aber verschieden exponierter Standorte beachtliche Unterschiede gefunden (Abb. 119). Bei annähernd gleicher Bodenfeuchte zeigte eine Pflanze, die inmitten einer üppigen Grasflur wuchs, von den mittleren Stengelblättern bis zum Involukrum gute Leitfähigkeit. Dagegen war diese bei einer frei

Tab. 33: Maximale stomatäre Leitfähigkeit für Wasserdampf von Blättern unterschiedlicher Insertionshöhe bei guter Wasserversorgung bei *Carlina vulgaris* und *C. biebersteinii*[1].

Tab. 33: Maximum capacities for stomata diffusion in leaves of different insertion height with good water supply in *Carlina vulgaris* and *C. biebersteinii*.

	C. vulgaris g_l-max(cm s^{-1})v/d[a]		*C. biebersteinii* g_l-max(cm s^{-1})v/d	
Involukrum	0.72±0.10	(ca. 0.8)	0.49±0.18	(ca. 0.95)
Oberstes Stengelsegment	0.71±0.05	(1.25)	0.53±0.08	(–)
Stengelmitte	0.74±0.09	(1.29)	0.56±0.14	(1.37)
Stengelbasis	0.56±0.08	(1.02)	0.57±0.08	(1.14)
Vegetative Rosette	0.66±0.08	(2.29)	0.55±0.18	(5.20)

[1] Verhältnis der Blattleitfähigkeit der ventralen (abaxialen) und dorsalen (adaxialen) Blattseite (im Involukralbereich meßtechnisch schwer differenzierbar).
Anzahl der Meßwerte zwischen 3 und 12, in den meisten Fällen wurden die zwei höchsten Werte eines Meßtages herangezogen (3 bis 6 Meßtage zwischen 1980 und 1984).

an einem Felsband stehenden Pflanze stark eingeschränkt. Allein das Involukrum erwies sich als aktiv, was wiederum deutlich macht, wie stark bei *Carlina*-Arten das Köpfchen am Wasser- und Stoffhaushalt beteiligt ist.

Der Einfluß der polaren Differenzierung in der Blattfolge und die Sonderstellung des Köpfchens ergibt sich auch aus einem von KÖRNER zusammengestellten Vergleich der relativen Blattleitfähigkeit bei *C. vulgaris* und *C. biebersteinii* an ihren natürlichen Stand-

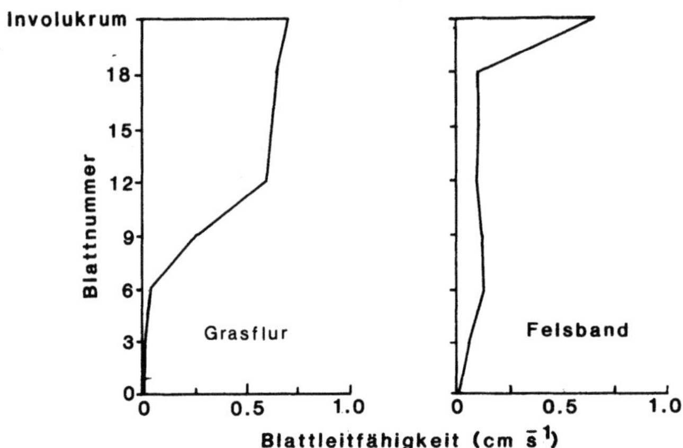

Abb. 119: *Carlina biebersteinii*. Variabilität der Blattleitfähigkeit im Verlauf der Blattfolge an benachbarten natürlichen Standorten in den Stubaier Alpen. Zwischen den beiden Wuchsplätzen Grasflur und Felsband liegt eine Distanz von 3 m. Individuen im Rasen stehen in einem dichten, 60 cm hohen Bestand von Gräsern und Kräutern; Individuen auf dem Felsband stehen frei. Die Profile wurden zwischen 9.30 und 10.30 Uhr WOZ an einem heißen Hochsommertag aufgenommen. Um 10.20 Uhr ca. 1500 Photonen m^{-2} s^{-1}, Luft über dem Bestand 25 °C und 44 % r. F.; im Rasenbestand (Stengelmitte) 29 °C und 72 % r. F. Wassergehalt der obersten 5 cm des Bodens am Felsband 16 %, im Rasen 18 % des Bodenfrischgewichtes. Aus KÖRNER & MEUSEL 1986.

Fig. 119: *Carlina biebersteinii*. Vertical variability of the conductivity in the leaves in the natural habitat in the Stubaier Alps.

orten (Abb. 122). Besonders deutlich geht das unterschiedliche Verhalten der beiden analysierten Arten aus Versuchen hervor, die im Versuchsgarten unter extremen Hochsommer-Klimabedingungen durchgeführt wurden. Bei mehrfach wiederholten Beobachtungen ergab sich, daß *C. biebersteinii* viel regelmäßiger und intensiver auf ein angespanntes Wasserangebot und geringere Luftfeuchtigkeit reagiert als *C. vulgaris* (Abb. 120). Auch die Messungen während eines Tagesganges (Abb. 121) veranschaulichen das unterschiedliche Verhalten der beiden Arten.

Aus den in verschiedenen Jahren durchgeführten Messungen im Versuchsgarten bei extremem Hochsommerwetter geht nach KÖRNER (vgl. KÖRNER & MEUSEL 1986) folgendes hervor:

1. *Carlina vulgaris* schränkt bei hochsommerlichem Schönwetter in den Mittagsstunden g_l nicht oder deutlich weniger ein als *C. biebersteinii*. Nach einer Periode von drei „Tropentagen“ ohne Niederschlag zeigt *C. biebersteinii* am 11. Juli 1984 – dem heißesten Tag, der je in Innsbruck registriert wurde (37,8°C Lufttemperatur) – eine noch frühere Einschränkung der Wasserdampfabgabe, während *C. vulgaris* ähnliche Meßwerte zeigt wie zum ersten Meßtermin, dem 7. Juli (Abb. 121).

2. *Carlina vulgaris* erreicht das morgendliche Maximum von g_l etwa eine Stunde später (erst bei höheren Lichtintensitäten) als *C. biebersteinii*.

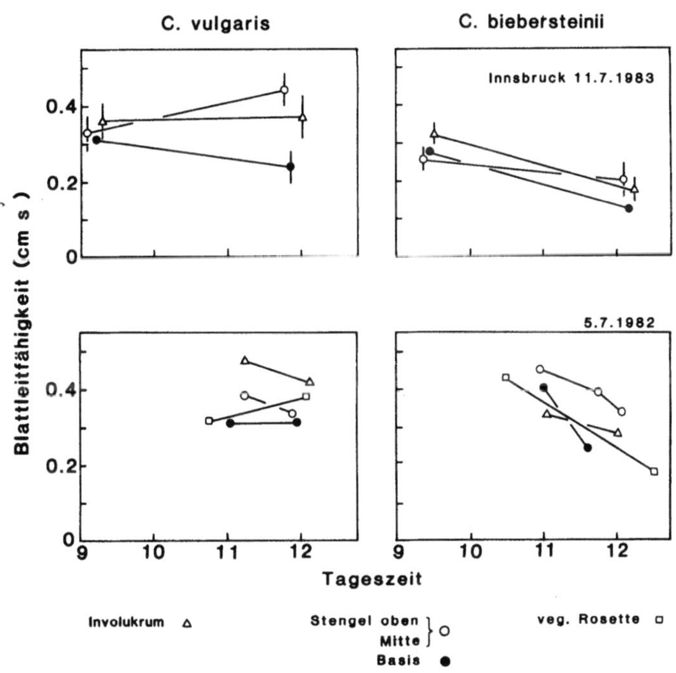

Abb. 120: *Carlina vulgaris, C. biebersteinii*. Unterschiedliche Blattleitfähigkeit für Wasserdampf bei Rosetten-, Stengel- und Involukralblätter bei hochsommerlichem Schönwetter. Versuche an Gartenkulturen. Die Mittagswerte von Temperatur und Feuchtigkeit der Luft 15 cm neben den Versuchspflanzen betrugen 30–32 °C und 40–55 % relative Luftfeuchtigkeit bei Windgeschwindigkeiten um 0,5 m·s^{-1}. Aus KÖRNER & MEUSEL 1986.

Fig. 120: *Carlina vulgaris. C. biebersteinii*. Various conductivities of the leaves for water vapour in rosette, stem and involucral leaves in midsummer weather. Experiments with cultivated plants.

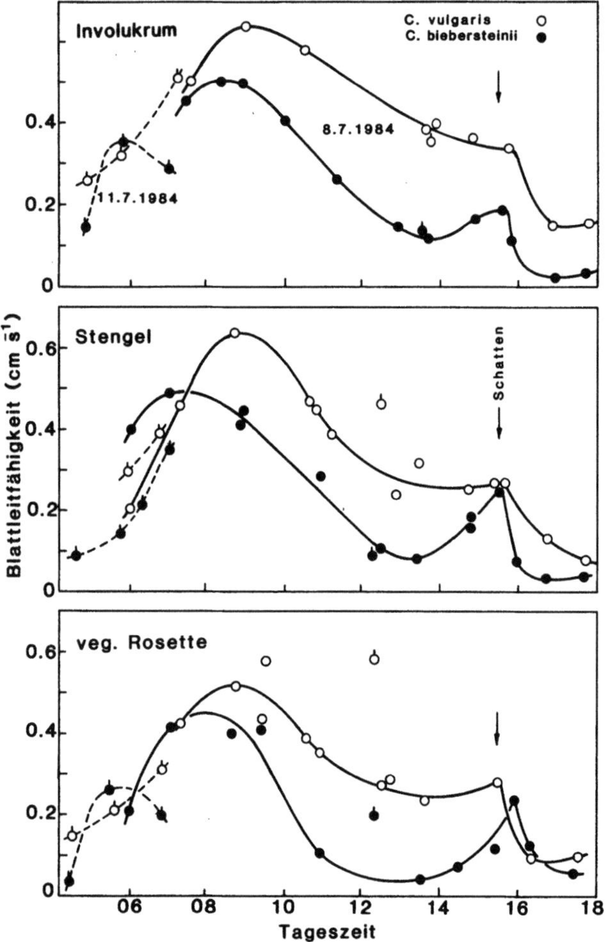

Abb. 121:
Carlina vulgaris, C. biebersteinii. Vergleich des Stomataverhaltens im Kulturversuch. Komplette Tagesgänge, aufgenommen bei wolkenlosem Wetter während einer Hitzeperiode im Sommer 1984. Der Schatten ab 16 Uhr stammt von einem Gebäude. Klimadaten: 08.30 Uhr (WOZ), bei Beginn der Einschränkung, 1100 μmol Photonen m^{-2} s^{-1} (ca. 48 klux), 17,5 °C Luft- und 17,7 °C Blatt-Temperatur (Dampfdruckdefizit), windstill. 13 Uhr, 1800 μmol Photonen m^{-2} s^{-1} (ca. 81 klux), 29 °C Luft- und 33 °C Blatt-Temperatur (*C. vulgaris*), 24 % r. F. (ca. 30 mbar Dampfdruckdefizit), bei 1–2 m·s^{-1} Windgeschwindigkeit. Aus KÖRNER & MEUSEL 1986.

Fig. 121:
Carlina vulgaris, C. biebersteinii. Comparison of the stomatal behaviour in cultivation experiments. Complete daily action.

3. Bei beiden Arten wirkt sich die Polarität an der Gesamtpflanze in Unterschieden im Stomataverhalten aus: Blätter des Involukralbereiches lassen weniger Einschränkung erkennen als Blätter der unteren Sproßabschnitte und der noch vegetativen Rosetten. Dieser Gradient ist bei *C. biebersteinii* stärker ausgeprägt als bei *C. vulgaris*, was auch aus dem Verhalten von *C. vulgaris* und *C. biebersteinii* an hygrisch vergleichbaren Rasenstandorten hervorgeht (Abb. 122). Demnach leidet *C. biebersteinii* mehr unter Bodenaustrocknung bei hochsommerlichen Verdunstungsbedingungen als *C. vulgaris*. Der steilere morgendliche Anstieg von g_l bei *C. biebersteinii* (Abb. 121) läßt vermuten, daß diese Art Perioden geringerer Lichtintensität für den Gaswechsel besser nutzen kann als *C. vulgaris*.

Carlina vulgaris erscheint somit besser befähigt, den Gaswechsel unter Wasserstreß aufrechtzuerhalten als *C. biebersteinii*. Diese Merkmalsunterschiede blieben auch nach mehrjähriger Kultur im Transplantatgarten erhalten und sind somit Ausdruck erblicher Konstitution dieser beiden Arten.

Auch ergänzungsweise ermittelte punktuelle Temperaturmessungen lassen auf ein unterschiedliches Verhalten von *C. vulgaris* und *C. biebersteinii* schließen (vgl. KÖRNER & MEUSEL 1986). Beide Arten wiesen bei direkter Sonneneinstrahlung Übertemperaturen der vegetativen und reproduktiven Organe zwischen 2° und 9° gegenüber der Lufttemperatur auf. Unterschiede zwischen *C. biebersteinii* und *C. vulgaris* zeigten sich vor allem im basalen Sproßabschnitt blühender Pflanzen und an vegetativen Rosetten. Außer im Involukralbereich weist *C. biebersteinii* stets höhere Blattemperaturen auf. Dies dürfte mit der größeren Blattfläche und der geringeren stomatären Leitfähigkeit für Wasserdampf zusammenhängen. Auch kommt es bei *C. bibersteinii*-

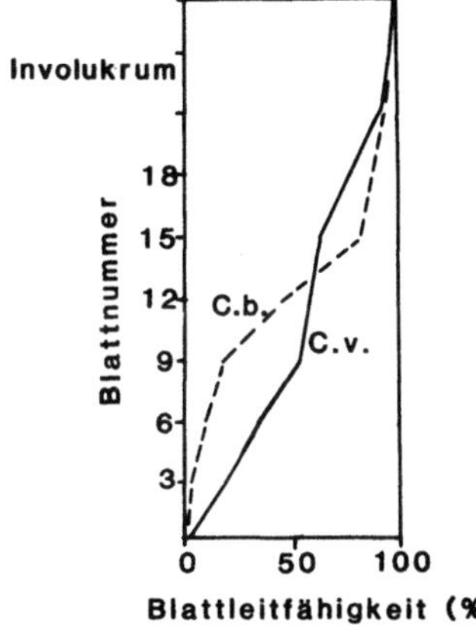

Abb. 122:
Carlina vulgaris, C. biebersteinii. Vergleich der relativen Blattleitfähigkeit der Blattfolge. Alle Daten wurden bei hochsommerlichem Schönwetter zwischen 9.00 und 11.00 Uhr an den natürlichen Standorten in der Umgebung von Innsbruck erhoben. Aus Körner & Meusel 1986.

Fig. 122:
Carlina vulgaris, C. biebersteinii. Comparison of the relative conductivity in the leaves throughout the leaf sequence.

nii zu einer stärkeren Überwärmung der Blüten, wenn der geöffnete Blütenstand einer starken Strahlungsbelastung ausgesetzt ist. Hierfür dürfte der größere Köpfchendurchmesser und die wesentlich dunklere (braune) Farbe der inneren Involukralblätter verantwortlich sein. Diese Daten zeigen, daß *C. biebersteinii* bei sehr hohen Lufttemperaturen und starker Sonnenstrahlung weniger gut in der Lage ist, eine Organüberwärmung zu vermeiden.

3.5.3. Ökophysiologische Charakteristik von *Carlina vulgaris* und *C. biebersteinii*

Versucht man auf Grund der vorliegenden ökophysiologischen und morphometrischen Beobachtungen die Ökostruktur der beiden nah verwandten Sippen zu umreißen, so zeichnen sich beachtliche Unterschiede ab. Sie tragen mit dazu bei, die beiden Taxa als Arten zu bewerten.

Die bereits aus der Morphologie und Anatomie der Blätter abgeleiteten Hinweise auf eine stärker ausgeprägte Xeromorphie bei *C. vulgaris* (s. S. 89) werden durch die von Körner vorgelegten morphometrischen Ermittlungen über die Verteilung der Blätter an der Achse, die Ausdehnung der Bewurzelung und die Dimension der Spaltöffnungen noch vertieft. Vor allem wird *C. vulgaris* aber durch die Feststellung einer höheren Gaswechselleistung bei angespanntem Wasserhaushalt ökophysiologisch als ein den Xerophyten nahestehender Reaktionstyp charakterisiert.

Demgegenüber zeichnet sich *C. biebersteinii* auf Grund der Messungen am natürlichen Standort und an Pflanzen der Vergleichskulturen durch höheren und lockeren Wuchs, die Entwicklung einer größeren Blattfläche, durch eine stärker begrenzte Bewurzelung sowie geringere Stomatadimensionen aus. Aus den Versuchen zum Stomataverhalten ergab sich eine geringere maximale Gasleitfähigkeit und ein früher einsetzender Spaltenschluß bei zunehmender Verdunstungskraft der Atmosphäre. Dafür kann *C. biebersteinii* im Verlauf des Tages durch frühere Spaltenöffnung die Effizienz des Kohlenstoffwertes verbessern. Man kann vermuten, daß die höhere Empfindlichkeit bei angespanntem Wasserhaushalt mit der durch Messungen ebenfalls belegten geringeren Wurzellänge pro Blattfläche im Zusammenhang steht. *C. biebersteinii* weist demnach die Konstitution eines Mesophyten auf und kann in dieser Hinsicht mit Frischwiesenpflanzen verglichen werden.

3.5.4. Die Arealdifferenzierung von *Carlina vulgaris* und *C. biebersteinii* als Ausdruck ihres unterschiedlichen ökophysiologischen Verhaltens

Bei dem Versuch, die unterschiedliche Verbreitung und Vergesellschaftung von *Carlina vulgaris* und *C. biebersteinii* mit der von uns ermittelten ökophysiologischen Differenzierung der beiden Arten in Beziehung zu setzen, überrascht es zunächst, daß die stärker xerisch geprägte Sippe (*C. vulgaris*) in der Arealdiagnose als ein ozeanisch-subozeanisches Element, die als Mesophyt bezeichnete Pflanze dagegen als subozeanisch-subkontinental verbreitete Art eingestuft erscheint (s. S. 219). Hier liegen ähnliche Differenzierungen vor wie in der *Cirsium acaule*-Verwandtschaft, wo nach JÄGER (1977) das osteuropäisch-sibirische *Cirsium esculentum* im Vergleich mit dem west-zentraleuropäischen *Cirsium acaule* als die stärker mesophile Sippe angesehen werden muß.

Um diese Verhältnisse zu verstehen, müssen wir die Verbreitungsbilder aus der Einpassung der beiden Sippen in den gesamten Standortkomplex und Klimaablauf ihrer

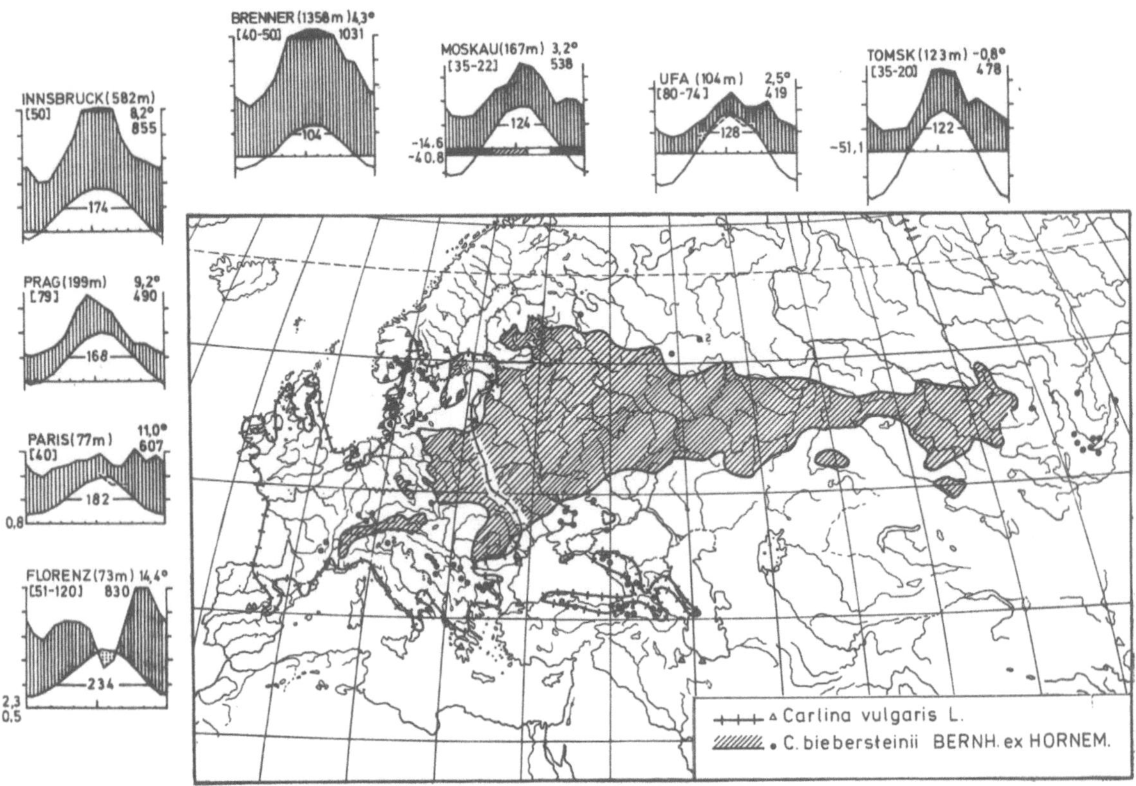

Abb. 123: Die Verbreitung von *Carlina vulgaris* und *C. biebersteinii* sowie Klimadiagramme (nach WALTER & LIETH 1967). Die horizontale Reihe der Klimadiagramme von den Nordalpen (Brenner anstelle von Stubaital) bis Tomsk entspricht dem Verbreitungsraum von *C. biebersteinii*, die vertikale Reihe Florenz bis Innsbruck umschreibt das Verbreitungsgebiet von *C. vulgaris*.
Man beachte die viel längere Vegetationsperiode (dargestellt durch 10°-Monats-Mitteltemperatur!) in der vertikalen gegenüber der horizontalen Reihe.

Fig. 123: The distribution of *Carlina vulgaris* and *C. biebersteinii*, climatic diagrams within these areas. The horizontal line of climatic diagrams from the northern Alps (Brenner instead of Stubaital) to Tomsk corresponds to the distribution area of *C. biebersteinii*, the vertical line Florence to Innsbruck circumscribes the distribution area of *C. vulgaris*. Note the longer vegetation period (illustrated by the 10°-monthly mean-temperature) in the vertical opposite to the horizontal line.

Siedlungsräume ins Auge fassen. Als eine submediterran-mitteleuropäische Art ist *Carlina vulgaris* zumindest in den südlichen, submeridionalen Bereichen ihres Areals den Einflüssen des Etesienklimas, also sommerlicher Trockenheit regelmäßig ausgesetzt. Diese Bedingungen haben wahrscheinlich den geschilderten Xerophytencharakter geprägt. Bei ihrer Ausbreitung in das temperate Mitteleuropa war die Art als lichtliebendes Element von Natur aus auf extrem flachgründige und leicht austrocknende Sonderstandorte angewiesen. Wenn *C. vulgaris* gelegentlich auch die Fähigkeit zeigt, in schüttere Gehölzvegetation einzudringen, so war in der Naturlandschaft ein Überdauern unter Konkurrenzbedingungen sicher nur an stark exponierten waldfreien Standorten möglich. Hier wäre sie jedoch – selbst unter mitteleuropäischen Klimabedingungen – wiederholt der Gefahr des Austrocknens ausgesetzt gewesen, hätte sie nicht als Xerophyt reagieren können.

Innerhalb Mitteleuropas besiedelt *Carlina vulgaris* nur die westlichen und mittleren Sektoren. Wie vielen anderen mediterran-mitteleuropäischen Sippen sind der sommer-(winter-)grünen Pflanze in den winterkalten und durch Frühlingsfröste gefährdeten östlichen Gebieten Grenzen gesetzt (vgl. *Fagus sylvatica* Abb. 113a, *Fraxinus excelsior* K 364d).

Wenn *Carlina biebersteinii* viel weiter nach Osten vordringt als *C. vulgaris*, so liegt dies sicherlich an ihrer fast vollständigen Bindung an die temperate Zone. Als solche ist sie weniger empfindlich gegen eine längere Einschränkung der Vegetationszeit während des Winters. Wie aus den Klimadiagrammen (Abb. 123) hervorgeht, wächst sie in Gebieten mit kalten bis sehr kalten Wintern und einer verhältnismäßig kurzen Vegetationszeit. Insofern erscheint sie *C. vulgaris* gegenüber als kontinentales Element. Innerhalb der verkürzten Vegetationsperiode im temperat · subkontinentalen und · kontinentalen Bereich sind jedoch bei einem steilen Anstieg der Temperaturkurve und bei ausreichenden Niederschlägen im Sommer gute Möglichkeiten zu einer üppigen Vegetation gegeben. Infolge ihres starken Wuchses und ihrer reichen Beblätterung kann *C. biebersteinii* mit den meist hohen Gräsern und Stauden in der Feldschicht der Waldsteppe konkurrieren. Ihre Mesophyten-Reaktion in der Blattleitfähigkeit und ihre Fähigkeit zur Stoffproduktion bei eingeschränktem Lichtdargebot erscheinen somit als Anpassungen an ihr Vorkommen in der Waldsteppe. Nur durch gesteigertes Wachstum im Sommer gelangt die Art als hapaxanthe Halbrosettenpflanze hier rechtzeitig zum Blühen und Fruchten. Im Rosettenstadium dagegen muß sie stärkere Einschränkungen und Blattverluste in der Rosette hinnehmen als *C. vulgaris*.Wollte man in dieser Richtung das unterschiedliche Verhalten der beiden Arten durch ökophysiologische Versuche weiter aufklären, so wären langwierige Beobachtungen über die Stoffproduktion unter verschiedenen Winterbedingungen erforderlich. Nur eingehende Studien über unterschiedliche Reaktionsweisen im Jahresablauf könnten hier die Voraussetzungen für gezielte Experimente schaffen. Damit wird deutlich, daß ökophysiologische Messungen immer nur Teilprozesse aufklären können, wenn wir den Versuch unternehmen, den ökologischen Charakter einzelner Sippen möglichst vollständig zu umschreiben.

3.5.5. Transpirationsmessungen an *Carlina salicifolia* und *C. diae*

Um einen ersten Einblick in den Wasserhaushalt der Kandelaberzwergbäumchen von *C. salicifolia* und *C. diae* zu gewinnen, hat K. Helmecke (Halle) im Sommer 1979 Transpirationsmessungen mit der Schnellwäge-Methode nach Stocker durchgeführt. Untersucht wurden etwa gleichaltrige Topfpflanzen im Kanarenhaus des Botanischen Gartens. In beiden Fällen handelte es sich um Nachbau-Pflanzen vom natürlichen Standort (Tenerife, Kreta).

Die Ergebnisse der während einer Schönwetterperiode durchgeführten Messungen sind in Tab. 34 gegenübergestellt. Danach weist die durch eine glatte glänzende Blattoberseite ausgezeichnete *C. salicifolia* gegenüber *C. diae* mit beiderseits stark behaarten Blättern eine höhere Transpiration auf. Inwieweit die geringere Transpiration bei *C. diae* als eine für Xerophyten charakteristische Einschränkung verstanden werden kann, muß offen bleiben, auch wenn man dies im Hinblick auf die Standortsbindung der beiden Reliktarten (vgl. Band II) vermuten könnte. An deutlichen Unterschieden im Verhalten der beiden Arten innerhalb der Versuchsbedingungen ist jedoch kaum zu zweifeln.

Tab. 34: Transpirationsmessungen bei *Carlina salicifolia* und *C. diae*[1].

Tab. 34: Measurements of transpiration in *Carlina salicifolia* and *C. diae*.

	Carlina salicifolia	*Carlina diae*	Verhältnis
1. Wassergehalt (% Frischgewicht)	79.80	80.50	0.99
2. Transpiration (Mittel von 6 Minuten, mg/g × min)	5.98	4.71	1.27
3. Transpiration (Mittel von 2 Minuten mg : g × min)	6.72	4.94	1.36
4. Transpiration (Mittel von 6 Minuten, mg/dm^2 × min)	21.23	17.90	1.19
5. Transpiration (Mittel von 2 Minuten, mg/dm^2 × min)	23.98	18.82	1.27

[1] Schnellwägemethode nach STOCKER;
1. 10. 1979 12.40 – 13.40 Uhr, Botanischer Garten Halle.

4. Infraspezifische Variabilität, Bastarde, teratologische Bildungen

Eine möglichst naturgemäße Abgrenzung der Arten muß die bei fast allen Merkmalen zu beobachtende Variabilität beachten. In vielen Fällen können solche Erfahrungen vom Sammler der betreffenden Sippen im Gelände gewonnen und bei der Beschreibung berücksichtigt werden. Bei allen stärker variablen Arten und Artengruppen erweisen sich jedoch gezielte Untersuchungen an lebenden Pflanzen in der Natur und in Vergleichskulturen als eine notwendige Informationsquelle für taxonomische Bewertungen. Die meisten der in dieser Monographie vorgelegten Beschreibungen gründen sich auf umfangreiche Beobachtungen und Aufsammlungen am natürlichen Standort sowie auf Protokolle über das Verhalten einzelner Naturherkünfte im Botanischen Garten. Die dabei gewonnenen Daten ermöglichen die diagnostisch wichtigen Merkmale im Rahmen ihrer Variabilität zu betrachten und damit auch quantitative Merkmalsamplituden in die Sippenbeschreibung einzubeziehen. Nur so kann vermieden werden, daß Extreme oder Zufälligkeiten, wie sie in Herbaraufsammlungen oft vorkommen, überbewertet werden.

Im folgenden sollen Variationsmodi, die in der Gattung *Carlina* mehr oder minder regelmäßig wiederkehren, im Hinblick auf die Möglichkeiten einer naturnahen Sippengliederung überprüft werden. Besonders sind dabei die Auswirkungen einer modifikativen und, soweit erkennbar, einer genetisch fixierten Variabilität auf die Ausbildung von geographischen oder standörtlichen Rassen zu beachten. Außerdem werden in diesem Kapitel qualitative Veränderungen der Sippenstruktur erörtert, die durch Bastardierung ausgelöst wurden.

4.1. Modifikative Variabilität einzelner Merkmale

Bei einer kritischen Analyse der Sippenstruktur von *Carlina* erweist sich das Merkmal Indumentum wegen seiner vom Entwicklungszustand der betreffenden Pflanzen abhängigen Ausbildung in vielen Fällen für die Sippengliederung als wenig brauchbar. Alle vegetativen Pflanzenteile von *Carlina* sind im jugendlichen Zustand mehr oder weniger dicht mit Peitschenhaaren bedeckt, flaumig bis filzig behaart (s. S. 100). Im Verlauf der Entwicklung löst sich das Haarkleid an fast allen Stellen der Achsen und auf der Blattoberseite weitgehend ab. Auf der Unterseite der Blätter kann es in mehr oder minder starkem Maße erhalten bleiben.

Verschiedentlich haben wir aber beobachtet, daß bei manchen Individuen der Abbau der Behaarung unterbleibt und dann einzelne behaarte Pflanzen zwischen solchen mit glatten Achsen und Blättern stehen. In derartigen Fällen (z. B. bei Formen von *C. curetum* in den Levka Ori auf Kreta) handelt es sich wohl um gelegentlich auftretende, vielleicht als Entwicklungshemmungen anzusprechende Varianten ohne systematische Bedeutung. Beim Vergleich von *C. biebersteinii* ssp. *intermedia* mit der typischen Unterart erscheint jene in der Regel etwas stärker behaart. Es ist aber schwer, den Grad der Behaarung exakt zu fassen. Nur bei wenigen *Carlina*-Sippen, wie bei *C. diae* und *C. tra-*

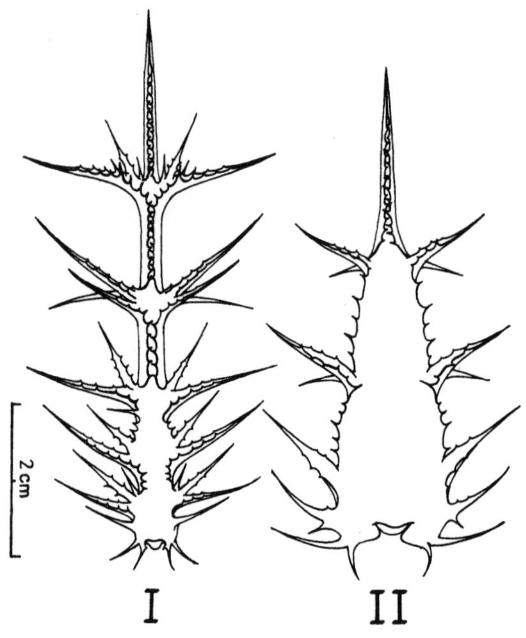

Abb. 124:
Carlina sicula. Obere Stengelblätter von Pflanzen aus Südostsizilien (I: Rosolini, HAL) und von der Cyrenaika (II: El Gubba, FI) zur Veranschaulichung der am natürlichen Standort zu beobachtenden Variationsbreite in den Blattformen (Unterschiede im S/F-Quotienten).

Fig. 124:
Carlina sicula. Upper stem leaves of plants from Southeast Sicilia (I, Rosolini, HAL) and from Cyrenaica (II, El Gubba, FI) illustrating the variation of leaf shapes under natural conditions (differences in the S/F-quotient).

gacanthifolia wird die persistierende dichte Behaarung zu einem diagnostisch wichtigen Merkmal. Auch in subgen. *Carlowizia* und in subgen. *Carlina* sect. *Heracantha* erweisen sich bei einigen Arten und Unterarten Unterschiede in der Behaarung als taxonomisch auswertbar. In den meisten Fällen sind jedoch in der Literatur angeführte Hinweise auf Unterschiede in der Behaarung einzelner Sippen auf ihre Allgemeingültigkeit hin zu prüfen.

Auf große Schwierigkeiten stößt eine exakte Erfassung der vielgestaltigen Blattformen bei *Carlina.* Zwar bestehen klare Grenzen zwischen den großblättrigen Arten von sect. *Heracantha* und allen übrigen Verwandtschaftskreisen mit kleinen und mittelgroßen Blättern. Hinsichtlich der Teilung der Laub-, Hoch- und Involukralblätter herrscht aber eine sehr große Mannigfaltigkeit. In subgen. *Carlowizia* erschöpft sich diese in einer verschieden stark ausgeprägten Zähnung bis hin zu Blättern mit fast oder ganz glattem Rand (vgl. Abb. 40).

In einer überwältigenden, nur schwer zu gliedernden Polymorphie entfalten sich die Blattorgane bei den verschiedenen Vertretern von subgen. *Carlina,* was insofern noch besondere Beachtung verdient, weil weder bei sect. *Carlina* noch bei sect. *Corymbosae* auf eine Berücksichtigung der Folge verschiedenartig geteilter und bedornter Blätter bei der Unterscheidung der einzelnen Taxa verzichtet werden kann. Zur Erfassung der hier vorliegenden Variabilität wird die Intensität der Segmentierung den allgemein üblichen Gliederungen folgend mit den Ausdrücken fiederlappig bis fiederschnittig gekennzeichnet. Mit Messungen haben wir versucht, die Stärke der Blattgliederung mit einem Segment-Flächenindex (S/F-Quotient) zu erfassen (vgl. Abb. 37). Die Vielgestaltigkeit in der Segmentierung der *Carlina*-Blätter wird durch die verschiedenartige Bedornung noch gesteigert. Zwischen flächig lappenförmigen, dreieckig pfriemlichen und dornenförmigen Segmenten oder Segmentabschnitten bestehen kontinuierliche Formenreihen. Als Maß für die Intensität der Dornbildung wird von uns die Länge des Endzipfels am Gesamtblatt (vgl. Abb. 37) verwendet.

Innerhalb sect. *Corymbosae* bezieht sich die systematische Gliederung weitgehend auf Merkmalsreihen der Blattformen und Bedornung. Die inter- und infraspezifische Variabilität dieser Charaktere soll deshalb schon in dieser allgemeinen Übersicht (vgl. auch 1.5.2.)

Abb. 125:
Carlina graeca. Blütentriebe einer Population aus Kreta (westlich Iraklion, HAL). II: normale Entwicklung. I: gestörte (in der Bedornung gehemmte und an *C. corymbosa* erinnernde) Ausbildung der Blätter im Köpfchenbereich. Aufn.: BIRNBAUM.

Fig. 125:
Carlina graeca. Flowering shoots of a population from Crete (west of Iraklion, HAL). II: normal development; I: irregular development of the leaves in the capitulum area (formation of spines stunted, reminding of *C. corymbosa*).

an einigen Beispielen aufgezeigt werden. Abbildung 124 veranschaulicht die große Variationsbreite an oberen Stengelblättern, wie sie innerhalb *C. sicula* beobachtet werden kann. Die dargestellten Unterschiede in der Ausdehnung der Mittelfläche und der Tiefe der Segmentierung begegnen uns in ziemlicher Streuung innerhalb des Areals, so daß es bisher nicht möglich war, sie bestimmten geographischen Rassen zuzuordnen, wenngleich breitflächige Blätter bei den Bergformen besonders häufig beobachtet wurden. Bei Gartenkulturen zeigt sich, daß stärker flächige Blätter besonders an lichtärmeren Standorten und an Wintertrieben auftreten. Keineswegs darf aber diese Variabilität lediglich als eine Standortsmodifikation verstanden werden.

Geringere Bedornung kann auf eine Entwicklungshemmung zurückgehen. Wir beobachteten dies an einer Pflanze, die wir inmitten einer typischen *C. graeca*-Population auf Kreta angetroffen haben, bei der die subcephalen Hochblätter und die äußeren Involukralblätter wesentlich kürzer bedornt sind als bei den benachbarten Exemplaren (Abb. 125). Solche an *C. corymbosa* erinnernden Abweichungen gehen wohl auf eine im sommerlichen Trockenstreß erfolgte Hemmung während der letzten Ausbildungsphase der terminalen Organe zurück.

Gelegentlich können Modifikationen in der Blattbildung systematische Zusammenhänge aufdecken. So zeichnen sich die Blätter der beiden Vertreter von subgen. *Lyrolepis* durch stark voneinander abweichende Blattformen aus (Abb. 126). In der Regel findet man bei *C. diae* ungeteilte Blätter. Nur die äußeren Involukralblätter bilden einige kleine Zähne aus. Bei einem Blütentrieb dieser Art in Gewächshauskultur traten jedoch während der lichtarmen und humiden Winterperiode an der Köpfchenanlage und an dem darunterliegenden Stengelabschnitt gleichmäßig gezähnte Blätter auf. Unter ähnlichen Bedingungen „vergrünten“ die sonst lang dornfiederschnittigen Blätter von *C. tragacanthifolia*. Die Spreitenflächen erweiterten sich auf Kosten der Dornfiedern, die sich zahnartig verkürzten. So kann, wie Abbildung 126 zeigt, eine „konvergente Modifikation“ Merkmalsgegensätze zweier Sippen vermindern.

Abb. 126: Konvergente Modifikation der Blattformen bei *Carlina diae* (I, II) und *C. tragacanthifolia* (III, IV), beide subgen. *Lyrolepis*, unter gleichen Bedingungen in Gewächshauskultur im Botanischen Garten in Halle. I, III: blühende Triebe in normaler Entwicklung während des Sommers. II, IV: Achse mit Köpfchenanlage bzw. steriler Trieb in der lichtarmen Winterperiode. Durch stärkere Entwicklung von zähnchenartigen Segmenten an den Laubblättern und äußeren Involukralblättern bei *C. diae* und durch Verbreiterung der Rhachis und Verkürzung der Fiedern bei *C. tragacanthifolia* bewirkte Annäherung der Blattformen. Aufn.: Hensling.

Fig. 126: Convergent modification of the leaf shapes in *Carlina diae* (I, II) and *C. tragacanthifolia* (III, IV), both of subgen. *Lyrolepis*, under equal conditions in a greenhouse in the Botanical Garden Halle. I, III: normally developed flowering shoots during summer. II, IV: shoot with capitulum initial respectively sterile shoot during the winter period with lower light intensity. Approximation of the leaf shapes caused by an enhanced development of segments at the foliage leaves and at the outer involucral bracts in *C. diae* and by widening of the rhachis and shortening of the pinnae in *C. tragacanthifolia*.

In der Verzweigung der blühenden Sprosse zeigt sich besonders *C. vulgaris* als sehr variabel. Die mit einer in der Regel wenigköpfigen Synfloreszenz endenden Blütentriebe können bei Zwergformen einköpfig werden (f. *monocephala*), es gibt aber auch üppige Pflanzen mit vielen Parakladien, die bis hinab in die Rosettenregion reichen können und beinahe die Stärke der Mutterachse aufweisen (f. *polycephala*). Meist machen solche Variationen den Eindruck von Standortsmodifikationen. In sect. *Corymbosae*

Abb. 127: *Carlina libanotica*. I: Pflanze im hochsommerlichen Aspekt mit entblättertem Stengel. (Nordzypern, Kythrea, HAL). II: Zwergpflanzen, die von DAVIS (in BURTT & DAVIS 1949) als Bastard *C. corymbosa* subsp. *graeca* x *C. pygmaea* beschrieben wurden (Kythrea, K). Bei eingehenderem Vergleich und unter Berücksichtigung aller Übergänge am Standort sind jedoch die durch Pfeile gekennzeichneten Pflanzen mit den tief geteilten, stark dornigen Laubblättern als Modifikation von *C. libanotica*, der einzigen auf Zypern anzutreffenden Sippe der *Corymbosae*-Gruppe, zu betrachten. Bei den übrigen Exemplaren handelt es sich um Pflanzen von *C. pygmaea*. Aufn.: BIRNBAUM, KLETT.

Fig. 127: *Carlina libanotica*. I: plant in midsummer aspect with defoliate stem (North Cyprus, Kythrea, HAL). II: dwarf plants which have been described by Davis (1949 in BURTT & DAVIS) as the hybrid *C. corymbosa* ssp. *graeca* x *C. pygmaea* (Kythrea, K). However, intensive studies, considering all transitions in natural habitats, allow to recognize the plants with deeply divided, very spiny foliage leaves (marked by arrows) as modifications of *C. libanotica*, the only taxon of the *Corymbosae* group known from Cyprus. The other samples are *C. pygmaea*.

findet man mit Kleinköpfigkeit verbundene starke Aufzweigungen der blühenden Triebe aber oft auf bestimmte Landschaften begrenzt, so z. B. bei reich verzweigten und vielköpfigen Populationen von *C. corymbosa* in der Ligurisch-Latischen Provinz (f. *pleiocephala*), die bei genauerer Analyse vielleicht als geographische Rasse eingestuft werden können.

In der Gestaltung der Köpfchen erweist sich die Köpfchengröße als verhältnismäßig konstant für die einzelnen Arten. Gelegentlich ist eine Variabilität in der Färbung der inneren Involukralblätter zu beobachten. Unregelmäßigkeiten sind uns vor allem im östlichen Mittelmeerraum begegnet. Hier fanden wir an einzelnen Pflanzen weißstrahlige Köpfchen bei der normal gelbstrahligen *C. curetum* auf Kreta (Ida-Gebirge) und bei

Abb. 128: *Carlina sicula*: Einjährige Pflanzen mit ähnlichen Wuchsformen in Gartenkultur und in der Natur. I: Pflanze aus Selbstaussaat im Mediterranhaus von Eltern sizilianischer Herkunft (Oktober 1981, Aufn.: Birnbaum). II: Pflanze aus einem Kalkkarrenfeld in Nordsizilien (Madonie-Gebirge Juni 1956, HAL). In beiden Fällen zeigen die Pflanzen einen gestreckten Primärsproß auf einer rübenartigen Primärwurzel. Die üppigere Gartenpflanze hat im Herbst ein schwaches Endköpfchen und einen basalen Innovationstrieb entwickelt.

Fig. 128: *Carlina sicula*. Plants one year old with similar growth forms in cultivations and in natural habitat. I: plant sown in the Mediterranean greenhouse originating from Sicilian parents (October 1981). II: plant from north Sicilia (Madonie-mountains, June 1956, HAL). In both cases the plants exhibit an elongated primary shoot on at thickened primary root. The garden plant is more vigorous and has formed a weak terminal capitulum and a basal innovation shoot in autumn.

C. libanotica im südwestlichen Anatolien (bei Silifke). Andererseits sind bei *C. barnebiana* und *C. sitiensis* (beide Ostkreta) die inneren Involukralblätter nicht immer so regelmäßig weiß-purpurn wie sonst bei den Vertretern von subsect. *Siculae,* sondern zeigen eine Tendenz zu gelbbraun.

Im Hinblick auf die hohe Variabilität in vielen Merkmalsgruppen im vegetativen Bereich und unter Berücksichtigung der Tatsache, daß sich im Blüten- und Fruchtbau nur wenige charakteristische inter- und infraspezifische Merkmale anbieten (vgl. 2.7.), wird der Gesamtwuchs, die Wuchsform zu einer der wichtigsten Grundlagen der Gattungsgliederung (vgl. 2.1.). Die sich innerhalb der einzelnen Untergattungen und Sektionen abzeichnenden Unterschiede sind nur quantitativer Natur. Dies gilt auch für

Abb. 129: *Carlina acaulis* ssp. *simplex*. Pflanzen aus Saatgut gestrecktwüchsiger Rassen des Thüringer Muschelkalk-Hügellandes (Hetschburg, Roßdorf). I: blühender Trieb einer Pflanze aus einem Freiland-Versuchsbeet. II: Pflanze in Topfkultur mit Blütentrieb, dessen Streckung modifikativ (wohl Einfluß des begrenzten Wurzelraumes!) unterdrückt ist. Aufnahme: RODEMANN.

Fig. 129: *Carlina acaulis* ssp. *simplex*. Plant grown from seeds of caulescent races of the Thuringian shell lime hill area (Hetschburg, Roßdorf). I: flowering stem of a plant from an open-air experimental bed. II: pot-cultivated plant with flowering stem showing modificatively inhibited elongation (obviously caused by the limited space for the roots).

Zwergformen im Vergleich mit üppig wüchsigen Exemplaren, wie sie oft in sect. *Mitina* zu beobachten sind (vgl. Band II). Bei ausdauernden *Carlina*-Arten kann ebenfalls Zwergwuchs vorkommen. An flachgründigen, exponierten, im Sommer sehr stark austrocknenden Standorten im nördlichen Zypern haben wir niedrigwüchsige, manchmal einköpfige Pflanzen von *C. libanotica* gesammelt, die man zunächst als eine eigene Sippe betrachten möchte. DAVIS (1949) hat auch, wie sich aus dem Vergleich mit dem Original-Beleg ergibt (vgl. Abb. 127), entsprechende Pflanzen als Bastarde mit *C. pygmaea* beschrieben. Der Form der Laubblätter sowie der Färbung der inneren Involukralblätter nach handelt es sich jedoch bei diesen Pflanzen lediglich um zwergförmige Modifikationen der auf Zypern weit verbreiteten in der Regel sehr üppig wachsenden *C. libanotica*.

Bei den jungen Zwergbäumchen von *C. salicifolia* (vgl. Abb. 6 und Abb. 7) unterscheidet sich die Topfpflanze zwar durch wesentlich schwächere Triebe gegenüber dem ausgepflanzten Exemplar, die Art der Verzweigung bleibt aber unbeeinflußt. Hohe Konstanz der Wuchsmerkmale zeigt sich auch, wenn wir eine am natürlichen Standort gesammelte Jungpflanze von *C. sicula* mit einem im Mediterranhaus des Botanischen Gartens unter beachtlich anderen Bedingungen gewachsenen Sämling vergleichen (Abb. 128).

Daß sich jedoch bei *Carlina* in einzelnen Fällen auch die Wuchsform als variabel erweist, geht aus dem Verhalten der in der Regel halbrosettig wachsenden *C. acaulis* ssp. *simplex* hervor, die unter ungünstigen Bedingungen stengellos werden kann (Abb. 129).

Auffallende Abweichungen von der normalen Wuchsform zeigten Kulturen von *C. oligocephala* im Botanischen Garten (Sommer 1986, Abb. 130). Die Art bildet, wie alle Vertreter von sect. *Carlina*, eine vielblättrige Laubblattrosette am Boden. Wie bereits ausgeführt wurde (s. S. 41, Abb. 18), weicht *C. oligocephala* von den übrigen Arten der Sektion darin ab, daß sich die Rosette, bevor es zum Schossen kommt, verzweigt. Relativ

Abb. 130:
Carlina tragacanthifolia, *C. oligocephala*. Text siehe S. 259.

Fig. 130:
Carlina tragacanthifolia, *C. oligocephala*. Text see p. 259.

schwach entwickelte Topfpflanzen einer Kultur (Aussaat Frühjahr 1985) zeigten zunächst normales Verhalten (verzweigte Rosetten). Während des Schossens (Sommer 1986) war jedoch eine auffallende Hemmung in der Entwicklung der Blühtriebe zu beobachten. Anstelle des Blütenstandes entstand ein Blattschopf, aus dem heraus erneute Seitentriebbildung erfolgte. Wir beschreiben diese Anormalität deshalb, weil, wie aus Abb. 130 hervorgeht, damit Wuchsformen entstanden, die an den Dornzwergstrauch *C. tragacanthifolia* erinnern, mit dem *C. oligocephala* nicht nur in den Blattformen, sondern auch in der Färbung der inneren Involukralblätter übereinstimmt.

Im allgemeinen gehört aber die Wuchsform zu den am schärfsten differenzierten und nur wenig variablen Merkmalskomplexen von *Carlina*. Die oft geäußerte Meinung, daß Wuchsformen als Grundlage für systematische Gliederungen wenig nützlich seien, wird am Beispiel dieser Gattung überzeugend widerlegt. Starke Variationen, regelrechte „Umbauten“ in der Gesamtwuchsform haben wir nur bei künstlichen Kreuzungen zwischen verschiedenen, systematisch entfernt stehenden Verwandtschaftskreisen beobachtet (vgl. 4.3.).

4.2. Geographische Formenreihen

Verschiedentlich zeichnet sich bei *Carlina*-Arten ein mehr oder minder kontinuierlicher Formenwandel innerhalb ihres Areals ab. Wir können solche Formenreihen sowohl in der zonalen als auch in der etagalen Verbreitung beobachten. Außerdem möchten wir in diesem Zusammenhang auf die Ausbildung von Litoralrassen aufmerksam machen.

Ein deutliches zonales Merkmalsgefälle findet man im Areal von *Carlina vulgaris*. Dem submediterran-mitteleuropäischen Areal dieser Art sind zerstreute Vorkommen nahestehender, aber deutlich abgrenzbarer Sippen (*C. nebrodensis* im nördlichen Sizilien und *C. frigida* im illyrisch + westhellenisch + libanesischen Bergland) südlich vorgelagert. Sie zeichnen sich durch stark zerteilte, sehr dornige Blätter aus (vgl. Abb. 41). Aber auch *C. vulgaris* unterscheidet sich im Südteil ihres Areals (im nördlichen Südeuropa) von den mitteleuropäischen Herkünften durch reicher aufgegliederte Blätter. HAUSSKNECHT (1887) hat diese Pflanzen als *C. acanthophylla* beschrieben (Abb. 41). Bei einer breit angelegten Überprüfung im Gelände stellt sich aber heraus, daß diese Sippe nur schwer abzugrenzen und am besten als Endpunkt einer geographischen temperat bis submeridionalen Formenreihe zu bewerten ist (vgl. Band II).

Noch schwieriger erscheint es, *C. acaulis* in ihrer geographischen Differenzierung zu erfassen. Auf Grund eines vorwiegend mitteleuropäischen Materials hatten wir (MEUSEL & WERNER 1961) die Gliederung der Art in 2 Unterarten, die westliche schmalfiedrige *C. acaulis* ssp. *simplex* und die östliche breitfiedrige *C. acaulis* ssp. *acaulis* befürwortet. Neben Unterschieden im Blattschnitt hatten wir die regelmäßige Stengellosigkeit von ssp. *acaulis* als diagnostisch wichtiges Merkmal herausgestellt. Ausgedehnte Unter-

---

Abb. 130: I: *Carlina tragacanthifolia*. 2jährige Pflanze im Mediterranhaus. II: *C. oligocephala*. 2jährige Pflanzen (ebenfalls im Mediterranhaus) mit anomalem Wachstum infolge Trockenschocks während des Schossens. Sehr dornige Blätter mit schmaler Rhachis. Annäherung im Habitus der beiden Arten, vgl. Text. Aufn.: HENSLING.

Fig. 130: I: *Carlina tragacanthifolia*. Plant, two years old, in a Mediterranean greenhouse. II: *C. oligocephala*. Plants, two years old (also in a Mediterranean greenhouse), with abnormal growth caused by a dryness stress during the shoot development. Very spiny leaves with narrow rhachis. Note the similar appearence of both species, see text.

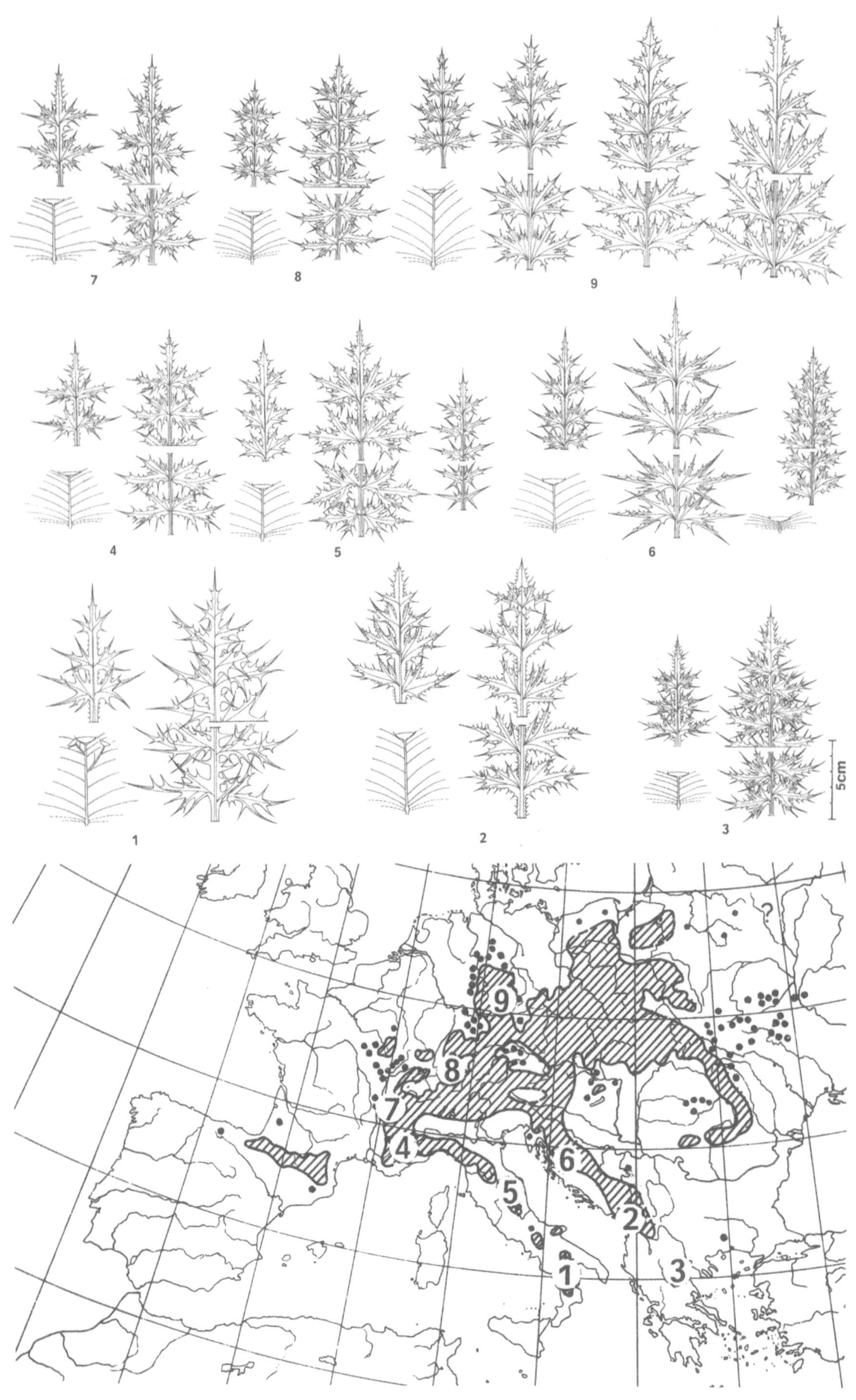

Abb. 131: *Carlina acaulis*, *Simplex*-Typ. Text siehe S. 262.

Fig. 131: *Carlina acaulis*, *Simplex*-group. Text see p. 262.

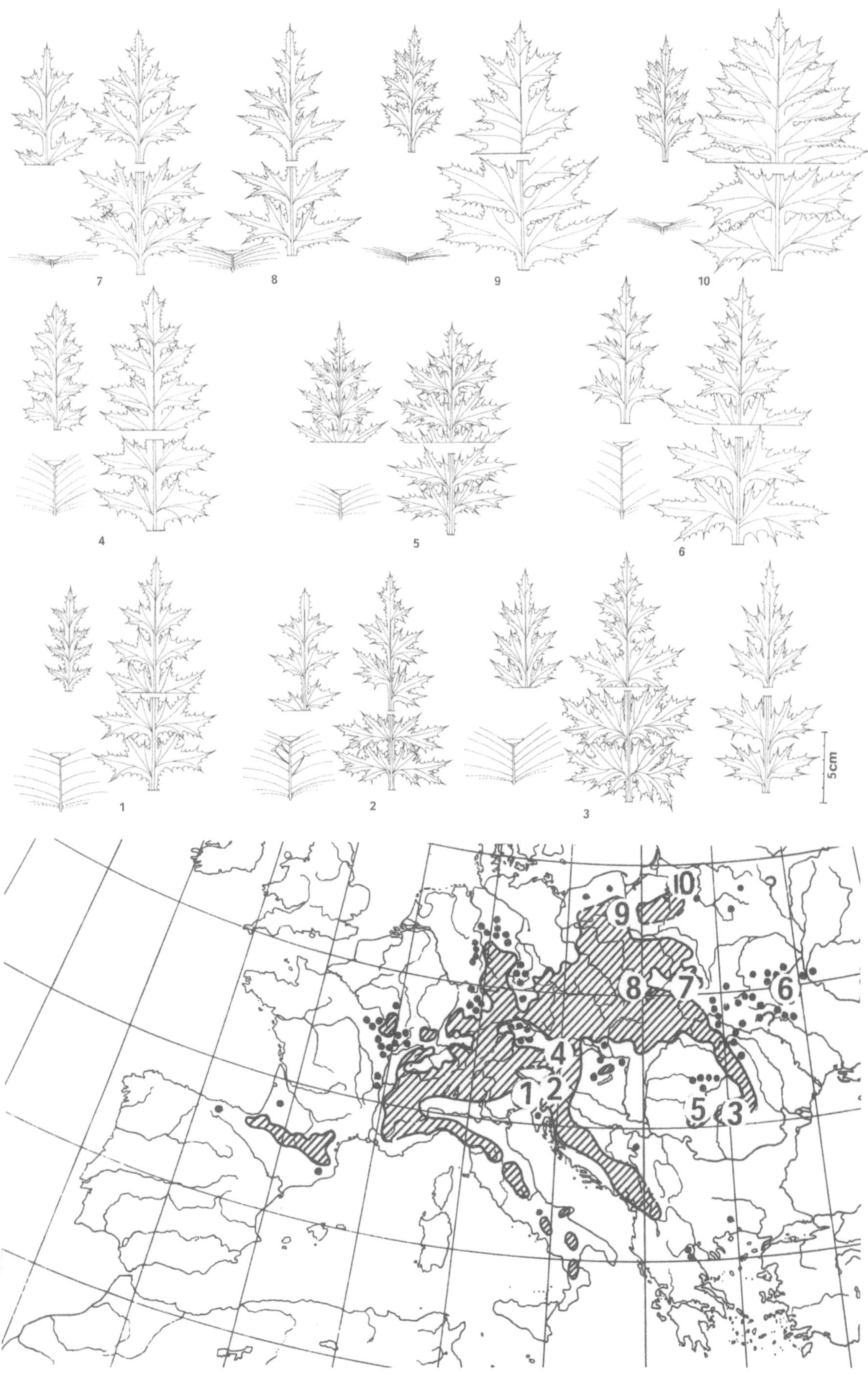

Abb. 132: *Carlina acaulis*, *Acaulis*-Typ. Text siehe S. 262.

Fig. 132: *Carlina acaulis*, *Acaulis*-group. Text see p. 262.

Abb. 131: *Carlina acaulis*. Geographische Formenreihe des (mediterran)-submediterran-burgundisch-rhenanisch-westhercynischen *Simplex*-Typs, siehe S. 260, nach folgenden Belegen:
1 Calabria, Prov. Cosenza, s. Donato, leg.: Rigo, 5. 8. 1898, No. 643 (W, HAL).
2 N-Albanien, Sala ö. über Abata, c. 1800 m, leg.: Dörfler, 7. 8. 1916, No. 280 (WU).
3 Griechenland, Thessalien, Olymp, 2200–2400 m, leg.: Meusel, 22. 9. 1958 (HAL).
4 Alpes maritimes, unterhalb Tenda-Paß, leg.: Meusel, 7. 7. 1982 (HAL).
5 Italien, Abruzzen, s L'Aquila zw. Ovindoli und Rovere, leg.: Seifert, 1. 9. 1964 (HAL).
6 Bosnien, Suljaga b. Bugozno, leg.: Sostarič, 1895 (WU); Bjelasnica pl. (sw Sarajevo), 1570 m, leg.: Fischer & Fischer, 30. 7. 1972 (WU).
7 Pr. Lyon, Decines (Isère), leg.: –, Herb. Jordan, 12. 9. 1877 (ZT).
8 Flora Kanton Schaffhausen, im Krähler, leg.: Kelhofer, 2. 8. 1908 (ZT).
9 Thüringen, Wittersroda, Reinstädter Grund, leg.: Kästner, 3. 10. 1982 (HAL).

Fig. 131: *Carlina acaulis*. Geographical form series in the (Mediterranean-)-Submediterranean-Burgundian-Rhenanian-West Hercynian *Simplex*-group. See p. 260.

Abb. 132: *Carlina acaulis*. Geographische Formenreihe des nordwestillyrisch-osthercynisch-karpatisch-polonisch-westsarmatischen *Acaulis*-Typs, siehe S. 261, nach folgenden Belegen:
1 N-Italien, Friaul, Julisch Venetien, Monte Plananizza b. Chiusaforte, leg.: Melzer, 13. 8. 1971 (Graz).
2 Kärnten, b. Tigring nw Klagenfurt, leg.: Melzer, 21. 9. 1972 (Graz).
3 Rumänien, Bučegi, unterhalb Zanoga-Wände, Jalomita-Tal, 1450 m, leg.: Meusel, 17. 8. 1967 (HAL).
4 Niederösterreich, Schneeberg, Saugraben, leg.: Ronniger, 13. 9. 1908 (W).
5 Fl. Hungaria orient. (olim: Transsilvania), Petrzseny, in monte Kalvaria, leg.: Györffy, 18. 8. 1900 (ZT).
6 Distr. Kiew b. Belitschi, leg.: Racoczi, 1901, No. 1523 (WU).
7 Schlesien, Landshut b. Zieder, leg.: Hellmann, 14. 8. 1892, No. 622 (ZT).
8 S-Polen, O-Beskiden, Pieniny, leg.: Meusel, 30. 9. 1955 (HAL).
9 W-Preußen, Kiefernwälder, leg.: Bornmüller, 1911 (W); N-Polen, S-Slupsk, S-Koszalin-Sulikowo, leg.: Misiewizc (Herb. Päd. Hochschule Slupsk).
10 Lithuani, Nava, leg.: v. Esenbeck (W).

Fig. 132: *Carlina acaulis*. Geographical form series of the Northwest Illyrian-East Hercynian-Carpathian-Polonian-West Sarmatian *Acaulis*-group. See p. 261.

Abb. 133: *Carlina acaulis*. Sippen innerhalb der Pyrenäen, der Alpen und der Karpaten sowie des Schwarzwaldes und des Böhmerwaldes, siehe S. 263, nach folgenden Belegen:
1 Catalonien; Pyrenaeis orient., Nuria, 2000 m, leg.: Goncal, 8. 8. 1924, No. o. (HAL). Sierra prelitorale Montseny, 1500 m, leg.: Fontquer, 6. 9. 1918, No. 32809 (HAL).
2 Flora von Bormio; Altamera, 2100 m, leg.: Furrer, 31. 8. 1910, No. o. (ZT). Alpen, Grigna-Gruppe, Comer See, Val die Contra, leg.: Geilinger, 14. 8. 1902 (ZT).
3 Kärnten, sö Dobratsch b. Oberschütt, leg.: Melzer, 25. 8. 1964 (GZU).
4 Savoyen, Dent d' Oche, leg.: Wild, 30. 8. 1893 (ZT).
5 Flora Raetica, Trimmiser Allmed, leg.: Müller-Schneider, 6. 7. 1961 (HAL).
6 N-Alpen, Kaisergebirge, Walchsee nö Kufstein, ca. 700 m, leg.: Täglich, 1961 (HAL).
7 O-Alpen, Falkenberg b. Judenburg, leg.: Melzer, 1953 (GZU).
8 Slowakei, Belanske Tatry, Tatranska Kotlina, üb. d. Edelweißhütte, ca. 1400 m, leg.: Meusel, 20. 9. 1959 (HAL).
9 Schweizer Jura, Aargau, Wasserfluh, leg.: Werffeli, 3. 9. 1905 (ZT).
10 Flora Schwarzwald, Triften am Feldsee, leg.: Schumacher, 19. 8. 1935 (ZT).
11 Böhmerwald (Šumava), Kaspersky Hory, leg.: Kästner, 11. 8. 1984 (HAL).

Fig. 133: *Carlina acaulis*. Plants within the Pyrenees, the Alps and the Carpathians, Schwarzwald, and the Böhmerwald. See p. 263.

Abb. 133: *Carlina acaulis*. Text siehe S. 262.

Fig. 133: *Carlina acaulis*. Text see p. 262.

Abb. 134: *Carlina corymbosa.* I: Ischia, kolline Stufe; II: graeciforme Sippe, Ischia, Mte. Epomoea, 700 m, HAL.

Fig. 134: *Carlina corymbosa.* I: Ischia, colline belt; II: graeciform plant, Ischia, Mt. Epomoea, 700 m, HAL.

suchungen zeigten jedoch, daß derartige Korrelationen nicht bestehen und auch bei der breitfiedrigen Sippe Rassen mit gestreckter Achse und gelegentlich sogar subcephalen Verzweigungen angetroffen werden. Auch bei *C. acaulis* erscheint es also geboten, die Gliederung in erster Linie auf Unterschiede in den Blattformen zu gründen und die Unterarten im Rahmen geographischer Formenreihen zu betrachten.

Nach unseren Ermittlungen aus dem Gesamtareal der Art reihen sich die Populationen von *C. acaulis* in süd-nördlicher und west-östlicher Differenzierung in einer Weise, wie sie in Abbildung 131 bis 133 dargestellt ist. Im südlichen Teil des Areals finden sich nur Sippen mit schmalfiedrigen tiefgeteilten, stark dornigen Blättern und gestreckten Blütentrieben (ssp. *simplex*). Die Populationen des Apennin erscheinen besonders hochwüchsig und oft mehrköpfig. Ähnliche Sippen sind auch im südlichen illyrischen Bergland, in den mittleren und westlichen Südalpen verbreitet und reichen im Hügel- und Bergland um den Westalpenrand bis in die Burgundisch-Rhenanische und die westliche Herzynische Provinz (Abb. 131). Vorkommen in den Gebirgen zeichnen sich gelegentlich durch Stengellosigkeit (*C. acaulis* ssp. *simplex* f. *nana*) aus (Abb. 131/6).

Dieser südeuropäisch-westmitteleuropäischen Formenreihe stehen Populationen gegenüber, die weniger aufgegliederte und schwächer dornige Blätter mit breiten Segmenten ausbilden (ssp. *acaulis*). Sie begegnen uns am Südostalpenrand, in der nordwestlichen Illyrischen Provinz und in den südlichen Karpaten. Von dort

Abb. 135: *Carlina libanotica*. I: ssp. *libanotica* von Marasch (W). II, III: ssp. *microcephala* aus Niedergaliläa (II, HAL) und Südanatolien (III, HAL). Aufn.: VITEK, HÜNEFELD.

Fig. 135: *Carlina libanotica*. I: ssp. *libanotica* from Marasch (W). II, III: ssp. *microcephala* from the Lower Galilaea (II, HAL) and South Anatolia (III, HAL).

reichen sie über die osthercynischen Mittelgebirge bis ins Riesengebirge und dessen Vorland sowie ins polnische und westsarmatische Flachland bis Kiew und Litauen. Wie sich aus Abb. 132 ergibt, ist dabei eine zunehmende Tendenz zur Entwicklung breitflächiger und verhältnismäßig großer Blätter zu beobachten. Aber auch bei den breitfiedrigen Sippen kommen im südlichen Teil des Areals Rassen mit gestreckten Blütentrieben vor (vgl. Band II).

Mehr oder minder manifest stengellose Rassen von *C. acaulis* begegnen uns in den Hochgebirgen. In den illyrischen Gebirgen und in den Pyrenäen sind diese der Blattfolge nach *C. acaulis* ssp. *simplex* anzugliedern. In den Alpen ist aber im östlichen und im mittleren Teil (z. B. in Kärnten sowie in den Nord- und Zentralalpen) ein deutlicher Einfluß der breitfiedrigen Rassen zu verspüren. Allgemein zeichnen sich die Populationen in den Hochgebirgen durch Blätter mit einem schmaleren Umriß und weniger aufgeteilten Segmenten aus. Ohne einem endgültigen Gliederungsversuch in Band II dieser Monographie vorzugreifen, möchten wir herausstellen, daß wahrscheinlich viele Herkünfte aus dem Alpenraum als Introgressions-Formen innerhalb der hier aufgezeigten Formenreihe zu beurteilen sind. Bei vielen alpischen Populationen ist es nicht möglich, sie ihrer Unterart nach zu bezeichnen. Der Hinweis auf die geographischen Differenzierungslinien erscheint bei den wohl durch viele junge Introgressionen entstandenen Hochgebirgs-Populationen wichtiger als eine größere Genauigkeit vortäuschende Gliederung und Benennung.

Bei der von HELDREICH beschriebenen *Carlina actinoloba* handelt es sich unseren Gelände-Beobachtungen nach um eine meist an das Felslitoral gebundene Rasse von *C. graeca*, die in einer fast gleitenden Formenreihe mit der typischen Unterart verbunden ist. Beim Nachbau im Botanischen Garten blieben die charakteristischen Merkmale in der

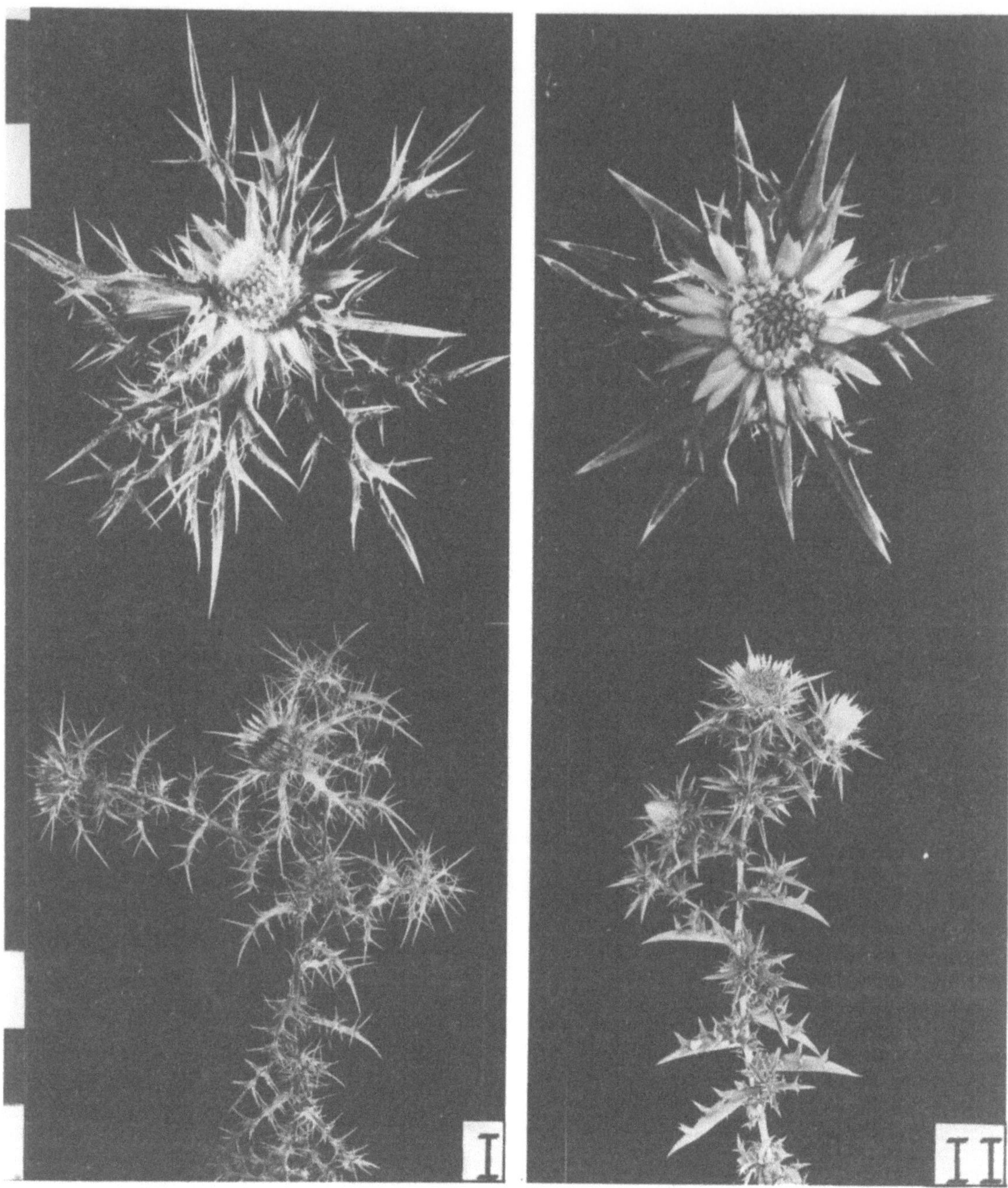

Abb. 136: *Carlina graeca*. I: var. *graeca*. II: var. *actinoloba*. Unterschiede im Blatt- und Köpfchenbau bei Pflanzen einer Vergleichskultur. Anzucht aus Achänen vom natürlichen Standort (Attika, bzw. Ios, beide HAL) im Botanischen Garten in Halle.

Fig. 136: *Carlina graeca*. I: var. *graeca*; II: var. *actinoloba*. Differences in the leaf and capitulum structure of plants cultivated under equal conditions in the Botanical Garden Halle, grown from achenes collected in the natural habitat (Attika respectively Ios, both HAL).

Blattfolge (Abb. 136) zunächst erhalten. Die Durchsicht eines umfangreichen Materials in den Sammlungen konfrontiert uns aber mit vielen Zwischenformen von der Küstenrasse zu der weiter verbreiteten typischen Sippe, so daß wir am besten von einer fließenden innerartlichen Differenzierung sprechen möchten, bei der nur die Extreme taxonomisch fixiert werden sollten.

Besondere Beachtung verdient eine Form konvergenter Variabilität in polymorphen Verwandtschaftskreisen. Bei nahe verwandten, in ihrer Verbreitung benachbarten Arten sind hier nicht nur in der Grenzzone Übergänge zu beobachten. Vielfach trifft man auch innerhalb des Areals der einen Art in begrenzten Bereichen eine Variabilität, die charakteristische Merkmale der Nachbarsippe erkennen läßt. So findet man bei *C. corymbosa* inmitten ihres zentralmediterranen Wohngebietes, besonders auf Inseln (Balearen, Sardinien, Ischia), durch stärker gegliederte und bedornte Blätter an die ostmediterrane *C. graeca* erinnernde Populationen. Diese werden als *C. corymbosa* var. *graeciformis* (vgl. Abb. 134 und Bd. II) bezeichnet und sind hier in einer vollständigen Formenreihe mit der typischen *C. corymbosa* verbunden. Ganz ähnliche Verhältnisse trifft man bei *C. canariensis* auf Gran Canaria, wo in der altomontanen Stufe Varianten (*C. canariensis* var. *xeranthemiformis*, vgl. Band II) in ihren Merkmalen zu der teneriffisch/subalpinen *C. xeranthemoides* tendieren. Weitere Beispiele für eine solche „Vorwegnahme" von Eigenschaften in der Variabilität benachbarter Sippen (z. B. bei *C. vulgaris* und *C. biebersteinii* und innerhalb von *C. libanotica* (Abb. 135) werden im Band II behandelt.

4.3. Bastarde

Von Natur aus treten Bastarde innerhalb der Gattung *Carlina* nur zwischen nahe verwandten Sippen auf. So sind uns keine Kreuzungen zwischen den Sektionen des subgen. *Carlina* bekannt. Auch innerhalb sect. *Mitina* wurden keine Hybriden beobachtet. Dagegen trifft man bei polymorphen Verwandtschaftskreisen wie sect. *Corymbosae* und sect. *Carlina* oft gleitende Merkmalskombinationen an, die auf Bastardierung in Grenzgebieten schließen lassen. In sect. *Heracantha* gibt es zwischen *C. acanthifolia* und *C. acaulis* ebenfalls Bastarde am natürlichen Standort. Derartige spontane Kreuzungen werden in der systematischen Übersicht (Band II) im Anschluß an die betreffenden Eltern behandelt.

Hier soll nur auf Hybriden eingegangen werden, die bei Kultur in Botanischen Gärten (Halle, Patras) spontan entstanden und als Kombinationen weit entfernt stehender Vertreter der Gattung nicht nur genetisch, sondern auch morphologisch von Interesse sind. Es handelt sich um die Hybriden:

C. salicifolia (subgen. *Carlowizia*) × *C. corymbosa* (subgen. *Carlina* sect. *Corymbosae*),
C. tragacanthifolia (subgen. *Lyrolepis*) × C. *sitiensis* (subgen. *Carlina* sect. *Corymbosae*) sowie
C. diae (subgen. *Lyrolepis*) × *C. vulgaris* (subgen. *Carlina* sect. *Carlina*).

Der Bastard *Carlina salicifolia* × *C. corymbosa* s. l. entstammte Achänen von *C. salicifolia*, die 1965 im Botanischen Garten gesammelt wurden. In der Aussaatschale fielen einige Pflanzen durch anfangs rosettigen Wuchs und grob gesägte bis schwach fiederlappige Blätter auf. Von diesen konnte eine Pflanze über mehrere Jahre beobachtet werden. Bereits im 1. Jahr streckte sich die Primärachse und schloß im 2. Jahr ihr Wachstum mit einer wenigköpfigen Synfloreszenz ab. Eine Sproßerneuerung erfolgte unterhalb der Synfloreszenz und aus der Basis (Tafel XXVII). Das Ausdauern sprach gegen die ursprüng-

Abb. 137: Bastard *Carlina salicifolia* × *C. corymbosa* s. l. Verzweigungsschemata der Pflanze am Beginn des 4. Jahres (II) und des abgestorbenen Exemplares im 12. Jahr (I). In beiden Darstellungen zeigt sich die Tendenz sowohl zu basaler als auch zu akroton geförderter (subcephaler) Verzweigung.

Fig. 137: The hybrid *Carlina salicifolia* × *C. corymbosa* s. l. Branching diagrams of the plant at the beginning of the 4th year (II) and of the plant after dying in the 12th year (I). The drawings indicate the tendency to both basitonous and acrotonous (subcephalous) branching.

lich vermutete *C. vulgaris* als 2. Elter. Vielmehr wies die Ausbildung von basalen Erneuerungstrieben auf *C. corymbosa* oder *C. hispanica*, die beide im Garten in der Umgebung von *C. salicifolia* kultiviert wurden.

Auch die Hoch- und Involukralblattfolge am Köpfchen (Tafel XXVIII e–g) ließ auf eine Hybridisierung von *C. salicifolia* mit *C. corymbosa* s. l. schließen. In der breit schüsselförmigen Gestalt läßt das Köpfchen deutliche *C. salicifolia*-Merkmale erkennen. Die vieltriebige 12 Jahre alte Pflanze (Abb. 137) kann man als das Ergebnis einer überwiegend basalen Innovation betrachten, die zur Ausbildung verlängerter und mehr oder weniger bogig wachsender Blütentriebe führte. An diesen entstanden meist subcephal einzelne oder mehrere über die ganze obere Hälfte der Mutterachse verteilte Seitentriebe (Tafel XXVII). An der alten Pflanze sind demzufolge verschiedene aus basaler Innovation hervorgegangene Sproßsysteme zu finden, die sich bei genauerer Analyse als mehrgliedrige Sympodien erwiesen (Abb. 137). So verbindet sich in der Innovation der Hybridpflanze die Akrotonie und immergrüne Beblätterung von *C. salicifolia* mit der Basitonie von *C. corymbosa*. Aus der Kombination eines Zwergbäumchens und einer Pleiokormstaude war ein immergrüner Zwergstrauch hervorgegangen.

Achänen wurden in den Köpfchen der Hybridpflanze meist nur in geringer Zahl gebildet. Sie waren stets taub. Karyologische Beobachtungen liegen nicht vor. Vermutlich wäre, ähnlich wie bei dem Bastard *C. tragacanthifolia* × *C. sitiensis* (s. S. 147), eine Chromosomenzahl 2 n = 19 zu erwarten.

Der ebenfalls im Botanischen Garten in Halle entstandene Bastard *C. diae* × *C. vulgaris* s. l. ist insofern beachtenswert, als es sich bei den Eltern um Pflanzen sehr verschiedener Wuchsweise und Lebensdauer (immergrünes Zwergbäumchen, hapaxanthe Halbrosettenpflanze) handelt. Wie der *C. salicifolia* × *C. corymbosa*-Bastard entstand auch der

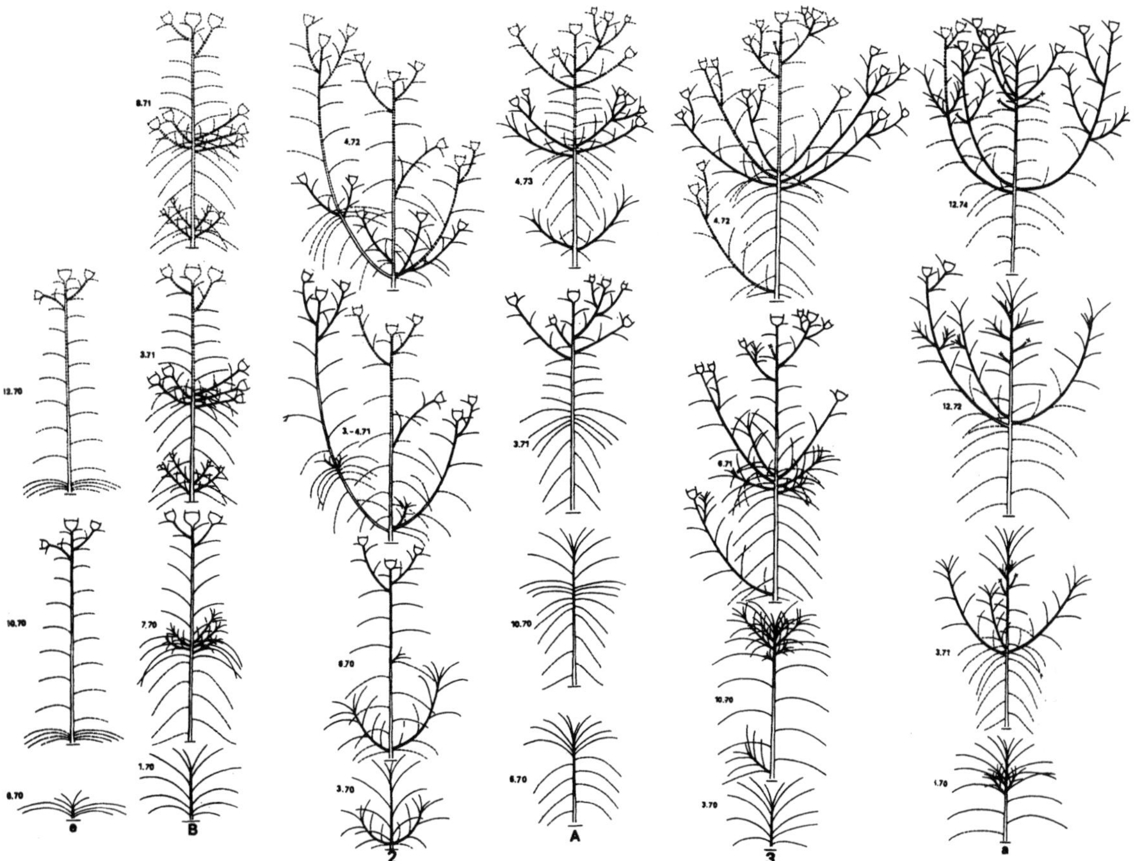

Abb. 138: *Carlina diae* × *C. vulgaris*. Übersicht über verschiedene Wuchsformen von F_2-Pflanzen (e, B, 2, A, 3, a; vgl. Tafel XXXI, XXXII).

Fig. 138: *Carlina diae* × *C. vulgaris*. Survey of various growth forms of F_2-plants (e, B, 2, A, 3, a; see pl. XXXI, XXXII).

von *C. diae* × *C. vulgaris* spontan im Botanischen Garten. Er fand sich (1966) in mehreren Exemplaren bei Aussaat von *C. diae*-Achänen, die im Botanischen Garten gesammelt worden waren. Erstes Anzeichen für die Hybrid-Natur war die geringere Behaarung und die randliche Aufgliederung des bei *C. diae* ganzrandigen Blattes (Tafel XXVIII a–d). Die im Sommer im offenen Haus und in Freilandkästen gehaltenen Pflanzen von *C. diae* (Saatgut Kreta, Panageia-Bucht auf Dia, 1959) waren wahrscheinlich durch Hummeln bestäubt worden, die in großer Zahl im Freiland kultivierte Pflanzen der *C. vulgaris*-Gruppe (*C. vulgaris* s. str., *C. biebersteinii, C. frigida, C. macrocephala*) besucht hatten.

Die Hybridpflanzen wuchsen lange Zeit, abweichend von den Sämlingen der mütterlichen Elternart, als Rosette. Nur in einem Fall streckte sich bereits im 2. Jahr der Primärsproß zu einer kräftigen, über 60 cm hohen Achse mit einer wenigköpfigen terminalen Synfloreszenz. Durch viele Seitentriebe sowohl aus der Basalrosette als auch aus der gestreckten Achse wurde die Zahl der Köpfchen jedoch stark vermehrt (Tafel XXX). Nach der Blüte starb die Pflanze ab. Ähnlich verhielten sich die übrigen Bastardpflanzen in der folgenden Wuchsperiode als Halbrosetten-Hapaxanthe. Wenn dieser Wuchs nicht an einem Elter aus der *C. vulgaris*-Verwandtschaft zweifeln ließ, so zeichnete sich der Einfluß der Mutterpflanze in dem dichten Indumentum und den fehlenden oder nur lockerstehenden breiten Zähnen an Laub-, Hoch- und äußeren Involukralblättern klar ab (Tafel XXIX, XXVIII).

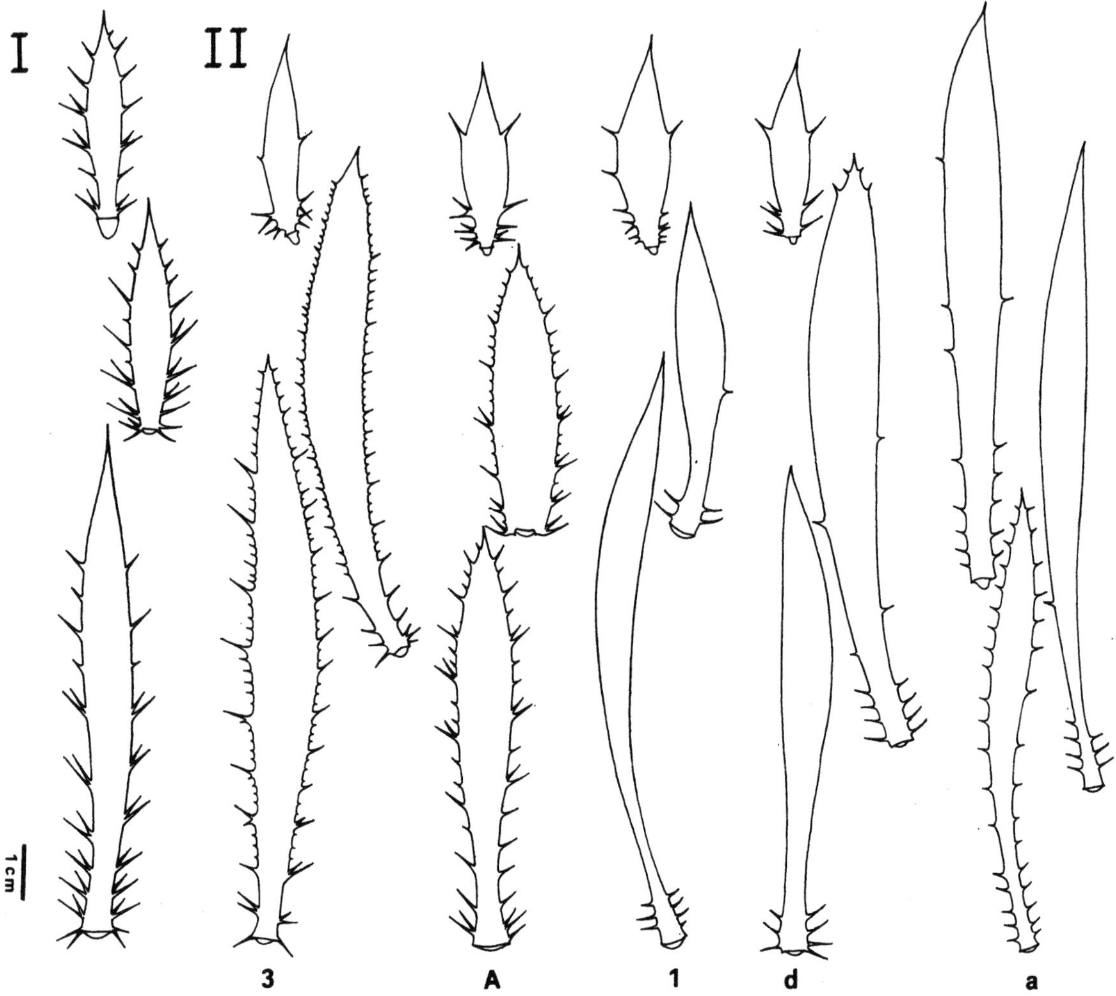

Abb. 139: *Carlina diae* × *C. vulgaris*. Laubblätter, Hochblätter und äußere Involukralblätter von Pflanzen der F_1-Generation (I), und verschiedener Formen der F_2-Generation (II: 3, A, 1, d, a).

Fig. 139: *Carlina diae* × *C. vulgaris*. Foliage leaves, hypsophylls and outer involucral bracts of the F_1-generation (I) and of different forms of the F_2-generation (II: 3, A, l, d, a).

Versuche, die Bastardierung durch künstliche Bestäubung zu wiederholen, führten zu keinem Ergebnis. Die Achänen erwiesen sich als taub. Dagegen fanden sich an den Bastardpflanzen keimfähige, wahrscheinlich auf Geitonogamie zurückgehende Früchte. Sie lieferten neben verschiedenen früh eingegangenen Pflanzen auch einige wüchsige Exemplare (Tafel XXXI). Diese wurden in Töpfen im Versuchshaus gehalten und regelmäßig kontrolliert. Bei der Vergleichung der F_2-Pflanzen der *C. diae* × *C. vulgaris*-Kreuzung fällt neben der mannigfaltig abgestuften Variabilität in den Formen der Laub-, Hoch- und äußeren Involukralblätter (Abb. 139) vor allem die verschiedenartige Kombination im Wuchsverhalten zwischen einer hapaxanthen Halbrosettenpflanze und einem pollakanthen immergrünen Zwergbäumchen auf (Abb. 138, Tafel XXXI, XXXII).

Selten fanden sich Hybridpflanzen, die im Wuchs mit *C. vulgaris* völlig übereinstimmten (Tafel XXXI Pflanze „e"). Meist kann man eine zusätzliche Verzweigung nach dem Abblühen der Endsynfloreszenz feststellen. Außerdem erscheint die Ausbildung der vielblättrigen Basalrosette gestört. Bei fast allen F_2-Pflanzen folgt auf ein kurzes Basalrosetten-Stadium eine Streckung des Primärsprosses und erst in etwa 10–20 cm Höhe eine erneute Internodienstauchung. Dieser mittlere Blattschopf („gehobene Rosette", vgl. Pflanze B auf Tafel XXXI) entspricht wahrscheinlich den Stellen am Primärsproß der Zwergbäumchen, die einen Quirl von Seitensprossen hervorbringen.

Bei verschiedenen, im Grundaufbau *C. vulgaris* mehr oder minder ähnlichen Bastardpflanzen entwickelte sich während oder nach der Ausbildung der Terminalsynfloreszenz eine zusätzliche Verzweigung aus der Basalrosette oder der Zone des mittleren Blattschopfes. Beim Bastard „B" kam es kurz nach dem

Tab. 35: Bastarde *Carlina diae* × *C. vulgaris*, F_2-Pflanzen, v = *C. vulgaris* ähnlich, d = *C. diae* ähnlich, i = intermediäre Merkmale.

Tab. 35: Comparison of *Carlina diae* × *C. vulgaris* F_2 hybrids; v = closer to *C. vulgaris*, d = closer to *C. diae*, i = intermediate.

laufende Nr.		1	2	3	4	5	6	7	8	9	10	11
Bezeichnung der Versuchspflanze		e	B	2	C	c	3	A	f	d	l	a
Hapaxanth	v	+			+	+						
Pollacanth			(+)	+			+	+	+	+	+	+
2–3 Phasen	d		(+)	+			+					
4 Phasen	d							+	+	+	+	+
Primärachse												
basale Rosette	v	+	+	+	(+)		(+)	(+)	(+)	(+)		
mittelhohe Rosette	i		+	(+)	+	+	+	+	+	+	+	
gleichmäßig gestreckt	d											+
Innovation												
basal	i			+			+	+	+	(+)	+	
mittlerer Bereich	d						+ +	+	+	+		+
subfloral	d			(+)					+	+		+
Laubblätter												
glattrandig	d					(+)				(+)	(+)	(+)
unregelmäßig gezähnt	i			+	+	+				+	+	+
regelmäßig gezähnt	v		+				+	+	+			(+)
fiederlappig	v	+	(+)					(+)	+			
grün	v	+	+	(+)	+		+	+	+			
graufilzig	d		+	(+)	(+)	+	(+)			+	+	+
Endfloreszenz	v	+	+	+	+	+	+	+		+	+	
Reproduktive Parakladien												
aus mittlerer Zone	d		+	(+)	(+)		+	+	(+)	+	(+)	+ +
aus Basis	v		(+)	+	(+)		+	+	+	+	(+)	
Äußere Involukralblätter												
verlängert, mehrzähnig	v	+	+		+		(+)					
intermediär	i			+		+	+			+		+
± kurz, wenigzähnig	d							+	+	+	+	+
Blühbeginn												
1–2 Jahre	v	+	+	+								
3–4 Jahre	d				+	+	+	+	+	+	+	+
Alter												
2–3 Jahre	v	+	+	+								
4–5 Jahre	d				+	+						
5 Jahre	d						+	+	+	+	+	+
% Anteil der *C. vulgaris*-Merkmale	v	100	67	42	45	24	33	36	28	15	11	4
% Anteil der *C. diae*-Merkmale	d	0	25	30	30	43	47	50	58	63	60	80
% Anteil der intermediären Merkmale	i	0	8	28	25	33	20	14	14	22	29	16

Abblühen der Endsynfloreszenz zu einer solchen seitlichen Verzweigung, zunächst aus der „gehobenen Rosette“ und einige Monate später, nachdem sich die oberen Pflanzenteile schon im Absterben befanden, als ein Büschel kümmerlicher „Angsttriebe“ aus der Basis. Die Pflanze „B“ muß trotz der verschiedenen Nachblühphasen noch als hapaxanth bezeichnet werden.

Bei dem Bastard „2“ (Tafel XXXI) entstanden aus der Basis kräftigere Seitentriebe. Sie wuchsen nach der Entwicklung der Endsynfloreszenz stark vegetativ heran, bildeten aber noch am Ende der ersten Blühperiode Köpfchen aus. Nachdem große Teile der Pflanzen bereits abgetrocknet waren, wirkte sich im folgenden Jahr der Faktor „ausdauernd“ insofern aus, als noch weitere, meist schwache Seitentriebe an der Basis der Primärachse und der kräftigeren basalen Zweige als letzte Auszweigung auftraten und zum Blühen kamen. Erst nach 4 Wuchsperioden starb die Pflanze „2“ ab und näherte sich damit dem Verhalten der Pollakanthen.

Durch eine noch länger ausdauernde, kräftige zentrale Achse war die Pflanze „A“ (Abb. 138) ausgezeichnet, an der sich nach vierjährigem Wuchs basal und im mittleren Abschnitt noch kräftige, teilweise vegetative Innovationstriebe befanden. Die Pflanze ist erst nach neun Jahren abgestorben.

Bei allen bisher behandelten F_2-Pflanzen des *C. diae* × *C. vulgaris*-Bastards handelte es sich um Wuchsweisen, bei denen sich wie bei *C. vulgaris* zunächst der Endblütenstand entwickelte. Daneben fanden sich in der F_2-Generation aber auch solche, die im Wuchs *C. salicifolia* näher standen. Bei den Zwergbäumchen dieser Art kommt es in der Regel an einem sich über mehrere Perioden erstreckenden Primärsproß erst zu einer reichen vegetativen Verzweigung, ehe an einem der Seitentriebe eine erste Synfloreszenz gebildet wird (vgl. Abb. 6). Diese Entwicklung einer pluriennen Astkrone mit akrotoner Verzweigung der Blütentriebe zeigte nur die Pflanze „a“ aus der F_2-Serie (vgl. Tafel XXXII, Abb. 138).

Um die große Variabilität innerhalb der F_2-Generation der *C. diae* × *C. vulgaris*-Bastarde zu veranschaulichen, sei noch auf Pflanze „3“ aufmerksam gemacht (Tafel XXXII, Abb. 138). Sie verhielt sich in der mehrjährigen Streckung und vegetativen seitlichen Verzweigung des Primärsprosses ganz wie ein Zwergbäumchen. Bereits im 2. Jahr entwickelte sie aber neben einer Terminalsynfloreszenz gleichzeitig mehrere blühende Seitentriebe aus der Basis und aus dem mittleren Blattschopf, so daß damit bis auf wenige subflorale Innovationen alle Organreserven aufgebraucht waren (vgl. Schema Abb. 138). Sie starb, obgleich sie sich anfangs wie ein längerlebiges Zwergbäumchen verzweigte, bereits im 3. Jahr ihrer Entwicklung völlig ab und näherte sich damit den Hapaxanthen.

Das Schema (Abb. 138) soll die vielfältigen Abstufungen zwischen einer einfach aufgebauten hapaxanthen Halbrosettenpflanze zu den reich verzweigten und innovierenden Zwergbäumchen veranschaulichen, die sich aus dieser beachtenswerten Bastardierung ergeben haben. Für eine Reihe der von uns beobachteten Pflanzen der F_2-Generation werden charakteristische Merkmale in Wuchs, Beblätterung (vgl. Abb. 139), Innovation und Lebensdauer in Tabelle 35 angeführt und dabei die jeweiligen Anteile an *vulgaris*- bzw. *diae*- oder intermediären Merkmalen herausgestellt. Man kann so die prozentuale Beteiligung der Eltern am Wuchs der einzelnen Exemplare einschätzen.

Im Verlauf unserer Beobachtungen an den Hybridpflanzen (Sommer 1970) wurde versucht, mit einigen der Bastarde (a, B) Rückkreuzungen mit *C. diae* vorzunehmen. Dabei wurden jedoch nur taube Achänen gefunden. Dasselbe Ergebnis wurde bei Selbstung von Bastard „2“ erzielt. Bei Wurzelspitzenmitosen der Pflanzen „a“ und „c“ wurden keine Teilungsstörungen, jedoch große Überlängen einzelner Chromosomen festgestellt. Die Chromosomenzahl betrug bei beiden Pflanzen $2n = 20$ (vgl. auch Tab. 7).

Der Bastard *C. tragacanthifolia* × *C. sitiensis* entstand im Botanischen Garten in Patras aus Elternpflanzen, die 1976 auf Rhodos und in Ostkreta gesammelt wurden. Bei der Nachzucht aus *C. tragacanthifolia*, die neben *C. sitiensis* ausgepflanzt war, erwies sich eine Pflanze karyologisch als Bastard. Für *C. sitiensis* konnte die für alle Arten von sect. *Corymbosae* charakteristische Chromosomenzahl $2n = 18$ (vgl. KAMARI in MEUSEL et al. 1984) ermittelt werden, während der Bastard $2n = 19$ aufwies. Die Bastardsippe konnte jedoch nur unvollständig untersucht werden. Im jugendlichen Zustand zeigte sie größere und breiterflächige Blätter als *C. tragacanthifolia*. An älteren Pflanzen war die Behaarung nicht so ausgesprochen weißfilzig wie bei der Mutterpflanze. Über die Verzweigungsverhältnisse, die für die Beurteilung der Bastardnatur hätten viel aussagen können, fehlen jedoch ausreichende Angaben.

Abb. 140:
Carlina diae. Verbänderung eines Blütentriebes und des Endköpfchens. Subcephale Seitentriebe mit Cristata-Köpfchen. Aufn.: HENSLING.

Fig. 140:
Carlina diae. Fasciation of a flowering stem and the terminal capitulum. Subcephalous branches with Cristata-capitula.

4.4. Teratologische Bildungen

Als häufigste teratologische Bildungen wurden bei *Carlina* Verbänderungen am Haupttrieb von *C. vulgaris* und verwandter Arten (*C. biebersteinii*) beobachtet. Diese Erscheinung kann in einzelnen Populationen mehr oder minder regelmäßig auftreten.

Verschiedentlich greift die abnormale Achsenentwicklung in den Köpfchenbereich über und führt zur Entwicklung breiter Hahnenkammformen mit geraden oder gelappten Rändern. Im Zuge solcher teratologischer Veränderungen können anstelle des verbreiteten Endköpfchens auch eine Vielzahl winziger Köpfchen gebildet werden. Ähnliche Mißbildungen wie bei *C. vulgaris* haben wir an einer Pflanze von *C. diae* in Kulturen des Botanischen Gartens gefunden (Abb. 140). Besonders auffallend sind Hahnenkammformen der Köpfchen bei Arten von sect. *Heracantha.* Wir beobachteten solche an *C. acanthifolia* in Gartenkultur.

Verschiedentlich wurde bereits auf Monstrositäten an den Köpfchen von *C. acaulis* hingewiesen. In HEGI (1928/29) ist eine „Verwachsung aus 3 Köpfen“ dargestellt. Es handelt sich dabei aber wohl um ein einziges Hahnenkamm-Köpfchen mit stark gewelltem (ausgebuchtetem) Rand. Innerhalb einer Population in einem gestörten Gelände hat REISS (1968) „Verbänderungen und Doppelbildungen im Blütenbereich der Silberdistel“ beobachtet. Der Autor fand gekrümmte Hahnenkammformen oder auch 2 Köpfchen dicht benachbart innerhalb einer Blattrosette. Man geht wohl nicht fehl, wenn man solche

Doppelkopf-Bildungen ebenfalls auf abnorme Veränderungen am Vegetationspunkt zurückführt und damit in den Bereich der Teratologien stellt. Wenn PENZIG (1921) dagegen das Auftreten von seitlichen Köpfchen unter dem Endkopf von *C. acaulis* als Mißbildung anspricht, so ist darauf hinzuweisen, daß eine solche Verzweigung (ebenso wie die in diesem Zusammenhang bei PENZIG genannte Wurzelsproßbildung) den Möglichkeiten einer normalen Entfaltung der Wuchsform von *Carlina acaulis* (vgl. Abb. 17d) entspricht.

Als eine weitere teratologische Bildung bei *Carlina* nennt PENZIG (1921) Prolifikationen in der Infloreszenz von *C. lanata*. Der Autor bezieht sich dabei auf BARRELIERO (1714). Die Abbildung zeigt jedoch keine Sprossung aus der Infloreszenz, sondern lediglich mehrere seitliche Köpfchen dicht unter dem Endköpfchen und damit eine Variante der normalen extrem akrotonen subcephalen Verzweigung dieser Art.

5. Nomenklatur

In diesem Kapitel werden – um nomenklatorische Probleme zu vermeiden – die im Conspectus (vgl. 1.2.2.) angeführten neuen Namen und Kombinationen validiert. Eine genaue Beschreibung aller Taxa einschließlich ihrer Synonymie ist Bestandteil des zweiten Bandes.

subgen. *Lyrolepis* ist zu gliedern in:

sect. *Lyrolepis* MEUSEL & KÄSTNER sect. nov.
Diagnose: Zwergbäumchen mit gleichförmig lanzettlichen, ganzrandigen Laubblättern; Köpfchen in Schirmrispen auf verlängerten Achsen.
Arbores nanae, foliis aeque lanceolatis integerrimis; capitula in paniculam corymbosam disposita.
Typus: *Carlina diae* (RECH. fil.) MEUSEL & KÄSTNER.

sect. *Tragacanthifolia* MEUSEL & KÄSTNER sect. nov.
Diagnose: Dornpolsterstrauch; wechselnde Blattfolge von kleinen gezähnten oder gelappten Laubblättern und größeren fiederschnittigen Dornblättern (mit derb nadelförmigem Segment); Köpfchen einzeln, endständig sitzend.
Frutices pulvinati spinosi; folia parva dentata aut lobata, majoribus pinnatisectis spinosis (segmentibus robuste acicularibus) alternantia; capitula solitaria, terminalia, sessilia.
Typus: *Carlina tragacanthifolia* (KLATT) MEUSEL & KÄSTNER.

Carlina biebersteinii ssp. *intermedia* (SCHUR) MEUSEL & KÄSTNER, stat. nov. ≡ *Carlina intermedia* SCHUR, Enum. Pl. Transs. 413 (1866).

Carlina frigida ssp. *fiumensis* (SIMONKAI) MEUSEL & KÄSTNER, stat. nov. ≡ *Carlina fiumensis* SIMONKAI, Magyar Bot. Lap. 6: 15 (1907).

Carlina hispanica ssp. *globosa* (HUTER) MEUSEL & KÄSTNER, stat. nov. ≡ *Carlina globosa* HUTER, Österr. Bot. Z. 56: 112 (1906).

Carlina hispanica ssp. *major* (LANGE) MEUSEL & KÄSTNER, stat. et comb. nov. ≡ *Carlina corymbosa* L. β. *major* LANGE, Pug. Pl. Hisp. 133 (1861).

Carlina libanotica ssp. *microcephala* (POST) MEUSEL & DITTRICH, stat. et comb. nov. ≡ *Carlina corymbosa* L. var. *microcephala* POST, Fl. Syria, Palaest. & Sinai, Add. 16 (1896).

Carlina oligocephala ssp. *microcephala* (BOISS.) MEUSEL & KÄSTNER, stat. nov. ≡ *Carlina oligocephala* β. *microcephala* BOISS., Fl. Orient. 3: 450 (1875).

Carlina oligocephala ssp. *pallescens* (WETTST.) MEUSEL & KÄSTNER, stat. nov. ≡ *Carlina pallescens* WETTST., Sitzungsber. Akad. Wiss. Wien 98: 371 (1889).

Carlina vulgaris ssp. *acanthophylla* (HAUSSKN.) MEUSEL & KÄSTNER, stat. nov. ≡ *Carlina acanthophylla* HAUSSKN., Mitt. Bot. Ver. in: Mitt. Geogr. Ges. (Thüringen) Jena 5: 85 (1887).

Literaturverzeichnis

AMANO, K. (1985): Host range and geographical distribution of the powdery mildews. – Tokyo.

ANDRÉ, P. (1961): Sur l'appareil pilifère des akènes de quelques Composées. – Bull. Soc. Bot. France **108**: 126–129.

ARATA, M. (1944): Sulla cariologia del genere *Carlina* L. – Lavori Inst. Bot. Univ. Milano **1**: 39–44.

BABCOCK, E. B. (1947): The genus *Crepis*. – Univ. Calif. Tripl. Bot. **21**: 1–197, **22**: 199–1030.

BARBÉRO, M., QUEZEL, P., RIVAS MARTINEZ, S. (1981): Contribution à l'étude des groupments forestiers et preforestiers du Maroc. – Phytozoenologia **9**: 311–412.

BARRELIERO, I. (1714): Plantae per Galliam, Hispaniam et Italiam. – Paris.

BARTOLO, G. et al. (1978): Numeri chromosomici per la Flora Italiana: 382–397. Inform. Bot. Ital. **10**: 64–80.

BARY, A. de (1877): Vergleichende Anatomie der Vegetationsorgane der Phanerogamen und Farne. – Leipzig.

BAUMANN, H., KÜNKELE, S. (1982): Die wildwachsenden Orchideen Europas. – Stuttgart.

BAUMBERGER, H. (1970): Chromosomenzahlbestimmungen und Karyotypanalysen bei der Gattung *Anemone, Hepatica* und *Pulsatilla*. – Ber. Schweiz. Bot. Ges. **80**: 17–95.

BESSON, E., DOMBRIS., A., RAYNAUD, J., CHOPIN, J. (1979): Corymboside, nouvelle di-C-glycosylflavone des racines de *Carlina corymbosa*. – Phytochemistry **18**: 1899–1900.

BOHLMANN, F., BURKHARDT, T., ZDERO, C. (1973): Naturally Occurring Acetylenes. – London, New York.

—, RODE, K.-M. (1967): Polyacetylenverbindungen CXXVII. Die Polyine der Gattung *Carlina* L. – Chem. Ber. **100**: 1507–1514.

—, SCHUSTER, A., MEUSEL, H. (1981): A carlina oxide derivative from *Carlina diae*. – Phytochemistry **20**: 823–824.

BOLÒS, O. de (1962): El paisage vegetal Barcelonés. – Barcelona.

— (1974): Possibilités d'application des spectres phytocoenologiques des taxons dans l'élaboration des flores. – Colloques internationaux du C.N.R.S. **235**: 425–430.

—, MOLINIER, R. (1958): Recherches phytosociologiques dans l'Ile de Majorque. – Collectanea Botanica **5**: 699–805.

—, MOLINIER, R., MONTSERRAT, P. (1970): Observations phytosociologiques dans l'Ile de Minorque. – Acta Geobotanica Barcinonensia **5**: 1–150.

—, VIGO, J. (1984): Flora des Paisos Catalans I. – Barcelona.

BRANDENBURGER, W. (1985): Parasitische Pilze an Gefäßpflanzen in Europa. – Stuttgart, New York.

BRAUN, H. (1981): Heilpflanzenlexikon für Ärzte und Apotheker. – Stuttgart, New York.

BRAUN-BLANQUET, J., BOLÓS, O. de (1957): Les groupements vegeteaux du bassin moyen de l'Ebre et leur dynamisme. – Ann. Estac. experim. de Aula Dei **5**: 1–266.

—, PINTO DA SILVA, A. R., ROZEIRA, A. (1956): Résultats de deux excursions géobotaniques à travers le Portugal septentrional et moyen. – Agronomia lusitana **18**, 9: 167–234.

—, PINTO DA SILVA, A. R. ROZEIRA, A. (1964): Résultats de trois excursions géobotaniques à travers le Portugal septentrional et moyen. – Publ. Inst. Bot. Dr. Gonçalo Sampaio **3**, 5: 229–313.

BRIQUET, J. (1916): La chule des fleurs chez les Composées. – Ber. Schweiz. Bot. Ges. **21**: 24–25.

BROWICZ, K. (1978): Chorology of trees and shrubs in South-West Asia. – Kórnik.

—, ZIELINSKI, J. (1984): Chorology of Trees and Shrubs in South-West Asia and Adjacent Regions IV. – Warszawa, Poznań.

BRULLO, S. et al. (1977): Numeri chromosomici per la Flora Italiana: 299–314. – Inform. Bot Ital. **9**: 57–71.

—, (1978a): Numeri chromosomici per la Flora Italiana: 366–374. – Inform. Bot. Ital. **10**: 57–63.

—, PAVONE, P. (1978): Numeri chromosomici per la Flora Italiana: 464–483. – Inform. Bot. Ital. **10**: 248–265.

BUHR, H. (1964): Bestimmungstabellen der Gallen (Zoo- und Phytocecidien) an Pflanzen Mittel- und Nordeuropas. – Jena.

BURTT, B. L., DAVIS, P. H. (1949): On the Flora of the Nearer East XXIII. – Kew Bulletin **1949**: 97–104.

CAMARDA, J. (1977): Ricerche sulla vegetazione di alcuni pascoli montani del Marghine e del Supramonte di Orgosolo (Sardegna centrale). – Boll. Soc. Sard. Sci. Nat. **16**: 215–250.

CANDOLLE, A. P. De (1836): Prodromus systematis naturalis regni vegetabilis. VII, 1. – Paris.

CARLQUIST, S. (1962): A theory of paedomorphosis in dicotyledonous woods. – Phytomorphology **12**: 30–45.

— (1966): Wood anatomy of *Compositae*, a summary, with comments on factors controlling wood evolution. – Aliso **6**: 25–44.

— (1988): Comparative wood anatomy. – Berlin, New York.

CESCHMEDJIEV, I. V. (1976): In LÖVE, A. (Ed.): IOPB chromosome number reports LIV: – Taxon **25**: 631–649.

COL, A. (1903, 1904): Recherches sur l'appareil sécréteur interne des Composées. – Journ. Bot. (Morot) **17**: 252–318, **18**: 110–132, 153–175.

CONTANDRIOPOULOS, J. (1962): Recherches sur la flore endemique de la Corse et sur ses origines. – Ann. Faculté Sci. Marseille **32**: 1–354.

COOK, C.D.K. (1966): A monographic study of *Ranunculus* subgenus *Batrachium* (DC.) A. GRAY. – Mitt. Bot. Staatssammlung München **6**: 47–237.

COTTHEM, W. R. J. VAN (1970): A classification of stomatal types. – J. Linn. Soc. Bot. **63**: 235–246.

CRÉTÉ, P. (1963): Embryo. – In MAHESHWARI, P. (Ed.): Recent advances in the embryology of Angiosperms. – University of Delhi.

CRITCHFIELD, W. B., LITTLE, E. L. (1966): Geographic distribution of the pines of the world. – U. S. Dept. of Agric. Washington, Forest Service, Misc. Publ. **991**.

CZAPIK, R. (1959): In SKALINSKA, M. et al.: Further studies in chromosome numbers of Polish angiosperms (Dicotyledons). – Acta Soc. Bot. Polon. **28**: 487–529.

DALGAARD, V. (1986): Chromosome numbers in flowering plants from Madeira. – Willdenowia **16**: 221–240.

DANIEL, M. L. (1889): Structure comparée de la feuille el des folioles de l'involucre dans les Cynarocephales et géneralités sur les Composées. – Bull. Soc. Bot. France **36**: 133–143.

DAVIS, P. (1967, 1975): Flora of Turkey **2**, **5**. – Edinburgh.

DEIL, U. (1984): Zur Vegetation des Zentralen Rif (Nordmarokko). – Dissert. Bot. (Vaduz) **74**.

DELAY, J. (1970): Orophytes. – Inf. Ann. Caryosyst. Cytogénét. **4**: 1–16.

DEVESA, J. A. (1979): In: Números chromosómicos para la flora Española. 84–120. – Lagascalia **9**: 115–130.

DIANA-CORRIAS, S., VILLA, R. (1981): Numeri chromosomici per la Flora Italiana. – Inf. Bot. Ital. **12**: 131.

DITTRICH, M. (1966): Karpologische Untersuchungen zur Systematik von *Centaurea* und verwandten Gattungen. – Bot. Jahrb. Syst. **88**: 70–162.

— (1970): Morphologische und anatomische Untersuchungen an Früchten der *Carduinae* (*Compositae*). 1. Morphologischer Teil. – Candollea **25**: 45–67.

— (1977): *Cynareae* – systematic review. In HEYWOOD, V. H., HARBORNE J. B., TURNER B. L. (Eds.): The Biology and Chemistry of the *Compositae*.

— (1985): Morphologische und anatomische Untersuchungen an Blüten und Früchten der Gattung *Carlina* (*Compositae*), I. Teil. – Bot. Jahrb. Syst. **107**: 591–609.

—, KÄSTNER, A., MEUSEL, H. (1987): *Tugarinovia* – eine mongolische Carlineen-Sippe? – Bot. Jahrb. Syst. **108**: 167–186.

—, MEUSEL, H.: Weitere Untersuchungen zu den *Carlina*-Arten in Palästina und in Libanon. – Candollea **44**: 531–542.

DJERDJOUR, B., GUITTONEAU, G.-G. (1977): In LÖVE, A. (Ed.): IOPB chromosome number reports LVI: – Taxon **26**: 257–274.

DOMBRIS, M. A., RAYNAUD, J. (1981a): Les hétérosides flavoniques des fleurs de *Carlina macrocephala*. – Pharmazie **36**: 384.

—, RAYNAUD, J. (1981b): Les hétérosides flavoniques des tiges feuilles de *Carlina corymbosa* L. (Composées). – Plant. Méd. Phytothér. **15**: 21–24.

DUPONT, P. (1962): La Flore Atlantique Européenne. – Toulouse.

EBEL, F. (1971): Zur Morphologie einiger Kanarischer *Sonchus*-Arten. – Wiss. Zeitschr. Univ. Halle **20**: 39–71.

—, KÜMMEL, F., WALTER, H. (1980): Beobachtungen über die Jahresrhythmik des Laubfalles und die Lebensdauer der Blätter bei einigen immergrünen Gehölzen. – 100 Jahre Arboretum (1879–1979) Berlin: 101–115.

—, KÜMMEL, F., WERNER, K. (1982): Notizen über die Lebensdauer einiger makaronesischer und mediterraner Pflanzensippen. – Wiss. Zeitschr. Univ. Halle **31**: 52–60.

—, WERNER, K. (1982): Wuchsform und -rhythmik einiger Stauden des Kanarischen Lorbeerwaldes. – Flora **172**: 193–210.

EHRENDORFER, F. (1951): Rassengliederung, Variabilitätszentren und geographische Merkmalsprogressionen als Ausdruck der raum-zeitlichen Entfaltung des Formenkreises *Galium incanum* S. S. Eine Monographie. – Österr. Bot. Z. **98**: 427–490.

— (1958): Ein Variabilitätszentrum als „fossiler“ Hybrid-Komplex: Der ostmediterrane *Galium graecum* L. — *G. canum* REG. — Formenkreis. Eine Monographie. – Österr. Bot. Z. **105**: 229–279.

— (1962): Beiträge zur Phylogenie der Gattung *Knautia* (*Dipsacaceae*). I. Cytologische Grundlagen und allgemeine Hinweise. – Österr. Bot. Z. **109**: 276–343.

EIG, A. (1932): Les éléments et les groupes phytogéographiques auxiliaires dans la flore palestinienne. – Repert. Spec. Nov. Regni Veg., Beih. **63**. – Dahlem.

ELLIS, M. B., ELLIS, J. P. (1985): Microfungi on Land Plants. An Identification Handbook. – London, Sydney.

EMBERGER, L. (1939): Aperçu général sur la végétation du Maroc. – Veröff. Geobot. Rübel **14**: 40–168.

ERBEN, M. (1985): Cytotaxonomische Untersuchungen an südosteuropäischen *Viola*-Arten der Sektion *Melanium*. – Mitt. Bot. Staatssamml. München **21**: 339–740.

FENAROLI, L. (1967): Gli Alberi d'Italia. – Milano.

FERNANDES, A., QUEIROS, M. (1971): Contribution à la connaissance cytotaxonomique des Spermatophyta du Portugal. II *Compositae*. – Bol. Soc. Brot. **45** (sér. 2): 5–121.

FERRARELLA, A. et al. (1978): Numeri chromosomici per la Flora Italiana: 447–456. – Inform. Bot. Ital. **10**: 129–140.

FRANCINI, E., MESSERI, A. (1956): L'Isola di Marettimo nell'Arcipelago delle Egadi e la sua Vegetazione. – Webbia **12**: 607–846.

FREITAG, H. (1971): Die natürliche Vegetation des südostspanischen Trockengebietes. – Bot. Jahrb. Syst. **91**: 147–308.

— (1975): Zum Konkurrenzverhalten von *Quercus ilex* und *Quercus pubescens* unter mediterran-humidem Klima. – Bot. Jahrb. Syst. **96**: 53–70.

FREY, L. (1969): Karyological studies in some flowering plants in Poland. – Fragm. Flor. Geobot. (Kraków) **15**: 261–267.

FROHNE, D., JENSEN, U. (1985): Systematik des Pflanzenreichs. 3. Auflage. – Stuttgart, New York: Fischer.

GÄUMANN, R. (1959): Die Rostpilze Mitteleuropas mit besonderer Berücksichtigung der Schweiz. – Beitr. Krypt.-Fl. Schweiz **12**: 1–1407.

GAMISANS, J. (1976–1978): La végétation des montagnes corses. – Phytocoenologia **3**: 425–498, **4**: 133–179, **4**: 317–376.

GRABHERR, G., POLATSCHEK, A. (1986): Lebensräume und Lebensgemeinschaften in Vorarlberg. – Bregenz.

GREUTER, W. (1970): Zur Paläogeographie und Florengeschichte der südlichen Ägäis. – Feddes Rep. **81**: 233–242.

— (1973): Monographie der Gattung *Ptilostemon* (*Compositae*). – Boissiera **22**: 4–215.

GUTTENBERG, H. von (1971): Bewegungsgewebe und Perzeptionsorgane. – Berlin, Stuttgart.

HANELT, P., DAVAŽAMC, S. (1965): Beitrag zur Kenntnis der Flora der Mongolischen Volksrepublik insbesondere des Gobi-Altai-, des Transaltai- und Alasan-Gobi-Bezirks. – Feddes Rep. **70**: 7–68 (15 Tafeln).

HAUSTEIN, J. (1884): Die Milchsaftgefäße und die verwandten Organe der Rinde. – Berlin.

HAYNE, F. G. (1856): Darstellung und Beschreibung der Arzneigewächse wie auch solcher Pflanzen, welche mit ihnen verwechselt werden können. Band **10**. – Leipzig.

HEDGE, I. C. (1974): A revision of *Salvia* in Africa including Madagascar and the Canary Islands. – Notes Roy. Bot. Gard. Edinburgh **33**: 1–121.

HEGI, G. (1928/29): Illustrierte Flora von Mitteleuropa. Band **6**. – München.

HERNÁNDEZ, R. F. (1986): Análisis cariotípico del género *Carlina L.* (*Compositae*) en las Islas Canarias. – Bot. Macar. **12–13** (1984): 87–96.

HEYWOOD, V. H., HARBORNE, J. B., TURNER, B. L. (1977): The Biology and Chemistry of the *Compositae*. – London, New York, San Francisco.

HILBIG, W., KNAPP, H. D. (1983): Vegetationsmosaik und Florenelemente an der Wald-Steppen-Grenze im Chantej-Gebirge (Mongolei). – Flora **174**: 1–80.

HINDÁKOVÁ, M. (1967): In MÁJOVSKY, J. et al.: Index of chromosome numbers of Slovakian Flora (Part 1). – Acta Fac. Rerum Nat. Univ. Comenianae Bot. **16**: 6.

HIRSCH, A. (1901): Über den Bewegungsmechanismus des Compositenpappus. – Inaug. Diss. Würzburg 1–39, 1 Tafel. Berlin.

HOMMEL, P. W. F. M., WIEFFERING, J. H. (1979): In LÖVE, A. (Ed.): IOPB chromosome number reports LXIII. – Taxon **28**: 277–278.

HOPPE, H. A. (1941): Drogenkunde. – Hamburg.

HUBER, B. (1956): Evaporation, Verdunstung aus Porensystemen. In: RUHLAND, W. (Ed.): Handbuch der Pflanzenphysiologie. – Berlin.

IRMISCH, TH. (1853): Beitrag zur Naturgeschichte des *Cirsium arvense* SCOP. und einiger anderer Distelarten. – Zeitschr. ges. Naturwiss. **1**: 193–200.

— (1857): Über die Keimung und die Erneuerungsweise von *Convolvulus sepium* und *C. arvensis* sowie über hypocotylische Adventivknospen bei krautigen phanerogamen Pflanzen. – Botan. Zeitung **15**: 433–497.

JÄGER, E. J. (1957): Über Wuchsform, Wuchsrhythmus und Verbreitung der heimischen Wiesenasteraceen. – Diplom-Arbeit Halle (unpubliziert).

— (1968): Die pflanzengeographische Ozeanitätsgliederung der Holarktis und die Ozeanitätsbindung der Pflanzenareale. – Feddes Rep. **79**: 157–335.

— (1970): Charakteristische Typen mediterran-mitteleuropäischer Pflanzenareale. – Feddes Rep. **81**: 67–92.

— (1971): Die pflanzengeographische Stellung der „Steppen" der Iberischen Halbinsel. – Flora **160**: 217–256.

— (1972): Comments on the History and Ecology of Continental European Plants. In: VALENTINE, D. H. (Ed.): Taxonomy, Phytogeography and Evolution. – London.

— (1977): Wuchsform und Verbreitung der *Cirsium acaule*-Verwandtschaft in Eurasien. – Flora **166**: 75–92.

—, HANELT, P., DAVAŽAMC, C. (1985): Zur Flora der Dsungarischen Gobi (Monogolische Volksrepublik). – Flora **177**: 45–89.

JALAS, J., SUOMINEN, J. (Eds.) (1972, 1973, 1976, 1983): Atlas Florae Europaeae **1, 2, 3, 6**.

JASIEWICZ, A., PAWLOWSKI, B. (1956): Nowe stanowisko *Carlina onopordifolia* BESS. w Polsce. – Fragm. Florist. Geobot. **2**: 14–19.

KÄSTNER, A. (1966): Zur Histogenese und Anatomie in der Gattung *Carlina* unter Berücksichtigung des primären und sekundären Dickenwachstums. – Diplom-Arbeit, Univ. Halle (unveröffentlicht).

— (1969): Über die Bildung und Lokalisation der Latexinhaltsstoffe in der Gattung *Carlina*. – Wiss. Z. Pädag. Hochsch. Halle **1**: 39–41.

— (1970): Anatomisch-histologische Untersuchungen an Blättern der Gattung *Carlina*. – Diss. Math. nat. Fak., Martin-Luther-Univ. Halle-Wittenberg (unveröffentlicht).

— (1972): Blattepidermisstrukturen bei *Carlina*. – Flora **161**: 225–255.

KLEINER, O. (1907): Über hygroskopische Krümmungsbewegungen bei Kompositen. – Österr. Bot. Z. **57**: 8–14, 58–65.

KLOTZ, G. (1959): Die systematische Gliederung der Gattung *Echium* L. – Habil.-Schrift Halle (unveröffentlicht).

KNAPP, H. D. (1985): Mediterrane Elemente in der Orchideenflora der Krim (UdSSR). – Flora **176**: 245–287.

KNUTH, P. (1898): Handbuch der Blütenbiologie, Bd. **2**. – Leipzig.

KOCKX VAN ROON, M., WIEFFERING, J. H. (1982): In LÖVE, A. (Ed.): IOPB chromosome number reports LXXV. – Taxon **31**: 367.

KÖRNER, CH., MEUSEL, H. (1986): Zur ökophysiologischen und ökogeographischen Differenzierung nahe verwandter *Carlina*-Arten. – Flora **178**: 200–232.

—, SCHEEL, J. H., BAUER, H. (1979): Maximum leaf diffusive conductance in vascular plants. – Photosynthetica **13**: 45–82.

KOLLA, W. E., SJUZEWA, S. F., CHIGALOWA, L. P. (1966): Preparaty is sozwetia Koljutschnika-nowge stimulirujustschie sredstwa. – Materialy III Konferenzii JNIL **3**: 92–94. – Tomski mediz. inst.

KORN, E. (1964): Holzbildung und Holzanatomie der Gattung *Carlina*. – Diplomarbeit, Univ. Halle (unpubliziert).

KRUSE, J. (1987): Untersuchungen zur Morphologie der Involukral- und Spreublätter der Gattung *Carlina* L. – Flora **179**: 17–33.

—, MEUSEL, H. (1969): Zur Blattfolge und Blattbildung einiger Cynareen-Gattungen. 1. *Echinops*. – Feddes Rep. **80**: 339–356.

—, MEUSEL, H. (1972): Zur Blattfolge und Blattbildung einiger Cynareen-Gattungen. 2. *Acantholepis, Xeranthemum, Chardinia, Siebera, Amphoricarpus*.. – Feddes Rep. **83**: 289–309.

KUGLER, H. (1970): Blütenökologie, 2. Aufl. – Jena.

KUTSCHERA, L., LICHTENEGGER, E., SOBOTIK, M. (1982): Exkursionsführer Internat. Tagung Wurzelökologie.

KUTSCHERA-MITTER, L. (1971): Über das geotrope Wachstum der Wurzel. – Beitr. Biol. Pflanzen **47**: 371–436.

KUZMANOV, B. A. (1974): In LÖVE, A. (Ed.): IOPB chromosome number reports XLVI. – Taxon **23**: 801–812.

—, ANČEV, M. E., (1973): In LÖVE, A. (Ed.): IOPB chromosome number reports XLI. – Taxon **22**: 459–464.

—, Georgieva, S. (1983): In Löve, A. (Ed.): IOPB chromosome number reports LXXXI. – Taxon **32**: 663–669.

Larsen, K. (1965): In Löve, A. (Ed.): IOPB chromosome number reports IV. – Taxon **14**: 86–92.

Leins, P., Gemmeke, V. (1979): Infloreszenz- und Blütenentwicklung bei der Kugeldistel *Echinops exaltus* (*Asteraceae*). – Pl. Syst. Evol. **132**: 189–204.

Leute, G.-H. (1974): In Löve, A. (Ed.): IOPB chromosome number reports XLVI. – Taxon **23**: 801–812.

Levitskij, G. (1940): Kariotipy nekotorych par rodstvennych form rastenij. – Bot. Žurn. **25**: 292–296.

Lichtenegger, E. (1976): Wurzelbild und Lebensraum. – Beitr. Biol. Pflanzen **52**: 31–56.

Löve, A., Löve, D. (1982): in Löve, A. (Ed.): IOPB chromosome number reports LXXVI. – Taxon **31**: 583.

Luftensteiner, H. W. (1982): Experimentelle Untersuchungen zur Reproduktions- und Verbreitungsbiologie an vier Pflanzengemeinschaften des Niederösterreichischen Alpenostrandes. – Bibl. Bot. **135**.

Lukasiewicz, A. (1962): Morfologiczno-Rozwojowe Typy Bylin. – Poznanskie Tow. Przyj. Nauk **27**: 1–398.

Ma, Y.-C. (1980): Revision of the genus *Tugarinovia* Iljin and its systematic position. – Acta Phytotax. Sin. **18**: 217–219.

Madaus, G. (1938): Lehrbuch der Biologischen Heilmittel, Abt. I.: Heilpflanzen, Band **2**. – Leipzig.

Májovsky, J., et al. (1970): Index of chromosome numbers of Slovakian flora (Part 1). – Acta Fac. Rerum Nat. Univ. Comenianae Bot. **16**: 1–26.

— (1974): Index of chromosome numbers of Slovakian flora (Part 3). – Acta Fac. Rerum Nat. Univ. Comenianae Bot. **22**: 1–20.

Maugini, E. (1963): Osservazioni morfologiche ed anatomiche sull'apparato potteriano della *Carlina acaulis* L. – Giorn. Bot. Ital. **70**: 220–227.

Meinheit, K. (1907): Der anatomische Bau des Stengels bei den *Compositae Cynareae*. – Diss.-Phil. Univ. Göttingen.

Mellini, E. (1951): Osservazioni su alcuni insetti della *Carlina acaulis* L. f. *caulescens* Lam. – Boll. Entom. Bologna **18**: 205–244.

Merxmüller, H. (1952–1954): Untersuchungen zur Sippengliederung und Arealbildung in den Alpen. – Jahrb. Ver. Schutz Alpenpfl. und -tiere **17**: 96–133, **18**: 135–158, **19**: 97–139.

Mestre, J. C. (1963–1964): Recherches d'embryogenie comparée: Les rapports phylogénétiques des composées. – Université de Paris, Faculté de Pharmacie, Serie U **399**, 1–137.

Metcalfe, C. R., Chalk, L. (1950): Anatomie of the Dicotyledones. – Oxford.

Meusel, H. (1943): Vergleichende Arealkunde. – Berlin-Zehlendorf.

— (1952): Über Wuchsformen, Verbreitung und Phylogenie einiger mediterran-mitteleuropäischer Angiospermen-Gattungen. – Flora **139**: 333–393.

— (1961): Bewurzelung und Wuchsform einiger *Asteriscus*-Arten. – Flora **150**: 441–453.

— (1965): Die Reliktvegetation der Kanarischen Inseln in ihren Beziehungen zur arid- und mitteleuropäischen Flora. In: Gersch, M. (Ed.): Gesammelte Vorträge über moderne Probleme der Abstammungslehre **1**: 117–136. – Jena.

— (1976): Die Evolution der Pflanzen in pflanzengeographisch-ökologischer Sicht. In: Böhme, H., Hagemann, R., Löther, R. (Eds.): Beiträge zur Genetik und Abstammungs-Lehre. – Berlin.

—, Jäger, E. (Mskr.): Vergleichende Chorologie der zentraleuropäischen Flora III.

—, Jäger, E., Rauschert, St., Weinert, E. (1978): Vergleichende Chorologie der zentraleuropäischen Flora **2**. – 2 Bde. – Jena.

—, Jäger, E., Weinert, E. (1965): Vergleichende Chorologie der zentraleuropäischen Flora **1**: – 2 Bde. – Jena.

—, Kästner, A. (1972): Übersicht zur systematischen Gliederung der Gattung *Carlina*. – Feddes Repert. **83**: 213–232.

—, Kästner, A. (1977): Über einige neue oder neu einzustufende Taxa von *Carlina* sect. *Corymbosae*. – Feddes Repert. **88**: 401–408.

—, Kästner, A., Raus, Th. (1984): Zur systematischen und ökogeographischen Stellung von *Carlina tragacanthifolia* Klatt. – Flora **175**: 145–182.

—, Knapp, H. D. (1983): Ökogeographische Analyse der Areale einiger mediterraner und mediterran-mitteleuropäischer Orchideen. – Jahresber. Naturw. Verein Wuppertal **36**: 86–94.

—, Köhler, E. (1960): Die Blattbildung von *Carlina vulgaris* L. – Bot. Jahrb. **79**: 192–207.

—, Schubert, R. (1971): Beiträge zur Pflanzengeographie des Westhimalajas I, II, III. – Flora **160**: 137–194, 373–432, 573–606.

—, Werner, K. (1962): Über die Gliederung von *Carlina acaulis* L. und *Carlina vulgaris* L. – Wiss. Zeitschr. Univ. Halle, Math.-Nat. **9**: 279–292.

MORTON, J. K. (1977): A cytological study of the *Compositae* (excluding *Hieracium* and *Taraxacum*) of the British Isles. – Watsonia **11**: 211–223.

MOTT, K. A., GIBSON, A. C., OLEORY, J. W. (1982): The adaptive significance of amphistomatic leaves. – Plant Cell Env. **5**: 455–460.

MÜLLER, P. (1955, 1977): Verbreitungsbiologie der Blütenpflanzen. – Veröff. Geobot. Inst. Rübel **30, 61**.

MÜLLER-DIETZ, H. (1960–1972): Arzneipflanzen in der Sowjetunion. – Ber. Osteuropa-Inst. (FU Berlin), 1.–7. Lieferung.

MÜLLEROTT, M. (1940): Vergleichende und entwicklungsgeschichtliche Untersuchungen über Zwischenfieder- und Stipellenbildung. – Bot. Archiv **40**: 258–288.

MURIN, A. (1978): In: MÁJOVSKY, J., et al.: Index of chromosome numbers of the Slovakian Flora. Part 6. – Acta Fac. Rerum Nat. Univ. Comenianae Bot. **26**: 1–42.

—, VÁCHOVÁ, M. (1967): In MÁJOVSKY, J., et al.: Index of chromosome numbers of the Slovakian Flora. (Part 1). – Acta Fac. Rerum Nat. Univ. Comenianae Bot. **16**: 6.

NAPP-ZINN, K. (1956): Beiträge zur Anatomie und Morphologie der Involucral- und Spreublätter der Compositen. – Botan. Studien **6**. Jena.

NISSEN, J. (1907): Untersuchungen über den Blütenboden der Kompositen. – Diss. Univ. Kiel.

NOBBE, F. (1876): Handbuch der Samenkunde. – Berlin.

ORSÓS, O. (1941): Die Gewebeentwicklung bei der Kohlrabiknolle. – Flora **135**: 6–20.

PENZIG, O. (1921): Pflanzenteratologie. 2. Aufl. – Berlin.

PETIT, D. (1987): Analyse cladistique du genre *Atractylis* L. (*Compositae, Cardueae*). – Bull. Soc. Bot. France **134**, Lettr. bot.: 165–184.

PFAU, A. S., PICTET, J., PLATTNER, P., SUSZ, B. (1935): Études sur les matières végétales volatiles III. Constitution et synthèse du carlinaoxyde. – Helv. Chim. Acta **18**: 935.

PIGNATTI, E., PIGNATTI, S., NIMIS, P., AVANZINI, A. (1980): La vegetation ad arbusti spinosi emisferici: Contributio alla interpretazione delle fasce di vegetatione della alte montagne dell'Italica mediterranea. Consiglio nazionale delle ricerche. – Roma.

PODDUBNAJA-ARNOLDI, W. (1931): Ein Versuch der Anwendung der embryologischen Methode bei der Lösung einiger systematischer Fragen. I. Vergleichende embryologisch-zytologische Untersuchungen über die Gruppe *Cynareae*, Fam. *Compositae*. – Beih. Botan. Centralbl. **48**, Abt. II, 141–237.

POZNAŃSKA, Z., SPISS, L. (1985): Preliminary observations on the flowering and seed production of the thistle *Carlina onopordifolia* BESSER. – Acta Soc. Bot. Polon. **54**: 41–51.

RÁTHAY, E. (1881): Über Austrocknungs- und Inhibitionserscheinungen der Cynareen-Involucren. – Sitz.-Ber. Kais. Akad. Wiss., Math.-Nat. Cl., Wien **83**: 522–533.

RAUH, W., REZNIK, H. (1953): Histogenetische Untersuchungen an Blüten- und Inflorenszenzachsen. II. Die Histogenese der Achsen köpfchenförmiger Infloreszenzen. – Beitr. Biol. Pfl. **29**: 233–296.

—, RAPPERT, F. (1954): Über das Vorkommen und die Histogenese von Scheitelgruben bei krautigen Dikotylen mit besonderer Berücksichtigung der Ganz- und Halbrosettenpflanzen. – Planta **43**: 325–360.

RAYNAUD, J., RASOLOJAONA, L. (1976): Sur le présence d'un nouveau di-C-glycosyl flavonoide: le carlinoside chez *Carlina vulgaris* L. (Composées). – Compt. Rend. Hebd. Séances Acad. Sci. (Paris), Ser. D **282**, 1059–1061.

—, RASOLOJAONA, L. (1979): Flavonoides des feuilles de *Carlina acaulis*. Planta Med. **37**: 168–171.

RECHINGER, K. H. (1947): Der Polymorphismus in der ägäischen Flora. – Österr. Bot. Z. **94**: 152–234.

— (1950): Grundzüge der Pflanzenverbreitung in der Ägäis. – Vegetatio **2**: 55–119, 239–308, 365–386.

REISS, J. (1968): Verbänderungen und Doppelbildungen im Blütenbereich der Silberdistel (*Carlina acaulis*). – Natur und Museum **98**: 316–318.

RIKLI, M. (1943): Das Pflanzenkleid der Mittelmeerländer I. – Bern.

— (1946): Das Pflanzenkleid der Mittelmeerländer II. – Bern.

RIVAS-MARTINEZ, S. (1980): Brezales y jarales de Europa occidental. – Lazaroa **1**.

ROSTOVTSEVA, T. S. (1979): Chromosome numbers of some species of the family of *Asteraceae* DUMORT. – Bot. Žurn. **64**: 582–589.

ROTH, J. (1977): Fruits of Angiosperms. – Berlin.

ROTHMALER, W. (1955): Allgemeine Taxonomie und Chorologie der Pflanzen. 2. Aufl. – Jena.

— (1943): Promontorium Sacrum. Vegetationsstudien im südwestlichen Portugal. – Feddes Repert. **128**: 1–96.

RUHLAND, W. (1962): Handbuch der Pflanzenphysiologie, Bd. **17**/2: Physiologie der Bewegungen. – Berlin, Göttingen, Heidelberg.

SAUVAGE, CH. (1961): Recherches geobotaniques sur les subéraies marocaines. – Thèse Fac. Sc. Montpellier, 1–252.

SCHEFFER-POMPLITZ, M.-E. (1957): Morphologische Untersuchungen über den Pappus der Kompositen. – Beitr. Biol. Pfl. **33**: 127–148.

SCHENCK, H. (1907): Beiträge zur Kenntnis der Vegetation der Canarischen Inseln. – Wiss. Ergebnisse der Deutschen Tiefsee-Expedition 1898–1899. Bd. **2**, 1: 227–406.

SCHENK, A. (1877): Zur Kenntnis des Baues der Früchte der Compositen und Labiaten. – Botan. Zeitung **35**: 409–415.

SCHMID, G. (1930): *Carlina* (Karlsdistel) und die Karlslegende. In: Kritische Beiträge zur Geschichte des Mittelalters. – Festschrift für Robert Holtzmann zum sechzigsten Jahrestag. 221–252, Berlin.

SCHMIDT-THOMÉ, J. (1950): Über die antibakterielle Wirkung der Silberdistelwurzel. – Z. Naturforsch. **5b**, 409.

SCHUBERT, R., JÄGER, E. J., MAHN, E.-G. (1979): Vergleichende geobotanische Untersuchungen in der Baschkirischen ASSR. 1. Teil: Wälder. – Hercynia, N. F. **16**: 206–263.

SCHWARZACHER, T., AMBROS, P., SCHWEIZER, D. (1980): Application of Giemsa banding to orchid karyotyp analysis. – Plant Syst. Evol. **134**: 293–297.

SCHWEIZER, D. (1973a): Vergleichende Untersuchungen zur Längsdifferenzierung der Chromosomen von *Vicia faba*. – Verh. Naturf. Ges. Basel **83**: 1–75.

— (1973b): Differential staining of plant chromosomes with Giemsa. – Chromosoma **40**: 307–320.

SEMMLER, F. W. (1889): Über einen Kohlenwasserstoff im ätherischen Öl von *Carlina acaulis*. – Chem. Zeitung **13**: 1158. – zit. nach BOHLMANN, F. (1973).

SJUSEWA, S. JU. (1959): K farmakognostitscheskomu isutscheniju koljutschnika biberschteina. – Trudy Permsk. farmac. inst. **1**: 101–120.

— (1966): O soderschanii flawonoidow w kolozinke biberschteina po organam i fasam raswitija rastenja. – Izw. Estevst. Inst. Permsk. **14** (8): 45–48.

SKALINSKA, M. et al. (1978): Further studies in chromosome numbers of Polish angiosperms. XII. – Acta Biol. Cracov., Ser. Bot. **21**: 31–63.

SNOGERUP, S. (1968): Studies in the Aegean flora. VII. *Erysimum* sect. *Cheiranthus*. – Opera Botanica **13, 14**.

SOLEREDER, H. (1890): Systematische Anatomie der Dicotyledonen. – Stuttgart.

— (1908): Systematische Anatomie der Dicotyledonen. Ergänzungsband. – Stuttgart.

SÖYRINKI, N. (1954): Vermehrungsökologische Studien in der Pflanzenwelt der Bayrischen Alpen. – Ann. Bot. Soc. Vanamo **27**: 1–232.

STEINBRINCK, C. (1888): Über die Abhängigkeit der Richtung hygroskopischer Spannkräfte von der Zellwandstruktur. – Ber. Deutsche Bot. Ges. **6**: 385–398.

— (1899): Über den hygroskopischen Mechanismus von Staubbeuteln und Pflanzenhaaren. – Schwendener Festschrift, Berlin: 165–183.

—, SCHINZ, H. (1908): Über die anatomische Ursache der hygrochastischen Bewegungen der sog. Jerichorosen und einiger anderer Wüstenpflanzen (*Anastatica, Odontospermum, Geigeria, Fagonia, Zygophyllum*), – Flora **28**: 471–500.

STÖLZER, J., JÄGER, E. J. (1985): Konstanz und Variabilität von Blattnervaturmerkmalen ausgewählter heterophyller Asteraceen. – Wiss. Z. Univ. Halle **34**: 14–21.

SZ.-BORSOS, O. (1971): Contribution to the knowledge on the chromosome numbers of phanerogams growing in Hungary and southeastern Europe. II. – Acta Bot. Acad. Sci. Hung. **17**: 37–46.

TALIEW, W. (1895): Über das hygroskopische Gewebe des Compositen-Pappus. – Kazan 1894 (russ.). Ref. von ROTHERT in Bot. Centralbl. **63**: 320–324.

TIEGHEM, P. VAN (1871): Sur les caneaux oleifères des Composées. – Bull. Soc. Bot. France **18**: 286–294, 394–406.

— (1872): Les canaux secréteurs des Plantes. – Ann. Sci. Nat. Bot. **16**: 96–201.

TOMILIN, B. A. (1979): Opredelitel' gribow roda *Mycosphaerella* JOHANS. – Leningrad.

TRÉCUL, A. (1862): Des vaisseaux propres en general et de ceux des Cynarées laiteuse en particulier. – Journ. Gen. Soc. Trav. Sci. Fr. Etranger Sect. 1 Sci. Math. **30**: 266–268.

TROLL, W. (1935): Vergleichende Morphologie der Fiederblätter. – Nova Acta Leopold, N. F. **2**: 315–455.

— (1939): Vergleichende Morphologie der höheren Pflanzen. Vegetationsorgane. Band **1**, 2. Teil. – Berlin.

— (1941): Vergleichende Morphologie der höheren Pflanzen. Vegetationsorgane. Band **1**, 3. Teil. – Berlin-Zehlendorf.

— (1951): Biomorphologie und Biosystematik als typologische Wissenschaften. – Studium Generale **4**: 376–389.

— (1954): Praktische Einführung in die Pflanzenmorphologie. 1. Teil. – Jena.

— (1964): Die Infloreszenzen. Bd. 1 – Jena.

—, RAUH, W. (1950): Das Erstarkungswachstum krautiger Dikotylen, mit besonderer Berücksichtigung der primären Verdickungsvorgänge. – Sitz.-Ber. Heidelb. Akad. Wiss., math.-naturw. Kl., **1950**, 1. Abh.

TSCHUKSANOVA, H. A. (1969): In FEDOROV, AN. A. (Ed.): Chromosome numbers of flowering plants. – Leningrad: Academy of Sciences of the USSR, V. L. Komarov Bot. Inst.

UL'JANIŠČEV, V. (1978): Opredelitel' rshawtschinnych gribow SSSR. – Leningrad.

VALANT-VETSCHERA, K. M. (1985): C-glycosylflavones as an accumulation tendency: a critical review. – Bot. Rev. **51**: 1–52.

VAN DEN BRAND, C. et al. (1979): In LÖVE, A. (Ed.): IOPB chromosome number reports LXIV. – Taxon **28**, 395–397.

VUILLEMIN, P. (1884): De la valeur des caractères anatomiques au point de vue de la classification des vegétaux. Tige des Composées. – Thèse Doct. des Science, Paris.

WAGENITZ, G. (1976): Systematics and phylogeny of the *Compositae* (*Asteraceae*). – Pl. Syst. Evol. **125**: 29–46.

WAGNER, H. (1977): *Cynareae* – chemical review. – In HEYWOOD, V. H., et al.: The Biology and Chemistry of the *Compositae*, Vol. **2**: 1017–1038. – London, New York, San Francisco.

WALTER, H. (1968): Die gemäßigten und arktischen Zonen. – Die Vegetation der Erde **2**: 1–1001. – Jena.

—, LIETH, H. (1967): Klimadiagramm-Weltatlas. – Jena.

—, STRAKA, H. (1970): Arealkunde. 2. Aufl. – Stuttgart.

WARMING, E. (1876): Die Blüte der Compositen. – Bonn.

WERNER, K. (1966): Die Wuchsformen der Gattungen *Isoplexis* (LINDL.) BENTH. und *Digitalis* L. – Bot. Jahrb. **85**: 88–149.

WILLKOMM, M., LANGE, J. (1870): Prodromus Florae Hispanicae II. – Stuttgart.

WYDLER, H. (1860): Kleinere Beiträge zur Kenntnis einheimischer Gewächse. – Flora **43**: 532–559.

YOSIOKO, I., HIKINO, H., SASAKI, Y. (1960): Chem. Pharm. Bull. (Japan) 949, 952, 957.

ZAFFRAN, J. (1976, 1982): Contributions à la Flore et à la Végétation de la Crête. I Floristique. – Univ. de Provence 1976; II Végétation. – Univ. de Provence 1982.

ZWÖLFER, H. (1965): Preliminary list of phytophagous insects attacking wild *Cynareae* (*Compositae*) species in Europe. – Technical Bulletin No. 6, Commonwealth Institute of Biological Control.

— (1978): Mechanismen und Ergebnisse der Co-Evolution von phytophagen und entomophagen Insekten und höherer Pflanzen. – Sonderbl. naturw. Ver. Hamburg **2**: 7–50.

— (1981): Evolutionsstufen in der Ausbildung komplexer Wirt-Parasit-Systeme, dargestellt an der Käferfauna der Disteln. – Jahrb. naturw. Verein Wuppertal **34**: 126–130.

— (1986): Insektenkomplexe an Disteln – ein Modell für die Selbstorganisation ökologischer Kleinsysteme. In DRESS, A., HENDRICHS, H., KÜPPERS, G. (Eds.): Selbstorganisation, Die Entstehung von Ordnung in Natur und Gesellschaft. – München.

(1970): Climatic atlas of Europe I. – WMO Unesco, Cartographia Budapest.

Register

Im Register sind alle wissenschaftlichen Taxa und eine große Auswahl von Stichworten erfaßt, um einen möglichst guten Zugang zum Inhalt dieses Buches zu ermöglichen. Ausschließlich wissenschaftliche Pflanzennamen sind kursiv gesetzt. Nicht erfaßt wurden die in den Tabellen 7, 16–18 und 20–26 aufscheinenden Taxa. „+" bedeutet, daß auf dieser Seite (auch) eine Abbildung zu diesem Taxon/Stichwort vorliegt, „+K" ist ein Hinweis auf eine Arealkarte, „T." verweist auf eine Tafel.

TAFELN

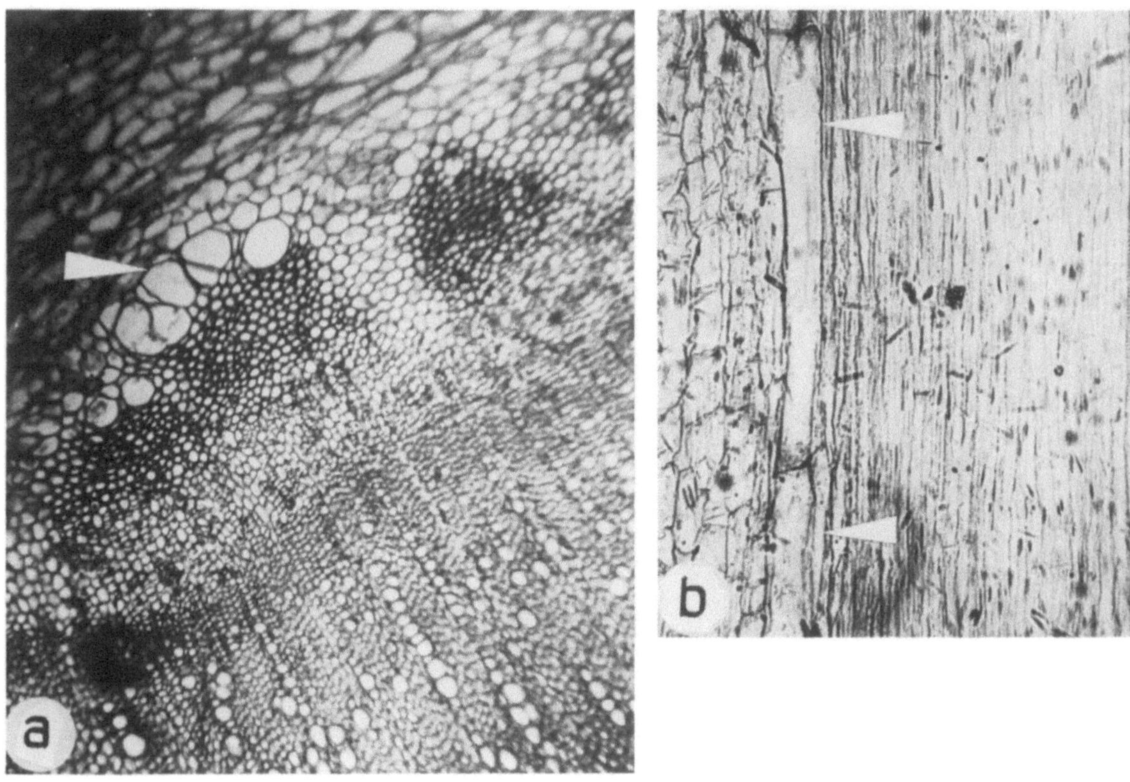

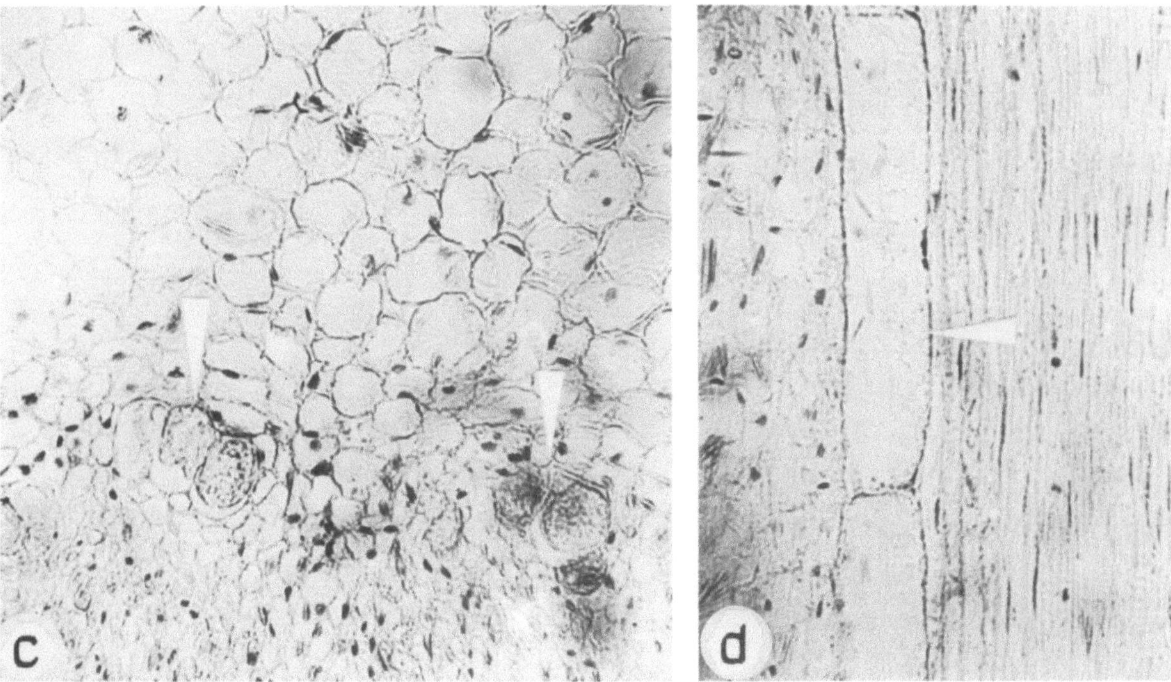

Tafel I: *Carlina vulgaris* (a), *C. corymbosa* (b–d). Milchsaftzellen im Sproßquerschnitt (a, c), bogenförmig über Phloemsklerenchym-Kappen angeordnet; sowie im Längsschnitt (b, d) als große gestreckte, tonnenförmige Zellen in Nachbarschaft von Phloemfaserzellen; b: an einem ausgebildeten, d: an einem jungen Jahrestrieb (hier mit leicht getrübtem Inhalt).
Aufn.: MÜLLER, KÄSTNER (Halle).

Plate I: *Carlina vulgaris* (a); *C. corymbosa* (b–d). a, c: cross section; note latex cells arranged in an arch above the phloem sclerenchyma; b, d: lenght section, note elongate barrel-shaped latex cells adjacent to the phloem fibres; b: fully developed shoot, d: young shoot.

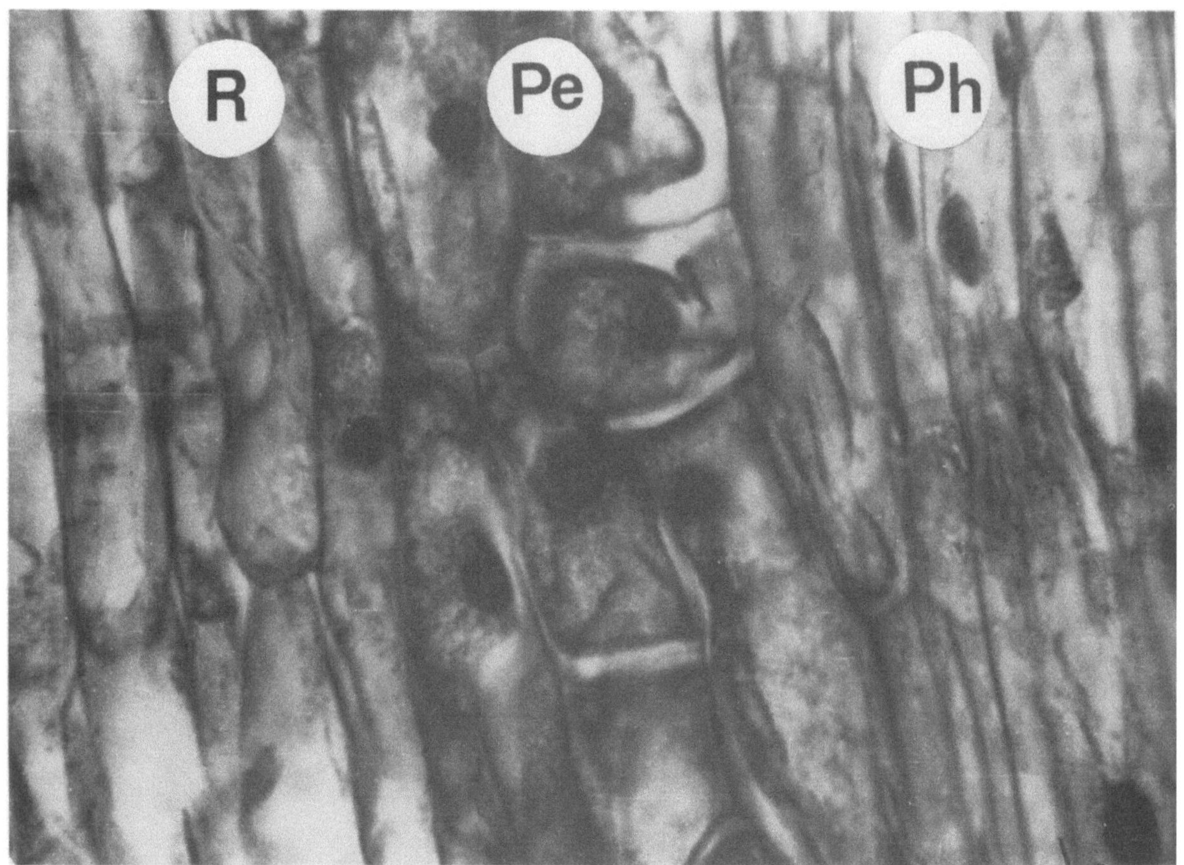

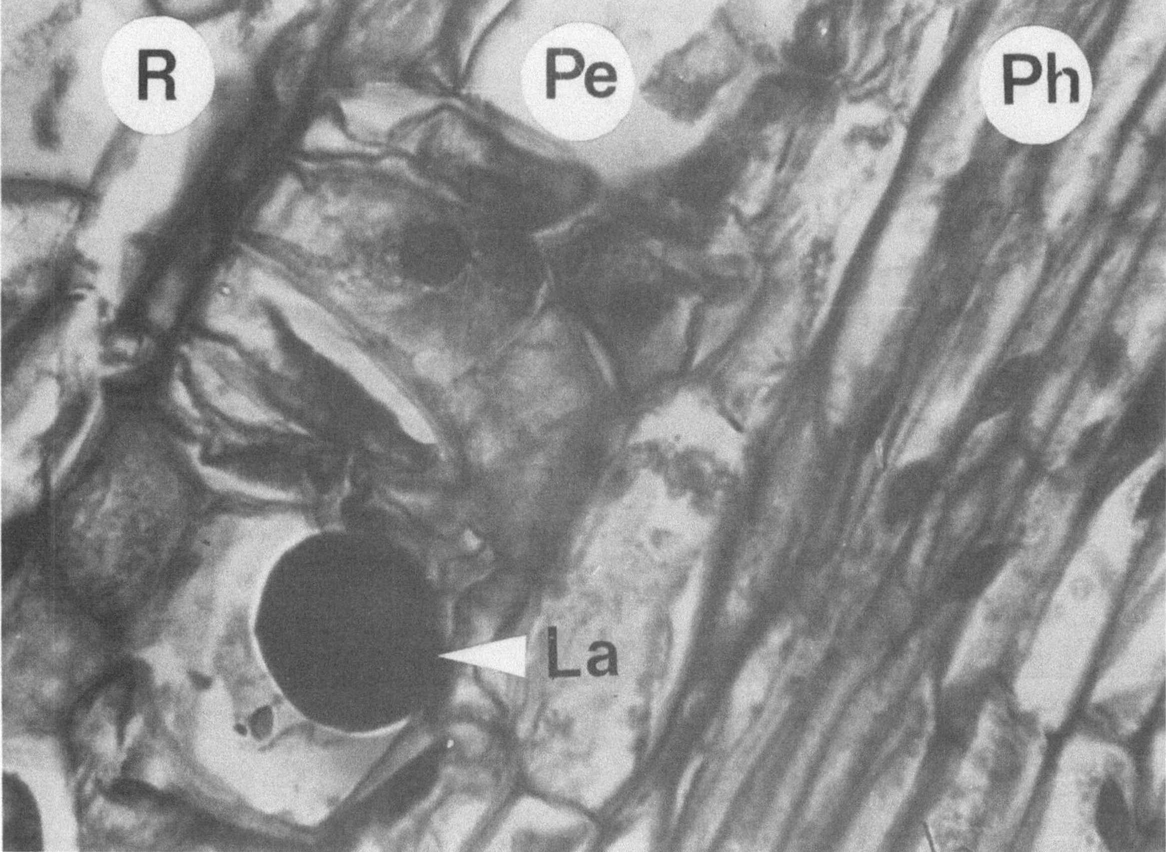

Tafel II: *Carlina acaulis*. Basis eines Blütentriebes. Erste Phasen der Latexbildung. Untereinander angeordnete Zellen im Perizykelbereich (Pe) mit dichtem Inhalt und vergrößerten Kernen oder mit Latextropfen (La). R = Rinde, Ph = Phloem.
Aufn.: Kästner (Halle).

Plate II: *Carlina acaulis*. Base of a flowering shoot. Primary stages of latex formation. Cells arranged in rows in the pericycle region (Pe) with dense content and enlarged nucleus or with latex drop.

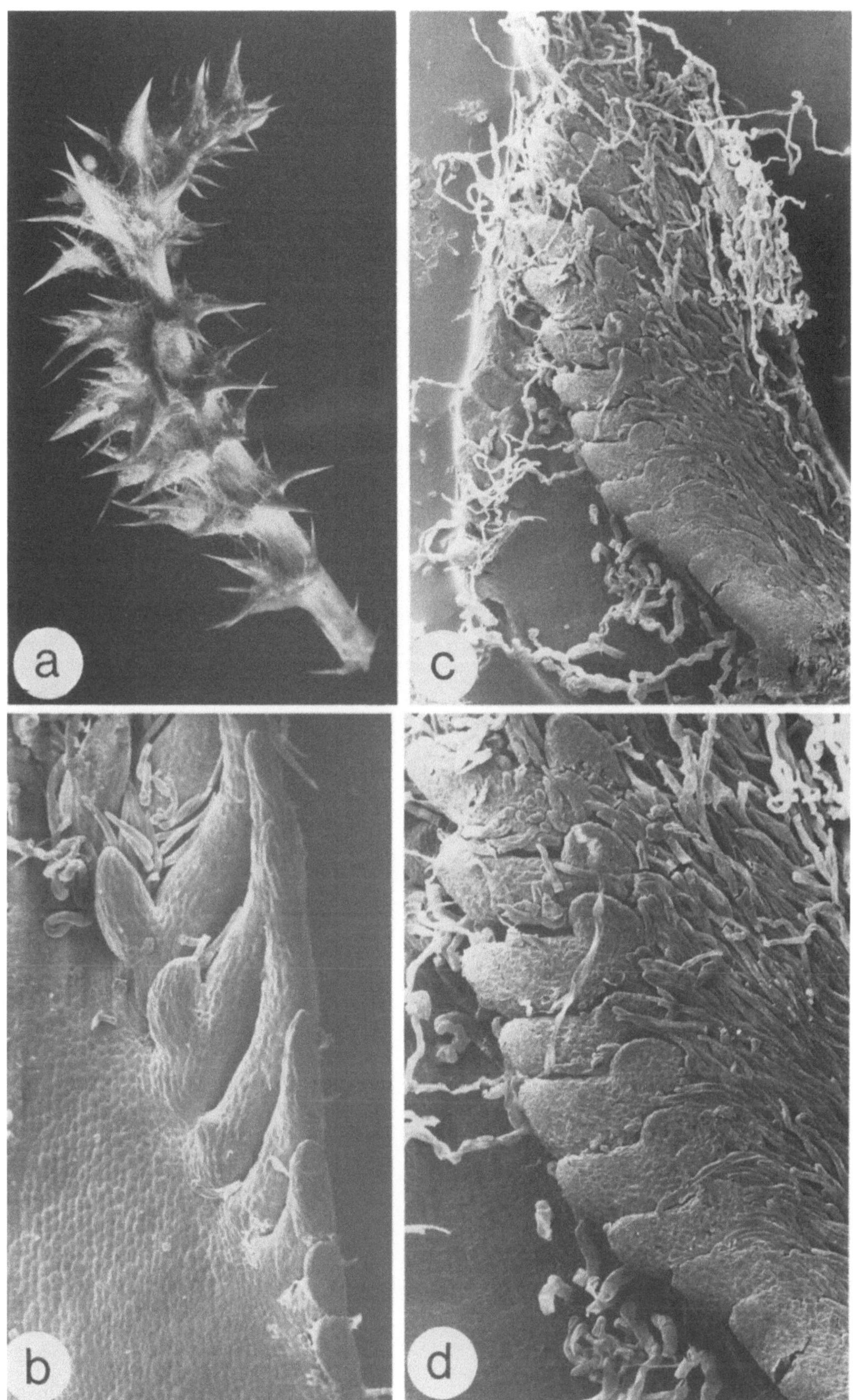

Tafel III: *Carlina acaulis.* a) (Bot. Garten Halle) Laubblatt in Entfaltung, Haarbesatz sich teilweise ablösend. b–d) (Graz, Schöckl 1985) Laubblattanlagen der Winterknospe, von oben (b) und von der Seite (c, d). Basipetale Anlegung der Fiedern. Diese querinseriert, die Seitenfiedern 2. Ordnung demzufolge nach unten (die akroskopen) und oben (die basiskopen) weisend. Man beachte den starken Besatz mit Peitschenhaaren auf der Blattunterseite.
Aufn.: Sontag (Wien), Hensling (Halle).

Plate III: *Carlina acaulis.* a) (Bot. G. Halle) unfolding foliage leaf, indumentum partly peeling off. b–d) (Graz, Schöckl 1985), Young foliage leaf of a winter bud, seen from above (b) and from side (c, d); note basipetal formation of the pinnate folioles; because of their diagonal insertion the lateral folioles of 2nd order direct downwards (the acroscopic ones) and upwards (the basiscopic ones) (cf. fig. 36); note also the strong covering of the leaf underside with whiplike hairs.

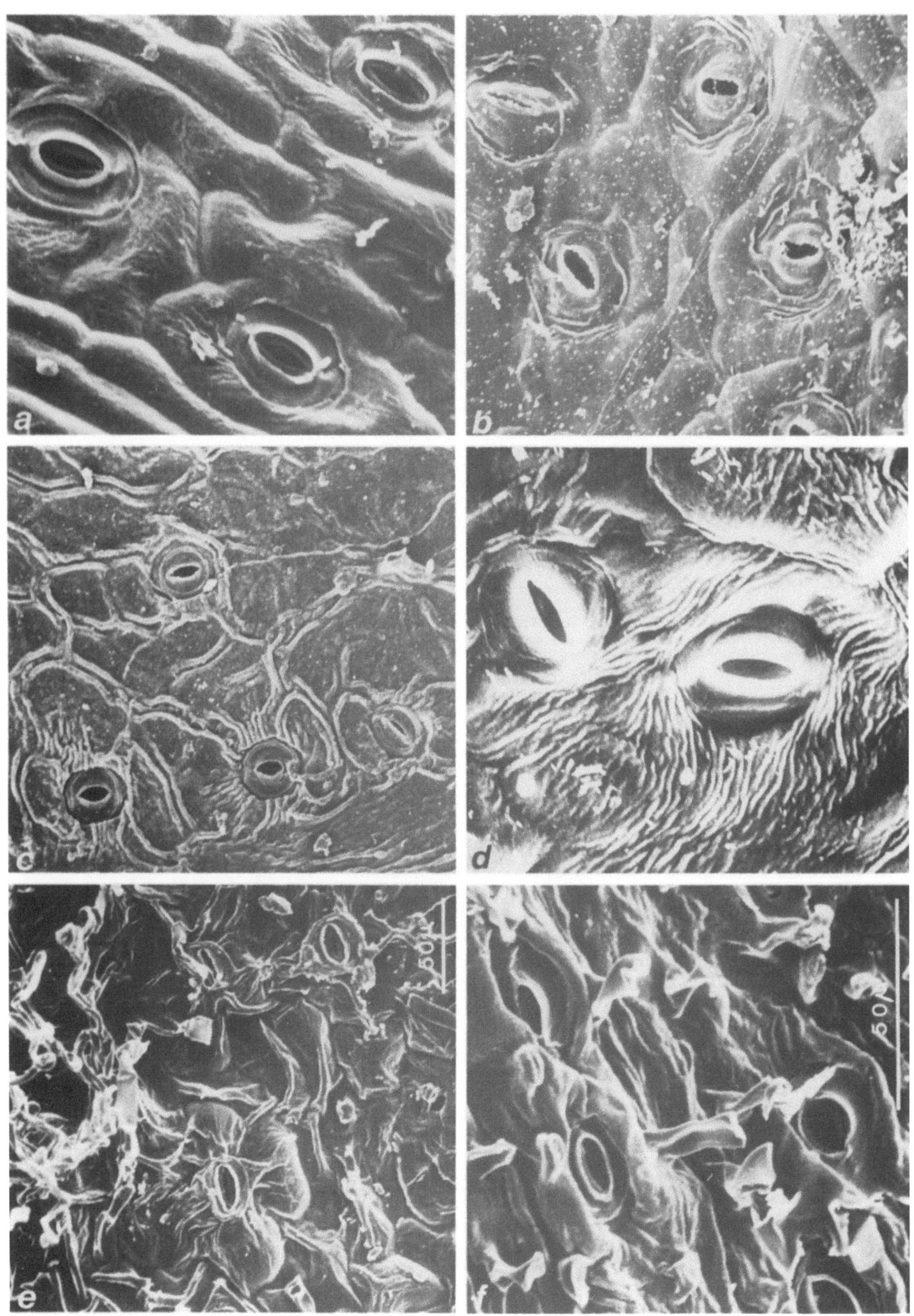

Tafel IV: Blattoberflächen von Laubblättern verschiedener *Carlina*-Arten. a) *C. atlantica*, b) *C. sicula*, c) *C. acanthifolia*, d) *C. acaulis*, e) *C. diae*, f) *C. tragacanthifolia*. – Maßstab (für a, b, d, f und c, e): je 50 µm.
Weitere Erläuterungen vgl. Text.
Aufn.: Morawetz-Waha (Wien).

Plate IV: Leaf surface of foliage leaves. a) *Carlina atlantica*, b) *C. sicula*, c) *C. acanthifolia*, d) *C. acaulis*, e) *C. diae*, f) *C. tragacanthifolia*. – Bar (for a, b, d, f, and c, e): 50 µm.
For additional explanations see the text.

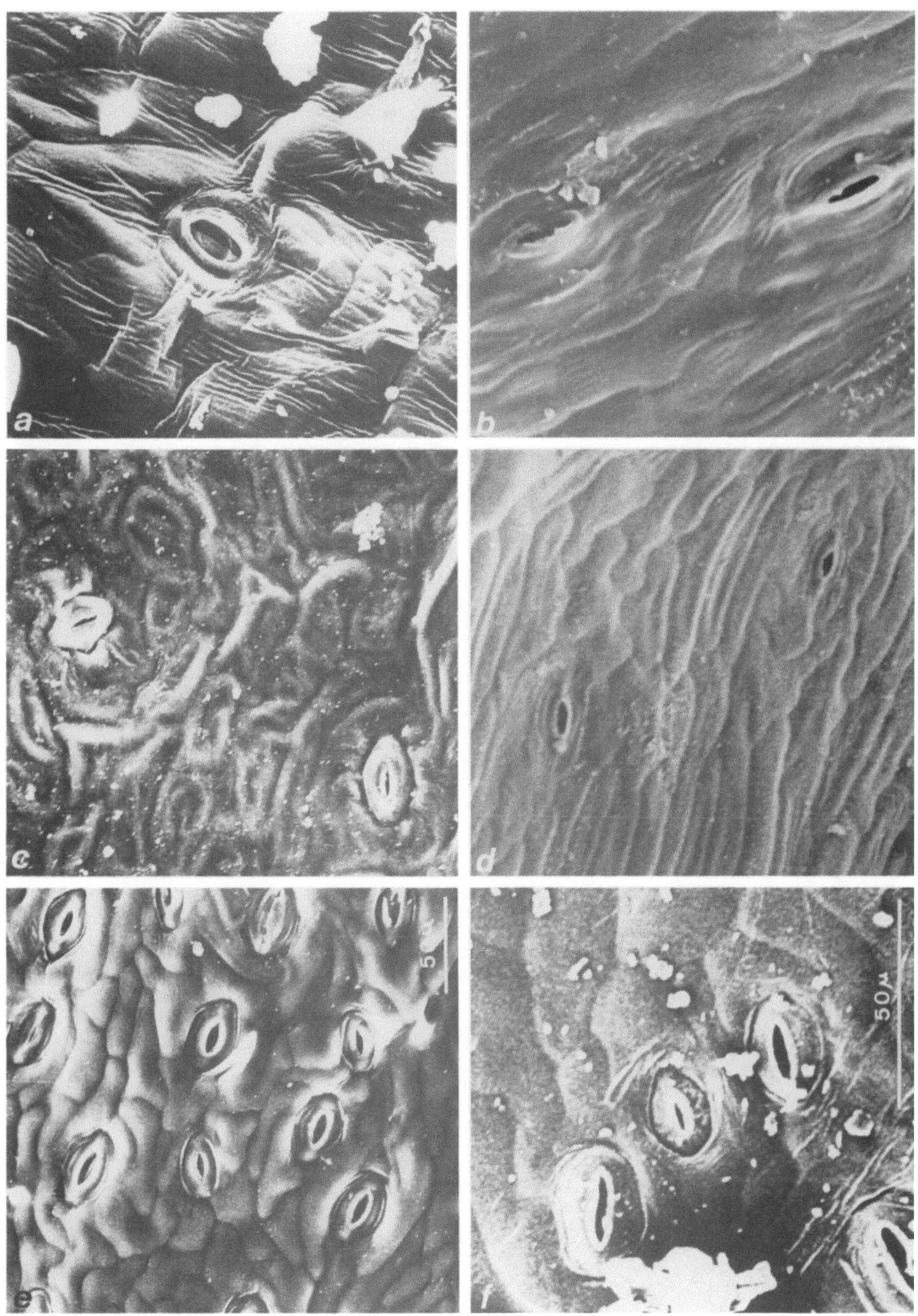

Tafel V: Blattoberflächen von Laubblättern verschiedener *Carlina*–Arten a) *C. racemosa*, b) *C. lanata*, c) *C. vulgaris*, d) *C. biebersteinii*, e) *c. libanotica*, f) *C. curetum*. – Maßstab für a, b, f und c, d, e): je 50 µm. Weitere Erläuterung im Text.
Aufn.: MORAWETZ-WAHA (Wien).

Plate V: Leaf surface of foliage leaves. a) *Carlina racemosa*, b) *C. lanata*, c) *C. vulgaris*, d) *C. biebersteinii*, e) *C. libanotica*, f) *C. curetum*. – Bar (for a, b, f and c, d, e): 50 µm.

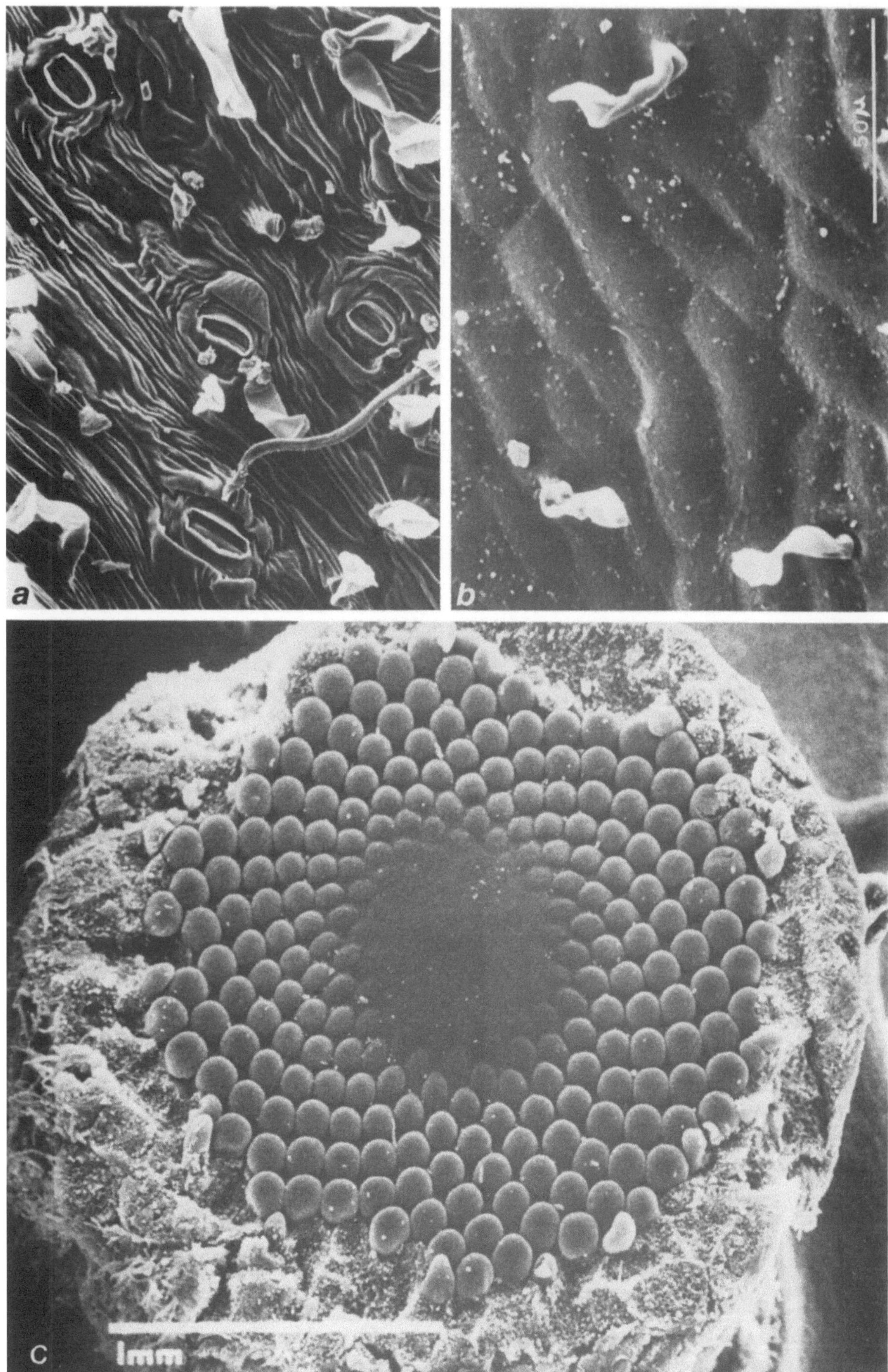

Tafel VI: a, b: *Carlina xeranthemoides*, Blattoberflächen von Laubblättern: a) abaxiale, b) adaxiale Seite. – Maßstab 50 µm. c: *Carlina vulgaris*. Köpfchen, Scheitelgrube mit sich ausgliedernden Blütenanlagen in 13/21 Parastichen, Involukralblattanlagen abpräpariert, Spreublätter noch nicht erkennbar.
Aufn.: ERBAR (Heidelberg).

Plate VI: a, b: *Carlina xeranthemoides*, leaf surface of foliage leaves. a) abaxial, b) adaxial side. – Bar 50 µm. c: *C. vulgaris*, capitulum; apical groove meristem detaching flower primordia in 13/21 arrangement, involucral leaf primordia already detached, paleas not visible yet.

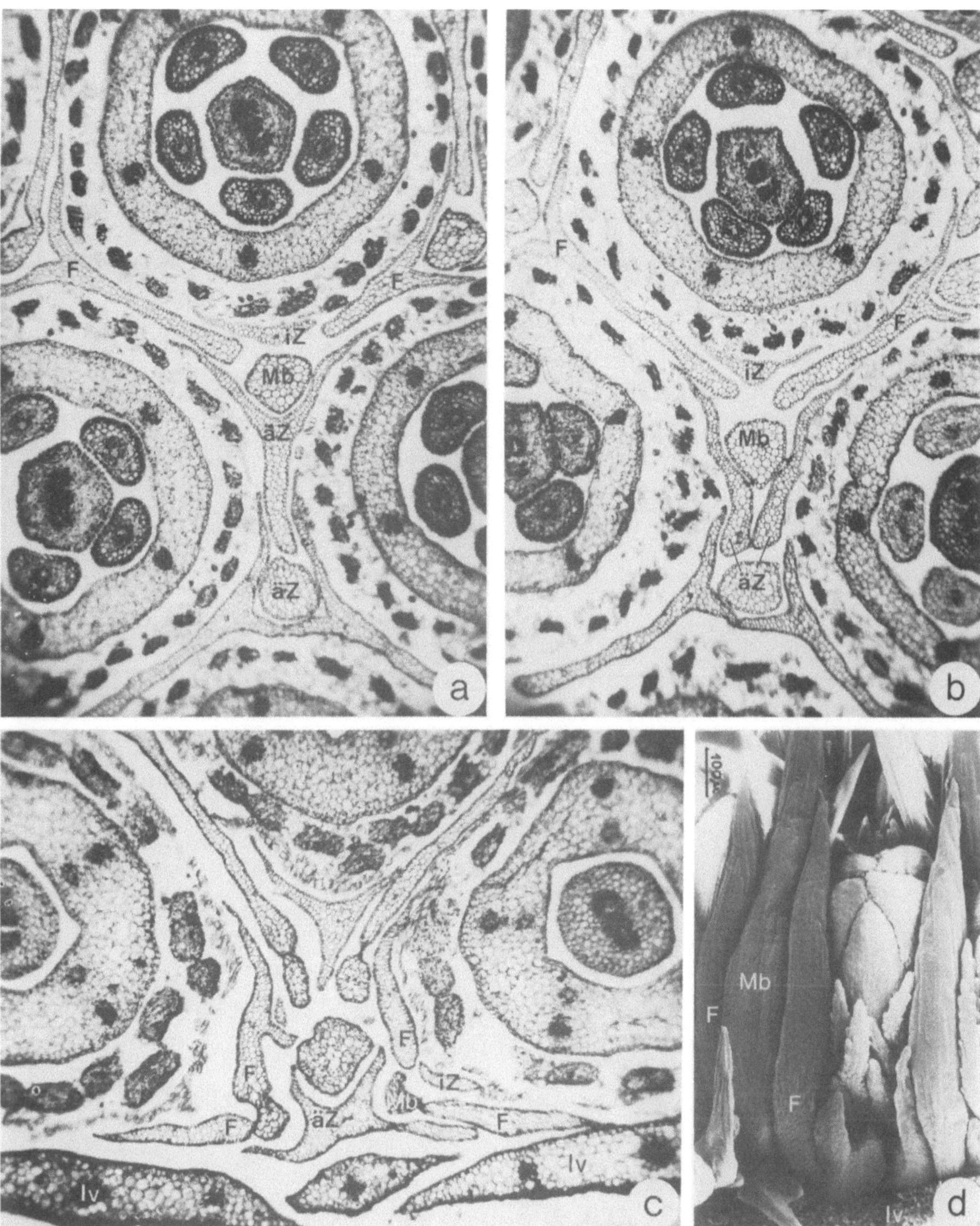

Tafel VII: *Carlina acaulis*. Querschnitte aus dem Gefüge des Blüten-Spreublatt-Komplexes (nach Kruse 1987). Blüten mit Pappusborsten, Kronröhre (mit Kommisuralnerven), Filamenten bzw. Filamentbündeln (bei c) und Griffel. a, b) Querschnitte von Blüten aus dem Inneren des Köpfchens. Vor diesen das zugehörige dreiteilige Spreublatt, mit Mittelborste (Mb) und Flügeln (F) sowie das innere (iZ) und äußere Zusatzblatt (äZ). Dieses mit Borste am Rücken des medianen Flügels, die von den aufgespaltenen Flügelrändern der Spreublätter der seitlich davor stehenden Blüten umfaßt wird. c) Querschnitt durch Blüten am Außenrand der Köpfchenscheibe in den Achseln der innersten Involukralblätter (iV), mit seitlich (schräg nach vorn) stehendem Spreublattkomplex. Benachbarte äußere Zusatzblätter sind verwachsen. Man beachte die Ähnlichkeit im anatomischen Bau der Involukralblattränder und der Spreublätter. d) Spreublattorgane (Mb und F) um eine Blüte in der Achsel eines inneren Involukralblattes (iV); vgl. c, rechte Hälfte als entsprechenden Querschnitt.

Plate VII: *Carlina acaulis*. Cross sections through the capitulum showing the flower/receptaculum scale complex. Flowers with pappus rays, corolla tube (with commissural veins), filaments or filament bundles (fig. c) and style. a, b) Cross sections of flowers from the central part of the capitulum. The tripartite receptaculum scale with central bristle (Mb) and wings (I) and the inner (iZ) and outer (äZ) additional scales are visible in front of the flowers. The bristle of the outer additional scale is embraced by the forked margins of the receptacular scales of the adjacent flowers. c) Cross section of flowers in the peripheral part of a capitulum. The inner involucral leaves (Iv) represent bracts of the flowers; the often ± linked receptaculum scales are arranged diagonally in front of the flower. d) Lateral view of a complex like in c (right side).

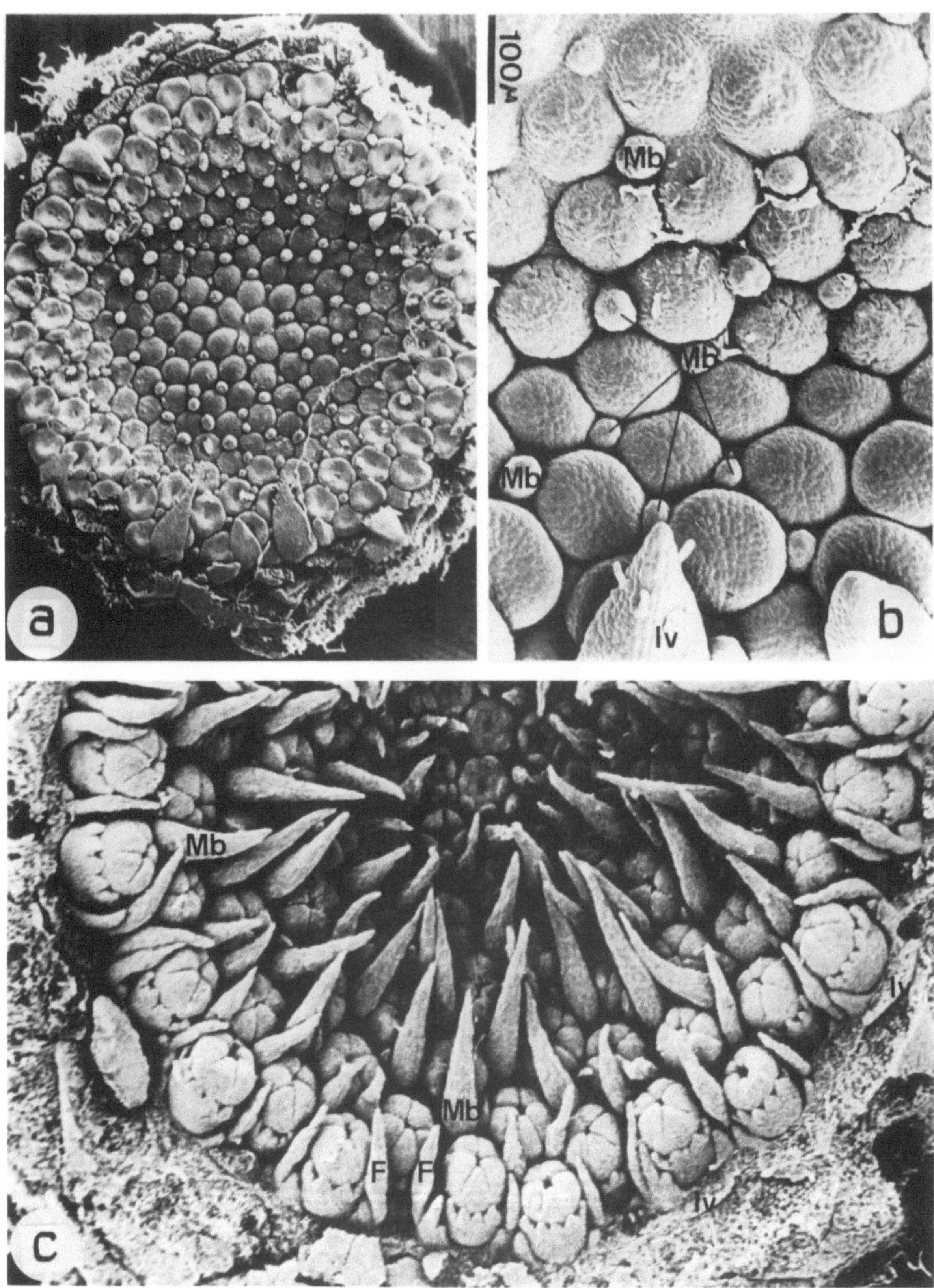

Tafel VIII: *Carlina vulgaris*. Aufsicht auf Köpfchen mit verschiedenen Stadien der Blüten- und Spreublattentwicklung. a) Blütenanlagen kuppelförmig oder schüsselförmig sowie hervorragende Mittelborste des dreiteiligen Spreublattes. b) Mittelborsten vor Blütenanlagen. c) Blüten mit Anlage des unterständigen Fruchtknotens und des Pappus sowie der Kronröhre mit Kronzipfeln, randliche Blüten in Achsel von (abpräparierten) Involukralblättern (Iv) und seitlich stehender, ± aufgeteilter Spreublattanlage (F), vgl. Tafel VII c.

Die äußeren Blüten werden von den eingebogenen inneren Involukralblättern, die inneren zusätzlich von den breit pfriemlichen Spreublatt-Mittelborsten geschützt.

Aufn.: Sontag (Wien), Erbar (Heidelberg).

Plate VIII: *Carlina vulgaris*. Capitulum in different developmental stages with primordia of flowers and receptacular scales. a) Dome- or cup-like flower primordia and middle bristles of the tripartite receptaculum scale. b) Middle bristles in front of flower primordia. c) Epigynous flowers (with pappus, corolla tube and corolla lobes) in the periphery of the capitulum. These flowers appear in axillary position of the inner involucral leaves (Iv, removed), the receptacular scales (F) in laterial position. The inner flower primordia are additionally protected by the elongated middle bristles (Mb) of the receptacular scales.

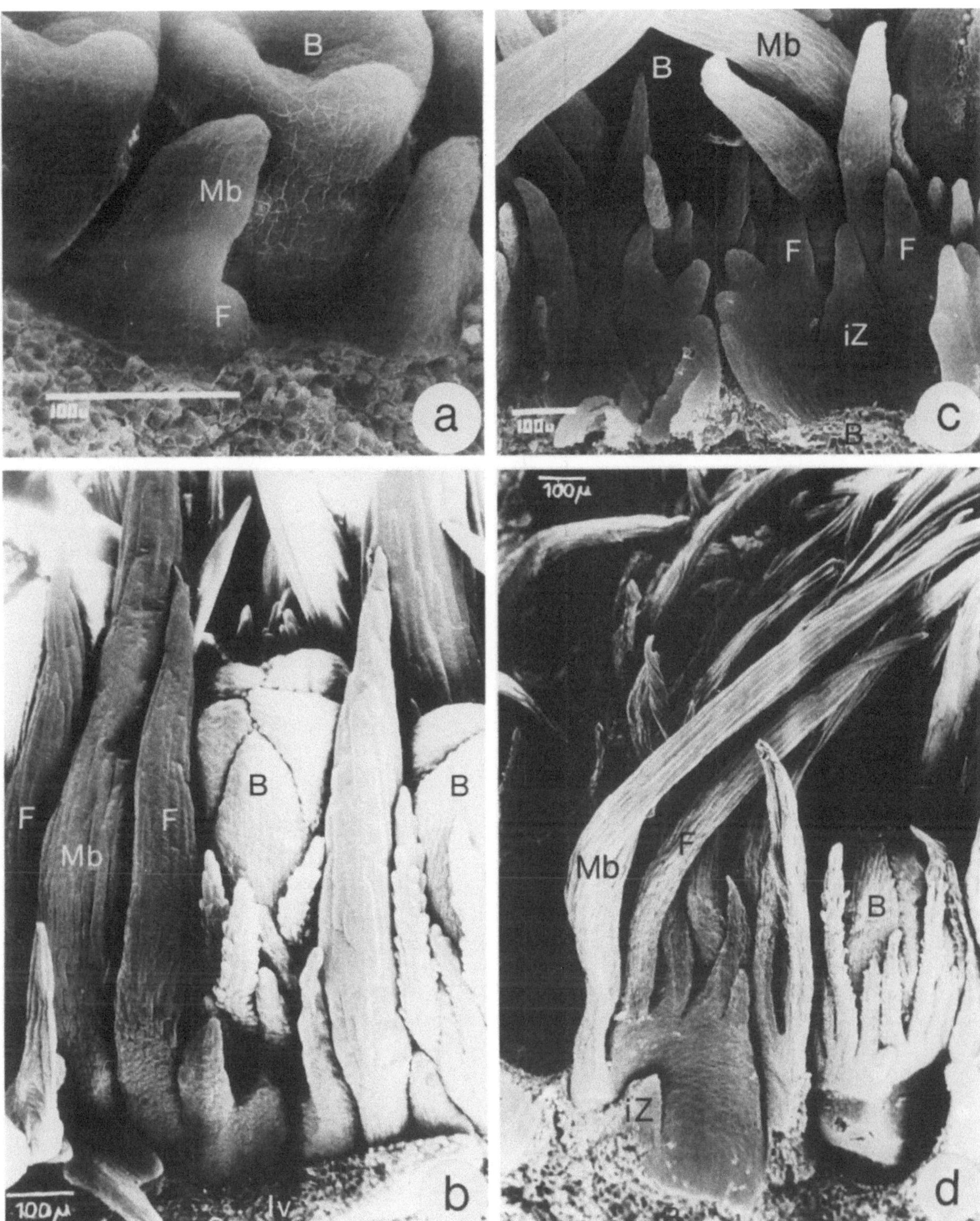

Tafel IX: *Carlina vulgaris*. Einzelne Blüten (B) und dazugehörige Spreublattanlagen vom Außenrand eines Köpfchens. a) Dreiteiliges Spreublatt, Mittelborste (Mb) und basipetal sich ausgliedernde Segmente (F, vgl. Abb. 66, Fig. 2, 3) seitlich vor junger Blütenanlage. b) (vgl. Tafel VII, d) Blüte mit Pappus und schräg seitlich davorstehendem Spreublatt (mit Mittelborste und in Borsten aufgegliederten Flügeln). c) Blüte einhüllender Spreublattkomplex (von innen). Blüte abpräpariert. Aufsicht auf inneres Zusatzblatt (iZ) und dreiteiliges Spreublatt mit kräftiger Mittelborste (Mb) und reich gegliederten Flügeln (F, vgl. Abb. 66, 7). d) Desgl. inneres Zusatzblatt (iZ) beschädigt.
Aufn.: Sontag (Wien).

Plate IX: *Carlina vulgaris*. Individual flowers (B) with associated complex of receptacular scales from the periphery of a capitulum. a) Primordium of tripartite receptaculum scale with middle bristle (Mb). b) Flower with pappus and developed receptaculum scales (with middle bristle Mb and wings F). c) Flower (removed) enclosed by inner additional scale (iZ) and tripartite receptaculum scales (Mb, F). d) Similar situation as c, inner additional scale damaged.

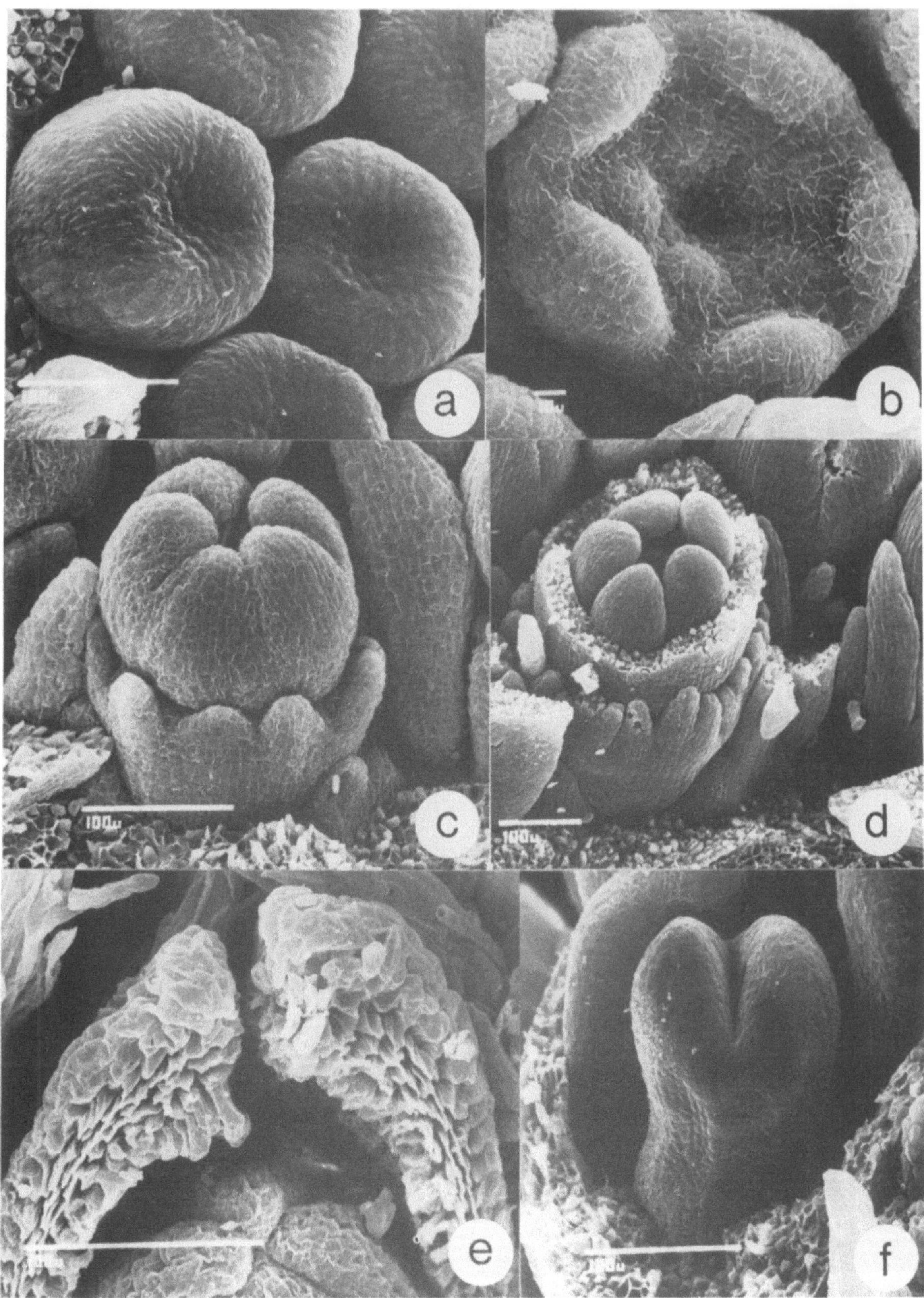

Tafel X: *Carlina vulgaris*, Blütenentwicklung. a) Blütenanlage mit eingetieftem (eingedelltem) Scheitel. b) Aufsicht auf Blütenanlage, mit Kronzipfeln und Staminaanlagen im Inneren der sich verlängernden Kronröhre. c) Blütenanlage mit Kronröhre und Kronzipfeln sowie Pappusanlagen am Außenrand des Achsenbechers. d) Blütenanlage, abpräparierte Krone und freigelegte Stamina; Pappusbasalsegmente mit Borsten sowie Teile des Spreublattkomplexes. e) Längsschnitt durch Blütenanlage, eingebogenen Kronzipfel und Staminaspitzen. f) Blütenanlage, aufpräparierte Kronröhre, Griffel mit Griffelästen.
REM-Aufnahmen: LEINS und ERBAR (Heidelberg).

Plate X : *Carlina vulgaris*, Flower development. a) flower primordia with concave apex. b) Apical view of a flower primordium with corolla and stamen initials within the elongating corolla tube. c) Flower primordium with corolla tube and petals as well as pappus initials at the margin of the receptaculum. d) Flower primordium, corolla removed to show the stamens; basal segments of the pappus with bristles as well as parts of the palea complex. e) Longitudinal section trough a flower primordium with incurved petal tips and stamen tips; f) Young flower bud, corolla tube dissected to show the forked style (stigmatic branches).

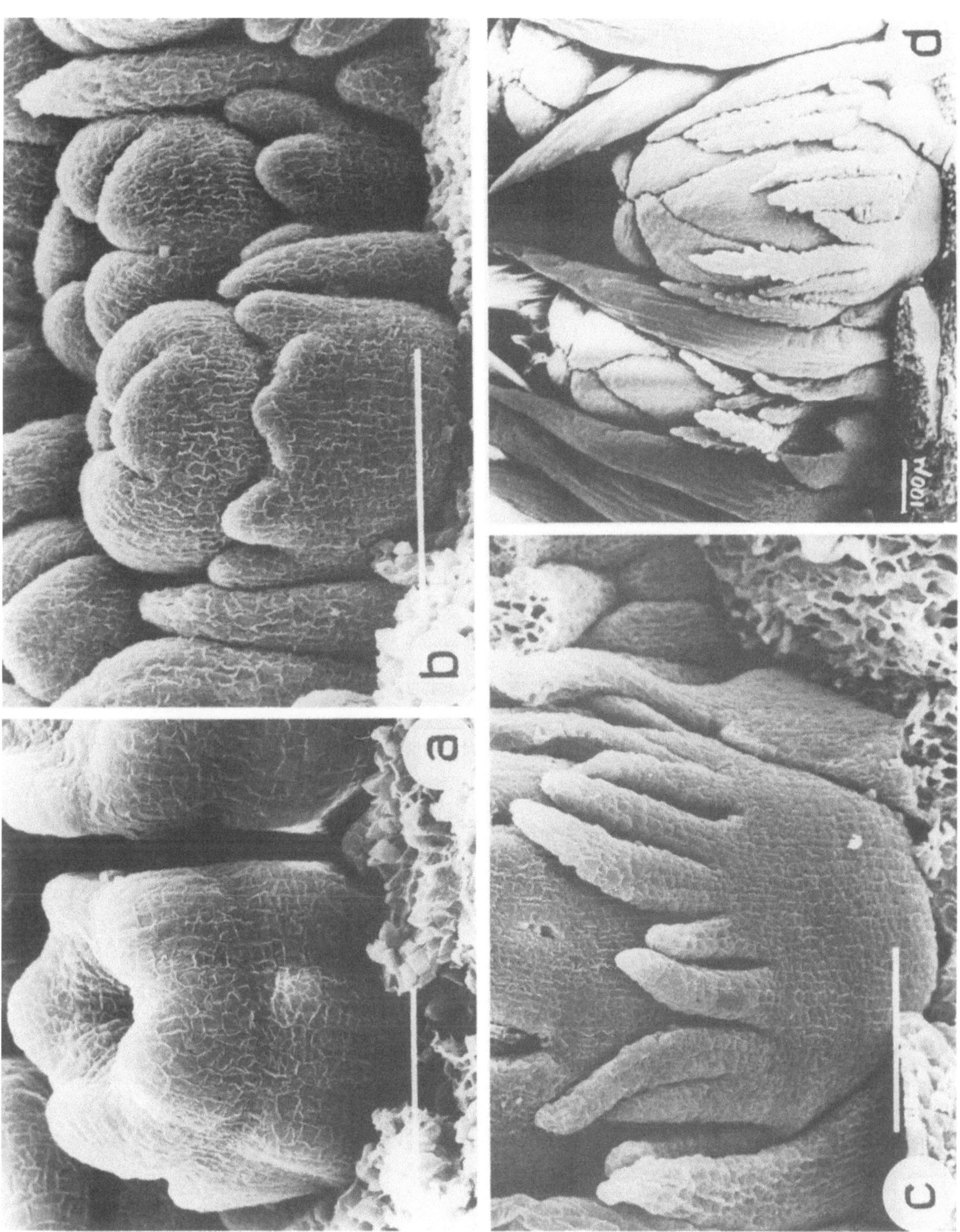

Tafel XI: *Carlina vulgaris.* a) Blütenanlage, Entwicklung des unterständigen Fruchtknotens und des Pappus am oberen Außenrand desselben. b) Pappusbasalsegmente, teilweise Aufgliederung in Borsten. c) Pappussegmente mit Borsten; links und rechts davon Teile des Spreublattkomplexes. d) Pappus, Basalsegmente mit Borsten, an denen sich randlich die Fiederhaare ausgliedern, gestreckte Mittelborsten des Spreublattkomplexes; am linken Bildrand Mittelborste mit (kurzen) seitlichen Flügeln.
REM-Aufnahmen: Leins und Erbar (Heidelberg), Sontag (Wien).

Plate XI: *Carlina vulgaris.* a) Flower primordium showing the development of the inferior ovary and the pappus at the upper margin. b) Basal segments of the pappus, partly separated into bristles. c) Pappus segments with bristles; on the left and right: parts of the palea complex. d) Pappus, basal segments with bristles characterized by lateral pinnate hairs; elongated central bristle of the palea complex; on the left: central bristle with (short) lateral wings.

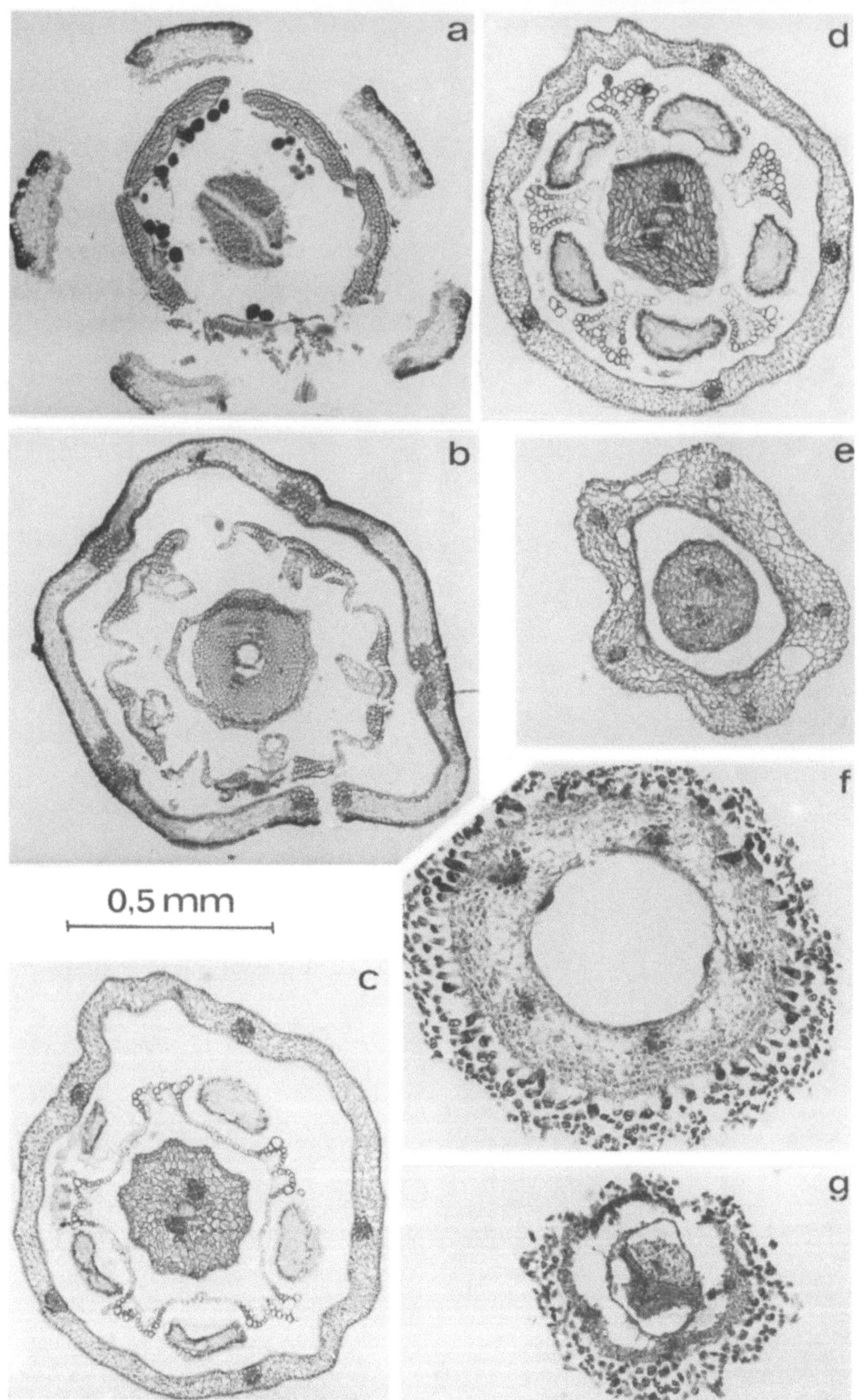

Tafel XII: *Carlina canariensis.* Querschnitte durch Blüte in verschiedener Höhe (vgl. Angaben in Abb. 71). a) Durch Kronzipfel, apikale Staubblattfortsätze, Griffeläste. b) Durch oberste Kronröhre, oberste Antherenröhre und Griffel (mit verholztem Zentralteil und Parenchymmantel sowie Pollenleitgewebe-Kanal). c) Durch mittlere Kronröhre mit Kommisuralnerven, Filamente und zu Röhre verbundene Antheren, Griffel mit Leitbündeln und zentralem Pollenleitgang, d) Durch Kronröhre, Filamente und basale Antherenanhängsel und Griffel. e) Durch unterste verschmälerte Kronröhre (Tubus) und Griffel. f) Durch Fruchtknoten mit Embryo, Testa und Perikarp umgeben von einem Mantel anliegend-aufgerichteter Haare. g) Durch untersten Teil des Fruchtknotens mit Funikulus, Perikarp und Haarmantel.
Aus Dittrich (1985).

Plate XII: *Carlina canariensis.* Cross section through a flower in various planes (cf. notes in fig. 71). a) Through corolla tips, apical stamen appendages, style branches. b) Through the uppermost part of the corolla tube, anther tube and style (with lignified central part and parenchyma cover as well as transmitting tissue). c) Through the central corolla tube with veins, filaments and anthers convected as tube, style with vascular bundles and with transmitting tissue in the centre. d) Through the corolla tube, filaments and basal anther appendages and style. e) Through the lower tapering corolla tube and style. f) Through the ovary with embryo, testa and pericarp with covering of erect hairs. g) Through the lower part of the ovary with funiculus, pericarp and hair covering.

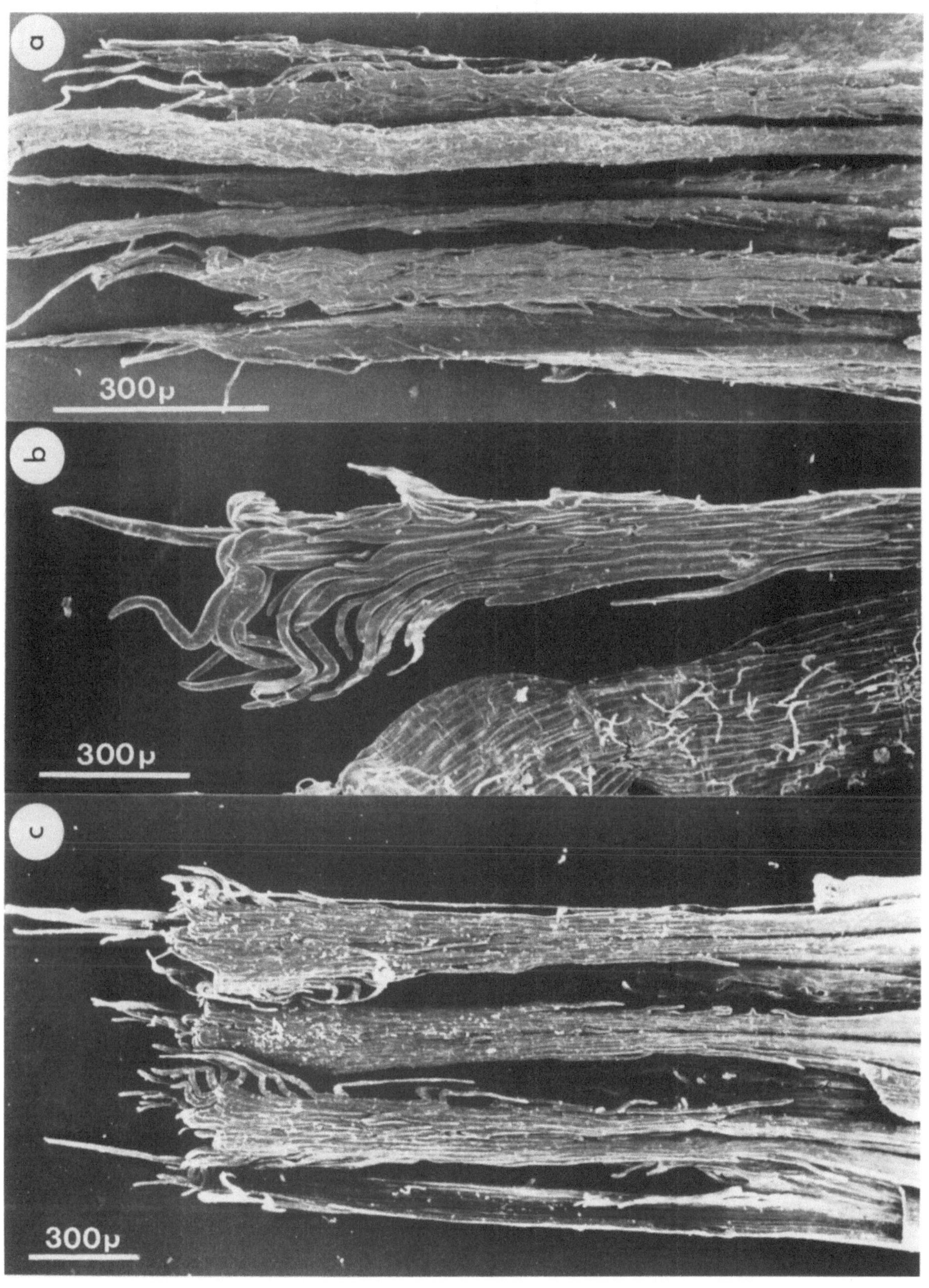

Tafel XIII: Basale Antherenanhängsel von *Carlina acanthifolia* (a), *C. salicifolia* (b), *C. oligocephala* (c). Aus DITTRICH (1985).

Plate XIII: Basal anther appendages of *Carlina acanthifolia* (a), *C. salicifolia* (b), *C. oligocephala* (c).

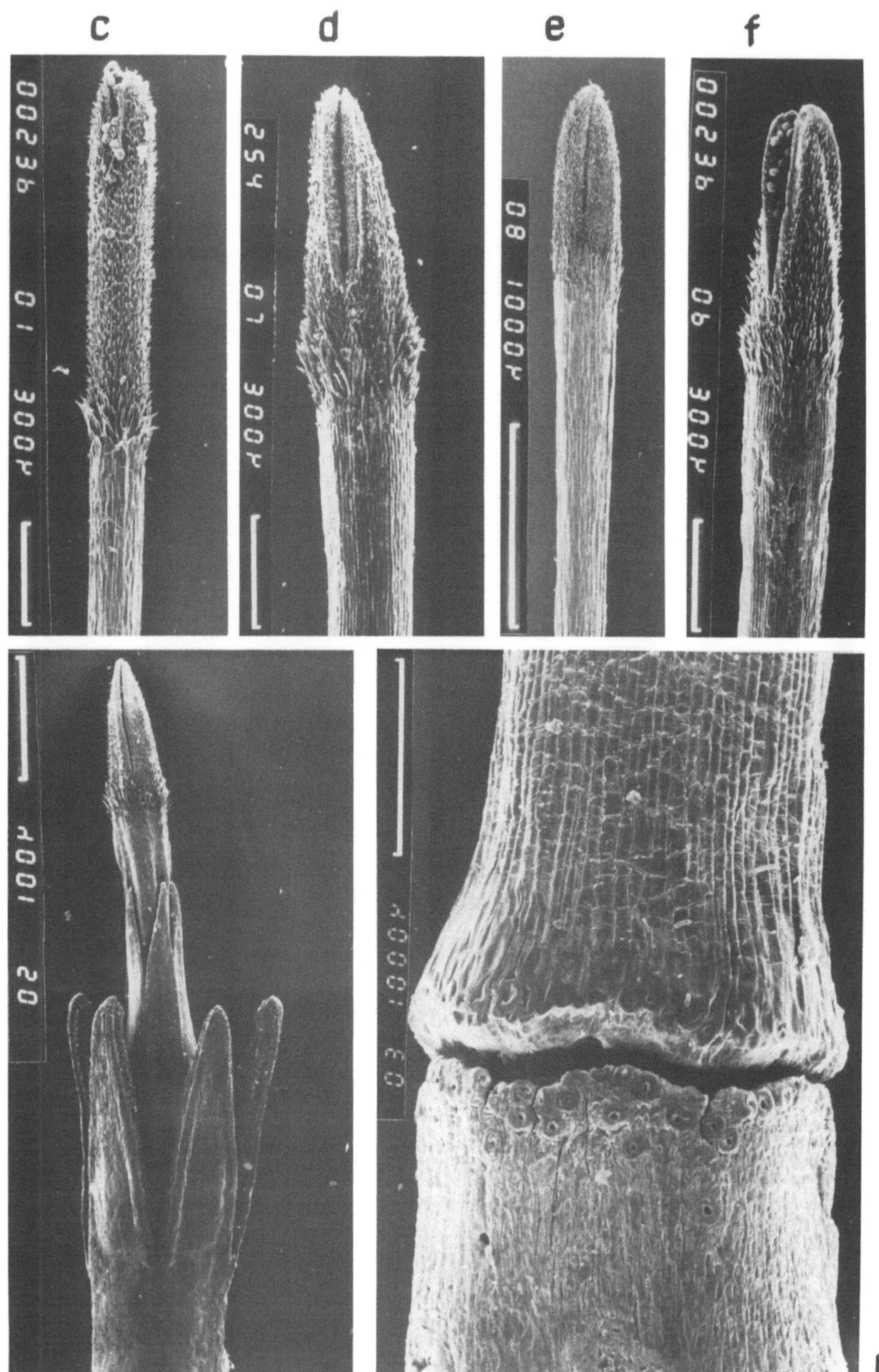

Tafel XIV: *Carlina salicifolia* (a, b), *C. lanata* (c), *C. sitiensis* (d), *C. acanthifolia* (e) und *C. oligocephala* (f). Diskus und Griffelbasis sowie Unterschiede in Gestalt der Griffelspitze.
Aus Dittrich (1985), ergänzt durch Dittrich 1986 (unpubl.).

Plate XIV: Disc and style base, note differences in the shape of the style tips in *Carlina salicifolia* (a, b), *C. lanata* (c), *C. sitiensis* (d), *C. acanthifolia* (e) and *C. oligocephala* (f).

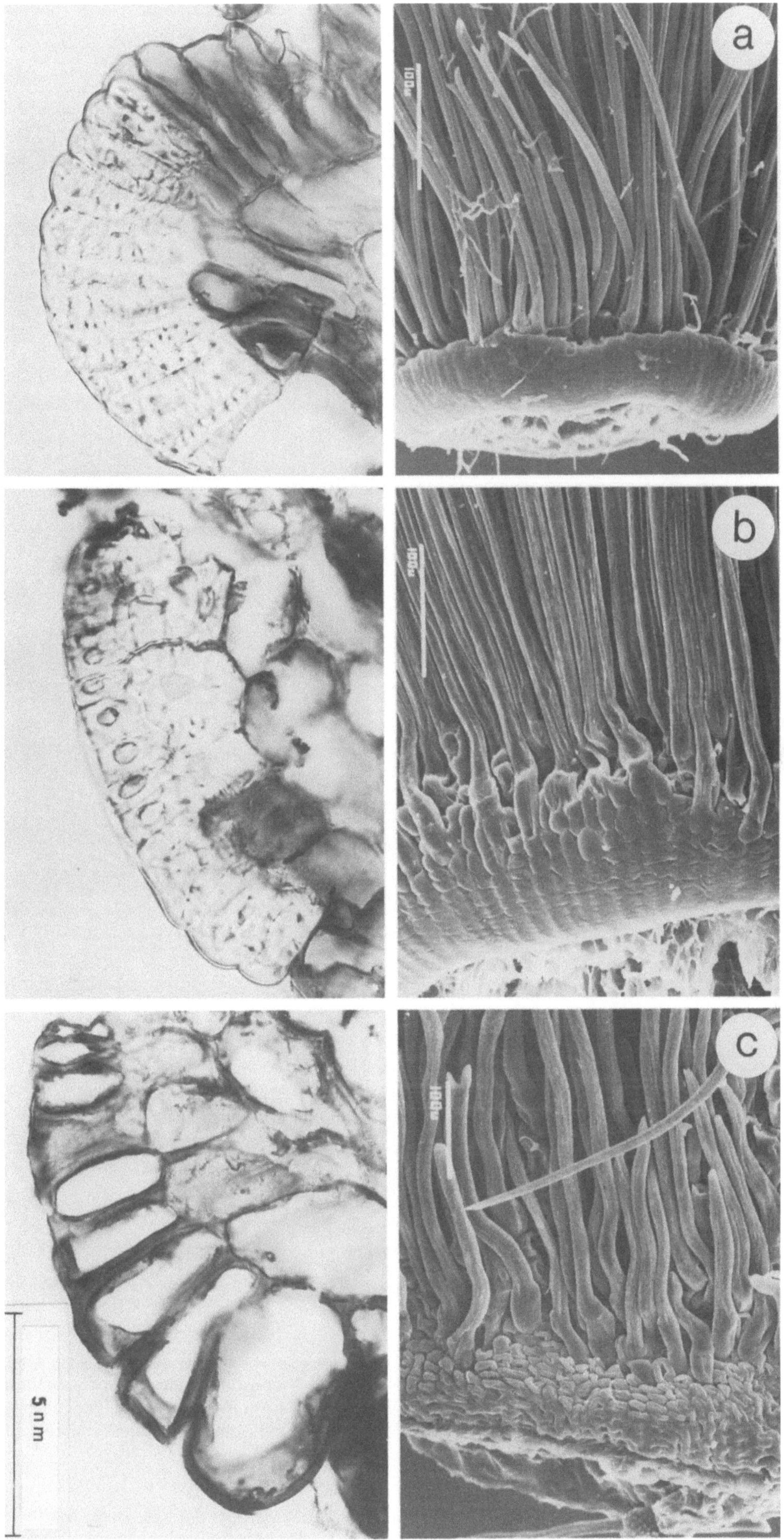

Tafel XV: Achänenbasis mit Basalwulst (rechts) und Unterschiede im Bau der Zellen des Basalwulstes (links) bei *Carlina racemosa* und *C. lanata* (beide sect. *Mitina*) (a), *C. acanthifolia* (b) und *C. acaulis* (c). Weitere Erläuterung vgl. Text.

Aufn.: Leins und Erbar (Heidelberg).

Plate XV: Achene base with basal torus (on the right) and differences in the cell structure of the torus (on the left) in *Carlina racemosa* and *C. lanata* (both sect. *Mitina*) (a), *C. acanthifolia* (b) and *C. acaulis* (c). For further explanations see the text.

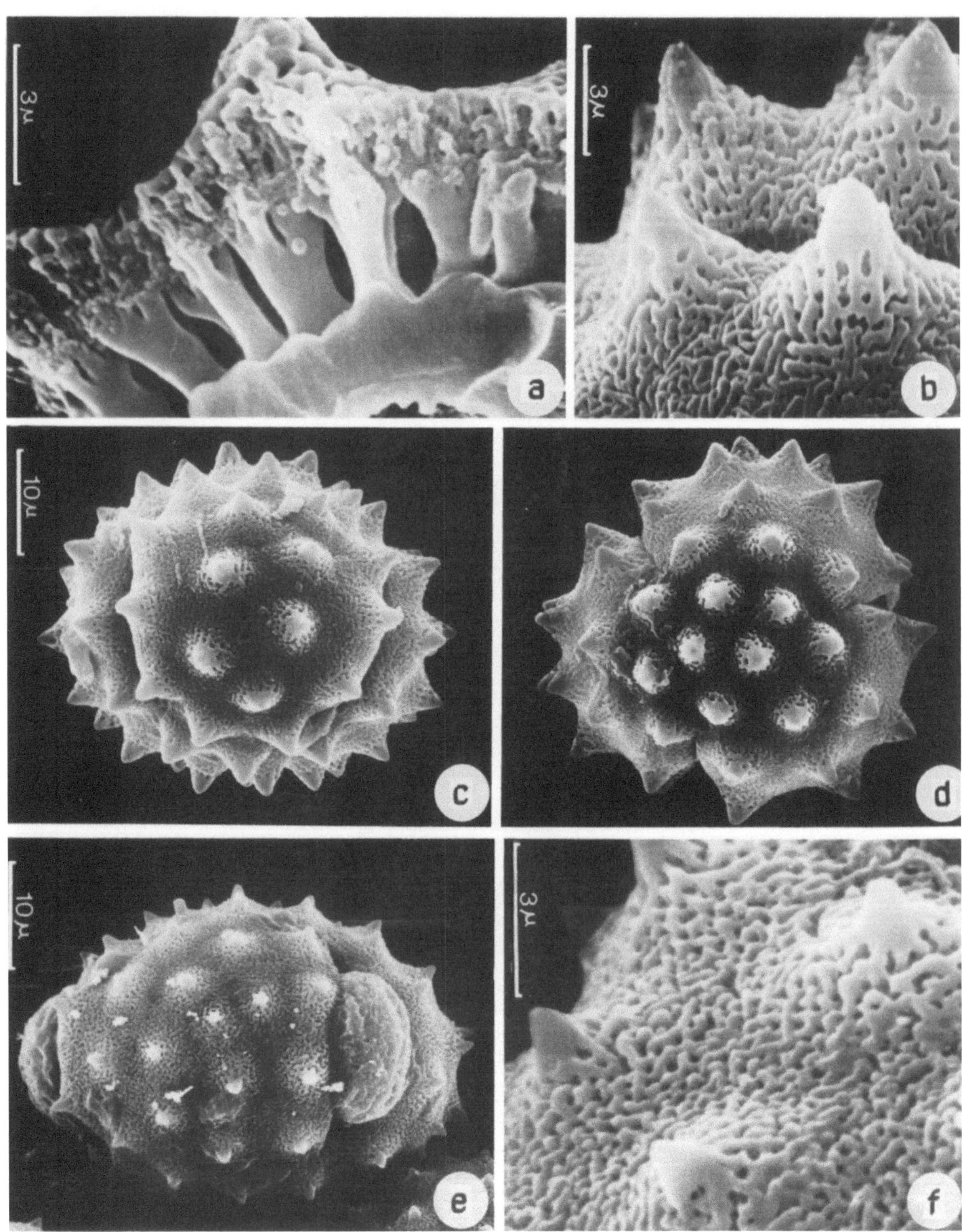

Tafel XVI: *Carlina acaulis* (a–d Grimsula, A. v. HALLER 1817, Gornergrat oberhalb Zermatt, 1986, 2700 m), *Carlina canariensis* (e, f, Gran Canaria), Pollen. a, b) Echini und Tectum perforatum, Exine, stockwerkartig gegliedert in Nexine, innere Sexine aus derben, gegabelten Bacula und äußere Sexine aus feinen knötchenbildenden intratectalen Bacula. c, d) Pollen in Äquatorial- und Polansicht. e, f) Pollen (nicht azetolysiert) in Äquatorialansicht mit ausgestülpter Intine, sowie Echini und Tectum perforatum.
Aufn.: DITTRICH (Genf 1986).

Plate XVI: *Carlina acaulis* (a–d), *Carlina canariensis* (e, f), pollen. a, b) Two-layered exine, nexine; inner sexine formed by robust, forked bacula; outer sexine with fine tubercles forming intratectal bacula. b) Echini and tectum perforatum. c, d) Pollen grain in equatorial and polar view. e, f) Pollen grain (not acetolysed) in equatorial view, with protruding intine, echini and tectum perforatum.

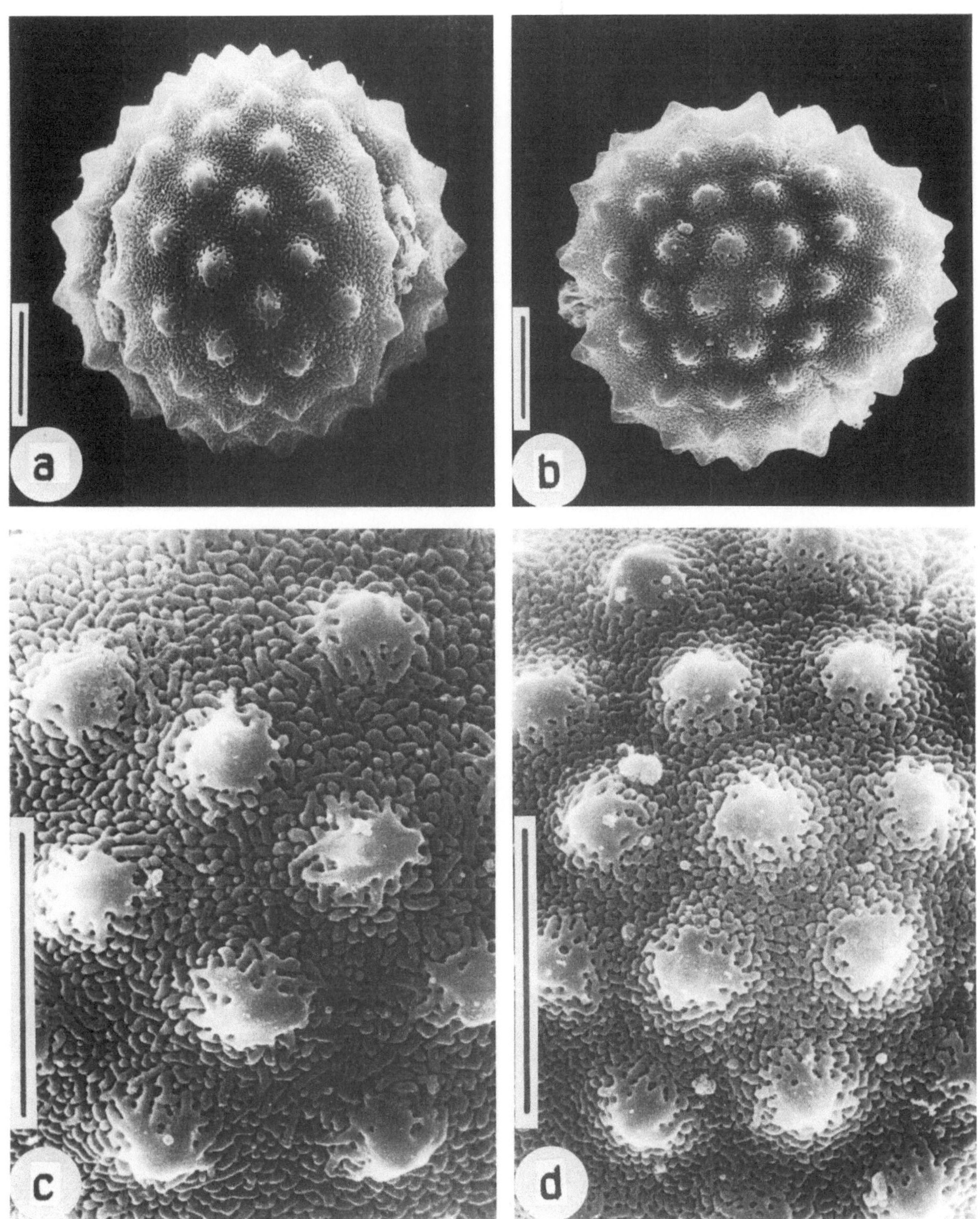

Tafel XVII: *Carlina diae* (Kreta, Dia, Nachbau Botanischer Garten Halle), Pollen. a, c) Äquatorialansicht. b, d) Polansicht. Balken: 10 μm.
Aufn.: Bortenschlager und Tatzreiter (Innsbruck 1980).

Plate XVII: *Carlina diae*, pollen grain: a, c) Equatorial view. b, d) Polar view. Bar: 10 μm.

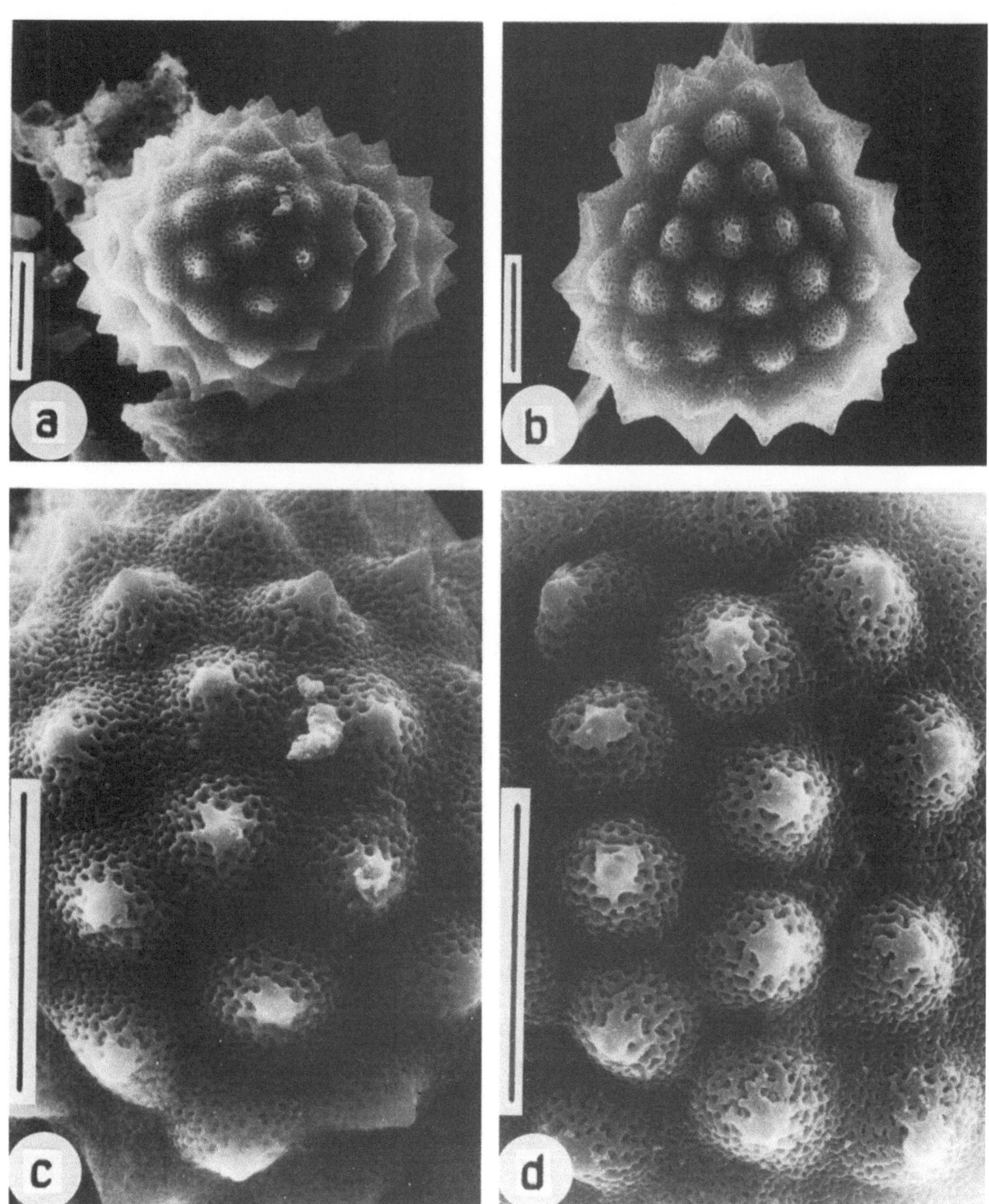

Tafel XVIII: *Carlina racemosa* (Cagliari, Sizilien 1978), Pollen. a, c) Äquatorialansicht. b, d) Polansicht. Balken: 10 μm.
Aufn.: BORTENSCHLAGER und TATZREITER (Innsbruck 1980).

Plate XVIII: *Carlina racemosa*, pollen grain. a, c) Equatorial view. b, d) Polar view. Bar: 10 μm.

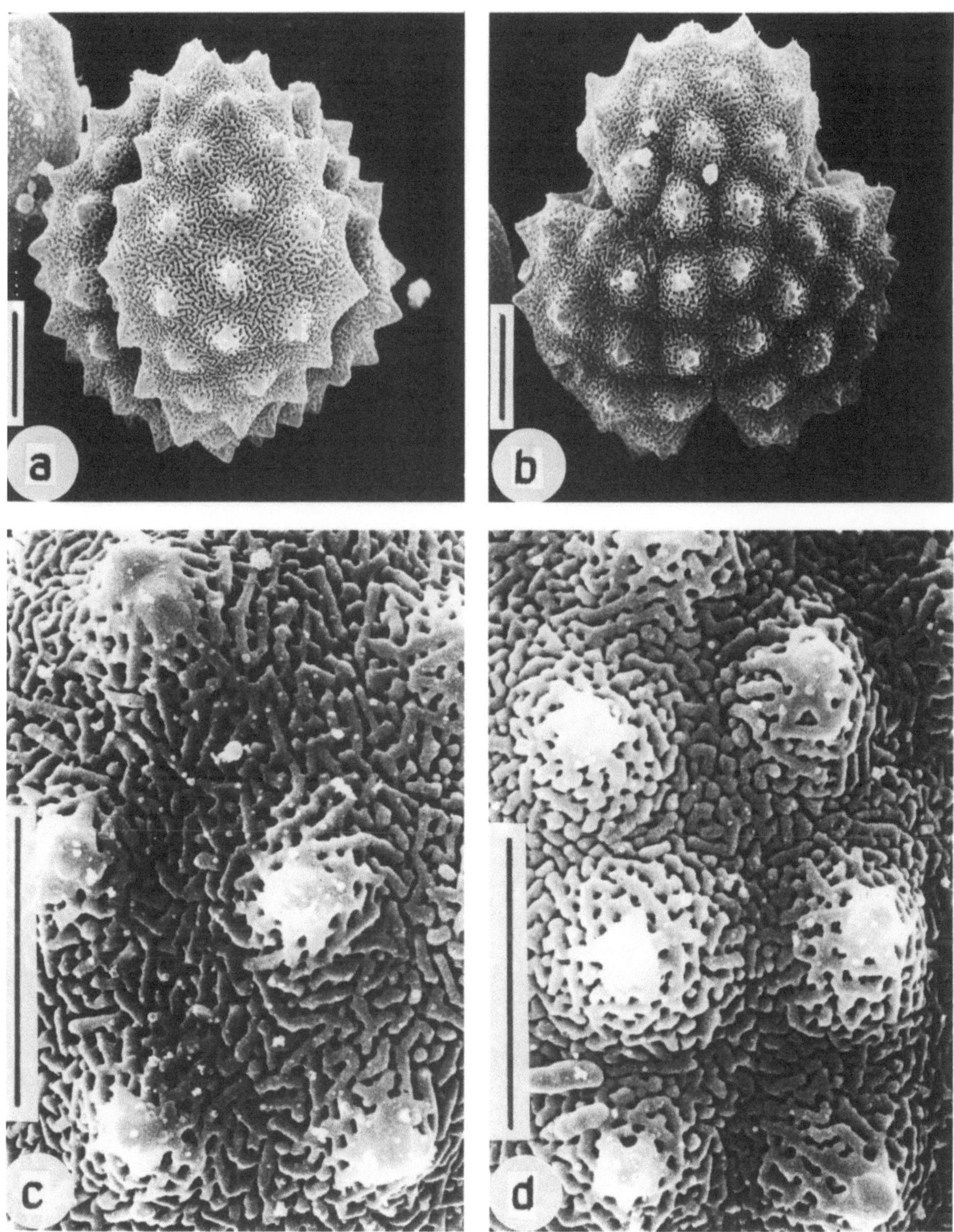

Tafel XIX: *Carlina biebersteinii* ssp. *intermedia* (Jugolawien, Novi Sad, 1964), Pollen. a, c) Äquatorialansicht. b, d) Polansicht. Balken: 10 µm.
Aufn.: BORTENSCHLAGER und TATZREITER (Innsbruck 1980).

Plate XIX: *Carlina biebersteinii* ssp. *intermedia*, pollen grain. a, c) Equatorial view. b, d) Polar view. Bar: 10 µm.

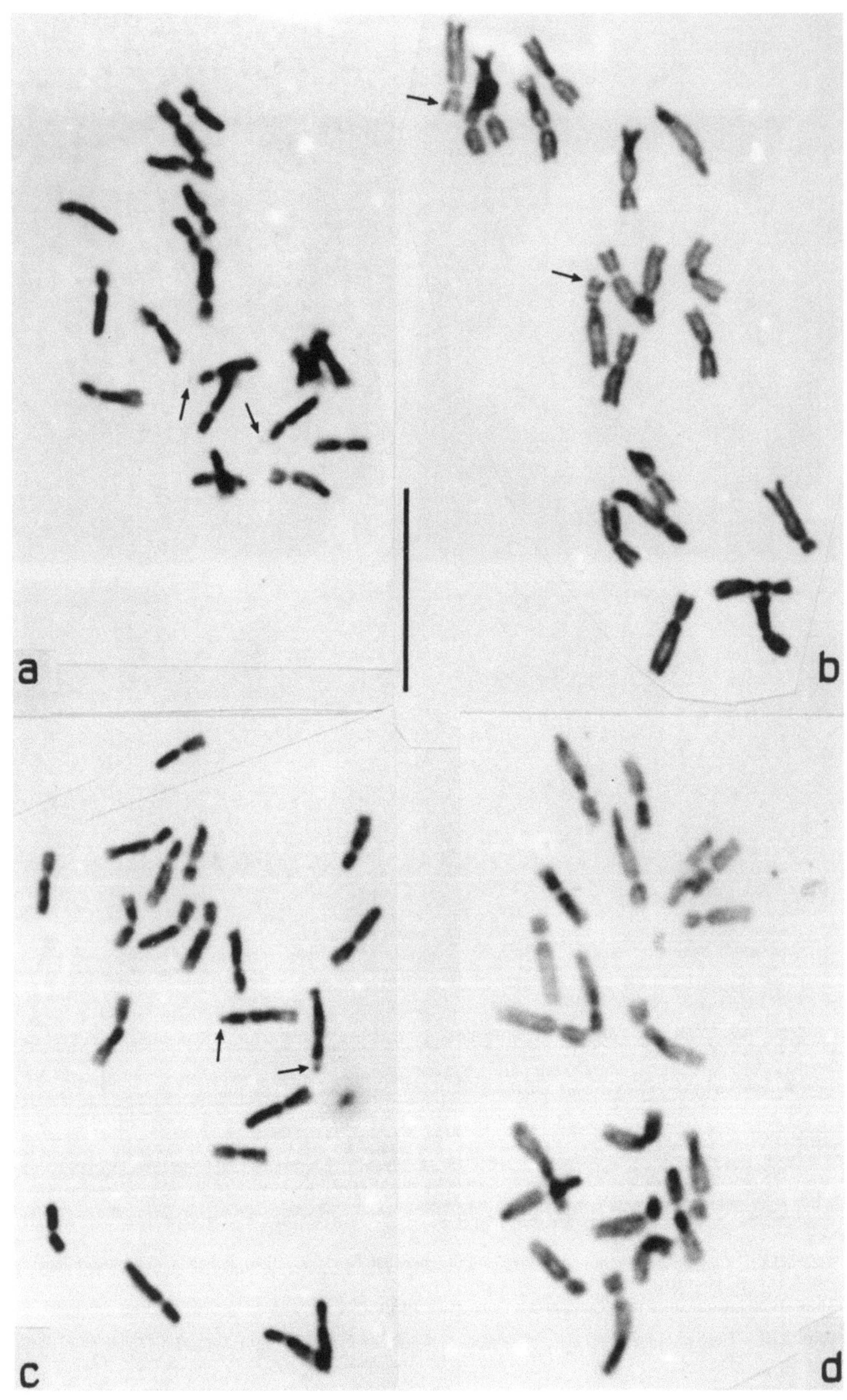

Tafel XX: Feulgen-Karyotypen a) *Carlina xeranthemoides*. b) *C. racemosa*. c) *C. nebrodensis*. d) *C. diae* × *C. vulgaris*. Balken: 10 µm, Pfeile markieren die Satellitenchromosomen.

Plate XX: Feulgen karyotypes: a) *Carlina xeranthemoides*. b) *C. racemosa*. c) *C. nebrodensis*. d) *C. diae* × *C. vulgaris*; Bar: 10 µm, arrows mark satellite chromosomes.

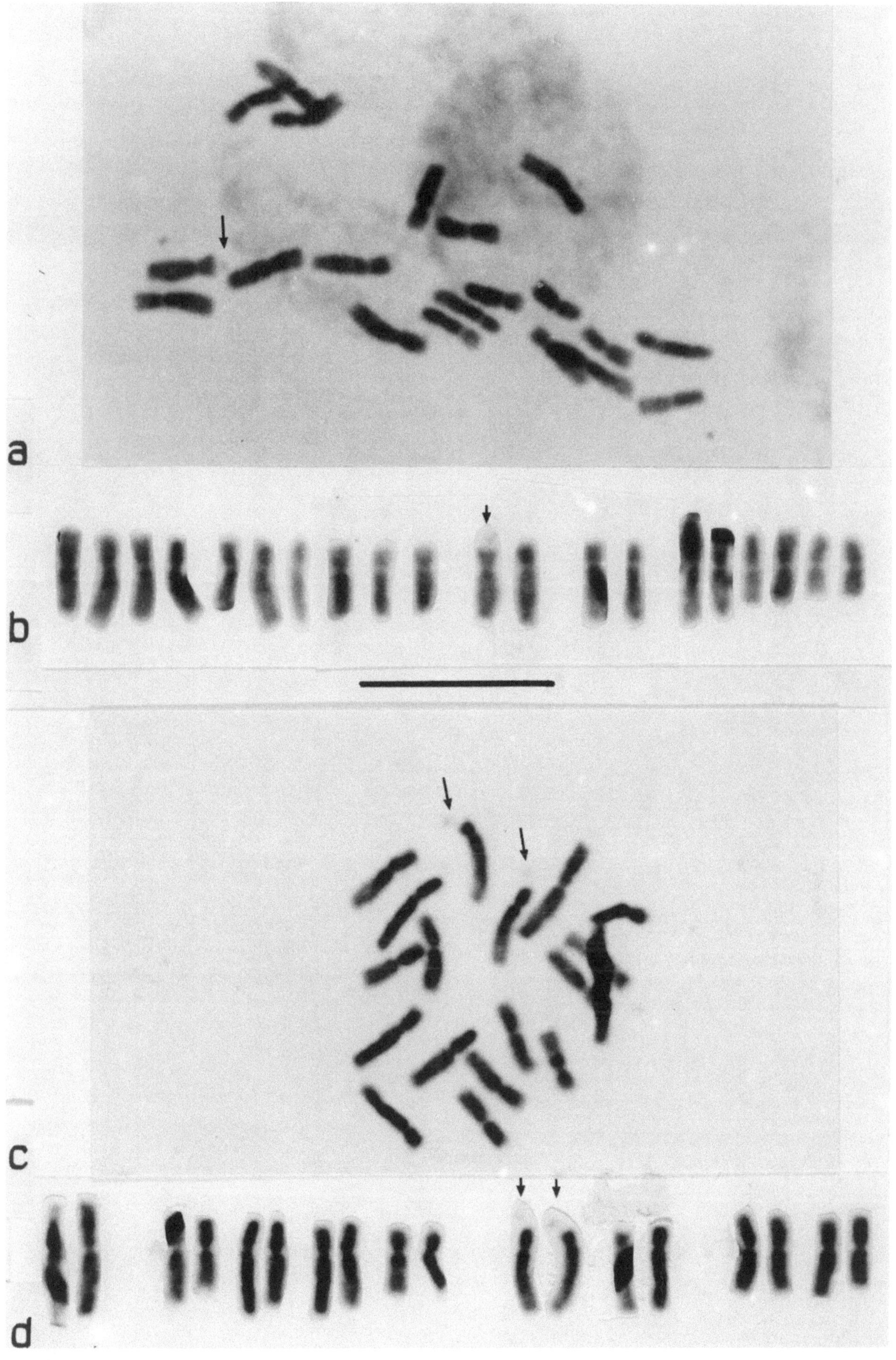

Tafel XXI: Feulgen-Karyotypen und davon abgeleitete Karyogramme: a, b) *Carlina diae* (CM 100). a) Karyotyp. b) Karyogramm (10 sm + 2 sm^{2} + 2 st + 6 m). c, d) *C. sicula*. c) Karyotyp. d) Karyogramm (2 sm^{G} + 8 sm + 2 st + 4). Balken: 10 µm, Pfeile markieren die Satellitenchromosomen.

Plate XXI: Feulgen karyotypes and corresponding karyograms: a, b) *Carlina diae* (CM 100). c, d) *C. sicula*. Bar: 10 µm, arrows mark satellite chromosomes.

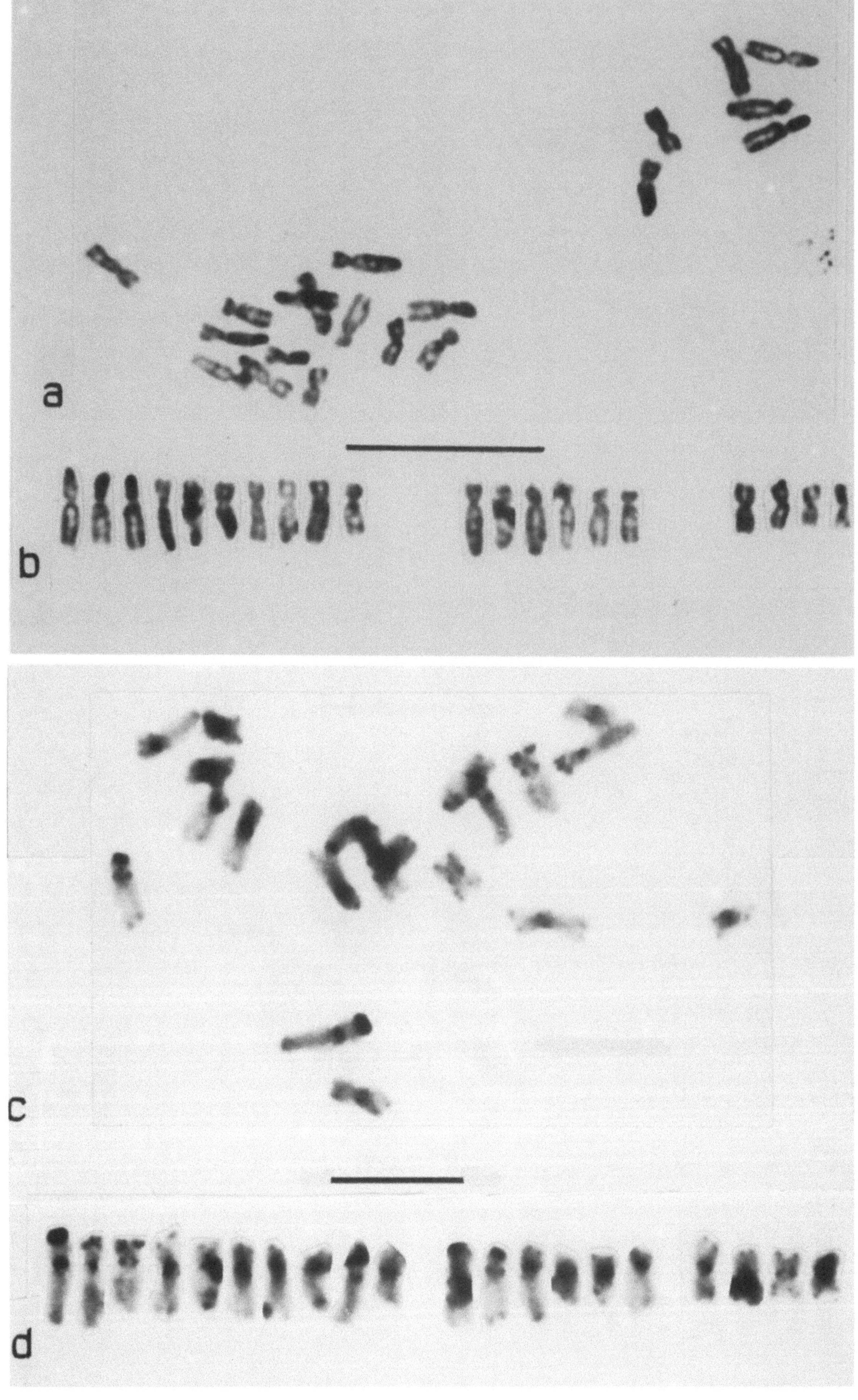

Tafel XXII: *Carlina vulgaris*, Karyotypen und davon abgeleitete Karyogramme (10 sm + 6 st + 4 m): a, b) Feulgen. c, d) Gimsa. Balken: 10 µm, Pfeile markieren die Satellitenchromosomen. Wegen präparationsbedingter Unterschiede im Schwellungsgrad wurden a, b und c, d in verschiedenem Maßstab reproduziert.

Plate XXII: *Carlina vulgaris*, Karyotypes and corresponding karyograms: a, b) Feulgen. c, d) Giemsa. Bar: 10 µm, arrows mark satellite chromosomes. Because of preparation differences (swelling after Feulgen and Giemsa staining) a, b and c, d are reproduced at a different scale.

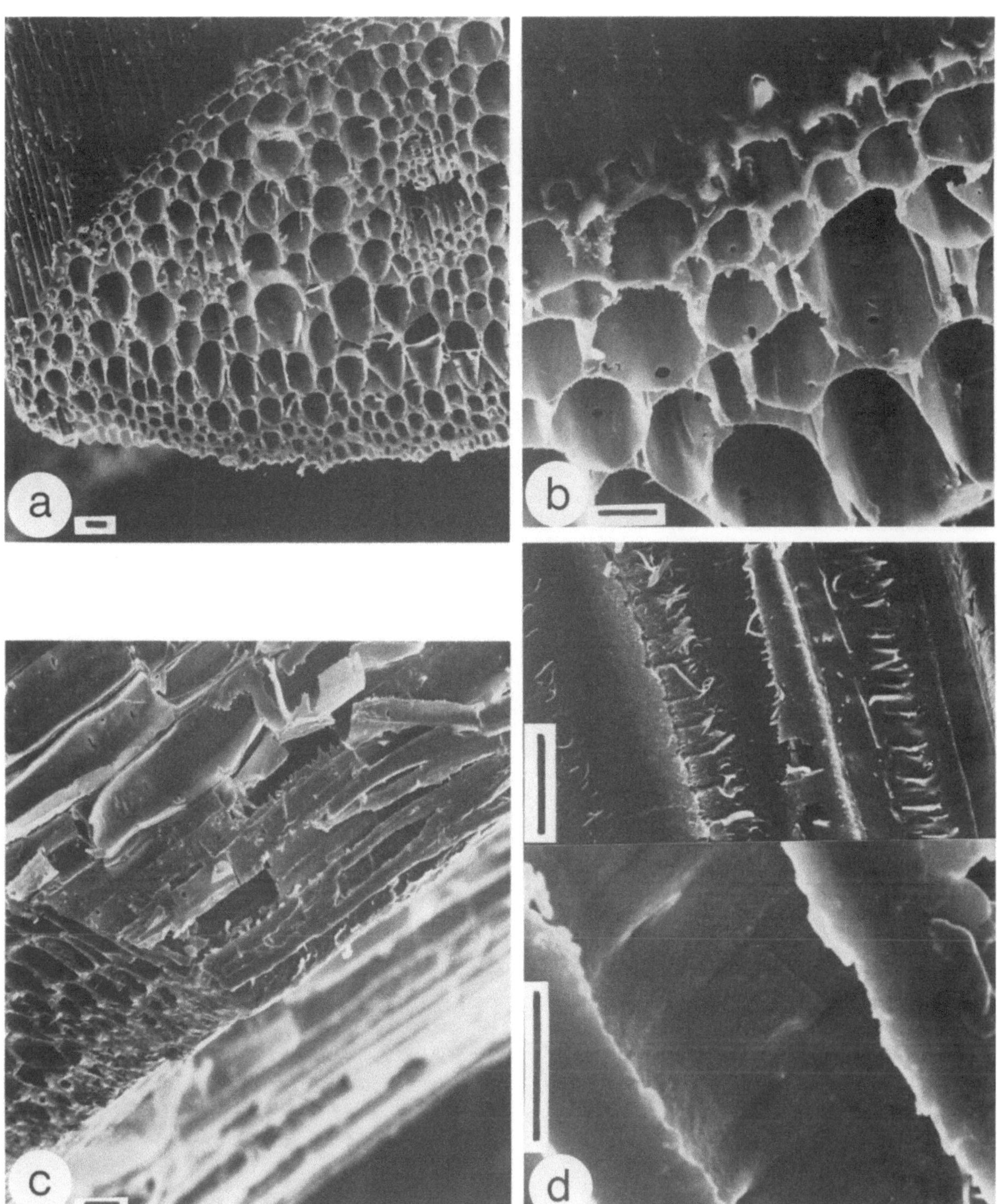

Tafel XXIII: *Carlina corymbosa* (Korsika), inneres Involukralblatt (Biegezone). a) Querschnitt: gleichförmige, schmale und dickwandige Zellen der oberen Epidermis (auch in Aufsicht), weitlumiges Mesophyll mit Leitbündeln, Unterseite Quellgewebe aus mehreren Lagen subepidermaler und epidermaler Zellen. b) Ausschnitt aus Blattoberseite mit dickwandigen Epidermiszellen und Mesophyllzellen, diese mit einzelnen rundlichen Poren. c) Quellgewebe der Unterseite, längs, quer und von unten. Dickwandige subepidermale Zellen mit vielen Querspalten, Übergang zu weitlumigem Mesophyll mit kurzen Querporen. d) Querstrukturen der subepidermalen Zellen des Quellgewebes. Balken a–c: 2 μm, d: 10 μm.
Aufn.: Fürnkranz und Schmidt (Salzburg 1986).

Plate XXIII: *Carlina corymbosa* (Corsica), inner bract of involucre (bending zone). a) Cross section: equal, narrow and thick-walled cells of the upper epidermis (also in apical view), loose mesophyll with vascular bundles, underside with swelling tissue composed of several layers of subepidermal cells. b) Upper side of leaf with thick-walled epidermal cells and mesophyll cells with scattered circular pores. c) Swelling tissue of leaf underside in length and cross section and seen from below. Thick-walled subepidermal cells with long transversal slits, transitions to a loose mesophyll with short transversal pores. d) Transversal structures of the subepidermal cells of the swelling tissue. Bar a–c: 20 μm, d: 10 μm.

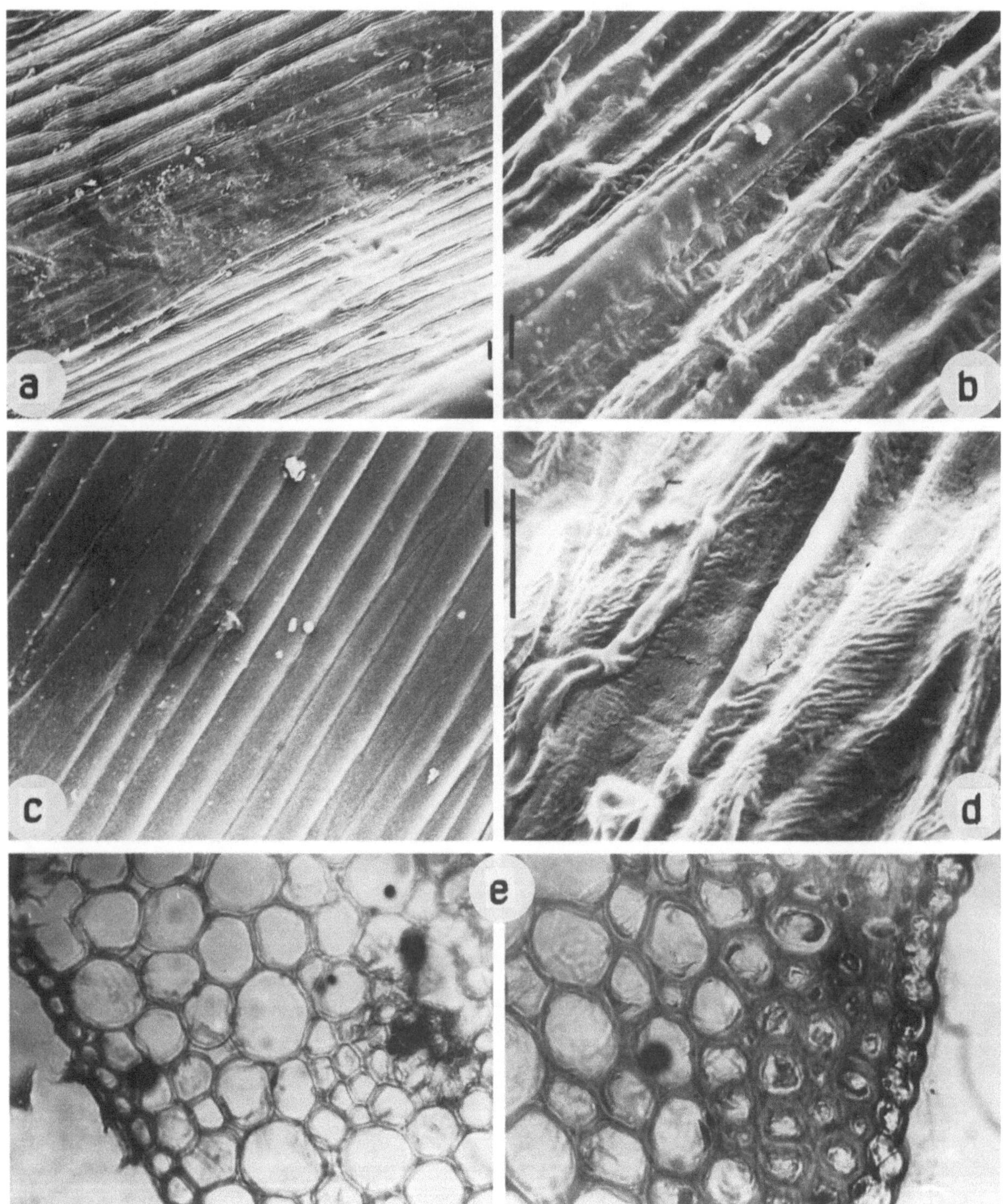

Tafel XXIV: *Carlina acaulis.* a–d) Inneres Involukralblatt. a–d) Aufsicht auf Epidermen aus schmalen, röhrenförmigen, regelmäßig angeordneten Zellen an der Oberseite (a; c) und dickwandigen Zellen mit Querstrukturen der Unterseite (b, d). Balken: 10 μm.
Aufn.: WAHA (Wien).
e) Durchschnitt durch schmal-röhrenförmige, dickwandige Epidermis und anschließendes Mesophyll aus abgerundeten Zellen mit regelmäßig verteilten dreieckigen Interzellularen der Oberseite und durch den an Interzellularen freien Komplex von Epidermis und subepidermalen Lagen des Quellgewebes der Unterseite der Biegezone.
Aufn.: KÄSTNER (Halle).

Plate XXIV: *Carlina acaulis.* a–d) Inner involucral bract. a; c) Epidermal tissue composed of narrow, tubular, regularly arranged cells. b, d) Thick-walled cells with transversal structures below. Bar: 10 μm. e) Section through a narrowly tubular thick-walled epidermis and adjacent mesophyll (composed of rounded cells with regularly scattered triangular intercellular cavities near the upper surface) and through the complex of epidermis and subepidermal layers of the swelling tissue of the lower surface of the bending zone without intercellulars.

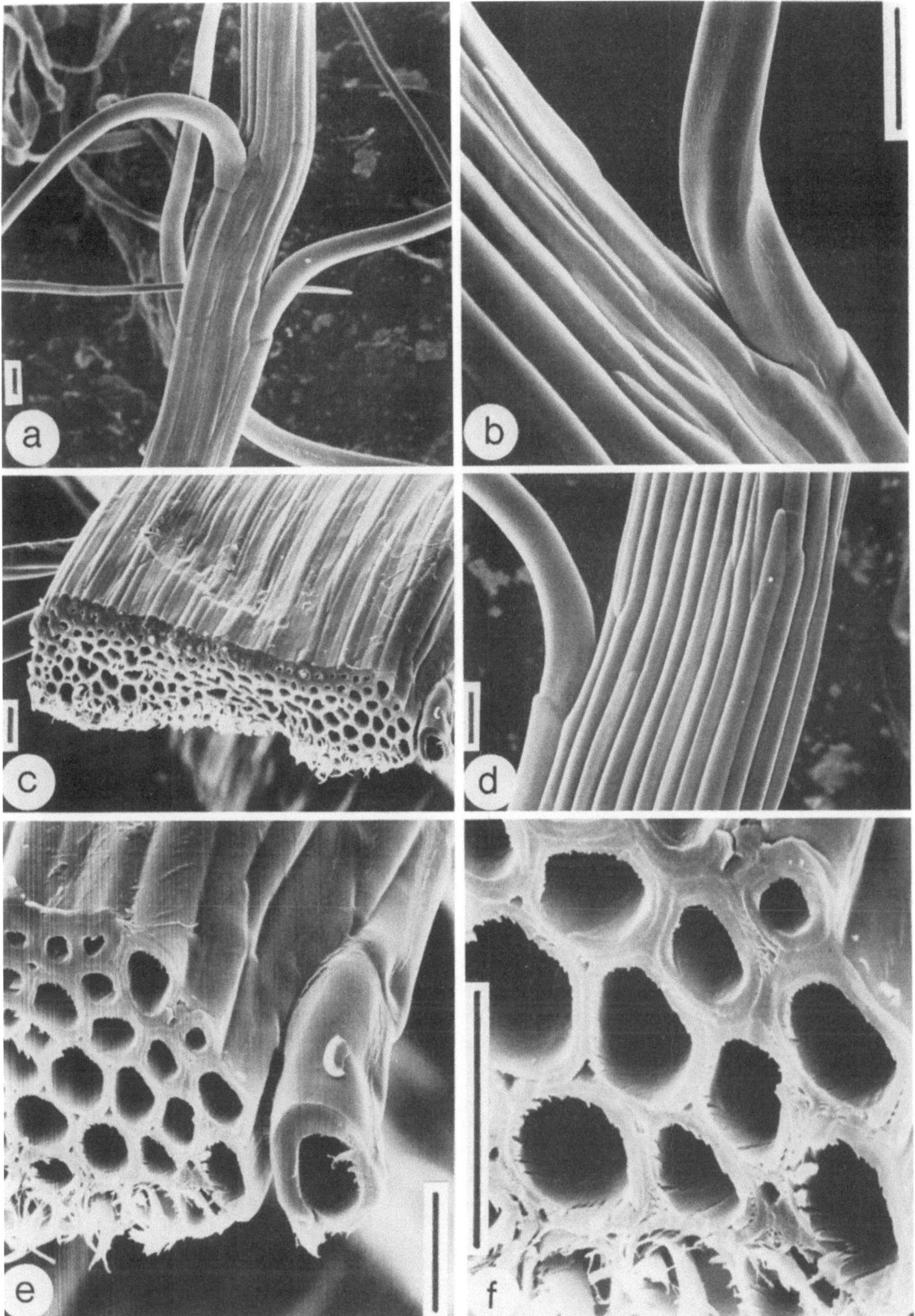

Tafel XXV: *Carlina corymbosa*. Pappus, Basalsegmente, Strahlen und Haare. a, b, d) Haare an den aus dickwandigen röhrenförmigen Zellen aufgebauten Strahlen, diese einzellig mit Torsion im unteren Teil. c, e, f) Durchschnitt durch Basalsegment mit sehr dickwandigen schmalen, röhrenförmigen, parallel angeordneten Zellen der oberen Epidermis, Mesophyll und epidermale und subepidermale Zellen mit abgesprengten Wandschichten der Unterseite (Quellgewebe). Balken: 20 µm.
Aufn.: Fürnkranz und Schmidt (Salzburg 1986).

Plate XXV: *Carlina corymbosa*. Pappus, basal segments, rays and hairs. a, b, d) Hairs on the rays composed of thick-walled, tubular cells, which are one-celled and twisted in the lower part. c, e, f) Cross section through a basal segment with thick-walled, narrow, tubular, parallelly arranged cells of the upper epidermis; mesophyll and epidermal and subepidermal cells with uplifted wall layers of the lower surface (swelling tissue). Bar: 20 µm.

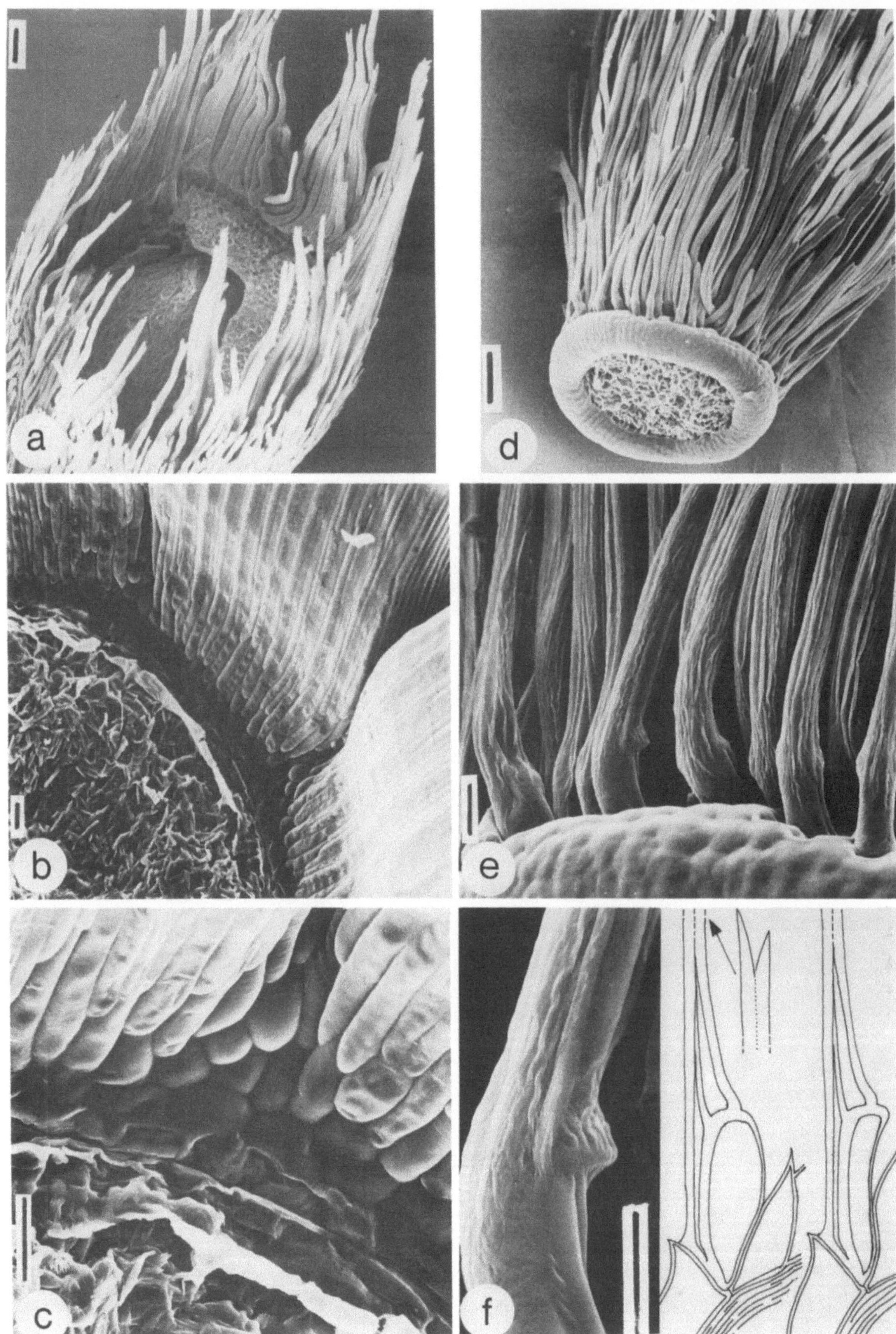

Tafel XXVI: *Carlina corymbosa.* Achäne mit Zwillingshaaren, Basalwulst und Apikalplatte. a) Oberer Teil der Achäne (nach Ablösung der Apikalplatte), umgeben von einem Kranz überstehender Zwillingshaare, von denen die inneren an ihrer Basis zentripetal eingekrümmt sind (vgl. Abb. 72). b, c) Blick auf Apikalplatte, Basen der Pappusbasalsegmente mit handschuhfingerförmig verdickten Zellenden. d, e, f) Basalwulst mit Basen der Zwillingshaare. An diesen nach innen weisende „Kniegelenke". Weitere Erläuterungen im Text. Balken a, d: 0,9 mm, b, c, e, f: 20 μm. Aufn.: FÜRNKRANZ und SCHMIDT (Salzburg 1986).

Plate XXVI: *Carlina corymbosa.* Achene with twin hairs, basal torus and apical plate. a) Upper part of the achene (after removal of the apical plate) surrounded by a corona of projecting twin hairs. The bases of the inner ones are centripetally inflexed (cf. fig. 72). b, c) Bases of the pappus segments with digitately thickened ends of the cells. d, e, f) Basal torus with bases of the twin hairs, provided with inwardly directed „knee joint". Bar a, d: 0,1mm, b, c, e, f: 20 μm. For additional explanations see the text.

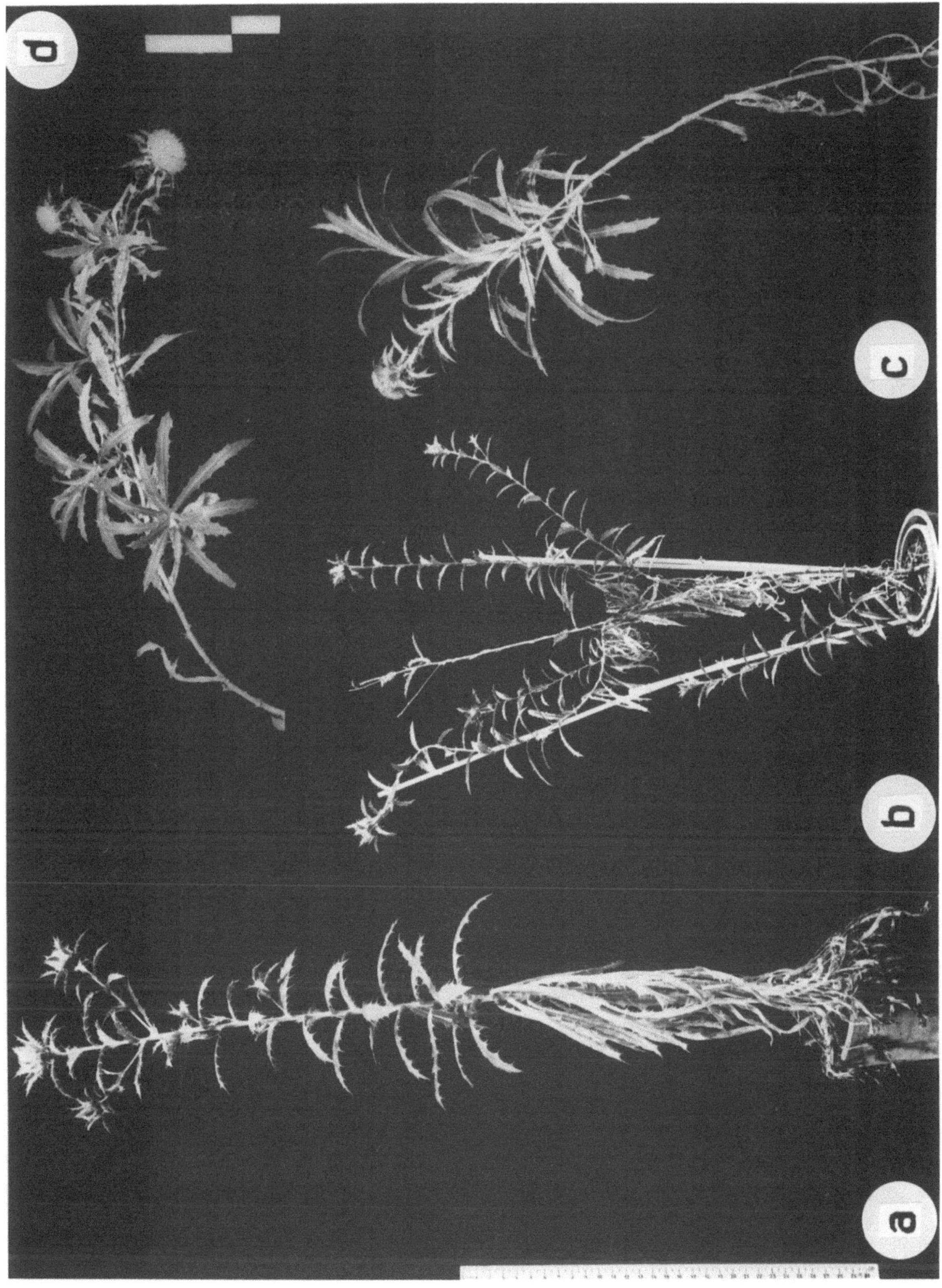

Tafel XXVII: Bastard *Carlina salicifolia* × *C. corymbosa* s. l. a) Pflanze mit gestrecktem Primärsproß und Endsynfloreszenz im 2. Jahr. b) Dieselbe Pflanze im 3. Jahr mit abgestorbenem Terminalblütenstand und basalen und subcephalen Innovationstrieben (vgl. Abb. 137). c, d) Blütentriebe der 5jährigen Pflanze mit akroton (subcephal) bzw. mesoton geförderter Innovation.
Aufn.: Rodemann, Heinrichsdorff.

Plate XXVII: Hybrid *Carlina salicifolia* × *C. corymbosa* s. l. a) Plant with elongated primary shoot and terminal inflorescence, two years old. b) Same plant, three years old, with perished terminal inflorescence and basal and subcephalous innovation shoots (cf. fig. 137). c, d) Flowering shoot of the plant, 5 years old, with acrotonously (subcephalous) or mesotonously enhanced innovation.

Tafel XXVIII: a) *Carlina diae.* b) *C. vulgaris.* c, d) Bastarde beider. Köpfchen mit verschieden aufgegliederten äußeren Involukral- und subcephalen Hochblättern. Botanischer Garten Halle, 1967, 1968.
Aufn.: Heinrichsdorff.
e) *Carlina salicifolia.* f) *C. corymbosa* s. l., g) Bastard beider; Kanarenhaus Botanischer Garten Halle. Man beachte die Unterschiede in der Köpfchenform.
Aufn.: Rodemann.

Plate XXVIII: a) *Carlina diae.* b) *C. vulgaris* and c, d) hybrids of both species. Capitula with variously divided outer involucral and subcephalous hypsophylls. Botanical Garden Halle. 1967, 1968. e) *Carlina salicifolia.* f) *C. corymbosa* s. l., g) hybrid of the two species, Botanical Garden Halle. Note the differences in the shape of the capitula.

Tafel XXIX: a, b) *Carlina dia.* c, d) *C. diae* × *C. vulgaris.* 2jährige vegetative Pflanzen, seitlich und von oben. Botanischer Garten Halle, 1967.
Aufn.: Heinrichsdorff.

Plate XXIX: a, b) *Carlina diae* and c, d) *C. diae* × *C. vulgaris.* Vegetative plants, two years old, in lateral and apical view. Botanical Garden Halle, 1967.

Tafel XXX: a) *Carlina diae* × *C. vulgaris*. 2jährige blühende Pflanze. Botanischer Garten Halle, 1967. Aufn.: Heinrichsdorff.
b) *Carlina diae* × *C. vulgaris*. F_2-Generation, Jungpflanzen. Botanischer Garten Halle, 1969. Aufn.: Rodemann.

Plate XXX: a) *Carlina diae* × *C. vulgaris*. Two years old, flowering plant. Botanical Garden Halle, 1967. b) *Carlina diae* × *C. vulgaris*. F_2-generation, young plants. Botanical Garden Halle, 1969.

Tafel XXXI: Verschiedene Entwicklung von F_2-Pflanzen des *Carlina diae* × *C. vulgaris*-Bastardes. *C. vulgaris* entsprechender Wuchs als hapaxanthe Halbrosettenpflanze (e); hapaxanthe Pflanze mit basaler und „gehobener“ Rosette und Verzweigung aus dieser (B); sowie Pflanzen mit wiederholter basaler Verzweigung (2) (vgl. Abb. 133). Weitere Erläuterungen im Text.
Aufn.: Rodemann.

Plate XXXI: F_2-plants of the hybrid *Carlina diae* × *C. vulgaris* showing different habits. Growth form corresponding to *C. vulgaris*, representing a hapaxanthous semi-rosette plant (e); hapaxanthous plant with basal and „elevated“ rosette and branching from this zone (B); plants with repeated, basal branching (2), cf. fig. 133. For additional explanations see the text.

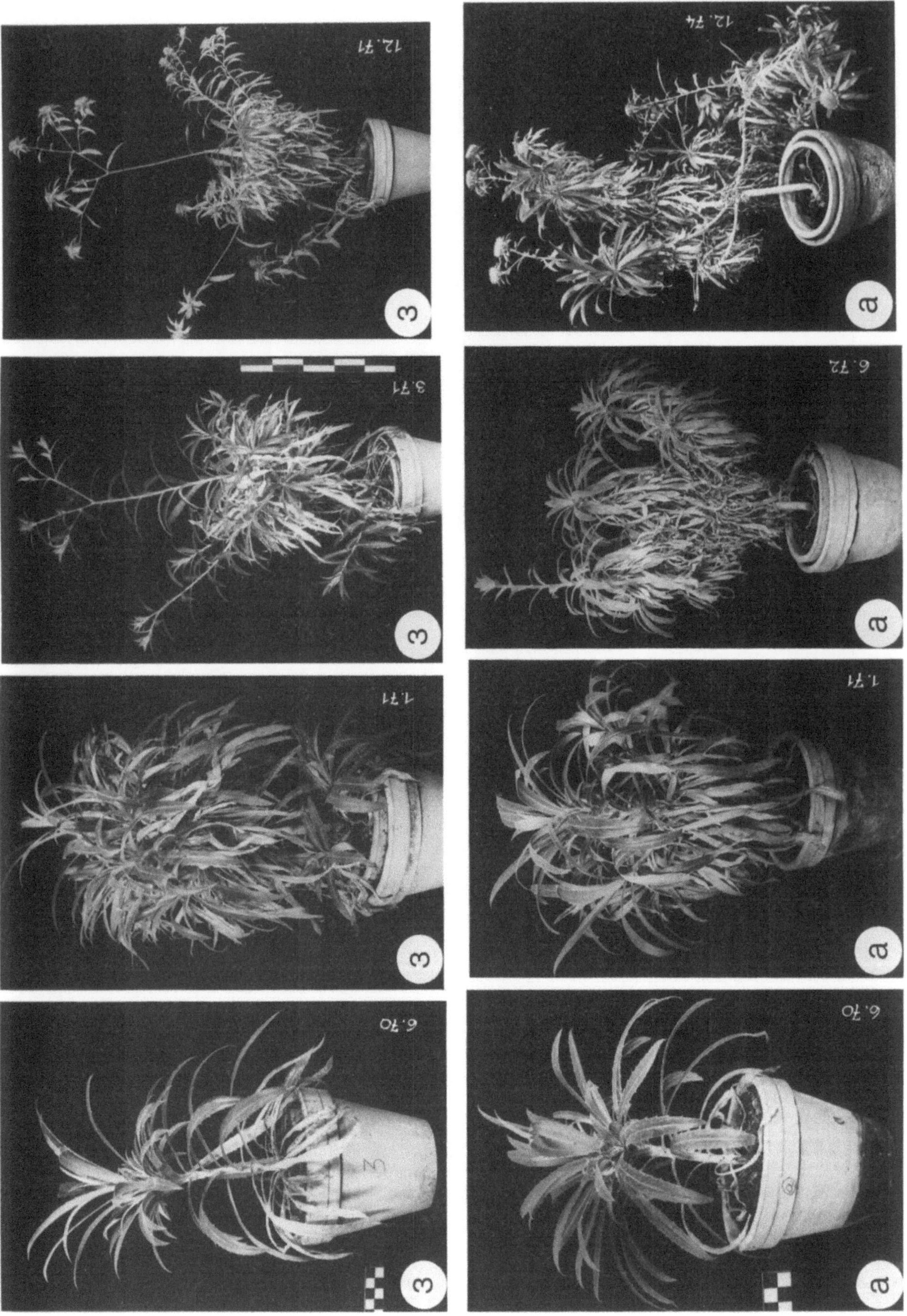

Tafel XXXII: Verschiedene Entwicklung von F_2-Pflanzen des *Carlina diae* × *C. vulgaris*-Bastardes. Pflanzen mit Kronenbildung (Zwergbäumchenform), aber verschiedener Lebensdauer (3, a, vgl. Abb. 138). Weitere Erläuterung im Text.
Aufn.: Rodemann.

Plate XXXII: Development of F_2-plants of the hybrid *Carlina diae* × *C. vulgaris*. Plants with crowns (dwarf trees) but exhibiting different life duration (cf. fig. 138). For additional explanations see the text.

MIX
Papier aus verantwortungsvollen Quellen
Paper from responsible sources
FSC® C105338

If you have any concerns about our products,
you can contact us on
ProductSafety@springernature.com

In case Publisher is established outside the EU,
the EU authorized representative is:
Springer Nature Customer Service Center GmbH
Europaplatz 3, 69115 Heidelberg, Germany

Printed by Libri Plureos GmbH
in Hamburg, Germany